通晓信息技术 6
技能、概念与能力

（第6版）

[美] 劳伦斯·斯奈德（Lawrence Snyder）◎著

周靖 ◎译

清华大学出版社
北 京

内容简介

本书共4部分23章，阐述了计算、算法与信息化，数据与信息以及问题求解四大主题，给出一个清晰的路径表来展示如何从技能到概念进而提升到能力，探讨了一个精通信息技术的FIT框架：知识能力、基本概念和技能。通过掌握必不可少的核心概念，任何专业背景的人都能在这个纷繁芜杂的文信息时代，掌握通透的技术概念和技能。

本书全彩印刷，脉络清晰，穿插有大量可以帮助理解的趣闻轶事，提供了有关当前技能以及永恒的概念和功能的详细说明和示例，对帮助我们每一个人通晓信息技术有很大的帮助。

北京市版权局著作权合同登记号 图字：01- 2014-8572

Authorized translation from the English language edition, entitled FLUENCY WITH INFORMATION TECHNOLOGY: SKILLS, CONCEPTS, AND CAPABILITIES, 6E, by LAWRENCE SNYDER, published by Pearson Education, Inc., Copyright ©2015 Pearson Education, Inc.

图书在版编目（CIP）数据

通晓信息技术：技能、概念与能力：第6版 / (美) 劳伦斯·斯奈德 (Lawrence Snyder) 著，周靖译. —北京：清华大学出版社，2020.7

书名原文：Fluency With Information Technology，6/E

ISBN 978-7-302-55838-5

Ⅰ. ①通… Ⅱ. ①劳… ②周… Ⅲ. ①计算机科学 Ⅳ. ① TP3

中国版本图书馆 CIP 数据核字（2020）第 106061 号

责任编辑：文开琪
封面设计：张 伟
责任校对：周剑云
责任印制：杨 艳
出版发行：清华大学出版社
网 址：http://www.tup.com.cn, http://www.wqbook.com
地 址：北京清华大学学研大厦A座 邮 编：100084
社 总 机：010-62770175 邮 购：010-62786544
投稿与读者服务：010-62776969, c-service@tup.tsinghua.edu.cn
质量反馈：010-62772015, zhiliang@tup.tsinghua.edu.cn
印 装 者：三河市铭诚印务有限公司
经 销：全国新华书店
开 本：185mm×260mm 印 张：46.5 字 数：1175千字
版 次：2020年7月第1版 印 次：2020年7月第1次印刷
定 价：178.00元

产品编号：060940-01

前 言

欢迎选用本书[①]！本书讲解基本的计算理念。今天的学生生活在一个计算机无处不在的世界，几乎生来就知道怎样使用它们。但会用并不等于理解。这个世界要求学生具有“计算思维”，从而更高效地利用计算。学生成为专业程序员的概率很小，但大多数都应该想好平时怎样才能更好地运用计算。许多学生都殷切希望通过新的方式让计算机服务于大众。为了有效地完成这些任务，必须理解基本的计算理念。这正是本书的宗旨。

第 6 版新增内容

和之前各版本相比，第 6 版让你更“通晓”信息技术。虽然基本概念没有变，但它们的实际表现可谓日新月异。第 6 版保留了构成“通晓”愿景的所有基本理念，但许多内容都进行了修订，以适应当今涌现的大量技术进步，包括智能手机、HTML5、CSS3、浏览器增强的 JavaScript 编程支持和云技术等。现在必须通过这些新的体验来理解和利用基本的信息技术概念。众包、隐私、安全性、钓鱼、AI、网络礼仪和版权等概念也有了新的发展，所以必须与时俱进，用学生熟悉的语言重新阐释它们。“环境认知”[②]也有了变化。例如，和以前不同，今天的学生最起码都听说过像“算法”这样的词。但知道并不等于理解。所以，第 6 版进行了全面修订，以新的、更直观的方式解释这些概念。其他新词也以类似方式处理。

熟悉本书老版本的学生可仔细体会一下新版本的变化。第 6 版保留了核心的“通晓”愿景，但采用的是 21 世纪第二个十年的新技术。

简单地说，第 6 版的总共 4 部分内容发生了以下变化。

- 第 1 部分进行了全面修订。第 1 章、第 3 章和第 5 章提供了全新的内容。第 4 章针对 HTML5 和 CSS3 进行了修订。第 2 章和第 6 章进行了大幅修订。
- 第 2 部分重写了第 7 章讲解位的内容。完全重写了第 9 章新的内容更容易理解。重写了第 10 章的内容，进行了大幅简化。
- 在第 3 部分，第 11 章大多数内容都是新的。第 12 章进行了全面修订，涵

① 原书名为“Fluency 6”，注意，“Fluency”是“通晓”的意思。本书的宗旨是让你从技能、概念和能力三个方面“通晓”信息技术。——译注

② 即“ambient knowledge”，社会学家用这个词描绘一种新形式的“社会意识”。强调人们现在通过互联网和社交媒体来相互了解对方，不需要见面就可以知道对方的好多事情。——译注

盖了最近暴露的隐私威胁 (斯诺登事件和 NSA) 和愈演愈烈的安全攻击。讲解电子表格的第 13 章和第 14 章进行了修订以兼容不同的实现 (包括 Excel 的新老版本)。第 15 章对关系模型进行了全面修订。第 16 章进行了大量修订。

- 最后，第 4 部分对 JavaScript 的第 17 章 ~ 第 21 章进行了重新设计，用 Firefox Scratchpad(代码草稿纸) 沙盒进行代码开发，这是本书教学方式的重大进步。
- 大量 Try It 练习和章末习题进行了大幅修订，添加了许多新习题。

Fluency，用风趣的语言和内容清楚地阐释计算机科学原理

“通晓信息技术” (稍后会解释) 的愿景是向大学学生介绍基本的计算概念，本书宗旨就是实现该愿景。“计算机科学原理” (CS Principles) 的愿景几乎完全一致，只不过它面向的是高中生。本书同时适合这两门课程。高中生应该可以通过“AP CS Principles” (大学预修计算机科学原理) 课程拿到大学“通晓信息技术”课程的学分。

取决于教师的特殊需要，两门课在概念和思路上有 85%~90% 的重合。两者都涵盖算法、数字数据和元数据、编程、互联网基础、安全和隐私、AI，等等。区别主要是侧重点而非内容不同。课程目标分别是“通晓计算理念以增强学生的计算能力”和“理解计算理念以增长科学见闻”。两个目标都很重要 (且互不排斥)。本书确保了这两个目标的达成。

具体来讲，“计算机科学原理”的课程设置由七大概念所引导 (www.csprinciples.org)。所以，本书像下面这样安排章节内容来迎合这些概念。

- 创新—4, 5, 6, 10, 16, 18, 19, 20, 21
- 抽象—1, 4, 10, 17, 18, 19, 20, 21
- 数据—7, 8, 13, 14, 15, 16, 17, 22
- 算法—1, 2, 7, 8, 9, 10, 22
- 编程—4, 6, 9, 10, 16, 17, 18, 19, 20, 21, 22
- 互联网—3, 4, 5, 8, 11, 12, 16, 19, 20, 21
- 全球影响—1, 2, 3, 4, 5, 9, 11, 12, 22

本书“教师资源”会更详尽地解释算法。

什么是“通晓信息技术”？

写作本教材的灵感源于“美国国家研究委员会” (National Research Council，NRC) 发布的一篇题为“通晓信息技术” (Being Fluent with Information Technology) 的报告。在美国国家自然科学基金会 (National Science Foundation，NSF) 委托做出的这篇报告中指出，传统计算机普及教育无法让现已能熟练运用计算机的学生及时跟进信息技术的飞速发展。报告得出的结论是，如果学生具备的知识背景已演进并顺应了信息技术的日新月异，就需要提高教育的“层级”。

推荐采用的方法便称为“通晓信息技术”或简称 FIT，这是一种面向项目的学习方法，涵盖技能、概念和能力这三方面，旨在帮助人们立即成为高效率的 IT 用户，并为将来的学习打好基础。

愿景

本书实现了“通晓信息技术”(简称“通晓”)的愿景。该愿景由三部分构成，不同部分通过具体的项目来加以整合。为了使学生立即成为高效率的 IT 用户，并为将来的学习打好基础，需要教给他们三个方面的知识：技能、概念和能力。

- 技能是指能熟悉计算机应用，比如收发电子邮件、进行文字处理和上网搜索等。这些以前被奉为“高大上”的知识现在是个学生都会，不需要专门花时间教学。本书只保留“高级技能”的内容(主要是电子表格和数据库查询)。
- 概念是指支撑整个信息技术的基础知识，比如计算机的工作原理、信息的数字表示和信息可信度的评估等。概念可以帮助学生掌握一些基本原理，帮助他们在信息技术演进的同时抓住最基本的东西。
- 能力是指更高层次的思考过程，比如解决问题、追根溯源(亦即推理)、透过现象看本质以及故障诊断等。能力体现在思维模式上，这些模式是研究信息技术的核心要素，但它们的应用非常广泛。追根溯源、解决问题等是教育的标准构成部分，它们在 IT 中被大量运用，使其成为“通晓”的重要主题。

针对每个组成部分，NRC 的报告分别列出了十大要点，本书会根据需要进行解释。

本书读者

本书为非技术专业的大学低年级学生设计。主修专业不是科学、工程和数学。技术专业的学生也能从本书获益。但由于“高手”有时会让“新手”产生“自卑”感，所以并不鼓励他们上这种课，而是鼓励参加一些速成班或强化班。对除了四则运算之外的数学知识没有要求。不需要先修课程。

章和章之间的依赖关系

本书进行了精心组织，允许以多种顺序授课。除了第 1 章和第 2 章的预备知识和第 23 章的终章，本书各章之间没有特别明显的依赖关系。几个连续的章专门围绕着一个主题进行讲解：

- 第 3~5 章，联网、HTML 和信息
- 第 7~10 章，数据表示、计算机和算法
- 第 13~16 章，电子表格和数据库原理
- 第 17~21 章，JavaScript 编程

利用这个设计的一个方式是布置4个大作业，每个作业持续两周或更长的时间。在学生完成作业期间完成对每章内容的讲解。

尽管还有其他许多授课顺序，但有三种顺序是我感觉最常用。

- 始于联网，终于联网。本章各章的自然顺序是先讲解信息和联网，中间讲解计算、数据库和 JavaScript，最后回到联网主题。这是 1~23 章本来的顺序，可根据实际情况修改。
- 互联网优先。我采用的顺序是 1~10 章，17~21 章，11~16 章，22~23 章。该顺序是先讲解信息和 HTML，接着讲解算法，然后跳到 JavaScript 延续网页设计主题，最后讲解数据库。一个季度(约 10 周)的课程建议采用该顺序授课。
- 传统。传统授课方式以技术的出现时间为准。所以将信息表示和计算机放到联网之前。具体顺序是 1~2 章、第 22 章（可选）、7~16 章、3~6 章以及 17~23 章。第 22 章包含一些高级内容，如图灵测试、卡斯帕罗夫和深蓝的国际象棋比赛，这些内容也应该提前介绍。

这些授课方式各有特点。具体选择哪个更多取决于教师的个人喜好和课程安排，没必要拘泥于章节顺序。

本书特色

每章开头都提供了“学习目标”，列出了当前章的重要概念。读完这一章后应掌握这些概念。

此外，为方便学生理解，书中还穿插了大量特色内容。

：有关计算机日常使用的实用技巧与建议

和：有意思的真相和统计数据

：对常见错误的警告和解释

：章内小练习，章末有参考答案

本书提供了以下值得一读的补充内容。

：计算历史上的一些重要人物和里程碑

术语：重要术语在正文中加黑，书末还提供了术语表

答案：书末提供部分习题答案

附录 A：HTML5 参考

附录 B：RSA 公钥加密

附录 C：第 16 章 iDiary 项目的配套 XML 数据库和 XSL 模板

附录 D：JavaScript 编程规则

附录 E：Bean Counter 程序，一个完整的 JavaScript 和 HTML 例子

附录 F：Memory Bank 网页，一个完整的 JavaScript 和 HTML 例子

附录 G：Smooth Motion 程序，一个完整的 JavaScript 和 HTML 例子

本书网络补充资源

本书配套网站 (www.pearsonhighered.com/snyder[①]) 提供以下学生资源。

---

① 中文版配套网站是 https://bookzhou.com。——译注

- 23 个上机实验 (每章一个)，旨在更全面地探索书中的概念，测试学生对这些概念的理解，更好地理解它们在自己的生活中的应用。以第 1 章为例，实验探索了公开信息和隐私之间的利益冲突。它指导学生访问各种网上资源，理解他们 (以及他们的设备) 正在共享的信息。这些信息有的会非常私人，有时甚至能“按图索骥”到个人。理解信息共享的范围和类型，有助于理解幕后发生的事情。“前言”最后和 www.pearsonhighered.com/snyder 都提供了完整的实验清单
- Sharon Scollard 写的 Computer Skills Workbook，介绍了 Microsoft Office 办公套件，包含涉及 Excel，Word，PowerPoint 和其他主题的 14 个完整实验
- 视频讲解 (VideoNote)。本书的一些重要概念提供了短的“视频讲解”[①]
- 本书用到的所有例子的 HTML 代码、数据库设计和 JavaScript 代码
- JavaScript 参考卡
- 生词卡
- Alice 和 Alice 开发环境手册 (PDF)

符合资格的教师可申请以下补充资源。请发送邮件到 coo@netease.com，联系当地 Pearson Education 代表，或访问 www.pearsonhighered.com 了解详情。

- PowerPoint 幻灯片
- 教师手册
- 题库
- 测验生成器 (支持 Blackboard Learn，Blackboard CE/Vista，Moodle，Angel，Sakai 和 D2L 平台)

学生须知

通晓信息技术是一个非同寻常的主题，导致本书也有些与众不同。用好本书的关键在于“循序渐进”。顺利学完本书将改变你的思维方式，让你能更好地解决问题，更好地推理，更好地排错等。不管在 IT 领域还是在生活中的其他地方，这些能力都非常有用。所以，本书可以说是你的“良师益友”。

但是，书买回来放着不看，这些改变是不可能发生的。只有学习才能改变人生。为了学好本书，必须有一些良好的学习习惯：看书、做章末习题 (书末提供了部分答案)、早点开始写作业以及提问等。推荐每天都花一些时间进行线上研究 (而不是简单地冲一下浪就完了)。观念需要时间来沉淀。上好这门课，良好的学习习惯很重要，这有助于提高解决问题的能力，还能为其他学科的学习打好基础。刚开始可能比较痛苦，但丰硕回报可期。

最后，手边最好随时有台可用的计算机，这样才能随时练习。示例文件从本书配套网站下载。祝你好运！写作本书的过程令人愉悦，希望你看书时也如此。

---

① 由于是英文视频，所以为了方便索引，书中保留了这些视频的英文名称。——译注

上机实验

这一系列实验旨在帮助学生理解不同的技术要点，获得使用工具的第一手体验，并在实验过程中思考技术之于现实世界的意义，它们对于日常生活有什么影响。

每个实验都包含一个 Introduction、一个 To Consider 小节、一系列练习和一个 Moving On 小结。熟悉一个实验后，其他实验可以“依葫芦画瓢”。

实验具体请访问 www.pearsonhighered.com/snyder。①

Lab 00 简介和资源
Lab 01 网上的信息
Lab 02 人机界面
Lab 03 互联网如何连接
Lab 04 HTML5 入门
Lab 05 搜索
Lab 06 调试
Lab 07 数字编码
Lab 08 数字媒体
Lab 09 获取 / 执行周期
Lab 10 算法思考
Lab 11 网上协作
Lab 12 隐私
Lab 13 电子表格入门
Lab 14 数据和信息可视化
Lab 15 数据库入门
Lab 16 为 iDiary 添加 RSS 源
Lab 17 JavaScript 入门
Lab 18 扩展 Bean Counter 程序
Lab 19 创建 JavaScript 函数
Lab 20 JavaScript 循环
Lab 21 更多 JavaScript 知识 (人机交互)
Lab 22 AI 和机器人
Lab 23 跟上 IT 发展潮流

学而时习之，不亦说乎？

——孔子

① 联机实验要求用本书英文原版进行注册。中文版暂不支持。——译注

视频讲解

CONTENTS
简明目录

掌握计算能力

算法和信息数字化

数据和信息

问题求解

目　录

PART 1　掌握计算能力

chapter 1　定义信息技术

chapter 2　探索人机界面

chapter 3 联网基础

chapter 4 超文本标记语言基础

chapter 5 在网上查找信息

chapter 6 错在人为

PART 2 算法和信息数字化

chapter 7 信息数字化：位和字节

chapter 8 光线、声音和魔法：多媒体数字化

chapter 9 计算机工作原理：按指令行事

chapter 10 算法思维

PART 3 数据和信息

chapter 11 在文明社会中使用计算机

chapter 12 隐私和数字安全

chapter 13 电子表格基础

chapter 16 数据库组织案例分析：iDiary 数据库

PART 4 问题求解

chapter 17 用 JavaScript 表示的基本概念：初识程序

chapter 18 JavaScript 程序：Bean Counter

chapter 19 编写函数：从大处着眼

chapter 20 迭代原则：一次还不够

chapter 21 用算法解决问题：Smooth Motion 应用程序

chapter 22 计算机的局限

chapter 23 完美终章

appendix A HTML5 参考

appendix B RSA 公钥加密系统

PART 1

掌握计算能力

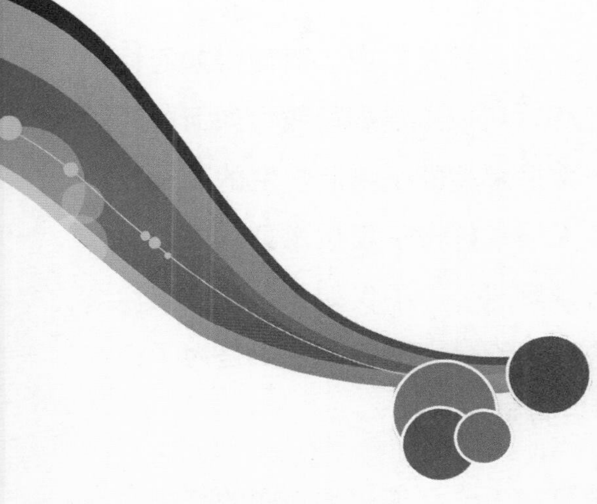

CHAPTER

1 定义信息技术

2 探索人机界面

3 联网基础

4 超文本标记语言基础

5 在网上查找信息

6 错在人为

PART 1

INTRODUCTION

本书假定你已经会用计算机。由于已懂得如何让计算机为自己工作，所以不需要再教你如何成为一名合格的计算机用户。相反，本书解释的是幕后发生的事情，教你如何透过现象看本质。许多人经常好奇一项技术具体是如何工作的，本书目的正是为你“答疑解惑”。不仅如此，还能帮你成为一名更好的、更懂行的用户。无论是出于兴趣，还是为了完成学业，更全面地掌握计算都不会有错。

本书第 1 部分旨在为你将来的学习和工作打下一个坚实的基础。互联网无所不在，我们生活在互联网世界，需要更多地了解它，知道它的工作方式以及如何更高效地使用它。这一部分为将来的学习做好了铺垫。将学习网络的工作方式，了解 HTML，学习如何搜索，了解调试的基础知识。

CHAPTER 1

定义信息技术

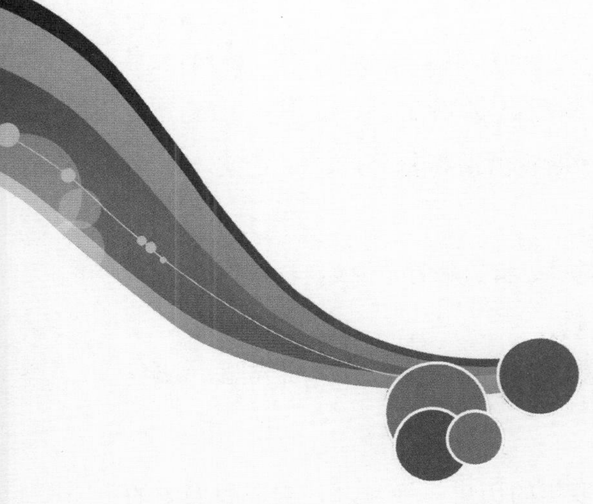

学习目标

- 理解计算的主要意图是什么
- 理解术语的重要性
- 定义基本软硬件术语
- 定义并给出一些“概念性”术语

CHAPTER 1

我过去常常希望计算机能像电话一样容易使用。梦想终于成真，我现在连电话都不知道怎么用了。

——比雅尼·斯特劳斯特鲁普，C++ 之父，2011

我们好像已经达到了计算机技术的极限，但这样说要小心，因为 5 年后这可能成为笑柄。

——约翰·冯·诺伊曼，计算机先驱，1947

数字信息处理技术已有 120 多年的历史；换言之，它在我们中的任何一个人出生前便已问世。对于大学生，计算所依赖的其他大多数技术亦是如此。感觉这些技术一直就在那里，由多年前的“巫师”们创建。所以，随着你越来越“通晓”信息技术 (Information Technology，IT)，有必要回顾一下历史，了解数字计算的起源，并对历史上的重大技术进步心中有数。

本章首先简单介绍计算史上的重大技术进步，它们奠定了今日计算之基础。许多人可以不假思索地想出一些重要技术，比如计算机、微芯片和互联网等。但很少有人思考它们为什么重要。计算的主要意图是什么？本章主要目标就是解释计算要解决的问题，以及具体怎样解决。

本章另一个目标是帮助你理解一些“概念性”术语，比如什么是“算法”。这些术语之所以重要，是因为本书剩余部分会经常用到它们。

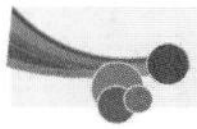

1.1 计算历史的里程碑

本节介绍计算历史上 8 个最重要的技术进步，它们是今天的数学计算之基础。

- 信息数字化
- 存储了程序的计算机
- 晶体管
- 集成电路
- 个人电脑 (PC)
- 互联网
- 万维网
- 分级式软件开发

这个列表并不完整，还有其他相当重要的技术进步。该列表强调的是因为“改变了一切”才引起我们强烈关注的技术。图 1.1 是计算相关里程碑的时间线。

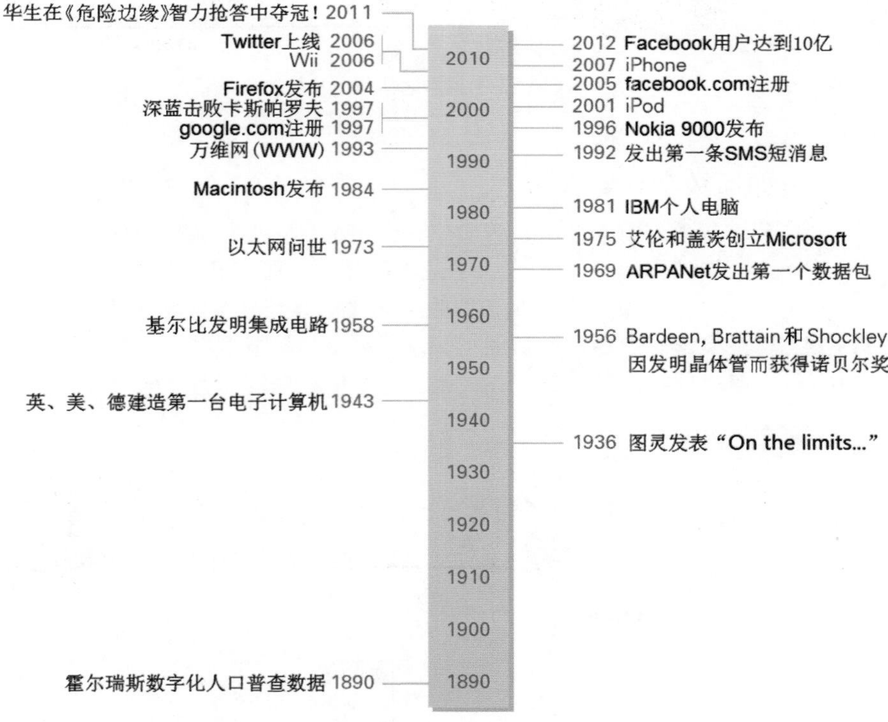

图 1.1 计算史上的重大事件：从数字信息的首次自动化应用到 PC 问世经历了 90 多年时间

1.1.1 信息数字化

“数字信息”在字典中定义成“使用数字表示的数据”。例如，本书英文版用 ISBN 编号表示成 10: 0-13-282893-6。这串数字的不同部分对书的多个方面进行了描述。考古学家和历史学家告诉我们，人类可能很早就开始使用由数字来表示的数据。将信息表示成数字不算重大突破，用机器读取数字信息才算。

赫尔曼 • 霍尔瑞斯是公认的将数字信息投入“生产”应用的第一人。他是 19 世纪美国人口调查局聘用的统计学家。当时以人工方式处理人口普查数据非常慢。1880 年的人口普查数据花了 8 年时间才分析完成。所以霍尔瑞斯发明了一台机器，根据穿孔卡上的孔对数据进行汇总 (参见图 1.2)。这台机器在 1890 年的人口普查中使用，将数据分析时间缩短为 1 年。

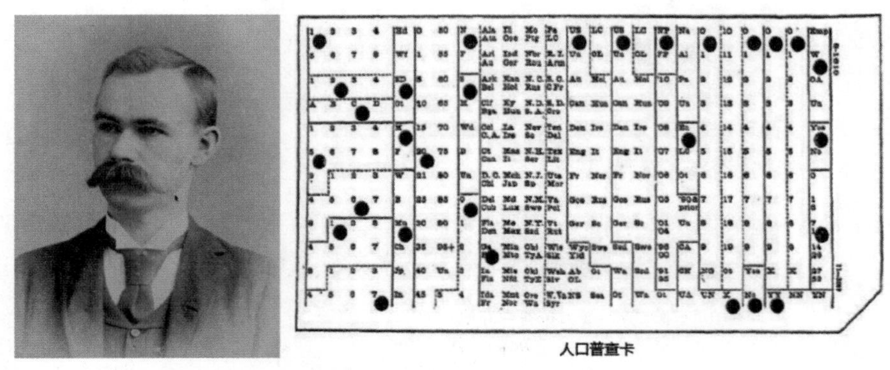

图 1.2　数字化先锋：赫尔曼 • 霍尔瑞斯和他发明的穿孔卡

如何数字化穿孔卡

为理解如何对穿孔卡进行数字化，下面用两张图描述 IBM 的一个设计方案 (霍尔瑞斯的方案有所不同)。图 1.3(a) 中，一张穿孔卡由金属滚轮向左方移动。滚轮上方是一束称为“刷子”的金属线。有孔移至滚轮上方，刷子就能穿过孔并接触到滚轮并通电，如图 1.3(b) 所示。在图中，电信号检测到穿孔的是“2”。一旦机器检测到孔的存在，就将信号传给机器的另一部分以进一步处理。

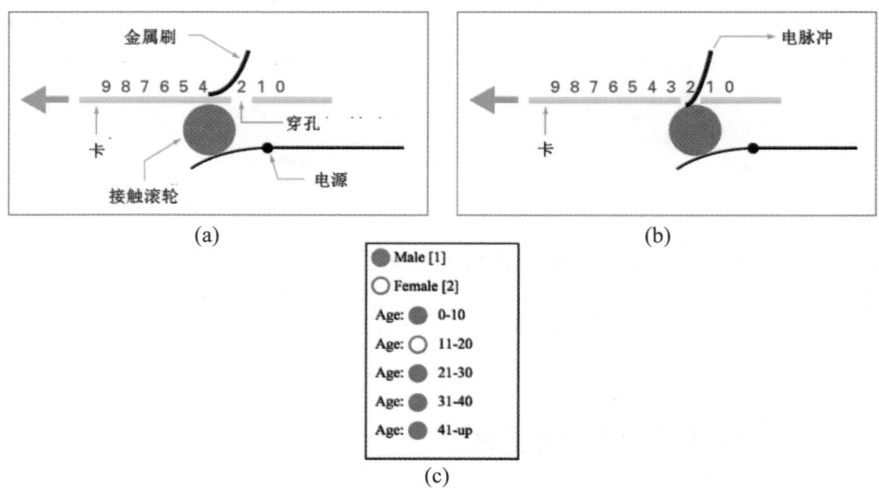

图 1.3　穿孔卡读卡机的工作原理：(a) 金属滚轮向左推动卡片；(b) 有孔经过滚轮上方时，金属刷通电 (c)

处理信息

检测到“2”之后机器应该如何处理？例如，可以将所有“2”被穿孔的卡片集中到一起。如果卡片像图 1.3(c) 那样编码，那么这些卡片包含的全都是 Female(女性) 的信息。所有“1”被穿孔的卡片包含的是男性的信息。机器可以利用它的“里程计”(工作方式和汽车的里程计一样) 来统计卡的数量。先将卡片分为两叠，再统计每一叠的数量，就可以分别知道男女数量了。

不需要计算机

注意，该设备不需要计算机。它是读卡机和卡片存储器的组合，作用是检测卡片上的打孔位置。但通过精心设计，完全可以执行信息处理，比如判断人口中的男女数量。

1.1 统计男孩数量

假定有大量上面那样编码的卡片。机器读取右边那一列时，根据穿孔情况将卡片归入 5 叠卡片中的一叠。解释如何利用读卡机的卡片存储器判断 21 岁以下的男性人数。

1.1.2 存储程序的计算机

霍尔瑞斯的发明获得了巨大的成功。穿孔卡和制表机立即获得了其他政府部门和商业机构的广泛采用。在大约 75 年的时间里，穿孔卡是人们主要的数字技术。但它们并不完美。

全硬件

制表机是机电设备。它们是全硬件的，由电缆、滚轮和马达构成。要更改机器执行的操作必须重新布线。为了更容易使用，机器后来增加了插接板来帮助“程序员”重新布线，但过程还是很慢、很烦琐。而最主要的问题在于，用电缆来表示的“程序”只能支持很简单的操作。

将程序放到内存中

电子计算机通过名为“中央处理单元”(即 CPU，将于第 9 章解释) 的特殊设备解决了“重新布线”问题。CPU 执行存储在计算机内存中的指令，使指令由“硬”(电缆) 变“软”(内存数据)。这正是“软件”一词的来历。

和硬指令相比，软指令的优势非常显著。

- 程序能快速修改，将新指令加载到内存即可。每次双击或点击一个应用就会发生这个过程。
- 程序可以更复杂，具体只受内存大小 (这个限制很容易克服) 和程序员的水平限制。

- 计算是自主的，意味着它们可以自己运行，不需要一个人在旁边给它放入穿孔卡。

用 CPU 解释指令是计算史上的重大进步，是“数字计算机”的关键特征。

既笨重又昂贵

早期计算机 (尤其是 CPU) 的主要问题在于复杂性。建造可以读取、解码和执行指令的硬件设备在技术上是个难题。需要很多零件，而且最开始的时候所有零件都没有进行小型化。所以，最开始的计算机相当庞大，要占据整个房间。如图 1.4 和图 1.5 所示，世界第一台电子计算机 ENIAC 不仅体积巨大，而且需要 6 个人来操作。在宾夕法尼亚大学建造的这台计算机重达 30 吨，使用了超过 17000 个电子管，据说启动时整个费城的街灯都会变暗。

图 1.4 ENIAC(Electronic Numerical Integrator and Calculator)，1943 年建造，1946 年建成

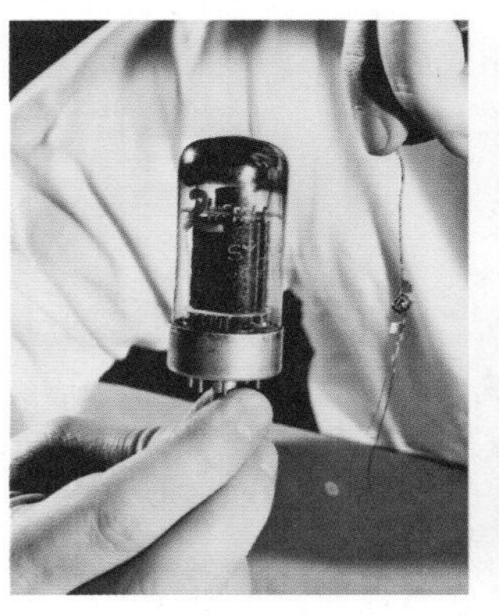

(a)

(b)

图 1.5 ENIAC 使用的电子管：(a)ENIAC 时代的电子管；(b) 技术人员正在检查 ENIAC 的电子管 (大多数都在他的右边)

管子烧了

可靠性(或者说缺乏可靠性)是困扰早期计算机开发人员的另一个难题。电路用电子管(参见图 1.4)来建立。虽然电子管大多数时候都很可靠，但由于执行指令的 CPU 非常复杂，所以需要成千上万个电子管同时工作(参见图 1.4)，这对可靠性提出了更高的要求。在启动的时候，或者在长时间高强度的计算之后，一个或多个电子管有可能烧坏，造成整个计算机崩溃。

虽然刚开始存在各种各样的挑战，但电子计算机仍然在短短十年中就成了一种划时代的工具。主要原因就是晶体管的问世。

计算机科学的起源

那么，计算机科学 (Computer Science，CS) 是不是随着计算机的发明而起源的呢？答案是否定的。大多数人都认为 CS 起源于 1936 年，那时还没有出现普遍意义上的任何计算机。那一年，艾伦 • 图灵写了一篇里程碑式的论文，主题是计算的(理论)限制，标题是“On Computable Numbers with an Application to the Entscheidungs Problem”，第 22 章会详细讲述图灵的思想。“计算机科学”这一名词是 20 世纪 60 年代开始普及的。

1.1.3 向晶体管迁移

1956 年，贝尔实验室的三名科学家 (John Bardeen，Walter Brattain 和 William Shockley) 因为他们在 1947 年发明的半导体晶体管(参考图 1.6(a)) 而获得了诺贝尔奖。

晶体管解决了计算机工程师面临的诸多难题，其特点如下。

- 低功耗，这意味着发热量更小(不再有街灯变暗了)
- 非常可靠
- 尺寸小、重量轻

虽然和电子管相比还有其他许多优点，但晶体管仅凭这几个特点，就使电子学领域发生了翻天覆地的变化。计算机可以变得非常小、可靠和便宜。价格也变得更容易接受(对企业而言)。更重要的是，可利用晶体管制造比以前复杂得多的 CPU。

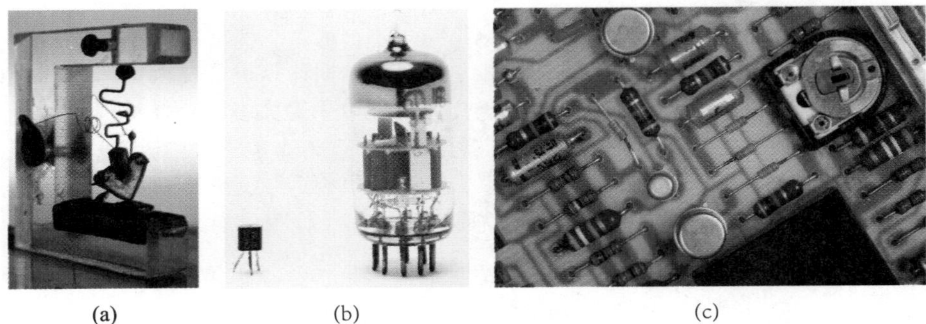

(a) (b) (c)

图 1.6 晶体管：(a) Bardeen，Brattain 和 Shockley 制作的第一个晶体管；(b) 一只封装好的晶体管和电子管大小对比；(c) 安装好电子元件的电路板

装配工艺很复杂

20 世纪 50 年代和 60 年代，生产计算机或其他任何大型电子系统相当麻烦和耗时，即使用晶体管也是如此。这是因为必须组装成千上万的零件。如图 1.6(c) 所示，每个晶体管 (3 线)、电容 (2 线) 和电阻 (2 线) 都必须焊接到电路板上。虽然电路板已印刷好了连接线，但仍需用大量器件填充。存储器是在一个电线网格串接许多小磁芯来做成的。这种制造工艺不仅昂贵和烦琐，而且常常都不可靠，即使可靠性比起电子管计算机还是要强一些。

以这种方式生产的计算机是不可能普及的。

FLUENCY BIT

机器制造

AT&T Archives 的一个视频很好诠释了如何用各种器件组装电子设备。视频的标题是“The Hello Machine”，播放网址是 www.youtube.com/watch?v=8uMbpaFp3i4。视频反映的是电话交换机系统，不是我们当前讨论的计算机，但两者无论在规模、零部件还是装配工艺上都相似。除了感觉很特别的 70 年代音乐，这个视频还有几点值得注意：电路板装填 [1:18]，装配过程中的许多手动操作 [2:10–4:20]，以及可疑的“please start”指令 [9:47]。当时的计算机是用相同的工艺装配的。

1.1.4 集成电路

怎样高效率地使用晶体管、电阻、电容和布线装配计算机？这个问题通过集成得到了解决。其核心就是“硅技术”，“硅谷”这一名称来源于此。

集成

集成电路 (Integrated circuit，IC) 是用硅及其密切相关的元素制造的芯片。芯片上的有源器件 (比如晶体管) 和连接器件 (比如布线) 通过一种多级生产工艺进

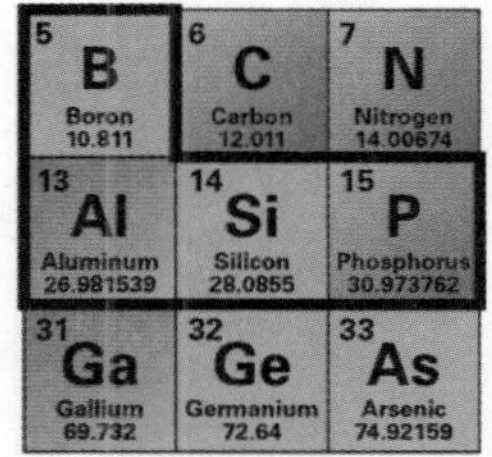

行集成。例如，连线和触点用铝来制造，而晶体管用掺硼或掺磷的硅来制造(“掺”就是用特定元素污染纯硅)。IC 使器件即使尚未完全成形也能连接到一起，这和先制造器件再连接的方式有显著区别。

光刻

顶部视图

横切面

IC 获得巨大成功的关键是光刻技术。采用这种技术，芯片制造商将布线(以及其他所有部件)“印刷”到芯片上(第 9 章有图片展示了具体过程)。在纯硅制造的晶圆上连续印刷多层，每一层都是总体电路的一部分。例如在左侧已制造好的芯片中，可以看到最后一层(顶层)的铝质布线。它的下一层是透明隔离层(玻璃)，作用是将顶部布线层和下方的另一个布线层(图中能看得见一些轮廓)隔开。注意玻璃层在印刷时开了孔。这些孔称为“接触孔”，即图中布线末尾的方块区域。它们的作用是使顶层布线在正确位置与更下方的布线层接触。

印刷的优点

为了在芯片上印刷，光刻工艺需要用掩膜指定一层的形状，它有点儿像数码相机问世前的照相底片。由于印刷采用光透过掩膜的方式，所以掩膜是复杂还是简单无关紧要。印刷报纸时，一页印刷 5 个字或 5000 个字的成本是一样的。类似地，硅芯片层可根据需要简单或复杂，印刷成本没有区别。这是一个巨大的优势，计算机工程师可以在 IC 上设计非常复杂的电路。制表机、ENIAC 和分立元器件计算机最突出的一个问题是“复杂即贵”。这个问题得到了完美解决。现在，虽然复杂的电路设计起来很贵，但制造起来很便宜。

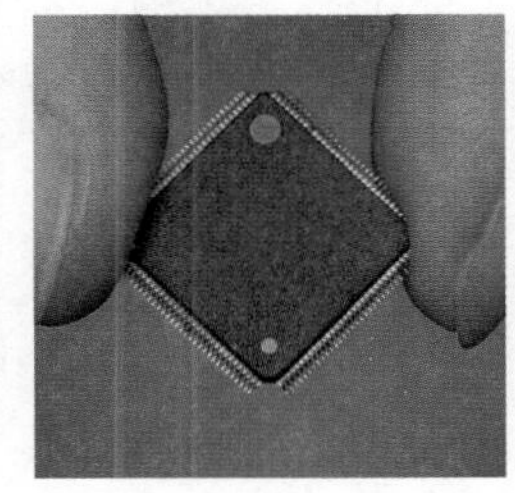

进步

通过光刻将晶体管装配成集成电路，这是一项里程碑式的技术进步。现在可以将计算机做成两根手指就能拿起的一个芯片(一个芯片集成多台计算机也很常见)，而且性能远远超过如图 1.4 所示的 ENIAC。

1.1.5 个人电脑

IC 不仅攻克了复杂性的问题，硅晶园工厂还不断改进工艺，在单位面积上集成更多的晶体管。这种稳步的提升称为“摩尔定律”，由英特尔主席戈登•摩尔提出，大意是随着时间的推移，IC 的集成度越来越高，越来越便宜，最后所有人都买得起。个人电脑应运而生。

个人电脑

今天，个人电脑一点都不稀奇。数数身边有多少电脑就知道了，手机、音乐播放器、平板和笔记本等都算在内。但个人电脑前 15 年的发展历程是非常坎坷的。施乐公司的帕罗奥多研究中心于 1973 年发明的 Alto 是人们对个人电脑的第一次尝试,虽然它当时面向的是办公室人员。它引入了图形用户界面和鼠标的概念。虽然 40000 美元的价格比起当时类似的计算机要便宜不少，但即使对于企业来说也太贵了，最终一台都没有卖掉。

个人电脑在普及前还有许多实打实的障碍需要克服。首先，人们看不出需要一台个人电脑的必要性。1977 年，小型机制造商 DEC 公司的总裁肯•奥尔森说过一句很著名的话："没有任何理由说明，人们在家里需要拥有一台属于自己的个人电脑。"鉴于当时电脑非常难用，而且应用程序不仅少，功能还很弱，所以得出这样的结论也不稀奇。但是，游戏、简单字处理和电子邮件最终吸引了足够多的用户来推动产业的继续发展。

最大的阻力

或许最大的阻力来自成年人天生对计算机的恐惧。对计算一窍不通，怕被人看到自己不知所措的样子，大多数成年人对计算机敬而远之。IBM 通过引入"面向每一个人"的 PC 来解决该问题。这个战略对某些人奏效了，但大多数人还是等到万维网 (WWW) 问世的时候才真正考虑购买 PC。父母开始相信孩子的学业能从个人电脑获益。由于大多数孩子的胆子都很大，所以个人电脑在较年青的用户那里获得了最大的成功。由此造成的代沟至今都存在。

1.1.6 互联网

互联网起源于阿帕网 (ARPANet)，于 1969 年发出了第一条消息。虽然仅供用于研究和学术，但网络在 20 世纪 70 年代和 80 年代得到了稳步发展。由于人们看到了计算机互联的好处，网络开始"遍地开花"。关键概念 (1973) 是使用标准通信协议 TCP/IP(将在第 3 章解释) 来连接分散的网络。互联网 (网际网络) 应运而生。

最初大多数用户是通过声频调制解调器连接到互联网。这称为拨号连接，缺点是又慢又不好用。今天宽带已经普及,虽然大多数人平时最常用的还是手机上网。

互联网最初主要用于电子邮件和文件传输。普通人连上网也没有太多事情可以干。但蒂姆斯•伯纳斯•李 (Tim Berners-Lee) 和他的团队产生了一个想法!

1.1.7 HTTP 和万维网

想法是创建一个联机中心——后来称为"主页"——所有人都可以在这个地方访问 CERN(伯纳斯•李工作的欧洲核子研究组织，参考图 1.7) 的文档、图像和其他资源。其他组织这样做，也能享受到信息快速传播的好处。虽然当时还有其他项目具有类似的研究方向，但这一个很快就在竞争中胜出，成为事实上的标准。

如第 4 章所述，使用通用的 HTTP 协议访问网页时，浏览器 (客户端) 和主机 (Web 服务器) 知道如何进行交互：请求的是什么，要返回什么，如何以及用什么格式返回。由于有大量人在独立地开发软件和内容，遵守同样的标准 (TCP/IP 是另一个) 至关重要。

作为第一个普及的网页浏览器，Mosaic 因为能同时处理多个相互竞争的协议而得名[①]。本书要用到的 Firefox 浏览器便源自 Mosaic。

(a)

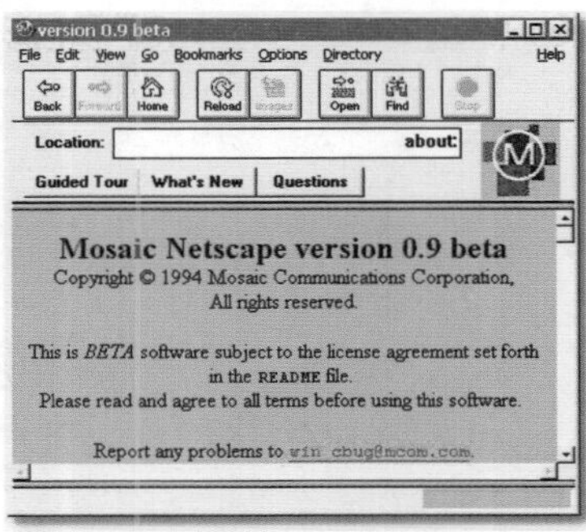

(b)

图 1.7　风云人物：(a) CERN 的蒂姆 • 伯纳斯 • 李爵士 (1994) 展示一个网页；(b) 首个普遍使用的图形网页浏览器 Mosaic“0.9 beta”的起始页

第一个网页

CERN 最近放出了当年的第一个网页：http://info.cern.ch/hypertext/WWW/TheProject.html。非常基本，但常用功能 (比如超链接) 都有了。

1.1.8　分级软件开发

计算历史的最强音不是由单个人或团队谱写的，也不是在某个特定时间点发生。相反，它是大量计算机科学家、程序员、软件开发人员、他们的公司以及学习软件开发的学生集体智慧的结晶。没有他们就没有计算的进步，不会获得计算所提供的丰富功能 (例如社交媒体)。

分级软件开发

20 世纪 80 年代以前的程序倾向于一体化，没什么结构可言，既难写，又难维护。人们用“面条式代码”一词形容难以厘清逻辑的程序。有的人仍在写这样的程序，但专家不会。软件开发逐渐成熟，变得更有条理，也更精巧。

① Mosaic 即马赛克。——译注

采用分级软件开发，任何层级的程序都可以利用较低层的、更基础的操作，同时为较高层的功能提供基础服务。例如，图 1.8 是 Android 手机的软件栈。它从逻辑上描述了为手机写代码的任何人都可以使用的资源。Linux Kernel(Linux 内核) 这一层上方的每一层都代表数百上千个程序，它们整合起来支持标签所描述的功能。例如，绿色区域的 SQLite 是数据库软件，OpenGL/ES 则提供图形功能。

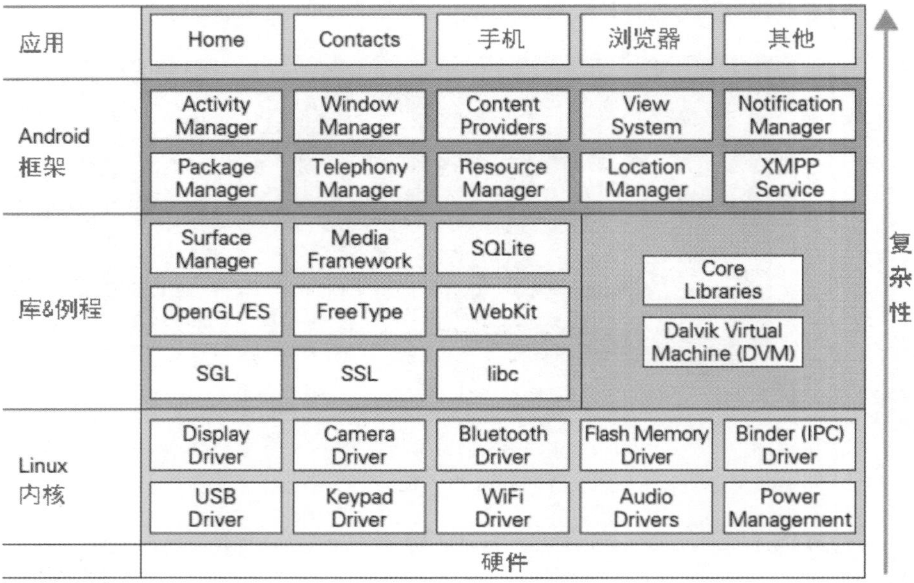

图 1.8　Android 手机的软件栈；硬件在底部，应用程序在顶部

知识积累

分级软件开发有如下两个要点。

- 程序员可以直接使用这些框中的软件。只需要知道正确用法，无需理解工作原理。它们基于成千上百其他程序员的工作而构建。
- 随着技术的进步，会加入更多框 (这张图本身就不详尽) 和更多层级。例如，在创建安卓手机操作系统之前，大部分软件 (例如数据库代码) 就已经存在了。所以只需为产品创建一些新组件，例如电话管理器。随着时间的推移，这个栈无论是组件还是层级都会增长。

总之，基于大量程序员的工作，软件正在变得越来越复杂和精密。我们要基于前人的工作来创新，而不是重复发明车轮。

1.1.9　小结

纵观计算历史的这些里程碑事件，大量杰出人士痴迷于计算，并想方设法将其变得更好。由于每个事件都意义重大，所以很容易忽视贯穿于其中的一条主线，即人们其实一直在致力于降低计算的复杂性。

- CPU 和软指令使机器能完成更复杂的计算，并且能自主完成。
- 集成和光刻技术使电子设备的生产不再复杂
- 分级软件开发使程序员能直接利用别人的工作成果，不需要理解原理，只需知道怎么用。别人也能以他们的工作为基础。

1.2 术语的重要性

有一个你可能不熟悉的英语词汇是从法语借鉴过来的：le mot juste(发音是 luh • MO • joost)，意思是“正确用词”。之所以提到这个少见的术语，是为了强调当我们学习计算时，有必要正确用词。不仅要了解什么是正确的计算术语，还要学习如何熟练使用。这是出于两方面的原因、

1.2.1 技术支持

每个人都需要技术支持。技术支持人员不太可能站在你旁边，亲眼看你重现故障过程。一般都需要使用所谓的“帮助”功能自己寻找答案，或者必须使用电话、电子邮件或者某种聊天功能与技术支持沟通。在所有情况下，你都需要解释出了什么错。如果你把光标说成“那个一闪一闪的东西”，技术支持也许能、但也许不能猜出你的意思，而“帮助”功能的搜索算法更是搞不懂你想说什么。

帮助是个什么东西？

在基于视窗的操作系统问世之前，计算机和软件都提供了印刷好的手册。用户能实际看到手册中的内容。由于很容易快速浏览一本书，包括目录、索引、插图等，所以即使不懂术语，也能快速找到一个问题的答案。但现在都是联机手册并提供搜索功能，所以不能像以前那样快速、粗略地看完一本手册了。现在的“帮助”没有多大帮助，所以“帮助”功能用一个问号图标来表示是很合适的，“助手”其实也是经常一脸问号！

用正确术语描述问题效率很高，有利于从技术支持那里获得快速和有帮助的答案。即使是经验丰富的技术专家，在少数情况下如果不知道一个合适的术语，他或她也会先去查好。需要技术支持时，即使只是为了顺畅地沟通，掌握正确术语都能获得很好的回报。

1.2.2 掌握知识

学习一门新学科必须掌握其术语。人的大脑有独特的组织记忆的方式，为某个东西或概念取名就能把它记住。例如，icing 就是冰球比赛的一个专业术语，指的是将冰球打过两条蓝线和对方的球门线。队员来回穿梭和击射时，我们可能根本没注意到这一点。知道 icing 的意思之后，才开始注意到它。这增进了我们

对比赛的理解，也能更好地享受比赛的乐趣。最后，我们在看到这个词时，不会觉得它怪怪的，而是将其纳入自己的“词汇表”。而且在此以后，我们即可不假思索地在适当的时机恰如其分地使用这个词。

▶视频讲解 The Right Way to Say IT

当然可以通过看计算机字典来学习术语，但那样就太枯燥了。相反，大多数基本术语都会在书中遇到时进行解释，并在书末的术语表中总结。由于有的术语在学习过程中会经常用到，所以后续几个小节将对它们进行讨论。

学习新词

我们中许多人都随时在线，所以碰到书中没有提到的新词，最简单的办法就是利用搜索引擎。谷歌和必应都是很好的起点。

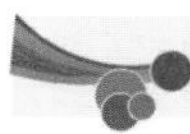

1.3 计算机、软件和算法

本节要定义以前用过的几个术语，确保你正确理解它们今日之含义。

1.3.1 计算机

计算机变得越来越小、越来越便宜，这主要归功于电子工程的惊人进步(参考之前提到的摩尔定律)，其次归功于它们太有用了，市场很大，激励创新。现在不是几乎每个人都想要一台计算机，而是大多数人已经拥有许多计算机。并不是所有计算机都有一个大屏幕并立在桌上。那么其他计算机跑哪里去了？

处理器

今天计算机已无所不在。大多数都作为手机、任天堂的游戏机(Nintendo Switch)、微波炉、音乐播放器和制动系统等的组件嵌入。它们从技术角度说都是计算机，只是和其他组件一起组装，通常用于完成比PC、笔记本电脑等“计算机”更专门的任务。

由于是否计算机不取决于是否连接了打印机或者内置了加速计(这样可以知道设备是否正在移动)，所以我们使用更技术化的名称“处理器”来指代计算机。处理器(第9章)包括CPU和少量内存(通常称为高速缓存)，而且连接到某些输入或输出设备。主要区别在于计算机连接的设备以及运行的软件。①

① 英语中的computer和processor确实能算是同义词。但是，由于汉语表达习惯的不同，本书中文版还是区分了计算机和处理器，例如，会说iPhone 11包含8个处理器核心，而不是包含8个计算机。——译注

计算机由多个组件构成

处理器和计算机技术上是同义词。平时谈话和在本书中，两个词可以互换着使用。但是，大多数常规用途的计算机系统(台式机、笔记本、平板、智能手机、游戏机等)包含的都不仅仅是一个处理器。处理器和其他组件共同构成了一台功能完整的计算机。

图 1.9(a) 展示了 Fixit.com 拆解的一台 iPhone 5 的内部结构(安卓手机和其他智能手机与此相似，平板和 iPod 也是)。注意，在图 1.9(a) 中，电池占据了一半空间。电路板占据了另一半，上面有 A6 处理器芯片(绿色)负责执行常规操作，比如运行应用程序。其他芯片则负责提供闪存、电话和其他专门的服务。图 1.9(c) 展示了 A6 的内部结构，标记了处理器的不同区域。注意，一共有 2 个 ARM 处理器和 3 个 GPU(图形处理器，Graphics Processing Unit)。也就是说，这台手机包含至少 5 个处理器(可能更多，取决于其他组件是如何设计的)。

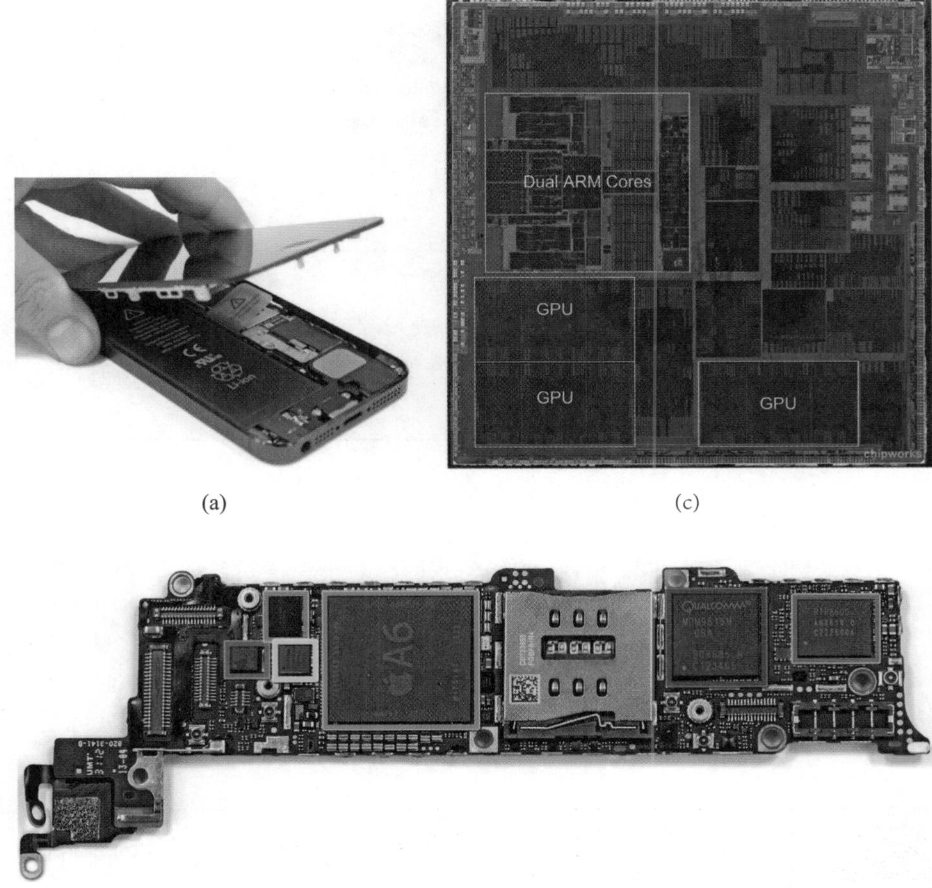

(a) (c)

(b)

图 1.9 iPhone 5 拆解图：(a) 拆开后可见超过一半空间都被锂电池占据；(b) 电路板在电池对面，包含所有电子器件，其中包括 A6 主处理器芯片(绿色)；(c) A6 芯片包含 2 个 ARM 处理器核心和 3 个 GPU

ARM 系列处理器

ARM 是为其他系统特制的一款处理器，目前已无所不在。ARM 是 Advanced RISC Machine(高级 RISC 机器) 的缩写，而 RISC 是 Reduced Instruction-Set Computer(精简指令集计算机) 的缩写。和设计专门的电子器件相比，将一款处理器嵌入其他消费类产品 (例如微波炉)，好处是更方便写代码来管理设备的工作。也就是说，设计人员主要选择软件而不是硬件。

处理器的数量令人震撼

手机和其他移动设备使用多个处理器来实现其功能。iPhone 5 使用至少 5 个。所有手机平均使用 2.4 个 ARM；换言之，比手机用户的数量还要多。

1.3.2 软件

虽然计算机硬件和芯片技术令人着迷，但计算最引人注目的还是软件。软件是程序的统称。计算机执行一系列指令来实现特定的功能，这些指令就是程序。软件“指示”计算机硬件执行一项任务 (例如显示网页或玩游戏) 所需的步骤。计算机通过 CPU 遵照程序的指示进行快速和精确的操作。所以，指定具体要做的事情才是关键。

术语释疑

程序是实现某个功能或完成某个操作的一系列计算机指令。软件是一个或多个程序的统称。因此，我们常说的“软件程序”其实有点多余。任何一个词都能表达完整的意思。

作为程序员和软件开发人员的工作，软件开发或者编程是一个困难和具有挑战性的专业。编程要求逐步指示一个代理完成某项功能或者执行某个操作。代理是遵照指令行事的任何东西。对于程序员，代理就是计算机。有时代理是人，就像行车路线一样。可以对人进行“编程”，告诉他 / 她如何去特定的地方。写食谱是编程。向朋友讲解如何在编辑视频时一步一步实现某个特效同样是编程。我们总是向计算机发出指令，比如执行 Web 搜索、使用电子表格和编辑图片等。所以，稍微多学一些关于软件的知识，可以使我们成为更好的用户。

1.2 缩写很重要，LOL

缩写词在计算术语中很重要。利用搜索引擎查询三字母缩写词 TLA 是什么意思并举例说明。

1.3.3 算法

算法是产生规定结果的一种精确和系统化的方法。第 10 章会全面介绍算法，目前暂将算法和程序视为同义词。两者的区别目前并不重要。

从小学起就在学习算法，例如怎样将一组数字加到一起。但人们总是以为算法就是解决问题的过程。之前列举的所有编程例子(行车路线、食谱、视频编辑技巧)都是过程。如果它们满足一些重要条件，那么也能成为算法。过程需满足以下 5 个条件才能成为算法。

- 规定输入。
- 规定输出。
- 确定性。
- 有效性。
- 有限性。

规定输入和输出意味着要说明计算的数据和产生的结果是什么。确定性意味着整个过程清晰和无歧义。有效性意味着代理有能力遵照指令行事。有限性意味着代理最终能完成计算，给出正确答案或停止并报告无结果

下面用在列表中查找项 e 的算法来举例说明。例如，在班级名单中查找一个学生的名字。整个过程分为 5 步。

输入：包含一项或多项的列表，以及要查找的项 e

输出：报告“找到 e”或“未找到 e”

1. 为列表中的第一项做个记号 (用卡尺、手指、硬币等都可以)。
2. 如果记号处没有更多项了，就停止并报告“未找到 e”。
3. 如果记号处的项是 e，就停止并报告“找到 e”。
4. 将记号移到下个位置。
5. 继续步骤 2。

我们来看看这个过程是否符合成为算法的条件。它指定了输入：包含一项或多项的列表，以及要查找的项 e。指定了输出：报告“找到 e”或“未找到 e”。整个过程有 5 个清晰的步骤。有的步骤是直接操作 (例如将记号移到下个位置)，有的步骤是测试。测试可能成功，也可能不成功。成功会被告知做什么，不成功则继续。考虑到这些原因，该过程是确定的。它还是有效的，因为人们能阅读、理解和执行所有指令。像“做记号”和“如果记号处的项是 e”这样的操作在人的能力范围之内。(该过程还没有为计算机量身定造，所以代理现在必须是人。) 最后，过程是有限的。这一点倒不怎么容易看出，因为有的指令是重复的。但是，注意重复的指令具有两个特点：(a) 没有更多项时会停止；(b) 每次重复都会检查一个新的列表项 (因为记号被移至下个位置)。所以，对于任何有限的列表，其中的项最终都会被用完，过程停止。另外还要注意第三个特点：(c) 过程会得到正确的答案。所以，该过程是算法，而且有一个正式的名字，即线性搜索算法。

1.3 体验算法

假设列表包含 3 项，最后一项是目标项 e，那么步骤 2-5 会被执行几次？

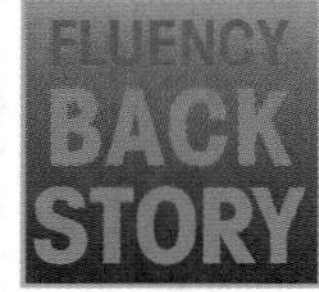

引导

引导 (boot) 是指启动计算机，重新引导 (reboot) 是指重新启动。由于引导通常在出现严重错误或者死机之后发生，所以你可能以为这个词来源于用户的怒火，也就是想把计算机当作球来“踢”(在英语中，boot 有“踢”的意思)。但事实上，Boot 一词来源于 Bootstrap(提鞋带)。

最初的计算机要由一名操作员来启动。操作员在计算机的空白内存中输入几条指令。这些指令告诉计算机从打孔卡上读取更多的几条指令，这些指令其实就是一个简单的操作系统。随后，这个简单的操作系统会从磁带上读取真正的操作系统的指令。之后，计算机才能做真正有用的工作。这个不断递进的过程称为 Bootstrapping 或“自举”，也就是“提自己的鞋带站起来”，因为计算机真的就是自己启动自己的。

如今，启动计算机的指令已集成到“基本输入 / 输出系统”(Basic Input/Output System，BIOS) 中，存储在称为 Boot ROM 的一块微芯片中。

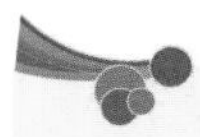

1.4 对一些概念性术语的解释

为了熟悉 IT 行业，虽然对一些物理组件 (显示器、主板和内存等) 的理解相当重要，但我们以后并不特别强调它们。相反，我们主要使用一些“概念性”术语。本节对这些术语进行了总结。

1.4.1 抽象

抽象 (Abstract) 是本书使用的最重要的概念性术语之一。它有几方面的含义。在英语中，Abstract 有“提取”、“提炼”或者“拿走”的意思，比如“The thief abstracted the pearl necklace wile the jeweler looked at the diamond ring.”(贼在珠宝匠看钻戒时拿走了珍珠项链)。在信息技术领域，Abstract 仍然具有“拿走”的意思，只是被拿走的东西并不是物理性的，被拿走的是一种思想或过程。我们说这种思想或过程是从某种形式的信息中提炼的。

所以在 IT 领域，抽象的正式定义是根据现有信息提炼出中心思想、概念或过程。抽象获得的东西通常要用另外一种更简洁、更常规的形式来表示。

寓言就是抽象的一个很好的例子。它以讲故事的方式来阐述一个道理，读者可以自己归纳出故事的中心思想。例如，“狐狸吃不着葡萄说葡萄酸”这个故事告诉我们：一个人如果在达到一个目的时失败，经常就会自嘲说自己本来就不想达到那个目的。

注意两个重点。首先，故事的许多 (但并非全部) 细节都与概念无关。在抽象过程中，必须判断故事的哪些细节是有关的，哪些则是无关的。“葡萄”和“狐狸”是无关紧要的，但“失败”是重要的。只有清楚分辨重要和不重要细节的差异，理解一个故事的真谛，才能正确进行抽象。其次，与故事本身相比，抽象得到的概念能适用于更广泛的场合，也就是更“常规”。当然，寓言的目的就是传达一个适合多种情况的概念。

1.4 抽象和归纳

阅读以下寓言，说明“叽叽喳喳”“谷粒”和“未雨绸缪”哪一个和寓言想要表达的中心思想有关。

蚂蚁和蚱蜢

在农场的一个大晴天，一只蚱蜢在地上蹦来跳去，叽叽喳喳地唱着歌。一只蚂蚁经过，背着谷粒要回到自己的窝。

“跟我聊下天吧，”蚱蜢说：“为什么你要那么辛勤地工作呢？”

“在夏天里贮藏食物，才能为严寒的冬天做准备啊。”蚂蚁说：“我建议你也那么做。”

“为什么要那么麻烦呢？”蚱蜢说：“食物多的是。”

蚂蚁不再理会蚱蜢，仍然继续工作着。

冬天来了，蚱蜢因为没有食物要饿死了。而蚂蚁呢，每天都能吃到夏天贮藏下来的食物。这时，蚱蜢才知道未雨绸缪是多么重要啊。

1.4.2 常规化

有一个过程和抽象相似，即归纳多种情况的共性。由于不同情况可能存在共通之处，所以我们在日常生活中创建了大量寓言和规则等。常规化 (generalize) 是指表达出适合多种情况的一个思想、概念或者过程。

例如，我们中的许多人都知道水龙头向左扳是开水，向右扳是关水。虽然并非总是如此 (有些水龙头只有一个操纵杆式样的把手。另一些则是拉压式的)，但这个规律在大多数时候都是成立的。所以，我们将“开”常规化为朝左，将“关”常规化为朝右。我们还知道，盖子、螺钉和螺帽朝左旋转通常是松开，朝右旋转通常是紧固。同样，我们将松常规化为左，将紧常规化为右。另外，也许还能将这两种情况常规化成同一码事！这是对常规进行常规化的一个例子。

注意日常生活中的一些行为模式，并对其进行常规化，这是一个非常好的习惯。虽然常规化得到的结论并非总是适用，但它至少有助于我们识别一种新的、但是相似的情况。

1.4.3 融会贯通

融会贯通 (Operationally Attuned) 是和概念及过程的提炼有关的另一个术语，是指在了解设备或系统的工作原理之后，运用所学来简化其使用。

例如，之前已归纳出，除了少许特例，所有盖子、螺钉和螺帽都是右旋则紧，左旋则松。我们也许凭直觉就知道这么做。但在明确这一点之后，就可以实现融会贯通。例如，如果盖子很紧，你就知道应该使劲朝左旋将其拧开，而不是朝右旋，否则会导致它越来越紧。融会贯通使我们做事情更高效。

之所以提到“融会贯通”，是为了强调思考计算的原理能使它变得更容易使用。我们的目的并不是成为所有技术的专家——很少有人能做到这一点。但是，如果经常都能思考“它是怎样工作的？”，并运用自己学到的知识来获得答案，就能更好地接受 IT 领域的新知识。本书的宗旨就是通过足够多的研究来回答许多“它是怎样工作的？”问题。

FLUENCY BYTE

归纳总结

解释事物的工作方式，可以使它们变得更容易使用。即使自己的解释不太正确，但只要符合事物的工作方式，就算是成功的解释。一个例子是锁定插销，它能将一个金属条从门上移动到门框上，从而将门锁住。思考一下这种锁是如何工作的，将有助于你判断门是否被锁住。如图所示，请注意把手的旋转方式。如果知道这种锁的内部工作原理，我们就知道把手的顶部实际是连接到金属条上的。朝左边旋转把手，金属条会缩回来——也就是解锁。朝右边旋转把手，金属条会伸过去，从而将门锁住。

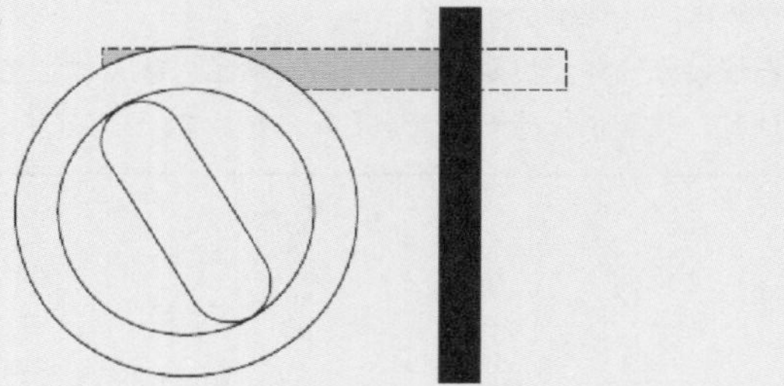

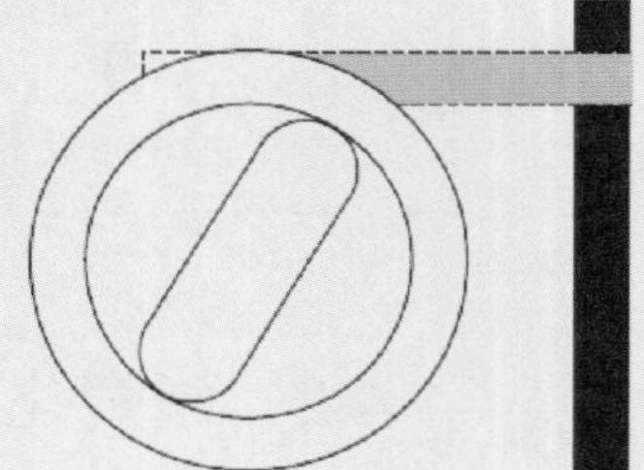

当然，并不是所有的锁定插销都采用了这种简单的设计，而且并不一定具如图所示的外观。我们也许并不知道锁真正是如何工作的，但是像上面这样归纳它的工作方式，以后就能远距离地观察门是否锁住。这看起来似乎微不足道，但你以后就可以不必从沙发上起来，并去摇晃一下门看它是否锁住。通过归纳和总结，我们的工作和生活得到了简化。

1.4.4 助记词

助记词在 IT 和其他领域很常用，它提供了帮助你记住一样东西的线索。线索可能具有多种形式，比如谐音字或短语。例如，北美国家的人用 HOMES 来记忆五大湖的名称，即 Huron，Ontario，Michigan，Erie 和 Superior。彩虹的不同颜色用 Roy G. Biv 来记，即 red，orange，yellow，green，blue，indigo 和 violet。冥王星被拿掉行星身份后，我们不得不将记忆各大行星的助记词从 My Very Educated Mother Just Served Us Nine Pickles 改成 Mary’s Violet Eyes Make John Stay Up Nights。最开始经常用首字母缩写词作为助记词，它们最终成为事物的常用名称。

IT 领域的许多细节只是偶尔才要用到。不值得记忆，但需要时找起来却不是很方便。所以，如果能想出一种助记方式来帮助我们回忆这些细节，就能更方便地使用技术。

小结

本章为未来的学习奠定基调，包括以下主题。

- 过去一百多年重要的计算发明。
- 了解和使用正确用词。通过学习术语来掌握知识，知道正确术语有利于顺畅沟通。
- 定义了常用计算机术语。
- 介绍了一些概念性术语，比如抽象和常规化。

本书以后会对本章的内容进行展开说明。你经常都有机会温故而知新。

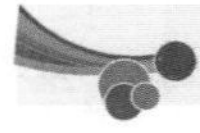

TRY IT 答案

1.1 有几个方案。可以先处理左边一列。只留下“1”(男性)。再处理右边一列。这样会得到 5 叠卡片。合并 0–10 和 11–20 这两叠卡片。重新过一遍机器并计数。这样就得到了 21 岁以下的男性的人数。也可以先处理右边一列，合并前两叠卡片得到 21 岁以下的男性和女性。处理左边一列将男性和女性分开，再统计男性数量得到相同的结果。

1.2 在计算领域，TLA 是“Three-Letter Acronym”(三字母缩写词)的简称。它本身就是一个例子。

1.3 记号定位在第一项时，步骤 2–5 被执行一次。定位在第二项时再计算一次。但定位在第三项时，整个过程在步骤 3 终止。

1.4 “叽叽喳喳”和“谷粒”和故事中心思想无关。有关的是“未雨绸缪”。

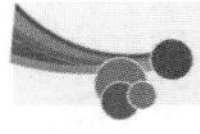

习题

选择题

1. 要连接一个键盘才算是计算机。_______

a. 正确　　b. 错误　　c. 某些计算机是

2. 1890 年人口普查是通过 _______ 来加快分析速度的？
   a. 集成电路　　b. 处理器
   c. 穿孔卡和穿孔卡读卡机　　d. ENIAC
3. 使用谷歌 (Google) 时，输入什么加术语来显示该术语的定义？ _______
   a. 查找　　b. 说明　　c. 字典　　d. 定义
4. 英语中哪个词可以和“computer”换用？ _______
   a. Processor　　b. desktop
   c. personal　　d. integrated circuit
5. 写算法需要什么学历？ _______
   a. 计算机科学或计算机工程学士　　b. 计算机科学或计算机工程硕士
   c. 高中文凭　　d. 不需要学历
6. 代理可以是什么？ _______
   a. 计算机　　b. 人　　c. 程序　　d. 以上都对

填空题

1. _______ 是第一台电子计算机的名字，位于 _______。
2. 软件指令由 _______ 执行。
3. _______ 使计算机变得更便宜，而且有利于制造更复杂的 CPU。
4. _______、_______ 和 _______ 是吸引人购买个人电脑的三项技术。
5. 复杂的印刷电路虽然设计起来很 _______，但制造起来很 _______。
6. 软件是 _______ 的统称。
7. 抽象将信息划分为两类：_______ 和 _______。
8. 程序获取并处理 _______，产生 _______。

简答题

1. 你有多少台计算机？请列出。
2. 详细解释为什么“软件程序”这种说法是多余的。
3. 硬指令和软指令有什么区别？
4. 现在许多非专业人士也能进行视频创作。请列举因为计算机软件而简化了使用的另外两样东西。
5. 解释在向技术支持人员描述问题时，为什么有必要正确用词。
6. 详细解释引导和重新引导的区别。
7. 写算法清晰指示别人如何制作你喜欢的一款零食。

CHAPTER 2

探索人机界面

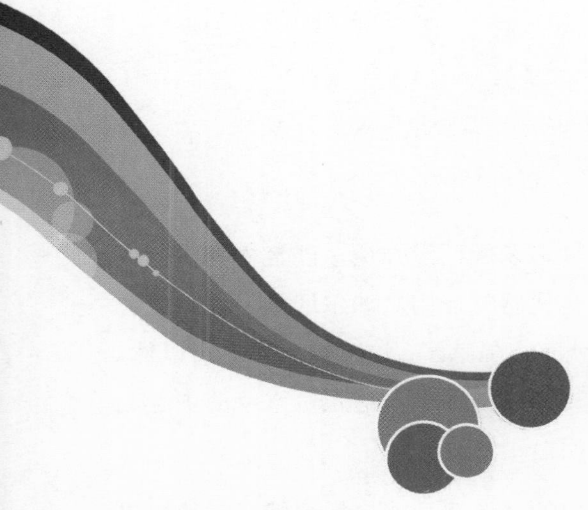

学习目标

- 了解你凭直觉就知道的计算功能的正式名称
- 解释占位符及其技术解释计算中如何使用“隐喻”
- 描述桌面隐喻，给出合适图标的例子
- 描述触摸隐喻，给出示例动作
- 解释桌面和触摸隐喻的区别

CHAPTER 2

别把计算机人格化，它们不喜欢。

——无名氏

一辈子都在使用计算机，有许多东西已经知道，能轻松利用。或许并不是很明确地理解，只是凭感觉在用。偶尔遇到问题，或者遇到全新的应用程序，感觉就有点抓瞎了。这时需要知其所以然。也就是说，直觉建立在什么规则的基础上？这正是本章的主题。理解起来并不难，说一遍就明白了。

本章首先明确了凭直觉就明白的几个概念，包括反馈、一致性界面和“新建”命令等。然后讨论了数字信息的基本特点——可被完美复制。然后针对一系列实际情况运用该特点，其中包括占位符技术。然后介绍了技术隐喻。在简单回顾了桌面隐喻的起源之后，介绍了近年来兴起的触摸隐喻。最后比较两个隐喻，指出它们促成了用户进行人机交互的不同方式。

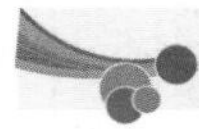

2.1 一些有用的概念

日常使用计算机时，一些方面你或许凭直觉就已经知道，但需要明确地理解。

2.1.1 反馈

计算机是代理，时刻准备做你要它做的事情。自然，无论他、她还是它，任何代理执行一个操作都必须向发出请求的人报告进展情况。代理是计算机的时候尤其如此，因为用户需知道任务在何时完成，以便发出下一个指令。所以，计算机系统总是向用户反馈“正在发生什么”。

反馈指出计算机仍在工作或已完成请求。反馈形式多样，具体取决于执行的操作。如果操作瞬间完成(快得不用等待)，用户界面(User Interface，UI)直接报告操作完成。如果是编辑操作，就直接显示修订的内容来报告操作完成并等待下一个命令。当命令(例如点击按钮)的效果不好辨别时，就提供其他形式的视觉或声音线索，例如高亮(突出显示)、加底纹、变灰、加下划线、改变颜色或者播放咔嗒声。

一种常见的反馈是报告计算机正在执行一项耗时操作。此时鼠标指针被替换成一个特殊图标，比如沙漏(⌛)、彩虹转盘(●)或者跑动的小狗(🐕)。应用程序还可向用户提供自定义反馈。常见的是表示“忙”的图标，例如一个忽明忽暗的太阳(☼)。如果完成时间可预测，应用程序应显示一个进度条。

最后，如果是处理一系列输入，“完成计数”应报告已完成多少项，或者剩余多少项。

总是期待并观察反馈!

2.1.2 一致性界面

有没有注意到同一个厂商(比如Microsoft、Google或Apple)的应用程序在风格上一致？MS Word和MS PowerPoint从图标到菜单，许多地方都是共通的，即使Word的作用是编辑以文字为主的文档，而PowerPoint的作用是创建具有丰富视觉效果的演示文稿。App Store应用也具有类似特点。

基本相似

无论厂商，许多老的桌面应用程序都提供了“文件”和“编辑”菜单。较新的应用程序如果没有提供这两个菜单，则可能通过Ribbon界面(Microsoft)、图标集或者动作(例如双击或长按手机屏幕)来显示可用的操作。无论显示方式,许多应用程序都支持以下操作。

- 文件:新建、打开、关闭、保存、另存为、页面设置、打印和退出等。
- 编辑:剪切、复制、粘贴、撤销、重做、全选、查找和替换等。

之所以出现这些相似的操作,是出于一个基本的原因。

2.1 清除斜体

假定你的期末论文频繁使用斜体进行强调,但后来发现脾气暴躁的教授讨厌斜体。请说明如何清除论文正文中的所有斜体。

你可能以为之所以出现这种相似性,是由于软件公司在每个应用程序中反复使用相同代码。确实如此,但不全是这个原因。另一个原因是假如多个应用程序都需要相同的操作,那么使其外观和行为一致,有助于减轻学习的负担。第三个也是最重要的原因,无论什么应用程序,某些操作是处理信息的基本操作,而非可有可无。厂商必须添加。而一旦添加,使其行为一致既方便了厂商,又方便了用户。

命令和控制

有时需独立于操作系统引用某个操作,比如“复制”。这种情况下就用 ^C 来表示 Mac OS 上的快捷键 Command+C 或者 Windows 上的快捷键 Ctrl+C。

到处点击和勇于探索

刚才讨论的一致性使我们在接触新的应用程序时一见如故。结果是安装新应用后立即可以执行两个重要的操作。

- “到处点击”(Clicking around) 是指探索应用程序,研究有哪些可用的功能。界面并不陌生,根据经验就明白了许多功能,很快就能熟悉。
- “勇于探索”(Blazing away) 是指大胆探索以前没去过的地方。也就是说,勇敢尝试应用程序的新功能。反正不会破坏任何东西,为何不试一下?它不过是软件。唯一发生的就是电子在硅芯片中跑来跑去。虽然最后可能要重启应用,甚至要重启电脑,但这没什么大不了的。

这些是拿到新应用程序时的标准操作。到处点击是因为有一致的界面,而勇于探索不会造成计算机的损坏。

出来又回去

经常都需要在犯错后退出并重新启动应用程序,这称为“出来又回去”,极客圈子流传过一个关于它的笑话。一个机械工程师、一个电子工程师和一个计算机工程师在雷尼尔山宿营。早上想开车离开,但车子发动不起来。机械工程师说:“起动机坏了,我来修。”说完便下了车。电子工程师说:“不可能。肯定是电池坏了,我知道怎么办。”说完她也从车中出来了。而计算机工程师从车子里出来之后,说:“现在让我们回去吧。”

2.1.3 新实例

使用计算机时，经常都会发现熟悉的“新建”命令，它可能是按钮、图标或“文件”菜单下的一个菜单项，作用是创建信息或文件的一个空白“实例”。什么是“空白信息”？为了理解这个基本概念，注意所有信息都根据其属性被划分为不同类型。数码照片是一种信息类型，每张照片的属性都有以像素为单位的高度和宽度等。日历是一种信息类型，属性包括年、月、日和星期几。文本文档也是一种信息类型，以字符数计算的文档长度就是它的一个属性。

First Last
Company
Company
edit
mobile ⬍ Phone
home ⬍ Email
home page ⬍ URL
mother ⬍ Related Name
home ⬍ User Name AIM ⬍
home ⬍ Add new address
note

图 2.1 一个可视表单，它是联系人信息的空白实例，来自一个电子通讯录应用程序；该实例具有特定结构，提供了许多空白字段供填写

任何一样信息——一个图片、日历或者文档——都是其类型的一个实例。期末论文是文档信息类型的实例。2014 年 7 月是日历信息类型的实例。

为存储或处理给定类型的信息，计算机设置了一个结构来记录所有属性并存储其内容。“新”实例或“空白”实例其实就是尚未填充任何属性或内容的结构。例如，图 2.1 展示了一个用于存储电子通讯录中的联系人信息的空白表单。这是一个准备好接收内容的新实例。

手机等设备上的“新建”命令也许不创建文件，而是在数据库中创建一条空白记录。

2.2 完美复制

接着讨论另一个基本概念，我们每天都要运用这个概念。

我们知道计算机用长串的二进制数字 0 和 1 来编码信息。(只是不知道为什么图形艺术家喜欢用蓝色或绿色表示二进制。) 这样的信息称为“数字信息”。只依赖 0 和 1 为数字信息带来了许多优势。最起码的一点，它可以被完美复制①。

2.2.1 生成一模一样的拷贝

将信息作为一串 0 和 1 来复制，可以生成一模一样的拷贝。另外，由于是数字化的，所以可直接检查两个序列来验证没有发生错误，计算机系统不间断地执行此类检查。

c o p y
0110 0100 0110 1111 0111 0000 0111 1001
⬇ ⬇ ⬇ ⬇ ⬇ ⬇ ⬇ ⬇
0110 0100 0110 1111 0111 0000 0111 1001
c o p y

① 根据上下文，copy 一词被翻译为复制、拷贝或副本。——译注

数字拷贝和原始版本一模一样，这个事实显而易见，但它还是对于模拟信息的一次重大改进。

模拟信息（例如黑胶唱片）或纸质文档（例如报纸）不可能实现完美复制。模拟信息来自或存储在连续变化的媒介中。所以，报纸可通过调整颜色和墨水量来印刷出它们想要的任何颜色或灰度。而在进行数字编码时，供选择的灰度或颜色是有限的。所以，如果想从纸质文档复制你的一张照片，不可能获得完全一致的拷贝。可能遇到以下问题。

- 纸张不对，虽然两者可能相似。
- 墨水不对，虽然两者可能相似。
- 墨水量不对，用了不能复生。

如果只是复制剪报，过亮或过暗这种细节不重要，但对于声音、视频、照片、画作等就很重要了。

由于数字信息的这一特点是如此重要，所以我们将其称为完美复制属性。你可能觉得这是相当明显的一件事情。确实是，但它造成了整个世界的巨变。

His Master's Voice①

在录音进入数字年代之前，照片、TV、电影和其他类似的媒介以模拟编码方式记录信息，根据所有原始作品作为“母版”保存。公开发行的所有拷贝都来源于它。每份拷贝都和原版有微小差异。从拷贝制作的拷贝跟原版的差异更大。所以，一个媒介的可复制性取决于尽可能限制这些错误。母版的物理媒介（例如磁带或胶卷）可能老化或磨损，作品只能在有限时间保持高品质。许多伟大的作品因此而丢失，或者仅存留失真的“拷贝的拷贝”。数字编码完美解决了该问题，可谓功德无量。

黑胶唱片沟槽的显微照片，一种很难照样复制的模拟技术

2.2.2 复制

我们每天都在利用“完美复制”属性。来看看一些复制方式，理解如何从中获得更大的好处。

---

① HMV 是著名连锁唱片店。master 在这里是双关语，影射后文的“母版”。——译注

复制的道德标准

复制在大多数情况下都要受到处罚或至少不鼓励。这有点像抄作业，你想要的是自己的风格，而不是别人的拷贝。复制有版权的作品违法。但其实复制任何人的作品都是不好的。不过，计算机上的“复制”是一个很好的主意，复制自己的作品更是大有好处。

复制、粘贴和编辑

复制和粘贴用处广泛，是我们的好朋友。编辑时可重新键入或者重画来生成完全一致的内容，也可利用复制 / 粘贴在另一个地方重现。大多数人都喜欢使用复制 / 粘贴，因为它有以下好处。

- 一般都比输入快 (取决于长度)，而且是完美的副本！
- 所有实例具有完全一致的形式，所以如果搜索内容 (比如通过“查找并全部替换”来修改) 肯定会“命中”，其中包括空白；输入的文本则可能不完全匹配。
- 高级应用程序 (例如电子表格、制图和设计工具) 对输入的内容和形式很挑剔。复制 / 粘贴不会带来应用程序厌恶的一些小错误。

复制 / 粘贴会重现和原始值一样的内容和其他特性，将格式错误的概率降至最低。

Make a Note

点击“复制”造成计算机复制二进制序列并把它保存到内存。每次“粘贴”都生成已存储版本的一份拷贝。所以，无论“复制”还是“粘贴”其实都在复制。(^ 符号代表按住 Ctrl 键)

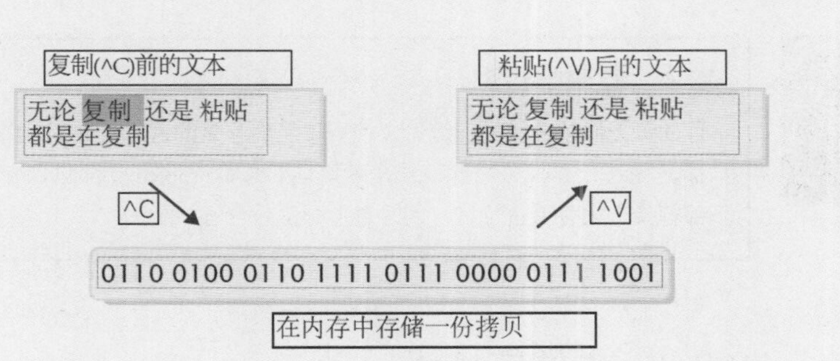

查找并全部替换

“查找和替换”也能从数字拷贝获益。许多应用程序都支持这个编辑操作，它在文档中查找目标内容，并用其他内容替换。“查找并全部替换”是“查找和替换”的升级版本，会直接替换找到的所有目标内容。

用占位符减少打字量

“查找并全部替换”的一个用处是避免重复输入复杂内容。例如，假定要写一篇关于1991年诺贝尔和平奖获得者昂山素季的论文。她的获奖理由是以非暴力方式对抗缅甸政府(参见图2.2)。名字很长，要打好多字，但又要在论文中多次出现。(还好，至少不需要用缅甸文来拼写。)

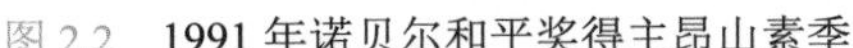

图2.2 1991年诺贝尔和平奖得主昂山素季

可以利用复制/粘贴功能，在论文中第一次仔细输入她的名字，以后每次需要时就查找名字并粘贴。虽然这可能比每次都比手打准确一些，但还有更好的办法。写论文时，每次需要她的名字时就写一个占位符，比如assk。占位符具体是什么并不重要，好记和唯一就行。

由于被软禁在家，所以assk无法亲自去奥斯陆领奖。

论文完成后进行校对时，利用“查找并全部替换”功能将assk替换成她的真正名字即可。最好在校对前替换，以防出现拼错占位符这样的情况。

使用占位符更快，因为不需要花时间查找之前打好的名字。要多利用计算机擅长的本领，这样你可以少做一些事。占位符可“通杀”所有长的、频繁出现的短语。

2.2 软件问题

你的关于微软公司的一篇论文使用了显而易见的占位符ms，打算最后把它替换成公司名称。写到一半时突然意识到许多单词(比如problems)都包含ms。怎样利用“查找并全部替换”来替换占位符，同时避免弄乱包含ms的单词？

2.2.3 占位符技术

▶视频讲解 Placeholders Gone Wrong

“查找并全部替换”功能强大，但使用需谨慎。例如，假定在一篇论文中大量使用“etc”，后来意识到正确形式是“etc.”，有一个点号。直觉是将所有etc替换成etc.，然后意识到etc有时在句末使用，后面已经有一个句点了。那样替换会造成双句点。没关系，你很自信地以为，将双句点替换成单句点就可以了。然后突然发现论文中使用多个句点的情况不在少数，比如省略号(……)。将两个句点替换成一个会造成混乱。难道只好人工纠错？当然不用，聪明的占位符技术能防止文本被改得乱七八糟。在本例中，先将位于句末的正确etc.隐藏起来。图2.3展示了具体步骤。

原始版本	隐藏正确文本	纠错	还原正确文本
Et cetera is abbreviated etc. An alternative to using etc is to say "and so forth," "and others," etc. Remember that before etc an "and" is unnecessary.	Et cetera is abbreviated # An alternative to using etc is to say "and so forth," "and others," # Remember that before etc an "and" is unnecessary.	Et cetera is abbreviated # An alternative to using etc. is to say "and so forth," "and others," # Remember that before etc. an "and" is unnecessary.	Et cetera is abbreviated etc. An alternative to using etc. is to say "and so forth," "and others," etc. Remember that before etc. an "and" is unnecessary.

图 2.3　利用占位符技术将 etc 改成 etc.，同时避免双句点

先用“查找并全部替换”将所有 etc. 替换成一个占位符，例如 # 或其他唯一字符。剩余的所有 etc 都需要加句点，所以利用“查找并全部替换”把它们替换成 etc.。这时 # 符号当然不受影响。最后将所有 # 还原为 etc.。现在，每个 etc 后面都有一个句点。

2.3　给数字加标点

假定文档包含要导入电子表格的数据，但大数已经加了表示千分位的标点，比如 1,048,576。当然，文档 (假定英文) 剩余部分也会正常使用这种半角逗号。利用占位符技术从数字中删除这种逗号。

总结占位符技术分为三步，即隐藏、编辑和还原。

- 隐藏正确项。将所有正确的文本序列替换成占位符 (例如 #)。
- 根据需要进行编辑。利用“查找并全部替换纠正剩余文本。
- 还原正确项。将占位符 (例如 #) 还原为原始文本。

熟练之后，这个简单的算法就很好用了。

2.4　算法抽象

第 1 章说过，抽象是提炼出一个概念或过程的精华，忽略别的一切。我们通过抽象来创建算法。将 etc 改成 etc. 被抽象共有三个步骤的“隐藏 - 编辑 - 还原”占位符算法。参照对 etc. 的处理说明，找出抽象过程中两个无关大局的词和两个至关重要的词或概念。

2.3　所见所思

许多人首次遇到一种新技术 (设备或应用程序)，马上就能明白它的作用和操作。确实，有些技术 (比如开车或弹琴) 需要明确的指令才能用得好。另一些技术 (比如骑车) 可由有经验的人演示。还有一些技术 (比如操作电锯或料理机) 要求起码看一下使用手册。即使在这些情况下，许多技术都可以在没有帮助的前提下自行琢磨清楚。即使从未见过，也能凭直觉知道怎么做。这一切并非意外。

2.3.1 隐喻

难道我们都是天才？好吧，就算是吧。但我们还从产品开发人员那里获得了巨大的帮助。他们在创造一种技术时会考虑尽量缩短用户的学习时间。例如，假定一样设备要提供执行标准操作 (比如增大 / 减小什么) 的控件，而新产品将这个控件设计得和媒体播放机的音量控件一样，那么我们马上就知道怎么操作：旋转或滑动。如果造成它所控制的东西增大或减小，就知道做对了。平时可能根本没意识到这一点。设计师故意这样设计。不仅如此，设计时还要尽可能符合用户的习惯。以增大 / 减小的情况为例，调低一般设计成向左 (滑杆) 或逆时针 (旋钮)，调高则相反。像这样设计，便强化了这个约定，更完善地满足了用户的预期。

上语文课时学过隐喻，它是一种“比喻手法”，但我们在更常规的意义上使用它。它是代表或象征计算的一个图标、图像或概念。音量控制的例子是增大 / 减小什么 (不一定是音量) 的隐喻。设计师在创建一种技术时，利用隐喻来帮助用户在不看手册的情况下理解操作。(说实话，没人喜欢看手册！) 隐喻是相当惊人的方案，值得我们关注。虽然隐喻应用于许多方面，但用得最广和最明显的还是软件，这正是专门把它拿出来说事儿的原因。

2.3.2 桌面

介绍了技术隐喻的概念之后，让我们花些时间讨论一下历史。第一台个人电脑 Alto 在 Xerox Palo Alto Research Center (PARC) 创建出来之后，设计者用图形用户界面 (Graphical User Interface，GUI) 代替了当时盛行的命令行界面 (Command Line Interface，CLI)，后者只有技术迷才喜欢用，如图 2.4 所示。从名字就看得出来，CLI 的隐喻是相当教条的命令序列。

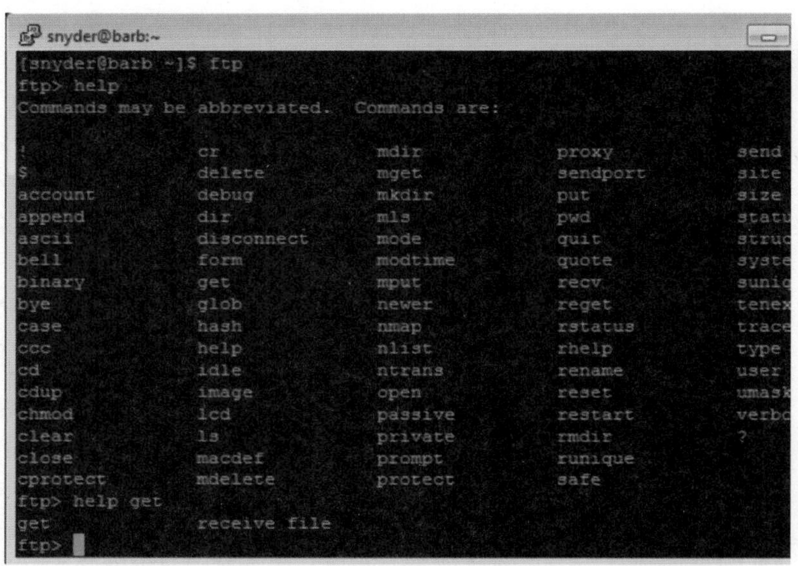

图 2.4　命令行界面：最顶行是用户请求文件传输程序的命令清单，应答是所有可用的命令；然后，用户请求解释 get 并获得两个字的答案；最后一行是计算机等待用户输入下一个命令

PARC 的设计者是面向办公室人员开发个人电脑，所以采用了桌面隐喻。用户在屏幕看到的是虚拟桌面。设计者发明了现在再熟悉不过的在重叠窗口中显示文档的概念，这是不是像桌面上重叠的纸张呢？用户通过滚动条控制窗口在文档上的位置，就像改变在纸上的视觉焦点一样。有许多按钮，一个 email 图标和窗口剪裁功能。Alto 用户界面最核心的东西就是道格拉斯・英格巴特 (Douglas Engelbart) 于 1967 年发明的鼠标，允许用户通过指向操作来重新定位焦点，如图 2.5 所示。

(a) (b) (c)

图 2.5 鼠标的进化：(a) 格格巴特在 1967 年发明的原型；(b) Alto 的三键鼠标；(c) 初代 Macintosh 单键鼠标

1984 年发布的 Macintosh 是第一款成功的图形用户界面个人电脑。它延用并扩展了 Alto 的思路，为桌面隐喻添加了新的图标和机制，展示了鼠标在绘画和制图应用程序中的巨大作用。

一年半后，微软发布了 Windows 操作系统，添加了更多图标和面向桌面的功能。如今，桌面仍传统计算功能的首要界面选择。其他设备则需要不同的隐喻。

看到那只鼠标了吗？

鼠标由道格拉斯・英格巴特（Douglas Engelbart）于 1967 年发明，于 1968 年首秀，并因其超前的概念和高科技而惊艳全场。这场演示是如此重要，以至于被后世称为“所有演示之母”(The Mother of All Demos)。他演示了现在大家都习以为常的人机交互软件和硬件。在当时录制的黑白视频 (www.youtube.com/watch?v=hRYnloqYKGY) 中，他演示了鼠标和一种叫 chord keys 的东西 (能让五个手指同时工作，让手指的不同组合来实现不同功能的简单小键盘，这个东西从未流行起来)，并解释了鼠标一词的来历。同时参考 SRI 的视频 (www.youtube.com/watch?v=TPuC2dqdd_8)。

“1984，从老大哥手上拯救人类”

1984 年，在超级碗第三季期间，一段 1 分钟的 Apple Macintosh 广告进行了唯一一次日间播映。这段广告变得几乎和计算机一样有名。详情可在维基百科搜索“1984(广告)”。广告视频请访问 https://www.youtube.com/watch?v=8UZV7PDt8Lw。

2.3.3 触摸隐喻

计算机向移动领域发展后，作为桌面霸主的鼠标成了一个问题。鼠标不好和手持设备配合。手写笔是一个方案，但作用一直都很有限。没有鼠标，又不做桌面上的主流任务 (比如编辑文档)，那么最好更改为触摸隐喻。

触摸隐喻一个著名的例子是 Cover Flow 机制。它的作用是翻阅列表，尤其是专辑封面或电影海报这种图形项的列表。手指轻扫，即可让它们连续移动，并最终选定一个，如图 2.6 所示。

图 2.6　Cover Flow 是触摸隐喻的一部分；位于中央 (正面) 的项被选定

还有其他手势支持触摸隐喻 (虽然标准未统一)，表 2.1 总结了常用的。

表 2.1　支持触摸隐喻的手势

手势	说明	典型应用	典型结果
轻扫	手指滑动	翻阅项目列表	在不同项之间切换，其中一项被选定
点按	手指点击一下	选定	点中的项被选定
双击	手指点击两下	启动	所选项被启动
拖动	移动所选项	移动	所选项移至新位置
手指捏合 / 分开	减小 / 增大手指之间的距离	缩小 / 放大	图片大小改变
两指滚动	两根手指滑动	导航	切换文档或图片的不同区域
Flick	快扫，手指离开屏幕	加速切换	快速翻页

为什么使用隐喻？

计算广泛使用隐喻是因为所有用户交互都已经创建好了。在音量控制的例子中，像电唱机这类的模拟系统之所以使用旋钮，是因为被控制的电子设备本身就是循环改变其电子特征的。这种情况下使用旋钮来控制音量几乎是必须的。而在计算中，整个 UI 都已经创建好了，没有什么是必须的，任何形式的控件都可以。隐喻利用了人的直觉和经验。

2.3.4 隐喻之间的关系

触摸是新兴事物，但它同时也是一种新的隐喻吗？去掉鼠标使用触摸屏不就是一个很酷的主意吗？也许吧，因为我们是如此专注于手势。但是，触摸根本上改变了人机交互，这使其成了一种新的隐喻。下面用一个例子来说明。

在长列表中，如果内容在屏幕上一次显示不全(例如 100 张专辑封面)，桌面隐喻是用底部或侧边的滚动条来搞定。这样一来，用户可以导航到想去的任何地方。通过拖动或其他鼠标操作，用户可以移动滑块来查看列表在屏幕以外的内容，就像通过一个窗口来查看一样，如图 2.7 所示。触摸隐喻则相反。

触摸隐喻

在触摸隐喻中，显示并没有变化，只是滚动条被去掉了，虽然有时会提供位置反馈。(去掉滚动条能更好地利用移动设备小的屏幕空间。)用户通过手指轻扫来移动各个项目。但如果仅仅如此，那么触摸不过是鼠标的替代物罢了。事实上，台式机或笔记本的触控板就允许用户执行刚才描述的触摸操作。

隐喻的变化反映在导航动作之中：

> 导航动作：在触摸隐喻中，向左轻扫是移至列表后面部分；而在桌面隐喻中，是将滑块向右拖动移至列表后面部分。在触摸和桌面隐喻中，运动方向是相反的。

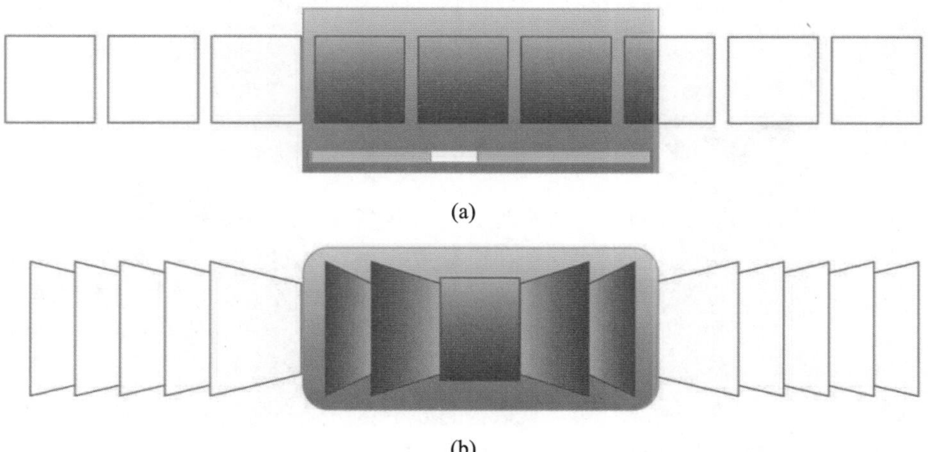

(a)

(b)

图 2.7 图解两种隐喻：(a) 桌面隐喻使用带滚动条的窗口；(b) 触摸隐喻使用 Cover Flow。要向右边的项移动，向右拖动滚动条上的滑块，或者向左轻扫

两种隐喻的导航动作不一样，是因为对看到的东西(隐喻所代表的屏幕内容)理解不一样。触摸隐喻动的是内容。你把内容推来推去以找到焦点。而在桌面隐喻中，你动的是框住内容的窗口，并没有动内容。之所以有不同的动作，就是为了支持不同的隐喻。

2.3.5 隐喻总结

我们每天都在手机、平板、iPod和计算机上使用技术隐喻。它们是百分之百的人造物件，用于简化设备的使用。桌面隐喻最传统。在没地方放文件柜和废纸篓的地方则使用触摸隐喻。两者是共存的。我们每天都在使用，只是可能没注意到。它们全面影响了我们的思考和行为模式。

2.5 了解自己的隐喻

参考表2.1，根据你在计算方面的经验解释在两种隐喻下放大图片。

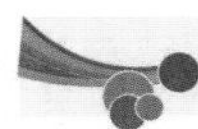

2.4 小结

本章探讨了如何学会使用技术，包括以下主题。

- 软件可快速上手，因设计者使用了一致的界面、提示性隐喻和标准功能。
- 可通过“到处点击”和“勇于探索”来探索新的应用程序。
- 生成一模一样的拷贝是日常使用的数字信息的基本属性。
- “查找并全部替换”是简化计算机使用的标准操作。
- 隐喻是计算机使用的关键，它指引我们了解和使用软件。
- 桌面隐喻最传统，触摸隐喻较新，目前两者并存。

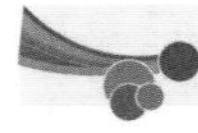

2.5 TRY IT 答案

2.1 虽然字处理软件也许允许查找斜体字，但一个一个替换有点慢。使用全部切换的方法更快：全选参考书目之前的所有文本(参考书目应保持斜体)。将其全部切换成斜体，然后再切换一次。第一次将文本变成斜体时，之前加斜体的所有位置就丢失了。再切换一次斜体(也就是切换回来)，所有斜体都变成正常文字。

2.2 在英语论文中，代表Microsoft的ms在前面都有空格。替换时加上空格即可解决问题。

2.3 在英语文档中，欲保留的逗号后跟一个空格或者结束引号(”)。用两个占位符将其隐藏，删除剩余的逗号，再还原被隐藏的文本。

2.4 具体的示例文本(etc.)和占位符(#)无关大局，任何没在别的地方使用的文本和占位符都符合要求。“查找并全部替换”和操作顺序则至关重要。

2.5 在桌面隐喻中，放大/缩小通过朝+或–方向移动滑块，或者通过鼠标滚轮。在触摸隐喻中，则是通过两根手指分开/捏合。这是两种隐喻有区别的另一个例子。

习题

选择题

1. 什么是 UI ？ _______
   a. update identification(更新身份)　　b. user identification(用户身份)
   c. user interface(用户界面)　　d. update interface(更新界面)

2. 以下哪个不是常见的计算机隐喻？ _______
   a. 按钮　　b. 门把手　　c. 菜单　　d. 滑块

3. 以下哪个不是实例？ _______
   a. 图片　　b. 歌曲文件　　c. 字处理文档　　d. 菜单

4. 计算机 _______。
   a. 做你告诉它做的事情　　b. 只做其他计算机告诉它做的事情
   c. 随机执行指令　　d. 做一切事情

5. 学习如何使用新应用程序的一个好办法是什么？ _______
   a. 阅读完整手册　　b. 浏览手册　　c. 呼叫技术支持　　d. 到处点击

6. 每次粘贴的是什么？ _______
   a. 文件　　b. 拷贝　　c. 类型　　d. 替代物

7. ^C 代表什么按键组合？ _______
   a. Ctrl+C 或 Command+C　　b. c
   c. C　　d. Caps Lock + C

8. 计算机朝移动化发展时，什么设备成了一个问题？ _______
   a. 打印机　　b. 键盘　　c. 电源线　　d. 鼠标

9. 鼠标由 _______ 公司发明。
   a. 微软 (Microsoft)　　b. 苹果 (Apple)
   c. IBM　　d. 施乐 (Xerox)

填空题

1. 信息数字化比模拟编码好在数字有 _______。
2. 软件设计者通过 _______ 帮助用户理解软件。
3. 一般在 _______ 菜单中找到打开、新建、关闭和保存命令。
4. 完美复制是 _______ 信息的一个属性。
5. 在有菜单的应用程序中，一般在 _______ 菜单中找到撤销、剪切、复制和粘贴命令。
6. 占位符技术的三个步骤是 _______，_______ 和 _______。
7. 使用占位符要注意 _______ 和 _______。
8. _______ 指出计算机仍在处理或者已完成任务。

9. _______ 电脑首次在用户界面中使用重叠窗口。

10. 一般同一个厂商的应用程序在风格上是 _______。

简答题

1. 解释桌面隐喻。
2. 从消费者和开发人员的角度讨论一致性界面的好处。
3. 计算机加载一个东西时显示进度条有什么作用？
4. 新建文档并写入文本“*****”，查找“**”并替换成“*”。最多需要几次查找并替换？详细说明过程。
5. 解释反馈为什么对用户很重要。
6. 说明数字信息的完美复制属性并解释其强大之处。
7. 解释为什么复制和粘贴都被认为是在复制信息。
8. 安吉尔想用占位符“the”表示“Theodore Hertzsprung Englebert”。为什么这个占位符不好？详细说明你的理由。
9. 详细解释触摸隐喻，并解释为什么需要触摸隐喻。
10. 解释触摸隐喻为什么没有完全替代桌面隐喻。
11. 使用新软件时为什么有必要“勇于探索”？

CHAPTER 3

联网基础

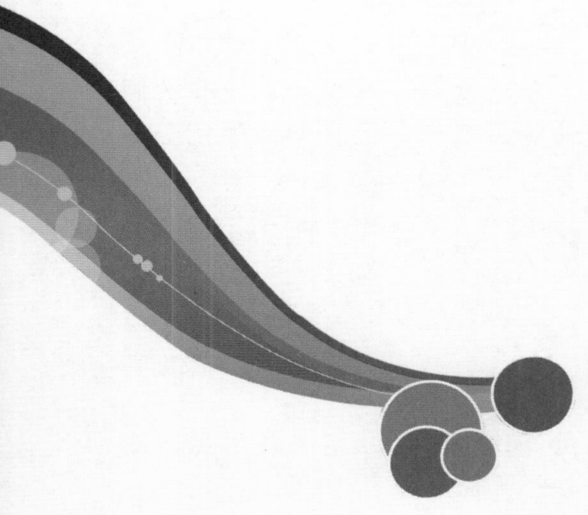

学习目标

- 了解通信技术(互联网、无线电和 LAN 等)是同步还是异步，是广播还是点到点
- 了解互联网地址、域名和 DNS 服务器在联网中的作用
- 区分两类协议 (TCP/IP 和以太网)
- 了解计算机如何通过 ISP 或 LAN 互联
- 区分互联网和万维网
- 了解文件结构以及如何层级导航

CHAPTER 3

据说一百万只猴子在一百万台打字机上乱敲，最终会复制出莎士比亚的全套著作。感谢互联网，现在知道那完全是不可能的。

——罗伯特·威伦斯基

说互联网是“网络的网络”就像在说航天飞机会飞。[①]

——约翰·莱斯特

虽然现代技术给了人们新的、强大的通信工具，但显然无助于改变许多人都言之乏味这个事实。

——李·戈墨斯，《圣荷塞火星报》

计算机本身很有用。联网之后更是。这一点在上个世纪 90 年代中期得到了明证。当时，以前一直供研究人员使用的互联网“飞入寻常百姓家”。互联网由大量网线、光纤、交换机、路由器、卫星链接以及供已编址计算机交换信息所需的其他硬件构成。人们第一次能方便、便宜地将自己的计算机接入互联网，并进而连接到同样接入了互联网的其他所有计算机。人们可以发送电子邮件，在家里体验上网冲浪。由于能方便地访问海量信息、电子商务、博客和其他类似功能，所以极大扩展了人们对计算机的应用。

本章首先定义一些通信术语，这有利于比较互联网和其他形式的通信。以下主题旨在不涉及技术细节的前提下让你了解互联网的工作方式：计算机命名、数据包、TCP/IP 和以太网协议以及如何将计算机接入网络。最后要讨论万维网和文件结构，为第 4 章学习 HTML 做好铺垫。

① 因为互联网这个英语单词的字面意思一目了然，就是“网连成的网”。——译注

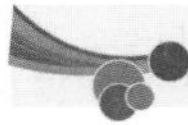

3.1 比较通信类型

为了理解互联网是由网络连成的网络，有必要解释一些基本通信术语。

3.1.1 常规通信

两个实体 (人或计算机) 间的通信可分为两大类：同步和异步。同步通信要求发送方和接收方同时处于活动状态。打电话就是同步通信。在同一个时间里，谈话双方同时发送 (说) 或接收 (听)。异步通信的发送和接收则不是同时发生的。邮寄明信片和发短信就是异步通信，因为是在不同的时间写和读。电话答录机和语音邮件使电话也成为异步通信，打电话的人留言供对方稍后收听。电子邮件是异步通信；像 Skype 这样的应用是同步通信。

通信的另一个属性和接收方数量有关。一个发送方和所有接收方的通信称为广播通信。无线电和电视就是广播通信。但如果存在多个 (但非全部) 接收方，就称为多播 (multicast)。各种主题的杂志就是多播。和广播 / 多播相反的是点到点通信。电话和短信是点到点，因为只有单一发送方和接收方。广播 / 点到点通信和同步 / 异步通信的划分方式是独立的。

网络连成的网络 (网际网)

互联网是网络连成的网络，规模巨大。2013 年 3 月，每分钟传输的数据约为 640 TB(1TB=1 万亿字节)。另外，每分钟约有 30 小时的视频上传至 YouTube。

3.1.2 互联网通信的特点

互联网支持点到点异步通信。如图 3.1 所示，互联网的一个基本特点是它建立了一种常规化的通信网络，将接入互联网的所有计算机都链接到一起。也就是说，计算机和网络作为一种媒介，可通过多种方式替代现有的通信模式。例如，互联网可作为邮政系统，而且是以电子速度。事实上，互联网快得足以模拟同步通信，这正是我们能 Skype 的原因：两个或更多的人通过异步消息的快速交换来聊天，将互联网作为电话使用。多播也没问题，中小规模的小组可通过博客或论坛来交流。最后，广播也不在话下。可通过互联网发布供任何人访问的网页或 YouTube 视频，效果堪比传统的无线电或电视。互联网真的是一种万用型的通信媒体。

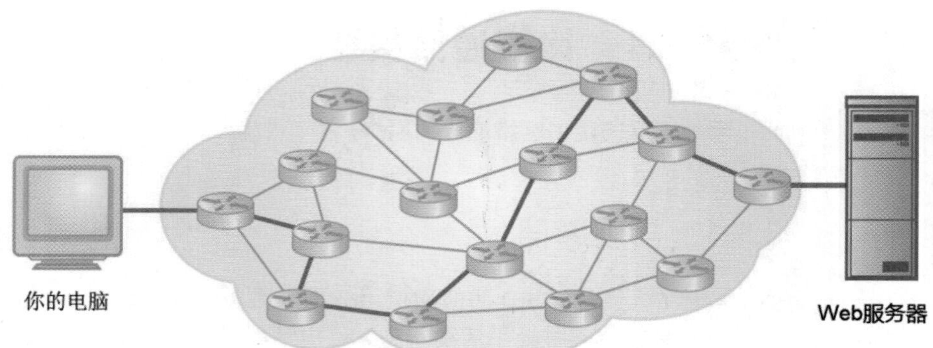

图 3.1 互联网示意图

每接入一台新计算机，互联网就变得更高效。也就是说，假定互联网已接入 x 台计算机，每新增一台，都会获得 x 个新连接——新计算机能建立到原来每一台计算机的连接。

FLUENCY BIT

互联网

现代互联网是为美国国防部先进研究项目局 (Department of Defense Advanced Research Projects Agency，DARPA) 开发的阿帕网 (ARPANet) 的商业衍生物。阿帕网于 1969 年在加利福尼亚大学洛杉矶分校 (UCLA) 发出了它的第一条消息。令人惊讶的是，该事件居然在 7 月 19 日的校园报 Daily Bruin 上有报道。

Country's computers linked here first

A computer facility here will become the first station in a nation-wide network which, for the first time, will link together computers of different makes and using different machine languages.

Creation of the system "represents a new area of what computers might be like in the future . . . it will serve the faculty," according to the public information office here.

The project is supported by the Defense Department's Advanced Research Project Agency (ARPA).

3.1.3 客户端 / 服务器结构

大多数通过互联网进行的交互都使用称为“客户端 / 服务器交互”的一种协议。下面通过浏览器网页时发生的事情来解释这个简单的概念。

短暂的邂逅①

点击网页上的一个链接，计算机发起为你访问网页的操作。此时，你的计算机进入一次“客户端 / 服务器”交互。你的是客户端，存储网页的是服务器，这正是后者被称为“Web 服务器”的原因，如图 3.2 所示。任何情况下，只要有一台计算机 (客户端) 从另一台计算机 (服务器) 获取服务，就可以使用“客户端”这个术语。作为客户端发出请求的结果，服务器通过互联网将网页发送回来，从而完成请求。这时就完成了你点击网页链接而发起的操作，“客户端 / 服务器”关系结束。

① 原文 Brief Encounter 是一部有名的电影，一般翻译为《相见恨晚》。——译注

朝正确的方向移动

从服务器获取网页等文件时，是在下载；将视频等文件放到 YouTube 等服务器上时，是在上传。想象客户端在服务器“下面”。

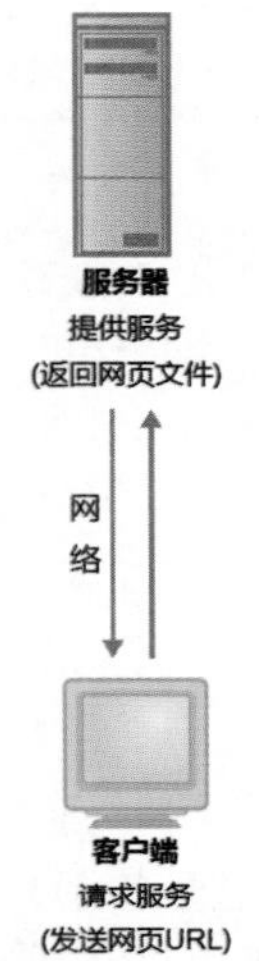

图 3.2　基本客户端 / 服务器交互；本例是浏览器 (客户端) 请求 Web 服务器提供的网页

客户端 / 服务器结构是互联网交互的基础。如图 3.2 所示，其中关键在于，它只涉及的一个服务请求和响应。这是一种很短暂的关系，始于发出请求之时，终于收到响应之时。相反，电话是只要在打电话就会一直连着，期间会发生好多次交换。客户端 / 服务器关系则只维持很短的时间，客户端发出一个服务请求，服务器做出一个响应，然后就结束。

许多短暂关系

这种方式的重要优势在于服务器可以一次接待许多客户端。就在你的浏览器的连续两次请求之间 (例如获取一个网页并要求从同一个站点获取下个网页)，服务器就可能已经接待了成百上千的其他客户端。这是非常高效的一个系统，因为服务器仅在执行你的单个请求时才忙一下。一旦完成，从服务器的角度看关系就结束了。从客户端 (你) 的角度看关系也结束了。下次点击的可能是到其他服务器的链接。等下一次回到站点时，你和你的浏览器可能已经当过成百上千其他 Web 服务器的客户端。图 3.3 展示了客户端 / 服务器关系随时间的变化。

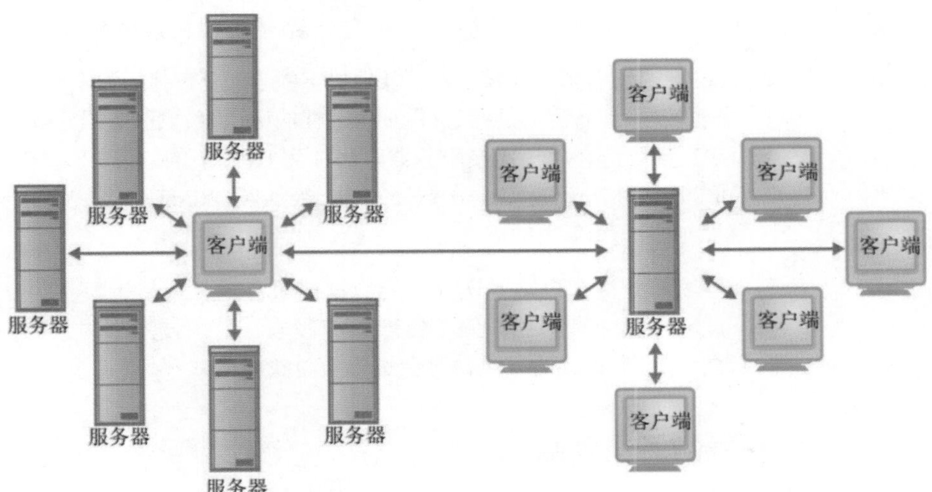

图 3.3　客户端 / 服务器关系随时间改变

多连接一些

虽然互联网本质上是点到点异步通信系统，但基于它构建的软件实现了多种形式的通信。例如，文字、语音和视频聊天应用程序使用客户端软件 (在通信双方的计算机上运行的软件)管理双方的交互。客户端软件将从麦克风和摄像头接收到的信号“分解”成数据包(稍后解释)。内容传输给对方，其客户端拼装声音和图像，然后播放和显示。整个过程依赖于快速、可靠的传输，结果就像是双方在直接连接。以后会讲到，“互联网协议”(互联网 Protocol，IP)一般情况下都很快、很可靠，足以满足要求。虽然不百分之百保证速度和可靠性，但整个过程还是工作得非常好。

保持连接

使用有线电话，即使没人说话也会一直连着。客户端/服务器传输则不像这样，就是客户端到服务器的传输进行请求，服务器到客户端的传输进行响应。但是，你的计算机是否一直连着互联网？是的，但仅仅是连到你的 ISP。也就是说，是一直连着互联网，而不是 Web 服务器。

3.1.4 好像一直连着

由于客户端/服务器协议建立在快速交互的基础上，有些站点想要和用户“保持连接”就有问题了。银行怎么知道你查询账户余额的请求对应的是你刚才输入的账号？或者航空公司怎么跟踪你的网上购票过程？从开始发送你请求的航线，到你最后点击“购买”，站点可能已经向成百上千的人发送了航线。

两个解决方案

网站通过两个基本的解决方案，使用客户端/服务器协议来营造持续连接的假象。

- cookie 是服务器存储在客户端计算机上的小文件，伴随每个网页请求返回给服务器。文件包含足够的信息(例如唯一性的标识符)供服务器连接回早先的交互。
- URL 参数是客户端连接服务器时添加到 URL 上的信息。例如在购买机票时，可能看到 flybynite.com/buytix.php?trip=round&leg1= ORDtoLAX&dep=041114&ret=... 这样的 URL。问号后面的就是 URL 参数。

两个技术都允许客户端发送足够的数据使服务器知道最近发生的交互哪个是你的，营造出你一直都在跟服务器连接的假象。两个技术都很常用；cookie 便利但危险。第 12 章讨论安全性时会进一步讨论两者。

客户端/服务器端

客户端/服务器交互还有一个问题值得注意：“谁在干活儿？”例如，当航空公司向你发送一个网页以便指定想要购买的航班时，有的计算在客户端发生，有的在服务器端。显示日历请求指定出行日期是客户端干的活儿。查找和日期相符的航班是服务器端干的活儿。

开发人员有许多理由偏向在一端或另一端完成计算。例如，减少两台计算机之间的通信量可能就是将工作转移到客户端的一个原因。

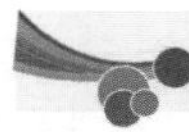

3.2 消息的传输媒介

互联网如何传输电子邮件和网页之类的消息？今天的互联网运用了复杂和高端的技术，但基本思路非常简单。

3.2.1 计算机地址的名字游戏

记住互联网使用的是点到点通信。点到点发送的任何东西 (比如电话、信件或家具) 都需要有目标地址。

IP 地址

接入互联网的每台计算机都由唯一地址，称为 IP(互联网 Address) 地址。IP 地址是一连串数字，共有 4 部分，各部分由点号分隔。例如，我写作时所用的这台计算机的 IP 地址就是 128.208.3.136，而我收电子邮件的那台计算机是 128.95.1.4。虽然每一部分都可以是 0~255 的数字，从而可以组合成数十亿个 IP 地址，但 IP 地址实际上仍然短缺。

地址的变迁

20 世纪 70 年代以来，我们一直在用互联网 Protocol Version 4(即 IPv4)。IPv4 指定了 4 字节的 IP 地址。在当时全球联网计算机只有 200 台的情况下，这已经足够了。现在，15 亿计算机用户大多有自己的个人电脑，这促成了互联网 Protocol Version 6(IPv6) 的开发。IPv6 指定了 16 个字节的 IP 地址，很好地解决了 IP 地址短缺的问题。

IP 数据包

IP 数据包

#: 1 技术用途的二进制位 : 11001001
发送方 : 128.208.3.136
接收方 : 192.33.92.189
载荷： Hello! Blah-blahblah-blah-blah-blab-blah-

计算机和其他计算机通信是向其 IP 地址发送 IP 数据包。数据包就像明信片，上面写着要连接的计算机的 IP 地址以及返回 IP 地址。还有一个序号 (稍后详述)、技术用途的二进制数据以及载荷。载荷是要发送的东西，从 1 字节到上千字节不等。

IP 数据包的大小

IP 数据包首先是 12 字节的头部，包含技术用途 (含排序) 的数据。之后是 4 字节的发送方 IP 地址和 4 字节的目的地 IP 地址。这样就用掉了 20 字节。头部之后是实际数据，或称载荷，最多可以有 65 528 字节。总计 20 + 65 528 = 65 548 字节。

路由和交换

如图 3.1 所示，互联网由铜线、光纤、微波链路、无线电和其他技术连接起来的大量交换机和路由器构成。IP 数据包抵达交换机时，交换机读取目标 IP 地址，判断它连接的哪个路由器能将数据包带到更接近目的地的地方，并转发它。从一个路由器到下一个路由器的传输称为一次跳跃 (hop)。

许多路径

所有路由器和交换机都是和其他几个路由器和交换机连起来的。它们可将数据包发送给相邻的任何路由器。如果某个邻居不响应 (可能是出了故障、下线维护或者其他原因)，路由器就选择另一个。结果是发送给同一个地方的 IP 数据包可能经不同路由到达目的地。

跟踪路由

由于两个数据包可能经不同路由到达一个目的地，所以网络工程师记录 (和分析) 数据包经过的路由。他们使用称为“跟踪路由”(Trace Route) 的工具。图 3.4 展示了一个数据包从西雅图华盛顿大学我的办公室到苏黎世联邦理工学院 (ETHZ) 的路由。它经过了 20 次跳跃。

Traceroute

Tracing route to 192.33.92.189

Hop	Time	Host	IP	Locations
1	0.692	10.0.0.1	10.0.0.1	Local (CSE)
2	3.074	10.20.62.254	10.20.62.254	Local (UW?)
3	5.035	r2-l3tca-cr2.nextweb.net	216.237.3.33	Irvine, CA
4	10.195	ge-6-15.car2.Tustin1.Level3.net	4.79.142.41	Tustin, CA
5	159.713	vl-3202-ve-134.ebr2.Tustin1.Level3.net	4.69.160.17	Tustin, CA
6	167.65	ae-7-7.ebr3.LosAngeles1.Level3.net	4.69.153.225	Los Angeles
7	190.5	ae-12-12.ebr3.LosAngeles1.Level3.net	4.69.132.82	Los Angeles
8	185.48	ae-81-81.csw3.Washington1.Level3.net	4.69.134.138	Washington, DC
9	170.699	ae-72-72.ebr2.Washington1.Level3.net	4.69.134.149	Washington, DC
10	170.967	ae-42-42.ebr2.Paris1.Level3.net	4.69.137.53	Paris, FR
11	166.41	ae-9-9.car1.Lyon1.Level3.net	4.69.134.49	Lyon, FR
12	162.49	ae-5-5.car1.Geneva1.Level3.net	4.69.137.81	Geneva, CH
13	171.875	DANTE.car1.Geneva1.Level3.net	213.242.73.74	Geneva, CH
14	170.299	swiLS2-10GE-1-3.switch.ch	130.59.37.2	Zurich, CH
15	184.92	swiEZ2-10GE-1-1.switch.ch	130.59.36.206	Zurich, CH
16	170.094	rou-gw-rz-tengig-to-switch.ethz.ch	192.33.92.1	ETH
17	190.544	rou-fw-rz-rz-gw.ethz.ch	192.33.92.169	Local (ETH)
21	N/A	192.33.92.189	192.33.92.189	

图 3.4　一个数据包从西雅图华盛顿大学到苏黎世联络理工学院 (ethz.ch) 的路由，注意，图中没有显示本地跳跃 18–20。请自行尝试该工具：whatismyipaddress.com/traceroute-tool

数据包始发于我在计算机科学与工程系 (CSE) 的计算机，在局域网中找到互联网网关；10 开头的 IP 地址就是为局域网保留的。从网关出发直接到达加州尔湾，经过几次跳跃到达洛杉矶。尔湾和塔斯庭都离洛杉矶不远。然后，数据包一次跳跃穿越美国到达华盛顿特区。在特区进行了一次本地跳跃，再一次跳跃穿越大西洋。它游历了西欧，访问了巴黎、里昂和日内瓦。从日内瓦跳跃至苏黎世，到达苏黎世联邦理工学院，并在本地路由 (未列出) 到达目标计算机。注意大多数跳跃要么是本地 (地理上很近) 跳跃，要么是超长距离跳跃。

3.2.2 遵守协议

了解了计算机如何根据地址向其他计算机发送信息之后，还需要说明信息实际是如何发送的。发送过程使用传输控制协议 / 互联网协议 (Transmission Control Protocol/ 互联网 Protocol，TCP/IP)。该名称听起来技术味很浓，但概念很容易理解。

TCP/IP 类似于明信片

为了解释 TCP/IP 的工作原理，我们要重复一下文顿 • 瑟夫 (IP 发明人之一) 用过的一个比喻：通过互联网发送信息如同使用明信片把你写的小说从塔希提岛发给纽约的出版商。如何实现呢？首先要将小说拆分成小的单元，其中只有几个句子，反正不能超过一张明信片的篇幅。然后为每张明信片编号，指明句子在小说中的顺序。弄好明信片之后，把它们放入邮箱。塔希提邮局把它们发送给出版商。但是，这些明信片不是一起发送，也不全部走同一路线。有的明信片可能向西走，经香港中转。其他可能向东走，经洛杉矶中转。香港和洛杉矶分别经多条路线到达纽约。最后，明信片到达出版商手里，出版商根据编号将这些明信片按顺序放好并重建小说。

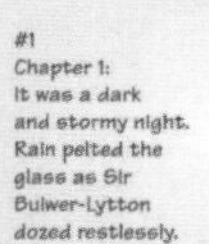

瑟夫的明信片比喻清楚诠释了 TCP/IP 的概念。发送任何数量的信息，包括整部小说，都可以通过将其分解为一系列固定长度的单元来实现。和明信片相似，IP 数据包有容纳一个信息单元的空间、目标和返回 IP 地址以及一个序号。IP 数据包按顺序填充，并分配序号。数据包通过互联网一次一个地单独发送，每次都使用当前可用的路由。在目的地，这些数据包按序号重新排序，组合成完整的信息。

3.1 字儿太多了！

艾茵 • 兰德的小说《阿特拉斯耸耸肩》有约 645 000 个单词。假设平均一个单词 5 个字母，后跟一个空格，平均每 4 个单词一个标点符号 (因为对话较多)，而且所有字母和符号都占一个字节，通过互联网传输《阿特拉斯耸耸肩》需要多少 IP 数据包？

数据包是独立的

想一想 TCP/IP 的优势。例如，我们很自然地假设 IP 包会选择单一路径到达目的地，就像有线电话一样，但事实并非如此。由于每个包都可选择不同的路径，所以拥堵和服务中断不会延误传输。如果通过香港发送第一张明信片意味着后续所有明信片都必须经香港中转，那么一旦塔希提到香港的航班因为台风而被取消，就会延误投递小说。但是，如果明信片可以选择任何可用的路径，就可以经洛杉矶继续投递。结果是，在塔希提到香港的航班恢复正常之前，所有小说都通过洛杉矶正常到达纽约。工程师受这个思路的启发，决定使 TCP/IP 数据包独立。

TCP/IP 协议是健壮的，这意味着在不利情况下也能继续工作。例如，在通信负担很重，数据包传输速度放慢的情况下，协议允许将数据包丢弃。出于缓解拥堵或其他目的而杀死数据包是没有问题的，因为如果它们没有及时到达目的地，接收服务器会请求重发。此外，由于数据包通过不同路径发送，所以可以不按顺序到达。重组数据包时会考虑到这两个特点，使系统能从不寻常的情况中正确还原。

荣获大奖

文顿・瑟夫和鲍勃・卡恩因为开发了 TCP/IP 而荣获 2004 年由计算机协会 (Association of Computing Machinery，ACM) 颁发的图灵奖，这是计算领域的诺贝尔奖。

3.2.3 远和近：WAN 和 LAN

互联网是广域网 (Wide Area Network，WAN) 的集合，这意味着在距离较远的两个位置之间发送信息的网络是独立的，没有直接连在一起。在明信片的比喻中，塔希提和纽约就没有直接连接，即没有直达航班。所以，明信片要经过一系列航班进行中转，就像 IP 数据包要进行一系列跳跃。

如果计算机足够近，只需一条或两条线缆就能连接，形成的就是局域网 (Local Area Network，LAN)。局域网主要采用以太网技术，适合连接实验室或建筑物内的所有计算机。以太网和互联网截然不同，但同样很好理解。

以太网的物理构成

取决于技术，以太网 (Ethernet) 的物理构成可以是一条普通线缆、双绞线或光纤 (称为信道) 连接一组计算机。以太网发明人罗伯特•梅特卡夫将信道描述为“The Ether”，这便是以太网的由来，如图 3.5 所示。工程师将信道连到计算机上，使它能发送信号 (将电子脉冲或光信号发送到信道中)。所有接入该信道的计算机都可侦测到信号，发送方也不例外。因此，信道支持广播通信。

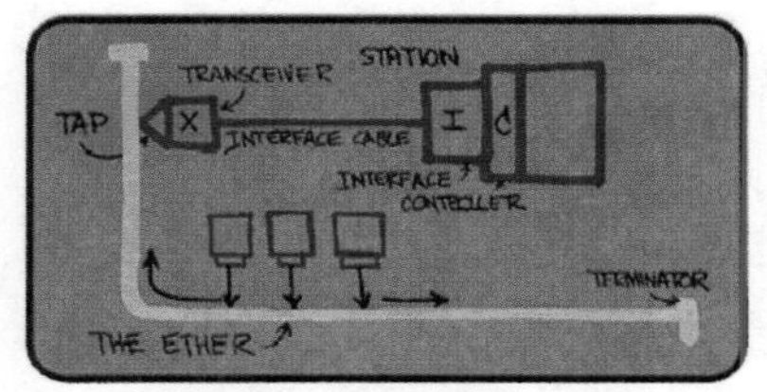

图 3.5 罗伯特·梅特卡夫最初绘制的以太网设计图。未加标签的框是计算机，它们和标记为“The Ether”(以太)的线缆连接。1973 年，他将以太网描述成“具有冲突检测功能的多点数据通信”

以太网类似于派对

我们通过一个比喻来理解以太网的工作原理。一群朋友在派对上讲故事。一个人讲时，所有人都在听。讲话的人在向该群体进行广播。讲完后，如何决定谁下一个讲？由于事先没有任何计划或约定，所以通常就有人直接开讲了。如果没人打岔，这个人会一直讲完故事。讲完后会发生同样的事情。会出现短暂的停顿，然后某人开讲。

在短暂的停顿后，如果两个或更多的人同时开口说话，他们会注意到还有其他人在说话，所以会立即停下来。每个人都在等别人开口时，会出现短暂的停顿。假定想说话的人都等待随机长度的时间，等得最短的人会开口说话。当然，可能再次发生两个或更多的人同时开口的情况，他们会注意到这种情况、停下来，并再次等待随机长度的时间。最终，总有一个人开始讲他的故事。

在这个比喻中，我们假定所有朋友都是平等的。也就是说，地位上没有任何区别，也没有人特别大声或小声。即便如此，系统仍然是不公平的，因为它偏爱一个故事结束后等待时间最短的那个人。当然，我们都知道有这种人！

以太网协议

以太网通信如同派对协议。一台计算机在信道上发送信号时(某人讲故事)，所有计算机都在听(但和讲故事不一样，通常只有一台计算机保留已发送的信息。也就是说，这种广播媒介被用于点到点通信)。停顿意味着传输结束，没有计算机发送信号，信道处于安静状态。计算机想要传输就开始发送信号，同时侦听信道，检测正在传输的是什么。如果传输的正是该计算机发送的信息，表明它是唯一正在传输信息的计算机，所以会正常完成传输。如果信号和其他一台或多台计算机的信号混合，就知道消息被打乱了，将立即终止传输。其他计算机也会停止。每台计算机等待一段随机长度的时间。等待时间最短的开始发送，没有冲突就正常完成传输；如果有，重复上述过程。

多和一

互联网的 TCP/IP 协议和以太网的派对协议有一个重要区别。互联网使用点到点网络实现点到点通信，而以太网使用广播网络实现点到点通信。区别在于，互联网允许通过不同的线缆同时进行多个通信，而以太网一次只能进行一个，因为只有一根线。这个限制通常不是问题，因为以太网的通信量通常不大。

注意，以太网完全去中心化，不需要调度或计划。每台计算机都侦听信道，安静就随便用。除非其他计算机同时开始，否则就能正常传输。出现冲突就全都停止片刻(随机)，再继续尝试。

FLUENCY BIT

以太网数据包的大小

以太网数据包限制为 1500 字节，由于我们许多人都通过以太网访问互联网，所以 IP 数据包实际大小被缩减为 1480 字节，再加上访问互联网所需的 20 头部字节。

3.2.4 将计算机接入互联网

▶视频讲解 Transportation Networks

在学校，在咖啡店，大多数时候想要上网的时候直接就上了，因为已经有人建立好了连接。怎么建立的？如今有两种基本方式：

通过互联网服务提供商(互联网 Service Provider，ISP)

通过校园或企业网络

我们大多数人每天都在同时使用这两种连接，具体取决于学习或工作的地方。图 3.6 展示了这两种方式。

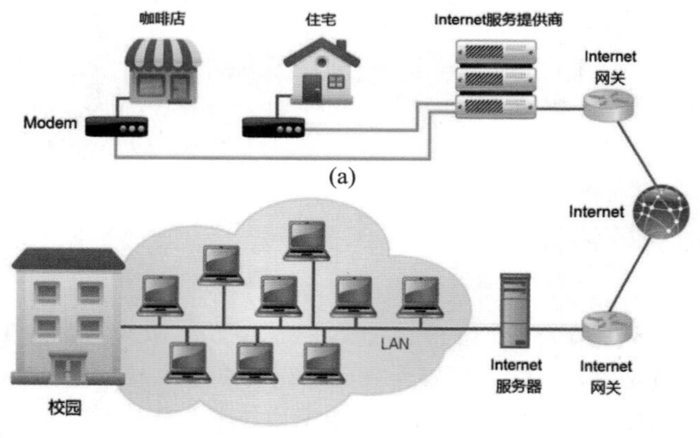

图 3.6 图解接入互联网的方式：(a) ISP 的 Modem 将计算机的数据转换成运营商的技术(电话线、铜线、光纤和微波等)能使用的信号，其服务器连接到互联网网关；(b) 在校园或企业内部，局域网的服务器直接连接互联网网关

通过 ISP 接入

从名称可知，互联网服务提供商销售的是互联网连接。许多电话公司和有线电视公司都是 ISP，美国有好几千家这样的 ISP。大多数家庭用户都通过 ISP 接入互联网。下面解释 ISP 连接是如何工作的。

ISP 给你发一个 Modem(调制解调器)，用于将计算机输出的数据转换成和运营商兼容的形式(在图 3.6 中，就是 Modem 下方和右侧连出的线)。这些信号发送到运营商处，并通过其他 Modem 转换成通过互联网网关连接到互联网的服务器所支持的形式。数字用户线路 (Digital Subscriber Line，简称 DSL 或 ADSL，后者代表不对称 DSL) 和有线电视 (Cable) 是两种很常见的服务提供商。使用智能手机时，它也有一个 Modem 连接到所谓的"无线宽带"网络，比如电信运营商提供的 4G/5G 网络，其无线信号就像是从家里连接互联网的那条线。

企业网络连接 (LAN)

另一种上网方式是作为联网大型机构 (比如学校、企业或政府部门) 的用户接入互联网。在这种情况下，系统管理员使用以太网技术将计算机连接成一个 LAN 或多个互联的 LAN。这些局域网统称为内部网或内网 (intranet)，不仅支持内部通信，还通过网关接入互联网。

无论通过 ISP 还是 LAN，一般都通过互联网透明收发信息。也就是说，不知道或者没有注意到具体使用的方法。

无线网络

无线网络是 LAN 连接的变种，通常用协议名称 802.11(英语发音 eight-oh-two-eleven) 来指代，如图 3.7 所示。它是咖啡店和家庭使用的技术。路由器物理连接到 ISP 的上网 Modem，能广播和接收射频 (Radio Frequency，RF) 信号。路由器和信号覆盖范围内的所有计算机 (在开启无线通信的情况下) 都加入基于以太网协议的一个网络。路由器为加入的计算机中继互联网请求。

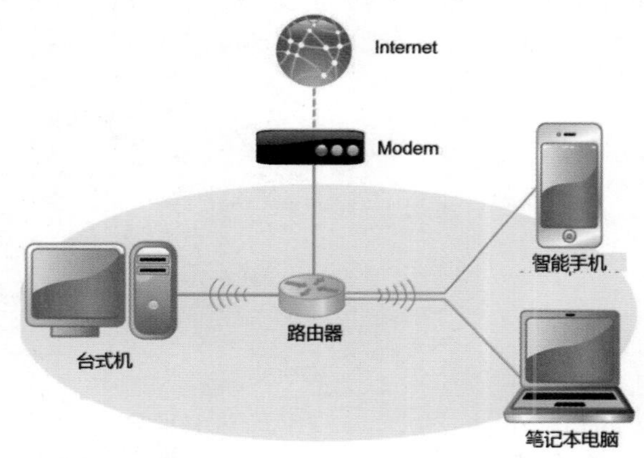

图 3.7　标准 Wi-Fi 网络配置。无线路由器连接到 ISP 的上网 Modem，笔记本和其他无线设备通过射频信号连接路由器

需要知道我的计算机的 IP 地址吗？

不需要。如通过 ISP 接入互联网，会为你的计算机分配一个临时 IP 直到断网。通过内部网接入互联网分两种情况。一种是网管为你的计算机分配永久性 IP。另一种是没有分配永久性 IP，计算机每次启动时都分配临时 IP。临时 IP 通过"动态主机配置协议"(Dynamic Host Configuration Protocol，DHCP) 分配。无线上网也使用 DHCP。无论哪种情况，都不需要你操心 IP 地址。

3.2.5 域和 DNS

前面说过，IP 地址是互联网用于标识每台计算机的一串数字，但我们平时不用 IP 地址。不是说 216.58.197.110，而是说 google.com。是用域名指代计算机，而不是用它们的 IP 地址。这是应该的，没人喜欢打一长串数字。

层次结构很巧妙

域名系统 (Domain Name System，DNS) 是用于命名计算机的层次结构。我打字的计算机 (128.208.3.136) 的域名是 spiff.cs.washington.edu。这种名称是有固定结构的。你可能已经知道，edu 意味着该计算机是教育机构的一部分；edu 是公认的教育机构所用的顶级域名。华盛顿大学 (UW) 就是这样的机构，大学所有计算机都是 edu 域中的 washington 域的一部分。UW 设有多个院系，计算机科学 (CS) 系的所有计算机都是 cs 域的一部分。spiff 是 cs 域的计算机中的一台。将域名分解成不同部分，就能知道这么多信息！

层次结构的一个好处是容易记住计算机名称。

同级

如图 3.8 所示，同一级的域称为同级 (peers)。CS 系的其他计算机是 spiff 的同级。例如，tracer.cs.washington.edu 就是同级，因其是同一个域的成员。UW 的其他系是 washington.edu 域中的同级。例如，astro.washington.edu 就是 cs.washington.edu 的同级。edu 域中的其他院校是各自的同级，如 princeton.edu。而 edu 域是其他顶级域 (如 com 或 org) 的同级。

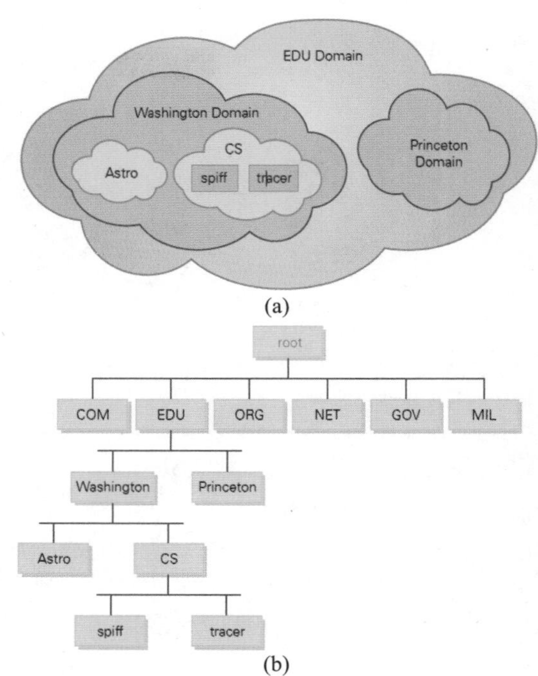

图 3.8　思考互联网域层次结构的两种方式

顶级域

1985 年首次建立域名系统时只有 7 个顶级域名 (Top-level Domain names，TLD)， 即 com，edu，gov，int，mil，net 和 org。int 全称是“international organizations”(国际组织)，比如 NATO(北约) 和 United Nations(联合国)。mil 则代表美国的军事机构。

最开始的顶级域名 (int 除外) 完全是针对美国的组织来建立的。另外，还确定了一组容易记忆的双字母国家域名，比如 ca(加拿大)，uk(英国)，de(德国，英语是 Germany，但德语是 Deutschland)，es(西班牙，英语是 Spain，但西班牙语是 España)，ch(瑞士，英语是 Switzerland，但瑞士的拉丁语是 Confoederatio Helvetica) 等。完整列表请参考表 3.1。这样一来，域名就可按国家进行组织。2000 年对顶级域名进行了扩充，加入了 biz，info，name，travel 等顶级域名。之后又添加了不少。完整列表请访问 www.icann.org。

表 3.1 顶级国家和地区域名

.ac 阿森松岛	.ad 安道尔	.ae 阿拉伯联合酋长国	.af 阿富汗
.ag 安提瓜和巴布达	.ai 安圭拉	.al 阿尔巴尼亚	.am 亚美尼亚
.an 荷属安的列斯群岛	.ao 安哥拉	.aq 南极洲	.ar 阿根廷
.as 美属萨摩亚	.at 奥地利	.au 澳大利亚	.aw 阿鲁巴
.az 阿塞拜疆	.ba 波斯尼亚和黑塞哥维那	.bb 巴巴多斯	.bd 孟加拉国
.be 比利时	.bf 布基纳法索	.bg 保加利亚	.bh 巴林
.bi 布隆迪	.bj 贝宁	.bm 百慕大	.bn 文莱
.bo 玻利维亚	.br 巴西	.bs 巴哈马	.bt 不丹
.bv 布维岛	.bw 博茨瓦纳	.by 白俄罗斯	.bz 伯利兹
.ca 加拿大	.cc 可可群岛	.cd 刚果民主共和国	.cf 中非共和国
.cg 刚果	.ch 瑞士	.ci 科特迪瓦	.ck 库克群岛
.cl 智利	.cm 喀麦隆	.cn 中国	.co 哥伦比亚
.cr 哥斯达黎加	.cu 古巴	.cv 佛得角	.cx 圣诞岛
.cy 塞浦路斯	.cz 捷克共和国	.de 德国	.dj 吉布提
.dk 丹麦	.dm 多米尼克	.do 多米尼加共和国	.dz 阿尔及利亚
.ec 厄瓜多尔	.ee 爱沙尼亚	.eg 埃及	.eh 西撒哈拉
.er 厄立特里亚	.es 西班牙	.et 埃塞俄比亚	.eu 欧洲联盟
.fi 芬兰	.fj 斐济	.fk 福克兰群岛	.fm 密克罗尼西亚联邦
.fo 法罗群岛	.fr 法国	.ga 加蓬	.gd 格林纳达
.ge 格鲁吉亚	.gf 法属圭亚那	.gg 格恩西岛	.gh 加纳

（续表）

.gi 直布罗陀	.gl 格陵兰	.gm 冈比亚	.gn 几内亚
.gp 瓜德罗普	.gq 赤道几内亚	.gr 希腊	.gs 南乔治亚岛和南桑德韦奇岛
.gt 危地马拉	.gu 关岛	.gw 几内亚比绍	.gy 圭亚那
.hk 香港	.hm 赫德和麦克唐纳群岛	.hn 洪都拉斯	.hr 克罗地亚
.ht 海地	.hu 匈牙利	.id 印度尼西亚	.ie 爱尔兰
.il 以色列	.im 马恩岛	.in 印度	.io 英属印度洋地区
.iq 伊拉克	.ir 伊朗	.is 冰岛	.it 意大利
.je 泽西岛	.jm 牙买加	.jo 约旦	.jp 日本
.ke 肯尼亚	.kg 吉尔吉斯斯坦	.kh 柬埔寨	.ki 基里巴斯
.km 科摩罗	.kn 圣基茨和尼维斯	.kp 朝鲜	.kr 韩国
.kw 科威特	.ky 开曼群岛	.kz 哈萨克斯坦	.la 老挝
.lb 黎巴嫩	.lc 圣卢西亚	.li 列支敦士登	.lk 斯里兰卡
.lr 利比里亚	.ls 莱索托	.lt 立陶宛	.lu 卢森堡
.lv 拉脱维亚	.ly 利比亚	.ma 摩洛哥	.mc 摩纳哥
.md 摩尔多瓦	.me 黑山	.mg 马达加斯加	.mh 马绍尔群岛
.mk 马其顿	.ml 马里	.mm 缅甸	.mn 蒙古
.mo 澳门	.mp 北马里亚纳群岛	.mq 马提尼克岛	.mr 毛里塔尼亚
.ms 蒙特塞拉特岛	.mt 马耳他	.mu 毛里求斯	.mv 马尔代夫
.mw 马拉维	.mx 墨西哥	.my 马来西亚	.mz 莫桑比克
.na 纳米比亚	.nc 新喀里多尼亚	.ne 尼日尔	.nf 诺福克岛
.ng 尼日利亚	.ni 尼加拉瓜	.nl 荷兰	.no 挪威
.np 尼泊尔	.nr 瑙鲁	.nu 纽埃岛	.nz 新西兰
.om 阿曼	.pa 巴拿马	.pe 秘鲁	.pf 法属波利尼西亚
.pg 巴布亚新几内亚	.ph 菲律宾	.pk 巴基斯坦	.pl 波兰
.pm 圣皮埃尔岛及密客隆岛	.pn 皮特凯恩群岛	.pr 波多黎各	.ps 巴勒斯坦
.pt 葡萄牙	.pw 帕劳	.py 巴拉圭	.qa 卡塔尔
.re 留尼汪	.ro 罗马尼亚	.ru 俄罗斯	.rw 卢旺达
.sa 沙特阿拉伯	.sb 所罗门群岛	.sc 塞舌尔	.sd 苏丹
.se 瑞典	.sg 新加坡	.sh 圣赫勒拿岛	.si 斯洛文尼亚

（续表）

.sj 斯瓦尔巴岛和扬马延岛	.sk 斯洛伐克	.sl 塞拉利昂	.sm 圣马力诺
.sn 塞内加尔	.so 索马里	.sr 苏里南	.ss 南苏丹（预计）
.st 圣多美和普林西比	.sv 萨尔瓦多	.sy 叙利亚	.sz 斯威士兰
.tc 特克斯和凯科斯群岛	.td 乍得	.tf 法属南部领土	.tg 多哥
.th 泰国	.tj 塔吉克斯坦	.tk 托克劳	.tl 东帝汶（新域名）
.tm 土库曼斯坦	.tn 突尼斯	.to 汤加	.tp 东帝汶（旧域名，尚未停用）
.tr 土耳其	.tt 特立尼达和多巴哥	.tv 图瓦卢	.tw 台湾
.tz 坦桑尼亚	.ua 乌克兰	.ug 乌干达	.uk 英国
.um 美国本土外小岛屿	.us 美国	.uy 乌拉圭	.uz 乌兹别克斯坦
.va 梵蒂冈	.vc 圣文森特和格林纳丁斯	.ve 委内瑞拉	.vg 英属维尔京群岛
.vi 美属维尔京群岛	.vn 越南	.vu 瓦努阿图	.wf 瓦利斯和富图纳群岛
.ws 萨摩亚	.ye 也门	.yt 马约特岛	.yu 塞尔维亚和黑山
.yr 耶纽	.za 南非	.zm 赞比亚	.zw 津巴布韦

3.2 在世界哪个地方？

你可能用过短网址服务 bit.ly，其顶级域是 Libya(利比亚)。《纽约时报》也提供了短网址服务 nyti.ms，可能是要去哪个国家注册该域名？

出问题了

我们人使用层次化的域名。计算机使用 IP 地址。为了访问 facebook.com，计算机需知道你说的是 31.13.69.128。这个转换是域名系统 (Domain Name System，DNS) 服务器的职责。所有联网计算机在首次连接互联网时都要设置一个或多个 DNS 服务器的 IP(参见图 3.9)。

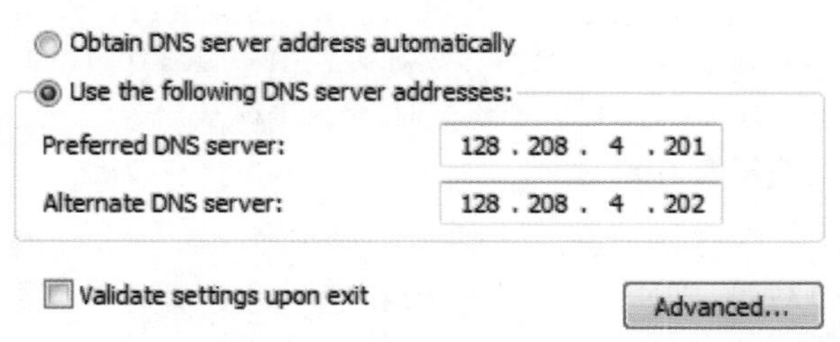

图 3.9　运行 Windows 7 的一台计算机显示的 DNS 服务器

这种服务器分析你指定的域名并找到对应 IP。它们维护着一个域名列表，其中包含大量 [域名 : IP 地址] 记录。提供域名，DNS 服务器就将对应的 IP 发送给你的计算机，后者用该 IP 连接站点。这实在再简单不过了！

等！ DNS 服务器怎么获得列表？互联网 上没有全部域的一份主控列表。例如，假定你访问华府的美国国家航空航天博物馆网站。其域名是 airandspace.si.edu。你的计算机向它的 DNS 服务器查询 IP，但该域名不在此列表中。“休士顿，我们出问题了。”

权威域名服务器

虽然你的 DNS 服务器从未听说过 airandspace.si.edu，但别的计算机知道。那台计算机就是 airandspace 所在域 (si) 的权威域名服务器 (Authoritative Name Server)。互联网上的每个域都有一台计算机知道该域的所有计算机的 IP。它 (让我们把它缩写成 ANS) 是权威。一台计算机不在它的列表中，就必然不在域中。如果在，就必然知道它的 IP。因此，你的 DNS 服务器只需向 si-ANS 查询 airandspace 的 IP。获得回答后，将 [airandspace.si.edu : 160.111.252.58] 这条记录添加到自己的列表。

遗憾的是，你的 DNS 服务器可能也没有 si-ANS 的 IP。

自上而下

刚才说互联网上的每个域都有一台 ANS。它什么都知道。所以，需要在层次结构中向上走，而不是像刚才那样向下。也就是说，先找到 edu-ANS 的 IP。该计算机知道 edu 域的所有 ANS 机器的 IP。问它 si-ANS 的 IP。后者知道 si 域的所有计算机的 IP。问它 airandspace 的 IP。这才是一个总能奏效的解决方案：在 URL 中从右向左 (从上到下) 查询每个域的权威域名服务器，问它下级域的 ANS 的 IP 地址。问到最后一台 ANS 时，它就知道最终答案。该方案有效，但我们需要知道顶级域的 ANS 机器。

知道顶级域 ANS(例如 edu-ANS)IP 的是 13 台根域名服务器。可将它们想象成所有顶级域上方的虚拟域，好比每个域名都以 .root 结尾，例如 airandspace.si.edu.root。

根域名服务器

散布于全世界的 13 台计算机是所有顶级域 (TLD) 的权威域名服务器。它们有 TLD 权威域名服务器的完整列表，但也只有 TLD 的。你的 DNS 可从它们那里找到 edu-ANS，从后者找到 si-ANS，再从后者找到 airandspace。这是一个相当聪明的解决方案。

那么，DNS 服务器怎么获得 13 台根域名服务器的 IP ？这是在你的计算机启动时预载的。DNS 服务器选择其中哪个？全都一样，所以问最近的一个就好。包含 13 条 [域名 : IP 地址] 记录的列表很小，足以从它们开始查找上百亿台连接到互联网的计算机的 IP。根域名服务器怎么获得 TLD 的 IP 列表？也在机器启动时加载。如添加新的 TLD，它们全都重新加载。

3.3 寻求帮助

“每日一张天文图”(Astronomy Picture of the Day，APOD) 网站的域名是 apod.nasa.gov，IP 是 129.164.179.22。你的计算机的 DNS 服务器在理论上应该怎样查找该 IP 呢？

缓存

前面描述的 DNS 工作原理只是理论上的，实际有许多捷径可以走。例如，看似根域名服务器需承担许多流量，事实上也是如此。但是，一旦某个 DNS 服务器找到了一台机器 (比如 edu-ANS) 的 IP，就会把它保存起来供以后参考。不需要紧接着又去查询。这就减少了许多流量。保存数据供重用称为缓存。缓存是重要的计算思想，DNS 服务器从中获益良多。任何机器最近被 DNS 服务器查询过，它在列表中就有对应的 [域名 : IP 地址] 记录。不需要再次查询，直接使用就好。好处太大了。

冗余

13 台根域名服务器有利于分担负载，还有利于确保某些机器总是运行。维护 TLD 列表的多个副本称为冗余。事实上，维护 TLD 列表副本的不仅仅是 13 台机器。如图 3.10 所示，13 台原初根各自都有许多“镜像”站点。访问 www.root-servers.org 了解 13 台机器 (A 到 M) 及其在全世界的镜像。能找到距离你最近的镜像吗？

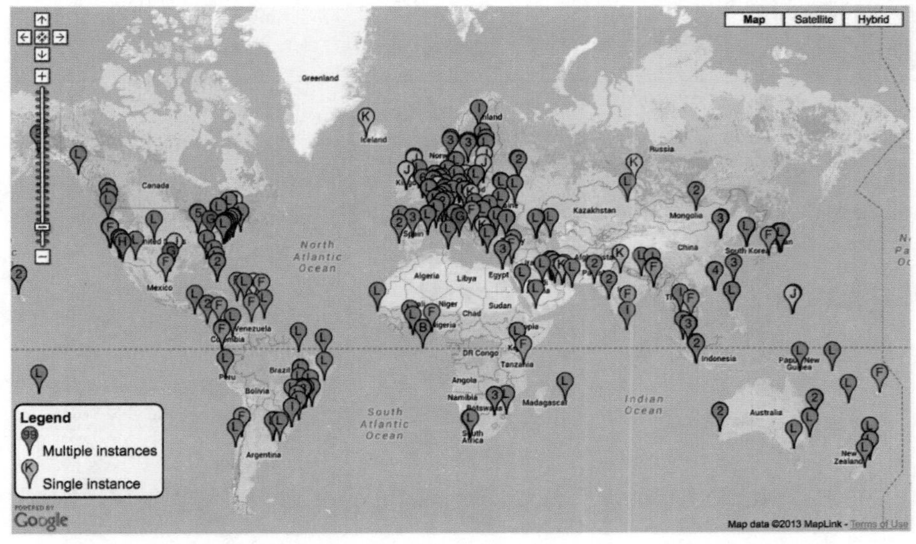

图 3.10 根域名服务器及其镜像，例如，冰岛首都雷克雅维克就有一台 K 服务器的镜像

DNS 总结

域名系统 (DNS) 令人惊叹。它是完全去中心化的系统——没有单一的主管，虽然“互联网号码分配局”(互联网 Assigned Numbers Authority，IANA) 负责

照料根域名服务器。自主工作的 DNS 每分钟都将数百亿域名转换成 IP 地址。DNS 服务器和权威域名服务器的数量以数百万计。一些机器出了问题，互联网的一些地方临时不可用，但其他工作良好。这正是去中心化最美妙的地方。

要在互联网上添加新机器，域管理员将其名称和地址添加到那个域的权威域名服务器的“列表”中。这时新机器就连上了，虽然世界上其他计算机还不知道它的 IP。一旦有人查询，DNS 就自上而下跟踪 ANS，找到 IP，并开始和新机器通信。DNS 是一个伟大的全球服务。

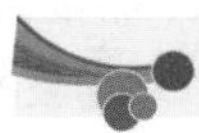

3.3 万维网

接入互联网的计算机有一些是 Web 服务器。它们接收其他计算机 (客户端) 运行的浏览器发送的请求，返回可供浏览器显示的文件。Web 服务器及其文件定义了万维网 (World Wide Web，WWW)。除了网页，Web 服务器还存储、处理和发送其他多种类型的文件，提供从电子邮件到娱乐的多种服务

根据以上描述，“万维网”中的“网”似乎没什么存在感。技术上确实如此。万维网最重要的是文件中包含的信息，以及客户端和服务器处理这些信息的能力。

不要混为一谈

万维网和互联网不一样。互联网是连接具名计算机的所有线缆和路由器，亦即硬件。而万维网是这些计算机的一个子集 (Web 服务器)、它们的文件及其服务。

3.3.1 请求网页

▶视频讲解
互联网
Traffic Signals

如前所述，Web 请求通过一次客户端 / 服务器交互进行处理。请求网页 (比如 http://blogs.ucls.uchicago.edu/cstsc/files/2007/07/0_new_1_csci.gif) 时，浏览器 (客户端) 使用 URL(统一资源定位符，Universal Resource Locator) 向 Web 服务器请求一个文件。URL 由以下三部分组成。

- 协议：http:// 部分，表示超文本传输协议 (Hypertext Transfer Protocol)，用于告诉计算机如何处理该文件。还有其他文件发送方式，比如 ftp(File Transfer Protocol，文件传输协议)。
- 服务器域名：blogs.ucls.uchicago.edu 部分，提供域层次结构中的名称或服务器。
- 网页路径名：/cstsc/files/2007/07/0_new_1_csci.gif 部分，提供网页或其他文件所在的路径。

所有 URL 均遵循该结构。你或许不同意，但原因是有时某些部分可以省略，由软件自行填充 (详情参见下一节)。然而，使用完整形式总是没错的。

总之，网页浏览器和 Web 服务器说的都是“HTTP”。在浏览器的位置框输入一个 URL，相当于指定在哪里查找信息(服务器名)、想获得什么信息(路径名)以及两台计算机用什么协议交换信息(例如 HTTP)。

3.4 实际验证

根据刚才的描述将以下 URL 分解成三部分：

https://accts.lastbank.com/newdeposits/welcome/toaster.html

3.3.2 互联网和 Web

我们通过互联网访问网页，这理所当然。指定 Web 服务器须提供准确的名称，因为计算机要用那个名称向 DNS 服务器查询 Web 服务器的 IP。如名称有误，要么访问错误 IP，要么 DNS 查询失败。后者更常见，浏览器会显示错误消息，例如“404 Not Found”，并要求检查地址。所以别无他法，只能提供准确的名称。

404 Page Not Found

虽然大多数错误消息令人生厌，但 404 消息成了人们创意的源泉。www.magntize.com/404 报告错误并用一幅维恩图提供两种可能的解释。在网上搜索一下可找到其他有创意的 404。

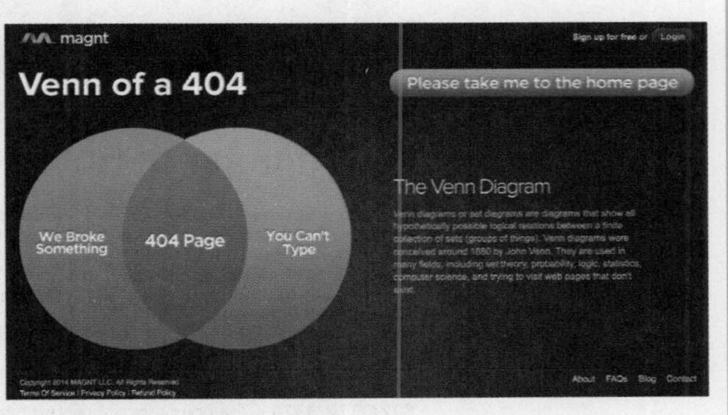

将 Web 服务器放到网上之后，肯定不愿意用户访问不到它，所以 Web 管理员会尝试防止用户犯错。例如，网站表单经常变化，不再使用的链接一般会造成 404 报错。但 Web 管理员会将旧地址重定向到新地址，这解释了为什么实际 URL 经常和你键入的不同。另一个技巧是注册域名的常见错误拼写形式。用户访问这种网站会自动重定向到正确网站。

3.3.3 描述网页

你也许知道，服务器不是以平时在屏幕上所见的方式来保存网页。相反，网页作为一份描述文件保存，它描述网页在屏幕上应该如何显示。当网页浏览器收到该描述文件(称为源文件)之后，会创建平时所见的网页映像。保存和发送网页源文件而非映像有两大好处。

- 描述文件信息量通常更少。
- 和逐像素描述的映像相比，浏览器可以更轻松地调整映像的显示来适配计算机。例如，和传输呆板的映像相比，描述可以更灵活地缩小或放大网页来适应浏览器窗口的变化。

图 3.11 展示了一个简单的网页及其源文件。第 4 章将学习如何用 HTML(对网页进行描述的主要语言) 创建和处理网页。第 5 章将探索万维网 (WWW)。

```
<!doctype html>
<html>
<head> <title> Alto Computer </title>
  <meta charset="UTF-8" />
  <style>
   body {background-color : white; font-family:Helvetica}
  </style>
</head>
<body>
  <img style="float:right" src="alto.jpg" alt="Alto Personal Computer"
        height="300"/>
  <h1>Alto, <br/>A Computer of Note</h1>
   <p>The Alto was the first networked personal computer. It was invented
   at the Xerox Palo Alto Research Center (PARC) by the team of Ed McCreight,
   Chuck Thacker, Butler Lampson, Bob Sproull and Dave Boggs to explore
   office automation. Altos were the first production computers to have a
   bit-mapped display, windows and a mouse. Ethernet technology, also
   invented at PARC, was first used to connect Altos.</p>
   <p>Though Xerox was unable to market the Alto -- they cost $32,000
   in 1979 -- the computer impressed many others who did push the technologies.
   For example, Apple Computer co-founder Steve Jobs was so impressed when
   he saw the Alto, he created the revolutionary Apple Macintosh in its image.</p>
  </body>
</html>
```

Alto Computer

Alto,
A Computer of Note

The Alto was the first networked personal computer. It was invented at the Xerox Palo Alto Research Center (PARC) by the team of Ed McCreight, Chuck Thacker, Butler Lampson, Bob Sproull and Dave Boggs to explore office automation. Altos were the first production computers to have a bit-mapped display, windows and a mouse. Ethernet technology, also invented at PARC, was first used to connect Altos.

Though Xerox was unable to market the Alto -- they cost $32,000 in 1979 -- the computer impressed many others who did push the technologies. For example, Apple Computer co-founder Steve Jobs was so impressed when he saw the Alto, he created the revolutionary Apple Macintosh in its image.

图 3.11　网页及其 HTML 源文件。注意需要额外的图片文件 alto.jpg 才能显示完整网页

FLUENCY BIT

言简意赅

短信、推特和其他空间紧张的应用的兴起推动了短网址的流行，但短网址并非真实 URL，只是真实 URL 的短名称。例如，tinyurl.com/kpjf6xb 是 https://www.youtube.com/watch?feature=player_embedded&v=ohQzHz9gy6c 的短网址，后者是关于夜光云的一个 NASA 视频。提供短网址服务的网站维护着短网址及其对应 URL 的一个列表。输入短网址 (例如 tinyurl.com/kpjf6xb)，网站会在列表中查找并跳转至真实 URL。

超文本

为描述网页应如何显示，大多数网页都使用“超文本标记语言”(Hypertext Markup Language，HTML)。历史上在出版和图形设计领域使用的标记语言描述了文档的布局，包括页边距、字体、文本样式和图片位置等。人们最开始提出超文本的概念是为了打破自然段(第一段、第二段、第三段等)的约束。如你所知，可利用超文本从文本中的一个位置跳转至另一个位置或其他文档并返回。这样就打破了文档的线性顺序，能构造出更复杂的结构。突出显示的文本(通常是蓝色)称为超链接，可通过它跳转和返回。Theodore Nelson 于 20 世纪 60 年代提出了超文本的概念，虽然他在自己的《Literary Machines》一书中声称该术语的灵感源自计算机先驱 Vannevar Bush。最后将两个概念(标记语言和超文本)结合起来的是 Tim Berners-Lee。它使我们能创建非线性文档，是动态的、高度互联的互联网的绝配。万维网 (World Wide Web) 由此诞生！第一个网页在此：http://info.cern.ch/hypertext/WWW/TheProject.html。

Web 服务器名称不一定就是 www。只是人们习惯了这样命名。Web 刚兴起的时候，许多域都添加了一台单独计算机作为其 Web 服务器。服务器需要一个名称方便人们记忆。由于第一批人把他们的服务器命名为 www，后面的人就跟着学了。www 这个名字看似必须，实则一种传统。

3.5 Web 服务器名称

第 12 章探讨计算机安全时会提到钓鱼诈骗。他们试图欺骗你信任一个网站。根据域名判断在以下网站刷信用卡是否安全 http://www.leon.com/wallet.secure.chase.com/update/params=eJwlyL0O。

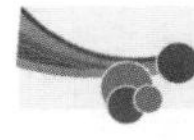

3.4 文件结构

虽然文件结构技术上与联网无关，但理解了它才能更好地使用网络。根据平时使用个人电脑的经验，文件夹(也称为目录)是一系列已命名的文件和/或其他文件夹的集合。

3.4.1 目录层次结构

由于文件夹可包含其他文件夹，后者又能包含其他文件和文件夹，以此类推，所以整个结构(称为计算机的文件结构)称为目录层次结构。任何层次结构都可想像成一棵树。在文件结构的情况下，文件夹是树枝，文件是树叶。这种层级树可以平着画，也可以自上而下地画。但无论如何，有两个术语是通行的。

- “向下”或“往低处走”是指靠近子文件夹，即向着叶子的方向。
- “向上”或“往高处走”是指靠近父文件夹，即向着根的方向。

为了说明这些术语的用法，图 3.12 展示了本书部分层次结构。全书内容使用部分、章、节和插图来组织。部分、章和节是树枝，插图是树叶。图 3.12 的“树”首先画的是根，即书名“Fluency”。它位于顶部。自上而下展示了全书由根 (书名) 到叶 (插图) 的路径。从第 3 章到第 1 部分是在层次结构“向上”或“往高处走”，因为后者更宽泛。从第 3 章到“目录层次结构”小节是“向下”或“往低处走”，因为后者更具体。

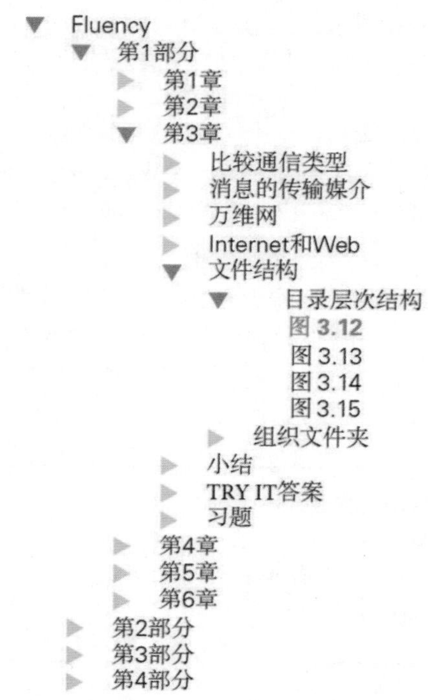

图 3.12　本书层次结构图，突出显示了到本图的路径，下箭头展开，右箭头未展开

FLUENCY BIT

官大一级压死人

记忆层次结构“高低”之分的一个简单办法是把它想象成现代军队的军衔制：将军、上校、少校、上尉、中尉、少尉、中士、下士和列兵。在层次结构中向上或向下对应于在指挥链中向下或向下，或者向更高或更低的军衔传达。

理解层次结构中的“方向”可以简化我们在 Web 上的导航。

一般说来，URL 中的路径告诉服务器如何在服务器的目录层次结构中导航至请求的文件。例如，如图 3.13 所示，为了观看黄石公园老忠实间歇泉的实时摄影 (由 National Park Service，简称 NPS) 维护，可输入以下 URL：http://www.nps.gov/yell/photosmultimedia/webcams.htm。

图 3.13　黄石公园老忠实间歇泉的实时摄影

根据该 URL，到摄像头的路径是 /yell/photosmultimedia/webcams.htm，如图 3.14 所示。顶级文件夹是 yell。我们可猜测这是由于 NPS 管理着众多公园，可能每个都有对应的网页。该文件夹就是专门为黄石公园(Yellowstone Park)准备的。(该假设可被证实，因为 Olympic National Park 的文件夹就是 olym。)

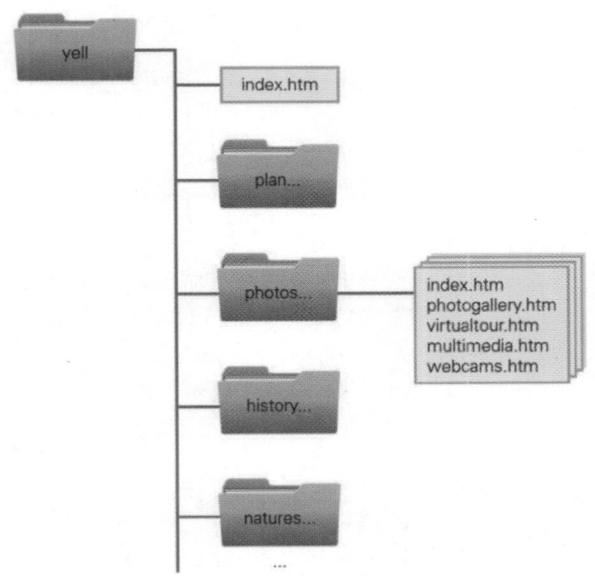

图 3.14　NPC Web 服务器上的黄石公园文件夹的结构

从黄石公园主页(图 3.15)，我们从网页左侧可注意到网站覆盖了“Park Home”(index.htm)，“Plan Your Visit”，“Photos & Multimedia”等主题。每个主题都在 yell 文件夹中有对应的子文件夹。我们请求的路径在 yell 中找到 photosmultimedia 文件夹，再在其中找到目标网页文件 webcams.htm。

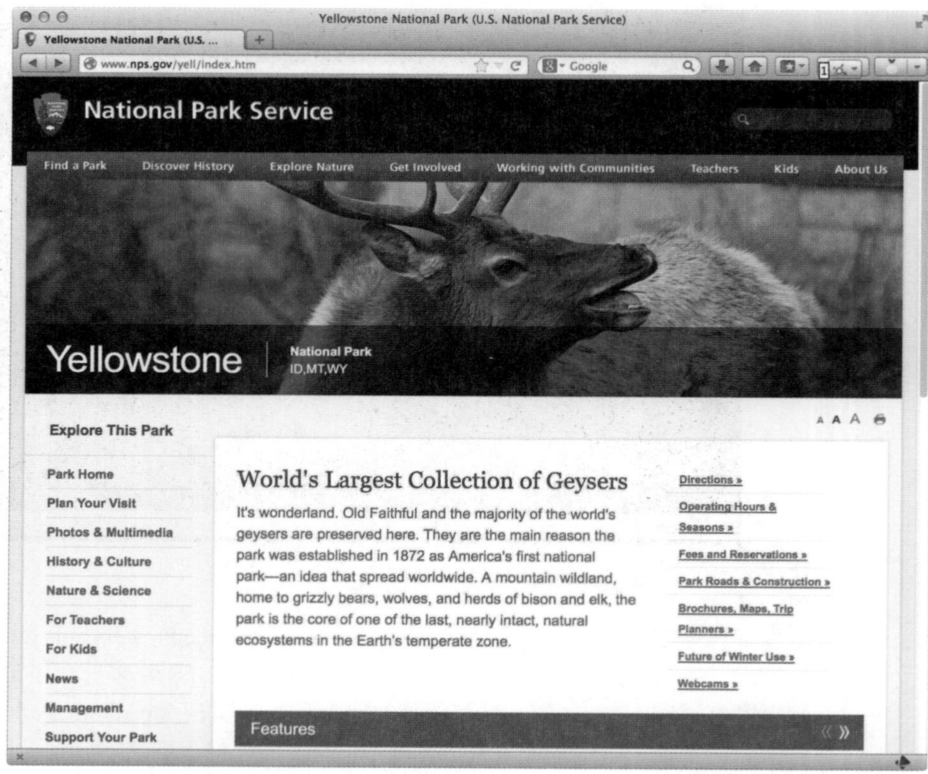

图 3.15　黄石公园主页 (www.nps.gov/yell/index.htm)

对于更大的网站，比如 Twitter 和 Tumblr，服务器可能使用不同的技术提供你希望的内容。但对于大多数网站，URL 中的路径部分足以在服务器的目录层次结构中导航至你希望的网页。

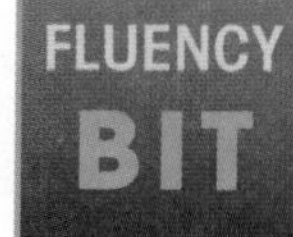

区分大小写

记住，区分大小写 (大小写敏感) 意思是计算机会区别对待同一个字母的大小写形式。URL 中的域名不区分大小写，因为它们已经针对 DNS 查询进行了标准化。路径名可能区分大小写，因为它们反映的是 Web 服务器的文件结构，而文件结构可能区分、也可能不区分大小写。输入路径名时要仔细一点，如果不清楚大小写，最好先试试小写。

3.4.2　组织文件夹

不要以为 URL 中最后一项肯定是文件名，比如 homepage.html。除了 HTML，人们还用其他技术生成网页。另外，如果 URL 以斜杠结尾 (意味着路径的最后一项是文件夹而不是文件)，浏览器自动在那个文件夹中查找 index.html 或 index.htm 文件。所以，黄石公园主页 URL www.nps.gov/yell/index.htm 实际上等价于 www.nps.gov/yell/，因为浏览器会自动在 yell 文件夹中查找 index.htm。当然，设计网站并建立层次结构的人也可能决定使用 index.html 作为主页。浏览器会根据情况自己查找。

为什么一定要建立层次结构？为什么不把所有文件都放到一个大的文件夹中，这样不是可以少打一些字吗？事实上，大多数人都需要用层次结构组织自己的想法和工作。反正目录不需要任何成本，没有道理不用。这是强烈推荐的做法。

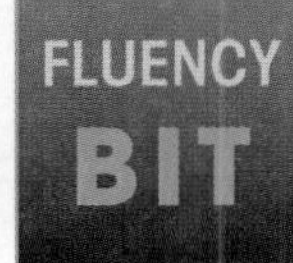

通用语

许多人震惊于 Web 能访问全世界的信息。但鲜有人注意到是通用的 HTTP 语言使这种通信成为可能。每台计算机无论由谁生产、如何配置、使用什么操作系统和版本、运行什么应用程序、用户的母语是什么等，都是因为能“说”这种通用语而能互相通信。想象所有地球人都说同一种语言的盛况！

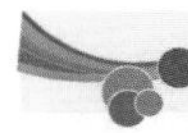

3.5 小结

本章探讨了联网基础，包括以下主题。

- 基本通信类型：点到点、多播、广播、同步和异步。
- 联网，包括 IP 地址、域、IP 数据包、IP 协议、WAN 和 LAN、以太网协议、ISP、企业网络和无线网络。
- 互联网和万维网的区别。
- 文件层次结构，为进一步学习 HTML 做好准备。

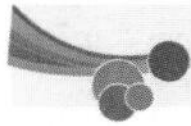

3.6 TRY IT 答案

3.1 645 000 × 6 + 645 000/4 = 3 870 000 + 161 250 = 4 031 250

4 031 250/65 528 = 61.52 或 62 个数据包

3.2 英属蒙特塞拉特岛 (Montserrat) 拥有顶级域 .ms。他们可能是在英国注册 nyti.ms。

3.3 首先向 13 个根域名服务器之一查询 gov-ANS，从后者查询 nasa-ANS，再从后者查询 apod 的 IP。所以总共查询三次。

3.4 URL 的三部分包括协议 https://，这是 HTTP 的保密 (secure) 版本；服务器域名 accts.lastbank.com；以及网页的路径名 /newdeposits/welcome/ toaster.html。

3.5 域是 leon.com。wallet.secure.chase.com 看起来像是一家银行的域名，但实际是文件夹名称。

习题

选择题

1. 保存信息供重用称为 _______。
   a. 缓存　　b. 跳跃　　c. DNS 查询　　d. 服务

2. 如互联网由 4 台计算机构成，总共有 6 个可能的连接。如果由 5 台计算机构成，总共有 10 个可能的连接。10 台计算机有多少个可能的连接？ _______
   a. 10　　b. 30　　c. 45　　d. 无限

3. 理论上总共有 _______ 个 IPv4 地址。
   a. 65 536　　b. 16 777 216　　c. 4 294 967 296　　d. 无限

4. 根域名服务器的作用是 _______。
   a. 维护所有计算机用户的一个列表
   b. 管理发送的所有电子邮件
   c. 维护 IP 地址和计算机名称之间的关系
   d. 维护所有网页的一个列表

5. 哪种类型的通信造成在不同时间收发信息？ _______
   a. 同步　　b. 异步　　c. 低速　　d. DNS

6. 互联网快得足以描述什么类型的通信？ _______
   a. 同步　　b. 异步　　c. 特殊　　d. LAN

7. 互联网和万维网是同一样东西的两种说法吗？ _______
   a. 正确　　b. 不一定
   c. 互联网是万维网以前的说法　　d. 错误

8. 文件夹中能包含 _______。
   a. 文件　　b. 文件夹
   c. 既不是文件也不是文件夹　　d. 文件和文件夹

填空题

1. TLD 的权威域名服务器的 IP 地址由 13 台 _______ 服务器维护和管理。
2. 向特定受众中的多个人的通信称为 _______。
3. 网络上相关计算机的层次结构称为 _______。
4. 以太网上的计算机接入一条称为 _______ 的线缆。
5. _______ 是局域网的主要技术。
6. 支持在整个机构内通信的局域网称为 _______。
7. 向互联网上其他地方的网页浏览器发送文件的特殊计算机称为 _______。

8. 在一个网址中，http:// 称为 _______。

9. 互联网有一种专门发送文件的方式称为 _______。

10. 网页源文件包含对网页的 _______，而不是网页的实际映像。

11. 在客户端 / 服务器结构中，客户的计算机是 _______，商家的计算机是 _______。

12. 从服务器获取文件称为 _______，将文件传送给服务器称为 _______。

13. 访问网站不是输入 IP 地址，而是输入文本名称，也称为 _______。

14. 在 URL 中，_______ 不区分大小写，但 _______ 可能要区分大小写。

15. 在目录层次结构中移动时，向上移动也称为往 _______ 处走，向下移动也称为往 _______ 处走。

简答题

1. 解释“想象所有地球人都说同一种语言的盛况”这句话和互联网的关系。

2. 在下面的横线上做上标记，用 S 表示同步通信，用 A 表示异步通信：
   a. ____ 电影
   b. ____ 聊天
   c. ____ 电子邮件
   d. ____ 视频会议
   e. ____ 网页
   f. ____ 书
   g. ____ 音乐会
   h. ____ 短信 (暂不考虑群发)
   i. ____ BBS
   j. ____ 博客

3. 如之前访问过一个网页，DNS 服务器可能已经记下了域名和 IP 的对应关系。如果是第一次访问，它还不知道两者的对应关系，那么会发生什么？

4. 访问互联网 trafficreport.com/namerica.htm，查看北美的互联网通信情况。一天当中的不同时间段对通信量有什么影响？对海外的互联网通信量有什么影响？

5. 第 4 题的网址中，文件名是什么？拿掉文件名再输入该网址，结果是什么？请说明理由。

6. 本章说“互联网真的是一种万用型的通信媒体”。这到底是什么意思？请详细解释。

7. 哪些行业从互联网的迅猛发展中受益，哪些行业则受到不利影响？为什么？

8. 互联网上客户端多还是服务器多？请说明理由。

9. 解释服务器怎样同时处理多个客户端的请求？

10. 说明以下 URL 的不同部分：http://airandspace.si.edu/exhibitions/gal100/pioneer.html
    a. 协议 _______
    b. 域 _______
    c. 顶级域 _______
    d. 路径 _______
    e. 网页 _______
11. 说明以下缩写词的含义，并简单解释一下。
    a. TCP/IP
    b. LAN
    c. WAN
    d. DSL
    e. WWW
    f. URL
    g. HTML
    h. ISP
12. 详细解释电话公司现在如何使用互联网？
13. 工程师为什么想要使 TCP/IP 数据包尽可能独立？
14. Web 管理员为什么有时故意注册拼写错误的域名？

CHAPTER 

超文本标记语言基础

学习目标

- 理解和运用超文本相关术语
- 使用 HTML 标记构造文档
- 使用 HTML 标记的属性
- 使用层叠样式表定义网页样式
- 使用 HTML 标记链接到其他文件
- 理解绝对和相对路径的区别
- 使用 HTML 列表和表格建立网页结构

CHAPTER 4

计算机就如同旧约中的诸神：诸多的守则且没有怜悯。

——约瑟夫·坎贝尔

好的判断来自经验，而经验来自坏的判断。

——小佛瑞德·布鲁克斯

网页以编码形式创建、保存和发送；浏览器将其转换成人们在屏幕上看到的内容。超文本标记语言 (Hypertext Markup Language，HTML) 是定义网页应如何显示的主要语言。像背景颜色、字体和布局之类的特性都是用 HTML 语言来定义的。学会"说 HTML 语言"并不难。事实上，是如此简单，以至于大多数网页都不是由人直接写 HTML 来创建的，而是通过 Web 创作软件自动生成。也就是说，是用程序自动写 HTML。但学习基本的 HTML 知识有助于理解万维网，能体验如何指挥计算机为我们"干活"，并为学习其他"通晓"主题打好基础。学完本章后，可以自豪地说自己又掌握了一门"外语"！

本章首先介绍最基本的 HTML 标记。接着讨论文档结构，包括标题和对齐。讨论完特殊字符后将创建一个纯文本网页。由于想在网页中包含图片和超链接，所以讨论了如何用层叠样式表 (Cascading Style Sheets，CSS) 定义网页样式。接着讨论如何添加图片和链接并把它们联系起来。掌握这些知识后，我们对示例网页进行了改进。理解了如何用 CSS 使网页更具吸引力之后，将讨论列表和表格的基础知识。最后为网页创建独特的水平和垂直导航栏。

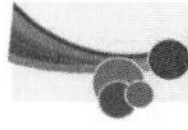

4.1 理解 HTML 标记

HTML 简单易懂。除了网页上的文本和图片，隐藏的格式化标记还描述了网页应如何显示。我们准备使用的是 HTML5，它是最新和最好的 WWW 标记语言。如过去学习过HTML，那么会非常喜欢新的<audio>和<video>等标记。更妙的是，以前学过的几乎所有知识仍然适用。如果尚未学过 HTML，那么现在学习的就是最新版本。此外，HTML5 要比以前的版本更有趣。

4.1.1 用标记格式化

标记 (tag) 是包含在尖括号 (< 和 >) 内的单词或缩写词，例如 <title>。标记要成对使用，结束标记须包含斜杠 (/)，例如 </title>。该斜杠和平时使用的除号一样。HTML5 要求标记必须小写，所以 <TITLE>，<Title> 和 <tITle> 均为非法。围绕文本的一对标记相当于括号，所以每个 HTML 网页都有的标题应这样写：

```
<title>Willem-Alexander, King of NL</title>
```

两个标记可读作“标题开始”和“标题结束”。正式术语是开始标记和结束标记，是不是类似于开始和结束括号？标题在浏览器最顶部的标题栏中显示 (跟“关闭”按钮同一栏)。

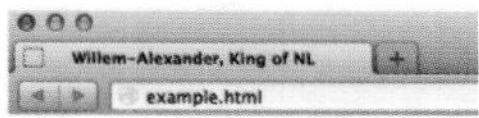

显示网页时出现在浏览器的标题栏 (即含有“关闭按钮的”那个浏览器窗口的顶部) 中。在 HTML 中，标记是不区分大小写的，但实际文本要区分。所以，本例中，我们本来还可以用 <TITLE>，<Title>，<tITle> 等其他大小写形式的 title。不过，在后面的描述中，我们将按照习惯，在标记中只使用小写字母。

不用说了

在中文中，/ 的正确说法是“斜杠”或“正斜杠”，用于除法运算、URL、结束标记等场合。\ 是“反斜杠”。在英语中，和“反斜杠”对应的是“斜杠”(slash)，没有“正斜杠”(forward slash) 一说。

4.1.2 加粗和倾斜标记

显示加粗文本的 HTML 标记是 <b> 和 </b>，显示倾斜文本的标记是 <i> 和 </i>，段落标记是 <p> 和 </p>。例如，<p>Bronze, <b>Silver,</b> <i>Gold!</i></p> 将显示：

Bronze, **Silver,** *Gold!*

可以通过正确“嵌套”标记对相同文本进行多种格式化，例如同时加粗和倾斜：

```
<p><b><i>Bronze, Silver, Gold!</i></b></p>
```

结果如下：

Bronze, Silver, Gold!

先倾斜还是先加粗，都无关紧要。将 <b> 标记嵌套到 <i> 标记中结果一样：

```
<p><i><b>Bronze, Silver, Gold!</b></i></p>
```

关键是要正确嵌套。开始标记和结束标记之间的所有标记都要匹配。以上例为准，<p> 和 </p> 之间嵌套 <i> 和 </i>，更深一级则嵌套 <b> 和 </b>。

独立标记

少数标记不成对使用，无需匹配的结束标记。这种标记称为独立标记或“自包容”标记，在 HTML5 中称为“void 元素”。在这种情况下，右尖括号 > 被替换成 />。水平线标记 <hr/> 就是一个例子。另一个例子是换行标记
。这些标记独立使用，不需要包容什么东西，所以无需成对使用一个结束标记。技术上说，HTML5 甚至不要求斜杠 (写成 <hr> 就可以)，但另一种重要的标记语言 XHTML 要求 (将在第 16 章讨论)。所以，我们总是添加斜杠，保证代码在什么地方都能工作。

虽然大多数标记都成对使用，但提及某个标记时一般只说第一个标记，比如 <title> 标记。是不是独立标记则很好分辨，因为我们会为独立标记添加斜杠，比如
 标记。

4.1.3 必须有的标记

网页是标记和内容构成的文本文件。如图 4.1 所示，有些标记是任何 HTML5 网页都必须要有的。

```
<!doctype html>
<html>
  <head>
    <meta charset="UTF-8"/>
    <title>Required Tags</title>
  </head>
  <body>
    <p>Content</p>
  </body>
</html>
```

图 4.1 HTML5 网页必须要有的标记

第一个标记是 <!doctype html>，它声明这是 HTML5 文档，使浏览器知道接着是什么内容。该标记必须像显示的那样写。接着是 HTML 代码，所以毫不奇怪文件剩余的内容都包含在 <html> 标记中，该标记中的内容分为两部分，页头 (head) 和主体 (body)。

页头用 <head> 标记定义，主体用 <body> 定义。这让人一目了然。

页头大多数代码描述的都是整个网页的属性。除 <title> 外一般不含实际内容。其中一个网页属性是字符集，用 <meta/> 标记定义：

```
<meta charset="UTF-8"/>
```

注意，<meta/> 是独立标记，必须像显示的那样写。稍后会解释它的内容 charset="UTF-8"。UTF-8 的含义将在第 7 章解释。

网页内容全部包含在由 <body> 标记定义的主体区域中。顺便说一下，内容不一定像图 4.1 那样只是一个段落，还可包含其他东西，比如照片等。无论如何，图 4.1 展示的样式必须严格遵守，所有标记都是必须要有的。

HTML 很容易学。下一节结束的时候就已经创建好你的第一个网页了！

What’s Up, Doc？①

<!doctype html> 标记有许多奇怪的地方。它是独立标记但没有结束斜杠。起始尖括号后是感叹号。标记中的内容就是一个 html；而如后所述，这不是标记内容的正常书写方式。另外，它可以全部大写，即 <!DOCTYPE HTML>。没有其他标记这么奇怪！

4.2 上机实验 I

“通晓”需不开动手练。必须从实践中学习。这意味着本书分为阅读和实验两个部分。但为了“通晓”不需要跑去一家专门的实验室。任何“适当配置”的计算机都能胜任。手机也行，但不推荐。所以，为了帮助你在本章和以后写 HTML，需要先“适当配置”你的计算机。具体地说，就是检查是否安装了两个程序。没有就装一下。

两个程序一个是浏览器，一个是文本编辑器。都不要钱。浏览器是 Firefox，文本编辑器是 Notepad++(Windows) 或 TextWrangler(Mac)。你的计算机或许已安装了一个或多个浏览器 / 文本编辑器，所以也许不想改弦易辙。但这两个程序从技术和教育角度来说都是首选。技术就不用说了。在教育方面，它们对学生很友好，很有帮助，能指引你避开麻烦，而且在你犯错时，能帮助你回到正轨。这是选择它们的原因。

尽你所能！

你可能以为 Google 主页是极简设计的典范。但据说 Google 刚开始创办时，创始人拉里•佩奇和谢尔盖 • 布林并不是很懂 HTML，这是他们尽其所能才做出来的作品。显然，用 HTML 尽你所能是可以有回报的！

4.2.1 Firefox

Firefox 是由 Mozilla 基金会免费分发的一款开源浏览器。开源是指程序代码完全公开，任何程序员都能贡献对它的改进 (已经有几千名程序员这样做了)。

① 1972 年拍摄的一部电影，中文译名是《爱的大追踪》。——译注

Firefox 浏览器非常出色，本书将完全围绕该浏览器展开讨论。Firefox 从 www.mozilla.com/en-US/firefox/all.html 下载。选择和你的操作系统对应的版本，并按指示安装。①

FLUENCY BIT

Firefox 浏览器

Firefox 是源自 Mozilla Project 的浏览器，因其出色的功能而流行。2011 年 3 月发布 Firefox 4.0时，24 小时内下载了 875 万份拷贝，打破了 Firefox 3.0 单日下载吉尼斯世界记录。

4.2.2 文本编辑器

文本编辑器比 Word 和 WordPerfect 等“所见即所得”(What-You-See-Is-What-You-Get，WYSIWYG) 字处理软件基本得多。除了你键入的文字，字处理软件生成的文档还包含其他许多软件专用的标记和其他信息。这些信息会使浏览器产生迷惑，所以绝对不能成为 HTML 网页的一部分。由于文本编辑器不生成这些额外的信息，所以浏览器青睐文本文件。

必须使用文本编辑器写 HTML，因为浏览器只能识别用 ASCII 字符写的网页。ASCII 将在第 7 章讨论，目前只需将其想象成一套不含“奇怪东西”的键盘字符。另外，如下图所示，有的文本编辑器在识别出你写的语言之后，会用彩色标注 HTML 代码以便阅读。

```
helloWorld.html
<!doctype html>
<html>
  <head>
    <meta charset="UTF-8">
    <title>My First Page</title>
  </head>
  <body>
    <p>Hello, World!</p>
  </body>
</html>
```

如前所述，Mac 上推荐使用 TextWrangler，Windows 推荐 Notepad++。访问以

① 本书将用到 Firefox 浏览器目前已暂停支持的一些功能，比如第 17 章的 Scratchpad(代码草稿纸)。所以请考虑下载 70.0 之前的一个老版本备用。下载地址：https://ftp.mozilla.org/pub/firefox/releases/。——译注

下网站下载并安装这些文本编辑器：

TextWrangler：www.barebones.com/products/TextWrangler/download.html

Notepad++：notepad-plus-plus.org/download

4.2.3　Hello, World!

安装好 Firefox 和文本编辑器之后，就可以开始写你的第一个网页了。程序员学习用新语言写程序时，一般会先写一个打印“Hello, World!”的程序。我们也遵循这个历史悠久的传统。

按以下步骤创建第一个 HTML 网页。

1. 在文本编辑器中新建文档。
2. 仔细输入如图 4.1 所示的文本，但进行以下修改。
   - 将网页标题 (title) 修改成个性化内容，比如“< 你的姓名 > 的第一个网页”。
   - 将段落内容修改成 <p>Hello, World!</p>。
3. 将文件另存为 starterPage.html。
4. 在 Firefox 浏览器中打开文件。

这样便生成了一个非常简单的网页，如图 4.2 所示。

```
<!doctype html>
<html>
  <head>
    <meta charset="UTF-8">
    <title>My First Page</title>
  </head>
  <body>
    <p>Hello, World!</p>
  </body>
</html>
```

My First Page

Hello, World!

图 4.2　一个简单 HTML5 网页的源代码及其在 Firefox 中的显示效果

计算机的视图

浏览器的职责是渲染用 HTML 写的网页。一般看到的只是完成渲染的网页。但通过查看源代码，也可在浏览器中查看实际的 HTML。所有浏览器都支持查看源代码。在 Firefox 中，右击网页并选择“查看页面源代码”或直接按 ^U 即可。图 4.2 展示了 Firefox 显示的源代码，注意，语法元素用彩色标注。

4.2.4　保存网页

虽然第一个 HTML 网页很简单，但也很有用。由于所有 HTML 文件都具有和 starterPage.html 相同的结构，所以可把它作为将来 HTML 编码的模板。这能节省编写下个网页的时间，而且不至于遗漏任何必须的标记。

新建一个文件夹(例如 HTMLFiles)来保存所有 HTML 文件。将 starterPage.html 放到新文件夹中。以后创建新的 HTML 项目时，直接复制该文件并重命名它。编辑 title，改成和新网页匹配的名称。再编辑网页内容，将 Hello, World! 文本替换成新网页的内容。这样可以保证将来的网页总是具有正确的格式。

4.2.5 动手实作

像刚才描述的那样保存好一个起始(模板)文件之后，下一个目标是在它的基础上新建网页，通过实例来学习一些新的格式化标记。大多数 HTML 编程都通过实例来学习。图 4.3 的网页是一个很好的起点。

```
<!doctype html>
<html>
  <head>
    <meta charset="UTF-8">
    <title>Formatting Practice</title>
  </head>
  <body>
    <p>
      This is <b>bold</b> text.                          <br>
      This is <i>italic</i> text.                        <br>
      This is <strong>strong</strong> text.              <br>
      This is <em>emphasized</em> text.                  <br>
      This is <small>small</small> text.                 <br>
      This is <u>underlined</u> text.                    <br>
      This is <sub>subscripted</sub> text.               <br>
      This is <sup>superscripted</sup> text.             <br>
      This is <q>A short quote </q> text.                <br>
      This is <s>no longer correct</s> text.             <br>
      This is <ins>text inserted</ins> into the doc.<br>
      This is
    </p>
    <blockquote>
        a blockquote, for quotations longer than a line.
        The blockquote tag doesn't go inside of a
        paragraph tag. It is separate and should be
        considered an "equal" of a paragraph. It is
        capable of handling a lot of text!
    </blockquote>
    <p>And those are some pretty handy tags.</p>
  </body>
</html>
```

Formatting Practice

This is **bold** text.
This is *italic* text.
This is **strong** text.
This is *emphasized* text.
This is small text.
This is underlined text.
This is subscripted text.
This is superscripted text.
This is “A short quote ” text.
This is ~~no longer correct~~ text.
This is text inserted into the doc.
This is

> a blockquote, for quotations longer than a line. The blockquote tag doesn't go inside of a paragraph tag. It is separate and should be considered an "equal" of a paragraph. It is capable of handling a lot of text!

And those are some pretty handy tags.

图 4.3 一个练习网页，演示了各种格式化标记及其效果。试着改变浏览器窗口大小，观察 <blockquote> 文本的变化

像图 4.3 那样编辑保存好的 starterPage.html。该网页演示了各种标记在浏览器中的显示效果，是熟悉它们的很好的方式。所有浏览器都应显示基本一致的结果。输入代码时，记住复制 / 粘贴 / 编辑是你的好朋友！

格式化标记

如图 4.2 所示，文档可用多种方式格式化。每种格式都需要单独的标记，这意味着 HTML 有许多标记。但不需要全部记住。程序员和 Web 设计人员只需记住少数常用标记，需要不常用的时查询即可。这比记住不常用标记的完整列表

容易得多。要知道用哪个标记获得一种特殊效果，可查询像 www.w3schools.com/tags/default.asp 这样的列表。

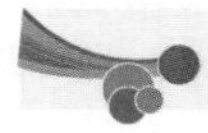

4.3 建立文档结构

标记语言重点在于描述文档各部分的组成方式。由于这些组成部分大多是段落、标题和文本样式(例如倾斜和加粗)，所以文档标记和格式化区域最常用，也最有用。

4.3.1 HTML 标题

Country: USA
State: Hawaii
County: Hawai'i
City: Hilo
Neighborhood: Waiakea
Street: Ululani
Standard text size

文档一般都有不同层级的标题，所以 HTML 提供了多级标题 (heading) 标记供选择。从一级(最高级)标题 <h1> 和 </h1>，到二级标题 <h2> 和 </h2>，一直到六级标题 <h6> 和 </h6>。标题以更大字体另起一行显示。例如以下代码：

```
<h1>Country: USA</h1> <h2>State: Hawalii</h2> <h3>County: Hawai'i</h3>
<h4>City:
Hilo</h4> <h5>Neighborhood: Waiakea</h5> <h6>Street: Ululani</h6>
Standard text size
```

将产生左图所示效果。

如你所见，标题加粗显示，而且随着层级降低而逐渐降低“强度”(字体变小而且或许不再那么粗)。

4.3.2 比较 HTML 格式和显示格式

注意在上例中，虽然 HTML 源代码都在同一行，但显示效果是每个标题独占一行。这说明了一个重点：HTML 源代码要求浏览器根据标记的含义生成格式化好的网页，而不是根据源代码的排版方式。标题在显示时总是独占一行。不过，虽然源代码的排版不重要，但写的时候应尽量采用结构化的方式，使其他人更容易理解。虽然不强求，但许多人通过缩进来产生令人赏心悦目的排版：

```
<h1>Country: USA</h1>
  <h2>State: Hawaii</h2>
    <h3>County: Hawai'i</h3>
```

4.3.3 空白

以上两种 HTML 排版生成一样的结果。源代码中用于排版的空格、制表符和换行符统称为空白 (white space)。HTML 会忽略空白。处理 HTML 源文件时，浏览器先将连续的空白替换成单个空格字符，然后根据标记来格式化网页文档。唯一例外的是包含在 <pre> 和 </pre> 标记中的预格式化文本，这些文本会原样显示。

浏览器格式化段落时，“空白会被忽略”这一事实显得很重要。段落标记 <p> 中的所有文本都被视为一个段落，连续的空白字符会被转换为单个空格。所以，以下 HTML 源代码：

```
<p> <b>Xeno's Paradox: </b>
Achilles and a turtle were to run a race. Achilles could
run twice as fast as the turtle. The turtle,
being a slower runner,
got a 10 meter head start, whereupon
Achilles started and ran the 10 meter distance. At that
moment the turtle was 5 meters farther.
When Achilles had run
that distance the turtle had gone another 2.5 meters,
and so forth. Paradoxically, the turtle always remained
ahead. </p>
```

将产生以下效果：

Xeno's Paradox

Xeno's Paradox: Achilles and a turtle were to run a race. Achilles could run twice as fast as the turtle. The turtle, being a slower runner, got a 10 meter head start, whereupon Achilles started and ran the 10 meter distance. At that moment the turtle was 5 meters farther. When Achilles had run that distance the turtle had gone another 2.5 meters, and so forth. Paradoxically, the turtle always remained ahead.

行宽由浏览器窗口宽度决定。不同浏览器窗口宽度会造成在不同位置换行，这是为什么 HTML 要忽略空白并修改段落格式来适应可用空间的原因。表 4.1 总结了基本的 HTML 标记。

表 4.1 基本 HTML 标记

起始标记	结束标记	含义	是否必须
<!doctype html>		HTML5 文件的第一个标记	√
<html>	</html>	用于包含所有 HTML 文本	√
<title>	</title>	网页标题，在浏览器标题栏或网页标签上显示	√
<head>	</head>	定义页头，主要是整个网页的属性，含网页 title 定义	√
<body>	</body>	定义网页主体，即网页的实际内容	√

（续表）

起始标记	结束标记	含义	是否必须
<p>	</p>	段落	
<hr/>		水平线（水平标尺）	
<h1>...<h6>	</h1>...</h6>	标题，共 6 级	
<b>	</b>	加粗	
<i>	</i>	倾斜	
<pre>	</pre>	预格式化文本，会原样保留空白	
<a href+=" 路 径 名 ">	</a>	锚点引用，“路径名”必须是到一个 HTML 文件的路径名	
<img src=" 路 径 名 "/>		图片资源引用，“路径名”必须是到一个 .jpg，.png 或 .gif 文件的路径名	
 		换行符，在下一行继续显示文本	

4.1 波浪舞

写 HTML 代码来显示以下网页：

Starter Page

The crowd enjoyed doing THE WAVE.

注意，“the wave”是指观看比赛时由观众自发进行的“波浪舞”。

4.3.4 属性

HTML 标记的最后一个特色是属性 (attributes)。例如以下标记：

```
<meta charset="UTF-8"/>
```

它是每个 HTML 文件都必须有的一个标准标记。该标记有一个属性，作用是对标记进行额外的输入。由于属性是输入，所以总是采用名称 / 值对的形式。本例的名称是 charset，代表“字符集”(character set)。值（输入）是，“UTF-8”，代表“Unicode Transformation Format，8 位版本”。属性放在标记的尖括号内并采用以下形式：

属性名称 = " 值 "

先写属性名称，然后是等号，最后是引号中的值。这些项是必须的。如标记要定义多个属性，那么要用至少一个空格分隔。

有的属性是必须的。例如在 <img> 标记中，必须用 src 属性指定要显示的图片文件名，width 和 height 属性则可选，因为如使用图片本来的宽度和高度，就无需设置这两个属性。如果要修改宽度或高度（例如为了缩小图片），就设置 width 或 height 属性。

要了解各个标记适用的属性，请参考标记列表参考网页 (www.w3schools.com/tags/default.asp)，在列表中查找标记，在对应的网页中查找属性。

宽度在前，高度在后

某些应用程序指定图片宽度和高度时一般不说哪个是哪个，例如 640 × 480。常规是宽度在前，高度在后。

4.3.5 HTML 中的尖括号：转义符

注意，网页显示数学表达式（例如 0<p>r) 时可能出问题，因为浏览器会将其中的 <p> 解释为段落标记，而不会原样显示。为了原样显示尖括号，需要先写转义符 &，后跟缩写，再添加分号，如下所示：

<　　将显示 <
>　　将显示 >
&　将显示 &

缩写 lt 对应 less than，gt 对应 greater than。注意转义符 & 本身也需要转义才能原样显示。所以，前面说的数学表达式在 HTML 中要像下面这样写：

```
<i>0&lt;p&gt;r</i>
```

4.3.6 HTML 中的重音符

带重音符的字母也要使用转义符。常规形式是转义符 & 后跟字母（区分大小写），然后是重音符号名称，最后是分号。例如，é 显示 é，È 显示 È，ñ 显示 ñ，而 Ö 显示 Ö。表 4.2 总结了西欧语言几个有用的特殊字符。

表 4.2　为西欧语言指定重音符

符号	文本	编码	符号	文本	编码	符号	文本	编码
à	à	à	ê	ê	ê	ô	ô	ô
ä	ä	ä	î	î	î	ù	ù	ù
é	é	é	ó	ó	ó	ã	ã	ã
í	í	í	ø	ø	ø	è	è	è

（续表）

符号	文本	编码	符号	文本	编码	符号	文本	编码
ò	ò	ò	ü	ü	ü	ì	ì	ì
ö	ö	ö	â	â	â	ñ	ñ	ñ
û	û	û	ç	ç	ç	õ	õ	õ
á	á	á	ë	ë	ë	ú	ú	ú
å	å	å	ï	ï	ï			

注意：要为大写字母加注重音符，请将 & 后的字母变成大写，或访问 http://www.w3school.com.cn/tags/html_ref_entities.html 查找大写字母编码

虽然像 tilde 这样的名称有助于说西班牙语或其他语言的人士记住转义，但每个特殊字符都可用一个编号来指定，在 # 后添加对应的 Unicode 编码即可 (将在第 7 章讨论 Unicode)。例如，ñ 和 ñ 是同一个字母。编码请查询 http://www.w3school.com.cn/tags/html_ref_entities.html。

虽然到目前为止只学习了几个 HTML 标记，但足以创建如图 4.4 所示的网页。观察 HTML 代码并注意以下几点。

- title 在浏览器标题栏或网页标签上显示。
- Russell' s Paradox 由于是 H2 标题，所以加粗显示。
- 两个段落之间的水平线跨越整个浏览器窗口。

```
<!doctype html>
<html>
 <head>
  <meta charset="UTF-8">
   <title> Twentieth Century Paradoxes </title>
  </head>
  <body>
    <h1>Paradoxes</h1>
    <h2>Russell's Paradox</h2>
      <p>The Twentieth Century logician Bertrand Russell
      introduced a curious paradox: <b>This statement is
      false.</b> The  statement can't be true, because it
      claims the converse. However, if it is not true, then it's
      false, just as it says. That makes it true. Paradoxically,
      it seems to be neither true nor false, or perhaps both
      true and false.</p>
    <hr/>
    <h2>Magritte's Paradox</h2>
      <p> The famous Belgian artist Ren&eacute; Magritte
      rendered the idea of Russell's Paradox visually in his
      famous painting <i>Ceci n'est pas  une pipe</i>. The
      title translates from French, This Is Not A Pipe. The
      painting shows a pipe with the text <i>Ceci n'est pas
      une pipe</i>  below it. Superficially, the painting looks
      like a true statement, since it is a <i>picture</i> of
      the pipe, not an actual pipe. However, the assertion is
      also part of the picture, which seems to  make it false,
      because it is clearly a painting of a pipe.  Paradoxically,
      the truth seems to depend on whether the statement is
      an assertion about the painting or a part of it. But, it's
      both. </p>
  </body>
</html>
```

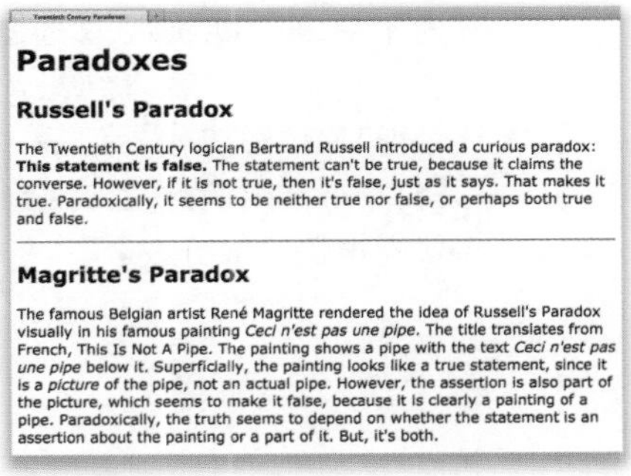

图 4.4　一个简单网页的 HTML 及其显示效果

- Magritte 的名字使用了重音符。
- 画作中的法语倾斜显示。
- picture 倾斜显示以进行强调。

这是一个简单网页，很容易制作。所有内容的格式都用标记来描述。

4.2 进一步解释

写 HTML 代码来显示以下网页：

注意，重音符号就是字母上的“帽子”。

Chapeaux

The Five ~~Hundred~~ Hats of Latin Letters: â ê î ô û

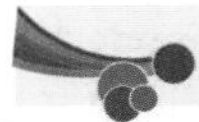

4.4 上机实验 II

程序员要养成良好的习惯来生成正确的程序。Web 开发人员亦是如此。我们的 starterPage.html 就是一个例子。作为模板，它包含网页必须的所有标记。这样可避免每次都重新输入，降低犯错的概率。本节要讨论方便学习 HTML 的另外两个技巧。

4.4.1 边写边查

网页常常是内容和格式同时创建。由于要同时关注两样东西 (它说什么和看起来怎么样)，所以可能变得很复杂。在这个过程中，应该经常检查拼写和标记。可能在写了几个标记之后就要检查一次。原因很简单，假定网页在某个时候看起来不错，但过后添加了几个标记后发现出了问题，那么肯定是后面添加的那几个标记出了问题。这显著节省了查错时间。该过程称为边写边查 (compose and check)。

为了更高效地实现边写边查，一个办法是同时打开文本编辑器和浏览器，前者写代码，后者看结果，如图 4.5 所示。两个处理的是同一个文件。写好几个 HTML 格式化标记后，就保存文件 (^S)，然后在 Firefox 中刷新结果 (^R 或 F5)。对结果满意后，回到编辑器进行更多编辑或修改，再重复上述过程。这样就能很快完成开发。

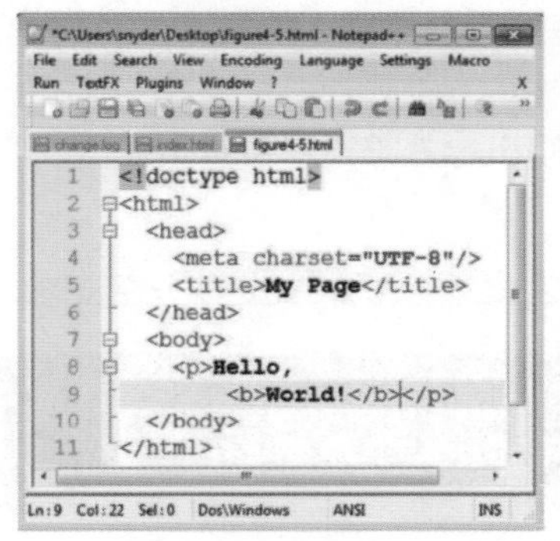

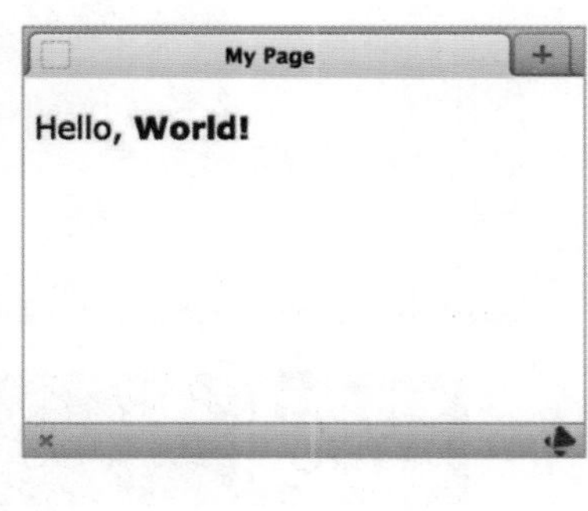

图 4.5 边写边查：同时打开浏览器和文本编辑器，一边写 HTML 一边检查显示。要检查，在编辑器中保存文件 (^S)，在 Firefox 中刷新 (^R 或 F5 键)。如显示无误，返回编辑器继续写代码

4.4.2 标记校验服务

减少出错概率，使网页对所有冲浪者都能正常显示的另一个办法是对它进行自动校验。该服务将检查你提交的文件，验证是否符合 HTML5 规范。服务会列出有问题的地方，并解释为什么不正确。

检查作业

一般不需要写几个标记就校验一次。等 HTML 文件成型之后再校验。(当然，什么时候都能校验，但最好等时机成熟之后。) 校验文件请访问 W3C 标记校验服务 (validator .w3.org/#validate_by_upload)，如图 4.6 所示。选择要校验的文件，单击 Check 即可。

检查结果要么是一个绿色横幅说检查通过，要么是红色横幅说哪个地方出错和为什么出错，要么是黄色横幅显示一些警告(例如某些标记已在新标准中废弃)。看到大量错误不要惊慌。刚开始出现大量错误是很常见的，因为我们都会犯错。往往打错一个字母就可能造成许多许多错误消息。

图 4.6 W3C 标记校验服务，提交你的文件并单击 Check 按钮

4.3 校验自己

校验 starterPage.html 文件。应完美通过。在段落中输入一些非 HTML 标记，例如 <bold>Find This Mistake!</bold> 再校验一次。找到错误了吗？

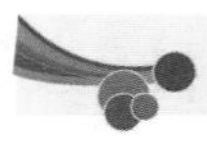

4.5 用 CSS 来点儿格调

罗素悖论网页(图 4.4)内容也许有趣，但看起来实在是太普通了。为网页添加一些“格调”[①]，就能使之生动起来。诀窍在于 CSS(Cascading Style Sheets，层叠样式表)。

4.5.1 在哪里添加样式

用 <style> 标记在页头区域(<head>)为网页添加 CSS 样式。一般将 <style> 标记放在 <title> 标记之后。以图 4.4 为例，我们这样添加 <style> 标记：

```
<title>Twentieth Century Paradoxes</title>
<style>
在这里定义 CSS 样式
</style>
```

这称为网页的样式区域。

① style 可翻译为格调、样式和风格等。——译注

4.5.2 背景和段落样式

CSS 的思路是为每个标记 (比如 <body>) 都提供属性 (比如 background-color) 及其值 (比如 black)，例如：

```
<style>
  body {background-color:black}
</style>
```

为图 4.4 的网页添加该样式将造成黑色背景，如下图所示。

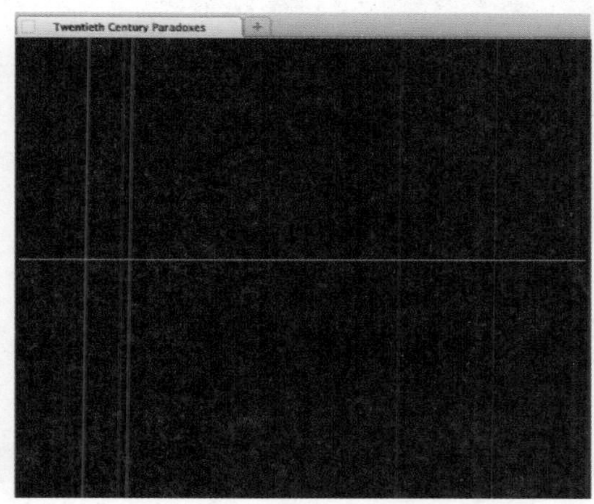

字去哪里了？显然，黑色背景弄乱了我们的网页，因为字也是黑色的。能看到水平线是因其颜色默认为灰。为了将文本颜色更改为白色，要添加另一个样式定义：

```
<style>
  body {background-color:black; color:white}
</style>
```

现在能看见字了。从以前的白底黑字变成黑底白字。所以你现在明白 CSS 的意义了，就是指定每个标记的样式。

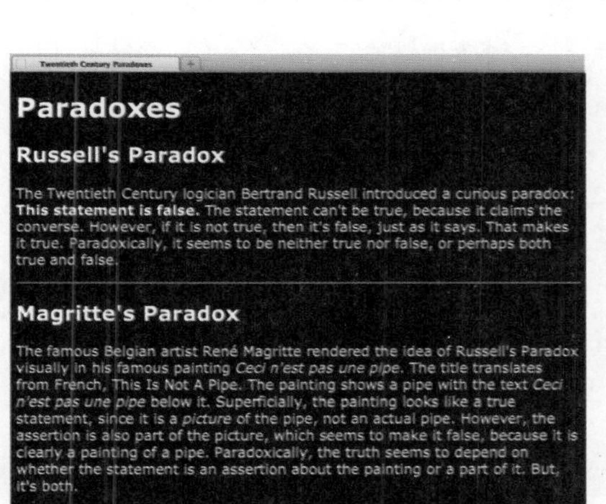

4.5.3 CSS 样式说明

注意刚才是如何定义 CSS 样式的。最开始的 body 实际是一个标记，只是没有 < 和 >。body 称为标记的元素。样式定义跟在元素后面，并用大括号封闭，称为“属性 / 值”对。属性是样式名称，值则是具体样式。注意样式定义的格式。如果要定义多个样式 (这很常见)，每一对属性 / 值都要以分号分隔。

元素名称 { 属性 1 : 值 1 ; . . . ; 属性 N : 值 N}

这意味着该标记的所有实例都会应用该样式定义。那么，平时怎么知道定义背景颜色时需使用 background-color 属性？不需要记住 CSS 的所有样式规范！相反，需要时就查询 www.w3schools.com/css/default.asp。这里有许多实际的例子，也许是查询属性最方便的地方，因为能看到各种样式的实际效果。除此之外，还有教程教你更多。喜欢的话能熟记其中一些，但大多数人都是在需要时查询一下。

4.5.4 设计罗素悖论网页

为进一步理解如何发挥样式区域的潜力，下面要为罗素悖论网页添加更多样式。目标是创建如图 4.7 所示的网页。

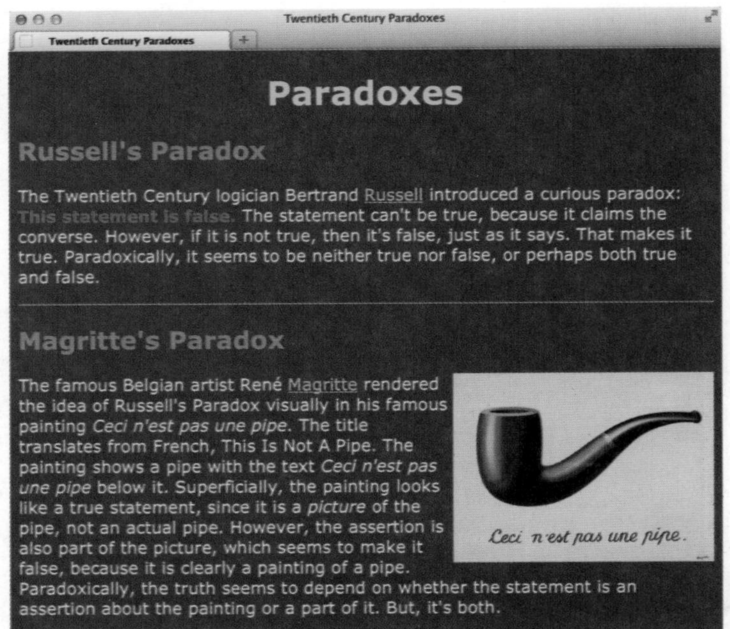

图 4.7　添加了样式的罗素悖论网页

全局样式

首先注意到的是网页用不同颜色强调内容的不同部分。另外，颜色的选择很精巧，有的颜色互补，有的是为了加强对比。例如，背景选择墨绿色，段落文本则是浅黄色。这比之前纯粹的黑白色好看多了。虽有上千万种颜色可供选择，但只有约 130 种常用颜色被冠名，具体可参考 www.w3schools.com/cssref/css_colornames.asp。我们通常希望颜色和设计有利于用户理解内容。为了获得图 4.7 的效果，需要将之前的样式区域修改如下：

```
<style>
  body {background-color:darkslategray}
  p {color:lightyellow}
</style>
```

这样便定义了我们想要的背景色和段落文本颜色。和之前的黑白版本不同，这个修改不会改变标题文本的颜色，后者需要单独指定。我们为 <h1> 标题选择金色，两个 <h2> 标题选择深橙色。这需要在样式区域添加另外两个样式，使样式总数达到 4。

```
h1 {color:gold}
h2 {color:darkorange}
```

还有一个调整是 <h1> 标记应居中显示其文本。查询上述网址可知应使用 text-align 属性，并为其赋值 center(可选 left，center 和 right)。所以，为 <h1> 标记再添加一个属性：

```
h1 {color:gold; text-align:center}
```

Paradoxes

Russell's Paradox

The Twentieth Century logician Bertrand Russell introduced a curious paradox: **This statement is false.** The statement can't be true, because it claims the converse. However, if it is not true, then it's false, just as it says. That makes it true. Paradoxically, it seems to be neither true nor false, or perhaps both true and false.

Magritte's Paradox

The famous Belgian artist René Magritte rendered the idea of Russell's Paradox visually in his famous painting *Ceci n'est pas une pipe*. The title translates from French, This Is Not A Pipe. The painting shows a pipe with the text *Ceci n'est pas une pipe* below it. Superficially, the painting looks like a true statement, since it is a *picture* of the pipe, not an actual pipe. However, the assertion is also part of the picture, which seems to make it false, because it is clearly a painting of a pipe. Paradoxically, the truth seems to depend on whether the statement is an assertion about the painting or a part of it. But, it's both.

注意，不同“属性 / 值”对要以分号分隔。页头区域的样式应用于网页中所有对应的标记。例如，网页共有两个 <h2> 标记，一个样式定义同时应用于两者。但也可定义一次性样式。

内联样式

在图 4.7 中，注意，罗素悖论的声明格式化成加粗和红色文本。加粗是通过将文本放在 <b> 标记中实现的，但我们还想把它们变成红色。在标记中使用 style 属性使样式只应用一次：

```
<b style="color:red">
```

这造成 <b> 和 </b> 之间的文本同时加粗和用红色显示。该样式只在这里生效。注意 style 属性的特殊性。首先，作为属性，它要放到标记中。(之前 <style> 是作为标记使用，在网页顶部定义样式区域。) 其次，该属性的值本身又是一对“属性 / 值”，定义原本出现在样式区域的样式。感觉像是可以将样式区域扩展到一个特定标记中。最后，由于属性值沿袭了样式区域的思路，所以在有多个“属性 / 值”对的情况下需以分号分隔。style 属性或许特殊了一点，但却相当有用，稍后会进一步体验。

Paradoxes

Russell's Paradox

The Twentieth Century logician Bertrand Russell introduced a curious paradox: **This statement is false.** The statement can't be true, because it claims the converse. However, if it is not true, then it's false, just as it says. That makes it true. Paradoxically, it seems to be neither true nor false, or perhaps both true and false.

Magritte's Paradox

The famous Belgian artist René Magritte rendered the idea of Russell's Paradox visually in his famous painting *Ceci n'est pas une pipe*. The title translates from French, This Is Not A Pipe. The painting shows a pipe with the text *Ceci n'est pas une pipe* below it. Superficially, the painting looks like a true statement, since it is a *picture* of the pipe, not an actual pipe. However, the assertion is also part of the picture, which seems to make it false, because it is clearly a painting of a pipe. Paradoxically, the truth seems to depend on whether the statement is an assertion about the painting or a part of it. But, it's both.

错用引号

引号是许多 HTML 错误的源头。首先，引号必须成对使用，人们很容易遗漏其中一个。其次，引号有多种形式。HTML 喜欢的是直引号 (" 和 ')，不喜欢弯引号 (“” 和 ‘’)。如 HTML 产生错误的结果，仔细检查是否错用了引号。注意在文本编辑器中使用英文输入法绝对不会打出弯引号。

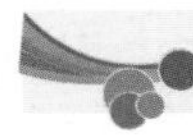

4.6 创建链接和图片

我们在标记网页方面取得了一些进展，但还需要添加 Russell/Magritte 这两个人的生平和烟斗画的链接。

4.6.1 链接的利与弊

本节学习如何创建超链接。用户点击超链接，浏览器加载一个新网页。这意味着每个超链接都涉及两部分：当前文档中突出显示的文本，称为“锚文本”；链接到的网页的 URL，称为“超链接引用”。

两部分都在锚点标记 <a> 中指定。

- 先写 <a，添加空格。注意 a 代表 anchor(锚点)。
- 用 href=" 文件名” 指定超链接引用。文件名一定要包含在双引号内。
- 用符号 > 结束起始锚点标记 .
- 输入锚文本，浏览器将将突出显示它。
- 用结束标记 </a> 结束超链接。

例如，假定 http://www.biyo.com/bios/sci/russell.html 是 Bertrand Russell 的生平网页，就可用以下锚点标记为其姓名 (Russell) 添加链接：

该超链接默认将 Russell(罗素的姓) 突出显示，如下所示：

Bertrand Russell

若用户点击Russell，浏览器就会下载 href 属性指定的个人生平网页。另一个例子是 Magritte。假定 Magritte 和 Russell 的生平网页在同一个网站上，那么以下代码：

```
<a href="http://www.biyo.com/bios/art/magritte.html">Magritte</a>
```

将创建指向他的生平网页的超链接。

4.4 流行文化

写 HTML 在点击 Mr. Graffiti 后链接到网页 http://www.biyo.com/bios/art/haring.html。

Paradoxes

Russell's Paradox

The Twentieth Century logician Bertrand Russell introduced a curious paradox: This statement is false. The statement can't be true, because it claims the converse. However, if it is not true, then it's false, just as it says. That makes it true. Paradoxically, it seems to be neither true nor false, or perhaps both true and false.

Magritte's Paradox

The famous Belgian artist René Magritte rendered the idea of Russell's Paradox visually in his famous painting *Ceci n'est pas une pipe*. The title translates from French, This Is Not A Pipe. The painting shows a pipe with the text *Ceci n'est pas une pipe* below it. Superficially, the painting looks like a true statement, since it is a *picture* of the pipe, not an actual pipe. However, the assertion is also part of the picture, which seems to make it false, because it is clearly a painting of a pipe. Paradoxically, the truth seems to depend on whether the statement is an assertion about the painting or a part of it. But, it's both.

前面为罗素悖论网页创建了两个超链接。要将超链接颜色更改为亮绿色，可在样式区域定义锚点元素的样式。

```
a {color:greenyellow}
```

这会使链接变得更鲜亮。

4.6.2 <img> 标记的结构

图片标记 <img> 采用和锚点标记 <a> 类似的方式指定一个图片文件，格式如下所示：

```
<img src=" 文件名 " alt=" 描述 "/>
```

src 属性是必须的，指定图片“来源”，文件名是图片文件名。注意 <img /> 是独立标记。文件名需具有正确的扩展名，一般使用 .gif，.png 或 .jpg。alt 是可选属性，指定图片的文本描述。它的作用是帮助有视力障碍的人。例如，屏幕朗读器能向盲目朗读网页内容。虽然看不到图片，但听文本描述就能大致知道图片内容。最好始终定义 alt 属性，所有人都能获益。例如，在图片无法显示，或显示很慢的时候，就能根据 alt 的描述知道是什么图片。

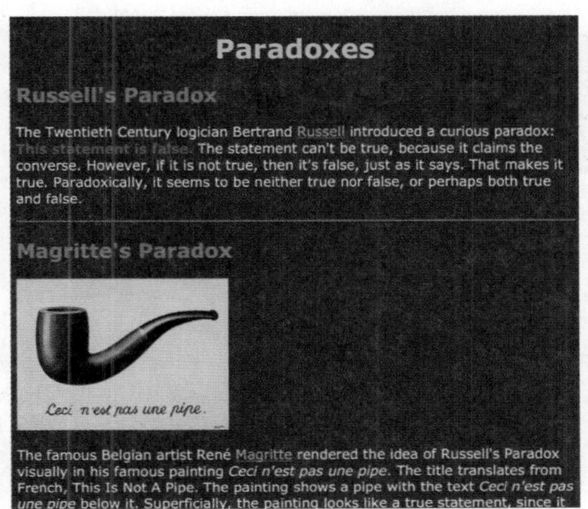

添加烟斗照片

假定 Magritte 的画作图片文件是 pipe.jpg，存储在和悖论网页相同的文件夹中，就可以像下面这样添加图片：

```
<img src="pipe.jpg" alt="Magritte's pipe art"
width="250"/>
```

上述代码在网页中加载指定的图片。注意，width 属性指定图片宽度。原始图片过大，该属性告诉浏览器按比例缩小图片以满足宽度为 250 像素的要求。

修改宽度或高度

以前说过，<img/> 标记的 width 和 height 是属性是可选的。要更改图片大小，指定宽度或高度就好，不需要同时指定两者。浏览器自动按比例缩放。

4.6,3 用样式指定图片位置

烟斗图片位置不太合适。它在 <h2> 标题后单独占了一大块空间。这符合图片的默认插入规则：图片在 <img/> 标记的位置插入，之后的文字对齐图片底部。但是，我们希望文字围绕图片“流动”。为此，需要仔细理解上述规则是如何运用的。

如图片和旁边的文字一样大，或更小，例如■，就会像普通文字一样直接嵌入行中。这在显示小图标或笑脸符号时很方便。如图片比文字大，例如■，它仍然会像普通文字一样嵌入行中，但行间距就增大了，不是很美观。

我们想要的效果是文字围绕图片流动，可图片在左，文字在右，也可相反。这时就要在 img 标记中使用 style 属性了。它的值是 "float:left"(如本例所示) 或 "float:right"(完成的网页就是这个效果)。分别指定图片在浏览器窗口左侧或右侧显示。

```
<img src="pipe.jpg" alt="Magritte's pipe art" width="250" style="float:right"/>
```

文字仍然从左向右、从上到下流动，只是现在围绕图片进行。

最后，将图片放到段落标记中，即可单独居中显示该图片。它将和前后的段落隔绝。为段落定义样式，使用 text-align 属性来居中显示文本，即可使图片居中 (尽管唯一的“文本”就是图片)。

```
<p style="text-align : center"><img src = ... /></p>
```

效果如下所示：

经过这一系列处理，罗素悖论网页就获得了如图 4.7 所示的效果。

创建图片链接

上网冲浪时，会注意到并非所有锚点都是文本。有时点击图片 (gif 或 jpg) 也能跳转到链接的网址。将图片放到锚点标记中，即可将其作为锚点使用。例如，假定有一个小的红色方块 GIF 文件 red.gif( )。要把它作为按钮来链接到网页文档 history_red_square.html，将图片放到平时写锚文本的地方即可：

```
<a href="history_red_square.html"><img src="red.gif" alt="Red Box"/></a>
```

网页显示时，图片会和普通链接一样突出显示，指明该 .gif 是链接。如果默认链接颜色是蓝色，则图片会显示蓝色边框。点击就会加载 history_red_square.html 网页。

4.7 引用文件

现已经成功创建了一个基本的网页并应用了样式。网页编码已神秘不在。但仍然需要解释一下如何正确地引用文件。

引用网页和图片

用锚点标记引用网页时，例如：

```
a href="http://apod.nasa.gov/apod/astropix.html">Astronomy Picture of the Day</a>
```

href 属性的值是完整 URL。这是引用其他站点的网页时的正确形式。使用完整 URL 的引用称为绝对引用。

本地网页引用

网站通常由存储在同一个服务器的许多网页构成，并且相互链接。这些网页称为本地网页，href 属性使用完整 URL 就不合适了。相反，只需指定要链接的文件名就可以了。这种引用称为相对引用。

例如，假定主页存储在 myCat 文件夹中，其中包含 index.html 以及要链接的照片，还有其他子文件夹存储相关网页，如图 4.8 所示。

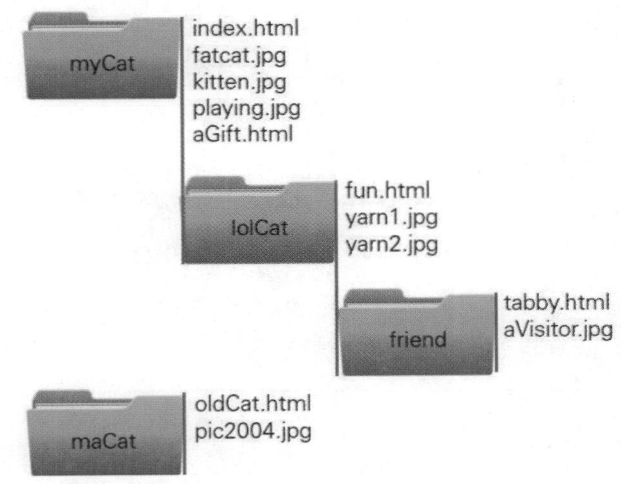

图 4.8　一个网站的示例文件夹结构

为了从 myCat 文件夹中的主页 (index.html) 链接到下面三种类型的网页。

a. Gift.html 网页，可以写 <a href="aGift.html">how I got my cat</a>，因为两个文件在同一个文件夹中。

b. fun.html 网页，可以写 <a href="lolcat/fun.html">see my cat being hilarious</a>，因为它在 lolcat 文件夹中。

c. tabby.html 网页，可以写 <a href="lolcat/friend/tabby.html">the neighbor's cat</a>，因为它在 lolcat 文件夹的 friend 子文件夹中。

指定导航路径来引用文件夹层次结构较深的网页。起始文件夹是 myCat，因为引用是从 index.html 开始的。要用正斜杠 / 引用子文件夹中的内容。例如，lolcat 是 myCat 文件夹的子文件夹，所以为了引用 lolcat 中的网页，需要使用 lolcat/fun.html。类似地，lolcat/friend/tabby.html 引用 lolcat 文件夹中的 friend 子文件夹中的 tabby.html。

图片

用 <img/> 标记引用图片文件是一样的道理。例如，index.html 能直接引用 fatcat.jpg：

```
<img src="fatcat.jpg" alt="Overweight cat"/>the kitten got bigger</a>
```

这是因为图片在和 index.html 相同的文件夹中。以此类推，为了从 index.html 引用较深的文件夹中的图片，需要写 lolcat/yarn1.jpg 或 lolcat/friend/aVisitor.jpg。注意，最好是引用网站中的图片，而不是复制。以后会解释复制的危害。

引用上级文件

“用 / 引用子文件夹内容”适合层次结构中较深的文件，但怎么引用上级文件？答案是用 ../ 引用上级文件夹中的内容。这个来自 UNIX 操作系统的表示法允许在整个文件层次结构中导航。以图 4.8 的 tabby.html 网页为例，它在文件层次结构中较深的位置，注意它如何引用网站其他地方的照片。tabby.html 可直接引用它所在文件夹中的照片 aVisitor.jpg。引用父文件夹 (lolcat) 中的照片则要使用 ../yarn2.jpg。引用主文件夹 (myCat) 中的照片则要向上移动两级，即 ../../kitten.jpg。

最后，上去了还可以再下来。例如，要在 tabby.html 中引用 photo pic2004.jpg，必须向上三级到达 myCat 和 maCat 所在的文件夹，再进入 maCat 文件夹：

```
<img src="../../../maCat/pic2004.jpg" alt="1st cat"/>
```

跟随上述路径，先是进入 lolcat，再进入 myCat，再进入更上级的文件夹 (这里未显示)，再进入 maCat 找到目标文件。

4.5 连连看

从 oldCat.html 网页链接到照片 yarn2.jpg。

我们每个人都在犯编程错误。Google 的程序员也不例外。他们的主页也没有通过 HTML5 校验。

不过，浏览器还是能正确显示网页。感谢浏览器的开发人员帮我们处理好了错误。

W3C Markup Validation Service
Check the markup (HTML, XHTML, ...) of Web documents

Jump To: Notes and Potential Issues Validation Output

Errors found while checking this document as HTML5!

Result:	25 Errors, 4 warning(s)
Address:	http://www.google.com/
Encoding:	iso-8859-1 (detect automatically)
Doctype:	HTML5 (detect automatically)
Root Element:	html

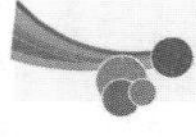

4.8 span、列表、表格和框

本节介绍 HTML 网页一些常用特性，可利用它们对网页显示进行严格控制。

4.8.1 span

开发罗素悖论网页时，我们为 <b> 标记添加 style 属性将加粗的文本渲染成红色。换言之，文本同时加粗和用红色显示。但是，怎样为没有包含在 <b> 这样的标记中的文本应用颜色？这时就要用到 <span> 了。

将想要应用样式的内容放到<span>标记中，再为<span>标记标记添加style属性。例如以下代码：

```
<span style="color:darkturquoise">Eeny</span>
<span style="color:blue">Meeny</span>
<span style="color:violet">Miny</span>
<span style="color:darkmagenta">Mo</span>
```

将获得以下显示：

Spanning

Eeny Meeny Miny Mo

<span> 是相当有用的一个标记。

4.8.2 列表标记

HTML 支持多种列表，每种都有其特殊属性。这里只强调一下重点，完整描述请访问 www.w3schools.com/html/html_lists.asp。

无序列表

无序列表可能是最简单、最常用的列表，它的标记是 <ul> 和 </ul>。两者之间是用 <li> 和 </li> 定义的列表项。浏览器默认为每个列表项添加黑点符号，缩进，而且独占一行。

和往常一样，虽然 HTML 的排版对浏览器来说不重要，但我们写代码时还是尽量保留列表形式。例如，下面是一个喜爱的动画片的列表：

```
<ul>
  <li>Luxo Jr.</li>
  <li>Toy Story</li>
  <li style="font-family:courier">
     Monsters Inc.</li>
  <li>Wall&#8226;E</li>
</ul>
```

Favorite Animations

- Luxo Jr.
- Toy Story
- Monsters Inc.
- Wall•E

注意黑点符号默认使用所包含的文本的字号。所以，对于 Monsters Inc.(怪物公司) 这一项，设置 Courier 字体直接影响黑点符号的大小。解决该问题的方案是使用刚才讨论的 <span> 标记。以下代码：

```
<li><span style="font-family:courier">Monsters Inc.</span></li>
```

将只修改列表项的文本，不会影响黑点符号的字体，确保和其他黑点符号一样大小。还要注意，和以前讨论的重音符号一样，要用 Unicode 表示 Wall•E 中的特殊字符。

有序列表

另一种常见列表是有序列表，标记是 <ol> 和 </ol>。形式和项目 (黑点) 列表相似，只是黑点变成了编号。以下是世界最大珊瑚礁群的一个列表：

```
<ol>
  <li>Great Barrier Reef: 2500 km</li>
  <li>Red Sea Coral Reef: 1900 km</li>
  <li>New Caledonia Barrier Reef: 1500 km</li>
  <li>Mesoamerican Barrier Reef: 943 km</li>
</ol>
```

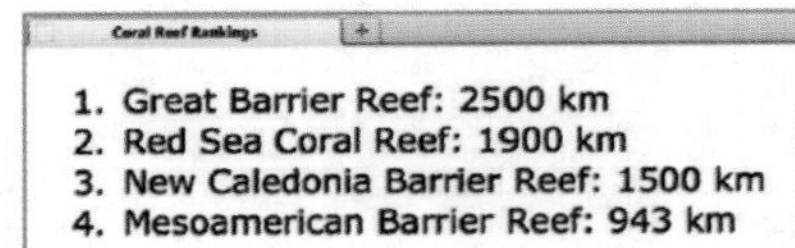

虽然本例使用普通的阿拉伯数字编号，但完全可以换成罗马数字和其他各种编号 (参见 www.w3schools.com/cssref/pr_list-style-type.asp)。

子列表

还可以设置列表中的列表，称为“子列表”，例如：

```
<ul>
  <li>Speedo</li>
  <li>Bikini
      <ul>
        <li>Top</li>
        <li>Bottom</li>
      </ul>
  </li>
  <li>Boardies</li>
</ul>
```

At The Beach

- Speedo
- Bikini
  - Top
  - Bottom
- Boardies

注意，子列表使用不同的黑点符号，这是可以修改的。

定义列表

最后还有一种列表是定义列表，标记是 <dl> 和 </dl>。这种列表由定义术语 (<dt></dt>) 和定义数据 (<dd></dd>) 成对构成。例如：

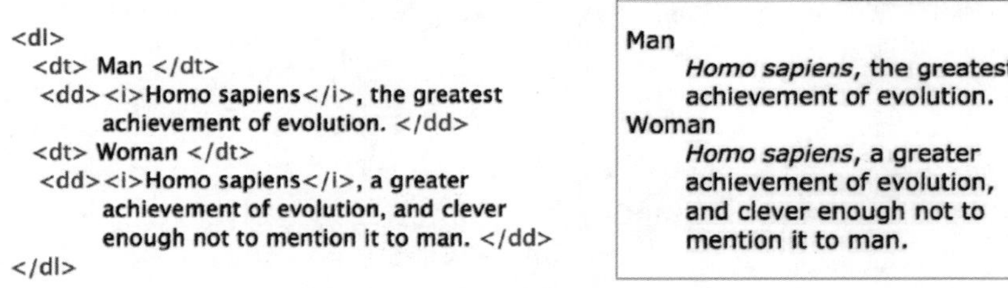

当然，任何排列项都可使用倾斜和加粗等格式化命令。

4.8.3 处理表格

表格是展示特定类型信息的理想方式。用 HTML 创建表格很简单。就像定义一个“列表的列表”一样，主列表项称为行，其中包含一个或多个称为单元格的项。浏览器排列单元格来构成列。

一个基本表格

表格用 <table> 和 </table> 标记定义。表行用 <tr> 和 </tr> 定义 (tr 代表表行)。每一行中的单元格用 <td> 和 </td> 定义 (td 代表表格数据)。以下表格共 4 行，每行 3 个单元格。

```
<table border="1">
  <tr><td>1</td><td>2</td><td>3</td></tr>
  <tr><td>4</td><td>5</td><td>6</td></tr>
  <tr><td>7</td><td>8</td><td>9</td></tr>
  <tr><td>*</td><td>0</td><td>#</td></tr>
</table>
```

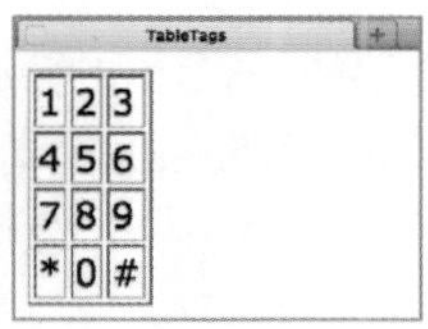

注意 border 属性，不写或设为 "0" 表示无边框。

标准表格一般很不起眼。改善外观需用样式命令，一般用在 <td> 标记上。例如，为了将上述表格变成电话号码盘，可删除 border 属性，在样式区域为 td 元素添加以下属性 / 值。

```
td {
      border-style:solid;
      border-width:4px;
      border-color:mediumblue;
      padding:5px;
      width:20px;
      text-align:center;
      font-family:optima;
      font-size:large;
      background-color:midnightblue;
      color:lavender;
   }
```

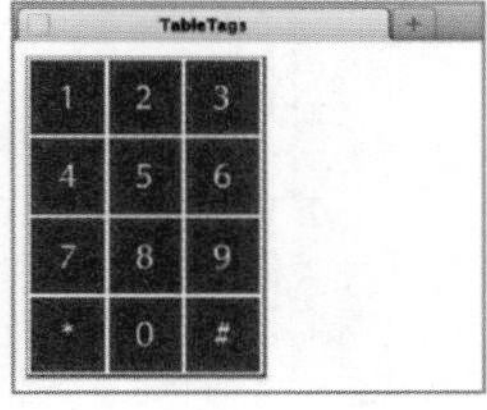

表格一般都要想好怎么应用样式。将在下一节解释 padding 属性。

润色表格

可添加表格标题和列标题。用 <caption> 标记定义表格标题，并把它放到 <table> 标记中 (一般在第一行之前)。表格标题在表格顶部居中显示。列标题要设为表格的第一行，将正常表行中的 <td> 标记替换为 <th> 标记。表行标记 <tr> 则保持不变。列标题自动加粗。下面是一个例子。

```
<table border="1">
   <caption>Bilingual Countries</caption>
   <tr><th>Country</th><th colspan="2">Languages</th></tr>
   <tr><td>Belgium</td><td>Dutch</td><td>French</td></tr>
   <tr><td>Canada</td><td>English</td><td>French</td></tr>
   <tr><td>Cyprus</td><td>Greek</td><td>Turkish</td></tr>
   <tr><td>Philippines</td><td>English</td><td>Filipino</td></tr>
</table>
```

Bilingual Countries

Country	Languages	
Belgium	Dutch	French
Canada	English	French
Cyprus	Greek	Turkish
Philippines	English	Filipino

注意，第一行使用 <th> 而不是 <td> 标记来指定列标题。如果要行标题而不是列标题，就将 <th> 作为每一行的第一个单元格。

本例还演示了另一个表格设计工具。列标题“Languages”跨越两列。做法是为单元格标记 (这里是 <th>) 定义属性 colspan="2"，告诉该单元格要占据两列。(对应的还有 rowspan 属性。这种技术称为“合并单元格”。) 当然，跨越多列后，该行的单元格数量会减少。

4.8.4 框模型

为方便应用样式，CSS 假定几乎所有 HTML5 元素都封闭在一个“框”中。除非故意显示，或与其他能暴露其位置的元素一起使用，否则这些框是不可见的。这称为 CSS 的框模型。该模型很好用，要用好 HTML5 样式，框是关键。

图 4.9 展示了围绕 HTML5 元素的虚拟框。注意图的 4 个部分：中央是内容，填充将内容和边框分开。边框可显可隐。最后，围绕边框的是边距，作用是将整个 HTML5 元素和其他元素分开。

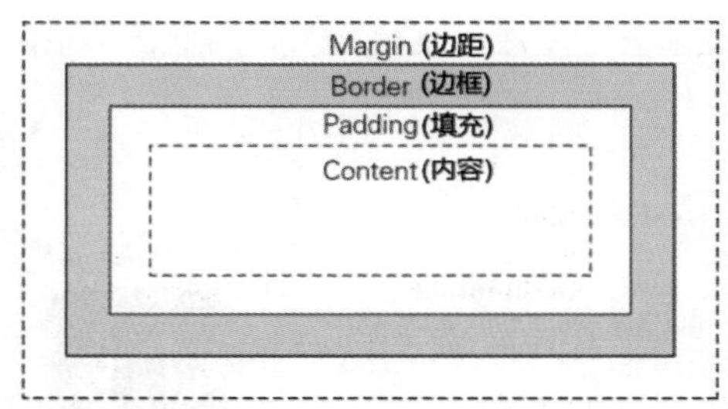

图 4.9 框模型的各种“框”。内容被填充包围，填充被边框包围，边框被边距包围。全都可以控制

为方便理解框模型，图 4.10 展示了包含标题和定义列表的一个小网页。所有元素都有彩色边框。填充和边距被设为 0 宽度，意味着它们不可见。但不可见不是说不存在，可以随时控制。

```
  <style>
   h2 {border-style:solid; border-color:red}
   dl {border-style:solid; border-color:gold}
   dt {border-style:solid; border-color:blue}
   dd {border-style:solid; border-color:magenta}
  </style>
</head>
<body>
  <h2>Comments on the Universe</h2>
   <dl>
      <dt>Albert Einstein </dt>
      <dd>Only two things are infinite, the
            universe and human stupidity, and
            I'm not sure about the former.</dd>
   </dl>
```

Comments on the Universe

Albert Einstein

Only two things are infinite, the universe and human stupidity, and I'm not sure about the former.

图 4.10 定义列表元素添加了彩色边框，填充和边距设为 0 宽度

通过彩色边框我们理解了该模型的作用。注意，<dt> 标记的内容碰到 <dd> 标记的内容了，所以可考虑在这里添加一些空白间距。可围绕“Albert Einstein”添加填充，也可围绕 <dd> 标记添加边距。还有其他选择。

图 4.11 展示了利用填充和边距添加空白间距的效果，这些填充和边距改变了图 4.10 的网页布局。

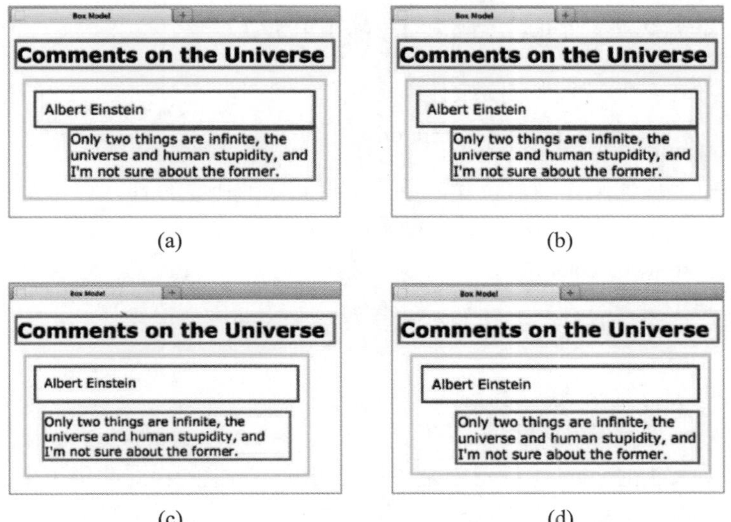

图 4.11 10 像素 (px) 的填充和边距：(a) 黄色，同时填充和边距；(b) 蓝色，仅填充；(c) 紫色，仅边距；(d) 紫色，仅顶部边距

还有另一个办法控制填充、边框和边距，即单独设置框的每一边。例如，可以只在元素顶部添加边距。对比图 4.11(b) 和 (c) 即可理解该技巧的重要性。为 (b) 的紫色框添加 10px 边距来获得 (c)，就失去了引文的缩进。这是因为 <dd> 标记默认只有左侧边距。修改边距将其应用于所有边，缩进就没有了。经验是：要隔开蓝色和紫色框，需要像图 4.11(d) 那样使用 margin-top:10px。不动左侧边距，即可保持缩进效果。

参考 CSS 关于 Box Model 的说明 (www.w3schools.com/css/css_ boxmodel.asp)，了解更多信息。

4.6 跳出条条框框

说明如何修改图 4.10 来获得以下布局。

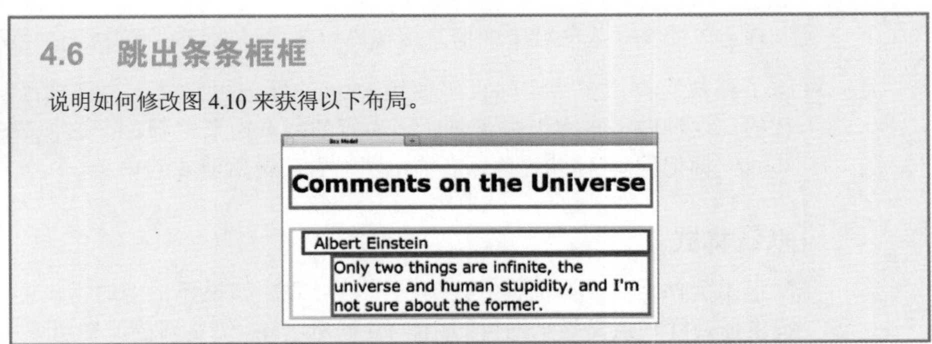

4.9 层叠样式表

“层叠样式表”中的“样式”一词的含义不言而喻。或许 HTML 文件顶部 <style> 标记中的所有文本或许都可称为“样式表”。但“层叠”是指什么？本节将为你答疑解惑。

4.9.1 样式存在于多个地方

之前在多个地方添加了样式定义。例如：

```
<span style="font-family:courier">
```

上述代码在网页特定区域定义样式，而不是将样式应用于所有标记。还可为当前使用的标记添加样式定义，例如：

```
<b style="color:red">
```

这两种情况都用 style 属性定义局部而非全局样式。

4.9.2 全局样式

页头的 <style> 标记定义了样式区域，其中的样式应用于整个网页。其他网页可能也需要这里的样式。例如，可能要求一个网站的所有网页都具有一致的“外观和感觉”。为了将一组样式应用于多个网页，可将它们复制并粘贴到其他 HTML 文件 (笨办法)，也可将它们放到一个文件中，在需要的每个网页中引用该文件 (聪明办法)。下面具体解释如何操作。

样式文件

用你常用的文本编辑器将网页的样式区域转移到一个文本文件。删除 <style> 标记，只需要实际的样式定义。用 .css 扩展名保存文件，例如 myFaveStyle.css。

创建好文件后，在页头区域 (<head>) 用 <link/> 标记添加对该文件的引用，例如：

```
<link rel="stylesheet" type="text/css" href="myFaveStyle.css" />
```

该标记告诉浏览器用 CSS 写成的样式信息位于指定文件 (注意我们的好朋友 href)。浏览器访问文件，将样式定义嵌入 HTML 文件，如同它们本来就在那里一样。以前在样式区域中的信息现在浏览器已经知道，不需要了，应该删除。

除了外部文件，在特定网页中使用 <style> 标记再定义一个样式区域是完全可行的。这种做法事实上很常见，因为有的网页需要定制。在这种情况下，应将 <link/> 标记放到 <style> 标记之前，使后者能覆盖前者的定义。

默认样式

除了用文件定义，全局样式还有另一种形式。如果还记得的话，之前是可以不提供任何样式定义显示网页的。图 4.4 就是这样。浏览器已经知道该用什么字体，以及段落和标题之间的空距有多大。这是怎么来的？答案是浏览器内置了一组默认样式。没有显式指定样式就用默认的。显式定义的样式将隐藏默认的。

4.9.3 层叠

综上所述，我们现在有下面这些样式。

- 默认——来自浏览器

- 外部——来自 .css 文件
- 样式区域——来自 <style> 标记
- 继承——由包围标记定义
- 内嵌——由单独标记的 style 属性定义

继承将在下一节解释。每一级样式都覆盖 (优先于) 上一级样式。例如之前的例子，<dd> 标记有默认样式，文本是黑色的。外部文件中的样式定义，例如：

```
dd {color:green}
```

会将文本变成绿色。该样式定义覆盖了默认的黑色。如 <style> 区域再将文本颜色定义成海洋绿：

```
dd {color:seagreen}
```

则该定义将覆盖绿色。更进一步，可以在单独的 <dd> 标记中用 style 属性将颜色定义成中海洋绿：

```
<dd style="color:mediumseagreen">
```

该样式定义将覆盖海洋绿。这就是层叠的含义，样式定义将“隐藏”或“覆盖”更高层的定义。规则是最近的样式定义最优先。利用该规则，随着越来越接近要定义的项，可以定义越来越专门的样式。

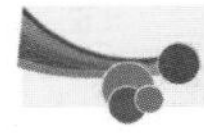

4.10 用 class 来定义

根据我们目前掌握的 CSS 知识，图 4.12 的网页很好理解。<h2> 标记指定在深色背景上显示白色文本。<dt> 指定要定义的术语具有大字体。并在上方留一些空来进行分隔。此外，<dd> 标记显示底部边框，和其他定义进行区分。

```
dt {padding-top:8px; font-size : large;}
dt.scientist   {color:red}
dt.cartoonist {color:royalblue; }
```

```
<style>
  h2 {background-color : rosybrown; color : white;}
  dt {padding-top:8px; font-size : large;}
  dd {font-style : italic; border-bottom-style:solid;
      border-bottom-color:rosybrown;
      border-bottom-width:3px;}
</style>
</head>
<body><h2>Comments on the Universe</h2>
  <dl><dt>Albert Einstein </dt>
      <dd>Only two things are infinite, the universe
         and human stupidity, and I'm not sure about
         the former.</dd>
      <dt>Bill Waterson </dt>
      <dd>The surest sign that intelligent life exists
        elsewhere in the universe is that it has never
        tried to contact us.</dd>
      <dt>Charles Schultz </dt>
      <dd>Don't worry about the world coming to an end
        today. It is already tomorrow in Australia.</dd>
      <dt>Randall Munroe</dt>
      <dd>The universe started in 1970. Anyone claiming
         to be over 38 is lying about their age.</dd>
  </dl>
```

Comments on the Universe

Albert Einstein
Only two things are infinite, the universe and human stupidity, and I'm not sure about the former.

Bill Waterson
The surest sign that intelligent life exists elsewhere in the universe is that it has never tried to contact us.

Charles Schultz
Don't worry about the world coming to an end today. It is already tomorrow in Australia.

Randall Munroe
The universe started in 1970. Anyone claiming to be over 38 is lying about their age.

图 4.12　包含定义列表的一个网页

网页列出的是科学家和漫画家对宇宙的评论。两者应该分开，所以我们决定用红色显示科学家的名字，用蓝色显示漫画家的。

4.10.1 class 属性

指定颜色可使用局部样式，为每个 <dt> 标记都添加 style 属性。但这很费时费力，尤其是在每一类都有几百人的前提下。而且以后可能换成其他配色方案，需要修改的地方太多。解决方案是 CSS 类 (class)。

类定义了一些特定的样式。供相关的一组元素使用。本例将定义 scientist 和 cartoonist 类。定义类的方法是在元素名后附加类名，再指定样式。

```
dt.scientist {color:red}
```

cartoonist 类则定义了一套不同的样式，同时保留之前为 <dt> 标记定义的样式。这造成目前该元素有三套不同的样式定义。

```
dt {padding-top:8px; font-size : large;}
dt.scientist    {color:red}
dt.cartoonist {color:royalblue; }
```

这就是层叠。所有 <dt> 标记都有顶部填充和大字体，但科学家用红色标注，漫画家用蓝色。当然，浏览器并不知道哪个是哪个，所以要在 <dt> 标记中用 class 属性划分归属，如下所示：

```
<dt class="scientist">Albert Einstein </dt>
<dd>Only two things are infinite, the universe
    and human stupidity, and I'm not sure about
    the former.</dd>
<dt class="cartoonist">Bill Waterson </dt>
<dd>The surest sign that intelligent life exists
   elsewhere in the universe is that it has never
   tried to contact us.</dd>
```

层叠机制允许针对性地修改。假定人名想右对齐，由于该改动适合所有 <dt> 术语，所以为 dt 元素添加 text-align:right。要进一步将漫画家的名字修改成 comic sans 字体，那么只需修改 dt.cartoonist。结果如图 4.13 所示。以后有朋友抱怨 comic sans 字体过大，修改一处即可。

```
 <style>
   h2 {background-color : rosybrown; color : white;}
   dt {padding-top:8px; font-size : large;
       text-align:right}
   dt.scientist    {color:red}
   dt.cartoonist {color:royalblue;
       font-family:comic sans MS}
   dd {font-style : italic; border-bottom-style:solid;
       border-bottom-color:rosybrown;
       border-bottom-width:3px;}
 </style>
</head>
<body> <h2>Comments on the Universe</h2>
   <dl> <dt class="scientist">Albert Einstein </dt>
        <dd>Only two things are infinite, the universe
           and human stupidity, and I'm not sure about
           the former.</dd>
        <dt class="cartoonist">Bill Waterson </dt>
        <dd>The surest sign that intelligent life exists
           elsewhere in the universe is that it has never
           tried to contact us.</dd>
```

Comments on the Universe

Albert Einstein

Only two things are infinite, the universe and human stupidity, and I'm not sure about the former.

Bill Waterson

The surest sign that intelligent life exists elsewhere in the universe is that it has never tried to contact us.

Charles Schultz

Don't worry about the world coming to an end today. It is already tomorrow in Australia.

Randall Munroe

The universe started in 1970. Anyone claiming to be over 38 is lying about their age.

图 4.13 定义列表利用类为科学家和漫画家定义不同的样式

4.10.2 交替颜色

为了进一步理解类，我们回到之前开发的 Bilingual Countries(双语国家) 表格，如下所示。

```
<table border="1">
  <caption>Bilingual Countries</caption>
  <tr><th>Country</th><th colspan="2">Languages</th></tr>
  <tr><td>Belgium</td><td>Dutch</td><td>French</td></tr>
  <tr><td>Canada</td><td>English</td><td>French</td></tr>
  <tr><td>Cyprus</td><td>Greek</td><td>Turkish</td></tr>
  <tr><td>Philippines</td><td>English</td><td>Filipino</td></tr>
</table>
```

Country	Languages	
Belgium	Dutch	French
Canada	English	French
Cyprus	Greek	Turkish
Philippines	English	Filipino

由于过于朴素，所以要为 caption(表格标题)、headings(行标题) 和单元格添加更多样式。重点放在行上。首先删除 border=”1”属性。

初始样式

图 4.14 展示了第一轮样式定义的结果。

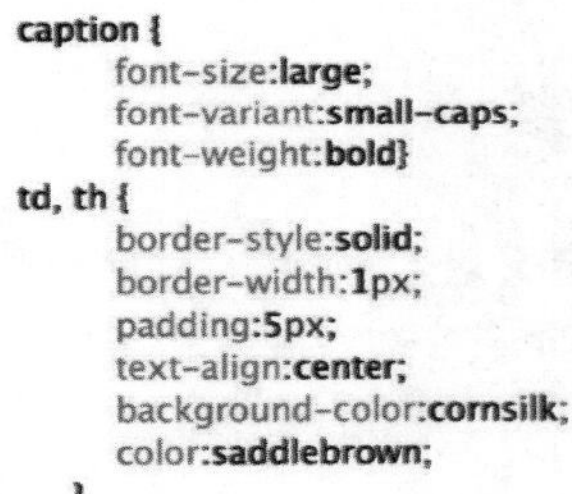

```
caption {
        font-size:large;
        font-variant:small-caps;
        font-weight:bold}
td, th {
        border-style:solid;
        border-width:1px;
        padding:5px;
        text-align:center;
        background-color:cornsilk;
        color:saddlebrown;
    }
```

Country	Languages	
Belgium	Dutch	French
Canada	English	French
Cyprus	Greek	Turkish
Philippines	English	Filipino

图 4.14 Bilingual Countries 表格，增强了表格标题，并使单元格更容易阅读

注意几点。在 caption 中同时使用了 font-variant 和 fontweight 属性。font-variant 将文本转换成另一种形式，它是诸多字体控制属性之一。

更重要的是，注意，td 和 th 元素的样式是一起定义的。它们有一些相同的样式来保证表格外观一致。虽然可单独定义，但最好一起定义。总之，如多个元素具有一组通用的属性 / 值定义，最好一起定义。这样看 CSS 代码的人就知道元素是匹配的。

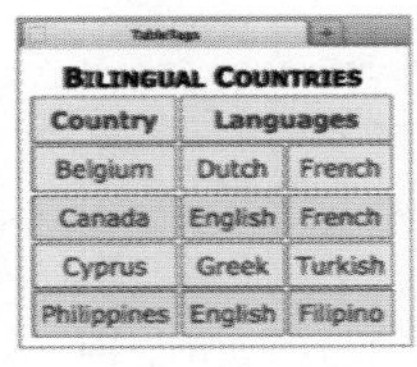

Country	Languages	
Belgium	Dutch	French
Canada	English	French
Cyprus	Greek	Turkish
Philippines	English	Filipino

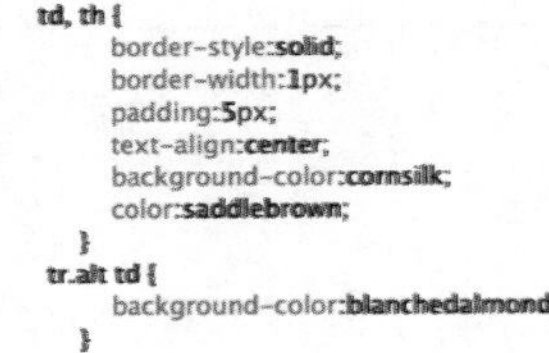

```
td, th {
        border-style:solid;
        border-width:1px;
        padding:5px;
        text-align:center;
        background-color:cornsilk;
        color:saddlebrown;
    }
tr.alt td {
        background-color:blanchedalmond;
    }
```

```
<table>
  <caption>Bilingual Countries</caption>
  <tr><th>Country</th><th colspan="2">Languages</th></tr>
  <tr><td>Belgium</td><td>Dutch</td><td>French</td></tr>
  <tr class="alt"><td>Canada</td><td>English</td><td>French</td></tr>
  <tr><td>Cyprus</td><td>Greek</td><td>Turkish</td></tr>
  <tr class="alt"><td>Philippines</td><td>English</td><td>Filipino</td></tr>
</table>
```

图 4.15 表行交替变色

交替变色

很长和很宽的大表格常常不好阅读，尤其是单元格都挤在一起不好分辨的时候。斑马表格能改善可读性，行和行交替变色。图 4.15 用类来实现该效果。

图 4.15 展示了表格及其样式定义，注意，属于 alt 类的 tr 元素和普通 tr 元素交替出现，从而实现颜色轮换。alt td 继承普通 td 的全部属性，但从 <tr> 获得一种不同的背景色。根据层叠规则 (最近样式优先)，

tr 的颜色应用于所有 alt 行，原始单元格背景色会被覆盖。这属于之前讨论层叠时提到的“继承”范畴。

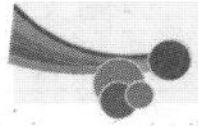

4.11 链接鼠标悬停

本章最后通过解释如何修改链接样式来结束关于 HTML 的讨论。重点是当鼠标悬停在锚文本或图片上方时改变其外观。

4.11.1 伪类

链接默认样式是蓝色和下划线。修改则需要向锚点标记应用样式。

```
<style>
  a          {text-decoration : none}
  a:link     {color : darkviolet }
  a:visited  {color : gray }
  a:hover    {color : red}
</style>
```

第一个样式定义删除下划线。接着三个样式定义对应链接的不同情况，称为伪类。伪类名称要放在元素名称和冒号之后。锚点元素 a 共有 4 个伪类：

- link 定义未访问的链接的样式
- visited 定义访问过的链接的样式
- hover 定义鼠标悬停在链接上方时的样式
- active 定义活动链接的样式 (在一个链接上点击时，它就会成为活动的)

注意顺序。HTML 的一个奇怪的要求是如果要定义 hover 伪类，其样式定义必须放在 link 和 visited 之后，同时放在 active 之前。

注意类的顺序

CSS 文档建议为了正确解释，用于修改锚点元素的伪类顺序必须是 link，visited，hover，active。可以这样记：LoVe，HAte(爱和恨)。

4.11.2 导航栏

一般在导航栏上使用鼠标悬停样式。许多网页喜欢在顶部使用水平导航栏，但垂直导航栏也不少见。图 4.16 和图 4.17 分别展示了这两种导航栏。下面看看它们是如何工作的。

注意，导航栏用无序列表定义。这种列表通常垂直显示，但由于定义了 li.top {display:inline}，所以 top 类的列表是在一行上显示的。另外，由于定义了 list-style-type:none，所以列表项无黑点符号。类似，锚点无任何修饰。最后，hover

伪类定义在鼠标悬停在链接上方时修改其背景色。

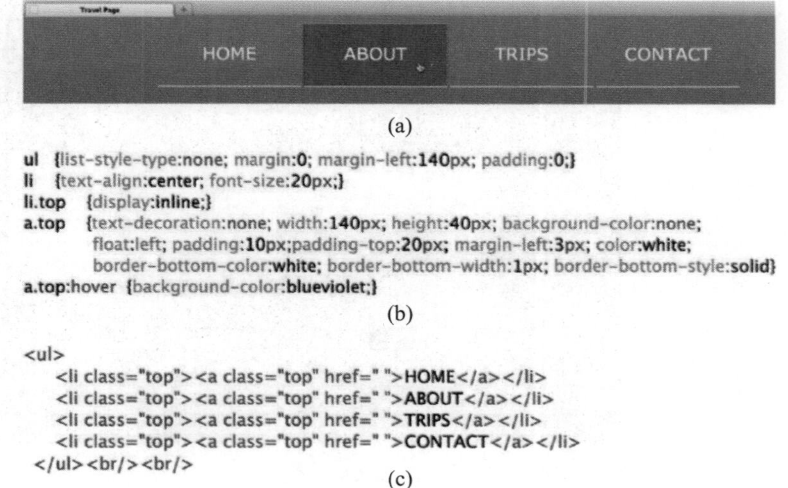

(a)

```
ul  {list-style-type:none; margin:0; margin-left:140px; padding:0;}
li  {text-align:center; font-size:20px;}
li.top   {display:inline;}
a.top   {text-decoration:none; width:140px; height:40px; background-color:none;
        float:left; padding:10px;padding-top:20px; margin-left:3px; color:white;
        border-bottom-color:white; border-bottom-width:1px; border-bottom-style:solid}
a.top:hover  {background-color:blueviolet;}
```

(b)

```
<ul>
    <li class="top"><a class="top" href=" ">HOME</a></li>
    <li class="top"><a class="top" href=" ">ABOUT</a></li>
    <li class="top"><a class="top" href=" ">TRIPS</a></li>
    <li class="top"><a class="top" href=" ">CONTACT</a></li>
 </ul><br/><br/>
```

(c)

图 4.16　水平导航栏：(a) 悬停效果；(b) 样式定义；(c) 主体

浏览器检测到鼠标指针在一个包含链接的“框”上方时，就会应用 hover 样式，本例只是更改背景色。但还可进行其他许多更改，包括字号和指针颜色。

如图 4.17 所示，垂直导航栏非常相似。

(a)

```
<ul style="float:left; margin-right:35px; margin-left:25px">
   <li class="side">Past Trips</li>
   <li class="side"><a class="side" href=" ">2014</a></li>
   <li class="side"><a class="side" href=" ">2013</a></li>
   <li class="side"><a class="side" href=" ">2012</a></li>
   <li class="side"><a class="side" href=" ">2011</a></li>
   <li class="side"><a class="side" href=" ">2010</a></li>
   <li class="side"><a class="side" href=" ">2009</a></li>
   <li class="side"><a class="side" href=" ">2008</a></li>
   <li class="side"><a class="side" href=" ">2007</a></li>
   <li class="side"><a class="side" href=" ">2006</a></li>
</ul>
```

(b)

```
ul  {list-style-type:none; margin:0; margin-left:140px; padding:0;}
li  {text-align:center; font-size:20px;}
a.side   {text-decoration:none;display:block; width:100px;
         color:white; background-color:none; }
a.side:hover {background-color:magenta;}
```

(c)

图 4.17　垂直导航栏：(a) 悬停效果；(b) 主体；(c) 样式定义

垂直导航栏也用无序列表，但采用默认一行一项的形式。无黑点符号，链接无装饰。本例鼠标悬停也是导致背景颜色变化。

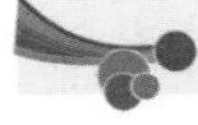

4.12　HTML 结语

图 4.18 的网页使用了刚才讨论的导航栏。将通过该网页演示本章没有说到的两个小窍门。(网页源代码参见附录 A。)

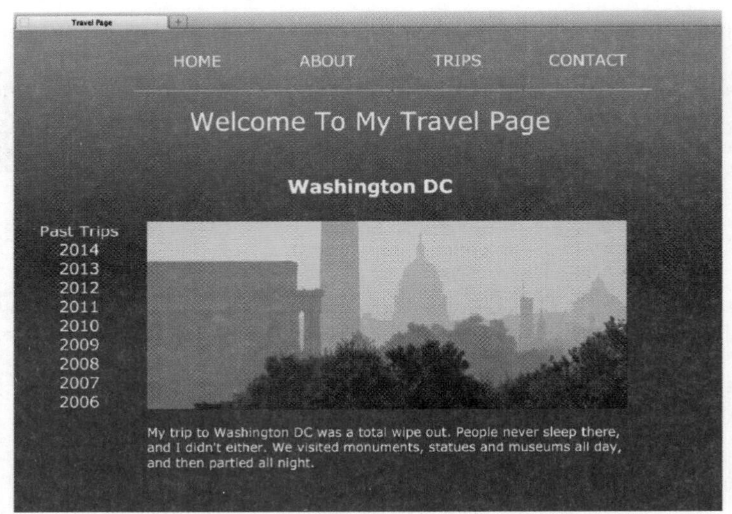

图 4.18 有导航栏的网页

4.12.1 渐变背景

注意 Travel Page 具有橙色到深蓝色渐变。HTML/CSS 支持以多种方式实现渐变。我们选择最容易的。首先创建渐变图片，保存为 jpg。一般选择较窄但很高的图片以覆盖长网页。然后将图片设为网页背景，允许在 x 方向重复。通过样式来实现：

```
body {background-image:url('background1.jpg');
      background-repeat:repeat-x; color:white;
      font-family:Helvetica Neue Light;}
```

这里使用了 background-image 属性，设置一个 url( ) 来作为它的值。圆括号中填写图片文件的路径名。绝对和相对路径都可以。注意，在 x 方向重复图片来占满空间，创建出完整渐变效果。可用 backgroundrepeat:no-repeat 属性不重复背景图片，但这里重复挺好。

4.12.2 是个计算机都能做

通过学习 HTML，我们体会了网页如何编码。虽然 HTML 还有其他许多未提及的功能，而且还有其他 Web 语言提供了更强大的功能，但它们具有以下共性：网页上的对象都用标记包围，上下文通过标记的属性来指定，而且具体格式都具体指定，<i>isn't it?!</i>。这太简单了，是个计算机都能做！事实上，大多数时候都是如此。Web 创作者一般不是直接写 HTML，而是使用某种 Web 创作工具，例如免费开源编辑器 KompoZer (www.kompozer.net/)。使用所见即所得 (WYSIWYG，what-you-see-is-what-you-get) 的 Web 创作工具在屏幕上直接创作网页最终的样子，由计算机自动生成相应的 HTML。你可能已经用过这样的工具……现在你知道它的奥妙了。

上传

网页在个人电脑上创建和测试。为了能通过互联网由其他计算机访问，HTML 文件、图片文件和目录结构必须上传至 Web 服务器，该过程称为发布。

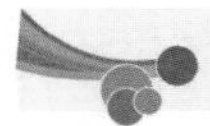

4.13 小结

本章探讨了网页如何以编码形式存储并传输，然后由浏览器将其渲染成映像，而 HTML 是最常用的编码形式。(表 4.3 列出了本章讨论过的语言规范。) 本章首先讨论了用标记进行格式化的概念，然后探讨了以下主题。

- 用于创建网页的常用 HTML 标记
- 用锚点标记创建链接
- 绝对和相对路径。用相对路径引用层次结构中较深或较高的文件
- 两种最流行的图片格式：GIF 和 JPG，以及如何把它们放入网页
- 层叠样式表，定义 Web 文档样式的常规系统
- 列表和表格
- 使用类精确定义样式

表 4.3 本章引用的官方 W3C 网站

标记	www.w3schools.com/tags/default.asp
特殊字符 (例如 Ö)	www.w3schools.com/tags/ref_entities.asp
校验	validator.w3.org/#validate_by_upload
CSS	www.w3schools.com/css/default.asp
颜色名称	www.w3schools.com/cssref/css_colornames.asp
HTML 列表	www.w3schools.com/html/html_lists.asp
列表样式	www.w3schools.com/cssref/pr_list-style-type.asp
框模型	www.w3schools.com/css/css_boxmodel.asp

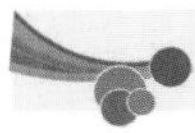

4.14 TRY IT 答案

4.1 <p>The crowd enjoyed doing T_HE^WA_VE.</p>

4.2 <p>The Five <s>Hundred</s> Hats of Latin Letters: â ê î ô û</p>

4.3 找到了，校验器发现 <bold>Find this mistake!</bold> 有误

4.4 <a href="http://www.biyo.com/bios/art/haring.html">Mr. Graffiti</a>

4.5 ../myCat/lolcat/yarn2.jpg

4.6
```
h2 {border-style:solid; border-color:red;padding-bottom:10px}
dl {border-style:solid; border-color:gold}
dt {border-style:solid; border-color:blue;padding-left:10px;margin-left:10px}
dd {border-style:solid; border-color:magenta}
```

习题

选择题

1. HTML 标记必须 _______。
   a. 大写　　b. 小写
   c. 大小写不重要　　d. 要么全部大写，要么全部小写

2. 使文档更易读而插入的空格、制表符和换行符称为 _______。
   a. 特殊空白　　b. 空白
   c. CSS 空白　　d. HTML 空白

3. <p> </p> 标记指定 _______ 的开始与结束。
   a. 包　　b. 图片
   c. 段落　　d. 预格式化文本区域、

4. _______ 属性指定蓝色背景。
   a. bgcolor = #000000　　b. background = "blue"
   c. style = "background-color:blue"　　d. bgcolor = blue

5. 相对路径中的 ../ 表示 _____。
   a. 下级文件夹　　b. 上级文件夹
   c. 搜索文件夹　　d. 创建文件夹

6. 用 _______ 标记在窗口右侧显示图片，文本在其左侧填充。
   a. <img src = "mountains.jpg" style="float:right" />
   b. <img src align = "mountains.jpg" "right" />
   c. <img = "mountains.jpg" src align = "right" />
   d. <img = "mountains.jpg" align src = "float:right" />

7. 网页上的图片大小 _____。
   a. 用 x 和 y 属性设置
   b. 用 width 和 height 属性设置
   c. 必须设为实际大小
   d. 由浏览器自动调整以适应空间

8. Betsy 创建了一些嵌套标记：<p><b><i>Rock On!</i></b></p>。这些标记正确嵌套吗？
   a. 错误，斜体标记必须在加粗标记之前
   b. 错误，段落标记必须紧接着正文
   c. 第一部分正确，第二部分应该是 </p></b></i>.
   d. 正确嵌套

9. 哪些标记是 HTML 网页必须的？
   a. html, head
   b. html, head, body, foot
   c. html, head, body
   d. 没有必须标记

10. 要显示图片而没有任何文本围绕它，应将其嵌套在什么标记中？
   a. <p : img>
   b. <p>
   c. <pa>
   d. <img><p>

填空题

1. “通晓”，离不开动手练。必须从 _______ 中 _______。
2. _______ 标记在网页的一行中产生多个连续空格。
3. _______ 标记是其他标记中的标记。
4. _______ 对标记进行额外的输入。
5. 图片标记中的 src 的全称是 _______。
6. 在网页上显示人类历史上 10 大最杰出发明，应该使用 _______。
7. _______ 是定义网页外观的主要语言。
8. _______ 标记显示最大和最粗的标题。
9. HTML 会 _______(忽略或留意) 空白。
10. _______ 分隔内容和边框。

简答题

1. 解释为什么在有创作工具的前提下还要学习 HTML。举 5 个例子说明虽有工具效劳，但仍有必要学习相关知识。
2. 如何检查 HTML 和 CSS 文件的正确性？检查频率应该多高？为什么？
3. 指明以下锚点标记中的超链接引用和锚文本。再将超链接引用分解为协议、域、路径和文件名。

   <a href="http://www.nasm.si.edu/museum/"> National Air and Space Museum</a>

4. 详细解释层叠样式表 (CSS) 解决了什么问题。

5. “最近样式优先”是什么意思？举例说明。

6. 用表格为当前月份创建日历。月份名称作为表格标题。修改周日和节假日的颜色。标注这一月的所有特殊日子。在日历末尾的一个空白单元格中添加恰当的图片。

7. 为什么说先写完整个 HTML 文档再在浏览器中看效果不好？

8. 查看并打印作者主页源代码 (www.cs.washington.edu/homes/snyder/ index.html)。网页标题是什么？指明网页的页头和主体部分。找到表格。找到列表。找到电子邮件地址，解释像这样显示电邮地址为什么有助于防范垃圾邮件发送者的窥探。找到绝对和相对链接。网页上有多少张图片？

9. 创建到你学校网站的链接。为链接创建一个样式区域。链接最初为黄色，点击后变绿，鼠标悬停变蓝。

10. 在文本编辑器中新建空白文件。创建自己的网页，其中包含以下内容。

   a. 你的姓名作为标题 (title)。
   b. 至少三个段落，其中两个用不同颜色显示 (颜色从 www.w3schools.com/cssref/css_colornames.asp 选取)。
   c. 到你喜欢的一个网站的链接。
   d. 至少三级标题。
   e. 到习题 9 创建的网页的链接。
   f. 至少一张图片。
   g. 文件另存为 YourInitials Web2.html。

11. 创建习题 10 创建的网页的一个拷贝。(是的，就是拷贝；编辑原始的就乱了。) 添加以下内容。

   a. 添加一个段落，其中包含一个列表，列出 4 个你最喜欢的乐队。在列表前添加二级标题：My favorite musical groups。
   b. 在网页底部包含 2 行、3 列的一个表格。第一行列出三个你喜欢的餐馆，第二行列出每个餐馆你最喜欢的一种食物。
   c. 将背景颜色设为一种令人舒适的粉色。
   d. 添加一个网页链接。例如，可链接到你的社交网站主页，或链接到 (b) 列出的某个餐馆。

CHAPTER 5

在网上查找信息

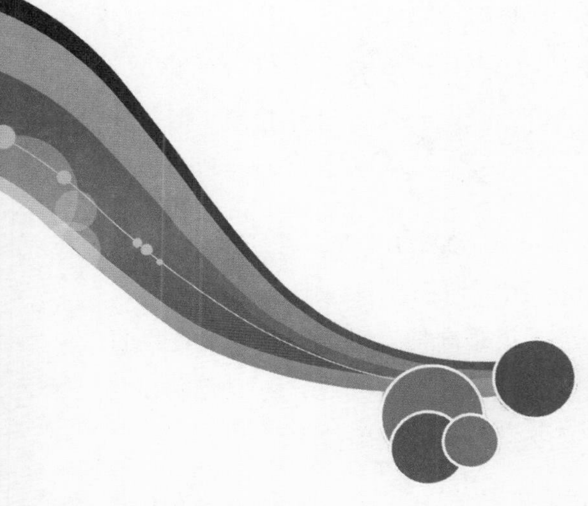

学习目标

- 理解 Web 搜索引擎的工作原理
- 用搜索引擎查找信息
- 用逻辑操作符和筛选表达复杂查询
- 识别和查找权威信息源
- 判断 Web 信息真假

CHAPTER 5

Google无所不知。2020年的人会怀念当初无能为力的感觉。

——道格拉斯·柯普蓝

据估计，美国人每天执行超过3亿次Web搜索。也就是说，每个美国人平均每天搜索Web一次。他们找到了自己想要的吗？虽然许多搜索都很容易，但经常很难向搜索引擎表示你想查找的东西。研究表明用户经常在尝试复杂查询时失败。由于大多数人每天不止搜索一次，所以有必要学习如何正确搜索。

本章主旨是解释Web搜索背后的技术，并探讨运用这些技术来精确查找信息的方法。首先讨论搜索引擎如何工作，接着解释为什么它能快速找到答案。然后探讨Google的“高级搜索”界面，演示如何高效使用它。随后进入Web搜索的主要环节，解释如何选择好的搜索词，怎样理解hit list，怎样在hit list中找到自己感兴趣的网站，以及怎样定位实际信息。获取信息后，要判断它是否可以信赖：它是真的吗？本章最后综合学到的知识来判断一个网站是否可信。

5.1 Web 搜索基础

搜索引擎是一种计算机程序的集合，帮我们在 Web 上查找信息。虽然全文检索程序早在 Web 出现之前便已存在，但随着 Web 数字内容的爆炸性增长以及在全球的全面普及，导致搜索引擎成为一种必要。没有人对 Web 上的信息进行组织，所以这些程序需要到处查看，找出信息，并组织找到的内容。这是个艰巨的任务。搜索引擎是如何做到的呢？

意见一致

Google 搜索引擎由佩奇和布林 (Larry Page 和 Sergey Brin) 这两位斯坦福的毕业生创建。刚从密歇根大学毕业的佩奇是在参观斯坦福时遇到的布林。据小道消息称，这两位初次见面的时候完全不合拍。

Larry Page(左) 和 Sergey Brin(右)，1995

5.1.1 搜索引擎如何工作

第一步称为“爬取”(crawling)，也就是访问它能找到的每个网页。“爬虫”(爬取软件) 从哪里获取网页？爬虫有一个初始的 URL“To Do”列表。然后，每次爬一个网页时遇到尚未爬过的 URL，就把它添加到“To Do”列表。

近视

搜索引擎只会爬 Web 的一部分 (可能一半都没有)。Web 增长太快，总有新网页需要访问。没被爬过的网页称为“隐形 Web”。还有其他原因造成爬虫遗漏网页。

- ◎ 没有其他网页指向它，所以永远进不了“To Do”列表。
- ◎ 合成网页，即网站为用户动态生成的网页。
- ◎ 有的编码爬虫无法识别，即非 HTML、PDF 这些常见格式。

爬虫

爬虫的主要工作是建立索引。索引是和网页关联的记号 (比如词) 的列表。叫做记号是因为爬虫识别像 HTML5 和 J-Lo(珍妮弗 • 洛佩兹) 这样的文本，它们不是实际的词。为了和网页关联，词可以是网页标题 (title) 的一部分。但还有其他方式包含记号。爬虫为每个记号创建与之关联的 URL 列表。如图 5.1 所示，在爬 www.fan.cy/beckyR 的时候，针对网页标题中的每个词，都会将该 URL 添加到列表。如网页包含一个链接，例如 pet-home.com/molly，那么针对锚文本中的每个词，该链接的 URL 也会添加到列表。

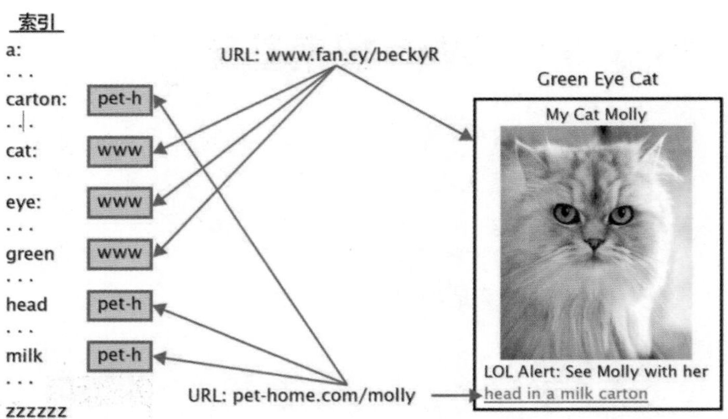

图 5.1 爬 Green Eye Cat 网页：针对标题中的每个词，爬虫都将网页 URL 添加到列表；锚文本中的每个词也都会添加该链接的 URL

Three Little Words[①]

除了短词 (例如 a，an 和 the)，爬虫将后面带空格或标点符号的几乎一切视为记号。但如果是重要短语 (例如 The New York Times) 的一部分，这种词也可能成为记号。

查询处理程序

搜索引擎的第二部分是查询处理。用户向查询处理程序提供记号 (即搜索词)，后者在索引中查找。例如，向搜索引擎输入“cat”这个词，就会在索引中查找并返回和“cat”关联的所有网页的列表，该列表称为 hit list(可理解为命中列表、结果列表)。事实上，这是一个包含 15.5 亿 URL 的列表，爬虫发现所有这些 URL 都和搜索词“cat”关联。

通过提前创建索引，搜索引擎可以很快回应用户查询，即使原先爬取花了不少时间。

5.1.2 多词搜索

进行多词查询时，我们一般希望查询处理程序返回的网页和所有词关联。例如，查询 human powered flight(人力飞行) 希望返回的每个 URL 都和全部词关联。这称为 AND 查询，因为它指示查询处理程序返回和 human and powered and flight 这三个词关联的网页。稍后会更详细地讨论 AND 查询和其他形式的查询。

查询处理程序的问题在于，它没有索引项和一组记号关联，只有针对单独的词的列表。没时间再去爬 Web 为那一组词创建索引了，应该怎么办？

交叉查询

为查找含多个词的网页，查询处理程序获取每个词的索引列表，找出所有列表

① 1950 年的一个音乐剧，翻译成“三个小单词”。——译注

token1
www.ab.com
www.rs.org
www.ru.com

token2
www.aa.com
www.ab.com
www.m.edu
www.rs.org

token3
www.rs.org
www.zz.edu

都有的 URL，这称为交叉查询。为简化对多个 URL 列表的交叉查询，列表要先排好序 (按字母顺序)，这样可以加快速度，因为更容易发现多个列表都有的 URL。如图所示，针对三个记号的索引列表，交叉查询的结果是 www.rs.org，因为该 URL 在全部三个列表中都有，意味着它和全部三个记号 (token) 关联，正是我们想要的。

交叉查询字母排序列表规则

为了交叉查询多个按字母排序的列表，计算机遵循 4 条简单规则。

1. 在每个列表开头放一个标记 (比如箭头)。
2. 如所有标记都指向同一个 URL，就保存该 URL，因为所有记号都和该网页关联。
3. 比较所有箭头指示的位置，哪个较靠前就移动标记至下一个位置。
4. 重复步骤 2~3，直至某个标记抵达列表末尾，退出。

结果是符合规则 2 的一个 URL 列表，整个过程如图 5.2 所示。

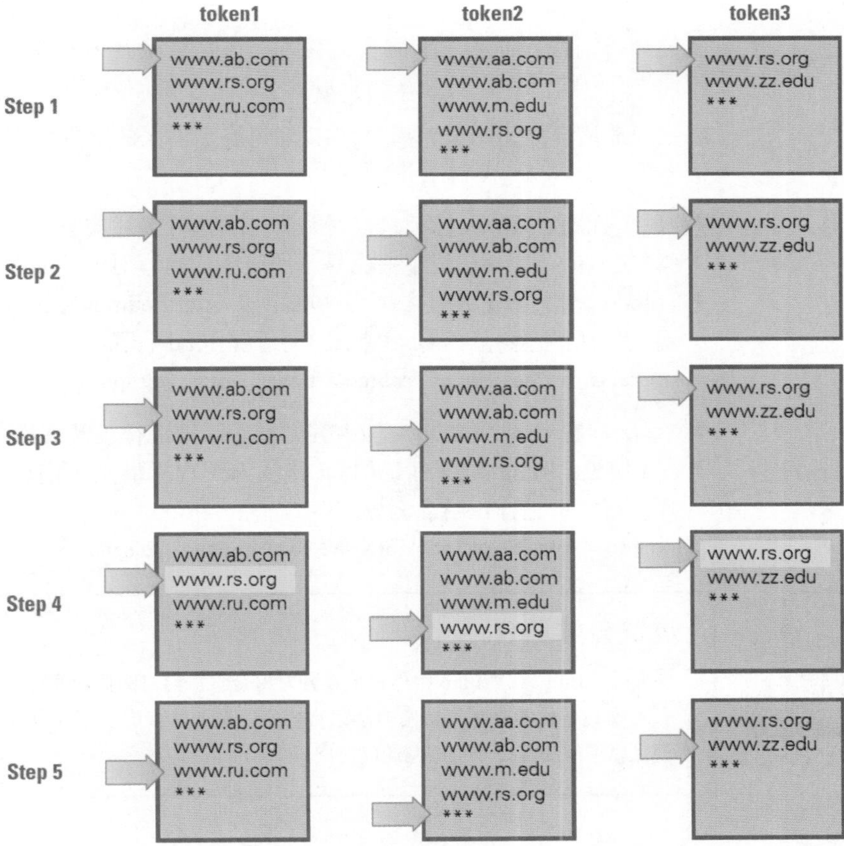

图 5.2 演示如何对字母排序列表进行交叉查询。每一步都移动箭头。注意步骤 3 移动了两个箭头，因为两个列表都含有较靠前的 URL(www.ab.com)

5.1 对索引列表进行交叉查询

根据对排序列表进行交叉查询的规则，给出以下列表的查询结果。需要多少步？

human	powered	flight
en.wikipedia.org/wiki/Human	en.wikionary.org/wiki/powered	aa.com/reservations
musclepowered.org	musclepowered.org	alaskaair.com
news.discovery.com	www.cmsimple.org	armorgames.com/play/7598/flight
www.hpva.us	www.gaspowered.com	musclepowered.org
www.innerbody.com/htm/body/html	www.hpva.us	www.hpva.us

Google Fluency with Information Technology
Web Images Shopping Books
About 3,640,000 results (0.25 seconds)

总之，索引化的搜索非常强大。计算机先花时间爬数据(网页)并创建索引。然后唯一要做的就是找到每个词的索引项，并交叉查询列表来完成一次 AND 查询。这是 Google 等搜索引擎能查询数十亿网页并几乎瞬间返回结果的原因。

5.1.3 描述词

我们知道当搜索词和一个网页关联时，该网页就会进入 hit list。但这并不是说该词“在网页上”。可能在，也可能不在。下面解释原因。

哪些词最适合描述网页？用 HTML 标记展示出来的网页结构清楚揭示了哪些是描述性文本。

- 网页标题：<title> 标记包含对整个网页进行描述的短语。
- 锚文本：<a ... > 标记中突出显示的链接文本，对链接的网页进行描述。
- Meta：网页创建者可在页头区域添加 <meta name="description" ... /> 标记，用几句话描述网页内容。其中的词适合作为网页的描述词。例如：
  <meta name="description" content="travel photos; volcanoes of Hawaii"/>
- 顶级标题 <h1> 通常对文档内容的某个区域进行了常规描述
- alt 属性：<img ... /> 标记的 alt 属性为图片提供文本描述，适合对图片和图片所在网页进行说明。例如：
  <img src="volcano.jpg" alt="Lava on Hawaii's Kilauea Volcano"/>.

试试自然语言

Google，Bing 和 Yahoo! 很体贴地在开始检查索引前对的搜索词进行预处理。这意味着有时唯一要做的就是直接用自然语言提问。例如，查询以下内容：“怎么做红烧肉？便足以了解如何做一份好吃的红烧肉。”

爬虫将网页 URL 添加到在这些标记中发现的记号的索引列表中，从而创建一个巨大的索引列表(图 5.3)。注意对锚文本的处理稍微有别于其他描述词，因其描述的不是当前网页，而是链接的网页，即 href 指定的 URL。例如以下锚点标记：

```
... the <a href="hawaiivisitor.org/maunaloa.html>world's largest volcano</a>.
```

将显示如下：

We could see Mauna Loa, the world's largest volcano.

爬虫在 volcano 这个词的索引列表中添加的是 hawaiivisitor.org/maunaloa.html 这个 URL，而不是该句子当前所在网页的 URL。

图 5.3　俄勒冈州达拉斯市的 Google 数据中心。搜索引擎的索引非常大，因其存储了 Web 上使用的绝大多数词的 URL。Google 索引据报有 1 亿 GB(1017 字节)。无论多大，都不能只存储一份拷贝，因为某些 LED 灯灭了之后需从备份中恢复数据

5.1.4　网页排名算法

一次搜索的 hit list 返回数百万条结果，但你想要的通常排在第一名；即使不是第一名，也通常是前几名。这是怎么实现的？

查询结果的排名由 Google 称为 PageRank(网页排名) 的一个数字决定。PageRank 越高，网页排名通常越靠前，但也会考虑其他因素 (比如时间线)。Google 率先通过网页排名的概念来判断哪些网页对你最重要。当然，计算机本身并不知道什么对你最重要，但网页排名这个机制很好地解决了问题。

到其他网页的链接

虽然 Google 没有完全公开 PageRank 的细节，但我们确实知道它像一个投票系统。如果网页 A(www.shoutOut.net/A.html) 链接到网页 B(www.celeb.com/B.html)，那么在网页排名系统中，A 的链接增加了 B 的重要性，从而提升了它的排名。

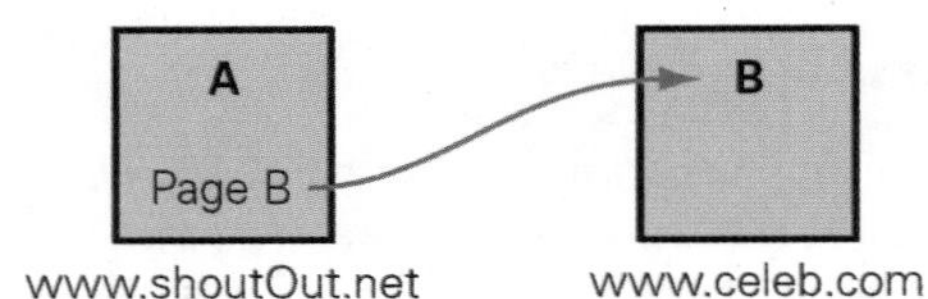

这就像 shoutOut 的链接投了 celeb 一票。被大量链接的网页具有更高排名，显得更重要。这颇有道理。

投票

注意，PageRank 的投票信息是在 href 链接被添加到锚文本的记号时收集的。以图 5.1 为例，当 pet-home.com/molly 添加到 carton 的列表时，会记录 www.fan.cy/beckyR 投了 pet-home.com/molly 一票。从被投票的网页 (pet-home.com 或 celeb.com) 的角度看，这些引用在计算机术语中称为反向链接 (back links)。佩奇和布林 (Page 和 Brin) 这两位 Google 创始人认为记录这种信息是一项重大创新，所以他们开发的第一个搜索引擎称为 BackRub。

Google PageRank 系统的第二个重要特点在于，来自高排名网页的链接比来自低排名网页的重要。例如，假定 shoutOut 具有高排名，那么相较于低排名的 myLameBlog.org/faveCeleb.html，前者对 celeb 排名的提升力度比后者更大。

PageRank 由爬虫计算。爬虫查看网页 A 时，发现到网页 B 的链接，B 分数加 1。但仅仅统计到一个网页的链接数量是不够的，所以要全部爬完才能计算出最终的 PageRank。最后，当查询处理程序汇总 hit list 时，通过交叉处理找到的 URL 会按 PageRank 从高到底排列并返回给用户。

不要忘了去图书馆

21 世纪是数字化信息的时代，许多人都忘了图书馆的存在。事实上，大型公共图书馆和大学图书馆也提供了海量的、可靠的数字信息。它们提供友好的使用界面，还可查询 1985 年以前的几乎一切非数字化信息。每个大学生都应该养成去图书馆搞研究的好习惯。

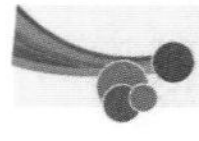

5.2 高级搜索

查询处理程序通过索引知道了每个词所在的全部网页，我们能通过“高级搜索”来更科学地查询。图 5.4 展示了 Google 的“高级搜索”功能。

高级搜索

使用以下条件来搜索网页...

以下所有字词：	砀山鸭梨
与以下字词完全匹配：	"鸭梨"
以下任意字词：	批发 OR 特价
不含以下任意字词：	-山大
数字范围：从	2010..2011 年 到

然后按以下标准缩小搜索结果范围...

语言：	任何语言
地区：	任何国家/地区
最后更新时间：	任何时间

图 5.4 Google 的“高级搜索”。注意，为 AND 词、完全匹配词、OR 词和 NOT 词都提供了文本框

5.2.1 逻辑操作符 AND

基本查询 (包括之前的 human-powered flight 查询) 是 AND 查询，即要求网页包含所有这些字词。换言之，如网页包含：

human AND powered AND flight

该网页就符合要求。在这样写的查询中，AND 称为逻辑操作符，指定它所连接的字词的逻辑关系。以 human AND powered 为例，要求“human 和网页关联”并且“powered 和网页关联”。这两个逻辑测试都为真，逻辑操作符 AND 的结果才为真。在图 5.4 中，AND 查询在“以下所有字词”这一栏填写。

我们一看到名词短语“human-powered flight”(人力飞行) 就明白是什么意思。即使两个词之间加了连字号，搜索引擎也会把它们视为三个独立词。也就是说，不管这几个词在网页中以什么方式或顺序出现，都会被视为符合条件。由于事先知道查询处理程序的工作方式 (对索引列表进行交叉查询)，所以这一点儿都不奇怪，反正列表是独立的。

你或许以为要加引号 (“human-powered flight”) 才能查询到符合要求的网页。引号意味着完全匹配，其中的内容在网页中必须一模一样。但这可能会起反作用，可能排除掉一些符合条件的网页。例如，假定一张照片的标题是“First pedal-powered flight achieving the human dream of flying”，像这样搜索就会错过它。三个词都在，只是顺序不一致。所以一般情况下都应保持搜索词的独立性。

但少数情况下确实要用引号进行完全 (严格) 匹配。“引用”就是一个例子 (引号之所以叫引号不是没原因的)，其他例子还有书和电影的标题、俗语等。不

需要完整引用或标题，只需给出你记得住的一部分即可。例如，输入 "all your base" 会查询到著名的网络迷因[①]“All your base are belong to us”。

5.2.2 复杂查询

除了 AND，还有 OR 逻辑操作符。例如以下 OR 查询：

marshmallow OR strawberry OR chocolate

会列出和其中一个词 (至少一个，但可能更多) 关联的网页。在图 5.4 的高级搜索界面中，是在第三个文本框输入 OR 查询。marshmallow OR strawberry 是说“网页和 marshmallow 关联”和“网页和 strawberry 关联”这两个逻辑测试任何一个为真，OR 测试的结果就为真。

5.2 一次足矣

对于 lisa OR bart OR homer 这样的 OR 查询，查询处理程序可直接合并每个词的索引列表。但问题在于，和 bart 关联的网页可能也和 homer 关联，所以该网页会被列出两次。消除重复项的过程和创建交叉排序列表的过程相似。复习 5.1.2 节的交叉查询规则，创建新规则来创建无重复的 hit list

“高级搜索”界面的第 4 行是指定不和网页关联的词。如果不使用如图 5.4 所示的界面，可直接在搜索框中输入 NOT 来指定这种词，结果是一个 NOT 查询。例如：

tigers AND NOT baseball

将查询和真正的老虎有关的网页，而不会显示底特律老虎队的结果。注意，包含 AND 是因为我们希望满足两个要求：“老虎和网页关联”，而且“棒球不和网页关联”。

加上数字

Google 默认忽略查询中的数字，比如 rocky 3。 但在数字前添加加号就会告诉 Google 不要忽略它，把它作为查询的一部分。所以 apollo +13 将正确查询关于阿波罗 13 的网页。

5.2.3 合并逻辑操作符

查询有时需要 AND，OR 和 NOT 操作符。逻辑操作符工作起来像算术操作符，可用圆括号合并和分组。例如：

(棉花糖 OR 草莓 OR 巧克力) AND 圣代

① 互联网 Meme，网络段子、表情包或梗。——译注

将查询棉花糖、草莓或巧克力味的圣代冰淇淋。在圆括号中写查询的 OR 部分，可清楚表达任何一种（或多种）口味都符合要求。

比如省略圆括号，例如：

marshmallow OR strawberry OR chocolate AND sundae

查询就会产生歧义。可能有两个或多个意思。一个意思和刚才添加了圆括号一样，另一个意思则是：

marshmallow OR strawberry OR (chocolate AND sundae)

表示只查询和棉花糖或草莓关联的网页，或同时含有巧克力和圣代字样的网页。

一般情况下，请用大写逻辑操作符和圆括号来写查询，清楚表达你的意思。Google 允许省略 AND，因为空格默认代表 AND。

(棉花糖 OR 草莓 OR 巧克力) AND 圣代

此外，如组合了多个 OR 词，只要查询的是其中的某个 OR 词和最后剩下的那个词，就可以省略圆括号。例如：

棉花糖 OR 草莓 OR 巧克力 圣代

但是，并非所有高级搜索引擎都支持空格和省略圆括号，所以最好还是一律使用正规形式以防止出错。

Google 还提供了其他好用的功能。例如，可以用减号 (–) 代替 NOT，它应该和关联的词紧挨在一起。例如，要查询辛普森一家的所有小孩子（父母除外），可以像下面这样写：

simpson bart OR lisa OR maggie –homer –marge

5.3 风和日丽去兜风

使用 Google 的“手气不错”功能查询克尔维特、马自达或保时捷品牌的敞篷车。

5.2.4 限制全局搜索

许多网站都支持全站搜索，即只在该网站的范围内查询。搜索功能一般在网站主页提供，提供了搜索框和 Go 或“搜索”按钮。如已知一个网站包含你想要的信息，这通常就是查找正确网页的最佳方式。

5.2.5 精确搜索

我们一般都不关心信息来源，直接要求搜索引擎在整个 Web 上搜索。但有时结果数量太多，让人眼花缭乱。所以，如果知道要搜索的主题的一些细节，可要求搜索引擎施加额外的限制，如图 5.4 的“高级搜索”界面的下半部分所示。

添加筛选条件

限制条件有助于挑出我们想要的网页。例如，假定记得一家艺术院校的某届艺术节的视频名为 Manifest，但不记得更多细节。它肯定有一个网站，能不能找到呢？最开始搜索 art manifest，结果如下所示。

“全世界的画家团结起来！”显然不是我们想要的。由于是一家艺术院校，所以丰富了一下搜索词，得到以下结果：

至少跟学校沾边了，但仍然不是我们想要的。虽然不记得关于那一届艺术节的详情，但在如图 5.4 所示的“高级搜索”界面的底部，可对搜索进行进一步的限制。猜测学校是在 .edu 域中，所以添加了相应的条件。结果正是我们想要的。

Google manifest site:.edu

Web Images Shopping More ▾ Search tools

About 1,650,000 results (0.24 seconds)

Manifest Schedule | **Manifest** 2014 | Columbia College Chic
www.colum.edu/**manifest**-2013/schedule/ ▾
About · Schedule · Attend · Participate · Columbia College Chicago **Manif**
Festival. Like us on Facebook. **Manifest** Schedule. All Events ...

这真是让人印象深刻，所以要善用筛选工具，更精确地查找结果。

利用网页排名进行本地搜索

筛选工具还有另一个用处。许多大型网站(例如 National Public Radio，Internal Revenue Service 和 YouTube 等)提供了本地搜索功能。该功能一般情况下表现尚可，尤其是在搜索词很独特的情况下，这样结果列表也短。但假如不是，结果列表就很大，而且本地搜索要么不排序(就按搜索引擎找到它们的顺序)，要么是其他对你没帮助的顺序(例如按时间顺序)。

这时就适合利用 Google 搜索特定的域(例如 ww.npr.org)，因为网页排名(PageRank)系统会对结果进行排序。而本地搜索没有采纳网页排名，所以无法提供最适合的排序。善用搜索，效率会非常高。

5.3 Web 搜索

▶视频讲解
Understanding Search Engines

大多数人每天都在利用搜索引擎答疑解惑。我们很擅长这个。但学术研究要求严谨，一篇论文要求信息绝对正确怎么办？本节指导你利用 Web 搜索完成报告和科研项目。采用的策略如下。

- 选择搜索词——正确选择要包含到查询中的词。
- 分析搜索结果——怎样利用 hit list 中返回的信息
- 使用 hit list——快速查看是否有你想要的，否则重试
- 一旦找到合适的网页——在网页中定位需要的数据

阅读本节时最好用一个复杂的查询来做例子。

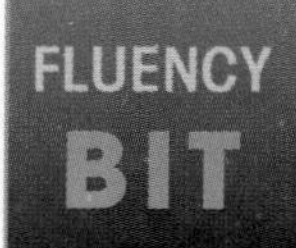

搜索引擎在尝试回答前先处理查询，但不解释它们做了什么。所以，在没有明确指示的前提下，我们假定它们什么都没做。以下小节运用了通行的查询概念。

5.3.1 选择搜索词

要精确查找希望的信息，需不断提高搜索词的精确性。我们按以下顺序讨论：

- 使用高级搜索
- 给出一个范畴
- 选择最能说明问题的词
- 添加更多的词来优化
- 避免过于苛刻
- 删除特定词

虽然不能百分之百保证，但这个不断试探的过程应该有助于缩小范围，直到找到有用的网页。

使用高级搜索

Google 的“高级搜索”(图 5.4) 能细致控制返回的结果，以便更快找到你需要的网页。可用“手气不错”或 Bing/Yahoo! 进行复杂查询，但 Google 的“高级搜索”提供了最完备的控制。(网址是 www.google.com/ advanced_search，可添加到书签。)

给出一个范畴

给出范畴应该是明摆着的，但查询时很容易忘记。范畴有用是因为许多词都有多重意思。给出范畴一般能消除大多数冲突词。例如，要知道一种厢式货车 (boxcar) 的容积，查询 boxcar volume 会返回以下结果。

- Boxcar 短信服务的提示声的音量 (volume)
- Boxcar Willie 的 Best Loved Favorites，第 2 卷 (Volume 2)
- Boxcar Willie 的 Songbook，全三卷 (a three volume set)
- Boxcar Children’s Stories，第 6 卷 (Volume 6)
- Volume Consultants vs. Quality Consultants at Boxcar Marketing

- A math exercise figuring the volume of an imaginary boxcar
- A review of the DJ’ s use of the volume control at the Boxcar Ale House

所有这些都符合查询条件 (都名列前 10)，它们以非我们所想的方式使用了一个或两个词。但只需添加常规主题“train” (车辆)，就可将其全部排除 (或移动到结果列表靠后的位置)：

train boxcar volume

所以，常规主题有时很强大。用主题词开头也是一个不错的主意。

选择最能说明问题的词

我们平常在选择描述一样东西的词时比较随意。但作家不会。由于经常要搜索经深思熟虑才写下的文字 (而不是像社交媒体那样的闲聊)，所以更准确地选择词会增大搜索成功率。例如，要知道潜艇上有多少船员，不要像下面搜索：

submarine sailors

因为所有提到潜艇的网页都可能提到 sailors。更好的查询如下。

submarine crew

sailors(水手) 是常规词，可以说给潜艇或船舶配备了多少水手。它可能和 crew(船员) 的意思差不多，但不如后者精确。

添加更多的词来优化

一个好用的技巧是先来一次“大致”的搜索，就像刚才讨论的两个，再检查结果。如果搜索引擎给出了你想要的结果，表明你直觉不错。

但如果是更复杂的查询，答案可能已在列表中，只是排名不靠前。检查初始列表经常有助于思考应添加什么词来优化。这个词应该更说明问题。研究人员经常要经过几轮的加词来缩小搜索范围。

5.4 智者箴言

如一篇论文要求准确描述葛底斯堡游客中心外面的牌子上铭刻的林肯演说，是搜索“four score and seven”(演说开头的话，意指87年前)还是“葛底斯堡游客中心铭文”才能更好地找到照片？说明理由。

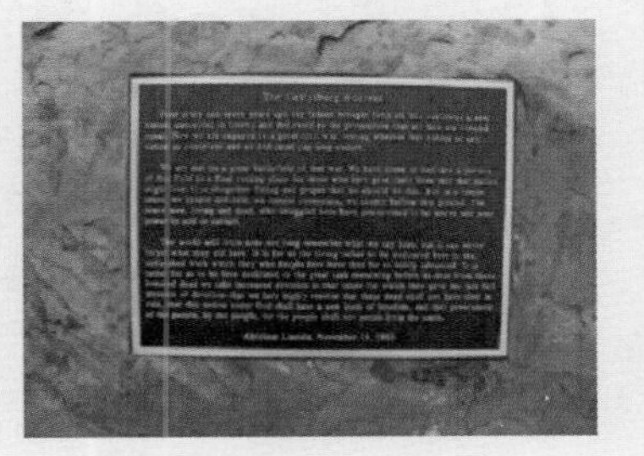

一个有趣的试验是搜索代表几种颜色的词。结果数量变化很大，证明包含的词越多，结果数量越小，因为它们都是 AND 查询。

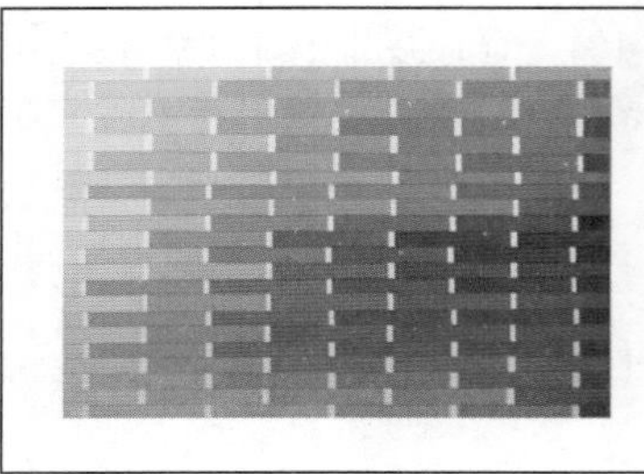

查询词	结果数
red	38.6 亿
red burgundy	58300 万
red burgundy fuchsia	530 万
red burgundy fuchsia rose	301 万

这个时候可能唯一剩下的结果就是色卡了。

虽然包含更多的词有助于避开不想要的网页，但并不完美。

避免过于苛刻

先进行一次包容性搜索，再每次添加更多词是因为急着加词可能不慎将有用的网页排除。这是因为那些网页可能不包含特定的词(虽然其他网页包含)。在这个过程中要仔细，只有确定网页包含一个词才添加该词。

删除特定词

添加词来缩小搜索范围是个常用技巧，但有时也要考虑添加词来删除一些结果。两个手段真的是对立的。添加词是说：“我知道网页含有该词。”而在词前添加减号是说：“我确定网页不含该词。”减号是消除一个词的歧义的好方法。还是厢式货车 (boxcar) 的例子，假定所有 Boxcar Willie 的网页都包含“train”这个词，我们可以保留 train(以消除其他含义)，同时用 -willie 删除“Willie”。

5.3.2 分析搜索结果

根据前述准则查找完美的网页时，从结果列表 (hit list) 中能知道什么？下面来分析一下如图 5.5 所示的结果列表。

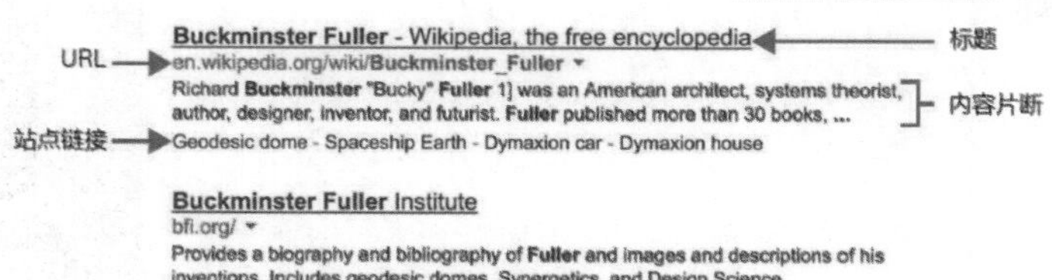

图 5.5 用 Google 搜索 buckminster fuller 返回的头两个结果

Google 搜索默认根据 PageRank 算法显示前 10 个结果；Bing 也很相似。每个结果都包含哪些部分？

- 标题——网页 <title> 和 </title> 标记之间的文本。
- 内容片断——网页内容预览。一般是含有搜索词的一两句话，搜索词加粗或用红色显示。Google 还可能显示部分网页描述，也就是 meta-description 标记的内容，例如 <meta name="description" content=" 用一两句话描述网页内容" />。不是所有网页都有描述，但如果有，Google 就可能用它。
- URL——网址。
- 站点链接——提供网站上的有用链接。Google 没有解释具体如何选择，但肯定是按照某种算法列出的，而不是"赞助"的；也就是说，非付费显示。

Google 的 Matt Cutts 从技术角度分析了搜索结果，网址是 http://www.youtube.com/watch?v=vS1Mw1Adrk0。

5.5 产权保险[①]

Google 有时会修改或调整显示的标题使其更有用。如图 5.5 的第二个结果所示，看看 Buckminster Fuller Institute 网页 (bfi.org) 的实际标题是什么。

5.3.3 使用结果列表

我们根据返回结果列表来高效定位 Web 上的信息。检查列表的过程就是一个筛选的过程。从顶级信息开始浏览，看到合意的就深入：

不合意就返回继续浏览。

合意就向下看。

用这个办法可以合理 (而且快速) 地找出你想要的网页。

"合意就向下看"指令意味着要像下面这样对一个结果中的信息进行评分。

- 标题——这是网页的第一印象。标题合意，就向下看……
- 内容片断——搜索词加粗或加红，有上下文。据此快速了解网站是否使用了关键字。例如搜索哈佛可能产生这样的内容片断"……哈佛甜菜……"和"……哈佛大学……"但你可能只对其中一个感兴趣。内容片断合意，就向下看……
- URL——给出网页主机所在的域。记住域是站点名称，即 .com 或 .edu 之前的部分。站点名称很重要，是验证信息权威性的第一手资料。信誉好的就点击，否则暂时略过。找不到更好的再回头点击一下。如果 URL 合意，就向下看……
- 网页本身。

到这时，网页可能包含你关注的信息，现在需要加载并查看。结果中的其他信息也许也很有用 (例如文件的收录日期)，但目前我们对结果列表的讨论已经完结了。

---

① Title Insurance，title 是双关语。——译注

很无趣

Web 搜索常常出现几百万条结果，图 5.5 的搜索返回了 142 万条结果。如只需其中一个网页，无意间发现它的概率很小。即使按顺序一个一个地看，根据统计学的原理也平均需要看其中一半。所以，要成功地搜索，必须有一定的技巧。这正是我们强调要对自己的搜索进行略读和提炼的原因。

5.3.4 一旦找到想要的网页

现在找到了具有合适标题、内容片断和域名，或至少值得一试的网页。接着必须快速判断是否真的就是你想要的网页。采用以下全部或部分操作来判断。

- 首先，“滚动网页”了解其特色。主要是照片？主要是文本？是不是你要找的那种站点？例如，想要一家饭店的点评但打开了饭店主页，就是时候离开了。
- 接着，找到了有希望的网页，就看日期新不新。经常发生的情况是网页太老已经没用了。许多 URL 会包含日期，所以要找对时间敏感的资料 (例如最近的体育赛事)，就在结果页中观察路径中的日期，迟早排除无关网页。
- 最后，如果不想读完整个网页 (例如就想找出证据)，就查找关键字所在的位置。可能找不到内容片断，但任何情况下都会提到你要搜索的词。注意目标仍然是决定是否想在该网页上停留。找到想要的就完成了；否则返回结果列表看下一个。

如果找到了含有目标信息的站点，还有一件事情要做：判断信息的正确性。

- 如果只是和朋友打赌，到这里就完了。即使证据是错的，赌也打完了 (明天继续！)。
- 如果是在写论文或者想学一些新东西，应该再找一个站点进行相互验证。
- 如果要为查找的信息负责 (例如医学数据)，必须认真考察站点的权威性，并寻找能相互验证的信息

如果觉得信息不太准确或完善，就回到结果列表看下一个吧。

按图片搜索

如果想要的信息含有特色或经典的图片，那么浏览图片会更快找到目标。在 Google 的结果列表中点击左上角的“图片”即可。例如，如果记不住苏斯博士作品中的“Sneeches”但记得住封面，就可以搜索“苏斯博士”，再在图片列表中搜索。

5.3.5 搜索策略小结

前面介绍了如何选择搜索词、搜索结果的组成部分以及如何略读返回的内容。搜索“深入信息”是一项创新活动；你需要不停地思考。网上的信息量大得令

人难以置信，但搜索引擎花费了很大力气帮我们定位信息。搜索一般都能成功，对此应保持乐观。第一次搜索可能找不到，但按照刚才讨论的策略来，应该可以成功。

5.3.6 必应搜索

必应 (Bing) 是 Microsoft 与 Yahoo! 共同研发的搜索引擎。它的爬虫和索引生成程序和之前描述的一样。结果列表也相似 (必应没有专门的“高级搜索”网页)。但还是有一些差异。必应以不同方式处理查询词，并采用和 Google 稍有不同的技术对返回结果进行排序。

那么哪个搜索引擎更好？通过对比，结果差别不是那么大。大多数时候两者都很好用。遗憾的是，各自的优势并不容易确定。所以，作为用户，我们需要两者都试一试，看看就当前的问题和搜索风格来说哪个最好。

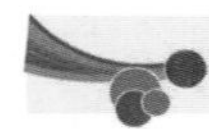

5.4 权威信息

视频讲解 Books Versus Web Sites

现在已到达我们想要的网页！下一个问题是“信息有多权威？”权威性的网页可靠、真实和正确。本节将讨论如何判断网上的信息是否权威。

5.4.1 任何东西都不要轻信

没人掌管 WWW，所以没人检查网页上的信息是否正确。或许你根据自己的经验就知道 Facebook 和 Twitter 上的某些信息不准确。这并非孤例。对网上的大多数信息要保持怀疑态度。

人们过去在图书馆从书中获取信息。印刷前，出版商会确认作者是该书所属领域的专家，这保证了作者具有一定权威性。其次，审校和编辑会梳理手稿并排错。印刷后，图书管理员会先审查再添加到馆藏。他们会问：该作者知名吗？该出版商发行的书籍通常都是可靠的吗？其他知名图书馆是否也收录了本书？经过这一系列步骤，读者最终获得的极有可能 (虽然不保证) 是可靠的信息。但 Web 改变了一切。

今天，任何人都能在网上发表各式各样的言论。这些言论可能完全真实和正确，可能部分真实和正确，也可能完全“胡扯”。网页写好后发布到网上，被搜索引擎的爬虫扫描并存储到索引上，最后就能通过适当的查询被搜索到，而你点击链接就可看到作者的言论。但是，你可能是除作者之外第一个看到这些言论的人。从作者到读者，中间没有经历任何审查！

5.4.2 维基百科

维基百科 (Wikipedia) 是全球最著名的在线百科全书，提供由知名和愿为社区贡献力量的互联网用户撰写的开源文档。任何人都可向维基百科投稿。由于投稿人众多，维基百科涵盖数量庞大的主题，包含任何印刷的百科全书都无法完全涵盖的海量信息。其涵盖范围和时效性使其成为一个有价值的信息来源。

维基百科有这么多的贡献者是好事也是坏事。坏的地方在于，任何人都可能向一个条目添加无意义的信息。虽然有一个编辑过程来提供一定的品控，但内容不是由“领域专家”来验证的。另外，任何人都能编辑，这意味着任何人都能移除无意义的信息。从这方面看，整个社区都要为维基百科的质量负责。

维基百科免责声明

虽然维基百科好用而且一般都很有帮助，但不可以独立使用。维基百科的网站是这样解释的：

不要把维基百科当作绝对可信来源。学术社区从新生到教授，越来越多的人将维基百科看成是一个容易访问的第三方信息来源。但在论文中引用维基百科可能不被接受，因为维基百科并非绝对可信。

考虑到任何人可以在任何时间编辑维基百科条目，所以这一点务必谨记在心。遵循两条简单的规则。

- 恰当进行研究。记住任何百科全书都是研究的起点而非终点。
- 要有自己的判断。记住所有来源都必须求证。

维基百科有多权威？一般来说都很权威。但没法子知道你看的文章是否权威。而你可能因为无法确定信息是否正确就想：“为什么要浪费时间看它？”但这个出发点就错了。你是假设存在一篇完全符合你的要求的、完全正确的文章。一旦读它，就能知道你想知道的一切。这并不是信息的工作方式。

任何时候使用 Web，都需要遵循良好的研究规范。以下一系列简单的规则将确保你获取高度可靠的信息：

- 质疑信息——
- 有意义吗？可信吗？一致吗？
- 信息是否和你已知的一切相符？
- 从不依赖单一来源；总是博采众家之长
- 评估站点权威性 (见下一节)
- 多样化你采用的资源种类，包括线下资源

任何时候在网上搜索都要谨记这些规则。

修改历史

虽不常见，但人们有时确实试图出于自己的目的而修改维基百科。有据可查的一个例子发生在 2011 年，前副总统候选人莎拉 • 裴琳 (Sarah Palin) 访问波士顿的一个古迹但

记错了其历史。Slate 网站讲述了这个故事：上周，莎拉·裴琳告诉波士顿的一家当地媒体保罗·列维尔 (Paul Revere)“警告英国人他们解除不了我们的武装。”事后，新闻媒体赶快指出 Revere 实际警告的是美国殖民者 (而非英国人)。裴琳的支持者于是更新维基百科上的列维尔条目，使事实符合裴琳版本的历史。

根据维基百科网页的修订历史，裴琳的支持者试图添加以下斜体显示的语句：

Revere did not shout the phrase later attributed to him (“The British are coming!”), largely because the mission depended on secrecy and the countryside was filled with British army patrols; *also, most colonial residents at the time considered themselves British as they were all legally British subjects.*

这个修订后来被删除了，解释是“与事实不符”。

资料来源：http://www.slate.com/content/slate/blogs/weigel/2011/06/06/editing_wikipedia_to_make_palin_right_about_paul_revere.html。

5.4.3 何谓权威？

上网搜索时，我们想要获得真实和正确的信息。但何谓真实？何为真，以及我们如何确定它为真……这个话题要展开的话，会变成一次冗长的 (和令人困惑) 的哲学讨论。我们不想在这种讨论上花时间。所以不选择“真理”或“真相”，我们选择查找“权威”信息，因其一般都是真的。

权威意味着是专家所言。我们假定专家熟悉某个主题，他们说的就是真的。除非我们自己成为某个主题的专家，否则通常无法验证专家所说，所以我们认为当前这是可用的最佳信息。图书管理员在考虑是否进一本书时，正是以此为依据。

你信任维基百科吗？虽然维基百科声称它不应该是学术论文的引用来源，但在做研究时仍是非常有价值的一个站点。上面有海量的优质信息，而且社区一直在致力于把它变得越来越好。关于其审查流程的完整声明请访问 en.wikipedia.org/wiki/Wikipedia:Reviewing。只有了解了他们投入的内容，才知道如何评估你从中获得的内容

有信誉的来源

查找权威信息的一种简单方式是从有信誉的组织获取。例如，世界卫生组织、美国疾病控制与预防中心或梅奥诊所提供的医学信息最可靠。这些组织由专业医生和研究人员构成，他们时刻都在研究最新的医学问题。来自这些地方的卫生保健信息具有权威性。数以千计的专业组织架设了我们可以信任的网站。

一些个人也是很好的信息来源，前提是我们出于某些理由信任他们，知道他们是特定领域的专业人士。我们考证历史学家和其他学者、研究人员和作家的“资历”。他们 (通常) 不夸大自己的身份，只是诚实地列出自己的资历。我们就根据这些背景资料来判断一个人在某个主题上的论述是否值得信任。

主要来源

主要来源(或称一级来源)是掌握第一手信息的人(图5.6)。例如，事件参与者或证人是主要来源。他们一般是最佳信息来源。采访主要来源的人(比如记者)是二级来源。他们不如主要来源可靠，因为在主要来源讲述事件发生过程，并由二级来源转述的过程中，有可能出现曲解和误读。在电视或报纸上观看新闻节目的人则是三级来源，意味着他们获得的信息已被转了两道手了。顺便提一句，维基百科也把自己描述为“三级来源”。一般情况下，我们获得的信息越接近第一手越好。

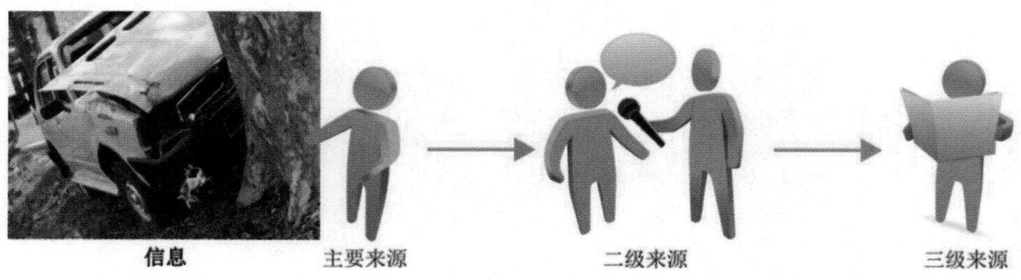

图5.6　各级来源和第一手信息来源的关系图

注意，二级来源提供的信息并非一定有错，只是存在这方面的可能性。历史学家在和涉及重要事件的人物交谈时，一般会格外小心获得正确和全面的信息，但技术上说仍是二级来源。许多(但并非全部)传记作家会尽量还原真相。科学家在描述自己未参与的许多事件(比如人类进化或太阳起源)时，会穷极一生来把故事讲清楚。

最后注意，并不保证主要来源讲的是真话。人会说谎。更常见的是，他们可能故意遗漏相关内容，或真假参半。所以，我们甚至必须对来自主要来源的信息持怀疑态度。另外，当然有些人能接触到正确和无可辩驳的事实(如辩护律师，他们“重新包装”真相以便为其客户提供更好的辩护)。

多个来源

网上做研究切记检查多个来源。恶搞、被篡改的维基百科页面、伪造的“新闻报道”和垃圾“信息”很容易通过参考其他来源而不攻自破。万维网体量很大，搜索也很简单，所以真的没理由采信一家之言。

查找不同来源

挑选其他来源时，注意侧重那些独立第三方。如所有来源都从同一个地方获取信息，这些来源就不是独立的。

权威来源

获取权威信息最简单的方式是访问官方网站。例如，查找可靠的税务资料可访问 www.irs.gov 并在站点内搜索，访问关于太空的信息可访问 www.nasa.

gov。需要有毒物质的资料？尝试美国国家环境保护局 (Environmental Protection Agency，EPA，www.epa.gov)。需要车祸的资料？尝试美国国家运输安全委员会 (National Transportation Safety Board，NTSB，www.ntsb.gov)。要点是，许多机构和组织都通过自己的官方网站发布你可以信赖的信息。下面是一些例子。

主题	可靠来源
膳食指南	美国农业部 (U.S. Department of Agriculture，USDA)
加州气价	Gasbuddy.com
美国航空准点记录	American Airlines(aa.com)
美国最流行新生女孩名字	美国人口调查局 (U.S. Census Bureau)
多发性硬化症的资料	美国国立卫生研究院 (National Institutes of Health，NIH)
酒驾血液酒精浓度	州政府机构

通过直接访问权威来源，可确保获得的信息是可靠的。这比找到信息之后再确定其可靠性好。

搜索不止

找到正确的网站一般很容易，但找到正确的网页则比较困难。注意许多大型网站都在主页提供了搜索功能。也可利用 Google 高级搜索限定搜索某个网站上的内容。一旦找到正确的网页，不要忘了可用“查找”(Ctrl+F) 定位关键词。

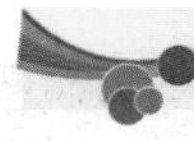

5.5 真的还是假的？

一氧化二氢网站的创建者知道，没人过滤这东西。[①] 网页本来就是无中介 (unmediated) 的。这通常没有太大问题。但是，恶搞、欺诈或其他莫名其妙的网站并非总是让人一目了然。稍微不注意，就有可能相信它们。而且其中一些网站做得还真的像那么回事。

5.5.1 网站分析

如何识别假网站？一般在网站上注意到一系列不对劲的地方之后，就要警觉了。具体包括以下信号。

- 链接丢失
- 没给联系方式，或联系方式不对
- 没有线下实体

① 一氧化二氢，H_2O，水，恶作剧网站是 www.dhmo.org。

- 设计过于简单
- 无最近更新或博客文章
- 拼写错误

虽然所有这些都是有用的危险信号，但即便符合全部要求，但一个网站仍有可能是假的。例如有一个著名的欺诈网站叫 Pacific Northwest Tree Octopus(西北太平洋树章鱼，zapatopi.net/treeoctopus)，所有内部链接都能工作，而且都链接到有信誉的网站(比如奥林匹克国家公园和国家地理的官方网站)。该网站非常“完美”，表面上没有上面列举的任何危险信号。

但确实有不对劲的地方，深入挖掘才能发现。其一是网站的两个“支持者”：Greenpeas 和 People for the Ethical Treatment of Pumpkins(P.E.T.PU)，这明显有点恶搞的意思。其二是引用了古老的北美野人传说，即温带雨林中神秘的“森林猿人”(forest ape)。链接指向一个标题为 Bureau of Sasquatch Affairs, Republic of Cascadia(卡斯卡迪亚共和国北美野人事务局)的网页。这是啥？此时，就应猜出这种所谓濒临灭绝的章鱼虚构多于现实了。

那些为了找乐子而创建虚假网站的人，潜意识中似乎还是希望你最终能够发现真相。

老鹰抓小孩

2012 年 12 月，一个老鹰抓走正在蒙特利尔公园和爸爸玩耍的小孩并将其摔落的视频引爆了整个互联网(图 5.7)。视频地址是 https://www.bilibili.com/video/av418991/。

这似乎是下午在公园用手机拍摄的一段视频。由用户 MrNuclearCat 于晚 7 点上传至 YouTube。半小时后 Reddit 转发了该视频。8 点后推特开始转发。第二天早上，视频的浏览量已达到 120 万。

图 5.7 “老鹰抓小孩”视频截图

视频下方的评论表示出人们都相信该视频的真实性。但不久之后，Reddit 上就发生了关于其真实性的一场争论。一个名叫 Tiago Duarte(用户名 Cyatek) 的葡萄牙人在原始视频发布后第 5 个小时，通过逐帧分析发表了对视频真实性的怀疑。被许多人攻击后，他上传了视频证据。

确实不是真的，作者很快就承认了这一点。该视频实际是蒙特利尔大学的一堂视觉效果 (Visual Effects，VFX) 课的项目。老师 Robin Tremblay 此前告诉学员，如视频点击量超过 10 万，他们就能拿满分。几个学生 (如图所示) 在花了几百个小时学习新软件、开发脚本、拍摄 basline 视频、创建老鹰和小孩的 3D 模型等之后，如愿以偿地拿到了满分。2019 年，原始 YouTube 视频的浏览量已达 4500 万。完整报道请访问 http://t.cn/EaNw0Vi。

我们许多人都没有这些学生或者葡萄牙人 Duarte 的经验，所以很难知晓一个视频的真实性。唯一选择是在看到“太离奇以至于无法相信”的东西时，一定记得保持一定的怀疑态度。

学员 Loïc Mireault，Antoine Seigle，Félix Marquis-Poulin 和 Normand Archambault

5.5.2 火眼金睛

树章鱼网站对初中生或许有一定的欺骗性，但我们中的大多数人通常很快就能识破。但有些网站要识破真假就有点难了。一个经典的例子是 The Manhattan Airport Foundation (曼哈顿机场基金会，manhattanairport.org)。该网站于 2009 年 7 月进入公众视野 (图 5.8)，倡议在纽约中央公园修建一座机场。

这是真的还是假的？很难界定。根据事后由 Gawker 发表的一篇文章 (gawker.com/5319855/huffington-post-serves-up-hoax-on-front-page)，赫芬顿邮报把它作为真实新闻报道。在曼哈顿中央公园修建一座机场似乎令人不可思议，但人类确实有一些奇思妙想，而且网站也建设得很完美。

图 5.8 曼哈顿机场基金会主页

- 不存在之前列出的所有危险信号，甚至有实际办公地点
- 有自己的域名
- 有自己的维基百科条目
- 在 Facebook 和 Twitter 上均有入驻

这些是正规网站的特质。所以应该是真的吧？（新闻报道就目前来说当然不是新的，但在 2009 年非常新。）

和大多数“娱乐”网站一样，存在一些夸大其实的声明，这暗示着网站可能是恶搞的。但这需要你的火眼金睛了。例如，网站上写了这样一句话：

> ……世界各地的高密度地区都有权重新获得回收废弃和枯萎的城市空间，为他们注入新的生命……

这暗示中央公园以及围绕它的地区已经“枯萎”。事实上，这里有着美国最贵的一批物业。网站还说位于中央公园、具有 75 年悠久历史、闻名世界的 Tavern on the Green 餐厅将成为机场美食区的一部分。这些声明非常极进，但并不是说创建网站的人没有认真对待该项目，虽然确实有点疯狂。

和往常一样，鉴别网站真假的方式是核实那些宣称的事实。例如，首先可以调查域名的所有者。这是个好主意，但该域名进行了“隐私保护”，所以我们查不到数据。另一个宣称的事实是首页底部的线下实体地址。

看起来似乎是正规地址。非纽约人很容易就信了。但如果网上搜索一下 233 Broadway New York，点击关于 Woolworth Building 的维基百科条目，就知道纽约这座历史悠久的大厦仅 57 层，而网站说他们在 58 层。网站或许还存在其他瑕疵，但仅凭这一点，加上在曼哈顿修建机场本身就过于异想天开，所以已经足以认定该网站不可信。

域名所有者

调查域名的所有者可访问 www.internic.net/whois.html，填写域名（记住只填第一个斜杠之前的东西）并提交。随后将显示域名的所有者，或者告诉你该域名已进行了隐私保护，不对外公开。

5.6 拍拍翅膀就能上天？

除了最后一项和人力飞行 (human powered flight) 有关的内容，www.ornithopter.org/history.manned.shtml 这个网页看起来像是真的。拿出证据说明该网页是否真实。

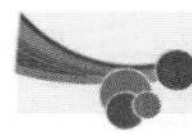

5.6 小结

本章探讨了进行高效网上研究的一些方式，描述了搜索引擎等强大 Web 工具的工作方式，还讨论了怎样运用它们来达成自己的目的。本章探讨了以下主题。

- 需要软件和自己的智慧来高效搜索互联网。
- 搜索引擎由爬虫和查询处理程序构成。
- 用逻辑操作符 AND，OR 和 NOT 以及特定的搜索词来缩小搜索范围。
- 筛选并“减去”搜索词来移除无关结果。
- 一旦找到信息，必须调查发布网页的组织，并核实网页所声称的事实，从而判断其正确性。
- 必须和其他来源交叉核对信息，尤其是那些重要信息。

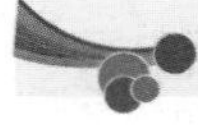

5.7 TRY IT 答案

5.1 两个交叉点是 musclepowered.org 和 www.hpva.us，共 9 步。

5.2 为了在 OR 查询中消除重复项，修订的规则如下。

1. 在每个列表开头放一个标记（如箭头）。
2. 检查标记指向的 URL，将字母顺序最靠前的 URL 放到结果列表。
3. 每次都前移字母顺序最靠前的 URL 一个位置。如两个或多个 URL 的字母顺序都最靠前，所有标记都移动。
4. 重复步骤 2~3，直到所有标记都抵达列表末尾。

5.3 使用以下任何一个查询：

（克尔维特 OR 马自达 OR 保时捷）AND 敞篷车

(克尔维特 OR 马自达 OR 保时捷)敞篷车

敞篷车 克尔维特 OR 马自达 OR 保时捷

5.4 应该搜索“葛底斯堡游客中心铭文”，它是我们最想要的。搜索“four score and seven”或“87 年前”将产生太多无关结果。

5.5 检查 bfi.org 首页源代码，找到 <title> 标记，就会发现 Google 仅采纳了标题的一半内容。①

5.6 核对本章的危险信号列表。独立搜索其中提到的关键字词(比如 todd reichert 或者 snowbird)判断其真伪。

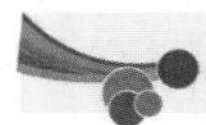

习题

选择题

1. 有的网页是“隐形”的，即没有搜索引擎能搜得到它们。为什么存在这些网页？________
   a. 没有其他网页链接到它们
   b. 它们是实时合成的
   c. 它们具有浏览器不理解的文件类型
   d. 以上都对

2. 爬虫主要作用是 ________。
   a. 找到包含错误或非法信息的网页
   b. 统计网页数量
   c. 确保许多人访问特定网页
   d. 建立和每个网页关联的记号的一个列表

3. 挑选其他来源时应选择：
   a. 独立来源
   b. 同一作者创建的来源
   c. 同一域名下的来源
   d. 永远用不着的其他来源

4. 将多个搜索词放到引号中是想查询 ________。
   a. 搜索词任意顺序的网页
   b. 搜索词严格顺序的网页
   c. 仅包含第一个词的网页
   d. 只包含部分词的网页

5. Google 通常忽略数字。在查询中添加 ________ 符号强迫 Google 将数字作为查询的一部分。
   a. –
   b. <>
   c. &
   d. +

① 现已改正。——译注

6. 在 Google 上搜索时，_______ 等同于 AND 关键字。
   a. +
   b. OR
   c. 空格
   d. –

7. 主要信息来源是 _______。
   a. 政府分享的内容
   b. 掌握第一手资料的人
   c. 老师或图书管理员
   d. 网站的创建者

8. 谁在掌管 WWW？ _______
   a. 互联网之父文顿 • 瑟夫 (Vint Cerf)
   b. 拉里 • 佩奇和谢尔盖 • 布林
   c. 美国政府
   d. 没人掌管

填空题

1. _______ 越高，在搜索结果中越靠近网页列表顶部。
2. _______ 符号在 Google 搜索中被解释成 AND。
3. _______ 的主要功能是创建索引。
4. 即使网页符合本章列出所有权威规则，仍有可能包含 _______ 信息。
5. _______ 是在网页上查找特定字词的快捷键。
6. 保持多个搜索词的独立性，而不是用引号进行严格限定，一般都 _______(能 / 不能) 找到你想要的结果。
7. 维基百科 _______(有人 / 无人) 验证。
8. 维基百科被认为是 _______ 来源。
9. 爬虫只爬了少于 _______ 的 Web 内容。
10. 在网上获取相互验证的信息时，必须总是 _______(依赖 / 不依赖) 其他独立第三方网页。

简答题

1. 我们为什么需要搜索引擎？搜索引擎的作用是什么？详细回答这两个问题。
2. 解释什么是爬虫及其工作方式。
3. 解释为什么过去实体书比如今的网页更受信任。
4. journalofpetitelapgiraffescience.weebly.com/sokoblovsky-farms.html 和 www.ovaprima.org 上的信息是否真实和准确。解释你是怎么知道的。
5. 解释进行网上搜索时 AND 和 OR 逻辑操作符的区别以及在什么情况下使用它们。

6. 什么是独立来源？做研究时为什么独立来源很重要？

7. 列举搜索时需要将几个词放到引号中的三个例子。

8. 什么缓存页面？它们有什么用？

9. 提供需要在网上搜索时对域进行限定的两个例子。

10. 用维基百科查找信息的优点和缺点是什么？

11. 用你喜欢的搜索引擎搜索“HTML quick reference”。描述第一个结果的各个组成部分：网页标题、内容片断、URL 和站点链接。

12. 什么是“交叉查询字母排序列表”？怎样用它们实现网上搜索？

CHAPTER 

错在人为

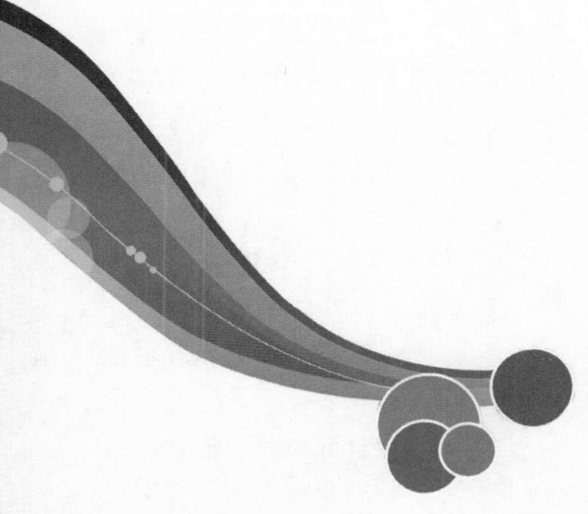

学习目标

- 了解普通精确性与计算精确性的区别
- 了解 6 步调试法：每一步的作用及实例
- 运用 6 步法调试一个网页的 HTML 代码
- 了解制作完全可靠计算系统的难点

CHAPTER 6

one item could not be deleted because it was missing。
(某一项因丢失而无法被删除)

——MAC OS 7.0 错误消息

拥有一台计算机最容易被忽视的优点是，如果它们犯事儿了，没有法律可以反击它们。

——埃里克·波特菲尔德

“错在于人”或许是对的，但还是需要一台计算机，我们才会犯错。计算机的一个特点是它实际是在做我们要求它做的事，别无其他。这使其显得如此有用(有时又使人感觉如此无力)。它“逐条”执行每条指令，并不断自检，能近乎完美地运行。所以，事实上，计算机自己不会搞砸任何事情。但我们(写软件和用软件的人)不是完人，“人 + 计算机”的组合才会真的把事情搞砸。所以必须学会如何诊断错误根源，并让自己摆脱困境。要成功解决这些错误，从源头避免出错，最佳方式或许就是学习调试技术，即本章的主题。

本章第一个目标是认识到最大、最常见的问题来源是我们不够谨慎。计算机不理解我们的意图，只知道我们说了什么。所以，必须准确说出我们的意图。将用一个学生 / 父母场景来介绍调试过程，通过学生与父母的互动过程来分析。第二个目标是从这个故事中提炼出调试的基本原则。虽然没有给出一个能保证成功的机械式规程，但这些原则提供了一定程度的保障。将运用这些原则来调试一个错误的网页设计。这个“侦探”工作不是发现“谁是肇事者”，因为“元凶”明显就是我们自己。相反，要发现的是“犯了什么错”。然后，本章将讨论如何完成一个看起来不可能的任务：调试一个我们不知其工作方式的系统。本章最后讨论了“零 bug”软件的可能性。

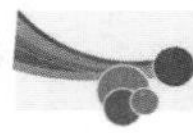

6.1 精确性：计算的高标准

解决计算错误的最佳方式是一开始就不要犯错。这听起来像是废话，因为人总是要犯错的。确实如此。另外，人通常不会故意犯错。所以，建议我们不要犯错，就像是要求我们不是人。

6.1.1 要准确

但这仍是一个好的建议，因为许多可能犯错的地方我们本来都可以更小心一点。一个典型的例子是在向程序输入信息的时候。

- 识别错误的代替，例如字母 l 代替数字 1，字母 O 代替数字 0，\ 代替 /……等。
- 知道某些字体容易混淆，例如 Corbel 字体的数字 0(0) 和字母 o(o)。
- 路径名中的大小写：www.ex.org/AllMine.html 和 www.ex.org/allmine.html 访问的是两个不同的文件。
- 密码中的大小写：如果密码是别人为你创建的，要特别注意大小写。

这些是出错的常见原因，程序无法帮你避免，所以输入时要特别小心。最好一开始就不要输错(即使要花更多时间)，而非事后补救。

6.1.2 善于观察

如 2.1.1 节所述，与软件交互时要注意反馈。例如，“忙”图标( )告诉我们一个操作尚未完成。我们要依赖这种信息。还有其他许多容易被忽视的反馈方式。我们需训练自己留意这些线索。例如：

	500
500	

- 稍后就会讲到，文本 caption-align 是错的，因为编辑器没有自动加亮它。

```
caption {caption-align:bottom;padding-top:4px}
```

- 电子表格默认左对齐文本，右对齐数值。如图所示，上面的 500 是数值，下面的是文本。大多数时候都可借此判断是文本还是数字。
- 第 11 章讨论电子邮件时，会讲到在本来想发送一封私人邮件时点击了“回复全部”而非“回复”，这很容易造成尴尬。所以，必须总是在点击“发送”前检查收件人地址。

还有其他许多类似线索。训练自己留意反馈，经常都能在要犯错的时候“悬崖勒马”，节省未来排错的精力和时间。

6.2 调试：问题在哪？

调试 (Debugging) 是调查应用程序或系统为什么不能正确工作的过程。调试一般应用于计算机或通信系统 (尤其是软件)，但同样的技术也适用于机械、建筑、商业等领域的系统。虽然调试大部分依赖于逻辑推理，而且一般都是“经验之学”，但仍有一些常规调试原则和提高效率的策略可供学习。这些技术很重要，因为在我们使用计算系统的过程中，许多时候都需要找出系统不能正确工作的原因。

6.2.1 日常生活中的调试

人们其实一直都在调试 (或排错、故障诊断)。车子发动不了，会想是电池坏了还是没油了。日常生活中遇到的“故障”一般都归咎于本来正常、好用的系统中的某个零件损坏或老化。换言之，系统的设计和制造没有问题，只是零件坏了。例如，蓄电池坏了，车子就发动不了。更换零件后，系统重新工作。

6.2.2 信息技术中的调试

计算中的调试稍有不同。区别在于，我们可能向一个本来能正常工作的系统输入错误的数据或配置。输入正确，系统就能工作。另一个可能性是系统本身存在逻辑性设计错误。拿汽车做比喻，就好比倒车灯本应只在倒车时工作，但刹车时也亮了。这就是设计或制造错误。软件中的这种逻辑错误即使是商业软件也可能存在。用户必须意识到自己使用的可能不是一个正确的、能正常工作的系统。但无论如何，我们首先都假定使用的是一个“正确的、能正常工作的系统”。

6.2.3 谁的问题？

视频讲解 Debugging Your Math Homework

对计算系统进行调试时，记住我们几乎肯定责无旁贷，因为是我们自己指示计算机执行任务并输入信息。计算机出错不外乎三个原因：错误的数据、错误的指令或系统瑕疵。其中两个原因都和我们自己有关。由于硬件和软件出厂前一般都进行了全方位测试，所以我们自己的责任最大。是我们的指令或数据造成问题，所以必须进行纠正。计算机不能对自己进行调试。

人 (通常) 不会故意犯错，所以常以为自己做的是对的，出问题必然是计算机的原因。或许是吧 (无论硬件还是软件确实都会出错)，但这个概率比人犯错的概率低太多。如果平时比较粗心，容易忽视小的打字错误或其他类似错误，那么一般都会以为问题出在计算机或软件。但真的要考虑另一种可能：由于误解了系统及其工作方式，所以认为自己做的什么都对。在这种情况下，我们自己才是“罪魁祸首”。承认错在自己，有时很难，但最起码要认同这一点：计算机想的东西不会比你少！

6.2.4 用计算机进行调试

不仅计算机不能调试它自己，我们也不能直接调试它。换言之，即使是我们自己犯的错，错误的最终形态还是位于计算机内部。要么在存储的数据中，要么在软件的逻辑中。为获取有关错误的信息，必须要求计算机告诉我们它存储了什么数据，或者要求它运行有问题的软件……等。距离错误及其成因仅一步之遥，这时需要计算机来帮助我们找出问题。

虽然 bug 不可避免，但大多数程序都能正确工作，而且一般都能通过许多方式解决问题。相应地，出现麻烦时，我们往往能完全避开问题。用其他办法绕过一个错误称为"变通方案"(workaround)。使用商业软件要特别善于变通。商业软件的 bug 除非发布更新，否则一般不会即时修复。在此之前必须学会变通。

计算机先驱格蕾斯·霍珀

海军准将格蕾斯·霍珀 (Grace Murray Hopper)，同时也是一名计算机先驱，在 20 世纪 40 年代操作 Harvard Mark 期间，为计算机系统中出现的一个小故障杜撰了 bug 这个词。当时在 Mark II 计算机内，有一只小飞蛾卡在其中一个电磁式机械继电器中，导致计算机无法正常运行。技术人员把这个 bug(虫子) 贴到计算机的日志本中 (图 6.1)。此后，任何引起计算机停止运作的错误，都被称为"bug" (虫子)，找出错误则称为"debug"(除虫)，这形成日后计算机程序错误及调试的名称起源。

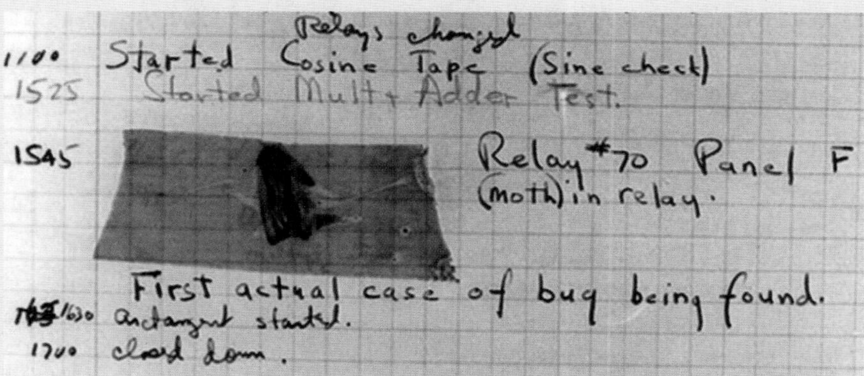

图 6.1 Harvard Mark II 日志本上标注："First actual case of bug being found."

霍珀参与发明了一种称为编译器的软件，作用是将一种程序设计语言翻译成机器指令 (参见第 9 章)。她对程序设计语言 Cobol 的开发有非常大的影响。意识到计算能力的物理限制，她使用了一根铜线 (约一英尺长) 的长度来描述纳秒 (十亿分之一秒)，因为这是当时电子能够传输的最长距离。

为了纪念她，一艘海军舰艇以她的名字命名，即 USS Hopper (DDG-70)。

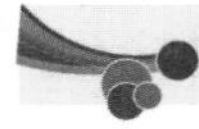

6.3 一场关于调试的对话

想象以下场景。你在图书馆中安静地看着这本书，这时接到你老妈打来的一个电话。你走到外面后问道：

“啥事？”

“家里电脑被黑了！”

“真的？”

“真的！现在都是病毒和虫子！我怎么办？”

好吧，也许老妈有点夸张，但无疑是出了什么事，所以才迫不得已向你求助。这是一个典型的调试场景，我们将基于这个上下文讨论故障诊断策略。

你知道家里有高速互联网连接，父母使用 Chrome 浏览器，像 Flash 这样的软件是比较新的，因为你上次放假才进行了升级。另外，和你朋友的父母相比，他们使用电脑更熟练一些。这些是已知的全部信息，而且很有代表性。

调试就是解谜。就像侦探破案，我们也要主动找线索。和漫无目的尝试相比，这样能更快发现解决方案。一定要主动问自己这样的问题：“需要更多线索(输入)吗？”“线索可不可靠？”以及“有没有什么理论来解释问题？”越有重点，就能越快发现解决方案。

这个例子不能直接发现问题。你在校园中，在图书馆的门外站着，父母在家里。这是一个典型情况：大多数调试都需要你远程操作。你不能亲眼看见问题，必须通过查询了解更多情况，目前就是询问你的老妈来了解具体发生了什么。

调试的第一步是验证错误能重现。计算机具有确定性，赋予同样的输入，必然产生同样的输出。如果是由于临时性的故障造成问题(这种概率不大)，那么调试已经完成，因为它不会重复。所以，让我们先尝试重现问题。你问老妈：

“你刚才做了啥？”

“还了信用卡，在看 NPR 上的新闻。”

“所以你上网了？”

“是啊，网上银行好方便！你不喜欢吗？”

“是很方便，我要是有钱就好了……好了，你能不能重新加载网页？”

“加载了。还是一样。我被黑了。”

很难相信全国公共广播电台 (National Public Radio，NPR) 正在攻击你家，但至少知道问题能够重现。

下一步是调查到底出了什么问题。侦探小说通常都有一具尸体，一眼就看得清楚发生了什么。问题在于谁是凶手，而不在于受害者那天为什么没有上班。但计算机可能在出错后执行一系列操作，这些操作必须从调试中排除。例如，不能打印邮寄标签的原因可能是打印机的问题，但也可能是向打印机发送标签的字处理软件或数据库的问题，也可能含有邮寄地址的那个文件是空的(即没有地址可供打印)。如证实问题在于空文件，就不必对打印机进行调试。

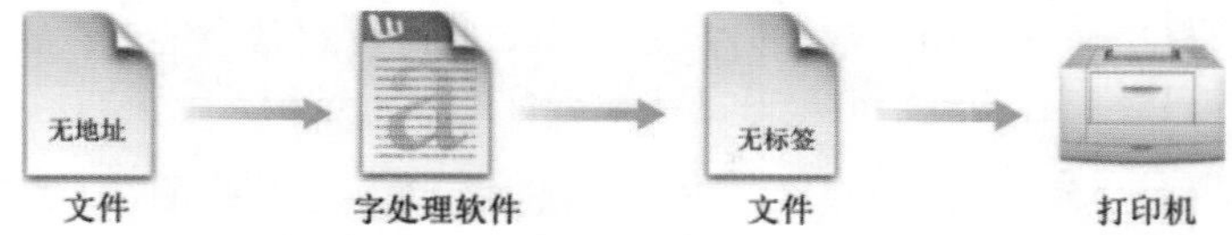

所以，关键在于发现到底出了什么问题。

"你怎么知道自己被'攻击'了？"
"上面就是这样说的，我给你看：'你的网络上的一名攻击者可能试图让你访问一个伪造 (可能有害) 的 www.npr.org 版本'。人家都说得这么清楚了！"

所以，问题在于你的老妈出于某种不寻常的行为而收到了一条警告，听起来像是某种计算机安全问题。那么，问题基本已经定位。

正常情况下的下一步是检查所有"明显"的错误来源。当然，如果错误真的有那么明显，你就不需要调试了——这时已经解决了问题。明不明显取决于问题本身，但检查输入、物理连接、互联网链接和之前的行为等都是正常操作。

所以，要求老妈检查所有明显的原因。

"查毒软件是不是仍在运行？"
"我猜是吧，我没动它。"
"好吧。你不是被钓鱼了？"
"我讨厌钓鱼！"
"不是那个钓鱼。是不是有人向你发电子邮件，说如果不马上采取什么操作，你的账号就要过期了？"
"没有。那些都是骗人的。我直接删除。"

所以，查毒软件正在运行，好像也没人钓鱼。

"有没有其他奇怪的现象？比如奇怪的弹窗或者电脑变慢？"
"没有。电脑正常工作。我刚刚还了信用卡。"

没有什么明显的问题。

现在是时候运用一项基本的调试策略：将操作分解成能正常工作和不能正常工作的部分，将问题隔离。这意味着提出一个理论，推测问题的根源，并在可能的情况下收集更多信息。此时，不要进行任何假设。尽量不要做出未经证实的假设。错误可能出现在任何地方。目标是排除尽量多的可能性，关注有问题的部分。

就当前的例子来说，是某个东西造成了警告。是电脑上的东西，还是来自 NPR 的东西？你问：

"你上次访问 NPR 是什么时候？"
"可能一小时前吧……好像是……我喜欢看新闻。"
"那个时候能正常访问吗？有没有其他奇怪现象？"
"没有。"

好像一切都检查过了。这是调试时的一种典型情况。你分析问题，获取更多数据，最后似乎一切正常。但实际并非如此。肯定某个地方存在问题。虽然此时多半已经灰心丧气，但最好回头检查你的分析过程。

你已经做了几个假设，收集了数据，进行了某些测试，解释了结果并进行了一些推断。想一想“是不是某个假设错了？”“是否误解了数据？”“是否进行了错误的推断？”此时，客观思考整个过程尤为重要。一个较好的方法是从头到尾审视整个过程，对应该发生的情况和实际发生的情况进行比较。

“好吧。所以你还了信用卡。还款的时候有没有异常？”
“没有，除非你的意思是有人用我的信用卡买了双新鞋子。”
“嘿嘿，就等着给你一个惊喜呢！……然后呢？”
“我去看 NPR 的新闻。”
“你点的是书签？”
“没有，我把 URL 直接改成了 npr.org。”
“然后呢？”
“就出现警告了”(此时老妈看到的是图 6.2 的画面)
“上面说啥？”
“这可能不是你想访问的网站！”

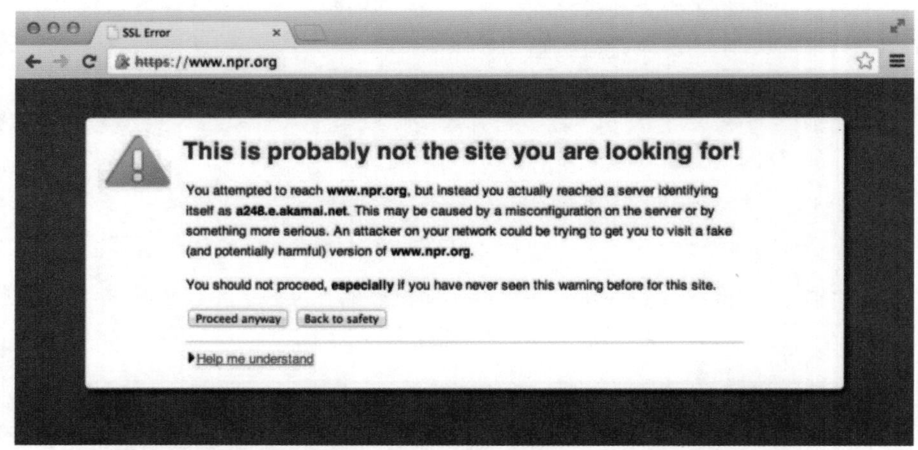

图 6.2　来自 Chrome 的诊断消息，是你老妈看到的屏幕

这是有用的信息，因为如果网站错了，消息就肯定不是来自 NPR。消息必然来自 Chrome 浏览器本身。那么，为何 Chrome 会拦截对 NPR 的一个请求？

“上面说了你访问的是什么网站吗？”
“是的。很奇怪。是 a248.e.akamai.net。”
“但你输入的是 www.npr.org 吧？在地址栏？”
“是呀，我甚至不用输入 www。上面已经有了……只需输入 npr.org。”

现在你明白了！

访问网上银行或者付信用卡账单时，必须通过一个加密连接进行，使用的是

https 协议，浏览器的地址栏会将该协议作为 URL 的一部分显示。老妈是将以下 URL：

https://www.plastic-credit.com

改成了：

https://www.npr.com

这造成请求建立对 NPR 的一个安全连接，但该网站不支持 https 协议。

“那个 s 错了！”
“你说啥？”
“URL 是不是有 h-t-t-p-s ？”
“是呀！”
“我就知道。”
“……而且是红色的……我根本没注意到……上面居然还有一条横线。那是啥？”
“你访问网上银行的时候，用的是加密连接。你输入 npr.org 的时候保留了 https。而 NPR 又不支持保密连接。Chrome 是在告诉你，你做的事情不是你真的想做的。”
“那我不是被黑了？”
“没有。很正常。你还是用回书签和固定标签页吧。”

问题解决。你乖乖回到图书馆，继续阅读本书第 6 章。

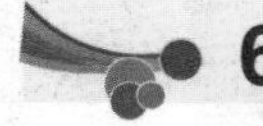

6.4 调试总结

通过前面的调试场景分析，你明白了查找错误根源是有一个有理有据的过程。以下是调试要点。

- 确定能重现错误。
- 准确判断问题。
- 排除“明显”原因。
- 分解过程，把正常和不正常的部分分开。
- 遇到死胡同时，重新评估自己获取的信息，认真想想哪里做出了错误的推断或结论，重复调试过程。
- 从头到尾走完整个调试过程，预测应该出现什么情况，验证是否符合预期。

这不是解决所有“疑难杂症”的“处方签”，但确实是一套有用的指导原则。调试的时候，需要较强的逻辑推理能力来找出问题根源。虽然不像看侦探小说通过各种各样的线索推理谁是凶手那么有趣，但要相信自己的能力。找出问题根源后，会感觉很有成就感。

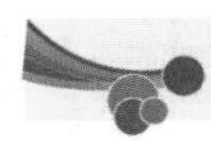

细查

像侦探一样冷静审视自己的调试过程很重要。这不但使你变得更客观——调试者(也就是你)是不是在追踪错误的线索?——还有助于你以旁观者的角度看待整个调试过程，从而减少挫折感。当然，偶尔想想自己正在做的事情也不错。毕竟，苏格拉底说得好：“不反省的人生是不值得过的。”

6.5 修复 HTML bug：一个案例分析

为实际体会调试原则，假定要用 HTML 开发一个简单网页。想要显示图 6.3 的网页，但结果变成图 6.4~ 图 6.7(取决于浏览器)。显然存在错误。图 6.8 是有问题的 HTML 代码[①]。可以非常、非常细致地检查 HTML，最终发现错在哪里。但也可以使用刚才讨论的调试策略。

Jackie Joyner-Kersee -- All-Time Best Female Athlete

It sounds bold to claim that Jackie Joyner-Kersee is the absolute best female athlete, but consider this: She competed in the heptathlon, a track and field event that combines scores from seven different sports. She won two Olympic gold medals in heptathlon (and a silver), and still holds the world record for greatest number of points ever scored: 7,291.

Jackie Joyner-Kersee Competing in High Jump

How good was she? First, she competed in heptathlon, meaning she was Olympic caliber in 100m hurdles, 200m, 800m, high jump, long jump, javelin and shot put. Also, she won Olympic gold in long jump and two bronzes. Add to that two World Championship golds in heptathlon and two golds in long jump, and a long jump gold in the Pan American Games. She also played starting forward all four years of college at UCLA in basketball.

No One Better. But probably the most impressive fact about her abilities is that only two other women have ever been able to score more than 7000 points in heptathlon, Carolina Klüft (7032) of Sweden and Larisa Turchinskaya (7007) of the Soviet Union. For comparison, the table at right lists the seven sports of heptathlon, JJK's 7291-year (1988), her personal best, and the performance needed in each of the seven sports to earn 1000 points. (The scoring in heptathlon is bizarre.)

Event	JJK in 1988	Personal Best	1K Points
100 m hurdles (s)	*12.69*	12.61	13.85
high jump (m)	*1.86*	1.93	1.82
shot put (m)	15.80	16.00	17.07
200 m (s)	*22.56*	22.30	23.80
long jump (m)	*7.27*	7.49	6.48
javelin throw (m)	45.66	50.08	57.18
800 m (s)	128.51	128.51	127.83

JJK Stats -- Italic Shows Events Where JJK Beat 1K

Inspiration Jackie Joyner-Kersee has said in her autobiography *A Kind of Grace* that as a young girl she was inspired to be a versatile athlete by a movie about Babe Didrikson Zaharias, who was a track star, basketball player and pro golfer, and ironically, considered the All-Time Best Female Athlete before JJK.

图 6.3 Firefox 25.0 显示的目标网页 (正确版本)

---

① 网页使用了之前没有讨论过的 <div> 标记，用于设置网页中的一个分区。该标记很有用，所以记得查询一下 HTML 参考。它在这里将图片、图注、表格和书的封面分为一组，并作为一个整体“浮动”于网页右侧。这是一个很方便的设计。提示：不存在与 <div> 标记有关的 bug，所以可以安全地忽略它。

Jackie Joyner-Kersee -- All-Time Best Female Athlete

It sounds bold to claim that Jackie Joyner-Kersee is the absolute best female athlete, but consider this: She competed in the heptathlon, a track and field event that combines scores from seven different sports. She won two Olympic gold medals in heptathlon (and a silver), and still holds the world record for greatest number of points ever scored: 7,291.

How good was she? First, she competed in heptathlon, meaning she was Olympic caliber in 100m hurdles, 200m, 800m, high jump, long jump, javelin and shot put. Also, she won Olympic gold in long jump and two bronzes. Add to that two World Championship golds in heptathlon and two golds in long jump, and a long jump gold in the Pan American Games. She also played starting forward all four years of college at UCLA in basketball.

Jackie Joyner-Kersee Competing in High Jump

No One Better. But probably the most impressive fact about her abilities is that only two other women have ever been able to score more than 7000 points in heptathlon, Carolina Klüft (7032) of Sweden and Larisa Turchinskaya (7007) of the Soviet Union. For comparison, the table at right lists the seven sports of heptathlon, JJK's 7291-year (1988), her personal best, and the performance needed in each of the seven sports to earn 1000 points. (The scoring in heptathlon is bizarre.)

JJK Stats -- Italic Shows Events Where JJK Beat 1K

Event	JJK in 1988	Personal Best	1K Points
100 m hurdles (s)	*12.69*	12.61	13.85
high jump (m)	*1.86*	1.93	1.82
shot put (m)	15.80	16.00	17.07
200 m (s)	*22.56*	22.30	23.80
long jump (m)	*7.27*	7.49	6.48
javelin throw (m)	45.66	50.08	57.18
800 m (s)	128.51	128.51	127.83

JJK autobiography

Inspiration Jackie Joyner-Kersee has said in her autobiography *A Kind of Grace* that as a young girl she was inspired to be a versatile athlete by a movie about Babe Didrikson Zaharias, who was a track star, basketball player and pro golfer, and ironically, considered the All-Time Best Female Athlete before JJK.

图 6.4 Firefox 25.0 显示的错误网页；注意和图 6.3 的区别

Jackie Joyner-Kersee -- All-Time Best Female Athlete

It sounds bold to claim that Jackie Joyner-Kersee is the absolute best female athlete, but consider this: She competed in the heptathlon, a track and field event that combines scores from seven different sports. She won two Olympic gold medals in heptathlon (and a silver), and still holds the world record for greatest number of points ever scored: 7,291.

How good was she? First, she competed in heptathlon, meaning she was Olympic caliber in 100m hurdles, 200m, 800m, high jump, long jump, javelin and shot put. Also, she won Olympic gold in long jump and two bronzes. Add to that two World Championship golds in heptathlon and two golds in long jump, and a long jump gold in the Pan American Games. She also played starting forward all four years of college at UCLA in basketball.

Jackie Joyner-Kersee Competing in High Jump

No One Better. But probably the most impressive fact about her abilities is that only two other women have ever been able to score more than 7000 points in heptathlon, Carolina Klüft (7032) of Sweden and Larisa Turchinskaya (7007) of the Soviet Union. For comparison, the table at right lists the seven sports of heptathlon, JJK's 7291-year (1988), her personal best, and the performance needed in each of the seven sports to earn 1000 points. (The scoring in heptathlon is bizarre.)

JJK Stats -- Italic Shows Events Where JJK Beat 1K

Event	JJK in 1988	Personal Best	1K Points
100 m hurdles (s)	*12.69*	12.61	13.85
high jump (m)	*1.86*	1.93	1.82
shot put (m)	15.80	16.00	17.07
200 m (s)	*22.56*	22.30	23.80
long jump (m)	*7.27*	7.49	6.48
javelin throw (m)	45.66	50.08	57.18
800 m (s)	128.51	128.51	127.83

Inspiration Jackie Joyner-Kersee has said in her autobiography *A Kind of Grace* that as a young girl she was inspired to be a versatile athlete by a movie about Babe Didrikson Zaharias, who was a track star, basketball player and pro golfer, and ironically, considered the All-Time Best Female Athlete before JJK.

图 6.5 Safari 6.0 显示的错误网页

Jackie Joyner-Kersee -- All-Time Best Female Athlete

Jackie Joyner-Kersee Competing in High Jump

It sounds bold to claim that Jackie Joyner-Kersee is the absolute best female athlete, but consider this: She competed in the heptathlon, a track and field event that combines scores from seven different sports. She won two Olympic gold medals in heptathlon (and a silver), and still holds the world record for greatest number of points ever scored: 7,291.

How good was she? First, she competed in heptathlon, meaning she was Olympic caliber in 100m hurdles, 200m, 800m, high jump, long jump, javelin and shot put. Also, she won Olympic gold in long jump and two bronzes. Add to that two World Championship golds in heptathlon and two golds in long jump, and a long jump gold in the Pan American Games. She also played starting forward all four years of college at UCLA in basketball.

JJK Stats -- Italic Shows Events Where JJK Beat 1K

Event	JJK in 1988	Personal Best	1K Points
100 m hurdles (s)	*12.69*	12.61	13.85
high jump (m)	*1.86*	1.93	1.82
shot put (m)	15.80	16.00	17.07
200 m (s)	*22.56*	22.30	23.80
long jump (m)	*7.27*	7.49	6.48
javelin throw (m)	45.66	50.08	57.18
800 m (s)	128.51	128.51	127.83

No One Better. But probably the most impressive fact about her abilities is that only two other women have ever been able to score more than 7000 points in heptathlon, Carolina Klüft (7032) of Sweden and Larisa Turchinskaya (7007) of the Soviet Union. For comparison, the table at right lists the seven sports of heptathlon, JJK's 7291-year (1988), her personal best, and the performance needed in each of the seven sports to earn 1000 points. (The scoring in heptathlon is bizarre.)

Inspiration Jackie Joyner-Kersee has said in her autobiography *A Kind of Grace* that as a young girl she was inspired to be a versatile athlete by a movie about Babe Didrikson Zaharias, who was a track star, basketball player and pro golfer, and ironically, considered the All-Time Best Female Athlete before JJK.

图 6.6 Chrome 30.0 显示的错误网页

Jackie Joyner-Kersee -- All-Time Best Female Athlete

Jackie Joyner-Kersee Competing in High Jump

It sounds bold to claim that Jackie Joyner-Kersee is the absolute best female athlete, but consider this: She competed in the heptathlon, a track and field event that combines scores from seven different sports. She won two Olympic gold medals in heptathlon (and a silver), and still holds the world record for greatest number of points ever scored: 7,291.

How good was she? First, she competed in heptathlon, meaning she was Olympic caliber in 100m hurdles, 200m, 800m, high jump, long jump, javelin and shot put. Also, she won Olympic gold in long jump and two bronzes. Add to that two World Championship golds in heptathlon and two golds in long jump, and a long jump gold in the Pan American Games. She also played starting forward all four years of college at UCLA in basketball.

JJK Stats -- Italic Shows Events Where JJK Beat 1K

Event	JJK in 1988	Personal Best	1K Points
100 m hurdles (s)	*12.69*	12.61	13.85
high jump (m)	*1.86*	1.93	1.82
shot put (m)	15.80	16.00	17.07
200 m (s)	*22.56*	22.30	23.80
long jump (m)	*7.27*	7.49	6.48
javelin throw (m)	45.66	50.08	57.18
800 m (s)	128.51	128.51	127.83

JJK

No One Better. But probably the most impressive fact about her abilities is that only two other women have ever been able to score more than 7000 points in heptathlon, Carolina Klüft (7032) of Sweden and Larisa Turchinskaya (7007) of the Soviet Union. For comparison, the table at right lists the seven sports of heptathlon, JJK's 7291-year (1988), her personal best, and the performance needed in each of the seven sports to earn 1000 points. (The scoring in heptathlon is bizarre.)

Inspiration Jackie Joyner-Kersee has said in her autobiography *A Kind of Grace* that as a young girl she was inspired to be a versatile athlete by a movie about Babe Didrikson Zaharias, who was a track star, basketball player and pro golfer, and ironically, considered the All-Time Best Female Athlete before JJK.

图 6.7 互联网 Explorer 10.0 显示的错误网页

```
<!doctype html>
<html>
 <head> <title>Jackie Joyner-Kersee</title>
 <meta charset="UTF-8"/>
   <style>
    body      {background-color:ivory; font-family:helvetica;
               color:sienna; padding-left:80px;width:825px}
    h2        {text-align:center}
    img       {padding:6; border-width:1px; border-style:solid;
               border-color:burlywood}
    table     {outline:solid burlywood thin;font-size:14px }
    th        (text-align:center;border-width:1px; border-style:solid;
               border-color:burlywood;padding:3px}
    td        {text-align:right;background-color:white;
               border-width:1px; border-style:solid;
               border-color:burlywood;padding:2px}
    td.jjk    {background-color:tan; color:white;}
    caption   {caption-align:bottom;padding-top:4px}
    span.au   {color:gold}
    span.ag   {color:silver}
    span.bz   {color:orange}
   </style>
 </head>
 <body>
   <h2 style="color:darkred"> Jackie Joyner-Kersee -- All-Time Best Female Athlete</h2>
   <div style="float:right;padding-left:6px">
   <p style="text-align:center"><img src="pic/jjkHiJump.jpg" alt="JJK competes in high jump" width="500" /><br/>
       <span style="font-size;small"> Jackie Joyner-Kersee Competing in High Jump</span><br/></p>
   <img src="jjkKindGrace.jpg" alt="JJK autobiography" width="100" style="float:right;"/>
   <table>    <caption>JJK Stats -- Italic Shows Events Where JJK Beat 1K</caption>
    <tr><th>Event</th><th>JJK in 1988</th><th>Personal Best</th><th>1K Points</th></tr>
    <tr style="color:red"><td>100 m hurdles (s)</td><td><i>12.69</i></td><td>12.61 </td><td>13.85 </td></tr>
    <tr style="color:blueviolet"><td>high jump (m)</td><td><i>1.86</i></td><td>1.93 </td><td>1.82 </td></tr>
    <tr style="color:blueviolet"><td>shot put (m)</td><td>15.80  </td><td>16.00 </td><td>17.07 </td></tr>
    <tr style="color:red"><td>200 m (s)</td><td><i>22.56</i></td><td>22.30 </td><td>23.80 </td></tr>
    <tr style="color:blueviolet"><td>long jump (m)</td><td><i>7.27</i></td><td>7.49 </td><td>6.48 </td></tr>
    <tr style="color:blueviolet"><td>javelin throw (m)</td><td>45.66 </td><td>50.08 </td><td>57.18 </td></tr>
    <tr style="color:red"><td>800 m (s)</td><td>128.51 </td><td>128.51 </td><td>127.83</td></tr>
   </table>
   <p> <br/> It sounds bold to claim that Jackie Joyner-Kersee is the absolute best female athlete, but
      consider this: She competed in the heptathlon, a track and field event that combines scores from
      seven different sports. She won two Olympic <span class="au">gold</span> medals in heptathlon
      (and a <span class="ag">silver</span>), and still holds the world record for greatest number of
      points ever scored: 7,291.</p>
   <p><b style="color:darkred">How good was she?</b> First, she competed in heptathlon, meaning
       she was Olympic caliber in 100m hurdles, 200m, 800m, high jump, long jump, javelin and shot
       put. Also, she won Olympic <span class="au">gold</span> in long jump and two <span class="bz">bronzes.
       </span> Add to that two World Championship <span class="au"> golds</span> in heptathlon and two
       <span class="au">golds </span> in long jump, and a long jump <span class="au">gold </spam> in the
       Pan American Games. She also played starting forward all four years of college at UCLA in basketball. </p>
   <p><b style="color:darkred">No One Better. </b>
       But probably the most impressive fact about her abilities is that only two other women have ever
       been able to score more than 7000 points in heptathlon,  Carolina Klüft (7032) of Sweden and
       Larisa Turchinskaya (7007) of the Soviet Union. For comparison, the table at right lists the seven
       sports of heptathlon, JJK's 7291-year (1988), her personal best, and the performance needed in
       each of the seven sports to earn 1000 points. (The <a href="http://en.wikipedia.org/wiki/Heptathlon">
       scoring in heptathlon </a> is bizarre.)</p>
   <p><b style="color:darkred">Inspiration</b> Jackie Joyner-Kersee has said in her autobiography <i>A Kind
       of Grace</i> that as a young girl she was inspired to be a versatile athlete by a movie about Babe Didrikson
       Zaharias, who was a track star, basketball player and pro golfer, and ironically, considered the All-Time
       Best Female Athlete before JJK.</p>
 </body>
</html>
```

图 6.8　含有错误的 HTML 代码

6.1　有些地方不一样

研究这些图，找出图 6.3 和图 6.4~ 图 6.7 的相似点和不同点。

6.5.1 仔细研究网页

最佳切入点(尤其是在看别人写的网页时)是仔细观察输出，判断错误在哪里。目标是注意那些正确和不正确的地方。首先，4种浏览器以不同方式显示含有错误的网页——都不带重样的！所有浏览器都应该以完全一致的方式显示一个正确的网页。但只要网页含有错误，任何事情都可能发生。Firefox(图6.4)没有在主体文本中显示任何格式；Chrome(图6.6)和互联网Explorer(图6.7)也没有，虽然它们的空白间距有别于Firefox。Safari(图6.5)显示了格式，但奇怪的是第二段最后出现一堆黄色文本。通过比较不同浏览器的显示，也许还能找到其他bug。但就目前来说，那样做用处不大。我们基于Firefox进行调试。

注意，虽然漂亮的表格格式没有起作用，但还有其他地方不对劲。至于标题应该在表格外部还是内部，不同浏览器有不同处理方式。

6.2 不完美

正文中提到的Firefox显示的正确网页(图6.3)和不正确网页(图6.4)的区别在于文本颜色。还有没有其他区别？

错误1。调试HTML时，第一步是确保能重现错误。所以关闭浏览器并重新打开文件。遗憾的是，结果一样。肯定是我们的HTML存在问题。

调查到底出了什么问题。下一步是判断具体是什么问题。调试HTML时这一步很简单，就是观察显示的网页。由于存在多处错误，所以需要选择一个来重点关照。我们选择丢失的书籍封面图。

排除明显原因。知道问题在哪之后，下一步是检查“明显”原因并排除它们。图片丢失最明显的原因是什么？是文件不存在，所以浏览器找不到它。所以我们在pic文件夹中检查图片文件，没有丢。下一个明显的原因是文件名拼写错误。所以，我们检查HTML(图6.8)并立即发现了问题：路径不对，没有将pic文件夹包括进来。

```
<img src="jjkKindGrace.jpg" alt="JJK autobiography" width="100" style="float:right;"/>
```

6.3 走正确的路

怎样改正img标记？

改正了标记之后，图片能正常显示了。这是一个明显的错误，所以检查“明显”的问题是正确的。只花少许精力，就修复了一个bug！

6.5.2　专注搜索

这时回到“调查出了什么问题”这一步，继续修复下个 bug。

调查到底出了什么问题。这次要解决的是样式消失的问题。这是网页的主要问题，优先解决它没错。另外，样式问题也很重要，因为它会影响网页的许多功能，其他 bug 可能就是因为样式有问题才造成的。

排除明显原因。最明显的 HTML 错误是遗漏结束标记，即配对的“正斜杠标记”。既然样式没有了，可以合理地猜测 </style> 标记要么遗漏了，要么用错了。但通过检查网页源代码，发现它 (和其他所有标记) 都是配好对的。所以，这个简单的策略看起来行不通。在检查样式标记的过程中，我们注意到并非所有样式都存在问题。例如，背景颜色和文本颜色是正常的。body 和 h1 元素的其他功能也正常。总之，部分样式是没有问题的。

下一个策略是向计算机寻求帮助，所以打开“Web 控制台”(“工具”|“Web 开发者”|“Web 控制台”)。Firefox 在这里列出渲染网页时发现的问题，并给出了解决方案。(Mozilla 网站提供了关于该工具的教程，并附有使用视频：https://developer.mozilla.org/en-US/docs/Tools/Web_Console)。就当前网页来说，Firefox 共发现了 4 个错误，如图 6.9 所示。

错误 2。第一条诊断说第 9 行的 padding 存在某种问题。

```
img     {padding:6; border-width:1px; border-style:solid;
         border-color:burlywood}
```

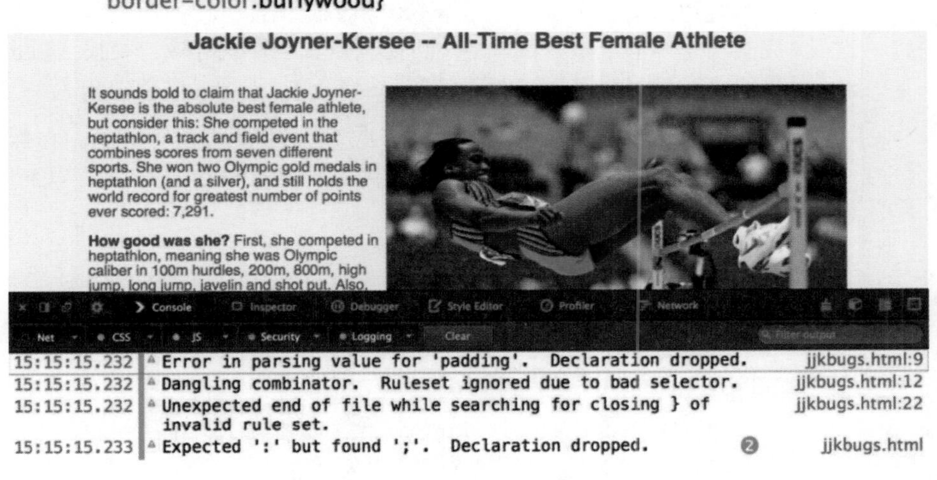

图 6.9　Web 控制台关于这个有问题的网页的报告

这是怎么回事？检查代码，发现 paddihng 的定义没有指定单位，而 border-width 指定了单位。查看 padding 属性的定义 (www.w3schools.com/css/css_padding.asp)，发现可为数值指定几种不同的单位。所以很明显，我们需要提供想要使用的单位。

改正单位问题后，图片就有一个漂亮的边框了。Web 控制台中对应的诊断消息也消失了。

6.4 全新的图片

怎样改正 img 样式？

错误 3。让我们继续。下一条诊断是："Dangling combinator. Ruleset ignored due to bad selector."。这是一种很典型的诊断——对我们毫无意义的垃圾话。它确实说了"ruleset ignored"(规则集被忽略)，证明 Firefox 没有搞懂我们的某些样式命令。要是知道"bad selector"(有问题的选择符)是什么就好了。可尝试在网上搜索来了解具体情况，但除非万不得已，否则没必要这么做。我们继续下一条诊断。

下一条诊断是"Unexpected end of file while searching for closing } of invalid rule set."(搜索无效规则集的结束大括号时遇到非预期的文件尾)。这似乎是说我们遗漏了一个结束大括号。这个信息可能很重要，遗漏结束大括号会造成样式紊乱。所以很明显，我们需要检查是否发生了这个情况。遗憾的是，所有结束大括号都在，所以问题排除。注意该诊断消息提供了一个额外的数据：jjkbugs.html 22。即 HTML 文件的第 22 行。所以，我们耐心地数到第 22 行(图 6.8)，发现该行是是结束 </style> 标记。我们已经检查过了，所以跳过。

分解过程。下一步是将能正常工作和不能正常工作的部分分开。虽然不一定能完美实现，但至少要试一下。目前重点在于样式区域。要找到阻止样式正常工作的"dangling combinator"(孤悬组合子)。下面是具体做法。

分离正常和不正常样式元素。一次处理样式区域的一个元素。在你的 HTML 编辑器 (Notepad++ 或 TextWrangler) 中，针对每个样式元素执行以下步骤。

1. 删除整个样式元素。
2. 保存文件。
3. 刷新 Firefox 显示。
4. 验证唯一改变的是被删除元素的样式。
5. 撤销删除，还原文件到初始状态。

如删除一个样式元素恢复了其他格式，就找到了阻止样式起作用的元素，而我们可以修正它。换言之，我们将正常和不正常工作的部分分开了。

执行上述诊断，我们发现 th 样式元素是"罪魁祸首"。因为一旦把它删除，其他样式(比如表格)都能正常工作了，如图 6.10 所示。这绝对是个进步！

Jackie Joyner-Kersee -- All-Time Best Female Athlete

It sounds bold to claim that Jackie Joyner-Kersee is the absolute best female athlete, but consider this: She competed in the heptathlon, a track and field event that combines scores from seven different sports. She won two Olympic gold medals in heptathlon (and a silver), and still holds the world record for greatest number of points ever scored: 7,291.

How good was she? First, she competed in heptathlon, meaning she was Olympic caliber in 100m hurdles, 200m, 800m, high jump, long jump, javelin and shot put. Also, she won Olympic gold in long jump and two bronzes. Add to that two World Championship golds in heptathlon and two golds in long jump, and a long jump gold in the Pan American Games. She also played starting forward all four years of college at UCLA in basketball.

Jackie Joyner-Kersee Competing in High Jump

No One Better. But probably the most impressive fact about her abilities is that only two other women have ever been able to score more than 7000 points in heptathlon, Carolina Klüft (7032) of Sweden and Larisa Turchinskaya (7007) of the Soviet Union. For comparison, the table at right lists the seven sports of heptathlon, JJK's 7291-year (1988), her personal best, and the performance needed in each of the seven sports to earn 1000 points. (The scoring in heptathlon is bizarre.)

JJK Stats -- Italic Shows Events Where JJK Beat 1K

Event	JJK in 1988	Personal Best	1K Points
100 m hurdles (s)	*12.69*	12.61	13.85
high jump (m)	*1.86*	1.93	1.82
shot put (m)	15.80	16.00	17.07
200 m (s)	*22.56*	22.30	23.80
long jump (m)	*7.27*	7.49	6.48
javelin throw (m)	45.66	50.08	57.18
800 m (s)	128.51	128.51	127.83

Inspiration Jackie Joyner-Kersee has said in her autobiography *A Kind of Grace* that as a young girl she was inspired to be a versatile athlete by a movie about Babe Didrikson Zaharias, who was a track star, basketball player and pro golfer, and ironically, considered the All-Time Best Female Athlete before JJK.

图 6.10　删除 th 样式元素后的网页；大多数样式都正常了，虽然不是全部

那么，th样式元素出了什么问题？Web控制台报告它没有结束大括号，但实际有。

```
th      (text-align:center;border-width:1px; border-style:solid;
         border-color:burlywood;padding:3px}
```

检查这一行的问题有几个选项。可重复刚才的过程，反复删除各个部分来发现哪个存在问题。另一个办法是重新输入文本，因为可能存在奇怪的、不可打印的字符。这种字符很难发现。另外，重新输入时，我们需要重新思考样式的每个部分。我们选择重新输入，并从中发现了问题！

很难发现，但奇怪的是，该样式元素没有起始大括号！输入的是圆括号，不是大括号。改正起始大括号后，问题解决！但是，为什么浏览器会报告找不到结束大括号而不是起始大括号呢？只能说发生了神秘事件，而我们永远不知道答案。无论如何，我们通过分离过程找到了错误。这是一个有价值的好工具。

注意，th 元素位于 HTML 文件的第 12 行，而 Web 控制台确实在诊断消息中告诉我们检查第 12 行。之前确实没有注意，现在让我们继续吧。

6.5.3　近乎完美

▶视频讲解
The Case of the Missing Bracket

现已解决了一个重大 bug。不难修正，只是不好定位。但网页还存在其他几个问题。可以浏览 HTML 代码来查找每个出问题的功能，看能否找出错在哪里。这是“选择 bug 并排除明显原因”过程的一个延续。但既然通过 Web 控制台成功找到了 bug，我们还是回到这里，研究第三次纠错后的最新状态 (图 6.11)。

图 6.11　第三次纠错后的 Web 控制台

错误 4。下一条诊断是针对第 18 行的“Unknown property ‘caption-align’”(未知属性 caption-align)。我们的意图是将表格标题 (caption) 放到底部，但明显属性名用错了。采用老办法，我们检查语言参考 (www.w3schools.com/cssref/pr_tab_caption-side.asp)，发现真正想要的属性是 caption-side:bottom。修正它就会正确显示表格标题了。注意原始列表 (图 6.9) 甚至没有列出该诊断，因为它被 th 错误隐藏了。一个 bug 隐藏另一个 bug，这是很常见的一种情况。

有趣的是，有的文本编辑器或 IDE(Integrated Development Environment，集成开发环境) 会自动突出显示文本来帮助我们写代码。例如，如果输入以下内容：

```
td        {text-align:right;background-color:white;
            border-width:1px; border-style:solid;
            border-color:burlywood;padding:2px}
td.jjk    {background-color:tan; color:white;}
caption   {caption-align:bottom;padding-top:4px}
span.au   {color:gold}
```

就会注意到caption-align不像其他属性那样突出显示，这时就应警惕是否输错了。改正后将正常突出显示：

```
td        {text-align:right;background-color:white;
            border-width:1px; border-style:solid;
            border-color:burlywood;padding:2px}
td.jjk    {background-color:tan; color:white;}
caption   {caption-side:bottom;padding-top:4px}
span.au   {color:gold}
```

编辑器知道你正在写 HTML 代码 (通过文件扩展名)，所以能正确解析你输入的内容。发现是属性，就会在官方列表里比对。如匹配，就自动突出显示它们 (彩色标注、关键字高亮)。这个 caption-align 未见于列表。

图 6.11 的最后两个诊断不是特别有用，因为它们没有指出错误位置。

错误 5。为了找出下个错误，即第二段颜色有误的文本 (图 6.10)，我们直接在代码中寻找错误的开始位置。

错误的颜色从这里开始

</span> Add to that two World Championship <span class="au"> golds</span> in heptathlon and two <span class="au">golds </span> in long jump, and a long jump <span class="au">gold </spam> in the Pan American Games. She also played starting forward all four years of college at UCLA in basketball. </p>

很快就发现错在哪里，原来是拼写错误！改正后，文本颜色的错误就被修正了。

6.5 更好的结束标记

怎样改正文本？

错误 6。现在的网页和想要达成的效果几乎完全一致了。剩下的唯一问题是图片标题。应该是小字体，由以下样式定义：

<span style="font-size;small"> Jackie Joyner-Kersee Competing in High Jump</span>
</p>

这时就想起了图 6.11 的最后两个诊断。当时看起来很奇怪，但现在很明显是在告诉我们存在另一处打字错误。在属性名称 font-size 和值 small 之间，将冒号打成了分号。修复该错误后，就获得了我们的目标网页。

6.5.4 关于网页调试的总结报告

我们按调试原则完成了对 Jackie Joyner-Kersee 网页的调试。虽然发现的 bug 不至于严重到需动用完整调试过程，但这些原则也相当有用。我们做了下面这些事情。

- 检查书籍封面图片文件在 pic 文件夹中——在。
- 检查文件名拼写，发现路径遗漏了 pic 文件夹部分——修复。
- 检查结束 (/) 标记是否都存在——在。
- 打开 Web 控制台来获取诊断消息。
- 检查 padding(填充)，发现没有设置单位——修复。
- 回到 Web 控制台，发现还有两条神秘的诊断。
- 检查是否遗漏结束大括号——都在。
- 通过一个删除、检查、撤销删除过程，将正常和不正常的代码分开。发现 th 样式未生效。
- 检查 th 样式元素，发现是起始大括号打成了圆括号——修复。
- 再次查看 Web 控制台，出现了新的诊断消息。
- 检查 "caption-align"，发现应该是 "caption-side"——修复。
- 检查颜色有误的文本，发现结束标记有打字错误——修复。
- 检查图片标题的小字体设置，发现冒号打成了分号——修复。

网页上有 6 个错误，但只有一个真的严重，而且寻找起来比较困难。

调试时有一个常见的情形我们没有遇到：由于对真正的错误进行了错误的推测，所以“纠正”了实际没错的文本。运气好，可能将程序文本从对的变成对的。

但运气不好，会将对的变成错的。这时必须撤销操作，将文本恢复为原始状态。很麻烦，但调试就是这个样子的。

隐藏其他错误。注意，最后发现的错误和最开始想象的不一样。我们以为表格中丢失的行和丢失的背景颜色是独立的错误，但它们都是因为 th 错误而造成的。th 错误隐藏了 caption-align 错误。另外，主要样式错误隐藏了 spam 拼写错误 (至少 Firefox 和 IE10 如此)。这在调试中很常见。正是因为这个原因，程序员永远不会说“这是最后一个 bug”。因为该 bug 可能隐藏了其他 bug。

向系统寻求帮助。通过我们的调试练习，发现最有效的技术是利用浏览器的“Web 控制台”功能。我们用它定位了三个错误。如果一开始就体会到那些模糊不清的诊断消息 (比如查找结束大括号) 真正说的是什么，那么本来可以更高效的。这些诊断不能让人一目了然，但确实有一些道理。

这里没有使用联机校验服务 (4.4.2 节)，但它对这个网页其实没有太大帮助。它唯一能找到的错误就是 spam 拼写错误。有一定帮助，但不用校验服务也不难找到。

“网页源代码”用特殊颜色和字体等措施自动加亮某些类型的错误，告诉我们浏览器如何解释网页。最好形成对这些视觉效果的敏感性，它们往往能直接揭示错误之所在。

通常，最强大的调试技术之一就是知道怎样让计算机告诉我们它存储的信息的含义或者它执行的命令的效果。一定要让计算机说出它怎样解释我们的指令，这有助于将以下两种情况区分开：给出了正确指令——但表达式方式有误；给出了错误指令。这对高效找出 bug 至关重要。

小错误，大问题。总共修改了 13 个字符。HTML 文件总共 4701 个字符。意味着程序不正确的比例是 13/4701 = 0.0027，或者说将近 0.3%。如此少的代码便造成了如此大的区别，我们真的需要精确。

大小写问题

Windows 和 Mac 一般不区分文件名大小写，但 UNIX 要区分。由于不知道网页最终在什么操作系统上显示，所以最好严格区分。

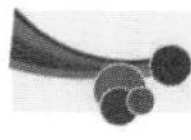

6.6 打印机无输出：经典情况

能调试 HTML 源文件，是因为我们懂得 HTML，但我们不会构造计算机的操作系统，它们非常复杂，其程度远超于我们的理解。从许多方面看，智能手机和普通的个人电脑及其软件远比太空飞船复杂。作为用户，我们完全不了解一个系统背后复杂的工作原理。那么，如何调试一个我们根本不懂的系统？

不能以程序员和硬件工程师那样的程度来调试软件和信息系统。如系统存在一个基本的、概念性的错误，我们基本上无法发现。但也没必要做到那种程度。

开始接触一个系统前，它已被广泛测试过。这种测试虽然没有消除“全部”错误，但通常意味着“普通用户”采用的“常规操作”已被执行过多次。我们要信赖这种已交付的系统，它“理论上”没有错误。

进行测试

如第 2 章所述，当应用程序无法正确运行时，出现错误后退出并重新启动通常能见效。这称为“出来又回去”。之所以见效，原因和软件的测试方法有关。每次都是从一个固定的初始配置开始，不断测试，最常用的操作重复得最多。所以，一个系统最可靠的部分是初始配置中就有的部分，也就是当你“回去”时首先接触到的部分。

下面通过一个典型的调试场景说明如何对不理解的系统进行调试：尝试打印一篇文档时，打印机无任何输出。这个问题很常见。你知道计算机和打印机通过一根线来连接，部分系统是机械式的，数据从一个设备传输到另一个，而且该系统以前能正常工作。

6.6.1 运用调试策略

还是采用之前的解决方案：重现错误，理解问题，并检查明显原因。这些步骤包括检查打印机控制面板、纸张、墨盒、连接线、要打印的文件、打印机驱动程序的安装(发出打印指令时，应弹出一个正确的打印对话框)、别人能否打印(如果是共享打印机)以及你自己能否打印其他文档。如果所有这些都解决不了问题，你可能就想要放弃并向别人求助。其实，你已经比其他大多数用户做得更多，所以向别人求助也没什么难为情的。但稍微坚持一下，你还能更进一步。

6.6.2 坚持，不要放弃

这时就要采取调试策略的下一步：尝试隔离问题。该任务有点艰巨，因为你并不真的理解打印机的工作原理。别急，仍有希望取得进展。

因为以前打印过，所以知道计算机配置正确。尝试打印一篇简单文档(比如一个文本文件)。还是老样子：屏幕上出现了打印对话框，询问打印份数等问题——选择打印 1 份，点击“打印”。随后计算机似乎在进行某种计算。但走到打印机面前，却看不到打印出来的文档。怎么回事？

回忆一下打印过程，你猜测在点击“打印”后，打印机驱动程序必须将文件转换成适合打印机的某种形式。由于点击“打印”后计算机出现了短暂的“思考”，所以大概率是在执行这样的转换操作。然后，计算机必须把转换后的文件发送给打印机。打印机收到了吗？应该收到了，因为假如计算机尝试把文件发送给打印机，但没有收到打印机的确认，计算机会要求你连接打印机。打印机真的连好了吗？为了确认，你将线拔下并重新插上，再次尝试打印。还是老样子！

打印机似乎没有收到转换后的文件，但也没有返回错误消息。这是怎么回事？文件在哪里？

或许计算机正在保存转换好的文件？但不是叫它打印就应该打印吗？此事必有蹊跷，因为它也没要求你连接打印机。那么，是不是你叫它打印的其他文件也在等待，即使打印机之前就连好了？于是，你开始寻找那些正在等待打印的文件。找到打印监视程序 (PC 是选择控制面板中的“打印机和扫描仪”，点击打印机名称下的“打开队列”；Mac 则在当前活动程序中查找)。打开监视程序后，会看到一个列表，其中列出了近期尝试打印的所有文件。全都没有打印，都在乖乖地排队。

6.6.3 打印队列

这就是打印队列，所有打印任务都是先进入这里才开始打印。之前根本不知道计算机有这个东西，但现在知道了。通过“到处点击”(参见第 2 章)，你探索出了“打印队列”，发现队列要么“关闭”，要么“不动弹”(不同的系统对于“关闭”有不同说法)。虽然系统不同，但状况一样：只是将转换好的文件放入队列，而非马上打印。至于为何出现这种状况，你根本没有头绪。此时最好的做法是取消或终止队列中的所有打印任务，其中可能存在许多重复的打印任务，然后重新开始队列。换言之，配置打印机来立即打印文件。这样或许就能解决打印问题！要不然就是你忘记重新连接打印机了？

6.6 没有响应

打印队列拥堵，另一种可能不是因为不小心关闭了队列，而是因为打印机无响应，这时应该怎么办？

6.6.4 呼叫技术支持

综上所述，虽然很复杂，而且对计算机如何打印一无所知，但你还是大胆尝试了调试打印问题。一个重要前提是，软件本身没有问题。你发现计算机使用了打印队列，虽然对这背后的原理完全不懂。队列可能停止或阻塞，但使用打印监视程序可重新开始打印队列。我们有一个标准的调试策略，剩下的只需胆量和常识。结果还不赖。虽然许多问题不能通过这种方法解决 (它们要求具备一些专业知识)，但始终都要假设标准调试策略会奏效。如不奏效，就该呼叫技术支持了。

休息一下

专家在碰到解决不了的问题时，会主动休息一下。在休息过程中，大脑会下意识地继续思考问题或自动换个角度思考。

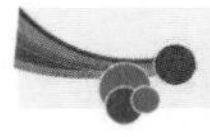 6.7 保证软件可靠性

经常用电脑的人都知道软件是有 bug 的。偶尔甚至发生灾难性错误 (计算机崩溃)。大多数错误只是令人厌烦。但还有一些电脑控制着维生系统和其他医疗设备、航班、核电站以及武器系统等。这些系统如存在错误，后果将不堪设想——远远不是“崩溃”那么简单。对于运行着生死攸关系统的软件，我们如何确定它是完美的呢？并不能！该问题需严肃对待。

6.7.1 对安全性要求高的应用

任何维生或控制危险设备 / 原料的系统，无论是机械的，还是电子的，都决不允许出现丝毫差错。稍有折衷，都有可能酿成大祸。但说起来容易，做起来难。

硬件故障

为理解问题，有必要先区分硬件故障和软件故障。硬件故障通常可用冗余之类的技术来解决。例如，一个对安全性有高要求的系统，可用三台计算机执行其全部计算，并根据多数票决来做出决策。如一台计算机的故障导致它产生一个不同的答案，另两台计算机会将其否决。所有计算机同时出现同样错误的概率极低。还有一种称为烤机的技术，它在短短数小时内对新购买的计算机进行高负荷测试，从而暴露出存在质量问题的计算机硬件。烤机成功的计算机允许留下。总之，这些技术可增强我们对硬件的信任。

软件故障

软件则是另一回事。和机械 / 电子系统相比，软件超乎寻常地复杂。即使是很小的程序，其允许定义的配置也越来越多，呈指数级增长的态势，很快就会变得不堪重负。事实上，我们无法验证软件所有可能状态 (称为可能达成的配置) 的正确性。这一事实为程序员和软件工程师带来了严重困扰：如何确定自己的程序能正确工作？

和所有工程师一样，程序员最开始要写一个规范——准确描述输入、系统行为以及输出。无需在规范中说明行为如何实现，只需说明应具有哪些行为。程序员运用各种设计方法写好程序。用示例输入来测试，输出则根据规范来检查。如不匹配，就说明程序含有 bug，必须修复。如程序行为与规范完全匹配，就认为该程序是正确的。

虽然对于正确性有了一个恰当的定义，但还存在两个问题。首先，无法确定规范是否完美。其次，即便规范完美，也无法通过测试保证程序正确。这两个问题造成我们无法确定程序是否正确——即使它真的正确。程序员和软件工程师开发了许多先进的工具和技术 (包括测试) 来帮助查找 bug 和改进软件。它们可以、而且确实能够提高我们对于程序符合其设计规范的信心，但归根结底只有“信心”，无法“证明”。

软件的残忍真相

程序设计先驱 Edsger Dijkstra(艾兹赫尔·戴克斯特拉) 率先指出这一基本事实："程序测试只能证明 bug 的存在，绝不能证明其不存在。"

我们面临的挑战

我们无法证明自己所用的软件是正确的。该如何面对这一现实？请考虑两方面的因素。

- 必须接受现实：无论程序员和软件工程师花了多大力气使其正确，软件都有可能含有 bug。所以，必须监视软件的使用过程，警惕那些可能代表错误的异常行为。时刻准备将这些错误导致的损失降至最低。
- 由于程序员和软件工程师都明白写正确的软件有多费力，所以未经精心测试的软件是不专业的。用户理应要求更高质量的软件，拒绝 bug 一大堆的软件，时刻准备换用更好的软件。

总之，作为用户，我们必须谨慎并见多识广，只选择那些有责任性的厂商和高质量的软件。

6.7.2 故障弱化和故障安全

回到对安全性有高要求的系统进行控制的软件，其质量标准应该是什么？如前所述，软件本身可能是完美的、是完全正确的，只是我们无法证明。但是，我们可以限制使用不完美软件所造成的损害。如果知道软件是安全的 (维生系统不会造成病人死亡，核电站软件不会造成熔毁)，那么可以较少关心软件中存在的 bug。安全软件的概念将我们的关注重心从程序的正确性变为软件错误的后果。

测试以及其他技术可增强我们对软件"在正常情况下"工作的信心，"安全"强调的是非正常情况下会发生什么。但很难在非正常情况下测试软件，比如在地震造成核电站损毁的时候。所以有两个设计策略：故障弱化 (fail-soft) 和故障安全 (fail-safe)。故障弱化意味着程序继续运行，但功能可能降级。故障安全意味着系统停止运行以避免损害。所以，我们的基本策略是只要生产性服务有安全保障，就继续工作。一旦无法保障，就彻底停止来止损。

正确的软件有可能，但完全安全的软件不可能。软件要避免所有损害，唯一的办法就是任何事情都不要做——核电站都根本不要启动。用软件控制有风险的系统，本身就是在冒险，本质等同于过桥或乘坐电梯。

6.8 社区调试

有时不管你多么努力，都发现不了 bug。完全按调试原则行事，什么招数都用尽了，但就是发现不了 bug。别急，取决于问题的本质，还有一招你可能没到用到。

如果 bug 涉及大众软件 (一个公开发行的系统，或 Python 等常规语言的某项功能)，那么或许别人已先于你发现问题。跟你一样愤怒的人会在论坛贴出他们的问题，而社区的热心人士会提供帮助。如问题之前出现过，一次简单的网上搜索或许就能找到解决方案。有时会跳转到一些技术性较强的地方 (例如 Firefox 的“Web 控制台”)。但即使不了解背后的技术，一样能从中受益。

遗憾的是，本章讨论的问题 (包括 https 问题、JJK 网页的 HTML 代码以及打印机问题) 都不属于大众软件的错误或某个语言功能的范畴。例如 JJK 网页，问题根源完全是我们自己的打字错误。但无论如何，在社区提问总是一个应优先考虑的策略。

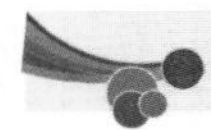

6.9 小结

本章首先强调了为何要在使用计算机时保证准确。该标准比别的地方高，所以一定要小心和准确，这样使用计算机会更容易。我们探讨了以下主题。

- 什么是调试，以及为何要了解调试。
- 基本调试策略，包括调试的原因和方式。
- 以 Firefox 的“Web 控制台”为例来调试网页，了解计算机如何解释 HTML。
- 如何分析调试性能，了解调试涉及正确和不正确的猜测。
- 即使不太了解工作原理，也能运用标准调试策略调试一个复杂系统 (例如打印机)，只是需要一定的常识和勇气。
- 不存在完美无暇的软件。但不是说就不能使用电脑或容忍 bug，只是必须注意可能代表 bug 的异常行为，防范进一步的伤害。

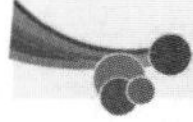

6.10 TRY IT 答案

6.1 每两个图都有几处相似和不同之处。

	相似之处	不同之处
6.3–6.4	两个网页都左缩进	图题一个小字体，一个大字体
6.4–6.5	两个网页都使用相同的主图	棕色和黄色文本
6.5–6.6	两个网页的文本一样	一个表格有边框，一个没有
6.6–6.7	两个网页都为不同的赛事使用相同的颜色	间距不同

6.2 除了 (1) 文本颜色错误，其他区别还有：(2) 丢失了一张图；(3) 主图无线框；(4) 图题用的是大字体；(5) 表格内部无分隔线；(6) 表格单元格无背景色；(7) 表格标题应位于底部。

6.3 <img src="pic/jjkKindGrace.jpg"……之后内容不变。

6.4 img {padding:6px; ……之后内容不变。

6.5 将结束标记从 </spam> 变成 </span>。

6.6 打印机软件似乎“卡住”了，最佳方案是打印机关机 5 秒钟，再重新开机。

习题

选择题

1. 调试第一步是 _______。
   a. 检查明显的错误　　b. 重现问题
   c. 隔离问题　　d. 确定问题

2. 赋予同样的输入，计算机必须产生同样的输出。该特点称为 _______。
   a. 故障安全　　b. 正确
   c. 确定性　　d. 可重现

3. 大多数软件 _______。
   a. 含有 bug　　b. 不含 bug
   c. 不含已知 bug　　d. 总是如设计的那般工作

4. 使用计算机时最常见的错误来源是 _______。
   a. 硬件故障　　b. 人为错误
   c. 断网　　d. 软件错误

5. https 的“s”代表 _______。
   a. secure　　b. site
   c. safe　　d. standard

6. 无法通过测试保证程序的 ________。
   a. 输出　　b. 运行时间
   c. 正确性　　d. 作者

7. 计算机不仅不能自己 ________，我们也不能直接 ________。
   a. 通电　　b. 创建
   c. 纠错　　d. 调试

8. Firefox 浏览器内建了什么工具来帮助你调试网页？ _______
   a. 校验器　　b. Web 控制台
   c. 错误追踪器　　d. 书签

9. 如果一个软件运行着生死攸关的系统，如何保证它是完美的？_______

a. 运用调试过程
b. 用特殊软件来测试
c. 软件发布前对其进行测试
d. 无法保证

填空题

1. 与软件交互要注意 _______。

2. 用其他办法绕过一个错误称为 _______。

3. _______ 程序在出问题时能坚持工作，虽然效率可能打折扣。

4. _______ 程序停止运行以避免损害。

5. 计算机不知道我们的 _______，只知道我们 _______ 了什么。

6. 商业软件的 bug 一般在 ________ 后才修复。

7. 赋予一样的输入，计算机必然产生同样的输出，这称为计算机的 _______。

8. _______ 是最明显的 HTML 错误。

9. HTML 代码中的错误一般不难 _______，只是不好 _______。

10. Edsger Dijkstra 说："程序测试只能证明 bug 的 _______，不能证明其艾兹格 • 迪科斯彻 _______。"

简答题

1. 详细说明为什么计算机的错误消息一般不准确解释问题在哪？

2. 使用你小学就会的调试 (排错) 技术检查解下面这道数学题时出现的问题 (* 代表乘号)。

   N = – ((12 + 6)–7 * 4 + ((9 – 2) * 3)/7)
   N = 18 – 7 * 4 + 7 * 3/7
   N = 11 * 4 + 21/7
   N = 44 + 25/7
   N = 49/7
   N = 7

3. 为计算机打印错误设计几个解决方案。假设你有一篇学期报告必须打印出来。如何解决计算机和打印机不打印的问题呢？

4. 描述你以前遇到过的一个"调试"案例 (不一定和计算机相关)。

5. 假定朋友的音乐播放器 (比如 iPod) 放不了歌了。解释你调试该问题的过程。列出至少 8 个要问的问题，解释每个问题和调试原则的对应关系。

6. 解释故障弱化和故障安全的区别。

7. 为什么调试是比漫无目的"尝试"更好的一种方式。

8. 列出调试要问自己的 5 个问题。

9. 为什么程序员永远不说“这是最后一个 bug”？用 HTML 来举例说明（用你自己的例子，不要直接用书上的）。

10. 详细解释遵循调试过程仍无果之后可尝试的三件事情。

PART 2

算法和信息数字化

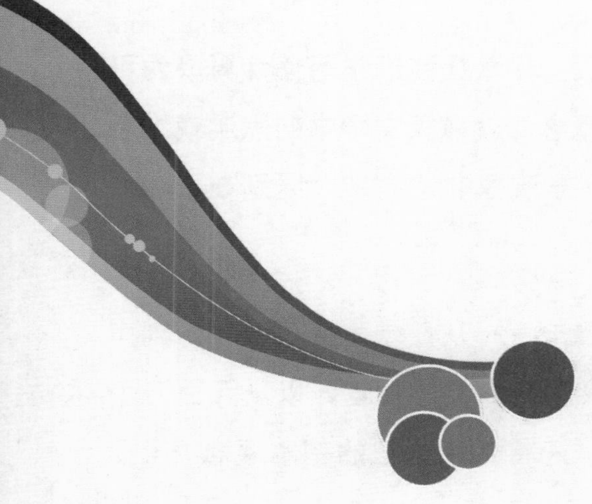

CHAPTER

PART 2

INTRODUCTION

熟悉信息技术后，接着让我们学习使计算成为可能的一些基础概念。就像天文学中的黑洞或生态学中的物竞天择一样，基础的科学现象非常有趣。区别在于，计算概念直接应用于你的日常生活。

将在本书第 II 部分学习信息的表示——从最基本的位 (bit)，到声音和视频，再到虚拟现实。将解释什么是晶体管，以及几百万个晶体管如何联合起来处理信息。还将介绍算法的基本概念（虽然已在第 1 部分接触到了几个）。

到第 II 部分结束时，你会对计算机内部发生的事情以及它们如何存储信息有一个直观的理解。许多人都不理解区区一组硅芯片为什么能做我们希望的所有事情。学完这一部分后，这个困惑将不复存在。

CHAPTER 7

信息数字化：位和字节

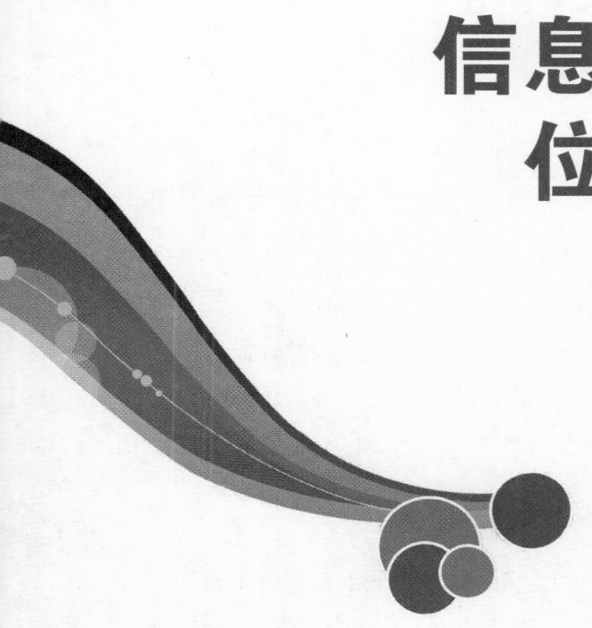

学习目标

- 理解模式、符号和信息的关系
- 从物理学的角度理解 PandA 编码
- ACSII 编码和解码
- 用二进制表示数字
- 比较不同编码方法
- 理解如何用结构标记（元数据）对牛津英语词典进行编码

CHAPTER 7

大多数基本科学概念都比较简单，通常可以用每个人都能理解的语言表达出来。

——阿尔伯特·爱因斯坦

用一，从无，可生万物。

——戈特弗里德·威廉·莱布尼茨

许多人都知道计算机和网络以 bit(位) 和 byte(字节) 的形式记录和传输信息。从这两个简单的英语单词，可以猜到 bit 代表的是极少量的信息。但 byte 是什么呢？ byte 中的 y 是怎么来的？本章将证实 bit 的确只代表极少量的信息，将定义 byte，最后解释 y 的由来。但本章除了介绍这些基本知识，还讲解了许多重要概念。包括如何组合位和字节 (信息中的“原子和分子”) 来形成我们的计算、信息和通信虚拟世界 (多媒体在第 8 章介绍)。还要解释当没有任何东西时信息是如何存在的，就像夏洛克·福尔摩斯根据“那天晚上狗没有叫”这一线索来破案一样[①]。

本章第一个目标是树立起这一观点：数字化不要求数字——任何符号集都可以。要探索如何用模式序列创建符号，得出“符号能表示信息”的结论。下个目标是学习所有信息技术的基础构建模式：通过某种现象的存在和不存在来构建信息技术。这里把它称为 PandA 编码，即通过物理和逻辑世界的交合来构成信息技术的基础。然后定义了位、字节、ASCII 和二进制数字。最后介绍牛津英语词典的数字化，演示如何通过添加元数据的方式让计算机帮助我们使用它。

① 《银色马》。——译注

7.1　数字化离散信息

字典中对“数字化”的定义是“用数字表示信息”。日常生活中的“数字”是指 0 到 9 的阿拉伯数字。因此，数字化就是用这几个数字来表示事物。我们熟悉的例子包括用身份证号代表个人，用电话号码代表电信户头，用 ISBN 代表书。人们自发明数字以来就一直在进行这样的“数字化”。但对于计算数字世界，这样的“数字化”显得过于狭义。

数字化

第一个将术语“数字化”应用于计算机的人是贝尔实验室的数学家乔治 (George Stibitz)。为美国军方担任顾问时，他发现将“脉冲式”计算设备描述成数字化的设备更恰当，因其用离散 (分立) 的单元来表示信息。

7.1.1　数字的局限性

字典对“数字化”的狭义定义是使用由 10 个数组合而的整数。但大多数时候是不是数字并不重要，用处也很小。数字的作用在于对事物进行量化，并允许我们执行数学运算。但身份证号、电话号码和 ISBN 都不是数量。你的电话号码比别人大，并不代表你比别人更好。那么，不用数字怎么进行数字化？

7.1.2　其他表示法

计算中的数字化可使用几乎任何符号。例如，一个北美电话号码 888 555 1212 可表示成 *** %%% !@!@。这里不是使用 {1, 2, 3, 4, 5, 6, 7, 8, 9, 0} 来编码，而是使用符号集 {!, @, #, $, %, ^, &, *, (,)}，其实就是标准键盘数字键的上档字符。换成符号集 {▶, ▼, ◀, ▶▶, ■, ◀◀, ▶▶|, ▲, |◀◀, ‖}，上述电话号码则表示成 ▲▲▲ ■■■ ▶▼▶▼。这称为“播放机编码”，因其使用来自音乐播放机的标准符号。如图 7.1 所示，只要将电话键盘重新贴上标签，这些符号也能充当数字。编码之所以有效，是因为电话号码中的数字只是用于表明按键顺序。为键盘贴上正确的标签，任何 10 个不同的符号都能表示电话号码。

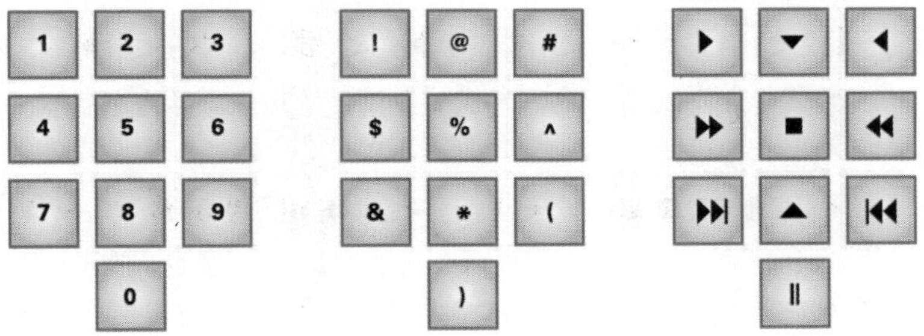

图 7.1　电话键盘的三种符号分配方式

7.1 完成编码

QWERTY 是标准美国键盘，名字来自最上排字母。其效率在许多方面都不理想。Dvorak(德沃夏克)键盘基于英语字母的使用频率(参见第 10 章)。将 QWERTY 键盘重新换上 Dvorak 字母标签，输入 Ecuu.p.by ofmxrnoq oam. m.abcbi 将输出什么？(提示：按 Dvorak 键盘上的 E 将生成 QWERTY 键盘上的 D。)

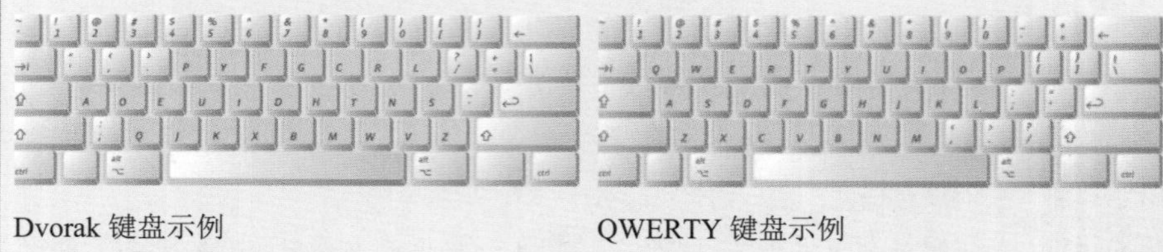

Dvorak 键盘示例　　QWERTY 键盘示例

7.1.3 符号的优势在于简洁

和其他不太常用的符号相比，数字的一个真正的优势在于它更短。例如，很难想像这样说一个电话号码：星号 星号 感叹号 结束圆括号 感叹号……。事实上，IT 行业已简化了这些符号。例如，计算机专家常把感叹号简称为 bang，把星号简称为 star。所以不是说捌捌捌伍伍伍壹贰壹贰，而是说 star star star per per per bang at bang at(即 *** %%% !@!@)，这样更简洁。所以，不是只有数字才具有简洁的优势。

7.1.4 为符号排序

用数字对电话号码之类的信息进行编码还有另一个优势：可按数字顺序排列。该特点对这里讨论的信息没太大用处。例如，电话号码簿按机主姓名(而非号码)排序。但某些时候，对信息进行排序还是很有用的。

为了用符号(而非数字)排序，我们需要就基本符号的顺序拟定一个规则。这称为排序序列或对照序列 (collating sequence)。按数字的排序：

0 < 1 < 2 < 3 < 4 < 5 < 6 < 7 < 8 < 9

播放器符号的顺序应该是：

❚❚ < ▶ < ▼ < ◀ < ▶▶ < ■ < ◀◀ < ▶▶| < ▲ < |◀◀

然后，两个采用新编码方式的电话号码可根据哪个的第一个符号较小来排序。如第一个符号一样，则比较第二个符号。以此类推。例如：

▲ ❚❚ ❚❚ ■ ■ ■ ▶ ▼ ▶ ▼ < ▲ ▶▶| ▶▶| ■ ■ ■ ▶ ▼ ▶ ▼

如今的数字化意味着用符号(而非只是 10 个数字)来表示信息。但哪种符号最好？在回答这个问题之前，要先想一想所选符号如何与要编码的事物进行交互。

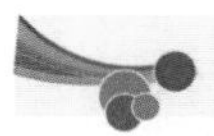

7.2 信息表示

本质上，我们通过观察一种现象是存在还是不存在来获取信息。可以是任何现象，包括光线、电荷、磁场、压力、速度、颜色等。就连热气和泡泡都能揭示信息。来自咖啡的热气表明它很烫，没有热气意味着不是很烫。一杯可乐如果没有泡泡表明它是“常温”的，或者倒了很久。有泡泡表明是“加冰”的，或者是刚倒的。水的固态是冰，非固态的水就没有那么“冰”。

我们将信息定义成一种现象在特定时间和空间存在与否。而“时间和空间”一般要么容易理解，要么不重要，所以并非一定要说明。

例如，第 1 章 (图 1.2) 解释了穿孔卡读卡机如何检测卡片上的一个孔存在与否。信息以穿孔 (存在) 或未穿孔 (不存在) 的形式存储。

该定义专门针对数字信息，因为我们将自己的观察划分为两种情况：存在或不存在。所以，咖啡要么很烫 (有热气)，要么不很烫 (无热气)。在无热气的情况下，饮料可能已冷却到“刚好能饮用”程度，也可能冷却到常温。无法通过有没有热气来准确判断其温度。一杯饮料的温度范围属于模拟信息的范畴，具体将在第 8 章讲述。

该 PandA 定义 (即 presence and absence，存在与否) 以非黑即白的方式描述信息。咖啡要么冒热气，意味着很烫；要么不冒热气，意味着不是很烫。没有中间的“温热”选项。这意味着在观察一种现象的过程中，我们必须明确它是否存在。“不是很热气腾腾”这个选项不存在。要么冒热气，不要不冒。

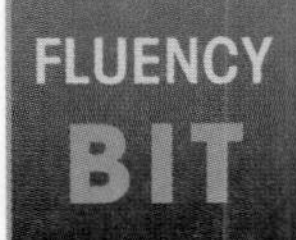

狗没叫

对于数字信息，存在和不存在具有同等的重要性。在《银色马》中，夏洛克 • 福尔摩斯根据一个现象的不存在破获了一匹获奖赛马失踪的案子。一天晚上在一个马厩附近 (时间和地点)，一个现象 (看门狗叫了) 没有被检测到 (不存在)，所以福尔摩斯推理狗认得偷马贼。福尔摩斯认为，狗叫“存在”表明贼不认识主人；狗叫“不存在”则相反。即使一个现象不存在，也能提供足够多的信息。[①]

① 电影《利刃出鞘》中有类似的情节。——译注

▶视频讲解 The PandA Problem

位或比特 (bit) 是一次 PandA 观察所产生的信息。注意，观察一杯咖啡是否有热气冒出将产生一个 bit，要么表示“很烫”，要么表示“不很烫”。两种可能的状态使 PandA 观察成为一种二元系统。

7.2 特定信息

北大西洋龙虾活着时的外壳为绿棕色。为“烹饪过的龙虾”指定信息 bit。

虽然经常按其直接含义命名 bit(参见表 7.1)，但如果老是说存在 / 不存在，或者很烫 / 不很烫，其实是有点累赘的。所以，我们决定将两种可能的状态命名为 0 和 1。哪个代表哪个？只要统一，其实关系不大。它们只是用于命名两个选项。(通常 1 代表“存在”，0 代表“不存在”，但这不是硬性要求)。

表 7.1 PandA 两个备选项的可能解释

存在	不存在
真	假
1	0
开	关
是	否
+	–
黑	白
支持	反对
……	……

DVD 光盘上的位编码

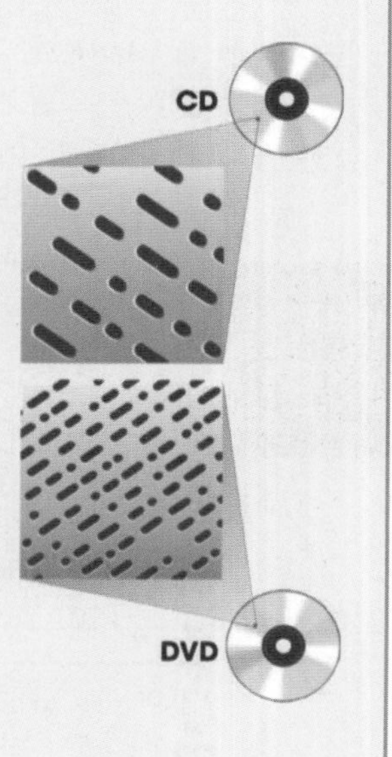

DVD 是一种大家熟悉的数字影音存储技术，是 CD 的升级产品。1995 年由是飞利浦、索尼、东芝和松下联合开发的 DVD 采用了和 CD 相同的概念，但提升了位密度。其工作原理如下。

DVD 盘片通过将清洁塑料注入圆形模具加工而成。模具底面光滑，顶面则带有沟槽。塑料变硬并从模具中取出时，顶部的沟槽纹理被覆盖一层铝质反光涂料使其闪闪发光。在这层铝质涂层上，则再添加一个保护性涂层并在上面印刷“标签”。

沟槽的作用是对信息进行编码。由于是从 DVD 盘片底部读取，所以这些沟槽称为“坑”(pit)。坑和坑之间的区域称为“平面” (land)。激光束向上透过塑料盘片照射到编码区域并从铝质涂层反射回传感器。后者检测光束是遇到一个 land(光束返回时的强度不变)，是遇到一个 pit(光束散乱)，还是遇到两者之间的过渡区域。过渡区域代表 1 个 bit。

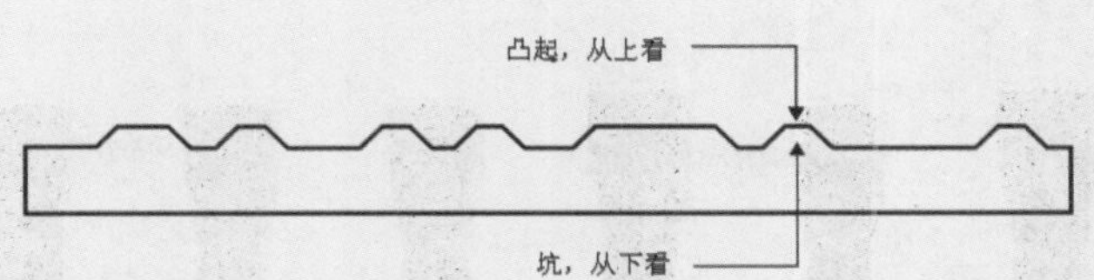

沟槽从 DVD 内圈开始一行行排列，螺旋延展至外圈。(注意这种由内向外的排列刚好和黑胶唱片相反。)

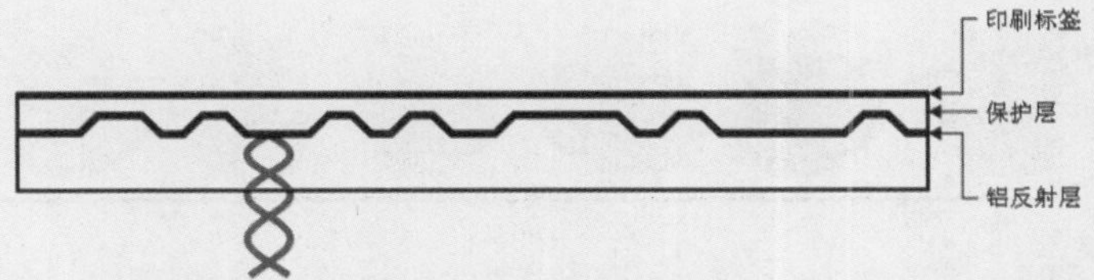

DVD 是 CD 之后的一个很大的技术进步，数字说明了一切(参见下表)。简单地说，沟槽更小，轨道间距也更小。加上一些技术上的改进，DVD 抗刮痕和指纹的能力更强。其下一代产品(蓝光光盘)的技术进步当然更大。

参数	CD	DVD	蓝光
最小沟槽	0.83 μ	0.4 μ	0.32 μ
轨道间距	1.6 μ	0.74 μ	0.32 μ
容量	0.65 GB	4.7 GB	25 GB
数据传输速率	1.2 Mb/s	10.8 Mb/s	36.5 Mb/s

7.2.1 超越物理世界

在思考和推理的逻辑世界，真假概念很重要。基于“能被 4 整除的年份是闰年”这个前提条件，由于“2016 能被 4 整除”，所以能推断出“2016 是闰年”。逻辑是推理和思考的基础，自然也是计算的基础。

逻辑中的“真”和“假”抽象概念可与一种现象的存在和不存在关联。这样就能基于数字信息来建造计算机，用物理世界来实现逻辑世界。

7.2.3 内存

我们知道内存由位 (bit) 构成，但具体何意？记住，一个 bit 体现的是一种现象在特定时间和地点存在与否。我们正确假设内存由这种可观察的现象构成。除了 bit 的定义，内存还需要一种机制将现象设置为存在或不存在。

例如，假定我们在一个餐馆跟踪走出去的人。可通过在杯子里插吸管的方式跟踪他们的行走方向。现象是“杯子插了吸管”。现象存在，表明朝右边走。由于我们能通过插入或拿走吸管的方式来设置现象以记住方向，所以这就是内存。图 7.2(a) 记录了第一个、第三个、第七个和第八个人是朝右边走的。其他人不朝右边走。记住在这个场景中，“插吸管”的动作是重要的。

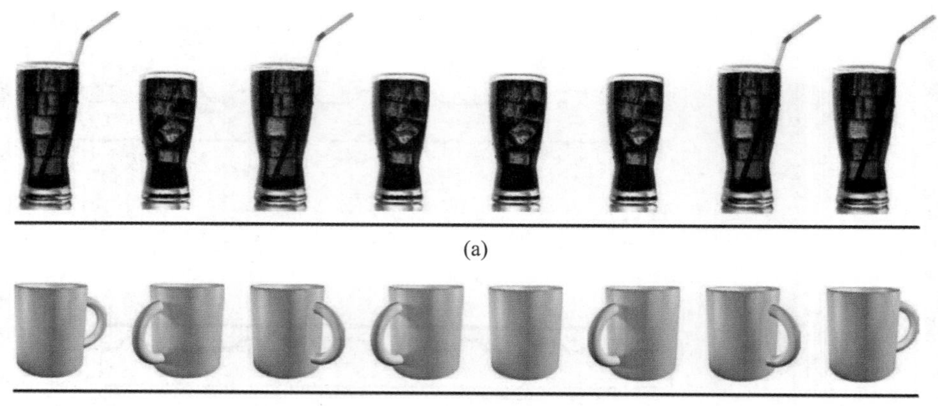

(a)

(b)

图 7.2 设置餐馆的“内存”。(a) 可乐杯编码了行人历史：现象存在 =“插了吸管”；(b) 咖啡杯编码了相同的信息：现象存在 =“把手朝右”

图 7.2(b) 用咖啡杯记录了相同的信息。“把手朝右”表明现象存在，即朝右边走。注意，这里不是说“把手代表行人方向”，因为第五个咖啡杯没有露出把手。所有信息都根据“把手朝右”这一现象来编码。看不见把手，表明现象不存在，行人不朝右边走。总之，杯子是内存中的 bit，我们把它解释成记录了行人的方向。它们本身并不直接记录方向。

FLUENCY BIT

正极性

用物理现象表示信息有时会带来问题，因为可能不止两种变化。例如，磁性材料可能完全没有磁化，也可能具有正极性或负极性。也就是说，总共有三种可能。在这种情况下，工程师取一种状态 (比如正极性) 表示现象“存在”，其他所有状态都表示“不存在”。

7.3 橙子 bit

下面一组杯子以多种方式记录信息。假定某种现象存在对应 1，请说明不同二进制序列所记录的现象：(a) 101101011 (b) 000001011 (c) 100110101。

7.2.3 计算机内存中的位

计算机内存由大量二进制位 (bits) 构成。在每个 bit 的位置都能设置和检测到对信息进行编码的物理现象。例如，假定内存用晶体管制造，每个晶体管都能单独充放电，此时的物理现象就是“晶体管充电”。两种状态都能设置，用于对任何信息进行编码。

合并位模式

一个二进制位能表示的信息有限。也就是说，只能用它表示两个值：投票结果(赞成，反对)、人格类型(A，B)、球赛结果(赢、输)。例如，为编码字母表，需通过位序列创建足够多的符号来和字母一一对应。n 个二进制位能创建 2n 个符号。表 7.2 总结了位序列长度和符号数量的关系。

表 7.2　序列中的 n 个二进制位能创建的符号数

n	2n	符号数
1	21	2
2	22	4
3	23	8
4	24	16
5	25	32
6	26	64
7	27	128
8	28	256
9	29	512
10	210	1024

例如，为了表示 DNA 的四种碱基——腺嘌呤 (A)、鸟嘌呤 (G)、胞嘧啶 (C) 和胸腺嘧啶 (T)——我们需要 4 个符号。4 = 22，即两位。符号是 00，01，10 和 11。可将这些符号分配给你愿意的任何碱基。但如果这样分配：A = 00，G = 01，C = 10，T = 11，则每个碱基都和它的互补碱基配对 (00，11 和 01，10)；换言之，“翻转”一下自己的所有 bit，即变成其互补碱基。

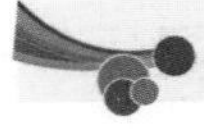

7.3　二进制和十六进制

由于底层硬件只能识别 0 和 1，所以计算机用二进制而非十进制来表示数字更佳。一些早期的计算机系统曾经尝试过十进制，但既慢又繁琐。

7.3.1　二进制

计算机用二进制计数肯定很容易。如表 7.3 所示，用二进制来计数和用十进制计数相似，只是限制使用 0 和 1。显然，二进制 0 是十进制 0，二进制 1 是十进制 1。所以如果从二进制从 0 开始计数：

0, 1, 10, 11, 100, 101, 110, 111, 1000 ……

1 1	进位
1 1	二进制3
1	加1
1 0 0	二进制4

那么在最右边的位加 1 即可。规则是：0 加 1 等于 1；1 加 1 等于 0，并在左边较高的位进 1，在那里重新运用本规则。查看表 7.3 的 PandA 列就明白了，其中空白代表 0，填充代表 1。

表 7.3　4 位 PandA 表示法的 16 个符号

十进制	PandA	二进制	十六进制
0	□□□□	0000	0
1	□□□■	0001	1
2	□□■□	0010	2
3	□□■■	0011	3
4	□■□□	0100	4
5	□■□■	0101	5
6	□■■□	0110	6
7	□■■■	0111	7
8	■□□□	1000	8
9	■□□■	1001	9
10	■□■□	1010	A
11	■□■■	1011	B
12	■■□□	1100	C
13	■■□■	1101	D
14	■■■□	1110	E
15	■■■■	1111	F

TRY IT

7.4　加 1

假定你的电脑认为它目前寿命是 100111 天 (二进制)，明天的寿命将是多少天？

7.3.2　十六进制

开始用奇怪的数字系统计数之前，先花些时间学习 16 进制，即十六进制数字系统 (Hex)。稍后就会解释，它之所以重要，是因为和二进制有着紧密联系。

Hex 有 16 个数位，前面部分和十进制一样，后面部分则使用最开始的六个拉丁字母：

0, 1, 2, 3, 4, 5, 6, 7, 8, 9, A, B, C, D, E, F

```
 1 1     进位
  F F    十六进制255
    1    加1
-----
 1 0 0   十六进制256
```

计数规则和十进制 / 二进制差不多。只有 F 才需进位：F 加 1 为 0，左边较高位进 1。如算式所示，和二进制相比，十六进制的优势在于表示一个数所需的数位较少。

7.3.3 十六进制数位和二进制的相互转换

虽然计算机毫无压力，但人很难书写和记忆一长串二进制位。例如，以下 32 位代表一条计算机指令：

1000 1110 1101 1000 1010 0011 1010 0000

是能把它们精确地写下来，但会花大量精力，还要频繁检查。(记住，计算机不喜欢错误！) 这时可通过十六进制来救场。

如表 7.3 所示，每 4 bit 对应一个十六进制数位。正是因为这种完美匹配，4 bit 和十六进制数位之间能随意转换。上述 32 位能转换成：

8E D8 A3 A0

例如，十六进制 8 对应二进制 1000，E 对应 1110。其他位依此类推。

7.5 转换十六进制

根据表 7.3 将十六进制 F00D 4 A BEE 转换成二进制。再将二进制 0000 1111 1111 0010 1010 1101 1000 转换成十六进制。

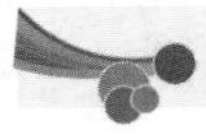

7.4 用二进制来数字化

PandA 表示法 (或二元表示法) 最早的两个应用是编码数字和键盘字符。这两个应用仍然很重要，但目前声音、图像、视频和其他类型的信息的表示已变得同等重要。本节讨论数字如何用二进制编码。下一节介绍如何表示文本。第 8 章讨论其他类型的信息的编码。

7.4.1 对比二进制和十进制数字

二进制和十进制数字的区别在于只能使用两个数位，而不是平时习惯的 10 个数位。数位个数 (其实就是数字系统的进制) 是唯一区别。二进制和十进制的其他区别都是围绕该区别而展开的。

例如十进制存在“个十百千万”这样的“位值”概念，每一位都代表 10 的下一个乘方 (从最右边的位开始)。二进制同样如此，只是每一位都代表 2 的下一个乘方。

二进制之美

戈特弗里德·威廉·莱布尼茨(1646—1716)，德国著名数学家，和牛顿先后独立发明了微积分。1679年他写道："虽然冗长，但二进制系统(用0和1和计数的系统)在科学意义上是最基本的系统，会引领我们进入新的领域。当数字缩减为只有0和1之后，一个美丽的新秩序将繁荣昌盛。"

十进制数中的位值

为了知道一个十进制数所代表的值，各位上的数要乘以"位值"，所有结果相加。例如表7.4的结果是壹仟零壹拾，按从右向左的顺序相加。个位数(0)乘以其位值(1)，加十位数(1)乘以其位值(10)，以此类推：$0 \times 1 + 1 \times 10 + 0 \times 100 + 1 \times 1000$。

表7.4 十进制数1010代表壹仟零壹拾：1000 + 10

10^3	10^2	10^1	10^0	十进制位值
1	0	1	0	十进制数的各个数位
1×10^3	0×10^2	1×10^1	0×10^0	数位乘以位值
1000	0	10	0	相加获得十进制数壹仟零壹拾

二进制数中的位值

二进制工作原理一样，只是以10而不是2为底。这是因为只有两个数位，而不是10个。所以，二进制位值不是10的连续乘方：1，10，100，1000，……，而是2的连续乘方：1，2，4，8，16，……

幂	十进制	二进制
0	$1 = 10^0$	$1 = 2^0$
1	$10 = 10^1$	$2 = 2^1$
2	$100 = 10^2$	$4 = 2^2$
3	$1000 = 10^3$	$8 = 2^3$
4	$10000 = 10^4$	$16 = 2^4$
……	……	……

所以，给定一个二进制数，其中每个数位乘以对应位值，结果相加，就能获得和它对应的十进制数。如表7.5所示，二进制数1010对应的十进制是：$1 \times 8 + 0 \times 4 + 1 \times 2 + 0 \times 1 = 10$。

表 7.5　二进制数 1010 对应十进制数 8 + 2 = 10

2^3	2^2	2^1	2^0	二进制位值
1	0	1	0	二进制数的各个数位
1×2^3	0×2^2	1×2^1	0×2^0	数位乘以位值
8	0	2	0	相加获得十进制数壹拾

7.6　用拳头计数

有个玩笑是这样说的：人用指头计数造就了十进制。搞计算机的人用拳头计数，造就了二进制。为如图所示的拳头分配 0 和 1 并调整顺序来生成 6 的二进制表示。

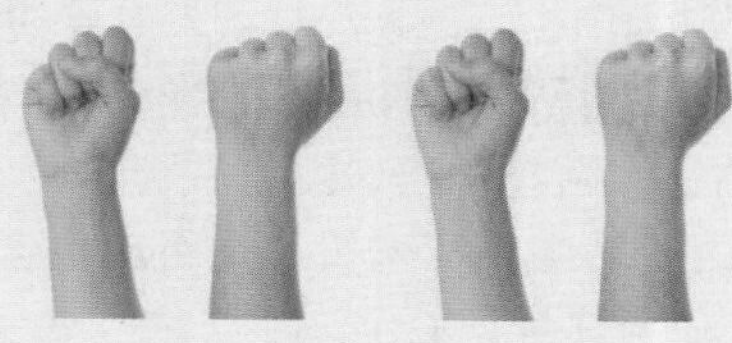

FLUENCY BIT

以 2 为底

数字系统的"底数"(即 base，十进制是 10，二进制是 2) 也称为"基数"(radix)，代表一种进位制中允许使用的数字符号的数目。

由于 2 的乘方不像 10 的乘方那样快速增大，所以为了表示同一个数，二进制数需要更多位。例如，如表 7.6 所示，用二进制表示壹仟零壹拾需要 10 位。将该表和表 7.4 比较。

表 7.6　十进制数壹仟零壹拾用二进制来表示：11 1111 0010

2^9	2^8	2^7	2^6	2^5	2^4	2^3	2^2	2^1	2^0	二进制位值
1	1	1	1	1	1	0	0	1	0	二进制数的各个数位
1×2^9	1×2^8	1×2^7	1×2^6	1×2^5	1×2^4	0×2^3	0×2^2	1×2^1	0×2^0	数位乘以位值
512	256	128	64	32	16	0	0	2	0	相加获得十进制数壹仟零壹拾

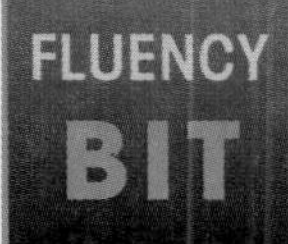

数位分隔

写长的十进制数字时，北美人一般三位一组用逗号隔开来增加可读性。二进制数字一般更长，是 4 位一组，以空格分隔。例如"二进制数 11 1111 0010 对应十进制数 1010"。注意，4 位一组在转换成十六进制 (3F2) 时特别方便。

7.7 替用

和二进制数 1 0101 0101 对应的十进制数是什么？

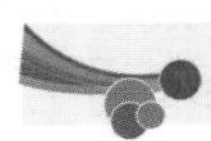

7.5 数字化文本

前面说过，二进制位的个数决定了用于表示值的符号数量：n 位能获得 2n 个符号。另外，想编码的字符越多，所需符号也越多。罗马字母、阿拉伯数字和约 12 个标点符号是数字化英文文本最起码的要求。我们还需要大小写字母以及基本算术符号 (比如 +，-，*，/ 和 =)。但底线在哪？英语不需要但其他语言需要的字符——如德语 (ö)、法语 (é)、西班牙语 (ñ) 和挪威语 (ø)——应包含在内吗？捷克语、希腊语、阿拉伯语、泰语或粤语呢？其他语言的标点符号 (如法语的 « 和 »，西班牙语的 ¿) 呢？算术符号是否应包含度 (°)、圆周率 (π)、关系符号 (≤)、恒等号 (≡) 和全称量词 (∀) ？¢，£，¥，© 和 ® 等商业符号呢？像空格和换行符之类不可打印字符呢？是否应包含笑脸符号 (☺) ？这些问题有的容易回答，有的则不然。列表越短越好，这样可以少用一些二进制位。但至少关键字符一定要能表示，否则就是原则性错误。

7.5.1 分配符号

26 个大写和 26 个小写罗马字母，10 个阿拉伯数字，一组简单的 20 个标点符号 (含空格)，10 个常用算术符号和 3 个不可打印字符 (换行、制表和退格符)——所有这些可用 95 个符号来表示。该字符集对英语来说足够，并能通过基本“拉丁”键盘上的键来访问。表示 95 个不同的符号至少需要 7 位，因为 6 位只能表示 26 = 64 个符号。7 位能表示 27 = 128 个符号，这比表示 95 个不同字符所需的要多。用于数据传输和其他工程需求的一些特殊控制字符也必须表示。他们被分配给剩余的 33 个 7 位符号。

最早且仍在广泛使用的 7 位字符代码是 ASCII(发音是 AS • key，全称是 American Standard Code for Information Interchange，即美国信息交换标准码)。“标准”有许多好处：不同厂商生产的计算机部件可以互连，程序可以创建数据并保存起来，其他程序能处理这些数据……等。无论哪一种编码，都必须规定好哪个字符对应那个符号 (二进制位序列)。

7.5.2 扩展 ASCII：8 位代码

从名称可知，ASCII 是在美国开发的。但 20 世纪 60 年代中期，7 位 ASCII 显得越来越不够用，因其不能充分表示非英语文本。因此，当时最大的计算机制造商 IBM 决定使用一个更大的 8 位字符集。8 位能表示 28 = 256 个符号，足以编码英语和西欧语言、标点符号和其他有用的字符。如图 7.3 所示，这个增大的、改进的编码最初称为“扩展 ASCII”(Extended ASCII)，即今天的 ISO-8859-1 标准。最早的 ASCII 是扩展 ASCII 的前半部分；也就是说，将最左边的位设为 0，8 位 ASCII 就变成了 7 位 ASCII。虽然该扩展 ASCII 不能表示所有自然语言，但确实能处理从拉丁字母表衍生的许多语言。图 7.3 的 ASCII 也称为 Latin-1。其他语言有两个解决方案：第一，将扩展 ASCII 的后半部分重新编码为语言所需的字符；第二，采用多字节 Unicode 编码。

视频讲解 ASCII Hidden Messages

ASCII	0000	0001	0010	0011	0100	0101	0110	0111	1000	1001	1010	1011	1100	1101	1110	1111
0000	NU	SH	SX	EX	ET	EQ	AK	BL	BS	HT	LF	YT	FF	CR	S0	SI
0001	DL	D1	D2	D3	D4	NK	SY	EΣ	CN	EM	SB	EC	FS	GS	RS	US
0010		!	"	#	$	%	&	'	(	)	*	+	,	-	.	/
0011	0	1	2	3	4	5	6	7	8	9	:	;	<	=	>	?
0100	@	A	B	C	D	E	F	G	H	I	J	K	L	M	N	O
0101	P	Q	R	S	T	U	V	W	X	Y	Z	[	\	]	^	_
0110	`	a	b	c	d	e	f	g	h	i	j	k	l	m	n	o
0111	p	q	r	s	t	u	v	w	x	y	z	{	|	}	~	DT
1000	80	81	82	83	IN	NL	SS	ES	HS	HJ	YS	PD	PV	RI	S2	S3
1001	DC	P1	PZ	SE	CC	MM	SP	EP	α8	αα	αA	CS	ST	OS	PM	AP
1010	AO	¡	¢	£	¤	¥	¦	§	¨	©	ª	«	¬	-	®	¯
1011	°	±	²	³	´	µ	¶	·	¸	¹	º	»	¼	½	¾	¿
1100	À	Á	Â	Ã	Ä	Å	Æ	Ç	È	É	Ê	Ë	Ì	Í	Î	Ï
1101	Ð	Ñ	Ò	Ó	Ô	Õ	Ö	×	Ø	Ù	Ú	Û	Ü	Ý	Þ	ß
1110	à	á	â	ã	ä	å	æ	ç	è	é	ê	ë	ì	í	î	ï
1111	ð	ñ	ò	ó	ô	õ	ö	÷	ø	ù	ú	û	ü	ý	þ	ÿ

图 7.3 ASCII，美国信息交换标准码

注意：原始 7 位 ASCII 在表格的上半部分。整张表称为扩展 ASCII(ISO-8859-1)。每个字母的 8 位符号由行的 4 位与列的 4 位组合而成。例如，A = 0100 0001，而 z = 0111 1010。两个小字母构成的字符是控制符号，用于表示不可打印信息。例如，BS = 0000 1000，代表退格符。表格的下半部分是西欧语言所需的字符，例如冰岛语的 ð 和 Þ .

视频讲解 Binary to ASCII Decoding

IBM 用 8 位来表示字符是很大胆的一项举动，因为当时计算机内存和存储都非常昂贵。IBM 为 8 位序列赋予了一个新名称：字节 (byte)，并将其作为计算机内存的一个标准单位 (“八位元”是字节的一个别称)。时至今日，“字节”仍是计算机内存的标准单位，其“8 倍”的特点在许多地方都用得上。例如，现代计算机都是 64 位计算机，而非 60 位或 65 位。换言之，其数据路径 (负责处理大多数指令的计算机组件) 能一次处理 8 个字节。

终极解决方案

虽然 ASCII 及其变种被广泛使用，但更完善的解决方案是 Unicode。它用不止一个字节 (最多 4 字节) 编码约十万个符号。这对地球的所有语言都足够了。是由 Unicode Translation Format(或称 UTF-8) 负责字符到字节的实际编码。

7.5.3 电话号码的 ASCII 编码

回头看看电话号码 888 555 1212。本章一开始，这个电话的表示就引起了我们的兴趣。计算机如何在内存中表示它呢？记住，这不是一个真正的数字，而是用数字表示的一个电话键盘按键序列。不需要 (甚至尽量不要) 将电话号码表示成一个数字量。由于每个数字都有对应的 ASCII 码，所以为了表示电话号码，可将电话号码中的每一位都编码成一个字节。编码过程很简单：在图 7.3 中找到每个数字，记下对应行的位序列，再记下对应列的位序列。所以，电话号码 888 555 1212 对应的 ASCII 编码是：

0011 1000 0011 1000 0011 1000
0011 0101 0011 0101 0011 0101
0011 0001 0011 0010 0011 0001 0011 0010

可根据图 7.3 来验证该编码。这正是计算机表示电话号码的方式。编码似乎有点冗长，因为每个字节都有相同的左半边：0011。之所以有重复的左半边，是因为所有数字都在 ASCII 表的 0011 这一行。如只需表示电话号码，当然可以使用更少的二进制位。但没必要如此节约，所以我们采用标准 ASCII。

注意，是将电话号码中所有数字的编码写到一起，虽然平时写电话号码的时候，会在区号和电话局代号之间，电话局代号和电话号码之间添加空格。计算机不关心这些东西，但用户会。不过，添加空格和其他标点符号其实并不复杂。

7.8 字符的数字编码

用 ASCII 编码电话号码 (888) 555-1212，包括标点符号 (注意第一个 5 之前有一个空格)。提示：在图 7.3 中找到每个字符，先写对应行的 4 位，再写对应列的 4 位。例如，起始圆括号在第三行，编码成：0010 1000。

半字节

计算机通常将 8 位二进制数称为字节，而把 4 位二进制数称为半字节 (nibble)。

7.5.4　长编码也有好处

虽然一般都用最短的符号序列来减少存储和传输信息所需的内存，从而提高效率，但并非所有字符表示都应当短。下面列举两个熟悉的例子。

7.5.5　NATO 广播字母表

无线电通信所用字母的代码就有意设计为低效，以便在嘈杂声中仍然很清楚。表 7.7 是了 NATO 广播字母表，所有字母都编码为单词。换言之，单词就是符号，代替了字母平常的发音。

例如，Mike 和 November 分别代替了难以分辨的 m(em) 和 n(en)。有了这种较长的编码，即使在不理想条件下，也能清楚识别字母。数字保留其常用名称，但 9 除外，它通常编码为 niner。

表 7.7　有意设计为低效的 NATO 广播字母表

A	Alpha	H	Hotel	O	Oscar	V	Victor
B	Bravo	I	India	P	Papa	W	Whiskey
C	Charlie	J	Juliet	Q	Quebec	X	X-ray
D	Delta	K	Kilo	R	Romeo	Y	Yankee
E	Echo	L	Lima	S	Sierra	Z	Zulu
F	Foxtrot	M	Mike	T	Tango		
G	Golf	N	November	U	Uniform		

希腊语

英语和其他许多语言都有几十个音标字母。用于空中交通管制的 NATO 字母表以“Alpha”开头。由此联想到一个问题：希腊音标字母表的第一个字母什么？答案是：Alexandros。

7.5.6　条码

UPC 码是我们熟悉的一种条码，它是使用冗余位来编码信息的另一个例子。如图所示，在 UPC-A 编码中，7 位用于编码 0–9(虽然本来只需 4 位)。注意条码左侧编码的是厂商，右侧编码的是产品。如表 7.8 所示，每一侧都使用不同的位组合。但要注意，一侧是另一侧的补码 (0 和 1 反转)。至于位模式的挑选，则是尽量做到各不相同。

冗余位解决了一个重要问题。每一侧的不同编码方便我们识别条码是正置还是倒置。例如，如果扫描仪从左向右读取获得 0001001，就知道是条码是倒置的。

为什么？参考表 7.8 的编码，将该位序列解释成合法编码的唯一方式是从右向左读时为 8。所以，实际读到的条码肯定是倒置的。

表 7.8 UPC-A 条码的位编码；注意，两侧互为补码 (0 和 1 反转)

数位	左侧	右侧
0	0001101	1110010
1	0011001	1100110
2	0010011	1101100
3	0111101	1000010
4	0100011	1011100
5	0110001	1001110
6	0101111	1010000
7	0111011	1000100
8	0110111	1001000
9	0001011	1110100

扫描的第一件产品

用 UPC 条码发生的第一次商品交易发生在 1974 年 1 月 26 日早上 8:01，地点是美国俄亥俄州特洛伊市。产品是 10 条一包的箭牌 Juicy Fruit 口香糖。

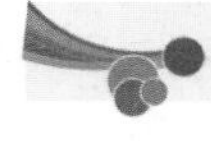

7.6 UTF-8

之前说过，非 Latin 语言的字符使用 Unicode 来编码。不管 Web 还是其他需要国际化的应用程序，都用“Unicode 转换格式”(Unicode Transformation Format，UTF) 来表示字符。编码为可变长度，能表示所有 Unicode 字符。

由于长度可变，所以要依据字符来使用不同数量的字节。虽然很容易理解，但也没必要完整了解它。基本思路是 ASCII(即图 7.3 的上半部分) 用一个字节表示。

所有这些字符的首位都是 0。其他所有字符使用 2 个、3 个或 4 个字节，而且每个这些字节都以 1 开始。关于 UTF-8 的工作方式，你只需了解这些即可。

由于 UTF-8 能编码所有字符，所以能在网页上写你想要的任何字符。此外，像芬兰语这样的语言由于主要还是使用 Latin 字母表，所以能获得 8 位字符的好处，只有不在 ASCII 中的那些字母才需要用额外字节 (一般只需 2 个) 编码。但情况并不都是这样，因为涉及另一套完整字母表 (比如西里尔或希腊字母) 的语言需要为大多数字符使用两个字节。有办法绕过这种需要两倍编码容量的情况，所以其他语言也还算方便。但是，地球上的每个人都能阅读 UTF-8 版本。图 7.4 演示了一个网页借助 UTF-8 加载众多语言的例子。

لماذا لا يتكلمون اللّغة **العربية** فحسب؟
Защо те просто не могат да говорят **български**?
Per què no poden simplement parlar en **català**?
他們爲什麼不說中文（台灣）？
Proč prostě nemluví **česky**?
Hvorfor kan de ikke bare tale **dansk**?
Warum sprechen sie nicht einfach **Deutsch**?
Μα γιατί δεν μπορούν να μιλήσουν **Ελληνικά**;
Why can't they just speak **English**?
¿Por qué no pueden simplemente hablar en **castellano**?
Miksi he eivät yksinkertaisesti puhu **suomea**?
Pourquoi, tout simplement, ne parlent-ils pas **français** ?
למה הם פשוט לא מדברים **עברית**?
Miért nem beszélnek egyszerűen **magyarul**?
Af hverju geta þeir ekki bara talað **íslensku**?
Perché non possono semplicemente parlare **italiano**?
なぜ、みんな日本語を話してくれないのか？
세계의 모든 사람들이 한국어를 이해한다면 얼마나 좋을까?
Waarom spreken ze niet gewoon **Nederlands**?
Hvorfor kan de ikke bare snakke **norsk**?
Dlaczego oni po prostu nie mówią po **polsku**?
Porque é que eles não falam em **Português (do Brasil)**?
Oare ăştia de ce nu vorbesc **româneşte**?
Почему же они не говорят **по-русски**?
Zašto jednostavno ne govore **hrvatski**?
Pse nuk duan të flasin vetëm **shqip**?
Varför pratar dom inte bara **svenska**?
ทำไมเขาถึงไม่พูด**ภาษาไทย**
Neden **Türkçe** konuşamıyorlar?

图 7.4 “他们为什么不说 ______?” 用超过 125 种语言表达的例子。网址是 www.trigeminal.com/samples/provincial.html。这里只截图了一部分，你能分辨其中的语言吗？

Unicode 不仅解决了显示自然语言的问题，还支持一些我们自己都不知道怎么正确使用的“怪”字符，例如⋱ (U+22F0) 和⋰ (U+22F1)。这一事实令人脑洞大开，例如用非常奇怪的国际语音字母表 (International Phonetic Alphabet，IPA) 来显示上下颠倒的字符：

¿sıɥʇ pɐǝɹ noʎ uɐɔ

正常方向阅读，这些字母大多来自 IPA，但倒过来看就能看懂。

7.7 元数据和牛津英语词典

之前一直在用二进制位 (bit) 对数字和字母进行数字化。这些能处理人们感兴趣的大多数内容。至于其他内容，比如图像、声音和视频将在第 8 章讨论。但是，数字化(将内容转换成二进制的过程)只解决了信息表示的一半问题。

另一半问题是如何描述信息的属性。具体地说，必须编码内容的一些参数：

内容是如何构造的？
它和其他什么内容关联？
是在哪里收集的？
用的单位是什么
应该如何显示？
是在什么时间创建或捕获的？

该列表能一直延续下去。这些信息描述了其他信息，和之前编码的数字/文本一样重要。

对信息进行描述的信息称为元数据(metadata)。虽然元数据在数字和字母之后作为第三种基本数据形式，但它不要求自己的二进制编码。相反，是用基于字母和数字的其他方式指定元数据，其中最常见的方式就是使用标记(tags)。例如，第4章写HTML时，就用元数据描述如何显示内容。本章剩余部分都会使用标记，但首先要从更抽象的层面思考一下元数据。

7.7.1 数据的属性

元数据的一个重要特点在于，它和要描述的信息是分开的。例如，之前只讨论了字母的ASCII表示，没讨论它们如何显示(例如用Times New Roman字体)。如何显示由元数据定义。我们不是在一个文件中填充“Times New Roman”，而是在文件中填充你要写的内容，并用标记来说明应如何显示内容。如你所知，将内容和元数据分开，内容就不限定只能以一种形式显示。修改元数据，即可轻松更改显示。

价格元数据

商品价格是一种元数据。为商品贴上价签，就将商品和它的元数据绑定到一起。具有唯一性的商品(例如艺术品)适合固定价格，但大规模制造的商品不建议这样做。商家通常会利用商品上的条码，并将价格存储到自己数据库中。这样商品和价格元数据就可以分开。扫描商品时，计算机查看其实时价格。例如，可在不重贴价签的情况下实现商品打折。

7.7.2 元数据标记

牛津英语词典(Oxford English Dictionary，OED)是一本权威参考，其中列举了所有英语单词的本义、词源和用法。作为包含海量信息的一部宏篇巨著，印刷成书后共有20卷，重150磅，摆在书架上需4英尺长的空间。1857年，伦敦语言学会提出一个目标，要完整列出所有英语单词并整理成书。他们预计成书有6400页，共4卷。到1884年，他们的工作只进展到ant这个单词。负责此事的语言学家詹姆斯·莫雷 (James Murray) 开始意识到，这个工作比最初想象的更费劲。第一版的编写工作完成于 1928 年，这时莫雷已去世多年。成书最终有 15 490 页，含 252 200 个词条。1984 年，牛津英语词典开始转换为数字形式。

7.9 一英镑是多少？

英镑符号£的 ASCII 码是十六进制 A3，二进制 1010 0011。对应的十进制值是多少；换言之，一英镑是多少？ (pound 在英语中同时作为货币和重量单位，货币是“镑”，重量是“磅”。中世纪英国的一镑货币的确是采用一磅重的银制成。1 磅约等于 453.59 克。)

现在，假定已将整部牛津英语词典中的单词 (从 A 到最后一个单词 zyxt) 以 ASCII 字符的形式敲入。让一个人来完成输入，需要花 120 年的时间。结果是一部数字化的词典，但形式是一串很长的 ASCII 字符。计算机能帮助我们使用它吗？

假设要查找动词 set 的定义，它是词典中最长的一个词条。搜索软件 (如第 2 章所述) 能在词典中查找 set，并返回数千条结果。这是因为其他很多单词都含有 set(比如 closet，horsetail 和 settle)。而且很多定义也使用了 set，例如“match-point in tennis is the final score ending the present game, set and match.”。

我们能解决第一个问题——排除单词本身中的 set，具体就是排除 set 前后没有标点符号或空格的所有匹配项。这能用软件来实现。但还有数千个定义也含有单词 set，如何在其中找到真正的 set 定义呢？软件处理文本文件时无法理解词典的内容，所以无法完成该任务。

人们根据大量线索在词典中查找信息，比如字母顺序、新的定义总是从新的一行开始以及被定义的单词总是加粗。虽然可为换行或加粗的文本插入 HTML 风格的标记，但更好的解决方案是用标记来描述词典内容的结构。换言之，在其中集成元数据。

7.7.3 结构标记

人们开发了一套特殊标记来定义牛津英语词典的结构。例如，<hw> 标记定义词目 (headword，被定义的那个单词)。和往常一样，由于标记要像圆括号那样包围文本，所以还有词目结束标记 </hw>。因此，在添加了标记的词典文本文件中，动词 set 的定义如下：

<hw>set</hw>

其他标记包括发音 <pr>、音标 <ph>、词类 <ps>、同音同形异义异源词编号 <hm> 等。还有一些标记用于分组，比如 <e> 用于标记整个词条 (包括定义)，<hg> 用于标记一个词目组 (词目所在的整行内容，不包括定义)。在牛津英语词典中，动词 set 的第一条是这样开始的：

set (sɛt) *v.*[1]

按顺序是被定义的单词 (词目)、发音、词类 (动词) 和同音同形异义异源词编号 (本例是 1)。具体是这样标记的：

```
<e><hg><hw>set</hw> <pr><ph>s&epsilont</ph></pr>, <ps>v</ps>.<hm>1</hm></hg>...
```

注意，为 ε 音标字符使用了转义码 (&epsilon)，这类似于在 HTML 中为重音字母使用 &(例如用 Ö 显示 Ö)。另外，注意代码中省略了结束标记 </e>，因为它显然会出现在这个长词条的最后面。

在词典中使用结构标记，搜索软件能用一个简单的算法迅速找到动词 set 的定义：查找 <hw>set</hw>(表示要定义的是单词 set)，在其词目组内找到 <ps>v</ps>(表示被定义的单词的词类是动词)，最后打印 (格式化)<e> 和 </e> 标记之间的所有文本。

当然，标记本身不会打印。它们只是为了指定结构，让计算机知道要查看词典中的什么部分。但事实上，结构标记对格式化非常有用。例如，基于 <hw> 标记来打印词典时，可为词目自动应用加粗字体 (**set**)。不需要 <b> 标记。类似地，词类可自动倾斜 (*v.*)。发音两侧的圆括号和同音同形异义异源词编号的上标格式也是自动应用的。总之，可根据结构来轻松生成格式化信息。

反之则不然，格式化标记不能提供有关文档结构的足够信息。在牛津英语词典中，虽然词目会加粗，但其他地方也存在使用加粗字体的情况。不能因为一个单词加粗，就认为它是词目。事实上，由于某些格式化信息 (比如 <italic>) 既有用于定义结构的情况，也有不是用于定义结构的情况，所以牛津英语词典电子版用结构化信息包含了一些格式化信息。结构更重要，但复杂文档同时需要这两种标记。

虽然历史悠久，但牛津英语词典一直都在更新。2011 年添加了 OMG 和 LOL，使它们正式成为英语的一部分。对应词条分别是 www.oed.com/view/Entry/291168 和 www.oed.com/view/Entry/293068。

OMG
LOL
OED

7.7.4 牛津英语词典的示范词条

图 7.5 展示了示范词条 byte 在联机牛津英语词典中的显示结果和代码。第一眼会觉得代码有点乱，但和显示结果对比，就能明白各个标记的作用。标记指定了词典中每个单词的角色。例如，为了找到 byte 首见于印刷实体的日期，软件会查找 <hw>byte</hw>，然后查找引用日期 (quote date) 标记 <qd> 和 </qd>，结果发现 byte 是在 1964 年开始使用的。结构标记方便软件为用户提供帮助。

由于标记字符和内容字符都在同一文件中，所以和纯文本相比，它们增加了文件的长度。Byte 这一词条共 841 个字符，添加标记后有 1024 个字符，几乎增加了一半。

byte (baIt). *Computers.* [Arbitrary, prob. influenced by bit sb.[4] and bite sb.] A group of eight consecutive bits operated on as a unit in a computer.

1964 ***Blaauw*** & ***Brooks*** in *IBM Systems Jrnl.* III. 122 An 8-bit unit of information is fundamental to most of the formats [of the System/360]. A consecutive group of *n* such units constitutes a field of length *n*. Fixed-length fields of length one, two, four, and eight are termed bytes, half-words, words, and double words respectively. **1964** *IBM Jrnl. Res. & Developm.* VIII. 97/1 When a byte of data appears from an I/O device, the CPU is seized, dumped, used and restored. **1967** ***P. A. Stark*** *Digital Computer Programming* xix. 351 The normal operations in fixed point are done on four bytes at a time. **1968** *Dataweek* 24 Jan. 1/1 Tape reading and writing is at from 34,160 to 192,000 bytes per second.

<e><hg><hw>byte</hw> <pr><ph>balt</ph></pr></hg>. <la> Computers</la>. <etym> Arbitrary, prob. influenced by <xr><x>bit</x></xr> <ps>n.<hm>4</hm></ps>and <xr><x>bite</x> <ps>n.</ps></xr></etym> <s4>A group of eight consecutive bits operated on as a unit in a computer.</s4><qp><q><qd>1964</qd><a>Blaauw</a> & <a>Brooks</a><bib>in</bib> <w>IBM Systems Jrnl.</w> <lc>III.122</lc> <qt>An 8-bit unit of information is fundamental to most of the formats <ed>of the System/360</ed>.&es.A consecutive group of <i>n</i> such units constitutes a field of length <i>n</i>.&es.Fixed-length fields of length one, two, four, and eight are termed bytes, halfwords, words, and double words respectively. </qt></q><q><qd>1964</qd> <w>IBM Jrnl. Res. & Developm. </w> <lc>VIII. 97/1</lc> <qt>When a byte of data appears from an I/O device, the CPU is seized, dumped, used and restored.</qt></q><q><qd>1967</qd> <a>P. A. Stark</a> <w>Digital Computer Programming</w> <lc>xix. 351</lc> <qt>The normal operations in fixed point are done on four bytes at a time.</qt></q> <q><qd> 1968</qd> <w> Dataweek</w> <lc>24 Jan. 1/1</lc> <qt>Tape reading and writing is at from 34,160 to 192,000 bytes per second.</qt></q></qp></e>

图 7.5　牛津英语词典显示的 byte 词条 (上半部分)，及其带标记的数字形式 (下半部分)

7.7.5　byte 源起

虽然牛津英语词典对于词条的定义很翔实，但依然无法回答这个一直困扰我们的问题：“为什么 byte 中含有字母 y？”为了理解答案，首先要知道外部干扰 (例如宇宙射线) 可能造成计算机内存出错 (0 变成 1，1 变成 0)。虽然这种事情不常发生，但足以使设计电路以检测和纠正内存错误的计算机工程师感到头痛。他们通常要向内存添加额外的 bit 来帮助检测错误。例如，在每个 byte 后添加第 9 位来进行奇偶校验，该位称为奇偶校验位。

所谓奇偶校验，是指在一组二进制位中检查 1 的个数是奇数还是偶数。采用奇数的称为奇校验，反之称为偶校验。为了偶校验来编码字节，我们先进行常规字节编码 (例如 1010 0010)，再统计其中 1 的个数。有偶数个 1，就将第 9 位设为 0；有奇数个 1，就将第 9 位设为 1。结果是任何 9 位元组都具有偶数奇偶性：要么是因为一开始就是偶数，最后的 0 不改变这一事实；要么是因为一开始是奇数，但最后的 1 使其变成偶数。在一个 9 位元组中，任何单 bit 错误都会造成其奇偶性变成奇数，使硬件能检测到错误 (虽然不能具体到是哪个 bit 出错)。

那么，byte 一词中为什么有字母 y 呢？答案来自这个单词及其概念的发明者维纳 • 布赫霍尔兹 (Werner Buchholz)。20 世纪 50 年代后期，布赫霍尔兹是 IBM 超级计算机 (名为 Stretch) 的项目经理和架构师。他这样解释该计算机：“我们需要一个单词来表示bit到一个字之间的内存容量”(计算机内存通常用一个“字”表示计算机指令 / 整数所需的内存容量，相当于一个“字段”。现代计算机的字长通常是 32 位)。Buchholz 继续解释：“bit 之后的单词是 bite，但我们把‘i’改为‘y’，这样就不会因为打字时漏掉字母 e，而把 byte 变成 bit。”所以，遗漏一个字母不会把 byte 变成 bit；反之亦然。布赫霍尔兹和他的工程师们是如此关注计算机内存错误，以至于专门为内存容量单位发明了一个能自检错误的名称！

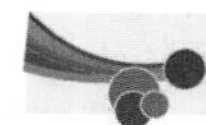

7.8 小结

本章首先强调了数字化不一定要求数字——任何符号都行。然后探讨了以下主题。

- PandA 编码，它基于一个物理现象存在 (P) 或不存在 (A)。其模式是离散的，用基本单位 bit 来表示。其名称可以是任何一对相反的描述。例如，咖啡要么冒热气 (1)，意味着很烫；要么不冒热气 (0)，意味着不是很烫。没有中间的“温热”选项。
- 由于一个 bit 要么为 0，要么为 1，所以天然适合用二进制表示数字。
- 7 位 ASCII 是最早为键盘字符分配的位序列 (符号)。现在扩展 ASCII(8 位) 才是标准。
- 有时不能太省，要用冗余的 bit 来编码信息。
- 如何对牛津英语词典这样的文档进行数字化。学习了如何用标记建立词典每一部分的元数据。计算机能根据元数据轻松查找单词和其他信息。
- byte 中神秘的 y。

7.9 TRY IT 答案

7.1 输出“Different symbols, same meaning”。

7.2 物理现象是“龙虾外壳为亮红色”。现象存在，表示烹饪过；现象不存在，表示未烹饪过。

7.3 (a) 有橙汁 (b) 有橙片 (c) 矮杯子

7.4 101000 天。

7.5 1111 0000 0000 1101 0100 1010 1011 1110 1110

0FF 2 A D8

7.6 看得见指头是 1，看不见是 0，调整 4 个拳头的顺序来生成 6 的二进制 0110。

7.7 二进制 1 0101 0101 转换成十进制是 256 + 64 + 16 + 4 + 1 = 341。

7.8 0010 1000 0011 1000 0011 1000 0011 1000 0010 1001

0010 0000 0011 0101 0011 0101 0011 0101 0010 1101

0011 0001 0011 0010 0011 0001 0011 0010

7.9 £符号的二进制 ASCII 码 1010 0011 转换成十进制是 128 + 32 + 2 + 1 = 163。

习题

选择题

1. 4 个二进制位能表示 _______ 个符号。

a. 12　　b. 16

c. 36　　d. 256

2. PandA 表示法属于哪种系统？ _______

a. 十进制　　b. 二进制

c. 十六进制　　d. 字节

3. 数字化牛津英语词典时用 _______ 来帮助结构化。

a. 字节　　b. 集合

c. ASCII　　d. 标记

4. 比较字符时用 _______ 定义其关系。

a. 数字化　　b. 二进制序列

c. 排序序列或对照序列　　d. 信息表示

5. 根据物理现象来编码信息时，如果备选项不止两个怎么办？ _______

a. 没有解决方案

b. 把它们都视为“存在”

c. 把一个视为“存在”，其他所有备选项视为“不存在”

d. 都视为“不存在”

6. 对信息进行描述的信息称为 _______。

a. 特殊信息　　b. 元数据

c. 特殊数据　　d. 格式

7. 一个序列中的 K 个二进制位能表示 _______ 个符号。

a. K2　　b. 2K

c. K　　d. 2

填空题

1. PandA 是 _______ 的简称。

2. _______ 对 DVD 和 CD 上的信息进行编码。

3. Hex 是指 _______ 进制。

4. 将二进制位分为 4 位一组，便于转换成 _______ 进制。

5. _______ 是指基于某个物理现象存在与否来表示数字信息的两种基本模式。

6. 我们说信息 _______，或者具有确定性；没有中间地带。

7. 数位的个数是数字系统的 _______ 或者 _______。

8. 想要表示的符号越多，所需的 _______ 越多。

9. _______ 是指用符号表示信息。

简答题

1. 列出平时没有被作为数字对待的一些数字 (例如电话号码)。

2. 创建和本章描述的不同的 10 种 PandA 编码。

3. 用 ASCII 编码 (800)555-0012 并转换成二进制 (包括标点符号)。

4. 本章提到 0 表示存在或不存在都行。请详细解释原因。

5. 将以下十六进制转换成二进制，再转换成 ASCII 字符：68 65 78 61 64 65 63 69 6D 61 6C。

6. 用 ASCII 编码 ISBN 号 978-3-16-148410-0 并转换成二进制 (包括标点符号)。

7. 下面这串二进制形式的 ASCII 码是什么意思：01010111 01100001 01111001 00100000 01110100 01101111 00100000 01100111 01101111 00100001 ?

8. 解释 D 和下图的关系。

9. 解释为何无线电广播要用较长的编码传输信息。

10. 解释为何 NATO 广播字母表是一种数字化方式。再解释它为何设计为低效。

11. 解释 Buchholz 如何为内存单位创建了一个能自己检测错误的名称。

12. 为什么在没有元数据的情况下在数字化词典中搜索“set”会很难？

CHAPTER 8

光线、声音和魔法：多媒体数字化

- 理解如何用字节表示 RGB 颜色
- 理解位和二进制数字的区别
- 通过二进制加法运算改变 RGB 颜色
- 理解和声波数字化相关的概念
- 理解数字压缩和有损 / 无损概念
- 解释无偏见通用媒介原则的含义

CHAPTER 8

蓝色是上帝指定的永恒光源。

——约翰·拉斯金，1853

科学永远不能把日落的价值归纳为算术。

——路易斯·奥尔博士，1960

目前讲述的数字化仅涉及字母、数字和元数据。我们知道还有其他许多数字化信息。立即就能想到的就是照片、音频和视频。但它们的工作方式似乎和字母、数字和元数据不一样。和朋友视频通话时，二进制位在干什么？似乎和字母、数字和元数据没有关系。该过程真的有二进制位参与吗？本章将完善关于数字化的讨论，将覆盖其他形式的数字化信息，它们统称为多媒体。通过讨论你会理解，和字母 / 数字编码成二进制位相比，多媒体遵循的是一样的原则。所有讨论最终将引领我们得出一个意义深远的结论：一切都是二进制位！

本章首先讨论颜色。将学习如何用二进制位显示和编码颜色，并了解如何通过软件使颜色变暗或变亮（这是任何数字化照片编辑软件的一项基本功能）。注意该过程不仅仅是对二进制数字执行简单的算术运算。将通过修改图片颜色和执行其他修改来演示该过程。接着讨论 JPEG 和 MPEG 以及图片 / 视频压缩技术的必要性。然后讨论光学字符识别 (OCR)，彰显对信息进行数字化的优势。本章最后将整个数字化主题揉合为一条基本原则。

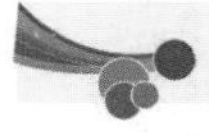

8.1 颜色数字化

第 7 章讨论如何对键盘字符进行二进制编码来创建 ASCII 码时，我们 (以及发明者) 并没有太多关注哪些位模式 (即具体的二进制编码) 和哪些字符关联。ASCII 码确实按数字顺序编码，字母也基本按字母顺序，但分配有相当大的随意性。只要统一，一个键盘字符具体如何编码并不重要，因为反正都是不同的字节。很少需要处理一个字符的位模式。但编码其他信息时就不能这么随意了，因为经常都要处理其位模式。

8.1 大小写问题

大写变小写时，程序员需要处理字母的二进制位，这是通过匹配和搜索来完成的。回头看看图 7.3，将大写 ASCII 字母变成小写需要怎么改？

8.1.1 颜色和光线魔法

像素 (即 Pixels，源自 picture elements) 是以网格形式排列的小的彩色发光点，组合在一起即形成我们看到的屏幕显示。每个像素都基于三原色 (红绿蓝或 RGB) 来生成。

一次只开启一种原色，就能分别显示红、绿和蓝。全部关闭则显示黑色。要显示其他颜色，则需利用三种原色的不同量 (或强度)。图 8.1 展示了由完全强度的原色光生成的颜色。

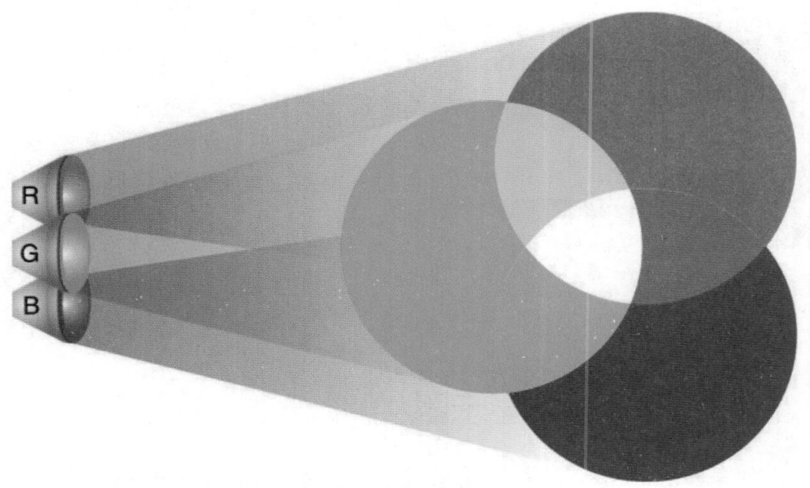

图 8.1 合并完全强度的 RGB 光来创建不同的颜色

例如，白色通过合并较高强度的全部三种原色光来获得。虽然合并红绿蓝来获得白色有点奇怪，但其原理和舞台照明一样，都是合并彩色光源来获得白光。用于混合的三种颜色不一定是红绿蓝，但标准如此。

8.2 光剑

一把红色光剑和一把蓝色光剑交叉，从观众的角度看，交叉点的颜色是什么？

8.1.2 黄 = 红 + 绿？

但是，不仅“红 + 绿 + 蓝 = 白”有点奇怪，注意，图 8.1 混合红色和绿色得到黄色。这就非常奇怪了，因为我们小时候学到的知识是红色和黄色均为原色，用别的颜色调不出来。另外，我们还学到如何用黄色和蓝色 (说是蓝色，实际是湖蓝色或称为青色 /Cyan。) 颜料调配出绿色。那么，为什么“红 + 绿 = 黄色像素”呢？

要理解这个问题，就必须知道彩色光源和颜料的区别。和其他任何彩色平面一样，颜料会反射一些颜色，同时吸收其他颜色。当白光 (红 + 绿 + 蓝) 照射到颜料上时，有的光线被吸收 (我们看不到)，有的被反射。我们看到的是反射的颜色。

而在像素的情况下，光线是直接照射到我们的眼睛，没有任何被吸收或反射。我们看到的是纯色光线。具体是哪种颜色，由各自的强度决定。

8.1.3 颜料的绿色 = 蓝 + 黄

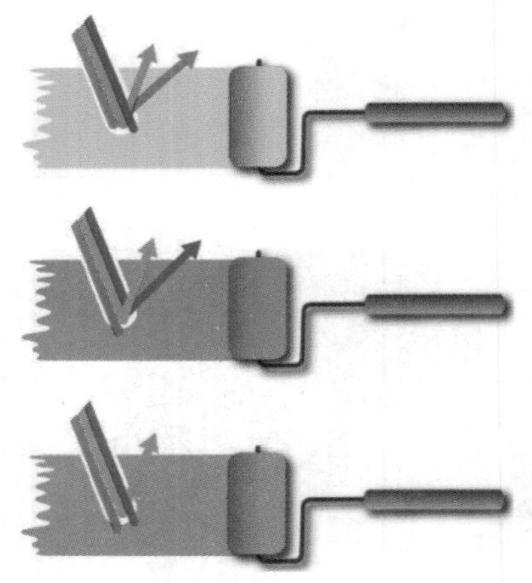

为理解光与色素的结合方式，想象一下白光照射到黄色颜料上的情况。由于是黄色的，所以当白光 (红 + 绿 + 蓝) 照射在上面时，反射的颜色必然是红和绿，蓝肯定会被吸收。

如图 8.1 所示，白光 (红 + 绿 + 蓝) 照射到蓝色 (青色) 颜料上时，反射绿和蓝，红会被吸收。

画画时混合黄色和蓝色颜料，白光 (红 + 绿 + 蓝) 是这样处理的：黄色吸收蓝色，一点都不反射；蓝色吸收红色，一点都不反射。唯一剩下要反射的只有绿色 (黄色和蓝色都会反射)。

这就是黄色混合蓝色颜料获得绿色的原因，和绘画时学到的一样！

8.1.4 LCD 显示器

图 8.2 展示了薄膜晶体管液晶显示器 (Thin Film Transistor Liquid Crystal Display，TFT-LCD)，是一种主动式矩阵 LCD。笔记本电脑、手机和大多数熟悉的视频应用都采用这种“平板”或“薄型”显示器。图中最左边是一个箭头指针，右侧是放大后的效果。可清楚看到集成了红、绿和蓝色光源的像素。

由于白色是红 + 绿 + 蓝光的混合，所以从一定距离观看，这些彩色像素会变成白色。黑色像素则通过将红、绿和蓝色子像素关闭获得。图中最右边是 2 × 2 的白色像素网格。

LCD 技术非常巧妙。如感兴趣，请在网上研究这些小光源是如何生产和控制的。绝对令你印象深刻。

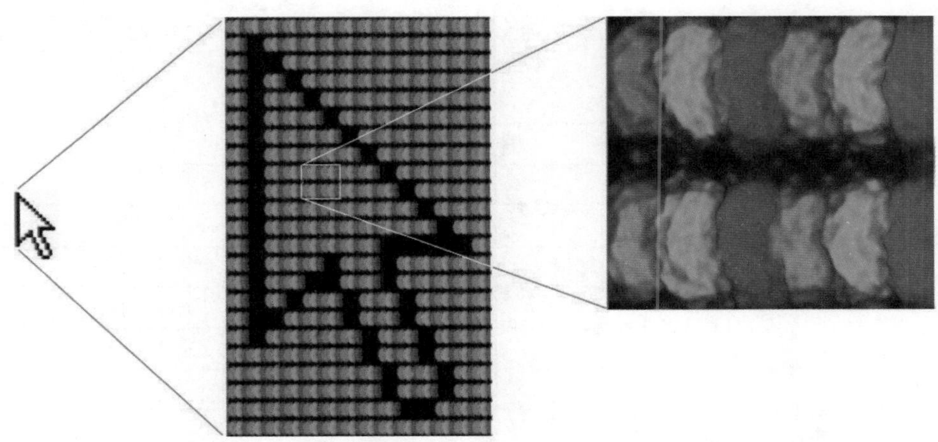

图 8.2 最左边是标准箭头指针。另外两幅图是放大之后的 LCD 像素网格。中图展示了构成像素的 RGB 三原色光。其中大多数都采用完全强度以创建白色背景，有的全部关闭（强度为零）来创建箭头轮廓线（黑色）。最右边的是进一步放大的 2 × 2 白色像素区域

8.3 彩色光源

用户在屏幕上看到如图所示的像素时，看到的是什么？

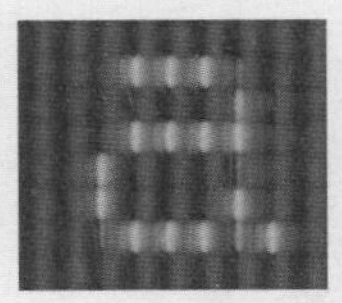

8.1.5 颜色强度

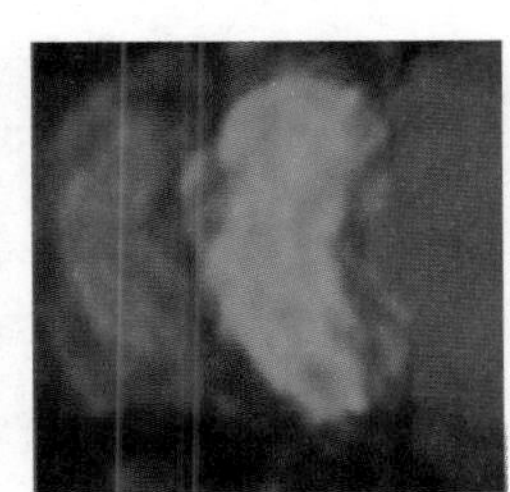

有的人（比如莱布尼茨）对二进制很着迷，但对于我们大多数人，它们只是位 (bit)。但如果用它们控制一个子像素（一种原色）的发光强度，过程就很有趣了。以蓝色像素为例。指定其强度的 8 个二进制位具有以下位值：

128 64 32 16 8 4 2 1

这些值指定蓝色有多亮。如希望子像素“半开”，或者说“一半强度”，可以这样写：

128 64 32 16 8 4 2 1
1 0 0 0 0 0 0 0

也就是只希望 128 个单位的乘幂。如希望像素“四分之三开”，可以这样写：

128 64 32 16 8 4 2 1
1 1 0 0 0 0 0 0

这是由于 256 的 3/4 是 192 = 128 + 64。将下个 bit 设为 1，可获得 7/8 强度……以此类推。显然，每一位都获得上一位一半的乘幂。换言之，每一位都贡献其左边位一半的强度。但是，每个位置都有作用，如图 8.3 所示。

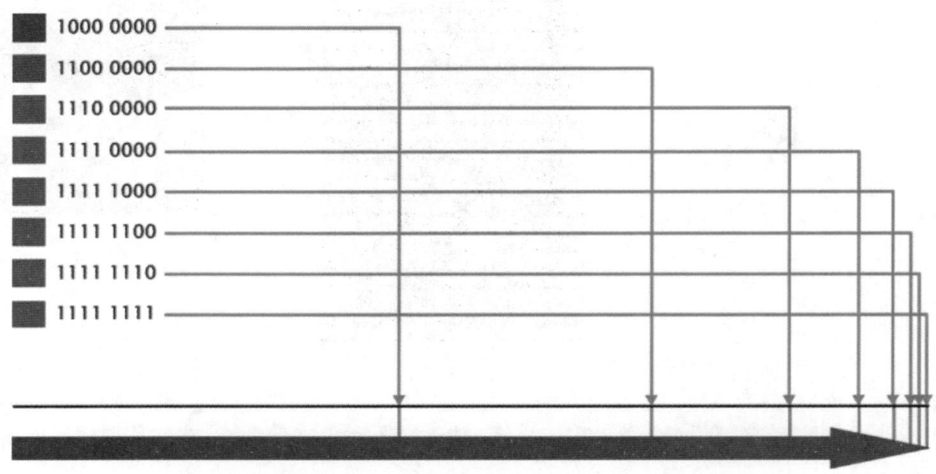

图 8.3 逐渐增大蓝色子像素的强度。每一位都贡献其左边位一半的强度

8.4 调暗的灯泡

一个红色子像素以 1/4 亮度显示，对应的二进制设置是什么？

8.1.6 黑与白

刚才讨论的红绿蓝光源是用一个字节 (8 位) 来存储的二进制数字。所以，需要 3 字节来表示一个像素的颜色。既然用了二进制数字，最小强度自然是 0000 0000，即 0。最大值则是 1111 1111。为了搞清楚后者的十进制值是多少 (同时温习第 7 章学到的二进制知识)，可将每个 1 的位值相加：

$$
\begin{aligned}
1111\ 1111 &= 2^7 + 2^6 + 2^5 + 2^4 + 2^3 + 2^2 + 2^1 + 2^0 \\
&= 128 + 64 + 32 + 16 + 8 + 4 + 2 + 1 \\
&= 255
\end{aligned}
$$

结论是每种原色的取值范围是 0 到 255。

如前所述，黑色是完全无光的结果 (强度为 0)：

0000 0000	0000 0000	0000 0000	黑色的RGB二进制位赋值
红	绿	蓝	
字节	字节	字节	

白色是每种原色都具有完全强度的结果：

1111 1111	1111 1111	1111 1111	白色的RGB二进制位赋值
红	绿	蓝	
字节	字节	字节	

这两个值定义了我们能表示的所有颜色的取值界限。

超级乘方①

由于二进制的原因，2 的乘方 2n = 2 × 2 ×……× 2 在计算中很常见。所以，搞计算机的人就像小时候背九九乘法表一样，很快就背熟了一些乘方结果 (获得了他们的超能力)。

2^0	1	2^4	16	2^8	256	2^{12}	4,096	2^{16}	65,536	2^{20}	1,048,576
2^1	2	2^5	32	2^9	512	2^{13}	8,192	2^{17}	131,072	2^{21}	2,097,152
2^2	4	2^6	64	2^{10}	1,024	2^{14}	16,384	2^{18}	262,144	2^{22}	4,194,304
2^3	8	2^7	128	2^{11}	2,048	2^{15}	32,768	2^{19}	524,288	2^{23}	8,388,608

8.1.7 十进制转换为二进制

以前是将二进制转换为十进制。十进制转换为十进制自然要用相反的算法。简单地说，就是“找到哪些 2 的乘方能合并起来构成十进制数”，如下表所示。

要转换的数字										
位值	512	256	128	64	32	16	8	4	2	1
减										
二进制数字										

稍后会讨论具体算法。最开始要先用 2 的乘方填充好第二行。但是，有多少个 2 的乘方？全部 2 的乘方加起来必然小于要转换的数。所以，上表只适合任何小于等于 1023 的十进制数 (第二行的所有数加起来等于 1023)。为什么？因为在 512 之后，2 的下个乘方是 1024。完成第一次转换后，就会明白为什么有这个规则。

8.5 非常强力 (Very Powerful)

将十进制数 206 转换成二进制，哪些 2 的乘方可供相加？

① Super Power，即“超能力”，Power 又意为“乘方”的意思。——译注

算法第一步是将要转换的十进制数（以 365 为例）放到左上角的框里。

要转换的数字	365								
位值	256	128	64	32	16	8	4	2	1
减									
二进制数字									

将“要转换的数字”与“位值”比较，算法会有两种不同的决策。

1. 如位值更小就执行“减”。这时要在那一列的“二进制数字”行中填入 1(该位置会影响十进制数的二进制形式)。然后将余数（执行减法后的结果）移至下一列的顶部。
2. 如位值更大就不执行“减”。这时要在那一列的“二进制数字”行中填入 0。然后将“要转换的数字”右移一格。

如此反复，直至所有二进制数位都被创建。下表展示了将 365 转换成二进制的前两个步骤，以演示刚才描述的两种不同的决策。

要转换的数字	365	109	109						
位值	256	128	64	32	16	8	4	2	1
减	109								
二进制数字	1	0							

最开始，位值 (256) 小于 365，所以应用决策 1，即执行减法运算，在“二进制数字”行输入 1。减法运算结果 109 放到下一列的顶部单元格。现在位值 (128) 比要转换的数字 (109) 大，所以应用决策 2。在“二进制数字”行输入 0，并将 109 填入下一列的顶部。如此反复，最终的计算结果是 1 0110 1101。

要转换的数字	365	109	109	45	13	13	5	1	1
位值	256	128	64	32	16	8	4	2	1
减	109		45	13		5	1		0
二进制数字	1	0	1	1	0	1	1	0	1

那么，在建立表格的时候，为什么要填好比要转换的数小的所有 2 的乘方（位值）？由于二进制数是 2 的乘方的组合，它们全部加起来得到十进制数（这正是用二进制来表示一个数的意义），所以必须挨个检查一遍，看它们是否构成十进制数的一部分。

8.6　十进制转换

使用刚才描述的算法和表格，将十进制数 206 转换为二进制。

8.1.8　调亮：通过增加强度来改变颜色

回到之前的颜色表示主题，最极端的两种颜色 (黑与白) 很容易表示，但以下代表什么颜色？

1100 1110 1100 1110 1100 1110

红 字节	绿 字节	蓝 字节

首先，注意每个字节都包含十进制值 206(完成 TRY IT 8.6 可知)。所以，该神秘颜色实际可以表示成 RGB(206, 206, 206)。类似于黑与白，该颜色也包含等量的红、绿和蓝。而且看值的大小就知道，它更接近于白而不是黑。事实上，它是一种浅灰色 (■)。

所有除了黑与白的其他颜色，如果其 RGB 子像素具有相同强度，那么必然是某个灰阶。唯一的问题是它更接近于黑还是白。

8.1.9　要增加亮度，就增大二进制值

要获得较亮的灰色，将其共用的子像素强度值改得接近 255 即可。如图 8.4 所示，可将该值增大 16。换言之，每个字节加 16。

1100 1110	该二进制对应十进制：	206
+ 1 0000	该二进制对应十进制：	16
1101 1110	该二进制对应十进制：	222

图 8.4　为二进制值加 16 来调大 RGB 强度

加 16 很简单，只需要设置和位值 16 对应的二进制位 (从 0 变成 1)①，即可获得图 8.4 的结果。换言之，只需将 1100 1110 变成 1101 1110。从 0 变成 1 后，该位的 2 的乘方值 (本例是 16) 就会加到最终的强度值中。每个子像素强度值都如此增大 16，结果是：

1101 1110 1101 1110 1101 1110

红 字节	绿 字节	蓝 字节

这样获得的是一个更亮的灰阶 (■)。顺便提一句，只要结果不小于 0 或大于 255，增减任何数字都是可以的。

① “设置”(set) 是二进制运算的一个常用术语。每当说“设置某位”的时候，实际就是把它设为 1。——译注

8.1.10 要想更亮，则需要进位

还想更亮一点，为每个 RGB 字节再增大 16 单位的强度，就没有刚才那么简便了。在和十进制 222 对应的二进制 1101 1110 中，16 的位置已填充了 1。所以，这一次需要“进位”，如图 8.5 所示。

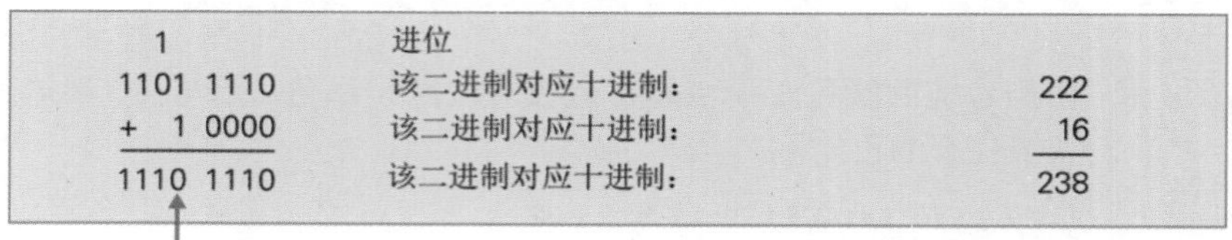

图 8.5 为 222 的二进制值加 16 需要进位

计算结果如下：

1110 1110 1110 1110 1110 1110

红字节　　绿字节　　蓝字节

注意，如果一开始就在 206 上加 32，肯定能得到一样的结果，即每个 RGB 字节值都是 238 的一个灰阶。

刚才演示的是二进制加法。类似于二进制的其他方面，二进制加法和十进制加法实际是一致的。唯一区别就是只有两个数位。都是从右到左，将每个位置的数位加起来，将结果写到下面。和十进制加法一样，这时会遇到两种情况。有时，两个数相加，结果用一个数位即可表示。第一次在 RGB 字节上加 16 就属于这样情况：在 16 的位置执行 1 + 0，结果是 1。

而另一些时候，两个数相加之后，所得结果较大，无法用一个数位表示，所以必须进位到下一个高位。第二次在 RGB 字节加 16 就属于这种情况：在 16 的位置执行 1 + 1，结果是二进制 10。这时需在 16 的位置写 0，将 1 进位到下一个高位。由于可能涉及进位，所以最好认为加法运算涉及每个位置上的三个数位：相加的两个数位，以及一个可能的进位。

更多极客的幽默

极客圈里流行这么一句话：“世界上有 10 种人……懂二进制和不懂的。”

加法总结

二进制加法一点都不难。它实际就是限制只能使用 0 和 1 的十进制加法。虽然一般关注的是两个二进制位相加，但最好还是想象成三个二进制位相加：两个数位和来自前一个位置的进位。另外，虽然一般关注的是生成一个结果位，但最好还是想象成生成一个结果位和一个进位。表 8.1 总结了所有情况。

表 8.1 二进制加法规则总结。“进位输入”要加到两个“操作数”(A 和 B) 上，从而获得“位置数”和“进位输出”

进位输入	0	0	0	0	1	1	1	1
A	0	1	0	1	0	1	0	1
B	0	0	1	1	0	0	1	1
位置数	0	1	1	0	1	0	0	1
进位输出	0	0	0	1	0	1	1	1

8.7 检查二进制

执行这个加法运算：

二进制加法非常简单，计算机完全可以轻松胜任！

```
  110 1001
+ 110 0011
```

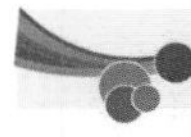

8.2 对数字化表示进行计算

前面讨论了二进制表示、十进制和二进制的转换以及二进制加法，同时引入了数字化表示的另一个基本概念——对数字化表示进行计算。例如，想把灰色调亮一点时，可通过计算来修改数字化信息 (像素的 RGB 设置)。为了更好地理解这个概念，下面考虑一个更复杂的例子。

8.2.1 老照片

假定你要扫描自己的曾曾祖母 (Great-Great-Grandmother，GGGM) 的一张照片。怎么用 RGB 像素表示照片呢？其实就是一个像素阵列，假定有 600 × 800 那么大。每个像素用三字节表示该位置的色彩参数。另外，由于是黑白照片，所以每个像素的子像素都具有相同的值。照片不错，但需要修饰一下！

8.2.2 提高亮度和对比度

照片处理软件一般都提供了提高亮度和对比度的功能，这张照片似乎能用上这些功能。亮度是指有多接近白色，对比度是指图片最暗和最亮部分的差异。什么？难道不是黑色 0000 0000 0000 0000 0000 0000 最暗，白色 1111 1111 1111 1111 1111 1111 最亮吗？这两个编码确实是最极端的，但在一张图片中，可能根本不存在真正的黑或白像素。事实上，照片处理软件用一个巧妙的色阶 (Levels) 图来展现像素值，如图 8.6 所示。

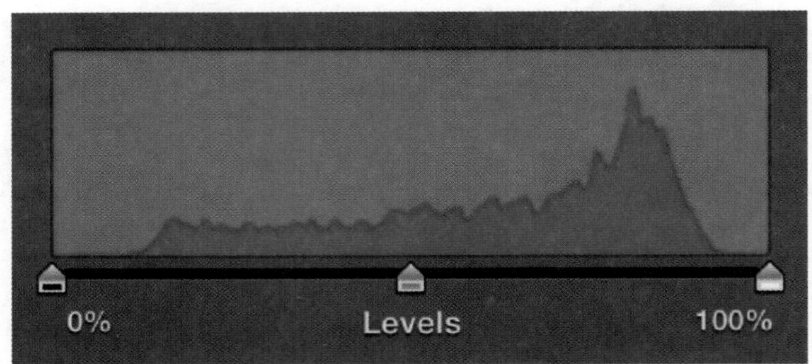

图 8.6 曾曾祖母照片色阶图；横轴是 256 个像素值，纵轴显示图片中有多少个像素具有该值

在曾曾祖母照片的像素分布中，0% 称为黑点 (在未处理的照片中称为全零)，100% 称为白点 (或全 1)。中间点称为 gamma 点。先不要管这个名词的来历，只需记住它是像素范围的中间点。从色阶图可看出，该照片的像素主要分布在中间灰色范围，没有最极端的白或黑。没有多少对比度，也不太亮。

先考虑亮度。具体是什么意思？我们希望所有像素都更接近较强的白色，同时保持其相对关系。所以，可考虑为每个像素加 16。这样一来，她脸颊上的一个像素值 197, 197, 197( ) 就会变成 213, 213, 213( )。表面上变化不大，但所有像素都应用这个加法，图片亮度就会明显提高。

8.2.3 二进制加法

好了，回到二进制。可应用 (并复习) 上一节给出的二进制。现在实现在 197 上加 16。首先，197 的二进制是多少？

要转换的数字		197	69	5	5	5	5	1	1
位值		128	64	32	16	8	4	2	1
减		69	5				1		0
二进制数字		1	1	0	0	0	1	0	1

表格告诉我们是 1100 0101。16 是 2 的乘方，所以直接就是 1 0000。用正常格式把这个加法运算写下来：

```
  1100 0101     该二进制对应十进制：    197
+    1 0000     该二进制对应十进制：     16
-----------                           ---
  1101 0101     该二进制对应十进制：    213
```

加法运算很简单。可用二进制到十进制转换算法验证结果是 213。修改全部三个字节使该像素更亮 ( )。

为增大照片中剩余部分的亮度，我们为所有像素都加 16。她手腕上的一个像素具有灰度值，即二进制 1001 1101。这时需要进位：

1	进位	
1001 1101	该二进制对应十进制：	157
+ 1 0000	该二进制对应十进制：	16
1010 1101	该二进制对应十进制：	173

结果是灰度值 173(■)。

所有像素加 16 获得如图 8.7(b) 所示的较亮的照片。拿图 8.6 的色阶图来说，就是整个图都右移 16 个位置，结果如图 8.8(b) 所示。

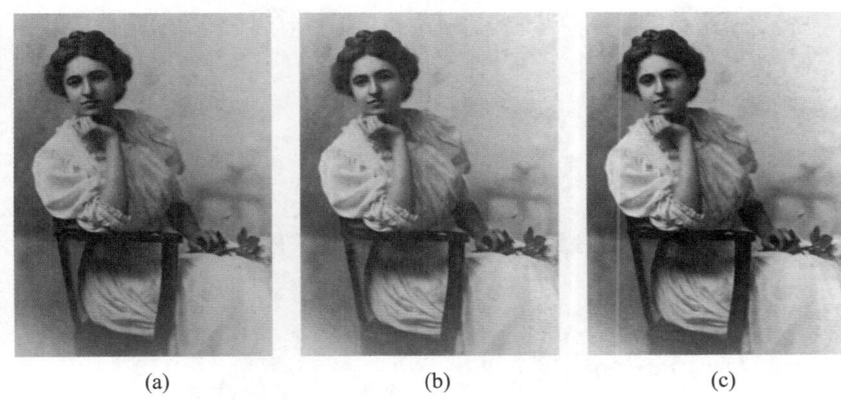

(a) (b) (c)

图 8.7 曾曾祖母照片的三个版本：(a) 原始照片；(b) “加 16”来提亮；(c) 提升亮区多于暗区来增强对比度

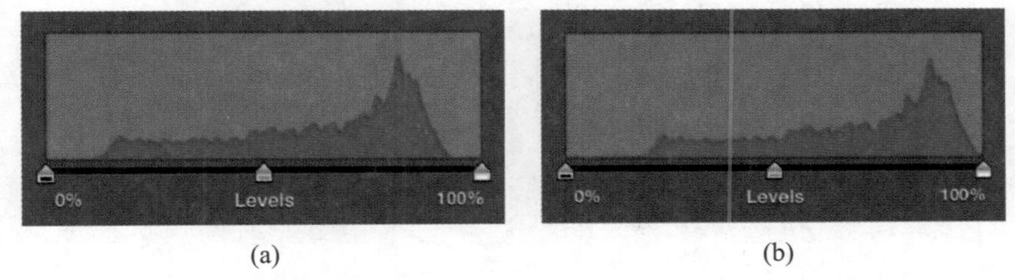

(a) (b)

图 8.8 曾曾祖母照片的色阶图：(a) 原始照片；(b) “加 16”来提亮；注意，整个图直接右移 16 个位置

8.2.4 对比度

增加亮度后，照片变得更亮了，但对照片的改进还不够。亮度增加一点就行，还需增加明暗部分之间的差异，即提高对比度。可用类似的思路来实现。

目标不是使色阶图右移，而是“拉伸”到右边。也就是说，和之前一样为每个像素加一个值，但这次为暗像素加小一点的值，为亮像素加大一点的值。使暗像素基本不变，同时明显增大亮像素，这样就提高了照片暗区和亮区的对比度，如图 8.7(c) 所示。

图 8.9 方便我们理解为每个像素加不同值的概念。顶部实线是原始色阶图 (图 8.6)

的像素值。最小像素值是 38，最大是 239。箭头表示渐进式地增大这些值 (变得更亮)，使其范围变成 38~255。

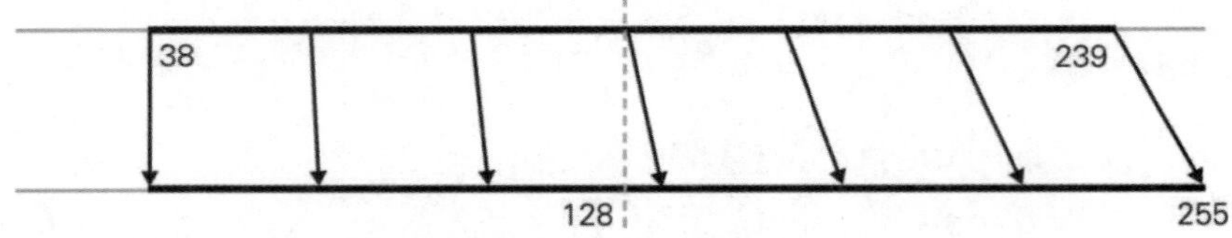

图 8.9　向右“拉伸”像素值，范围从 38~239 变成 38~255

其实就是将原始值转换成新值的一个过程。如图 8.9 所示，每个原始像素 Po 都减去范围中的最小值 (本例是 38):

$P_o - 38$

从而得到它在顶部那条粗线上的位置。这样方便确定要为每个像素位置增大多少；较小 (较暗) 数的亮度增大幅度应小于较大 (较亮) 数。然后要计算一个拉伸系数，原始像素值乘以该系数，就能将旧范围 (38–239) 拉伸至新范围 (38–255)。新范围的差值除以旧范围的差值，就得到该系数：

$$\frac{(255-38)}{(239-38)} = \frac{217}{201} = 1.08$$

乘以该系数后，再把原始范围的最小值加回去，就获得新像素的值 (在第二条线上的位置)，即 Pn。综上所述，新图片中每个像素的位置值公式是：

$$P_n = (P_o - 38)*1.08 + 38$$

注意结果取整。现在来验算一下，像素值 38 根本没变，而像素值 239 变成 255。再以像素 197 为例，它提亮了 13，因为：

$$\begin{aligned} P_n &= (197 - 38) * 1.08 + 38 \\ &= 159 * 1.08 + 38 \\ &= 171.72 + 38 \\ &= 209.72 \\ &= 210 \end{aligned}$$

而像素 157 提亮了 10，因为：

$$\begin{aligned} P_n &= (157 - 38) * 1.08 + 38 \\ &= 119 * 1.08 + 38 \\ &= 128.52 + 38 \\ &= 166.52 \\ &= 167 \end{aligned}$$

如图 8.7(c) 所示，结果很不错。曾曾祖母的头发变黑了，袖子上的细节更明显。当然，提高大于小于 1.08 都是可以的 (图形处理软件一般会提供一个滑杆供选择)。例如，可选择 1.12，并确保任何超过 255 的值都设为 255。

当然，计算机还是用二进制执行所有这些乘法运算，原理和十进制乘法一样。但具体细节超出了本书的范围。

8.2.5 添加颜色

之前一直在处理灰阶，没有用到图形编码的 RGB 特性。本节将修改子像素，不再让它们具有一样的值，从而实现为图片上色。只要一个像素的三字节值存在差异，我们就能感知到颜色。和上节一样，还是使照片不同部分的像素值发生不等量的变动。学习图形处理时，必须先学会识别照片的三部分：

像素类型	R 变动值	G 变动值	B 变动值
亮区 (高光)	+8	0	–4
中间范围 (中间色调)	+9	+6	–4
暗区 (阴影)	+15	0	–6

表中的数值是我希望子像素发生的变动。这些设置将获得类似于图片处理软件中的“复古”效果。你看到的是一种称为 Sepia 的棕褐色色调。

但是，具体如何定义照片的三个不同区域？可考虑将“亮区”定义成最亮的 25% 像素，“暗区”定义成最暗的 25% 像素。统计像素数量即可实现。

注意，照片总共有 600 × 800 = 480 000 像素。首先从像素值 38 开始。找出值为 38 的像素数量，将该数量加到 39 的数量上，结果加到 40 的数量上……直到获得约为 120 000 的总数。这就是设定的暗区像素总数 (480 000 的 25%)，即暗区和中间范围的分界线。经计算，在曾曾祖母照片中，最大的暗区子像素值为 134。再从另一端 255 开始，朝相反方向执行上述运算，得到亮区和中间范围的分界线。如图 8.10 所示，结论是最大的中间范围像素为 233。

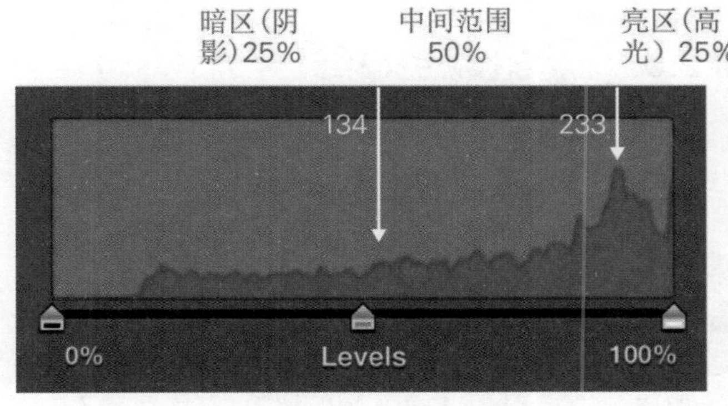

图 8.10　图 8.7(c) 的色阶图，以及亮区、中间范围和暗区的边界值

到此，亮区、中间范围和暗区的范围总结如下：

亮区 (25%)：	255~234	121 339 个像素
中间范围 (50%)：	233~135	239 540 个像素
暗区 (25%)：	134~38	19 121 个像素

虽然这些范围只是近似值，但不会影响照片质量 (像素数量太大)。

如图 8.11 所示，图片上色算法很简单。每个像素都先获取其红色子像素 (其实任何原色都可以) 的值，检查其范围 (明、暗、中间色调)。然后，根据上述色彩修正算法，对各个子像素执行加减运算即可。

图 8.11　灰阶变成棕褐色 (Sepia Tone)。方法是检查每个像素的范围：亮、中或暗。相应修改 RGB 三个子像素值即可

8.8　不再灰色

用本节的上色算法计算灰阶子像素值 1010 1100 的新值。

8.2.6　数字化颜色小结

颜色用三个量来表示：红色强度、绿色强度和蓝色强度，简称 RGB。这三个值共同构成一个像素，其中各个组成部分称为子像素。标准计算机设备为每种强度分配 1 字节，所以取值范围在 0 到 255 之间。由于强度值在计算机内部以二进制形式表示，所以软件能对图片进行“计算”。

我们用多种方式处理了一张扫描的黑白照片。首先为每个子像素加 16 来提亮。这种方式保留了灰阶 (全部三个子像素的值一样)，并使每个像素都更接近白色。图片变亮了，但还不够好。所以我们接着重新定义每个像素，根据它比最暗的子像素 (38) 大多少，分别增大不同的值。本来比较暗的少增加一点，本来比较亮的多增加一点。最后，我们单独处理 RGB 子像素值，使它们不再一样，从而实现为图片上色。我们用一个算法对图片的不同部分进行不同的颜色调整。商业图形处理软件执行这些转换时通常更复杂，能获得更具艺术性的效果，但基本原理是一样的。

通过图片转换，我们学习了二进制运算的基础知识。但这其实算是一种复习，因为我们已经知道十进制运算。两者是一样的，只不过只能用 0 和 1。

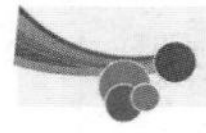

8.3 声音数字化

本节还是要讨论数字化，但这次要把重点放在声音而不是图片的数字化上，因为这相对简单，且同样有趣。数字化任何“连续”信息时，原理都是一样的。

物体(比如演奏打击乐时用到的钹)在某种介质(比如空气)中振动时会发出声音。这种振动会推动空气，导致物体释放出压力波，然后振动我们的耳膜。这些振动通过三个小的耳骨传到耳蜗处的小毛发，刺激神经，使我们感受到声波，并以声音的形式“听到”它们。推动力度或强度决定了音量或响度(volume)，而推动频率(每秒振动次数)决定了音高或音调(pitch)。图 8.12 展示了一个声波图，横轴是时间，纵轴是正负声压数量。

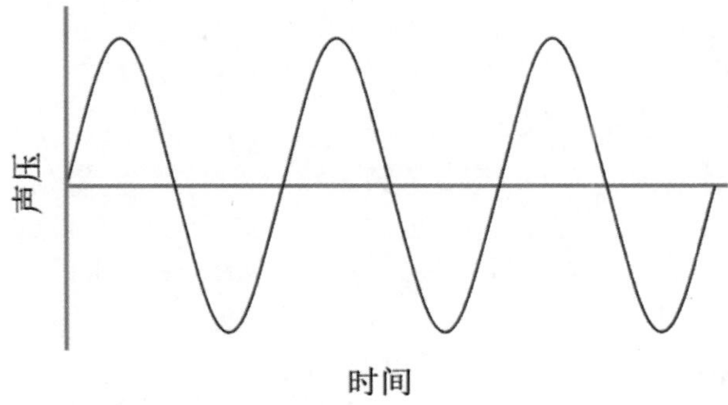

图 8.12　声波示意图。横轴是时间，纵轴是声压

从数字化角度来看，关键在于物体连续振动，产生持续变化的声波，这称为模拟或类比信息[①]。声波传输经过一个物体(比如麦克风)时，测量到的声压会平滑改变。如直接记录这种声压变化(就像最初爱迪生通过蜡桶上的划痕，以及后来通过黑胶唱片)，就获得了声波的连续(模拟)表示。原则上讲，声波的所有连续变化都已经被记录下来了。但是，数字化表示的工作方式有所区别。

8.3.1 模数转换

要数字化连续的信息，必须将其转换为二进制位。对于声波，可用二进制记录声波在任何指定位置高于或低 0 线的量，即正负声压值。

但是，应该在哪一点测量呢？一条线上有无数个点，数量太多，不可能记录声波的每一个位置。

采样

这时需要采样，即以固定间隔时间来测量。一秒内的样本数称为采样率或采样频率。采样率越高，就越能精准记录声波(如图 8.13 所示)。

① 模拟和类比是不同中文地区对 Analog 的翻译。——译注

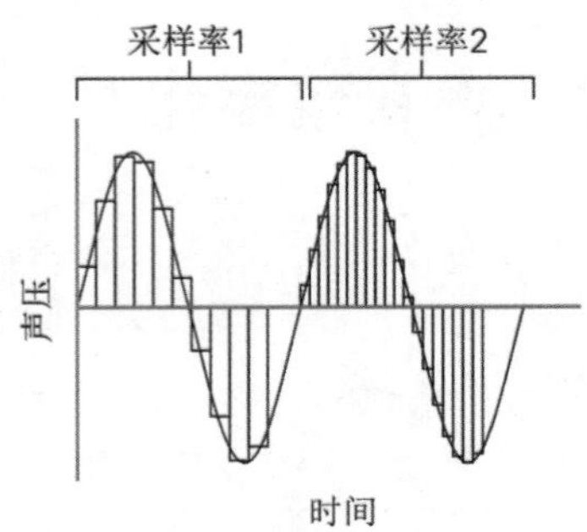

图 8.13 两个采样率：右边比左边高一倍

要多大的采样率

为了更好地记录声波，我们需要一个和声波频率联系起来的采样率。例如，如采样太慢，两个样本之间产生的声波将完全遗失。

幸好，我们有采样率的指导原则。电子工程学的 Nyquist 定理 (或称“采样定理”) 提到，采样率至少必须是最快频率的两倍。那么，我们预期的最快频率是多少呢？因为人耳能听到最高约 20 000 Hz 的声音，所以 40 000 Hz 的采样率符合录制数字化音频的 Nyquist 定理。但出于技术方面的考虑，最终为数字音频选择了略超过两倍的采样率：44 100 Hz。

ADC-CoDec-DAC

声音数字化过程如下：麦克风采集声音。由于麦克风将声波转换为电波，所以称为“转换器” (transducer)。该电子信号传给一个模数转换器 (Analog-to-Digital Converter，ADC)，它获取连续的声波，以固定间隔时间采样，输出每个样本的二进制数字。这些数字被压缩 (参考图 8.14) 并存储到内存。

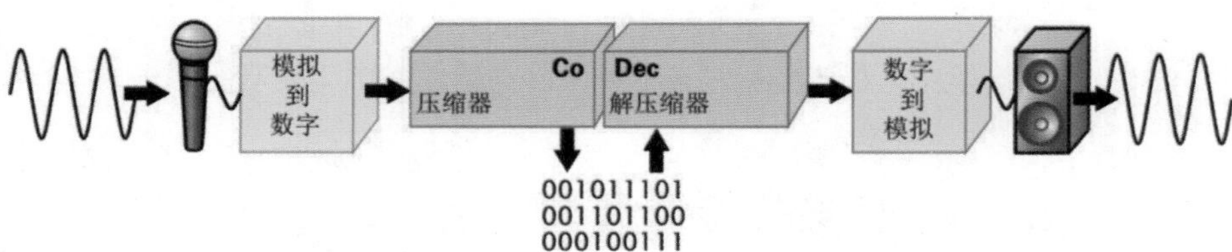

图 8.14 模数转换和数模转换原理

逆转该过程来播放声音：从内存中将压缩格式的二进制数读入解压缩器 (Dec)，后者生成适合播放的二进制数，并将其传给数模转换器 (Digital-to-Analog Converter，DAC)，它通过在值之间插值 (主动填充一些值，保证从一个值平滑过渡为另一个) 来建立电波。然后，将电子信号输入扬声器，后者将电波转换成声波，如图 8.14 所示。

每个样本多少位

数字化问题已基本解决，现在只需描述样本精度 (量化位数)。每个样本要想完全精确，都需要无限数量的二进制位。这当然不可能。我们已知每个二进制数都必须能表示正值或负值，因为声波有正声压和负声压。其次，位数越多越精确。例如，如果只用 3 位，其中一位表示符号 (＋或－)，那么剩余 2 位只能表示纵轴任意方向上总共 4 个位置中的一个。如图 8.15(a) 所示，用这么少的位，只能进行非常粗略的测量。多用一位，采样精度就会倍增。例如在图 8.15(b) 中，虚线间隔距离缩短了一半，能更准确地还原原始波形。

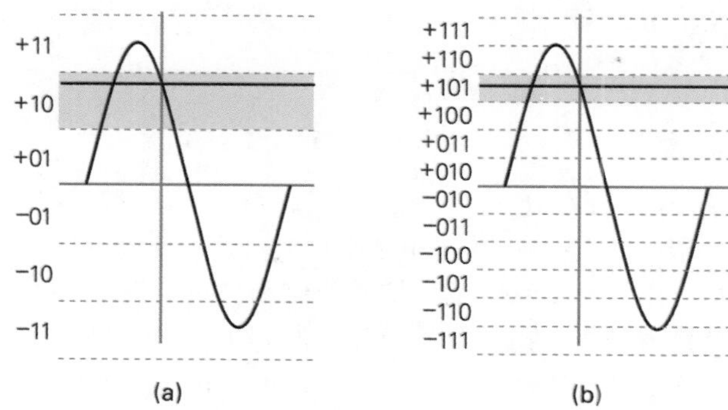

图 8.15　(a) 样本若只有 3 位精度，蓝色采样点显得很大，只能用 +10 粗略表示；(b) 增加一位后，样本精度提高了一倍

更多的二进制位使数字化更精确。音频数字化一般使用 16 位，在纵轴上能记录总共 216 = 65 536 个量化值，或者说 215 = 32 768 个正声压值，32 768 个负声压值。

非同凡响的一分钟

录制一分钟数字音频需要多少位？每秒钟 44 100 个样本，每个样本 16 位，共 60 秒钟。双声道立体声再乘以 2。结果是 84 672 000 位或 10 584 000 字节，约 10.5MB！一小时就是 635MB！最后一个数字决定了当年在设计 CD 时的容量选择。

8.3.2　数字化声音的好处

如本章之前所述，信息数字化的一个重要好处是可以对数字化的表示进行计算。

MP3 压缩

对值进行计算可压缩数字音频，即减少表示信息所需的位数。例如，交响乐团会制造许多人耳听不到的声音——有的过高，有的过低。我们的 ADC(模数转换器) 仍然会对这些频率进行编码 (不是为了去欺负狗狗，这本来就是编码过程的一部分)。对数字音频表示进行特殊函数运算，可将这些声波滤掉，同时不影响原始音质。这正是 MP3 采用的压缩方式。MP3 通常能获得超过 10:1 的压缩比，这意味着所需二进制位只有原先的十分之一。所以，一分钟的 MP3 音乐通常只需 1MB。MP3 之所以能在网上成为主流，就是因为它对带宽的要求不高。我们稍后就会讨论带宽 (位传输速率)。

可采用“修复”曾曾祖母照片的方式来“修复”录音。在演奏威尔第《安魂曲》的现场，如果有人在一个安静时刻发出咳嗽声，我们可以从录音中消掉这个声音。演奏可快进或慢放，不会影响音高、音量等。

MP3

MPEG 数字视频中的“音轨”称为 MPEG level 3 或 MP3。

复制录音

相较于模拟 (类比)，数字化表示的另一个重要好处是它们可以精确复制。如第 2 章所述，可复制文件 (其中包含用于还原声音的位)，同时不会丢失任何一点信息。用同一个系统播放原始音频和拷贝，根本听不出它们有任何区别。但如果是模拟信号，拷贝决不可能与原始录音制品一模一样。而且由于存在损耗，第一次 (第三次乃至第 100 次) 播放的效果绝对不如第一次。只要二进制位不发生变化，数字化录音绝不会出现这些问题。

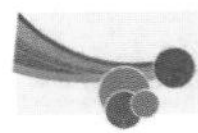

8.4 数字化图片和视频

数字图片由一长串 RGB 像素组成。图片自然是二维的，但我们想象像素在内存中依次排列，这是一维的。有多少像素呢？以每英寸 300 像素的精度扫描一张 8×10 英寸的图，总共 80 平方英寸，每平方英寸需要 300×300 = 90 000 个像素，整张图需要 720 万像素。每像素三字节，所以需要 21.6 MB 的容量来保存一张 8×10 英寸的彩色图片。

用 1.5 Mbps 速率的 Cable Modem 接收这张图片需要 115.2 秒 (约 2 分钟)。用 3~6Mbs 的无线电话 (LTE) 接收，可将时间缩短到将近 1 分钟。用最古老的拨号连接 (别问速率是多少！) 则需要超过 51 分钟 (比大学一堂课还长)。既然如此，网速不高的人在上网的时候，为什么很快就能看到一张大图呢？

8.4.1 图像压缩

压缩 (compression) 是指改变表示，用更少的位来保存或传输信息。例如，传真通常是很长的 0、1 序列，它对纸上的白 (0) 或黑 (1) 进行编码。这里不是发送全部 0 和 1，而是通过运行长度编码 (run-length encoding) 来利用 0、1 序列通常都很长这一事实。运行长度编码用二进制数来指定 0 的第一个序列 (run) 的长度，然后指定下一个 1 序列的长度，然后是下一个 0 序列的长度……以此类推。这对于长的 0、1 序列很有效，短的序列则不行。大多数时候，运行长度压缩都很好用。

运行长度编码是一种无损压缩方案，意思是能够完全还原 0 和 1 表示。第一个数指出要写多少个 0，第二个数指出要写多少个 1，第三个数指出要写多少个 0……以此类推。与此相反的是有损压缩，意思是不能根据压缩后的表示完全还原原始表示。MP3 是有损压缩，太高的音无法恢复 (但也没多大关系，反正我们听不到)。

汤姆的餐馆[①]

MP3 有损压缩技术之所以有效，原因是人们通常感受不到原始和压缩版本的区别。为评估其有损技术，开发 MP3 的工程师使用美国歌手苏珊娜 • 薇佳 (Suzanne Vega) 的歌曲 Tom' s Diner 来进行听众研究。这首歌反映的是她在纽约百老汇一次早餐上的经历。由于是清唱，所以很容易检测到编码问题。可访问 https://www.bilibili.com/video/av57279303/ 收听这首歌。

FLUENCY BYTE

GIF 编码

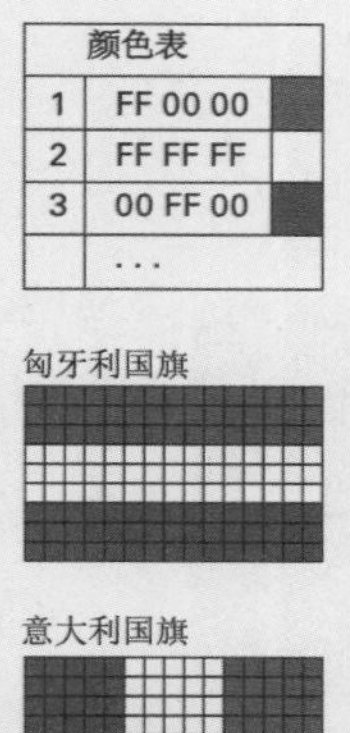

GIF 全称是"图像交换格式"(Graphics Interchange Format，GIF) 是图标、动画和简单美术作品的标准编码方式。GIF 是无损编码方案，对"行程编码"(Run Length Encoding，或称游程编码) 机制进行了扩展，不再只是对简单的 0、1 序列进行压缩。GIF 编码基于三个思路。第一，颜色数量限制在最多 256 色，这对简单的美术作品来说足够了。(还支持透明，可以看见背景。) 正是因为只允许 256 色，所以才有了第二个思路：不是用三字节 RGB 来表示颜色，而是建立一个颜色表，将所有 RGB 颜色放到一个表中，再根据一个字节的索引来引用不同颜色。换言之，如图所示，每种颜色都根据在表中的编号来引用。这两个思路实现了非常简洁的编码，记录颜色的"行程"就可以了，而不是记录 0 和 1 的"行程"。以存储匈牙利国旗图案的 huFlag.gif 文件为例，它首先给出图片大小 (像素单位)，后跟一系列"长度 : 颜色"对。其中，"颜色"就是颜色表中的索引：

```
huFlag: [15 × 9] 45:1, 45:2, 45:3
```

只需这么点数据，就能描述一幅 15 × 9 像素的匈牙利国旗。国旗前三行每一行都是连续 15 个红色像素，所以这个"行程"总共是 45 个像素。白和绿像素与此相似。不过，意大利国旗的编码就没这么简洁了：

```
itFlag: [15 x 9] 5:3,5:2,5:1,5:3,5:2,5:1,5:3,5:2,5:1,
                 5:3,5:2,5:1,5:3,5:2,5:1,5:3,5:2,5:1,
                 5:3,5:2,5:1,5:3,5:2,5:1,5:3,5:2,5:1
```

① 原文为 Tom' s Diner，薇佳创作的每一首歌曲都结合了三个元素：个人内在的认知；个人观察到的现象；个人的想像。——译注。

需要多个“三对长度 : 颜色一组”才能编码旗帜中的一行，总共需要 9 组。比较这两个例子，就知道水平方向的颜色“行程”越长，GIF 编码效率越高。下面对比了传统方式和 GIF 编码所需要的字节数：

直接像素编码 = 9×15 像素 × 3 RGB 字节 = 405 字节
匈牙利国旗 = 3 对“长度 : 颜色”× 2 字节 + 12 字节 (表格) = 18 字节
意大利国旗 = 9×3 对“长度 : 颜色”× 2 字节 + 12 字节 (表格)= 66 字节

这证明即便如此简单的图形 (只用到三种颜色)，也能省下好多存储空间。

再来说第三个思路，GIF 采用了 Lempel-Ziv-Welch(LZW) 压缩算法。该算法在图中查找特殊的像素模式，比如 5 个绿，然后 5 个白，再然后 5 个红，像处理颜色那样，将这些模式编码到表格中以便索引。

采用这个算法，意大利国旗所需的编码量与匈牙利国旗相差无几，只是会多用一些 CPU 时间。尽管如此，这个思路还是利大于弊的，尤其是在像意大利国旗那样垂直方向的颜色“行程”较长的时候。

最后说说“GIF”的发音，其发明者 Steve Wilhite 如是说道：“牛津英语词典列出了两种发音，但都不对。正确发音是 G 弱读，念作 jif”。(就像“Generous”当中的“G”的读法。)

8.4.2 JPEG

MP3 或许是最著名的压缩方案，紧随其后的是大家熟悉的 JPG。JPG 是我们日常的说法，省略了 JPEG 中的“e”(尤其是在文件扩展名中)。JPEG 由 ISO 的 Joint Photographic Experts Group(联合照片专家组) 发明，发音是“JAY • peg”。作为一种有损压缩技术，它和 MP3 一样，利用了有的东西“人类感知不到”这一事实，只是将声音换成了光线和颜色。

具体地说，我们对亮度 (技术上称为“流明”) 的细微变化很敏感。所以在压缩时，图片的亮度细节必须予以保留，否则未压缩和压缩版本之间的差异会非常大。但是，我们对颜色 (技术上说称为“色度”) 的细微变化不是很敏感。所以，如果有一大片色度相近的区域 (比如天空)，就可以混在一起当作一个色度，反正我们也注意不到有多大区别。换言之，一个像素就能代表一大片区域。技术上说，就是找出 RGB 值基本相同，只是靠右的小位 (最低有效位) 有所变化的像素，从中选一个像素来代表所有像素。

但是，当区域变大，两个区域的交界处呈现明显区别的时候，就不能这么讨巧了。如图所示，第一个方块从上往下逐渐变暗，但我们大多数人看到的都是“纯蓝”，基本上可以用一个像素代表全部像素。第二个方块则不同，一旦改变上半部分的全部像素来匹配最顶部那一行的颜色，中间的分隔线就会变得非常明显。上下两半的像素是如此不同，以至于一眼就能看出区别。

如图 8.16 所示，JPEG 仅需保持较小的区域即可进行 10:1 压缩，而不会出现明显的清晰度损失。但是，通常还可以增大压缩比。在图形软件中处理 JPEG 时，通常会提供一个滑杆控件来选择图片质量，完全可以尝试超过 10:1。好处是可以得到更小的文件，但图片最终会开始“像素化”，或者说出现“锯齿”。图 8.16(a) 的原始图片大小是 202KB，具有相机拍摄时的完全分辨率。以 10:1 压缩后，获得图 8.16(b) 的效果。此时文件大小为 20KB，基本看不出区别。图 8.16(c) 是 20:1 压缩后的效果，此时文件大小为 10KB。出于某些目的，该图片或许能接受，但已经开始有像素化的迹象了。例如，沙子看起来像噪点，而黄色雕塑开始变暗，不如原版那么圆润。最后，图 8.16(d) 完全像素化，此时压缩比是 25:1(8 KB)，呈现出一种另类的“艺术效果”。

(a) (b) (c) (d)

图 8.16 海滩上的救生圈雕塑 (400 × 300 像素)：(a) 原图 (202 KB)；(b) 10:1 压缩 (20 KB)；(c) 20:1 压缩 (10 KB)；(d) 25:1 压缩 (8 KB)

现在来划算一下得失：用 10:1 压缩来节省 180 KB 不会有明显损失。再节省 10KB 开始出现肉眼可见的区别。再节省最后 2KB 则使图片完全走了样。我们可以欺骗自己的感官，但要有限度。

8.4.3 MPEG

MPEG 是由 ISO 的“动态图像专家组”(Motion Picture Experts Group) 制定的压缩方案，采用和 JPEG 一样的原理，只是应用于影片。一方面，这个任务看起来似乎更简单，因为每张图(每一帧)的显示时间都不长，所以能对单张图进行更高比例的压缩。但另一方面，这个任务似乎更困难，因为一部影片需要那么多静态图片来合成。在MPEG压缩方案中，是先对每一帧进行JPEG类型的压缩，再计算“帧间相似性”(interframe coherency)。由于两个连续的静态图一般非常相似，所以MPEG压缩只需要记录和传输这两帧之间的“差值”。这样获得的压缩比非常高，使MPEG(以及其他压缩方案)极大降低了对带宽的要求，结果是我们能顺畅地在网站上看各种视频。

QR码是目前被广泛使用的二维码，是一种二维的、可光学识别的编码系统，用处比一维条形码广泛得多。QR码于1994年由丰田子公司Denso Wave的腾弘原发明，用于跟踪工厂中的零配件，其巧妙的设计便于从不同方向快速识别。QR码能处理日文汉字，并允许4级纠错。纠错等级越高，所需的二进制位越多。最高等级的纠错甚至能在QR码破损30%的情况下还原其内容。例如，即使将一支铅笔横放在下图的QR码上，它还是能被正常识别。

数据容量

数据类型	最多内容*
纯数字	7089字符
字母和数字	4296字符
二进制数(8位)	2953字节
日文汉字/假名	1817字符

*最大的尺寸具有最小的纠错等级

纠错选项

纠错等级	%还原度*
L	7%
M	15%
Q	25%
H	30%

*可恢复的破损量

QR码具有很复杂的结构，只有计算机才能搞定。注意，上图的QR码必须有4个单元的“安静区”围绕着它，那里什么都不能打印。图8.17(a)展示了各组件的标准布局，其中包括：位置符号或寻像图形(b)，在它们的专属角落里有自己的“安静区”；格式信息(c)，要重复两次；虚线(d)是定时标识；灰色的(e)编码内容和纠错。二进制位从右下角开始编码，一次赋两位(f)，并如此向上向左曲折移动，如遇其他组件需跳过或避让。实际的位赋值方式由编码的信息种类和纠错等级决定。

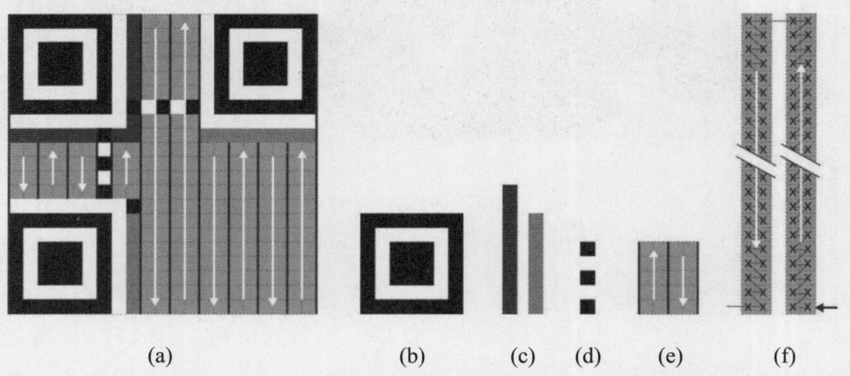

图8.17 QR码结构：(a)总体布局；(b)定位符号(寻像图)，每个都有自己的一个单元的“安静区”；(c)格式信息的两份独立拷贝；(d)定时符号；(e)数据区；(f)双位赋值模式，从(a)的右下角开始并持续

那么，上面的QR码到底说了什么？可用自己的手机或其他移动设备验证一下，它说“大家好，我是QR码，是最流行的二维码！”可访问www.qrstuff.com创建自己的QR码。

8.9 完美定时

如图所示的 QR 码是日语“連邦政府軍のご協力により、君達の基地は、全て CATS がいただいた。”，来自电子游戏《零翼战机》。这句话之所以出名，是因为被错误地翻译成英语“All your base are belong to us”。正确意思是：“在联邦政府军的协助下，你们所有的基地都已被 CATS 占领了。”数一数，定时行 (或列) 有多少个黑方块?

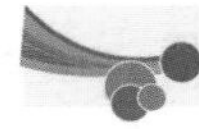

8.5 光学字符识别 (OCR)

不同形式的数字信息有不同的好处。例如，写满字的一张纸的 JPG 图片只描述如何为屏幕上的像素上色来显示这张纸，而不能让你搜索图片中的字。要实现这个功能，像素必须转换成文本，该过程称为光学字符识别 (Optical Character Recognition，OCR)，如图 8.18 所示。

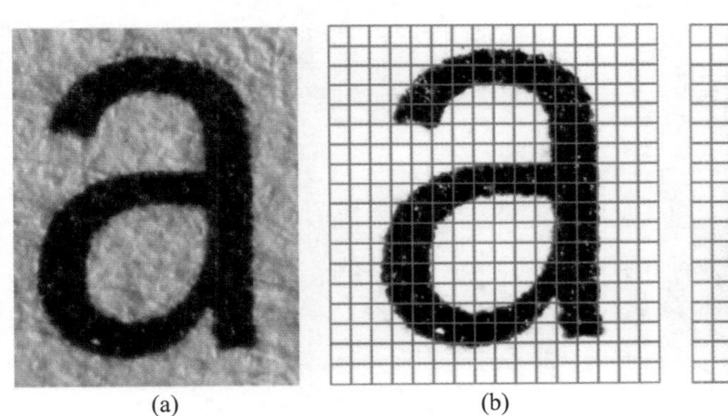

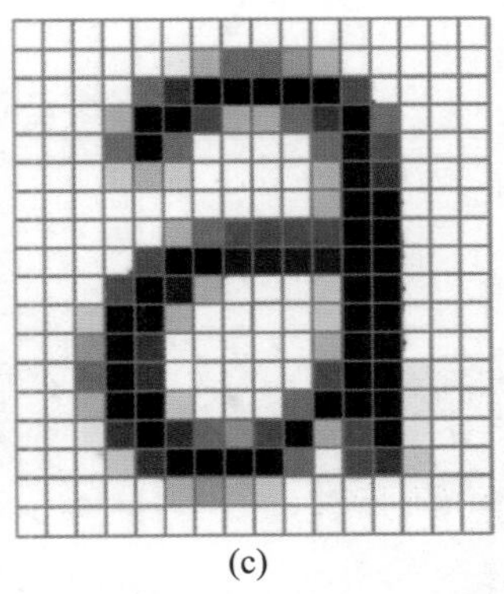

(a) (b) (c)

图 8.18 使用无衬线字体 (sans serif) 的小写字母 a：(a) 纸上印刷的模拟 (类比) 字母；(b) 为字母套上网格以显示采样点；(c) 被扫描仪或相机捕获后可能呈现的数字形式。每个像素都是对相应区域有多暗的一个估算

计算机扫描像素组来查找颜色发生变化的边缘，并用这些数据构建特性 (features)，即要识别的字符的特色组成部分。例如，一个“圆圈”、一个“竖线”以及一个“横线”可被识别为这个字母 a 的特性。根据边缘的连接方式，可识别出线和圆的模式。有了这些特性后，一个分类程序会将它们和字母表匹配，判断哪个最相近。可能发现与 a 有强相关性，与 d 有较弱相关性，甚至更弱的与 6 的相关性。最后，挑选好最有可能的字符后，有的 OCR 系统还能检查上下文，尝试判断组合起来是否有意义。

OCR 必须识别印刷文字的多种样式。例如，字母 a 在变成斜体后模样大不同 (a)。另外，所用的字体也是千变万化，例如：

gggggggggg

该字母的特性是两个圆圈，还是一个圆圈加一个尾巴？平时看文章时，我们很少会注意到这些区别，但 OCR 必须能分辨。

TTS 技术

OCR 最负盛名的应用或许是雷蒙德·库兹韦尔 (Raymond Kurzweil) 为盲人和视障人士开发的“文本转语音”(Text-to-Speech，TTS) 朗读机。1976 年问世的这台机器使用了一个平板扫描仪 (最初由库茨魏尔开发的技术) 来扫描阅读材料，将其识别成文本，并通过语音合成器朗读出来。无关字体的光学字符识别、大词汇表以及语音合成器，所有这些东西当年都要由库兹韦尔自己开发，而它们现在都已成为标准技术。朗读机以及反向的“语音转文本”机器显著改善了残障人士的生活质量和就业机会。盲人音乐家史蒂维·汪达 (Stevie Wonder) 在感谢朗读机改变了他的人生时说道：“它给盲人一个所有人都珍视的人生目标，那就是独立。”

雷和他的朗读机

Personal Reader，1988 年的机型

雷蒙德·库兹韦尔获得美国国家科技奖和勒梅尔森麻省理工学院创新奖，这相当于发明家的诺贝尔奖。(参考第 10 章最后的人物访谈。)

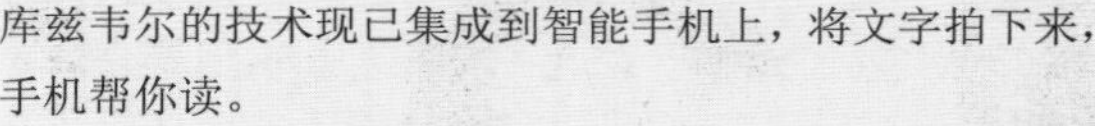

库兹韦尔的技术现已集成到智能手机上，将文字拍下来，手机帮你读。

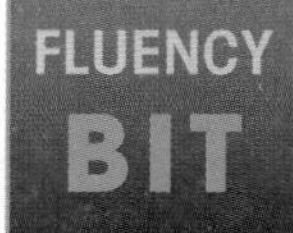

第一台阅读机

1954 年，丁·雷柏 (J. Rainbow) 演示了一台光学字符阅读机，能以每分钟一个字母的速度识别用打字机打出来的大写字母。

OCR 技术的应用

虽然 OCR 是一种非常复杂的技术，但它已成为主流。你可能已经有了一个 OCR 应用；如果还没有，在网上搜一下也很容易获得。

OCR 在商业上的应用包括邮件分类和金融。美国邮政服务通过一个系统来找出信封或明信片上的地址区域，能识别 400 种字体、判断邮编、生成 9 位条码、将条码喷到信封上并进行分类。该系统每小时能处理多达 45 000 份邮件，而且错误率控制在 2% 以下。在金融领域，自上个世纪 50 年代起就能读取支票底部的磁码。现在，人们更是用 OCR 来识别手写的支票金额数字，验证录入数据的工作人员是否操作正确。换话说，计算机负责对人进行检查。

人机验证

现在访问某些网站需通过所谓的 captcha(Completely Automated Public Turing test to tell Computers and Humans Apart，全自动区分计算机和人类的公开图灵测试) 功能完成人机验证，你需要分辨那些模糊的、扭曲的文字。该功能的目的是筛选“机器人”，也就是那些自动化访问网站，发布垃圾信息和广告，并欺骗别人访问恶意网站的程序。虽然 captcha 有点让人厌恶，但还是大致成功保护了网站免受攻击。程序员很努力地让真人容易识别 captcha 显示的文字，让电脑程序难以识别。但这是一场斗智斗勇、互有胜负的战争。2013 年秋，一家名为 Vicarious 的初创公司宣称能通过人工智能技术破解 90% 的 captcha。captcha 只好变得“更模糊”来防范这些机器人程序。但是，在它模糊得就连真人都不识别不出来之前，网站推出了名为 reCaptcha 的下一代系统。

扫描结果　This aged portion of society were distinguished from

OCR识别成　“niis aged pntkm at society were distinguished frow.”

其工作原理如下：不是故意创建模糊不清的单词，而是从印刷质量不好的典籍中选取 OCR 系统扫描后识别不出的单词，然后，reCaptcha 要求一组用户输入两个单词：一个已知，一个未知。如用户输入了已知正确的单词，一般也会对那个 OCR 系统搞不定的单词取得共识 (有错不要紧，只要大多数人一致)，这时就允许他们进入网站，而 reCaptcha 会将那个单词添加到自己的“已知”单词列表中。该过程用于帮助对数字化典籍进行纠错。

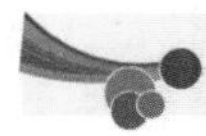

8.6 多媒体面临的挑战

虽然影音压缩帮了大忙，但网络视频偶尔还是会出现丢帧、像素化图片以及声音失真的问题。这毫不奇怪。延迟和带宽问题有时是无解的，再好的压缩技术也很难解决。

8.6.1 延迟的挑战

延迟是指信息从创建到传输至你的设备的时间，会显著影响我们的体验。网页不能很快加载，我们会烦躁不安。这种等待通常会带来不便。进行视频和语音通信时，长的延迟会破坏整个体验。没人愿意在聊天的时候断断续续，或者要花几秒 (而不是几毫秒) 的时间显示对方的影像。

延迟问题要么是因为服务器慢，要么是因为网络阻塞。在第一个数据包传到你的设备之前，压缩在这两种情况下都帮不上忙。不过，加载网页时压缩还是好用的，因为它能减少需要传输的数据量。降低延迟是一个常见的工程目标，但信息传输速度存在一个绝对限制：光速。最终，虚拟世界受制于实体世界。

8.6.3 带宽的挑战

和延迟紧密相关的是带宽，即信息在单位时间里的传输量。给定一个信息量(例如 10MB)，这么多信息通过给定带宽(例如 5MB/s)传输，可以计算出最佳延迟是 10/5=2 秒。但这只是理论值，会受其他因素影响。更大的带宽通常意味着更低的延迟。当然，最终延迟时间要受到光速和数据交换等因素的影响。

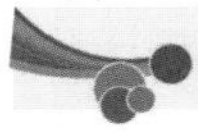

8.7 位就是位

回顾本章以及前几章，我们注意到 4 字节可以表示多种信息，从 ASCII 键盘字符到 0~40 亿的数字。这不是偶然，而是信息的一个基本属性，下面总结了该原则：

无偏通用媒介原则：所有离散信息都能用位来表示；位没有固有含义。

8.7.1 位：通用媒介

原则的前半部分(所有离散信息都能用位来表示)描述的是“通用”。离散的东西(它们各自独立)可用位来表示。最起码能为每个东西分配一个编号，再用二进制表示这些编号。但正如之前处理颜色时那样，完全可以采取更聪明的做法。用 RGB 值表示颜色，就能通过二进制运算来增减颜色强度。这比简单地说“黑为 0，紫为 1，黄为 2……”更有条理。通过明智地组织颜色，我们能轻松地对其进行计算和修改(比如改变亮度)。当然，如果信息是连续的(比如声音这样的模拟信息)，就必须先通过模数转换成为离散信息。但一旦数字化，这种信息一样可以用位来表示。

8.7.2 位：无偏

原则的后半部分(位没有固有含义)描述的是“无偏”(Bias-Free)。给定以下位序列：

0000 0000 1111 0001 0000 1000 0010 0000

我们没有办法知道它表示的是什么信息。该位序列的含义完全取决于计算机程序对它的解释。例如，这 4 个字节可以是一个 0 字节及随后的 RGB 强度值(241，8，32)。可以是对两个二进制数执行加法运算的一条指令。也可以就是一个二进制数，即十进制 15 796 256。

所以，位就是位，具体含义取决于软件对它们的解释。这意味着它们适用于任何一种信息。存储媒体只需保存 0、1 序列。正是因为存在这一原则，所以只需一种传输介质(例如 TCP/IP 包)，就能在网上传输任何种类的信息(文本、照片、MP3)。它传输是位，这就足够了。

8.7.3 位不一定是二进制数

自计算机首次进入公众视线，它用二进制数表示信息就成为一种“共识”。一些专家重新强化了这一观点，但它实际并不准确。计算机将信息表示为位。如前所述，位可被解释成二进制数，所以专家也没有说错。但是，位并非只能表示二进制数。可以把它们解释成 ASCII 字符、RGB 颜色或其他任何东西 (参见图 8.19)。

```
0000 0000 1111 0001 0000 1000 0010 0000 = 15 796 256，解释成二进制数
                                        = ■ 用后三个字节解释成RGB(241,8,32)颜色
                                        = ADD 1,7,17，解释成一条MIPS机器指令
                                        = NUL BS ñ ␢，解释成4个8位ASCII码—null, backspace,
                                          n-tilde, blank
                                        = L: +241, R: +280；解释成声音采样
                                        = 0.241.8.32，解释成IP地址
                                        = 00 F1 08 20，解释成十六进制数
```

图 8.19 演示“位就是位”原则。同样的 4 字节可以有多种不同的解释

就像之前修改曾曾祖母照片那样，程序有时会对位执行算术运算。但通常不会，因为算术运算对某些特定的信息解释来说没有意义。计算机用位表示信息。位是一种非常出色的媒介。

8.8 小结

本章讨论了信息的不同形式在计算机中如何表示，包括以下主题。

- 对于 RGB 颜色，每种原色的强度都是表示成二进制数的一个单字节数值
- 二进制的表示和运算原理和十进制数一样，只是限制只能使用两个数位，即 0 和 1。
- 二进制数要转换成十进制数，将每 1 的位值 (2 的乘方) 相加即可。
- 可对颜色强度值执行算术运算，从而实现“对表示进行计算”。例如，可对 19 世纪的一张老黑白照片进行提亮和上色。
- 对声音进行数字化时，采样率和样本精度 (位数) 决定了数字形式有多精确。未压缩的音频每分钟需要超过 8000 万位。
- 压缩使大文件更容易管理：MP3 用于音频，JPEG 用于静态图片，MPEG 用于视频。压缩之所以能减少位数，是因为移除了不必要的信息。
- 光学字符识别 (OCR) 技术使我们的世界变得更好。
- 无偏通用媒介原则是指通过通用 (万用) 的位表示和无偏 (无倾向性) 的编码具现了计算机所会的各种各样的“魔法”。

8.9 TRY IT 答案

8.1 对于字母，将左数第三位变成 1，就获得小写形式。

8.2 光剑交叉处变成品红 (或粉红)。

8.3 用户在一个蓝色背景上看到白色小写字母 a。

8.4 0100 0000 0000 0000 0000 0000

8.5 从 27 到 20；即 128, 64, 32, 16, 8, 4, 2, 1。

8.6 110 1110 = 128 + 64 + 8 + 4 + 2

8.7
```
  110 1001
 +110 0011
 ---------
 1100 1100
```

8.8 该 RGB 属于中间范围，所以计算 1010 1100+1001, 1010 1100+110, 1010 1100−100，结果是 1011 0101 1011 0010 1010 1000。

8.9 11 个方块。

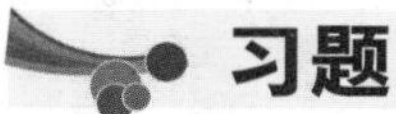

习题

选择题

1. 按从低到高的顺序排列以下代表绿色强度的二进制值：1111 1100，1111 1111，1100 0000，1111 0000。_______
   a. 1111 1100，1111 1111，1100 0000，1111 0000
   b. 1111 1111，1100 0000，1111 0000，1111 1100
   c. 1111 1111，1111 1100，1111 0000，1100 0000
   d. 1100 0000，1111 0000，1111 1100，1111 1111

2. 蓝色的 RGB 设置是 (0 代表关，1 代表开) _______。
   a. 0000 0000 0000 0000 0000 0000
   b. 1111 1111 0000 0000 0000 0000
   c. 0000 0000 1111 1111 0000 0000
   d. 0000 0000 0000 0000 1111 1111

3. 人们对 _______ 的小变化很敏感，但对 _______ 的小变化不敏感。
   a. 亮度，颜色
   b. 颜色，亮度
   c. 亮度，对比度
   d. 颜色，对比度

4. 模拟信息是 _______。
   a. 离散的　　b. 连续的
   c. 随机的　　d. 数字化的

5. 根据 Nyquist 定理，声音的采样频率至少应为 _______。
   a. 人耳能听到的一半　　b. 与人耳能听到的一样
   c. 人耳能听到的两倍　　d. 人耳能听到的三倍

6. 数字化声音的精确度由 _______ 决定。
   a. 采样率　　b. 样本精度
   c. 数字化文件的大小　　d. 以上都对

7. 音频数模转换器 _______。
   a. 将数字信息变成模拟声波
   b. 将连续的声音转换成数字声音
   c. 将声音转换成电子信号
   d. 设置近似值

8. GIF 在显示垂直或水平色带 (连续重复的一种颜色) 时，哪种显示效果更好？ _______
   a. 垂直　　b. 水平
   c. 都不好　　d. 都好

9. Jessica Simpson 的“A Little Bit”这首歌的长度是 3 分 47 秒。计算未压缩的原始音频需要多少位。 _______
   a. 1 411 200　　b. 40 042 800
   c. 84 672 000　　d. 320 342 400

10. Raymond Kurzweil 是以下什么技术的发明者？ _______
    a. 计算机科学　　b. 文本转语音 (TTS)
    c. 图像压缩　　d. 虚拟现实

填空题

1. RGB 值用三个 _______ 来存储。

2. 信息传输速度再怎么快也快不过 _______。

3. 如某个颜色的 RGB 子像素强度值相等，该颜色要么是 _______，要么是 _______，要么是某个灰阶。

4. 转换数值来创建模拟声音的过程称为 _______。

5. _______ 声音会在压缩过程中移除最高和最低的采样。

6. 像素的颜色只由颜色的 _______ 决定。

7. 在 OCR 输出中，每个像素都是对相应区域有多 _______ 的一个估计。

8. 在计算机上，_______ 是指用更少的位存储或传输信息。

9. 允许计算机识别印刷文本的过程称为 ________。

10. 增大明暗部分的差异来提高照片的 _______。

11. 将模拟声音转换成数字声音时，位数越 ________，数字化的结果越准确。

12. JPEG 用于压缩静态图片，而 ________ 用于压缩动态图片 (影片)。

13. ________ 原则指出，位可以表示所有离散信息，即使这些位本身没有固定含义。

14. GIF 图片限制最多 ________ 色。

简答题

1. 解释“位就是位”以及“位没有固有含义”。
2. 在本章介绍的十进制转二进制算法中，如何确定“位值”表行的第一个 2 的乘方？
3. 将 1492 和 1776 转换为二进制，计算两者之和，以二进制形式显示结果。列出步骤。
4. 对二进制数 1011，1001，110 和 1100 执行二进制加法。
5. 将 168 和 123 转换为二进制，计算两者之和。每个数要用多少字节来表示？答案需要多少字节？
6. 如何移除照片中的“红眼”？详细解释你的算法。
7. 说明如何将每英寸 300 像素的图片转换为每英寸 100 像素的图片。
8. 列举 OCR 系统的三种应用。
9. 针对音乐 CD，解释录音棚中一名歌手的声音如何传到和你的计算机连接的耳机？
10. 为什么 JPEG，MPEG 和 MP3 都被视为算法？
11. 用 25 KB/s 的带宽传输 225 KB 的信息，理论上的最佳延迟是多少秒？
12. 列举用 4 字节的信息能表示的五种信息。脑洞可以开大一点，多利用前几章讨论的内容。详细解释每种信息。
13. 解释彩色光源和颜料的区别。解释时请提供一些具体例子。
14. 列举数字声音相较于模拟声音的三个优点。有没有缺点？详细解释你的答案。
15. 假定有一个小文件包含如下所示的 0、1 序列，用“运行长度编码”压缩它。

    0000 0000 1100 0000
    1111 1111 0011 1111
    0011 1111 0000 0000
    1100 0000 0000 0000

16. MP3 是无损压缩方案，会丢失一些信息。为什么我们还能接受？
17. 开发一个算法从下面这句话中移除特定字母，同时大多数人仍可以看懂：

    “Ultimately, new technical advances transform every facet of human life and society.”

    (最终，新的技术进步改变了人类生活与社会的方方面面。)

CHAPTER 9

计算机工作原理：按指令行事

学习目标

- 理解软件栈的原理和用法
- 理解获取 / 执行周期，列出它的 5 个步骤
- 理解内存、控制单元、算术 / 逻辑单元 (ALU)、输入和输出单元以及程序计数器 (PC)
- 理解操作系统的作用
- 理解编译器的作用
- 理解如何用（大量）简单指令完成大型任务
- 理解集成和光刻在集成电路中的重要性

CHAPTER 9

不要怕别人偷窃你的创意。只要是你原创的，你就卡住了他们的脖子。

——霍华德·艾肯

作为工具，计算机只是使我们的文化泛起了浅浅波澜。而作为对人类智力的挑战，计算机掀起的轩然大波在人类历史上是史无前例的。

——艾兹格·迪科斯彻

本章要介绍信息技术最重要的两项发明，它们在历史上最重大的技术成就中具有显著地位：计算机和集成电路 (Integrated Circuit，IC)。两者都复杂且精密，但都基于浅显易懂的原理。将这些原理推到极致会使技术“神秘化”，这超出了我们现阶段的需求。但是，我们确实应该学习一些原理，它们一点也不神秘。一个没有活动件的小方形硅芯片能按指令行事，并为我们做所有奇妙的事情，这确实令人惊讶，但其中没有魔法。通过学习一些原理，就能明白平时再熟悉不过的上网搜索终究还是电子的功劳。

首先讨论当代软件开发，因为我们最熟悉的就是当前在计算机上运行的应用。从这段简短的讨论中，可以更清楚如何指挥一台计算机。然后讨论了获取 / 执行周期。接着，我们描述了计算机的部件、如何连接这些部件以及各自的作用。我们概括了这些部件如何执行指令，并通过一个详尽的例子演示计算机如何以一种直白的方式工作。随后讨论了软件和操作系统，解释一台只具有基本功能的计算机如何实现各种各样惊人的效果。最后解释了集成电路背后的总体思路，以及半导体技术的工作原理。

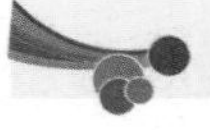

9.1 app 无所不能

计算机是大多数人日常生活中不可或缺的东西。手机不是计算机？大错特错！一台手机包含好几台计算机，分别用于满足我们的不同需求：和别人通话、查找到不熟悉的目的地的路线、娱乐、监视健康指数、拍照……等。执行这些操作时，我们一直都在计算。计算机能做如此多的事情，看起来就像是一种魔法。当然，事实上不是。手机不过是几种基本原理的工程应用。笔记本电脑、照相机、平板电脑、iPod、台式机、GPS 导航仪、电视机和其他所有电子设备莫不如是。虽然实现这些“魔法”需要令人惊叹的工程技术，但原理都很容易明白。工程方面的问题留给别人，我们关注计算的原理就好了。

9.1.1 非常嫌疑犯①

本章末尾讨论了计算机在启动一个应用后的前几纳秒所做的事情，目的是让你明白所谓的“魔法”实际是怎样实现的。作为致力于学习 IT 的你，其实已经明白了其中的一些道理。下面这个列表通过更多细节以正视听。

处理器

随着计算机深入我们的日常生活，我们为“计算机”这个词引入了多种不同的非正式含义。例如，实际执行计算的设备是处理器，这是它的技术名称，但人们平时用多个术语来指代它，包括计算机、微处理器、中央处理器、CPU(中央处理单元) 和核心等。真正干活的是处理器；也就是说，它按程序的指令行事。

操作系统

处理器本身能做的事情其实很枯燥，就是加、减、将数据从这里移动到那里……等。简单又快。操作系统 (Operating System，OS) 是将计算机变得真正有用的软件。它执行所有适用于所有应用的操作，包括加载程序、与多个应用共享内存、定位文件……等。

软件

用户感受到的“魔法”来自应用，也就是在手机、笔记本电脑、平板电脑等设备上跑的程序，我们将之称为软件。硬件纯粹按程序的指令行事，所以必须先由一些人 (即程序员) 写好指令。程序员说什么，计算机就干什么。所以，其实“魔法”主要是程序员的功劳。

---

① 本节原标题是“The Usual Suspects”，这是 1995 年一部电影的名字，又名《刺激惊爆点》(台) /《普通嫌疑犯》/《幕后嫌疑犯》/《嫌疑惯犯》。作为本节标题，意思是梳理一些术语，澄清你的一些疑惑。——译注

指令

那么，计算机指令到底长什么样？或许不是一些人所理解的“把今天的家庭作业做了”。指令其实令人难以置信的简单。从表面看，如此微不足道的操作似乎任何有用的事情都干不了。但是，如果这样的操作每秒执行几十亿次呢？哇！应用突然就有用了！显然，这正是我们每个人都想要快速计算机的原因。

获取 / 执行周期

获取 / 执行 (Fetch/Execute) 这个术语听起来怪怪的，但其实就是执行一条指令 (做指令要求的事情) 的过程。执行指令正是处理器所做的事情。我们认为是程序在命令计算机做某事，所以才有了“指令”这一说法。事实上，计算机的早期岁月正是将指令说成“命令”(orders)。执行计算机指令的另一个常见说法是要求计算机“解释”指令。

内存 / 存储器

如第 7 章和第 8 章所述，位 (0、1 序列) 是信息的通用媒介。当然，是内存 / 存储器 (memory) 在存储这些数不清的 0 和 1。程序和数据都用位来编码。进行计算时，获取 / 执行周期从内存获取程序和数据的二进制位，并将数据位放回内存。

硬件组件 (硬件)

第 8 章讨论了 RGB 显示器如何将二进制位转换成屏幕上显示的图像。还有其他一些有意思的硬件。其中最基本的就是实现这些功能的晶体管和硅芯片。其工作原理同样基于你熟悉的概念。小身材，大作用，它们真的令人惊讶！

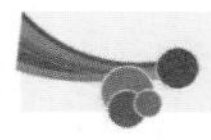

9.2 不要畏惧软件

我们知道应用 (app) 是软件，但具体是什么意思呢？下载一个新的应用时，获得的是一个超长的位序列。几百万个二进制位都是少的。虽然是由一组程序员创建这些位，但他们并不需要一个接一个敲入。以后会解释这些位是如何生成的。目前只需关心程序员为了创建软件需要做什么。

图 9.1 的程序代码显示一个启动屏幕 / 欢迎屏幕 (splash screen)，也就是在应用程序进入工作状态前显示的一个画面。该启动屏幕先淡入再淡出，最后进入实际的应用程序界面。代码由 Microsoft 提供，采用的编程语言是 C#(读作 C-sharp)。C# 是进行应用程序编程的常用语言。

```
SplashScreen1.cs 2.79KB
/****************** Module Header *********************\
* Module Name: SplashScreen1.cs
* Project:     CSWinFormSplashScreen
* Copyright (c) Microsoft Corporation.
\*******************************************************/

#region Using directives
using System;
using System.Drawing;
using System.Windows.Forms;
#endregion

namespace CSWinFormSplashScreen
{
   public partial class SplashScreen1 : Form
   {
      System.Windows.Forms.Timer t = new System.Windows.Forms.Timer();
      bool fadeIn = true;
      bool fadeOut = false;

      public SplashScreen1()
      {
         InitializeComponent();
         ExtraFormSettings();
         // If we use solution2 we need to comment the following line.
         SetAndStartTimer();
      }

      private void SetAndStartTimer()
      {
         t.Interval = 100;
         t.Tick += new EventHandler(t_Tick);
         t.Start();
      }

      private void ExtraFormSettings()
      {
         this.FormBorderStyle = FormBorderStyle.None;
         this.Opacity = 0.5;
         this.BackgroundImage = CSWinFormSplashScreen.Properties.Resources.SplashImage;
      }

      void t_Tick(object sender, EventArgs e)
      {
         // Fade in by increasing the opacity of the splash to 1.0
         if (fadeIn)
         {
            if (this.Opacity < 1.0)
            {
               this.Opacity += 0.02;
            }
            // After fadeIn complete, begin fadeOut
            else
            {
               fadeIn = false;
               fadeOut = true;
            }
         }
         else if (fadeOut) // Fade out by increasing the opacity of the splash to 1.0
         {
            if (this.Opacity > 0)
            {
               this.Opacity -= 0.02;
            }
            else
            {
               fadeOut = false;
            }
         }
            // After fadeIn and fadeOut complete, stop the timer and close this splash.
         if (!(fadeIn || fadeOut))
         {
            t.Stop();
            this.Close();
         }
      }
   }
}
```

图 9.1 该 C# 程序显示先淡入再淡出的一个启动页

注意，该软件以下特点。

- 代码很少，每行只用了几个符号。创建该软件不需要敲入很多字。
- 大多数蓝色单词是普通英语单词，比如 using，if，this，true 和 false。它们命名了 C# 程序员能利用的功能。其他语言用一套类似的单词来命名类似的功能。
- 还有许多单词由多个普通英语单词组合而成，比如 SetAndStartTimer()。这些是程序员自己定的名称，引用某个操作 (比如本例) 或数据值 (比如 fadeOut)。

虽然输入这些符号不需要多少时间，但它们非常、非常特别。出了一处打字错误，程序就有了一个 bug。

9.2.1 决定做什么

图 9.1 的代码虽然目前看起来像是一堆乱码，但即便你不是程序员，也能大致猜到它做的事情。例如，程序员 (就叫阿三哥好了) 在几个地方执行了测试。在算法中测试并对结果执行操作很常见，所以任何语言都有一个称为 if 的指令。它询问一个 true/false(真 / 假) 问题，如果计算机发现答案是 true，就做一件事情，如果答案是 false，就做另一件事情。

阿三哥在代码中部位置使图片淡入，这时有一个测试：

```
if (this.Opacity < 1.0)
{
   this.Opacity += 0.02;
}
// After fadeIn complete, begin fadeOut
else
{
   fadeIn = false;
   fadeOut = true;
}
```

*if*语句和它的测试

测试结果为true就执行这里的指令

*else*语句：否则执行后面的指令

测试结果为false就执行这里的2个指令

实际要测试的问题在 if 后面的圆括号中；其余代码都在说要根据结果做什么。阿三哥想检查启动屏幕所用图片的不透明度 (即图片有多透明)。如果 Opacity 等于 1.0 或更大，表示完全不透明；否则多少有些透明。测试问题如下：

```
this.Opacity < 1.0
```

Opacity 要么小于 1.0，要么不小于，所以有两种结果。

如果 Opacity 小于 1.0，图片必然仍处在部分透明的状态，所以仍在淡入 (fade in)。这是条件为 true 时的结果，所以下一条指令 (this.Opacity += 0.02) 告诉计算机继续增大不透明度。该指令使不透明度稍微增加一点。如测试结果为 false(Opacity 等于 1.0 或更大，表明图片已完全淡入，或者说画面已全亮)，阿三哥用一个 else 指令告诉在这种情况下要做的事情。这是“否则”情况。阿三哥使用两条指令 fadeIn = false 和 fadeOut = true 告诉计算机切换操作并开始淡出。这些指令每几毫秒就重新执行一遍，造成图片淡入，变得完全不透明，再淡出。

程序员就是这样告诉计算机测试数据，并根据结果从两套指令中选择一套。

9.2.2 软件层

除了刚才展示的代码，完成图片淡入淡出还需要其他无数条指令，但阿三哥似乎没写其中任何一条。例如，图片的不透明度总共增加 50 次，以营造“淡入”效果。递增的间隔时间由一个计时器控制。该计时器是操作系统的软件栈 (software stack) 提供的一个软件。阿三哥能直接使用，不必亲自写它的代码。该软件已经开发好了，拿来就能用。为理解这个过程，可回顾一下第 1 章讨论过的“软件栈”的概念，并参考如图 9.2 所示的 Microsoft 软件栈。

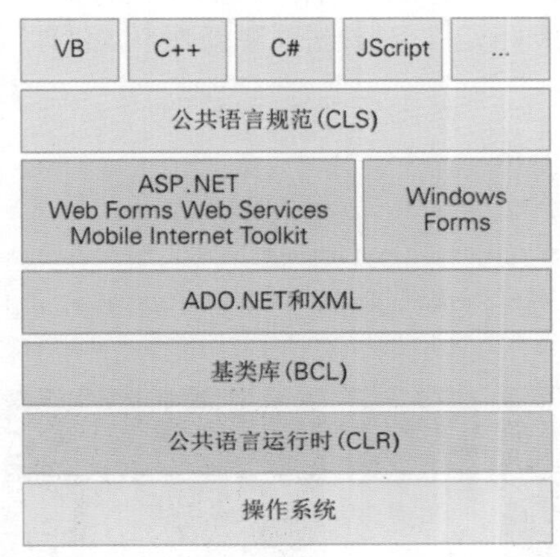

图 9.2 Windows .NET 软件栈

在这幅图中，未显示的应用 (app) 位于 C# 等编程语言上方。同样未显示的硬件位于操作系统下方。位于两者之间的就是我们日常使用的软件所使用的各个层。“层”从概念上将执行相似操作的软件分组到一起。由于任意一层都是利用其下方各层的代码构建的，所以按照从下向上的顺序，是从最基本的层 (底层) 到最常规和最高级的层 (上层)。

在图 9.1 的代码中，阿三哥列出了三行以 using 开头的代码：

```
#region Using directives
using System;
using System.Drawing;
using System.Windows.Forms;
#endregion
```

这些代码帮助系统寻找阿三哥要在代码中使用的来自软件栈的特定项目或者整个层。例如，System.Windows.Forms(指定的第三个层) 包含计时器代码以及设置屏幕图像不透明级别的代码。以前已经有人写好了程序来设置计时器，启动它，在计时器“触发”时唤醒应用。阿三哥和其他任何人可以直接使用这些程序。

这个启动屏幕应用演示了第 1 章提及的两个强大概念，它们使软件变得越来越好。

成果共享

共享实现了常用操作的程序库，程序员不仅省了好多事，还能利用别的程序员的知识。由于存在这些现成的程序，程序员只需关注自己想要实现的新的、有趣的功能，不必在需要执行某些共通的操作时，重复写别人已经写好的代码。所以，毫不意外，你喜欢的每个应用都有数以千计的程序员参与贡献。

广泛使用和一致性

栈中的软件可能被广泛传播。例如，为字处理软件开发的拼写检查代码添加到软件栈之后，便可在用户输入单词的任何应用程序中使用。此外，由于是相同的代码，所以在不同应用中的工作方式是一样的。最后，如果排除了一个 bug，或者进行了一处改进，更新那个实例即可使所有应用受益。

编程先锋

在 ENIAC 上编写并运行程序的第一代美国程序员全是女性，包括 Kathleen McNulty，Mauchley Antonelli，Jean Jennings Bartik，Frances Snyder Holberton，Marlyn Wescoff Meltzer，Frances Bilas Spence 和 Ruth Lichterman Teitelbaum。她们从计算师 (computer) 行业选拔而来。在电子计算机发明之前，这个行业用机械计算器解决复杂数学问题。

左上开始顺时针：Kathleen McNulty，Mauchly Antonelli，Jean Jennings Bartik，Frances Snyder Holberton 和 Marlyn Wescoff Meltzer
从上向下：Frances Bilas Spence(ENIAC 照片右方也是她) 和 Ruth Lichterman Teitelbaum

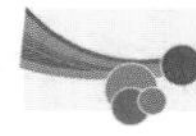

9.3 指令执行引擎

如何将程序转换成计算机能执行的形式，关于这一点还有许多需要解释，但首先要理解这是一种什么形式。所以，我们接着将处理器视为一种指令执行引擎，进而引入“获取 / 执行周期”的概念。

9.3.1 获取 / 执行周期

将计算机视为“指令执行引擎”，意味着机器循环执行一系列操作，每轮执行一条指令。这正是计算机的设计思路。这里的“引擎”是获取 / 执行周期 (Fetch/Execute Cycle，F/E Cycle)，用硬件来实现。获取 / 执行周期包括 5 个步骤：取得下一条指令，判断要执行什么操作，收集执行操作所需的数据，执行操作，保存结果。如此反复。这是一个简单的过程，但一秒内重复数十亿次，就能完成许多任务。

获取 / 执行周期的 5 个步骤都有其标准名称，而且由于这些操作在一个无休止的队列中重复，所以经常用一个箭头从最后一步指向第一步以体现循环，如图 9.3 所示。步骤名称和刚才描述的各种操作对应。但真正的获取 / 执行周期要比这复杂一些。指令像什么样子？如何定位下一条指令？需要获取指令和数据时，从哪里取？取到哪里？

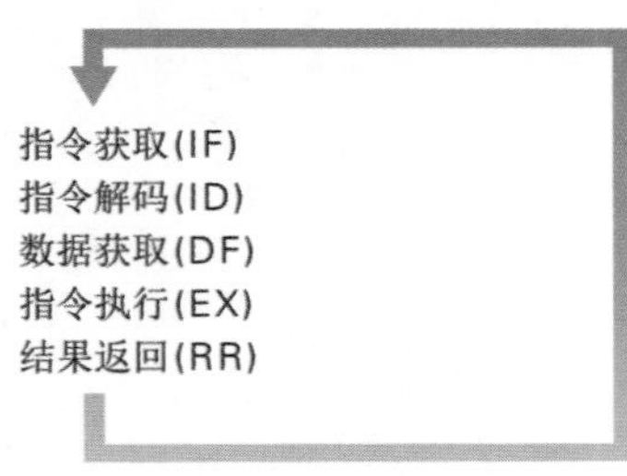

图 9.3 获取 / 执行周期

9.3.2 剖析计算机

为了理解获取/执行周期的工作原理，首先需要知道计算机的各种部件如何布置。无论用什么技术来实现，所有计算机都有 5 个基本部件或者说子系统：内存、控制单元、算术/逻辑单元(Arithmetic/Logic Unit，ALU)、输入单元以及输出单元。它们如图 9.4 所示来布置。注意，获取 / 执行周期有 5 个步骤，计算机也有 5 个子系统，但这纯属巧合。肯定有关系，但并非一一对应。

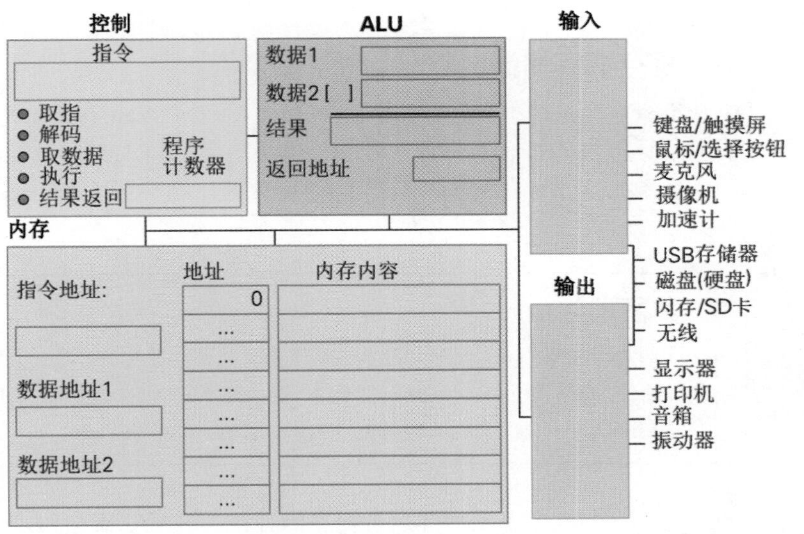

图 9.4 计算机的 5 个基本子系统：控制单元、内存、ALU、输入单元和输出单元（罗列了常见的输入 / 输出设备）

下面简单说明 5 个子系统的特点。

内存

内存负责保存正在运行的程序及其操作的数据，具有以下特点。

- 离散的位置。内存由一系列离散位置组成，就像公寓楼的邮箱。现代内存的每个位置都由 1 字节构成。
- 地址。就像邮箱，每个内存位置都有一个地址，不过计算机内存地址是从 0 开始的整数。
- 值。内存位置记录或存储值，就像装了一封信的邮箱。
- 有限容量。内存位置的容量有限 (大小有限)，所以程序员要注意数据可能无法“放入”内存位置。

字节大小的内存位置

图 9.5 演示了上述特点，这是一个常见的计算机内存示意图。离散的位置用框来表示。每个位置的地址显示在框上。内存位置的值或者说内容显示在框内。

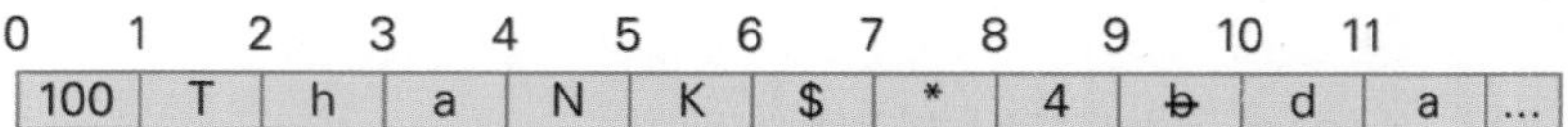

图 9.5 计算机内存示意图，演示了它的关键特点：字节大小的离散位置，每个位置都有自己的地址和内容

1 字节长的内存位置足以存储一个 ASCII 字符 (字母、数字或标点符号) 或一个小于 256 的整数。所以，一个内存位置的容量非常有限。为克服这个限制，程序员直接使用一系列内存位置，忽略各自都有独立地址这一事实。也就是说，程序员将第一个内存位置的地址当作一整块内存的地址。

随机存取存储器

计算机内存是随机存取存储器 (Random Access Memory，RAM)。“随机存取”表示计算机能按任意顺序引用内存位置。RAM 的容量单位是 MB(兆字节) 或 GB(千兆字节)。内存容量自然越大越好，这样便有更多空间来存储程序和数据。

美丽的词头

词头能“变化单位”，所以极大或极小的量能用合理大小的数来表示。希腊神话《特洛伊的海伦》里面有一句话：“她的一张脸就能发动 1000 艘船。”发动一艘船所需要的美貌是千分之一海伦，即 0.001 Helen，或者说 1 milliHelen。

总之，内存就像一系列打上了标签的容器，这些容器称为“位置”。地址是位置的编号，在位置上存储的值或信息是容器的内容，每个容器大小固定。

免费内存

M(Mega) 词头代表百万 (或者说 1 兆)，所以 1 兆字节应该是 1 000 000 字节。但事实上 1 兆字节是 1 048 576 字节。为什么？计算机要为每个 1 字节内存位置关联一个地址。一百万地址需要 20 位。但用二进制来计数的话，20 位最多支持 220 = 1048576 个地址。所以，为保证每个 20 位地址都有对应的 1 字节内存位置，必然会多出 48576 个“免费”字节。所有内存都提供了这一“福利”。

图 9.6 列出和常用词头对应的数字。这种词头在日常生活中引用的是 1000 的某个乘方。但是，如果用二进制来计数 (例如内存容量)，引用的就是 1024(210) 的某个乘方。

1000^1	kilo-	$1024^1 = 2^{10} = 1,024$	milli-	1000^{-1}
1000^2	mega-	$1024^2 = 2^{20} = 1,048,576$	micro-	1000^{-2}
1000^3	giga-	$1024^3 = 2^{30} = 1,073,741,824$	nano-	1000^{-3}
1000^4	tera-	$1024^4 = 2^{40} = 1,099,511,627,776$	pico-	1000^{-4}
1000^5	peta-	$1024^5 = 2^{50} = 1,125,899,906,842,624$	femto-	1000^{-5}
1000^6	exa-	$1024^6 = 2^{60} = 1,152,921,504,606,876,976$	atto-	1000^{-6}
1000^7	zetta-	$1024^7 = 2^{70} = 1,180,591,620,717,411,303,424$	zepto-	1000^{-7}
1000^8	yotta-	$1024^8 = 2^{80} = 1,208,925,819,614,629,174,706,176$	yocto-	1000^{-8}

图 9.6 国际单位制 (SI) 标准词头

9.1 找出正确地址

假定以下序列的第一个字节的地址是 1020，最后一个字节的地址是多少？

42 72 65 61 6B 27 73 20 6F 76 65 72 2E

已知这些是十六进制值，参考图 7.3 来发现这一小块内存记忆的是什么。

控制单元

计算机的控制单元是获取 / 执行周期的硬件实现。其电路从内存取回一条指令，对其执行周期中的其他操作。

图 9.4 显示控制单元有两个寄存器 (可存储一、两个字)。第一个是指令寄存器，容纳的是控制单元正在处理的指令。另一个是程序计数器 (Program Counter，PC)，容纳的是控制单元要处理的下个指令的内存位置。

控制单元从 PC 指定的内存位置取回指令，从而开始一个获取 / 执行周期。下一步是解码指令；换言之，判断它请求的是什么操作。此外，控制单元还要判断指令所需的数据在内存的什么位置，以及计算好的结果应放到什么位置。第三步是数据获取，控制单元请求内存将那些数据值发送给 ALU(稍后解释)。ALU 接着在第四步 (指令执行) 中执行计算并生成结果。最后，控制单元告诉 ALU 将结果送回已在解码步骤 (第二步) 确定的内存地址。这就完成了一个周期，接着开始下一个。

算术 / 逻辑单元 (ALU)

从名字可以看出，算术 / 逻辑单元 (Arithmetic/Logic Unit，ALU) 执行的是数学运算。作为计算机的 5 个基本部件之一，ALU 通常在获取 / 执行周期的“指令执行”步骤 (第四步) 期间工作。所以，如果指令是 ADD，ALU 将获得两个数。ALU 中的一个电路能对两个数相加。想想看，这真是一个了不起的能力。该电路使用逻辑门 (实现了 AND 和 OR 等逻辑运算的一些更简单的电路) 来执行二进制加法运算 (参考表 8.1)。另外还有用于执行乘法运算的电路，比较大小的电路等。可想象 ALU 用单独的电路执行每个。

大多数计算机指令都要执行某种算术运算；也就是说，大多数指令都要对数据进行变换。但信息处理也可能包括简单的数据移动 (有的指令只是传输而不改变数据)，只是用于数据传输的指令一般不使用 ALU。变换和传输信息的指令计算机都有。

对于要用到 ALU 的指令，获取 / 执行周期中的“数据获取”和“数据返回”步骤要做的事情是显而易见的。“数据获取”从内存获取值，使 ALU 能执行 ADD 和 MULTIPLY 等操作。这些值称为操作数或运算元 (operand)。指令提供了可找到这些数据的地址。ALU 完成操作后会生成一个和、乘积或其他值，“数据返回”步骤则将该答案从 ALU 移至指令指定的内存地址。

输入和输出单元

这两个组件的数据流向正好相反，所以放到一起说。它们由电线和电路构成，信息通过它们进入和离开处理器。没有输入和输出的计算机 (只有内存、控制和 ALU) 是没有任何用处的。从哲学角度看，我们可能质疑这样的东西究竟能不能计算。

外设

如图 9.4 所示，多种设备 (称为外设) 连接到处理器的输入 / 输出 (I/O) 端口，为它提供输入或接收它的输入。外设不是处理器的一部分，它们是特制的零部件，用于在处理器和实体世界之间编码和解码信息。键盘将我们的键盘输入编码成二进制形式。显示器将来自计算机内存的信息解码成 RGB 形式 (参见第 8 章)。通常，外设负责处理操作的实体部分，收发计算机使用的二进制信息。

外设和处理器之间的电线或电缆连接到的是输入或输出单元。这些单元负责处理与外设通信时的协议。通常想象输入单元将信息从外设移到内存，而输出单元将信息从内存移出并传给设备。

便携存储装置、硬盘和网络

有的外设难以界定是输入还是输出设备。例如，像 U 盘这样的存储装置既可从处理器接收信息，也可向其发送信息。所以，它们连接到输入和输出子系统。无线和其他网络技术与此相似，都能收发信息。这些设备的价值在于显著拓展了处理器的能力。它们能提供比主存大得多的容量 (磁盘和 SD 卡等)，能存储更多应用和照片。另外，借助于网络，它们还拓展了范围，使处理器能在全世界的范围内接收输入和发送输出。

9.2 加个设备

图 9.4 展示了和 I/O 子系统连接的几个设备，是手机或笔记本电脑的典型配备。如果要把 CD/DVD 驱动器加进去，放到什么位置合适？

每个外设一个设备驱动程序

大多数外设都很“笨”，因其只支持实体信息和二进制信号之间的基本转换。它们要依赖计算机执行进一步处理。为了使外设以一种“聪明的方式”工作，这通常都是必须的。所以，在我敲入现在这个句子时，信号便从键盘发送到我的笔记本电脑，指出我敲的是哪个键。当计算机接收到我同时按下了字母键 w 和 Shift 键的信息时，是计算机而不是键盘将 w 转换为大写 W。类似地，Ctrl 和 BackSpace(退格键) 等对键盘来说只是按键。对按键做进一步处理的是称为设备驱动程序的一种软件。是驱动程序为键盘赋予了标准含义和行为。在图 1.8 中，它们位于底部。

9.3.3 机器指令

计算机指令比阿三哥编程时向计算机发出的指令更原始、更低级。下面是一个典型的机器指令：

```
ADD 4000, 2000, 2080
```

表面上是将三个数 4000，2000 和 2080 加到一起，实则不然。相反，该指令是要求将内存位置 2000 和 2080 的两个数加到一起，结果存回内存位置 4000。所以，获取 / 执行周期的“数据获取”步骤必须获取位于内存位置 2000 和 2080 的两个值。ALU 将两者相加后，“结果返回”步骤将答案存储到内存位置 4000。

虽然上个世纪 30 年代末到 40 年代初，有几名研究员致力于进行“计算研究”，但没人发明计算机。在德国柏林，楚泽 (Konrad Zuse) 实施了几个精密度越来越高的计算机设计，最终成果是 Z4。在英国布莱切利园，图灵 (Alan Turing) 开发了 Enigma 密码破解机 (Bombe)。福劳厄斯 (Tommy Flowers) 也出于破解密码的目的建造了 Colossus Mark 2。在美国，爱荷华州立大学的安塔那索夫 (John V. Atanasoff) 和研究生贝利 (Clifford E. Berry) 一道建造了 Atanasoff-Berry Computer(ABC)。宾夕法尼亚大学的艾柯特 (J. Presper Eckert) 和莫丘利 (Jonn Mauchley) 借鉴他们的思路建造了 ENIAC，全称是 Electronic Numerical Integrator And Calculator。

所有这些机器都沿用了冯·诺伊曼结构的思路，该结构描述了基本的计算机设计。虽然结构的名字叫这个，但并非由约翰·冯·诺伊曼发明。他最重要的作用是用清晰但抽象的术语对其进行了解释。

左上开始顺时针：J. Presper Eckert 和 John Mauchly，John V. Atanasoff，Clifford E. Berry，Alan M. Turing，Tommy Flowers 和 Konrad Zuse

大数字

使这三个操作数地址 (4000，2000 和 2080) 适合一个 32 位指令字完全不可能，因为它们要求至少 36 位来表示。这里将例子简化了。计算机实际使用独立的加载和存储指令，这解决了“问题”。我们总是假定它们适合。

计算机指令的一个基本属性是适合重复。例如，以下指令：

```
ADD 4000, 2000, 2080
```

不是指示计算机将 ADD 后的两个数相加。相反，是指示计算机对位于内存位置 2000 和 2080 的数进行相加 (不管是什么数)。由于每次执行指令时，那些内存位置都可能有不同的值，所以每次都可能计算出不同结果。

这里的重点在于，计算机指令编码的是要相加 (或其他运算) 的数字的内存地址而非数字本身。换言之，是间接引用值。正是因为“间接”，所以一个指令能合并任意两个数，只需将这些数放到被引用的内存位置即可，如图 9.7 所示。间接引用 (通过引用值所在的内存地址来引用该值) 是计算机如此万能的基础。

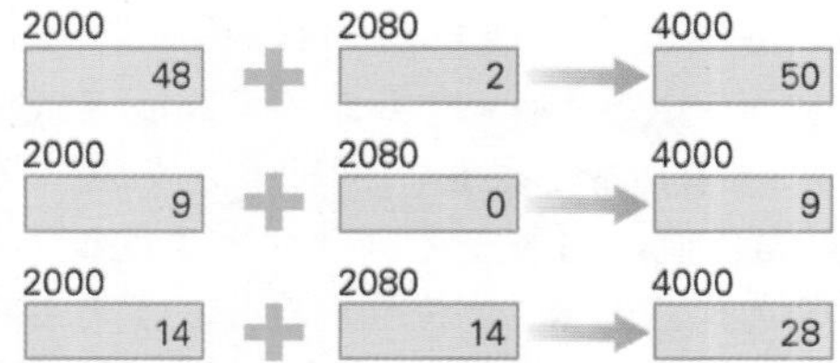

图 9.7 ADD 指令根据指令所引用内存位置的内容来生成不同结果

9.3 同样的数据，不同的运算

利用图9.7的三行数据执行乘法指令 MUL 4000, 2000, 2080，然后(注意仔细阅读该指令)执行减法指令 SUB 4000, 2080, 2000。列出计算结果。

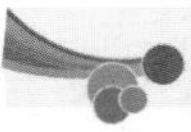

9.4 程序计数器：PC 的 PC

关于获取 / 执行周期，最后一个需解释的问题是计算机如何判断接着要执行的指令

9.4.1 下个指令的地址

前面讲过，获取 / 执行周期在执行一个程序时，指令是保存在内存中的。这意味着每个指令都有一个地址，即指令第一个字节的内存位置的地址 (现代计算机的指令使用 4 字节，或者说 32 位字长)。自然，计算机根据指令的地址来跟踪要执行的下一个指令。该地址保存在计算机的控制单元。也许应该叫“下个指令的地址”，但由于历史上的原因，它其实有一个奇怪的名称：程序计数器 (Program Counter，PC)。PC 这个缩写词有多种意思。例如，计算机工程师用印刷电路 (PC) 板搭建个人电脑 (PC)。电路板上安装有集成了程序计数器 (PC) 的处理器。本章的 PC 是指程序计数器。

获取 / 执行周期的“指令获取”步骤将程序计数器指定内存地址处的指令从内存传给控制单元的解码器。指令一旦取回，并被获取 / 执行周期的其余步骤处理完毕，计算机就准备好处理下一个指令。它假定序列中的下一个指令就是要处理的指令。由于指令使用 4 字节内存，所以下一个指令的地址必然是 PC + 4，即在序列中顺延 4 字节。所以，计算机在 PC 上加 4。这样当获取 / 执行周期再次进入“指令获取”步骤时，PC 已指向新指令。

9.4.2 分支和跳转指令

这种顺序执行指令的方案似乎存在缺陷：获取 / 执行周期会不会遍历内存来执行所有指令，抵达内存中的最后一个指令，并在执行完所有指令之后“跑出”

内存末尾？除非程序出现 bug，否则这种情况不会发生。这是因为计算机存在用于改变 PC 的分支 (branch) 和跳转 (jump) 指令。控制单元在 PC 上加 4 以准备序列中的下一个指令。然后，当前 (分支或跳转) 指令的“指令执行”步骤可将 PC 重置为新值，而不是无脑地在上个地址上加 4。这样就覆盖了对序列中下一个指令的选择，使 PC 定位到内存中的其他指令。下一个获取 / 执行周期将从该内存位置取回下一个指令，使处理器能回头重复之前执行过的指令。

9.5 指令执行

为了阐释指令执行过程，我们先来看看一个典型的 ADD 指令是如何执行的。

9.5.1 ADD 逐步分析

视频讲解 Breaking IT Down

图 9.8 展示了获取 / 执行周期开始下一个指令之前的情形。具体地说，程序计数器 (PC) 设为要执行的指令的地址：800。

根据图 9.3 展示的周期，指令的执行过程从“指令获取”(Instruction Fetch，IF) 步骤开始。该步骤将 PC 指定地址处的指令从内存单元移动到控制单元。如图 9.9 所示，指令地址是 800，示例指令是 ADD 4000, 2000, 2080。指令数据放到控制单元的解码器电路中。一旦取回指令，PC 就准备好取回下一个指令。对于目前指令长度为 4 字节的计算机，就在 PC 上加 4。更新后的 PC 值出现在图 9.11 和后续各图的“数据获取”配置中。

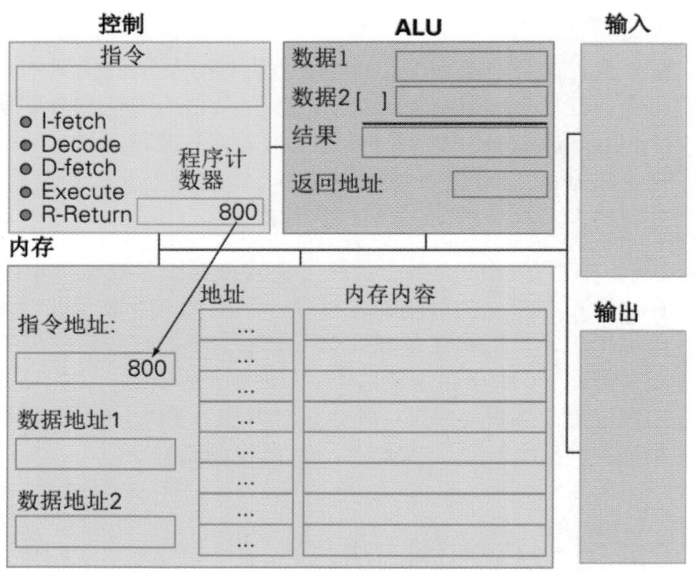

图 9.8 执行内存位置 800 处的指令之前的处理器

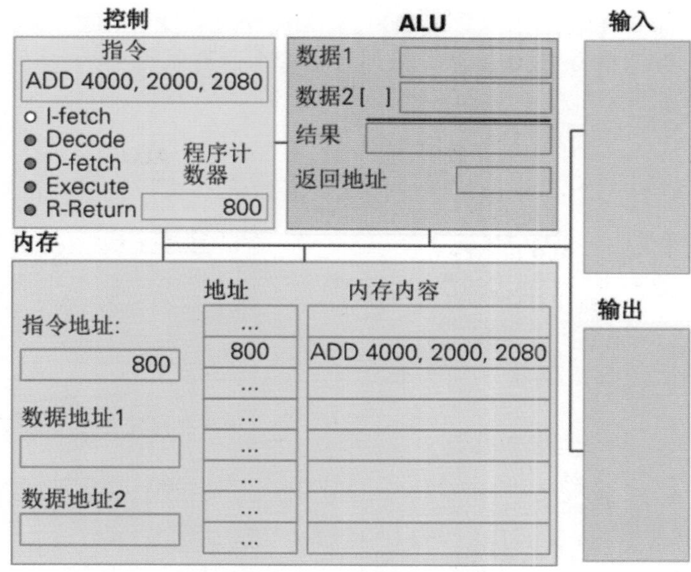

图 9.9　指令获取：PC 指向地址处的指令从内存移至控制单元

图 9.10 展示了“指令解码”步骤，这一步将设置处理器，为周期中的其余步骤做好准备。解码器分析指令，找到指令所需数据的内存地址，这称为“源操作数”(source operand)。和 ADD 一样，大多数指令都要操作内存中的两个数据值，所以大多数指令都有两个源操作数地址。这两个地址 (2000，2080) 传给将在下一个“数据获取”步骤从内存获取操作数值的电路。与此同时，解码器还要确定目标地址，也就是要在“结果返回”步骤将答案发送到的内存位置。那个地址 (4000) 被放入“结果返回”寄存器。最后，解码器判断 ALU 要对数据值执行什么操作 (加法运算)，并相应地为那个操作设置好 ALU。

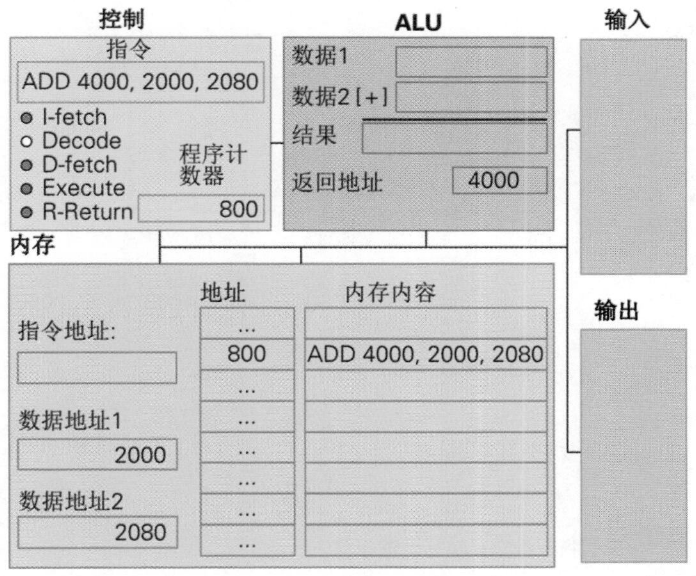

图 9.10　解码：分析指令，并配置处理器，使之准备好执行后续步骤。具体是将数据地址发送给内存，在 ALU 中设置加法运算 (+)，并设置返回地址

图 9.11 展示了“数据获取”(Data Fetch，DF) 步骤。两个源操作数的数据值将从内存移至 ALU。这两个值 (30，12) 就是下一步“指令执行”要操作的数据。

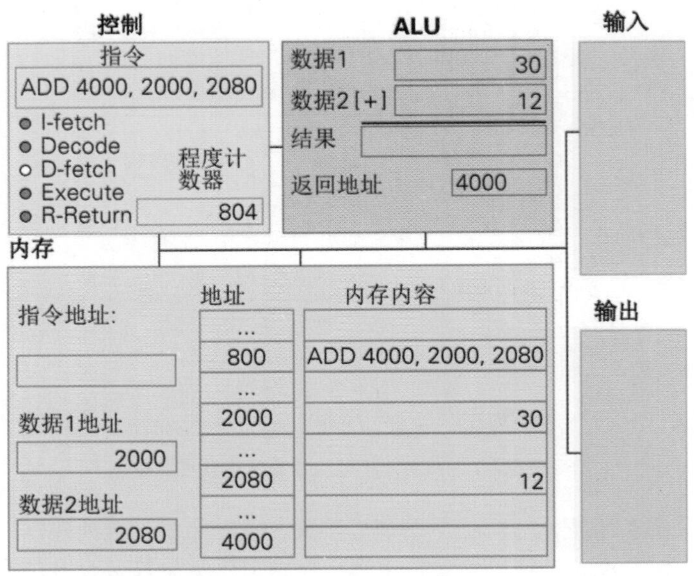

图 9.11　数据获取：两个操作数的值从内存移至 ALU

图 9.12 展示了“指令执行”(Instruction Execute，EX) 步骤。在“指令解码”步骤设置好的操作将在这时执行计算。在本例中，加法电路对两个源操作数的值执行加法运算，生成答案 42。这才是真正的“计算”步骤。

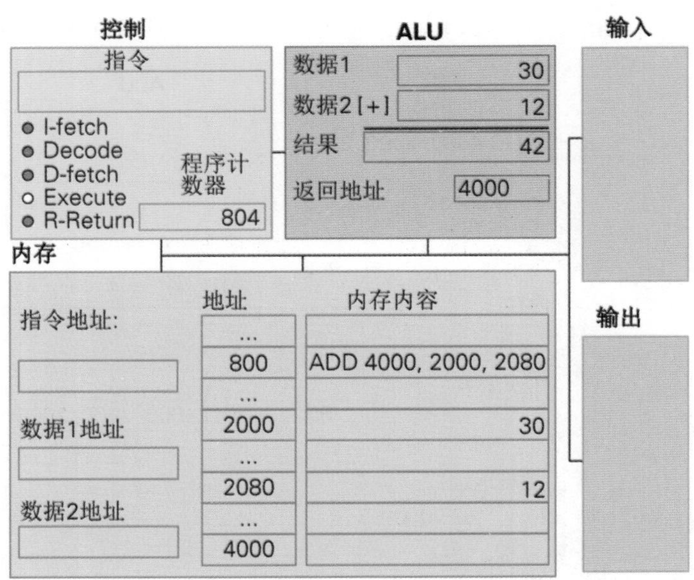

图 9.12　指令执行：执行加法运算

微型计算机

在我们的演示中，指令执行 (即获取 / 执行周期中的“计算”部分) 只占整个执行指令时间的 20%，平均比例在真正的计算机上甚至更低。按硅芯片的面积来算，ALU(即执行计算的电路) 只占普通处理器芯片的 5%不到。

如图 9.13 所示，最后一步“结果返回”(Result Return，RR) 将“指令执行”的结果 (42) 返回由目标地址 (4000) 指定的内存位置。该地址是之前在“指令解码”步骤设置好的。此外，PC 地址被发送到内存，为下个周期做好准备。

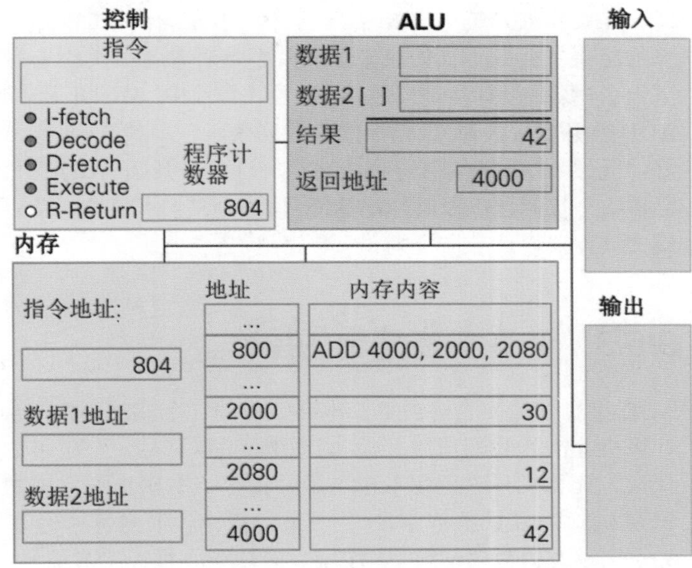

图 9.13　结果返回：将答案返回内存，将程序计数器 (PC) 的新值发送给内存，为下次取指做好准备

9.4　快得多

我们的获取 / 执行周期例子最后计算出答案 42。该数字来源于道格拉斯·亚当斯的《银河系漫游指南》中的“生命、宇宙以及任何事情的终极答案”。书中一台名为“深思”(Deep Thought) 的电脑花费 750 万年时间才得出该答案。而你手机中的电脑只花费约 7.5 纳秒就执行上述 5 个步骤来得到了结果。1 秒为 100 亿纳秒，1 年 3100 万秒，你的手机能以多少倍“深思”的速度计算出 42 呢？

9.5.2　时钟滴嗒

是什么让获取/执行周期“进行”？几乎所有处理器都使用一个电子时钟，每次“嘀嗒”就执行一步。所以，理论上是每个指令要花费 5 个时钟嘀嗒来执行。事实上，处理器通常比这快得多。

时钟越快，处理器越快，这正是计算机厂商在宣传时总是提到其处理器速度的原因。如今时钟速度以 GHz 为单位，即每秒几十亿个周期。普通笔记本电脑的时钟在 1~3GHz 的范围；手机通常低于 1GHz。

处理器比每周期 5 次嘀嗒快的原因是计算机工程师以管线 (或称流水线) 的形式实现获取 / 执行周期。就像汽车装配线不会同时只生产一辆车，一个获取 / 执行周期也并非必须先完成所有步骤再开始下个周期。事实上，大多数计算机的每次嘀嗒都开始一个新的获取 / 执行周期。所以，在“指令获取” (IF) 之后，并在剩余 4 个步骤完成之前，就开始获取下个指令。这显著提升了处理器速度。

虽然听起来直观，但管线思路远比汽车装配复杂，因为指令是相互依赖的。计算 a*b+c 要求先是一个 MULT 指令，再是一个 ADD 指令。需要将 a*b 乘法运算的结果加到 c 上。如果获取 / 执行周期老老实实地先完成一个周期，再开始下一个，那么没有丝毫问题。但在管线作业中，MULT 开始后的下一次时钟嘀嗒，ADD 就开始了。ADD 指令的“数据获取”步骤开始时，a*b 的结果还没有准备好。既然 ADD 必须等待乘法结果，这么快开始 ADD 有何意义？计算机工程师已解决了该问题以及其他比这还复杂的问题。(ADD 实际无需等待！) 结果是管线式处理器设计应被视为“世界奇迹”之一。

9.5.3 许许多多简单的操作

ADD 指令被精简为可由电子电路完成的 5 个非常基本的步骤。通过这种简化，计算机才能为我们所用。但执行加法运算只是一个很小的成就。计算机还能做什么？计算机只“理解”极少量的指令。准确地说，控制器中的解码器硬件只识别 (并由 ALU 执行)100 个上下的指令。而且其中存在大量重复。例如，要为不同种类的数据使用不同指令：一个指令执行字节相加，一个指令执行全字 (4 字节) 相加，一个指令执行 decimal 数字相加。真正说来，只有约 20 种不同的运算。计算机所做的一切都必须精简为这些基本指令的组合，它干不了别的任何事情。ADD 指令复杂性一般，而 MULT(乘) 和 DIV(除) 指令超级复杂。其他常用指令如下。

- 将一个字 (4 字节) 的二进制位左移或右移，空出来的位置用 0 填充，或“扔掉”右移跑出末尾的位。
- 逻辑 AND 运算，测试两个二进制位是否都为真 (1)；逻辑 OR 运算，测试两个二进制位是否至少一个为真。
- 测试一个二进制位是 0 还是非 0，根据结果跳转到一组新指令。
- 在内存中移动信息。
- 判断来自输入 / 输出设备的信号。

这些指令非常原始 (低级)，因为不存在像下面这样的指令：

```
Check_spelling_of_the_document_beginning_at_memory_location 884
```

(检查始于内存位置 884 的文档的拼写)

处理器以速度取胜。普通笔记本电脑一秒运行 10~20 亿个指令，普通手机可能运行 5 亿个。所以，不是在 5 次嘀嗒内用什么强大、高级的指令做完全部功课。相反，处理器是通过每秒执行许多、许多非常简单的指令来取胜。现在的问题是，如何将图 9.1 的代码转换为无数个基元操作？这使我们回归软件的话题。

停下来！

既然获取 / 执行周期是无限循环，计算机如何停止？早期计算机的确有 Start 和 Stop 按钮，但现代计算机只是在无事可干时进入“空闲循环”(idle loop)。指令会持续查看是否有活儿要干，比如处理鼠标点击或键盘输入事件。另外，它们还能“睡眠”或者说进入“省电”模式。

9.6 翻译

通过剖析获取 / 执行周期，我们对处理器指令有了一个直观印象。现在知道，像 ADD 4000, 2000, 2080 这样的指令实际是一个非常简单的操作。两个地址说明操作数 (数据) 在哪，第三个地址说明要将结果放到哪。这些显然是用二进制表示的。如前所述，对于现代计算机来说，它们必须适配 4 字节 (32 位) 的一个字。以第 8 章的一个指令为例：

```
0000 0000 1111 0001 0000 1000 0010 0000
```

先不要管复杂的编码细节，该位序列指定的是一个加法运算，提供了两个操作数的地址以及一个用于存储结果的目标地址。所以，在某些计算机上，内存位置 800 处存储的指令就是该位序列。

现在要执行一次转换。我们喜爱的程序员阿三哥写了以下代码：

```
this.Opacity += 0.02
```

来使屏幕图像更不透明。如你所见，这是一个和前面分析的很相似的加法运算。但为了执行加法，处理器需要的是以下代码：

```
0000 0010 1001 1000 1010 0000 0010 0000
```

而不是阿三哥写的。所以，需要将前者翻译成后者。这个翻译非常辛苦，因为阿三哥的代码显然和二进制代码没什么共通之处。具体如何完成这个翻译？

9.6.1 汇编语言

幸好 (因为它能帮助我们理解翻译)，在阿三哥的代码 (称为源代码) 和处理器需要的二进制位 (称为目标码、二进制码或直接称为二进制) 之间存在一种中间形式。这种中间形式称为汇编代码，用汇编语言写成。稍后会解释为什么叫这个名字。汇编语言是相当低级的编程语言，作用是以符号形式 (即非 0 和 1 的单词) 写二进制代码。所以，程序员不是直接写：

```
0000 0010 1001 1000 1010 0000 0010 0000
```

而是写等价的：

```
ADD Opacity, TwoCths, Opacity // 不透明度递增 0.02
```

其中包括一个运算 (ADD)，两个数据值名称 (TwoCths 和 Opacity)，以及一个结果名称 (同样是 Opacity)。这和前面的机器指令很相似，只是用单词而非数字来表示地址，而且一个操作数和目标相同。这没什么问题。计算机需要获得和 Opacity 这样的名称对应的数值地址，所以汇编语言允许写地址定义：

```
Opacity float4 0.0          // Opacity 是十进制数 0.0 的地址
TwoCths float4 0.02         // TwoCths 是十进制常量 0.02 的地址
```

这两行代码的意思是：两个名称应该是字 (4 字节) 长度的内存位置，一个包含的初始值是 0.0，另一个包含的是 0.02。和使用 2080 的二进制形式 (即 1000 0010 0000) 相比，使用 Opacity 来表示地址更容易。所以，汇编语言比等价的机器语言更容易使用。

总之，在阿三哥写的源代码和计算机需要的二进制代码之间，隔着的只是几行汇编代码。其中一行和两者都很相似，但又完全相似。

9.6.2 编译

将阿三哥的 C# 代码转换成汇编代码的过程称为编译 (compiling)。不仅 C# 有自己的编译器，其他所有生产型编程语言都有自己的编译器。编译器是非常高级的技术，超出了我们的兴趣范围。但是，可通过之前那个简单的例子来体会。

源码到源码翻译

阿三哥写下这行代码：

```
this.Opacity += 0.02;
```

使 Opacity 递增时，他利用了一个编程捷径来表示以下完全体的代码：

```
this.Opacity = this.Opacity + 0.02;
```

两行代码表示同一个意思：使 Opacity 递增 0.02。虽然表面上没怎么简化，但这是程序员写代码时极常用的命令。在这种情况下，任何捷径都是好的。

源码到源码翻译意味着将合法程序代码转换成等价 (但对编译器来更简单) 的合法程序代码。虽然编译器仍需编译更简单的代码，但这方便程序员利用捷径来加快写代码的速度。而编译器不过是另一个程序，所以幕后的繁重工作交给它就好。

“降低”至汇编语言

编译器看到以下语句时：

```
this.Opacity = this.Opacity + 0.02;
```

它识别出这是一行三地址的代码：一个操作符 (+) 和两个操作数 (Opacity，0.02)，以及一个用于存储结果的目标 (Opacity)。这看起来很像是处理器所需指令的汇编形式。所以，编译器采取以下行动。

1. 记录操作 / 运算 (+)。
2. 寻找操作数 (Opacity) 的地址，如首次使用，就定义它 (详见最后一小节)。
3. 生成一行汇编语言代码：

```
ADD Opacity, TwoCths, Opacity
```

该汇编语言代码被保存起来，以便在最后的汇编步骤使用。顺便说一下，之前频繁出现的“this”的作用是帮助编译器定位 Opacity 的正确地址。

加法运算很容易，因为计算机本来就有加法指令。但许多计算机没有原生的比较指令，所以编译器如何处理 if 测试？

```
this.Opacity < 1.0;
```

事实上，编译器很聪明地把它转换成执行减法运算的三地址代码。具体怎么做？计算 Opacity–1.0 并得到一个负数，表明 Opacity 小于 1；得 0 或正数，表明它是 1 或者比 1 大。换言之，负数代表真 (true)，非负代表假 (false)。所以，编译器为上述代码生成一个减法运算汇编指令：

```
SUB TestTemp, Opacity, DecOne
```

它从 Opacity 减 1.0，答案放到 TestTemp 中，这是为这种简化而使用的一个临时内存位置。TestTemp 将用于在 if 语句 (true) 和 else- 语句 (false) 之间选择一个来执行。

总之，编译器运用几种技术来生成汇编语言代码。

汇编

汇编代码只是二进制代码的符号形式。换言之，我们可以写单词而不是一长串二进制位。加法是 ADD 而不是 0000 0000。类似地，可用 Opacity 这样的名称来表示地址，而不是用 2080 的二进制形式。

汇编程序将 ADD 这样的符号替换成二进制等价物 0000 0000，从而将程序中的各种单词替换成计算机能理解的二进制。汇编好一个指令的所有二进制位后，汇编程序将这些位存储到二进制目标码文件中，再接着处理下个指令。这个过程就是汇编 (汇编或者说 assembling 的原义本来就是“装配”)，是由非常早期的计算机发明的。从一开始，人们就厌恶写长串的二进制位序列。汇编语言使我们远离痛苦。

最开始，所有程序都要用汇编语言来写。如今，只有资深的、需要制作编译器的计算机专家才知道如何读写汇编语言。但是，他们的目的也只是让其编译器能运作起来。比读写二进制容易，但仍然非常低级(原始)。

运算原理暨小结

在这个讨论刚开始的时候，我们提到你刚刚下载的新 app 实际是一长串二进制位。显然，这些位是对刚才描述的程序员写的代码的一种翻译。这意味着如果你的 app 有一个先淡入再淡出的启动页，那么它包含和下面相似的位序列：

……1000 1111 1001 0100 0000 0011 0111 0100
1000 1111 1001 1000 0000 0001 1010 1100
0000 0010 1001 1000 1010 0000 0010 0000
1010 1111 1001 0100 0000 0001 1001 0000……

其中包含 32 位的序列(现在你应该非常熟悉了)。你知道它们从哪里来，编译器和汇编程序如何从阿三哥写的代码创建这个特定的序列。另外，你知道计算机如何处理它们。要花获取/执行周期的一次“循环”来解释该指令。虽然整个过程涉及的东西不少，但每一部分都清晰和直观。

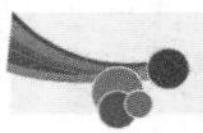

9.7 集成电路

到目前为止，本章已揭示了一些令人非常吃惊的事实：可通过软件栈和某个现代编程语言来(相对轻松地)创建非常复杂的应用程序；人写的代码可翻译成二进制位，以便由之前描述的 5 步过程来执行它；而且 5 步过程还可以管线化。但我们将两个最棒的事实放到最后，即集成电路和半导体。先讨论集成电路。

集成电路 (Integrated Circuit，IC) 非常关键，因其能让我们廉价、可靠地制造出相当复杂的设备。这是由于集成电路具有两个特点：集成和光刻。对了，集成电路还非常小。

9.7.1 小型化

现代计算机时钟能以 GHz 速率运行的一个原因是处理器芯片非常小。这意味着获取/执行周期的每个步骤都必然在 1 纳秒内完成。最快的电子信号 1 纳秒能传输约 1 英尺 (30 厘米)，但计算机要对信号进行更多处理，而非只是传输。早期计算机体积庞大，几乎占满整个房间，它们不可能比现代计算机快的一个原因是：部件彼此间的距离都超过了 1 英尺。将一切都变得更小，从而提高时钟频率使计算机变得更快。

9.7.2 集成化

但微芯片技术真正的成就不是小型化，而是集成化。它的重要性不可忽视。T. R.

Reid 在他的著作《The Chip》中将这项发明称为“战后科学界一个具有重大意义的事件，是会掀起翻天覆地变革的一次罕见演示。”

为了领会集成电路这一发明的深远意义，想想看没有集成之前的情况。那时的计算机由单独的部件(零散组件)构成，人们用导线手工连接各部件。每个晶体管接三条线出来，电阻器接两条线，电容接两条线……等。这些线还必须与其他晶体管、电阻器或电容接出来的线相连。这个工作非常枯燥。即使是印刷电路板(上面连接的导线实际是印刷的金属条)，也必须由人或机器将这些零散组件一个个“填”到电路板上。一个计算机系统有数十万或数百万个部件，而连接的数量至少是这个数字的两倍。成本高，耗时，容易出错，且不可靠。如果现在仍然只能以这种方式制造计算机，它们根本无法普及。

集成电路背后的“大创意”实际是由两个创意协同实现的。第一个创意是通过多步骤的单次制程用相似材料来制造晶体管、电容等有源组件及其导线。所以，不是先制造两个晶体管，再将它们的一对导线焊到一起。相反，IC 技术是把它们并排放到硅片上，然后在制造过程的某一阶段(也许是当晶体管的某些内部部件还在制作的时候)，将两者之间的一条导线安放就位。集成的关键在于共同生产电路的有源和连接部件。集成节省了空间(进而提高速度)，但它的最大优势是一次性生产具有完整功能的单片电路，不需要人工布线。这样获得的电子“块”(block) 非常可靠。

IC Man

杰克·基尔比 (Jack Kilby) 因发明集成电路获得了 2000 年诺贝尔物理学奖。他就职于得州仪器 (TI)。作为新员工，他当时没有积累到足够的夏季休假福利。所以，在其他人都外出休假的时候，他发明了集成电路。

使用借的和临时拼凑的设备，他构思了第一个用同一片半导体材料装配全部元件(有源和连接)的电子电路。1958 年 9 月 12 日，他成功演示了第一个简单的、只有回形针一半大的微芯片(如图所示)。基尔比后来继续投身于微芯片技术的应用，和其他人合伙发明了手持式计算器和便携式热敏打印机。

杰克·基尔比和他的实验日志

第一个集成电路

9.7.3 光刻

集成电路的第二个创意是它们通过光刻(一种印刷工艺或称“照相制版”)来制造。下面来说说光刻的工作原理。制造芯片就像制作三明治。先是一层硅片，再添加几层基材来制作晶体管、电阻器、导线以及芯片的其他功能部件。例如，导线可用一层铝来制成。但和直接将蛋黄酱涂抹到三明治上不一样，铝不能直接覆盖在芯片上。导线彼此之间必须从电子上隔离并连接到特定位置。这时就需要用到光刻了。

晶体管和芯片的其他功能部件通过一系列步骤来制造。先在硅上沉积一层基材，例如铝(如图 9.14 所示)。该层被覆盖一种称为光刻胶的光敏材料，并在上面放一个光罩(mask，或称掩模、光刻板)。光罩(就像照相底片一样)已镀好了与功能部件对应的图形。用紫外线曝光时，开放区域会硬化；未曝光区域则不会，而且可以洗掉，从而只留下图形。热气体刻蚀原始层，去除剩余的光刻胶后，来自光罩的图形(以及新的功能部件)被保留下来。

光刻的一个重要方面是，不管布线是简单还是复杂，生产芯片所需的成本和工作量都是一样的。类似于报纸的版面，不管上面是 5 个字，还是 5000 字，其印刷成本都一样。集成电路的生产成本与它们的复杂程度无关。幸亏有了光刻工艺，计算机和其他电子产品才能达到我们需要的复杂程度。

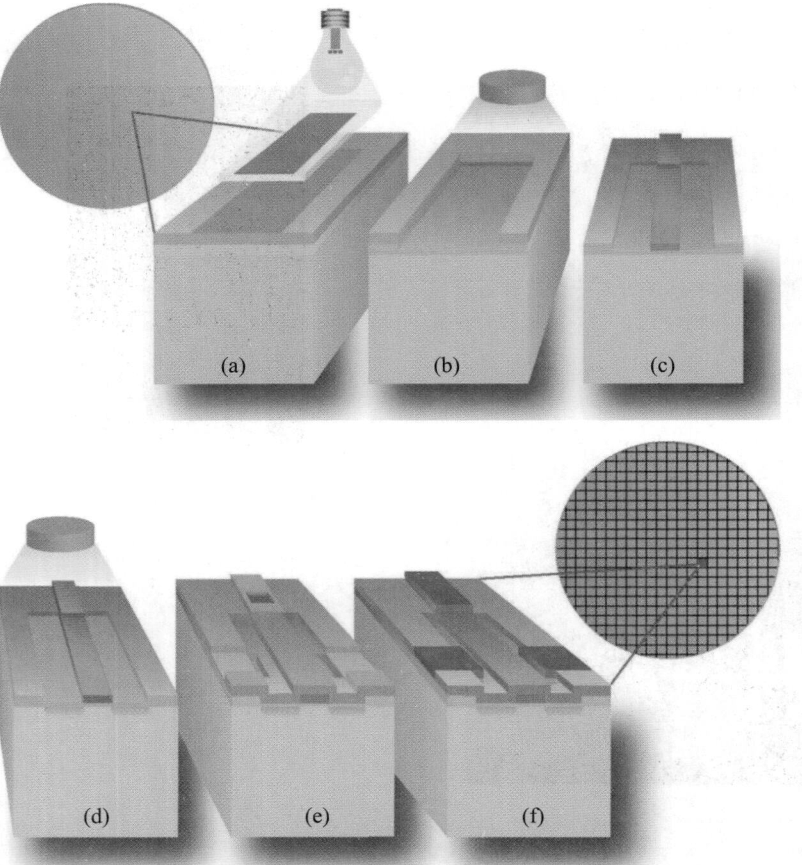

图 9.14 生产工艺的早期步骤：(a) 紫外线透过一个包含了电路图形的光罩(浅蓝色)对一层光刻胶(蓝色)进行曝光，从而硬化曝光区域；(b) 洗去未曝光的光刻胶后，热气体刻蚀(几乎全部)被曝光的层；(c) 洗掉剩余抗蚀剂并重复图形曝光和刻蚀过程来创建其他层。生产工艺的后期阶段：(d) 像硼这样的“杂质”通过一种称为“掺杂”的工艺扩散到硅片表面，增强电子在该区域的可用性；(e) 创建好额外的层后，刻蚀暴露出金属导线的接触点；(f) 像铝这样的金属(深蓝色)发生沉积，创建“导线”来连接其他晶体管。在最终生产出来的硅芯片上，构成一枚处理器芯片的数百万晶体管只占据一个小方格

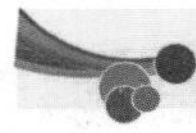

9.8 半导体技术原理

半导体技术之所以起作用，是因为物理材料具有两个很酷的特点：场效应和硅的半导电性质。

9.8.1 场效应

我们知道，在干燥天气用塑料梳子梳头，物体会带上正电或负电。梳子从头发传导电子，造成梳子上电子太多，头发上太少。由于同种电荷相互排斥，所以当每根头发都被相邻的头发推开时，头发变得“直立”；同时由于异种电荷相互吸引，所以梳子会将头发拉向它。带电物体的这种不实际接触而产生的相互效应就称为“场效应”(field effect)。场效应在控制半导体时很好用。

9.8.2 半导电元素

硅是半导体，正如其名，有时导电，有时不导电。对半导体何时导电、何时不导电进行控制的能力是制造计算机时的主要工艺。怎样利用硅的这一特点？

以一根具有良好导电性的普通铝线为例。在线的左端提供电荷，它会传导至右端，这符合预期。现在将线撇断，在断口处用一片硅 (Si) 来连接两端。

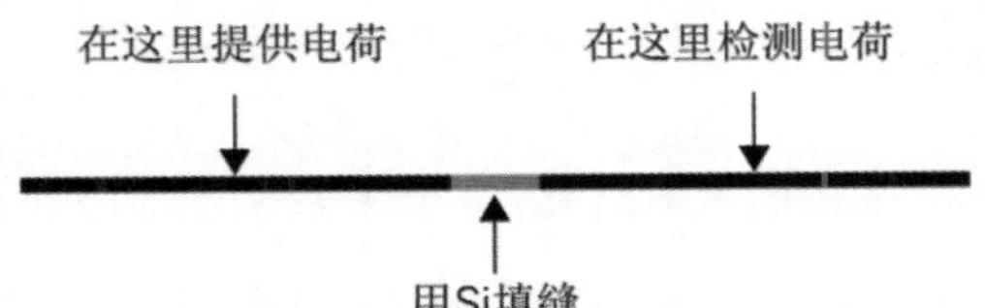

现在，如果在左端提供电荷，那么仅在硅导电时才能在右端检测到电荷。如果不导电，右端将检测不到电荷。所以，如果能控制硅何时导电，就能控制电荷是否传导至右端。这一点正是制造计算机的关键。我们通过场效应控制硅是否导电。

9.8.3 场效应晶体管

用硅来填充导线两端之间的缝隙，这正是在场效应晶体管中发生的事情。图 9.15 展示了一个金属氧化物半导体 (Metal Oxide Semiconductor，MOS) 晶体管的内部情况。这是之前讨论硅芯片生产工艺时所展示的示意图的一部分。

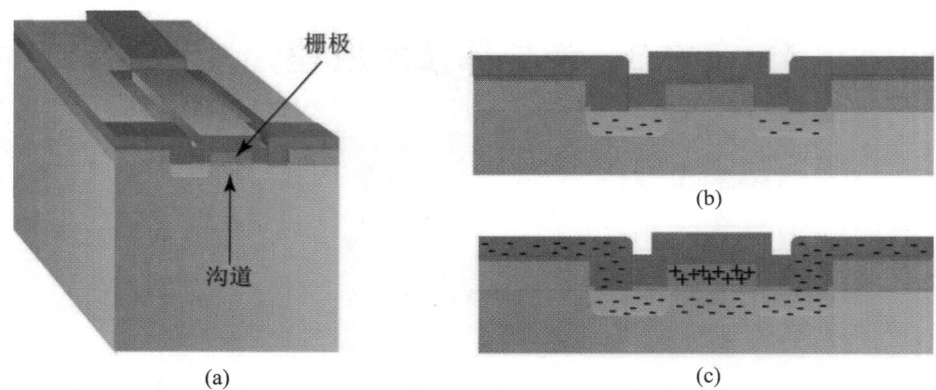

图 9.15 场效应管工作原理：(a) 图 9.14(f) 晶体管的横截面；(b) 栅极 (红色) 中性，栅极下方的硅区域 (沟道) 不导电，从而阻断导线 (蓝色)；(c) 为栅极施加正电压，将在场效应的作用下吸附电子进入沟道，造成沟道导电并连通导线

导线 (蓝色) 被分成左右两半，通过由良好导电性 (掺杂) 的硅生成的小坑 (浅绿色) 接触硅芯片。这些小坑具有良好导电性，但它们没有相互连接。此时线头也是分开的，所以不能从左向右导电。现在要关注的是两个小坑之间的硅区域，该区域称为沟道 (channel)。

沟道上方是一个红色的栅极 (gate 或称"门极")，这其实也是一条金属导线。它通过一个很薄的玻璃层 (绝缘体) 和硅隔开，所以栅极平时也没有连接导线两头。只要栅极保持中性 (图 9.15(b))，线头就是分开的。但当栅极带正电时 (图 9.15(c))，就会在场效应的影响下吸附下方硅块中的电子，这些电子被栅极上的异性电荷吸引。这样沟道立即就有足够的电子来建立两个小坑之间的连接。电荷从导线左侧开始，经过小坑，穿过沟道，进入下个小坑，到达导线右侧。连接建立！从栅极移除正电荷，使其再次中性，电子散逸，导线再次断开。

注意，没有任何运动部件。另外，由栅极控制的蓝色导线可以是下方另一个晶体管的栅极。这是因为除了刚才描述的晶体管 (n 沟道 MOS 管)，还有一种几乎完全一致的 p 沟道 MOS 管，只是信号全部反转。(n 代表负，p 代表正。) 所以，带负电压的导线可以成为一个 p 沟道设备的栅极。两者原理一样，只是具有相反的电荷。顺便说一句，金属氧化物半导体 (MOS) 晶体管这一名称来自其部件排列顺序 (从上向下看)：栅极是金属，玻璃绝缘体是氧化硅，而硅是半导体。当然，我们平时不说这么长的名字，直接说场效应管或者 MOS 管就好。

9.8.4 实现 ALU 运算

了解晶体管的工作原理后，接着看看如何用它们实现算术 / 逻辑单元 (ALU)。以第 5 章介绍过的 AND 指令为例。该指令具有和 ADD 相似的形式：AND ANS, A, B。只有 A 和 B 均为真，ANS 才为真；否则为假，此时 A 和 B 中的一个或全部为假。计算机一般用 0 表示假，用 1 表示真。换言之，如果 A 和 B 均为 1，则答案为 1；否则为 0。表面上很少调用 AND，实则编译器经常用到它。它经常是早先讨论的减法指令 SUB 的下一个运算。

在 ALU 中，用于执行 AND 运算的电路可能用到刚才描述的导线，但使用了两个场效应晶体管。

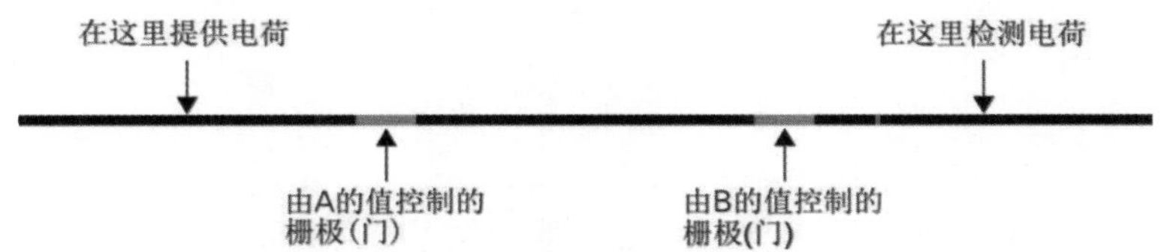

第一个由 A 的值控制，另一个由 B 的值控制。该电路的特点是：任何一个值为 1，其对应晶体管的栅极都被充电并开始导电；值为 0 则不导电。现在计算起来很容易。

对于 AND 指令，ALU 根据从 A 获取的数据设置第一个晶体管上的电荷 (1 导电，0 无源)，第二个晶体管根据从 B 获取的数据以相同方式设置。此时在左侧提供电荷。如果在右侧检测到电荷，答案就是真，结果寄存器被设为 1，因为此时两个晶体管肯定都导电，意味着两个值均为 1。没有检测到电荷，答案就是假，结果寄存器被设为 0，因为一个或两个栅极无源，晶体管不导电，所以 A 和 B 中的一个或两个为假。

只用两个晶体管，就能执行所有处理器均支持的一个指令。其他指令显然比这复杂得多，需要更多晶体管。但是，无论简单还是复杂，处理器都利用电子学的原理来完成计算。

9.5 OR 电路

处理器还支持 OR ANS, A, B 指令，A 和 B 任何一个真，答案就为真。只有两者均为假，结果才为假。用一条撇断的线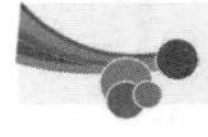指出将 MOS 晶体管放在哪里来计算该指令，假定栅极在操作数为 1 时导电。

9.9 思路整合

假定你刚刚点击了一个应用。操作系统从 U 盘或硬盘获取一长串二进制位，把它们放入内存。这些位是程序的编译形式。程序本身用 C#，Java，C++，JavaScript 或其他高级语言写成。OS 运行应用，首先显示一个启动屏幕。启动图像先淡入再淡出。淡入效果通过每次稍稍提高图像的不透明度来实现。

实现该效果的代码包含一个 if 语句来判断是否继续递增不透明度 (opacity)。测试条件是 (this.Opacity < 1.0)。编译器将这个比较转换成以下形式的汇编指令：

```
SUB TestTemp, Opacity, DecOne
```

汇编程序将该指令的组成部分映射成二进制位，汇编成一个指令字，并将其添加到二进制目标码文件 (.obj)，后者正是你当前运行的文件。当程序计数器 (PC) 指向该指令时，处理器通过 5 个步骤来执行它。

1. IF(指令获取)：取回 PC 指定位置处的指令，将其放到计算机的控制单元。
2. ID(指令解码)：对指令进行解码，设置 ALU 要设置的运算 (操作)，标识操作数的地址，将其发送给内存，并保存结果返回地址。PC 也会步进来引用下个指令。
3. DF(数据获取)：从内存取回操作数的数据值。
4. EX(指令执行)：对数据值执行减法运算。
5. RR(结果返回)：结果返回内存。

假定减法之后的指令必须判断结果是负还是非负，ALU 就必须执行一个 AND 运算。

在 AND 的 ALU 电路中，导线被两个晶体管阻断。一个由 TestTemp 内存位置的符号位控制，另一个由常量 1 控制。导线一端存在电荷时，另一端检测该电荷来判断结果是真还是假。检测到电荷，表明结果是真，将运行 if 测试之后的指令 (PC 现在包含该指令的地址)。没有检测到，表明结果是假，else- 语句的指令的地址将替换 PC 值，接着将运行这些指令。

这就是从应用程序到电子的过程。一系列有趣而直观的概念组合起来完成了计算。没有哪个是关键概念。它们都有自己的贡献。量变引起质变：应用程序和操作系统由无数机器指令组成，控制单元每秒执行数十亿个周期，内存含有数十亿个二进制位，处理器有数亿个 MOS 晶体管……等。

我们简单但精确地描述了计算机。为了获得惊人的速度，现代计算机远比这里解释的复杂。但基本概念 (计算机的组织和工作逻辑) 是一样的。

一个好主意

获取 / 执行周期是不是计算的唯一方式？答案是否定的。你的大脑也会“计算”，但不会用到获取 / 执行周期。但获取 / 执行周期是一种基本计算方式，在除了处理器芯片之外的许多情景都有用场。例如，如图 1.8 所示的 Android 软件栈有一个称为“Dalvik 虚拟机”(DVM) 的程序。该程序以软件形式实现了 Java“字节码”(比硬件指令高一级的基本软件指令) 的获取 / 执行周期。换言之，硬件形式的获取 / 执行周期解释 Dalvik 虚拟机的简单指令，后者解释更复杂 (高级) 的 Java 程序指令，后者也可通过同样的理念来解释更复杂的“指令”。

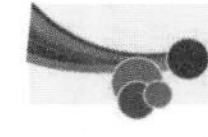

9.10 小结

本章首先描述阿三哥为一个应用的启动屏幕写的代码，并讨论了以下主题。

- 写现代软件所用的语言采用的是你熟悉的术语和运算，只是表示方法非常简要；代码高度依赖现有软件栈。
- 获取 / 执行周期不断重复来获取每条指令 (由 PC 或称程序计数器指定)，解码运算，获取数据，执行运算，并将结果存回内存。
- 该过程硬编码到控制子系统，即处理器的五大组件之一。
- 内存包含一长串字节，每个字节都有自己的地址。程序运行期间，内存负责存储程序和数据。
- ALU 负责实际计算。
- 输入和输出单元是同计算机连接的各种外设的接口。
- 机器指令是间接而非直接引用数据 (操作数)。所以，每次执行一个指令，只需更改所引用内存位置的数据，该指令即可执行不同的计算。
- 程序员用高级编程语言来创建复杂的应用程序以及操作系统。
- 集成电路 (IC) 的基本思路是将有源器件和连接器件集成到一起，通过光刻工艺来生产，并利用场效应来控制电传导。

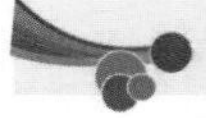

9.11 TRY IT 答案

9.1 2E 的地址是 1032。如果将 1020 解释成十六进制数，则是 102C。这一小块内存说的是“Break's over.” (休息结束了)。

9.2 CD/DVD 驱动器要同时连接输入和输出单元，因其能同时读写。

9.3 只有位置 4000 的内容发生变化；乘法结果是 96,0,196，减法结果是 −46, −9,0。

9.4 等式是 7.5 × 106 年 / 7.5 纳秒。消掉“7.5”，答案简化为计算 100 万年有多少纳秒：106 年 × (3.1 × 107) 秒 / 年 × 109 = 3.1 × 1022 倍……这个手机可真快。

9.5

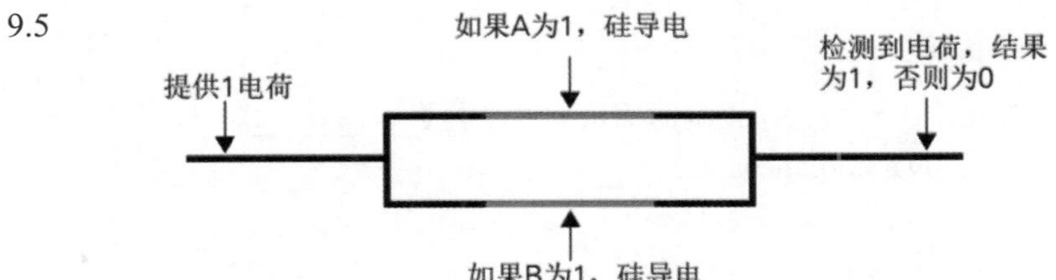

习题

选择题

1. 一个机器指令使用 ________ 字节的内存。
   a. 1
   b. 2
   c. 4
   d. 128

2. 将程序员写的代码转换成汇编代码的过程称为 ________。
   a. 编译
   b. 汇编
   c. 获取 / 执行周期
   d. 集成

3. 什么使计算机更快？ ________
   a. 一切都用硅来制造
   b. 使一切都更小
   c. 使一切都离得更远
   d. 使获取 / 执行周期更复杂

4. 以下那个用于输入和输出？ ________
   a. 键盘
   b. 硬盘
   c. 鼠标
   d. 打印机

5. 处理器有多少运动部件？ ________
   a. 太多了，数不过来
   b. 8
   c. 2
   d. 0

6. 从最小到最大，正确的词头顺序是什么？ ________
   a. giga, kilo, mega, tera
   b. kilo, mega, giga, tera
   c. tera, kilo, mega, giga
   d. kilo, mega, tera, giga

7. 现代计算机懂得 ________。
   a. 极少量指令
   b. 几十个指令
   c. 约一百个指令
   d. 数千个指令

8. 用相同数据重新运行程序时，会 ________。
   a. 根据一天当中的时间来产生不同结果
   b. 每次都产生完全一样的结果
   c. 根据在哪台计算机上运行产生不同结果
   d. 大多数时候产生一样的结果，但有时不同

9. 如果 this.Opacity += 1.0; 递增不透明度，以下哪行代码递减不透明度？________
   a. this.Opacity = 1.0;
   b. this.Opacity –= 1.0;
   c. this.Opacity ++ 1.0;
   d. this.Opacity — 1.0;

10. 计算机的什么属性要由每秒执行的获取 / 执行周期数来决定？ ________
    a. 内存容量
    b. 价格
    c. 速度
    d. ALU

填空题

1. _______ 确定性地执行指令来处理信息。
2. 没有 ________，处理器将不能做任何有意义的事情。
3. 运行程序并保存数据的位置简称为 ________。
4. 计算机的 ________ 是获取 / 执行周期中的硬件部分。
5. 除了获取指令，获取 / 执行周期还获取 ________。
6. 计算机实际执行计算的是 ________。
7. ________ 将按键解码成计算机能识别的二进制形式。
8. 计算机时钟速度用 ________ 来度量。
9. 每个内存位置都有一个 ________。
10. 计算机根据其 ________ 跟踪要执行的下一个指令。
11. ________ 有时导电，有时不导电。
12. 半导体沟道中的电流由 ________ 控制。
13. _______ 是字的一个长列表；更准确地说，是构成计算机程序的一长串 0 和 1。
14. 和计算机连接的每个外设都需要一个 _______。
15. 作为一种特殊程序，_______ 扩展计算机的功能，执行除了硬编码的机器指令之外的其他操作。
16. 电路的有源和连接部件是 _______(一起 / 分开) 生产的。

简答题

1. 你的个人电脑的处理器速度是多少？解释你从何处了解该信息。
2. 1 KB 有多少位，1 MB 呢？ 1 TB 呢？
3. 用你的话解释何谓“空闲循环”(idle loop)。计算机在什么情况下进入该循环？
4. 获取 / 执行周期的“获取”或“取指”部分具体是从哪里取回指令？它怎么知道具体要从那里获取？尽量详细一些。
5. 解释光刻工艺以及它对计算机的重大影响。
6. 计算机不能直接理解高级编程语言。解释为什么计算机能理解程序员说的话。
7. 解释以下指令：ADD 3000, 1050, 1900。
8. 列出并解释获取 / 执行周期的 5 个步骤。说明这些步骤和在餐厅吃饭时的步骤的对应关系。
9. 1 MB 等于 1 048 576 字节。解释为什么不是 1 000 000 字节。
10. 列出可与计算机连接的 10 种设备，分别说明是输入设备、输出设备还是输出 / 输出设备。

CHAPTER 10

算法思维

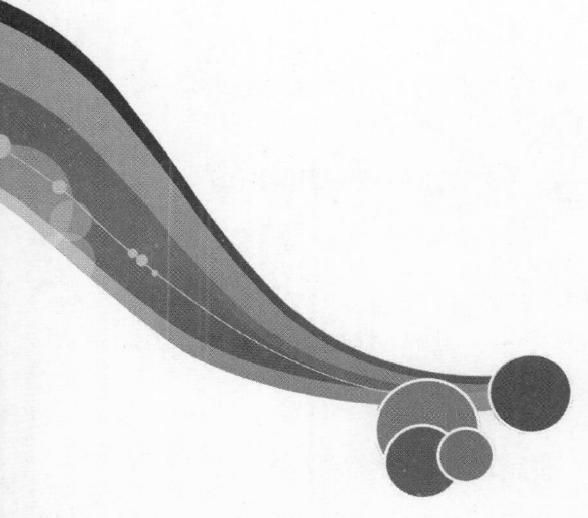

学习目标

- 理解算法、程序和启发式（探索式）解决方案的相同点和不同点
- 理解算法的五个基本属性
- 通过“交叉查询字母顺序列表”(IAL) 算法来认识指令执行流程并分析算法为何奏效
- 解释字母排序的重要性并通过屏障抽象来保证正确性，从而理解算法思想

CHAPTER 10

我们所能经历的最美好的事情是神秘，所有真正的艺术和科学都源自于它。

——阿尔伯特·爱因斯坦，1930

我们面临的是不可逾越的机遇。

——华特·凯利（波哥），1970

算法是用于生成规定结果的一种精确和系统化的方法。我们知道，计算机做任何事情都要有指令，所以它们唯一做的事情就是执行算法。我们一般将它们称为程序，其实就是定制以完成特定任务的算法。自然地，程序员和软件开发人员非常关注算法。但是，它们对其余人来说同样重要。我们平时要解决的许多问题都是通过算法来解决的，从编辑视频时要获得的某个特效，到纠正学期论文中的错误。算法是解决方案。它最好的地方在于，通过仔细地写出方法，其他代理（其他人或计算机）能依葫芦画瓢。这正是计算机如此强大和有用的原因。

本章将训练自己熟悉算法，最终能熟练阅读、书写和评估算法。首先了解让·多米尼克·鲍比 Jean-Dominique Bauby 其人，他的住院治疗需要算法。接着探讨我们已经知道的算法，包括如何学习和使用它们。之后要讨论算法的典型特点。然后，要研究一个我们每天都在使用的算法。这是一个“工业强度”的算法，它演示了一个算法如何以不同形式出现，以及为什么要偏重其中一些算法。最后探讨如何确定算法能做它声称能做的事情。同样用一个例子来澄清。

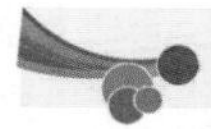

10.1 算法

本节首先通过一些简单和直观的例子来熟悉算法。你已经知道算法在我们的学习中的重要性。通过本节的讨论，你将知道它们其实比你想象中的还要熟悉。

10.1.1 一次写一个字母

小说(和同名电影)《潜水钟与蝴蝶》讲述了一个法国人的真实故事。脑干突发中风，继而引发极其罕见、概率极低的闭锁症候群。不能写字，不能说话，甚至不能吞咽。唯一能做的就是将头偏转几度和眨左眼。但他能够思考。令人惊叹的是，他只通过眨眼来写了这本关于他的书！

这个法国人叫让·多米尼克·鲍比 (Jean-Dominique Bauby)，后文称他为 J-DB，参考图 10.1)。他在书中写道，那种瘫痪的感觉，就和水肺问世之前穿着沉重潜水服和金属头盔的深海潜水员一样。身体失去作用，但思想非常活跃。他将自己的想法与蝴蝶比较，都是从一个主题快速跳到下一个。他的这两种感觉成为该书的标题。

瘫痪之前，J-DB 是时尚杂志 *ELLE* 的主编，一名有成就的作家，所以能写一本书不足为奇。令人惊叹的是，他只是通过眨眼就实现了与人的良好沟通并完成了书的写作。这给了我们一个学习算法的机会。

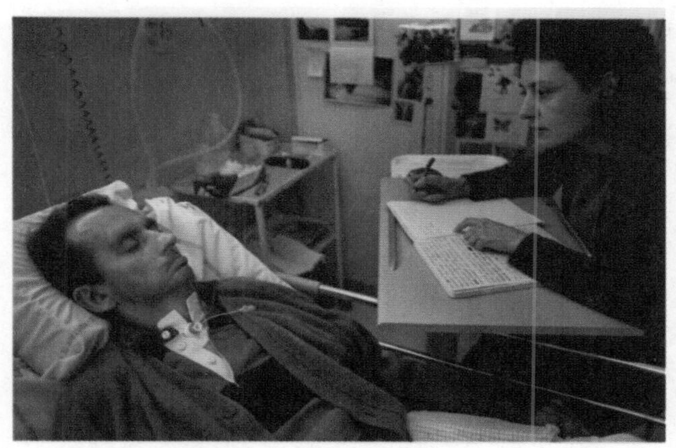

图 10.1 J-DB“指挥”他的助理克劳蒂·门迪比尔

10.1.2 定制算法

J-DB 想要说什么的时候，只能一个字母接一个字母地拼。为了帮助他，护士和访客会念字母表，或用手来指卡片上的字母表。到正确的字母，他会眨眼。然后，他们就可以继续下个字母，从字母表的第一个字母重新开始(参考图 10.2)。这是一个很慢的过程，不妨自己试试。

图 10.2 助理克劳蒂·门迪比尔(安妮·康斯金尼饰)在电影《潜水钟与蝴蝶》中向 J-DB 展示字母表。指向正确字母时，J-DB 就眨眼

该过程是他的护士们发明的一个算法。从中可看出算法的多个要点。

- 我们一直在使用和发明算法来解决问题。创建算法不需要有计算机科学学位。
- 虽然算法表面上和平时想象的计算不同(数字和数学公式去哪儿了？)，但实则没有本质区别。它创建了一份文档的内容，该文档就是 J-DB 的书
- 运行算法的代理不是计算机。是护士，J-DB 是用户。实际上，“运行”算法的代理经常都是人而非计算机。
- 马上就要讲到，该算法存在更好和更坏的变体。

这些观察结果证明算法不是需要多年研究和深厚的科学知识才能获得的一个创造发明，而是平时相当熟悉的某个概念。我们一直在使用，只是没有意识到或思考而已。

10.1 是或否?

对于是/否问题，J-DB 和护士的方案是眨一次眼代表“否”，眨两次代表“是”。通过第 7 章的学习，我们知道眨一次眼的存在/不存在足以表示 1 个二进制位的信息。所以，采用眨一次/眨两次来表示是/否似乎有点浪费。完全可以采用不眨眼/眨一次眼。解释有什么现实问题造成不能用后者来编码他的答案。

10.1.3 减少问题

加快这个过程的一个办法是单词的“自动完成”。护士可尝试提前说出 J-DB 可能想拼写的完整单词。你应该早已熟悉了这个技术。例如，输入网址或者在字处理软件中打字时的时候，“自动完成”技术能节省许多时间。但是，还有一个办法能加快眨眼通信的速度。

按使用频率排序

在图 10.2 的照片中，注意，字母的顺序不是字母表的顺序。你或许觉得 J-DB 是法国人，所以 e s a r i n t u l o m d p c f b v h g j q z y x k w 是法语字母表的顺序，但实际不是。和使用 Latin 字母表的所有语言一样，法语也是标准的 a b c……顺序。照片中的字母按照法语中的字母使用频率排序。换言之，这些字母按照它们在书面法语中的使用频率来排序，从最常用到最不常用。e 是法语最常用的字母，s 次常用，然后是 a，r，i……等。

英语字母使用频率

英语字母若按使用频率来排序，结果自然和法语不同。一个公认的顺序是：e t a o i n s h r d l u c m f w y p v b g k q j x z。取决于作家和主题，该顺序稍有变化。例如，狄更斯的《双城记》具有以下顺序：e t a o n i h s r d l u m w c f g y p b v k q x j z；即 n 和 i 互换，s 和 h 互换。

按使用频率询问 (或指向) 字母是个聪明的主意，J-DB 的助理总体上只需尝试较少的字母。当然，不保证总是如此。该字母顺序只是一个平均值，通过统计每个字母在大量法语著作中出现的次数来获得。不是每一套法语单词都具有相同频率，但效果很好。让我们举个例子。

按使用频率排序有多好？

法国著名谚语“The more things change, the more they stay the same”(万变不离其宗)：

Plus ça change, plus c’ est la même chose,

可以用刚才描述的算法来表达。我们将证明字母按使用频率排序之后有多方便。将和使用标准字母表的情况对比，统计两种情况下要询问多少个字母才能表达整个句子。

相似的频率

在前 12 个最常用字母中，11 个在英语和法语中是相通的，只是顺序不同。事实上，欧洲语系的相似性是极高的。

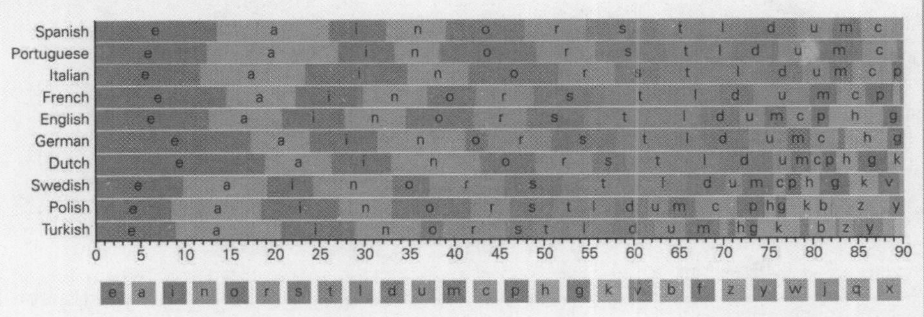

先从第一个单词 plus 开始。为了找到 p，我们要依次询问 e s a r i n t u l o m d p。指向第 13 个字母时得到 p。接着要找到 l，e s a r i n t u l，所以 l 要询问 9 个字母。找到 u 要询问 8 个字母，s 是第二个字母。所以，为了沟通第一个单词 plus，总共需要询问 13 + 9 + 8 + 2 = 32 个字母。可用一个计算机程序来帮助我们完成该过程，结果是沟通整个句子需询问 247 次。

10.2 说“谢谢”

使用按频率排序的字母表 e s a r i n t u l o m d p c f b v h g j q z y x k w，必须询问多少个字母才能沟通获得法语的“谢谢”(merci)？

接着试验用标准字母表 a b c……来完成同样的过程。依次询问 a b c d e f g h i j k l m n o p 来获取 p(第 16 个字母)，l 是第 12 个字母，u 是第 21 个，s 是第 19 个。所以，使用标准字母表来获得 plus 需询问 16 + 12 + 21 + 19 = 68 次，是使用按频率排序的字母表的两倍多。使用计算机程序来模拟，可知整个句子需要询问 324 次。

10.3 再说一次“谢谢”

使用标准字母表 a b c d e f g h i j k l m n o p q r s t u v w x y z，必须询问多少个字母才能沟通获得法语的“谢谢”(merci)？

所以，按频率排序只需询问 247 次，而按标准字母顺序需要询问 324 次。克劳蒂·门迪比尔 (Claude Mendibil) 和 J-DB 的其他助理非常聪明地选择了按频率排序。这帮 J-DB 节省了大量眨眼动作，《潜水钟与蝴蝶》的成书时间也大为缩短。我们将同样的思路应用于文本压缩。

10.4 拼写 Abacus

按英语字母的使用频率排序 (e t a o i n s h r d l u c m f w y p v b g k q j x z) 获得最终单词的速度并非总是比按标准字母表快。用 abacus(算盘) 这个单词来证明这一点。

J-DB 写书的过程就是一种计算，其中 J-DB 是用户，而指向或询问字母的助理是“代理”。在这个过程中，是人或事件遵循指令行事。这里的指令很简单：按使用频率反复询问字母表，每次 J-DB 眨眼，就记录字母。

10.1.4 编写算法

我们刚才见识了一个算法——用于生成规定结果的一种精确和系统化的方法。一次询问一个字母来构建单词和句子的过程就是算法。

J-DB 的字母搜索算法对于人来说足够清晰，完全可以照做 (merci 很容易就能拼出来)，但对于计算机来说还不足够清晰。如你所知，计算机是没有主见的。一个方法要足以精确，使计算机都能照做，那么所有细节都必须阐明。

程序员用一种编程语言将算法写下来，使其对于计算机来说完全精确。这正是之前统计整句谚语所需询问次数的程序所做的事情。人是有主见的，许多事情无需解释。例如，在找出一个字母后，必须告诉计算机从头开始询问下个字母。人自动就会这么做。

帮助没有主见的计算机

如何充分阐明字母搜索算法，使计算机能够照做？答案是用一种编程语言来表达。图10.3的程序用Python编程语言编写，基于按使用频率排序的法语字母表，作用是统计所需的猜测次数。阐明该算法花费了21行代码。

```
inny = open('textFR.txt','r')
content = inny.readline()
seq = "esarintulomdpcfbvhgjqzyxkw"
n = len(content)
count=0
tot = 0
while content != '':
    i =0
    while i<n:
        j=0
        while j<26:
            if content[i] == seq[j]:
                tot=tot+j+1
            j=j+1
        i=i+1
    count+=i
    content = inny.readline()
    n=len(content)
print tot
print count
print "done"
```

图10.3　该Python程序计算要提多少次问，才能基于按使用频率排序的法语字母表来获得textFR.txt文件的内容

10.1.5　对比算法和程序

字母搜索算法的各种变体说明了一个重点。无论按字母使用频率排序(LSfreq)，还是按标准字母表排序(LSalpha)，都是程序的例子。程序是针对具体条件和假设而定制的算法，而且我们(通常)用一种特定的编程语言来编写。之前助理询问字母而J-DB在恰当的时候眨眼，这是一种字母搜索算法。LSfreq和LSalpha程序均使用该算法，但各自为不同的字母顺序而定制。区别看起来不大，确实如此。可以写一个字母搜索程序，在启动之前输入具体的字母顺序。虽然LSfreq和LSalpha是不同的程序，但都采用字母搜索算法。

那么，程序是算法，你已经知道了两者的微小差异。但大多数时候都不需要关心这个差异，两个术语可互换使用。

之前讨论字母搜索算法的时候，我们将重点放在询问字母的两种不同顺序上：使用频率和标准字母顺序。这是一种典型情况。每种计算任务都可通过多种方式来解决。计算机专家花许多时间探索一个解决方案工作得有多好，或者如何改进。找到一个快速的解决方案很重要，谁都不想在计算机完成任务时多等。

10.1.6 体验算法

由于程序是算法，而且你平常使用的所有应用程序 (app) 都是程序，所以其实一直都在使用算法。但事实上，你也在经常性地学习算法。

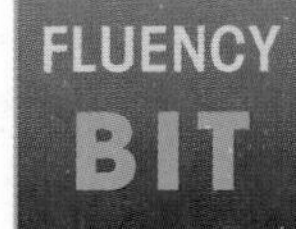

奇怪的词

算法 (algorithm) 是一个奇怪的词，是对数 (logarithm) 的变位词！它来自著名阿拉伯教科书作者 Abu Ja’far Mohammed ibn Mûsâ al-Khowârizmî (公元 780~840 年) 的名字，中文名字是穆罕默德•本•穆萨•阿尔•花剌子模。这位波斯科学家、数学家和天文学家并没有实际发明“algorithm”一词。他的名字以 al-Khowârizmî 结尾，表明其原籍 Khowârism(即花剌子模，如今乌兹别克斯坦的希瓦)。通过多个世纪对他的经典书籍的引用，逐渐把他的名字最后部分演变成了 algorithm。图中显示的是 1983 年俄罗斯发行的纪念其 1200 年诞辰的邮票。

10.1.7 本书的算法例子

到目前为止，我们已经通过本书学习了几个算法。

占位符技术

第 2 章描述了如何通过一个三步骤过程来编辑“冲突的字母序列”。例如，我们纠正了 etc 的使用。输入需编辑的文本文件。利用“查找和替换”功能：

1. 先将“好”的字母序列替换成占位符，比如 #；
2. 再根据需要编辑“坏”的字母序列；
3. 将点位符还原为“好”的字母序列；

结果是修订好的文本。

二进制到十进制转换

第 7 章解释了如何将二进制数转换成十进制值。输入是一个二进制数，换算过程是针对二进制数中的每一位：

1. 只要是 1，就写下该位的位值 (十进制)；
2. 将这些位值加起来；

结果是二进制数的十进制值。

二进制加法

第 8 章包含几个算法，其中之一是二进制加法。输入是两个二进制数，右端对齐。针对从右边开始的每一位：

- 和十进制数一样相加，只是限制只能使用两个数位 (0 和 1)。

结果是两个数之和。

对于二进制运算，你是代理 (所谓代理，就是按指令行事的人或装置)。对于占位符 (以及第 8 章讲述的上色算法)，你和计算机协作。你发出指令，计算机完成工作。

10.1.8 算法和启发式过程

本书给出的一些过程不是算法。第 5 章的“上网搜索”一节描述了通过搜索引擎在网上查找信息的一个过程。该过程包含许多“做这个，然后做那个”形式的步骤，它不是算法。什么原因？算法是“产生确定结果的系统化方法”。第 5 章的搜索过程不是系统化的。它是有目的的，旨在找到信息，并不保证能找到。换言之，该过程可能失败。信息可能还是存在，但按这些步骤操作可能找不到。算法总能奏效，因为它是系统化的。它们要么得到规定的答案，要么报告不存在这样的答案，而且它们的回答总是正确。

那么，如果第 5 章的上网搜索过程不是算法，它是什么？上网搜索是一个启发式过程。“启发式”(Heuristic) 这个词有点绕口，更好的说法是“探索式”，其实就是对查找结果有帮助的一个过程。这些步骤是指导原则，称为启发式原则，有助于寻找答案。它们不保证百分之百成功。在没有已知算法的前提下，启发式过程通常是我们的最佳选择。

10.1.9 发明算法

你所知的大多数算法都是自己开发的，想想需要什么来达成目标就行。例如，想想用手机能干什么，或者如何使用像视频编辑软件这样的复杂应用。别人问你“我怎么才能……”这样的问题时，你的回答可能就是一个算法。你的回答要想真的帮到人，很重要的一件事情就是知道算法的几项基本属性。

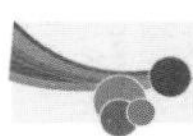

10.2 算法的基本概念

我们希望自己的算法能成功。它们是为别人或别的装置来写的，要由他们(它们)来遵照执行，所以必须精确。

10.2.1 定义

如第 1 章所述，算法必须具有 5 个属性：

- 规定输入
- 规定输出
- 确定性
- 有效性
- 有限性

规定输入

输入是在计算期间转换以产生输出的数据。必须指定算法所期望的数据类型、值和格式。

规定输出

输出是计算得到的数据，是预期的结果。通常在算法名称中描述输出，例如“计算棒球击球率的算法”。和输入一样，必须指定输出类型、值和格式。有的计算可能输出“无答案”，即基于当前输入无解。

确定性

算法必须指定每一步骤及其顺序。确定性就是指定将输入转换成输出的步骤。必须清楚说明每一步骤的细节，包括如何处理错误。确定性确保在提供相同输入的前提下，在不同的时间，由不同的代理(人或计算机)来执行，输出必然一样。

有效性

代理必须能机械地执行算法，不需要额外输入、特殊才能、主见、创造力或者超人来帮忙。确定性指定要采取什么操作、以什么顺序以及在什么时候做，而有效性意味着这些操作可行。

有限性

算法必须具备有限性。最后必须能停下来，要么产生正确输出，要么报告无解。如果不返回任何答案，就无法判断算法是仍在计算答案，还是只是“卡”在那里。对非计算机算法而言，有限性通常不是问题，因为它们通常不会重复执行指令。但正如后文所述，计算机算法通常用不同的数据重复执行指令。

工作无休

长除法是一种算法。在这种算法中，有限性尤为重要。以 10 除以 3 为例。将每个新的数位 (3) 加到商，计算就会变回同样的情形。该算法何时停止呢？

```
   3.33
3)10.00
   9
   10
    9
    10
    ...
```

10.5 有待斟酌的指令

由于存在明显缺陷，洗发水说明中的"起泡，冲洗，重复"不能算是算法。那它是什么呢？

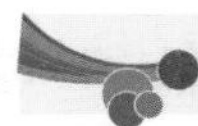

10.3 算法分析

为了讨论算法的关键概念，让我们从一个可能每天都要使用算法开始：谷歌搜索查询评估算法。真的吗？感觉好复杂！但请相信我。

10.3.1 查询评估

第 5 章讲过，查询处理器会建立与搜索关键字匹配的网页的一个排序列表。是由查询评估 (query evaluation) 建立列表。至于对列表进行排序，方便你查看，那是一个单独的任务，不在它的考虑范围之内。图 10.4 展示了由布林 (Sergey Brin) 和佩奇 (Larry Page) 发明的查询评估算法，摘自他们的原始论文"剖析大规模超文本网络搜索引擎"(Anatomy of a Large-Scale Hypertextual Web Search Engine)。

1. Parse the query.(解析查询)
2. Convert words into wordIDs.(将单词转换成wordID)
3. Seek to the start of the doclist in the short barrel for every word.(定位到每个单词的短桶doclist开头)
4. Scan through the doclists until there is a document that matches all the search terms.(扫描所有doclist，直到有一个文档匹配了全部搜索词)
5. Compute the rank of that document for the query.(计算该文档对应于查询的排名)
6. If we are in the short barrels and at the end of any doclist, seek to the start of the doclist in the full barrel for every word and go to step 4.(如果在短桶中，且在任何doclist的末尾，就定位到每个单词的全桶doclist开头，转到第4步)
7. If we are not at the end of any doclist go to step 4.(不在任何doclist的末尾就转到第4步)

Sort the documents that have matched by rank and return the top k.(按排名对匹配的文档进行排序，返回排名最靠前的k个。)

Figure 4. Google Query Evaluation
(图4. Google查询评估)

图 10.4 布林和佩奇 (Brin 和 Page) 开发的原始查询评估算法，旨在查找谷歌搜索的命中项 (hits)，摘自其原始论文"Anatomy of a Large-Scale Hypertextual Web Search Engine"(infolab.stanford.edu/~backrub/google.html)

关于该算法，我们注意到的第一件事情是它不是用编程语言来写的。使用的是"普通"英语；更具体地说，是"专业"英语。例如，术语"doclist"是和每个关键字关联的 URL 的列表。第 5 章的 Try It 5.1 演示了简化过的 doclists。术语"rank"是指"PageRank"(网页排名)，也在第 5 章讨论过。"定位到"(seek to) 是指跳转到作为磁盘文件存储的一个列表中的指定位置。通读这篇论文，就知道何谓“短桶”和“全桶”。但即便没有这些定义，这些专业的话也比古希腊语容易懂。

长格式

当布林 / 佩奇算法最终用编程语言来编写时，毫无疑问，它花了成千上万行代码。这解释了我们人类为何喜欢这七步说明。

论文首先用技术语言来描述算法，因为只有计算机才喜欢读代码。其次，实际程序过于详细，以至于不好向人解释何谓查询评估。论文中去掉了需告知计算机的大量细节。

以下是通过查询评估这个例子来得出的关于算法的第一个事实：

> 算法事实 1。算法详细程度不一。术语和操作只需详细到代理能理解，且在代理的能力范围之内 (即具有有效性)。

布林 / 佩奇算法是为接受过技术培训的人写的，他们已读到论文中的“图 4”，所以符合标准。向朋友解释视频编辑或其他复杂操作时，要使用他们明白的术语以及他们有能力执行的操作。

第 9 章讲过，程序通常用一种编程语言 (PL) 来编写，然后编译成汇编语言 (AL)，最后汇编为二进制形式。PL，AL 和二进制是同一种东西的三种不同形式。每种都比前一种详细 (繁琐)，被熟悉那种语言的人或装置理解。

使用词汇表

用英语或其他任何自然语言来描述算法非常不精确。最大的问题是代词 (他、她、他们、它们等)。其中，“它”(it) 是最糟的，因为无法确定它指代什么 (布林和佩奇在其算法中唯一使用的代词是“we”)。用名词代替代词可能要被语文老师批，但至少算法更容易理解了。

10.3.2 交叉列表

算法总是通过各种 function(可理解为例程) 来简化算法描述。所谓 function，就是代理已知具体如何执行的操作。例如，布林 / 佩奇算法的步骤 4 是这样说的：“搜索所有 doclist，直到有一个文档匹配了全部搜索词”。他们没有给出如何执行“扫描”的指令，但这是其解决方案的一项关键操作。他们假定代理已知如何正确执行该操作。注意，这不属于未定义词的情况。“扫描”有明确含义，但在需要匹配每个列表中的项时，扫描具体如何进行就变得重要了。

10.3.3 一个熟悉的解决方案

布林 / 佩奇算法本质上是第 5 章给出的“交叉查询字母排序列表”(Intersecting

Alphabetized Lists，IAL) 算法。图 5.2 演示了该算法，Try It 5.1 则练习构建了一个命中列表。所以，你已经知道了这个算法！

复习第 5 章的算法和图示，将其与布林 / 佩奇的版本对照，会得出下面四大发现。

1. 在每个列表开头放一个标记 (比如箭头)	B/P 步骤 3
2. 如所有标记都指向同一个 URL，就保存该 URL，因为所有记号都和该网页关联	B/P 步骤 4；随即计算一个命中的网页排名 (步骤 5)，必要时切换为完整列表 (步骤 6)
3. 比较所有箭头指示的位置，哪个较靠前就移动标记至下一个位置	B/P 没有这一步；是使算法在列表中高效率推进的“扫描”动作
4. 重复步骤 2~3，直至某个标记抵达列表末尾，退出	B/P 步骤 7

虽然 IAL 只是构建命中列表 (hit list)，但这两个解决方案存在大量重叠。Brin/Page 方案做同样的事情，但中途还要计算网页排名 (步骤 5)。我们不关心这个。另外，它需要一个命令 (步骤 6)，在短桶用完的情况下切换为“全桶”。除开这些，它们的逻辑是完全一样的。

布林 / 佩奇在算法中假定代理会的 function(例程) 是步骤 3，即以特定方式在列表中移动。

算法事实 2。算法总是基于之前定义好，而且代理已知的 function(例程)。

在我们的例子中，布林 / 佩奇论文的读者知道“扫描”以查找匹配的最有效的方式是先按字母顺序对列表排序，再用“交叉查询字母排序列表”(IAL) 算法进行处理。

下面通过一个不应采纳的算法例子来澄清该论文的读者知道什么。

10.6 帮帮忙呗

在之前给出的本书算法例子中，“二进制加法”算法引用了之前定义的、代理已知的“例程”。它是什么？

10.3.4 非字母排序列表

实现“扫描”以查找匹配的另一个方式是从任意列表开始。整个过程就像里程表的工作方式。我们将这种方式称为“非字母排序列表”(No Alphabetized Lists，NAL)。注意列表可以按、也可以不按字母顺序排序。排了序也会被算法忽略。它将箭头指针放在每个列表的开头，然后将其中一个列表的指针一直推进到结尾，每一步都查找匹配项。然后，将下个列表推进一个位置，并重复到目前为止的所有工作。想象一个从 00000 开始的里程表，为了找到 10 个命中，包括 00000，11111，……，99999，需要重复多少次！这也是一种算法。它检查 URL 的每一种组合，直到获得跟 IAL 算法一样的结果。但速度要慢得多！

有多慢呢？以 5 个包含 10 个数据项的列表为例。IAL 仅将指针移经每一列表的每一项一次。所以，在最糟的情况下，需要以下步骤：

IAL: 10 + 10 + 10 + 10 + 10 = 50

(我们不知道指针按什么顺序推进，但如果只统计需推进多少次，那么顺序不重要：每个列表最多 10 次。)

但非字母排序列表 (NAL) 方案会反复访问相同的数据项。由于像里程表一样工作，所以我们的示例列表需要一个 5 位数的里程表才能完全覆盖：

NAL: 10 × 10 × 10 × 10 × 10 = 100000

两个方案都能工作，但其中一个效率极差。

所以，当布林 / 佩奇说“扫描所有 doclist”时，他们知道读者会用 IAL 方式来查找每个匹配项。

通过比较 IAL 和 NAL，我们得出一个事实。

▶视频讲解 One Problem, Many Algorithms

算法事实 3。可用不同算法以不同方式解决同一问题，不同方案可能花费不同时间。

IAL 比 NAL 优秀的地方显然是按字母排序。它使我们能跳过许多、许多会失败的匹配检查。

10.7 速度限制

第 5 章的 Try It 5.1 展示了三个 doclist(文档列表)，分别包含 5 个 URL。对于这种规模的输入，在最差的情况下，IAL 和 NAL 算法分别要用多少步找到匹配项 (或报告找不到)。

10.3.5 不同方案

要强调的是，IAL 和 NAL 算法不是同一方案的不同版本，而是以不同方式解决一个问题的不同方案。这很明显，因为分别需要不同的输入形式并依赖那种输入的特点。对于 IAL，文档列表必须按字母顺序。NAL 则不关心文档列表是否排序，它在运行时会忽略顺序。利用额外的信息，IAL 能跳过徒劳的测试。

IAL 和 NAL 算法在运行时间上的差异也揭示了它们属于不同方案的事实，因为同一算法的不同形式会有相同的运行时间。

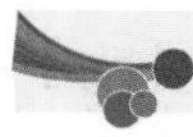

10.4 做正确的事

从明确和简单的意义上说，我们 (和计算机专家) 认为 IAL 方案是好的。另外，我们刚刚证明了它的效率不错。现在主要剩下一个问题：如何知道算法能奏效？换言之，如何知道它能找到所有命中 (hits)?

开发算法来解决问题时，方案中有时没有任何循环 (重复的指令)。这使其很容易测试，运行它并查看结果是否正确即可。但大多数算法都有循环，需要一点分析来确保其正确性。具体来说，基于一个输入来运行是不够的。你尝试一下程序，或许能揭示出一个错误，但或许不能。如错误涉及一个更大的问题 (进而涉及更多的循环)，那么小错误或许是看不出来的。有循环的程序不能用穷举法来验证 (即尝试所有情况)，因为可能存在无数种可能。这时必须采纳更高明的对策。

10.4.1 一个对策

知道算法奏效的方法是知道它为何奏效。换言之，需了解计算的什么属性使其每次都能产生正确结果，并能解释其具体过程。发现某个算法为什么奏效，这听起来很难，但一般都不是。作为开发者，我们在开发算法时就赋予其“正确”属性，所以才有这个结论。

所以，为了知道算法为什么起作用，我们的对策如下所示。

- 找到确保算法奏效的一个或多个属性。
- 用程序来解释这些属性为什么能使其奏效。

对于“交叉查询字母排序列表”(IAL) 问题，我们需确保如确实有命中，算法必须能发现它们。(如果没有命中，步骤 2 总是失败，意味着算法在这种情况下仍然奏效。) 所以，我们假定在给定的 URL 列表中存在一个或多个命中。换言之，所有列表中存在一个或多个相同的 URL。

10.4.2 解释 IAL 为何奏效

图 10.5 将 IAL 算法应用于 A~F 列的 6 个列表。每一行都执行算法的步骤 3：“比较所有箭头指示的位置，哪个较靠前就移动标记至下一个位置”(靠前是指字母顺序靠前)。这造成箭头一直在列表中向下移动，直到全部抵达相同 URL：Hit.com。

根据算法的定义 (步骤 2)，这就是一个命中 (hit)。如果这个例子更长一些，则下一步是显示所有指针都推进到各自列表的 Hit.com 之后的下一项。

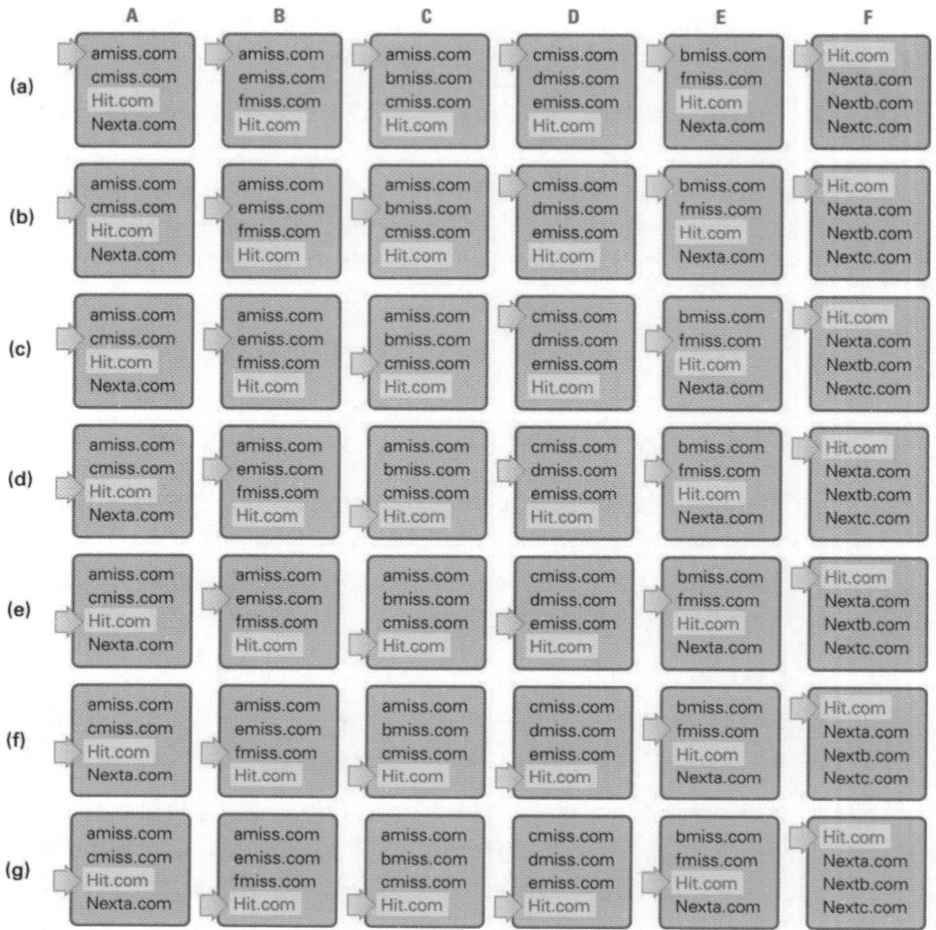

图 10.5　将 IAL 算法应用于 6 个关键字的过程。针对 A~F 列，每一行描述的活动：(a) 初始配置；(b) 否决 amiss.com；(c) 否决 bmiss.com；(d) 否决 cmiss.com；(e) 否决 dmiss.com；(f) 否决 emiss.com；(g) 否决 fmiss.com

10.8　更多命中

假定图 10.5 的例子更长一些，并假定 Hit.com 已被记录，请描述接下来的 4 个步骤。

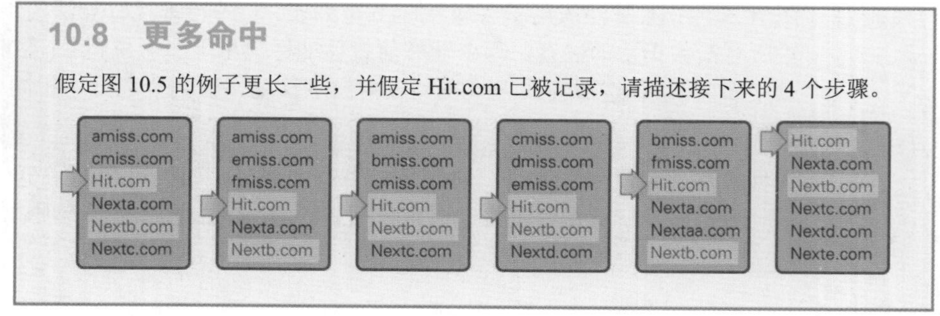

图 10.5 和 Try It 10.8 演示了我们如何整理关于 IAL 正确性的思路。注意，将各个列表中的加亮显示的命中 URL(无论 Hit.com 还是 Nextb.com) 连接起来，会

形成一条不规则的线。

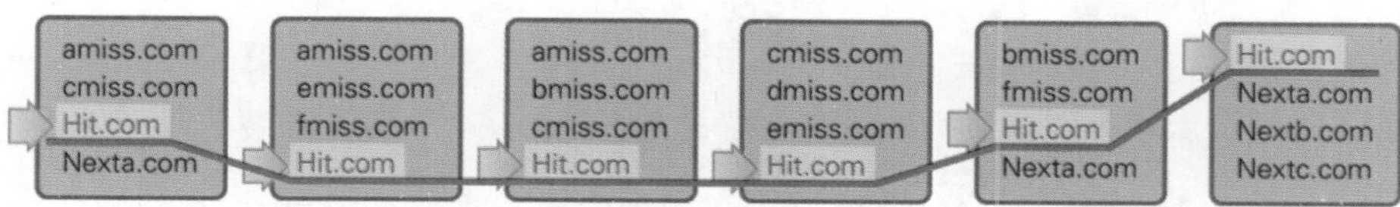

我们说该命中构成了一个“屏障”(barrier)。在所有列表中都存在，它们一路延伸，没有间隙。这种“命中屏障”具有以下 4 个属性。

- 如某个 URL 是命中，则必然是屏障的一部分；换言之，在每个列表中都有。
- 如某个 URL 不是命中，则不在某个列表中，所以 URL 不是屏障的一部分。
- 记录一个命中后，所有箭头在下一步都“穿越”屏障。
- 算法开始的时候，好像所有箭头都刚刚“穿越”一个屏障 (称为第 0 个屏障)

屏障为我们提供了一个思考算法的方式。算法刚开始的时候，所有箭头都指向第一项 (刚刚穿越了第 0 个屏障)。箭头会推进 (一次推进一个 URL)，所有箭头总是位于两个屏障之间。其中，一个屏障是刚刚穿越的，另一个是接着要查找的命中。

思考算法的工作方式时，我们将箭头想象成一个奇怪的行进乐队，每个人轮到他们时都向前走，到达屏障就停下来，原地踏步等待其他人。所有人都到达屏障时，就一起穿越。在刚刚穿越的屏障和下个屏障之间，他们重复这一行为。

箭头就像这样在一对屏障之间推进。没有命中，“屏障”就是列表的开头和结尾。一旦全部到达某个屏障，就记录命中，接着一起穿越，并为下一对屏障重复上述行为。

计算机专家经常用非常专业的话来详细解释其算法的工作原理。但通过刚才不那么正式的讨论，我们也能知道一个算法为何奏效。这对我们来说足够了。

10.4.3　正确性总结

任何创建算法的人都需要知道它的机制。其间涉及找出维持算法正确性的属性，并解释这些属性为何有效。这些解释总是为算法定制的。我们大多数时候只需要向自己解释这些，但当某个人 (比如用户) 问“它的机制”的时候，我们必须也能做出解释。

10.5 小结

本章介绍了最基本的思维模式之一：算法。你现在理解了以下要点。

- 自己每天都在使用算法，并在教别人如何完成任务时不停建立相关的算法。
- 由于自然语言不精确，所以日常使用的算法有时不甚明确。
- 算法有 5 个基本属性。
- 算法可根据代理 (执行者) 的能力被赋予不同详细程度。
- 问题可由不同算法以不同的方式来解决。
- 算法总是奏效——要么给出答案，要么报告没有答案 (无解)。算法好不好，取决于它们对时间和空间等资源的利用。
- “交叉查询字母排序列表” (IAL) 算法是上网搜索的首选方案。
- 我们通过 IAL 算法的属性解释了它为何奏效。

10.6 TRY IT 答案

10.1 因为护士不能确定 J-DB 是否正在听或者听懂了问题。首先需判断他是否正在回答问题，然后才能判断答案。这是需要两个二进制位的原因，他们采用的编码方式也很好：不眨眼 = “我没在回答问题”，眨眼 = “正在回答”。而当他回答时，不眨眼 = “否”，眨眼 = “是”。所以，眨一次眼代表“我正在回答，而且我的答案是否”。

10.2 使用按照使用频率排序的法语字母表，merci 需要询问 35 个字母。

10.3 使用标准字母表，merci 需要询问 48 个字母。

10.4 使用按照使用频率排序的英语字母表，abacus 需要询问 58 个字母；而标准字母表只需 47 个。

10.5 这个操作陷入无限循环，因为没有在什么时候停下来的指令 (有限性缺失)。

10.6 例程是十进制加法。

10.7 IAL 要用 5 + 5 + 5 = 15 步；NAL 要用 5 × 5 × 5 = 125 步。

10.8 步骤 1：所有箭头移至下一项；步骤 2：A，B，E 和 F 移至下一项；步骤 3：E 移至下一项；步骤 4，记录一个命中 (Nextb.com)，然后全部移至下一项。

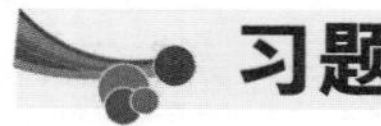

习题

选择题

1. 算法 (algorithm) 是 ________。
   a. 产生输出的一个常规的、非具体的步骤列表
   b. 对数 (logarithm)
   c. 产生规定结果的系统化方法
   d. 数学问题

2. 算法由 ________ 使用。
   a. 仅计算机
   b. 仅人
   c. 各种代理
   d. 没人用，它们不是真的

3. 算法总是 ________。
   a. 产生输出
   b. 产生输出或报告无答案
   c. 产生输入或报告无答案
   d. 报告无答案

4. 算法必然在 ________ 的时间里奏效。
   a. 99.9%
   b. 100%
   c. 取决于运行它的计算机
   d. 50%

5. 用自然语言写算法时，最好使用 ________ 而不是 ________。
   a. 编程语言，自然语言
   b. 名词，代词
   c. 缩写词，完整词
   d. 名词，形容词

6. 不同代理在不同时间运用某个算法对相同数据执行操作，输出会 ________。
   a. 一样
   b. 不一样
   c. 有时一样，有时不一样
   d. 无法判断

7. 一个特定的问题有多少种算法可以解决？ ________
   a. 仅一种
   b. 许多
   c. 取决于算法的类型

填空题

1. 包含 _______ 的程序无法用穷举法来验证。
2. 程序是 _______ 的算法。
3. 算法必须具有 _______ 性；最后必须能停下来，要么产生正确输出，要么报告无解。
4. 算法必须具有确定性。必须指定步骤的细节，包括具体如何 ______________。
5. 算法中的步骤必须具有 ________ 性，由不同的代理执行才能产生一致的输出。

简答题

1. 本章介绍了 Jean-Dominique Bauby 如何通过眨眼来写书。用 PandA(存在与否，参见第 7 章) 的概念解释当护士向其展示字母表时发生的事情。
2. 解释第 5 章的 Web 搜索过程为什么不是算法。不是算法的 Web 搜索是一个什么过程？
3. 以下哪个是占位符技术的属性，请详细说明。
   a. 规定输入
   b. 规定输出
   c. 确定性
   d. 有效性
4. 解释算法需达到什么详细程度？
5. IAL 算法要求代理推进字母顺序最靠前的 URL 的箭头。通过解释代理如何知道哪个列表包含“字母顺序最靠前”的 URL 来证明 IAL 的有效性。
6. 是什么使 IAL(交叉查询字母顺序列表) 比 NAL(非字母排序列表) 快？
7. 列出检查 E-Mail 收件箱的步骤。
8. 解释你为上一题列出的算法的 5 个属性：规定输入，规定输出，确定性，有效性，有限性。
9. 开发一个刷牙算法。详细解释你的算法如何保证正确性。
10. 多给几次输入就确定算法能够奏效，为什么？怎么确保算法总是产生正确的输出或报告针对当前输入无解？

INTERVIEW

人物访谈

雷・库兹韦尔 (Ray Kurzweil) 访谈录

作为发明家、作家和未来学家的雷・库兹韦尔 (Ray Kurzweil) 有着"现代爱迪生"的美誉。他担纲开发了第一台全字体光写字符识别机、第一台将印刷体转为机读语音的盲人朗读设备、第一台平板扫描仪、第一个文本转语音合成器、第一个能模拟三角钢琴和其他管弦乐器的音乐合成器以及第一个商用大词汇量语音识别系统。雷成功创办并发展了多家实业，涉及领域有：OCR、音乐合成、语音识别、朗读技术、虚拟现实、金融投资、医学模拟和控制艺术 (cybernetic art)。在他的书和同名电影《奇点临近》中，强调了因快速技术进步所带来的"奇点"预测 (AI 和人类智能相容的那一刻，旧的社会模式一去不复返，新规则主宰这个世界)。雷于 1999 年荣获美国国家科技奖，这是美国国内关于技术的最高荣誉；2002 年入选"美国国家发明家名人堂"；并于 2009 年荣获亚瑟・克拉克终身成就奖。雷的网站 KurzweilAI.net 是领先的人工智能资源。

关于您的发明，有没有什么有趣的幕后故事可以告诉我们？

我们在 1976 年 1 月 13 日发布了 Kurzweil 朗读机，这是第一个为盲人设计的印刷体转机读设备。之所以记得这一天，是因为 CBS(哥伦比亚广播公司) 的著名新闻主持人沃特・克朗凯特 (Walter Cronkite) 用这个设备朗读了他当晚的标识性结束语："事实就是这样的" (And that's the way it was, January 13, 1976)。这是他生平第一次没有用自己的声音播出这句著名的结束语。

后来，我受邀在 Today Show 节目展示这个新型朗读机。当时只有一台能工作的模型机，一想到要在直播节目中说明它的用途，我们就很紧张，因为怕出现技术故障。他们的答复是这是直播，死活无论。

于是，我们上午很早就到了 Today Show 演播室并开始准备机器。果然，在正式开播前的两小时，它出了点故障。我们尝试了各种简单的修复手段，但都于事无补。所以，我们的总工程师最后居然把它拆了。看着散在演播室地板上的部件，弗兰克・菲尔德 (Frank Field)，负责采访我的主持人，走过来，问是否出了问题。我们说，只是在进行最后几分钟的调试。

总工程师重新装好了机器，但仍然不能工作。然后，根据以前修理精密技术装置的丰富经验，他拿起机器，砰地一声将其扔在桌子上。从那以后，这台阅读机就表现得非常好，在整个现场直播和访谈期间，没出过任何故障。

史蒂维・旺达 (Stevie Wonder)① 通过节目知道了我，打电话到我办公室，表示想拜访我们，并为他自己购置一台朗读机。接待人员不相信他居然就是那位传奇歌手，但不管怎样，她还是把电话转给了我。当时，我们刚要完成第一个量产型的产品，所以立即加快了速度。他果然来到我们的办公室，停留了几个小时，学习如何使用机器，最后抱着他的新 Kurzweil 朗读机，坐上出租车离开。我们 30 多年的友谊从此开始，并一直延续至今。多年以后，史蒂维协助我成立了 Kurzweil Music Systems 公司。

① 美国最负盛名、最有才华的盲人歌手。原名 Steveland Judkins，1950 年 5 月 13 日出生于美国一个黑人家庭，因早产被送进婴儿暖箱，殊不知却因为暖箱供氧过量而永远告别了光明。在他 20 多年来的演唱生涯中，他曾获得过 25 次葛莱美奖，一次奥斯卡最佳电影歌曲奖。——译注

您的发明涉及较广，从 Kurzweil 250 到一个治疗你的 2 型糖尿病的营养学程序。这么多发明之间，是否存在着联系？

我最开始、至今仍然主要关注和擅长的技术领域是“模式识别”，这是教计算机识别模式的科学和技术。人能识别像人脸、可视物体、语音和音乐等模式，这是我们人类智能的基础。我的大多数技术项目都与模式识别有关，例如文字识别和语音识别。就连我在音乐合成方面的工作都受模式识别的影响。我们必须回答是什么模式造成人能识别来自特定乐器——比如三角钢琴——的声音。我很快意识到时间对我的发明的重要性，并着手开发数学模型，研究技术如何随着时间的推移而进步。这可能会花我一生的精力。使用这些模型，我能预测未来 10 年到 30 年，甚至更久远的技术。通过这些努力我意识到，21 世纪将是人类文明进化史上最不同寻常的一个时期。这是我想找出活得更久更健康的方法，以体验这个特殊世纪的主要动力。

我意识到健康和医疗技术正在快速发展。若干年后，我们赖以保持健康的工具在功能和精密程度上会大大增加。因此，用今天的知识来保持健康，使我们能以良好的身体状态来利用未来生物科技 (现在已经进入初步的发展阶段了) 的硕果，这是非常重要的。

您过去预测的许多未来技术都变成了现实。您是如何进行如此具体而精确的预测的？

大多数未来学家在进行预测时，没有一个深思熟虑的框架或方法。我曾经用超过 25 年的时间来研究技术发展趋势，开发过详细的数学模型，从中了解技术在不同领域内的演变。我有一个团队，他们收集数据，并衡量技术在不同领域 (其中包括计算、通信、生物科技和大脑逆向工程) 中的关键特性和能力。从他们的工作成果中，显然看出，技术 (尤其是信息技术) 以双指数级的速率 (即指数级的指数级) 迅速增长。典型情况下，基于信息的技术至少每隔一年，能力就会翻一番，但成本并没有增加。

另一个重要问题是很少有人注意到技术变革的步伐 (我称之为“范式转换率”) 本身也在加快。每隔 10 年，技术变革的步伐就翻一番。我曾在发现 DNA 结构 15 周年纪念大会上发表过演讲。我们都被问到了这个问题“未来 50 年会有什么变化？”其他发言人大多根据过去 50 年的变化幅度来预测未来 50 年的变化。但这是一种错误的假设。技术变革的速度正在加快，未来 50 年所发生的变化幅度将是过去半世纪的 30 倍。

您在《心灵机器时代》一书中预测未来的计算机将超越人类的智能。据您估计，这将如何以及何时发生呢？

我们把这个问题分解为两个问题：其一，计算机何时获得人脑具有的计算能力 (硬件能力) ？其二，何时获得人类智能的内容和方法 (软件) ？

《心灵机器时代》(1999 年出版) 指出，我们将在 2019 年用一台价值 1000 美元的计算机实现人脑的计算能力。据我估计，这个能力相当于 1000 亿个神经元，每个神经元乘以 1000 个神经联结，再乘以每个神经联结每秒钟进行的 200 次计算，最后就是每秒进行 2 万亿亿次计算。1999 年这还是一个很有争议的预测，但从那时起，人们对此的看法有了翻天覆地的变化。今天，仍然有大部分人认同我们将在 2019 年拥有足够的计算资源。计算机速度和存储容量至少每年翻一番，这一态势还有加快的趋势。

最富有挑战性的问题是智能软件。我称之为“人类智能模板”的一种主要来源是人脑本身。我们已经走过了人脑逆向工程，理解了其运作原理。同时，我们还看到了显著的进步。脑扫描技术的分辨率、带宽以及性价比每年都在翻番。

人脑方面的知识，包括神经元和神经簇模型，每年都在增多。对于组成人脑的数百个区域，我们已经有了几十个详细的数学模型。相信在 2020 年中期，我们将拥有人脑所有区域的详细模型。

到 2029 年，我们能结合使用超过人脑的模式识别和已超越人类能力的机器智能的若干属性。其中包括速度、存储容量和即时共享知识的能力。约在 2029 年，计算机将像人一样具有语言理解能力，能从网络中读取和吸收所有可用的文学作品和知识。

未来的计算机有人类的情感吗？

的确，它们将有人类的情感。情感智能对人类智能而言，不是一个负面问题。对我们而言，它实际是最复杂和最难以捉摸的。这是人类智能最前沿的特性。如果一个人不理解人类的情感，我们就认为他不是正常人。同理，机器也如此。对于教计算机学习人类情感，已经有人表现出浓厚的兴趣：如何检测并相应地做出反应。这对下一代人机交互非常重要。随着我们对人脑进行逆向工程，逐步理解不同脑区处理信息的差异，我们将进一步认识我们的情感。对于这项工作，一个非常重要的好处是更深入地洞察我们自己。

要实现您预测的愿景，还需要解决哪些障碍？

技术本是一把双刃剑。20 世纪所发生的灾难 (例如两次世界大战) 都被技术进一步恶化。但与此同时，我们不能忽略技术带来的好处。1800 年，人类平均寿命为 37 岁，但在 1900 年，人类平均寿命为 50 岁。若干年前，人类仍然饱受贫困、劳苦和疾病之苦。

现在，我们处于生物科技革命的初级阶段，我们在了解寿命和疾病幕后的信息处理，着手开发新的疗法，战胜老年疾病 (比如癌症、心脏病和糖尿病)。但是，如果恐怖主义分子也掌握了这方面的知识，也可能制造出生物病菌，正所谓同一种技术会长出两根茎。类似的情形同样会发生在纳米技术(所有关键特性都小于 100 纳米)和人工智能身上。

我相信，答案在于不断加大投资，开发特定的防御性技术，避免我们的社会遭受这些负面的影响。软件病毒领域也存在类似的矛和盾。虽然病毒一直层出不穷，但防病毒技术已取得了很大的成功。希望我们在生物科技和其他未来技术领域也是如此。

对于如何紧跟信息技术的发展步伐以及在信息技术领域有所创新，您能为学生提供一些建议吗？

从事科学与技术方面的工作是非常激动人心的。新技术变化的步伐和普及超过了以往任何时候，而且还有不断加快的趋势。科学与技术的影响充分渗透到这些领域之外。最终，技术上的新进步将改变整个人类生活和社会。

对此，我想对同学们提出以下建议。

1. 踏踏实实学好数学，因为它是科学与技术所采用的语言。数学还代表着一种思维方式，可以引导我们有所发现，提高我们的理解能力。
2. 做一名对技术保持浓厚兴趣并紧跟技术发展潮流的学生，为未来世界(而不是眼前的世界)贡献自己的发明。
3. 集中精力专攻某一个自己特别感兴趣的科学或技术领域。一个人能掌握所有科学和技术的日子早已经过去了。但是，如果学有所专，就能对一个领域了如指掌。
4. 至始至终保持激情。

PART 3

数据和信息

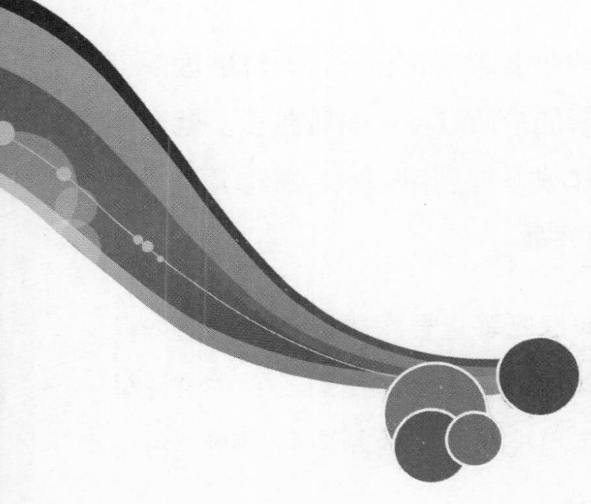

CHAPTER

PART 3

INTRODUCTION

随着我们掌握的东西越来越多，对计算的理解就愈加深入。了解的东西越多，经验越多，就更能从大局出发，体会到计算既能被很好地利用，也能被滥用。第 3 部分将讨论隐私、病毒和密码等主题。

虽然我们要讨论像电子表格和数据库等重要主题，包括它们如何存储、结构化以及分发我们感兴趣的信息，但我们还要讨论计算的社交影响。以社交网络、众包和技术的其他新应用为例，讨论了计算机如何改善我们的生活。

第 Ⅲ 部分涉及的两个重要主题——隐私和安全性——在有关计算的“公开辩论”中特别活跃。我们对每个主题都进行了技术性描述，并展示了辩论双方的态度。所有计算机用户都对隐私和安全性感兴趣。重要的是要知情。

CHAPTER 11

在文明社会中使用计算机

学习目标

- 通过几个例子了解社交网络如何促进社会进步
- 理解网络礼仪及其好处
- 理解什么是强密码以及具体如何实现
- 列举授权软件的三种种许可 / 禁止用途
- 理解为版权内容赋予的权利

CHAPTER 11

我听说政府目前正在审议新的骑士身份——O.M.G.(Oh！ My God！)[①]——让它来我们海军司令部吧！！

——英国海军上将约翰·费雪，1917

无论你平时有多遵守网络礼仪，最终都会冒犯某个不遵守的人。

——唐·瑞特纳

本章主旨是计算机在社交环境中的运用，但不会讨论手机、短信、电邮、视频聊天、博客、YouTube(或哔哩哔哩)、Reddit、Facebook、Twitter(或微博)、评分网站(如 Digg.com 或煎蛋网)、多人游戏或其他流行技术的基础知识。你已经在使用它们了，无需解释。要讨论的是计算机应用于社交时的好处与风险。将讨论如何通过所谓的“网络礼仪”来成为一名好的网络公民。还将讨论如何保护你的在线隐私。当你享受网络带来的社交好处时，网络社区的其他人不一定和你一样友善和有趣。他们的目标可能是用垃圾邮件轰炸你、霸凌你、偷窃你的个人信息、接管你的计算机、欺骗你以及其他毫无疑问的反社会行为。本章和第 12 章将揭示这些风险并提供保护你自己的方式。只要事先有了防备，社交计算的乐趣还是可以持续的。

互联网最初的开发者将其定位成商业、政府、教育、军事和公众服务的一个重要工具。(第一批顶级域名是 .com，.gov，.edu，.mil，.int，.org 和 .net)。开发人员建立了一个由数百人组成的紧密联系的社区。成员相互尊重、相互帮助并值得信赖，很少发生滥用或其他不好的行为。当然，他们也将互联网用于社交目的，并且联机玩游戏。然而，当用户社区从数百人在线扩展到数亿人在线时，社交应用的爆炸式增长可能使他们感到震惊。随着规模扩大，有的事情必然会发生改变。

① 写给丘吉尔的信；“OMG”最早的使用，

11.1 群众的力量

先陈述一个事实：互联网为社会带来了重大和积极的变化。现在社交互动的体验是我们的父辈和爷爷辈想都不敢想的。虽然深入讨论这些社会变化可能比较有意思，但我们打算将讨论限制在互联网带来的几个有代表性的"积极变化"上。

11.1.1 众包

众包 (crowdsourcing) 是指结合大量非强制性志愿人员的贡献来解决问题或达成目标。维基百科或许是最著名的众包企业，其目的是建立所有知识的一个数据库，是一个巨型的、全球民众参与的工程。该网站在许多方面都要优于传统百科全书 (例如《大不列颠百科全书》)。

11.1.2 当个火星人

众包的另一个例子是"当个火星人"(Be a Martian) 项目，其中志愿者通过标记火星探测器的图像来帮助 NASA(如图 11.1 所示)。这很有趣，而且很有帮助，只需稍加练习，就可以很好地做到这一点。众包是一种新现象，可通过互联网进行的免费和便捷的通信来实现。民众显然很重要，因为它增加了在项目上工作的人数，这对于发起问题的人 (例如 NASA) 是一种好处。

图 11.1 美国宇航局的"当个火星人"欢迎页面的座舱图片 (https://mars.nasa.gov/)

三个臭皮匠，胜过诸葛亮。通过向各种各样的人开放项目，参与者拥有的各种各样的技将使项目受益。换言之，志愿者实际上可能比最初从事这项工作的人更快，更高效。更重要的是，正如维基百科在大多数时候所证明的那样，他们的技能和知识可能会导致更好的解决方案。对参与者有什么影响？自然，每个人都有自己的动机。这显然很有趣。有积分可以赚，有奖品可以拿。最根本的是，参与者通过参与项目来获得了满足感。另外，许多项目要求的技能比其他休闲活动 (比如看电视) 更具挑战性。甚至游戏也能使世界变得更美好。

11.1.3 蛋白质折叠游戏 Foldit

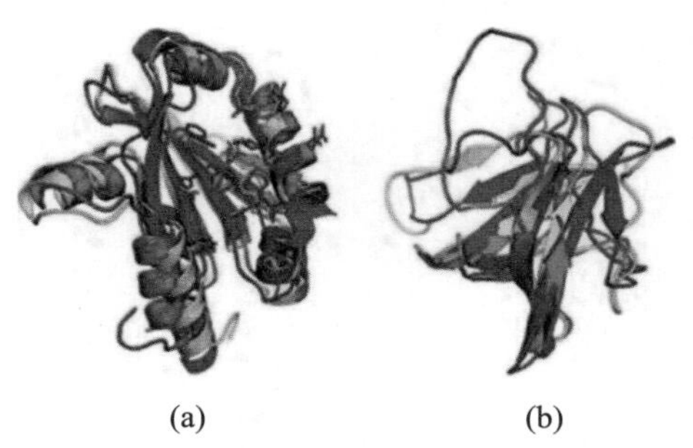

图 11.2 单体逆转录病毒蛋白酶蛋白，Foldit 电子游戏的主题之一

Foldit 是一个实验性的蛋白质折叠电子游戏。蛋白质是管理大多数生命活动的复杂分子。由氨基酸构成的蛋白质在细胞中漂浮时被扭曲 (如图 11.2 所示)。它们如何折叠在很大程度上决定了其工作方式。除非知道折叠方式，否则在医学上无法识别蛋白质。Foldit 程序针对的是对艾滋病、癌症和阿尔茨海默氏症特别重要的蛋白质。

正如科学家和游戏玩家共同撰写的文章《自然结构与分子生物学》(2011 年 9 月 18 日) 所述，Foldit 成效惊人：

> 继通过分子置换尝试解决*M-PMV*晶体结构逆转录病毒蛋白酶失败之后，我们要求蛋白质折叠游戏*Foldit*的参与者生成蛋白质的精确模型。令人吃惊的是，*Foldit*玩家能生成质量足够高的模型，成功进行了分子置换和随后的结构确定。精致的结构为抗逆转录病毒药物的设计提供了新的见解。

按照《科学美国人》的说法，蛋白质——单体逆转录病毒蛋白酶——是“重现艾滋病毒的关键”。科学家花费长达十年的时间研究这种蛋白质折叠是如何进行的。然而，利用游戏的众包策略，三个星期就解析出了结构 !

11.1.4 公民参与 Freerice

Foldit 不是“做好事”和竞赛的唯一方式。像 Freerice.com 这样的游戏具有双重目的：学习和捐赠。例如，在网站发起的猜字游戏中，玩家被分配到一个英语单词和 4 个可能的定义。答案正确，网站将捐赠 10 粒大米。看起来不多，但答题过程既有趣，又令人上瘾，而且有几百万人都在玩这个游戏。该游戏的其他变种覆盖了大范围的主题，包括人文、科学以及除了英语之外的其他语言。所有大米都捐赠给联合国世界粮食计划署，好多人都喜欢通过该游戏来提升其词汇量并拓展关于其他主题的知识。

11.1.5 众筹网站 Kickstarter

众筹网站 Kickstarter.com[①] 是集全社会之力帮助其他人的网站之一(参见图 11.3)。手上有创造性项目的人可在网站宣传其创意。说明要做什么,需要多少钱,重要性何在……等。然后,捐赠人可贡献或多或少的钱来帮助其达成筹款目标。目标达成,项目成立;否则退还捐赠人的钱款。基本上,未能吸引足够支持的项目会被放弃;否则,筹款目标很快就能达成。

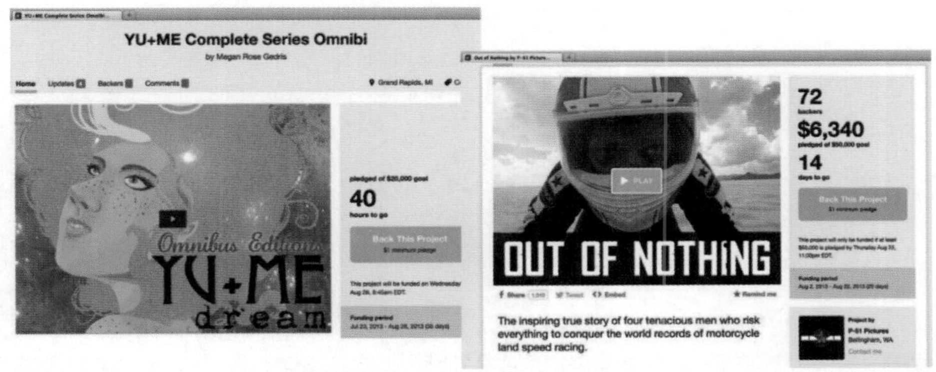

图 11.3 众筹网站 Kickstarter 的两个项目:一个是出版两卷纸质漫画,一个是制作四个家伙突破摩托竞速极限的视频

所有这些网站都利用了社区的兴趣、帮助和慷慨来达成重要的社会目标。众包是互联网促进我们这个世界的众多方式之一。

11.2 举止得体

正常社会中,人们从其家人、亲属、宗教和社会学习何谓“正确”行为。举止不端会冒犯其他人,令他们生气。他们会记得不端的行为,并以或轻或重的方式惩罚犯事者。“可接受的行为”逐渐演变为平稳的社交互动。与懂得礼貌和尊重的人生活更容易。虽然可能产生社交压力,但确实有效。

然而,我们如今所生活的在线世界在许多方面都发生了变化。其一,互动距离明显增大;网上遇见的人,现实中可能永不相见。其二,家人和亲属对我们在网上的行为影响极小,许多家庭都没准备好如何教孩子们什么是好的网上行为。其三,网上可以匿名;没人知道我是谁,所以能为所欲为,对吧?

在网上施暴却没什么后果,这个现象确实存在。但有两个理由不会使我们成为最坏的自己。其一,不可能在网上完全匿名。执法部门可通过合法途径获得在

① 注意众包、众筹和众创的区别:众筹,发起者向公众筹款,让一群人或小团体集中资源(主要是资金)然后发起人使用资源完成项目;众包,发起者向公众筹标准化劳动,完成项目的各项环节;众创,向公众筹非标准化劳动。发起者既是众包者也是众筹者,是资源分配中枢。——译注

网上有不法行为的人的身份。这要么是通过 ISP 的帮助，要么是通过微软和谷歌等公司的帮助来追根溯源。其二，其实我们所有人骨子里都想享受互联网的好处。所以，如同我们都想生活在一个和谐社会里一般，平时在使用网络时，也会潜意识地遵守正常的行为准则。

11.2.1 网络礼仪

礼仪——社交时的正确行为准则——同样适用于我们在网上的社交互动。它专门有个词，叫“网络礼仪”(netiquette)。它最初是为电子邮件使用而开发的，但现在更广泛地解释成网上任何社交环境中的文明行为。表 11.1 总结了一些准则。

网络礼仪之所以重要，是因为人们在网上大多数时候都是与朋友、家人和同事互动。我们在非电子环境中通常能很好地对待他们，所以在以数字方式与他们互动时，一定要注意自己的行为是否会被误解或产生负面影响。

表 11.1 网络礼仪准则

准则	负责任的行为
表现得你在现场	表现出你最好的一面：进行网上互动时，不要说或做平常在当面交流时不会说或做的事情
记住你其实不在现场	当面交流时，表情、停顿、音量、强调、肢体语言都在传达你的意思，但这些在电子邮件、短信或其他在线环境中都无法使用。要更完整地解释你的意思。避免写一些容易被误解的话。例如，“她做的饭我不能称赞太多”这句话如果你是想表达幽默，请加上笑脸符 (表情符)。发送或张贴非常情绪化的内容之前，先冷静一下
一对一交谈	未经发送人许可，永远不要将电子邮件或其他私人通信转发给别人
删除并不能使内容消失	由于会保存拷贝 (以便从崩溃中恢复)，大多数网上内容在删除后仍可访问。所以要注意你的发言——你的老板或未来的老板也许看得到。在脸书和推特上发言要三思
不要浪费你朋友的资源	发送无意义的长篇大论或者大的图片文件会浪费你朋友的时间，并减慢网络连接或浪费服务器空间。体贴一点，不要发送这些东西，或至少提前警告文件大小
避免掐架	网上不要和别人掐架 (有个说法叫 flame wars 或者火焰战)。几个人在那里吵来吵去，旁边则是一堆吃瓜群众。不要激化矛盾，单独联系挑事儿的人
确认地址	发送电子邮件前核实地址是否正确。如不慎将一封私人邮件发送给一组人 (本该点击“回复”时点击了“全部回复”)，马上再发一封道歉信

11.2.2 电子邮件特别准则

平时使用电子通信工具 (短信、推特、脸书、微信) 时可以比较随意，行为准则可参考你想向联系人展现出你的哪一面。但工作场所不一样，应遵守一些公认的规则和行为规范以满足常规的职场实践。下面罗列了一些附加的准则。

一次只涉及一个主题

发电子邮件要求收件人响应时，每次只应涉及一个主题。例如，你发信问老板是否在办公室看见你的棕色毛衣，就不要在同一封信里问自己什么时候加薪。我们大多数人一次只能处理一件事情，所以很容易处理“只涉及一个主题”的邮件，完成后删除或存档了事。如涉及多个主题，其中一个或多个很容易被放弃或忽略。例如，你会发现确立将毛衣忘在办公室，但什么时候加薪的问题会被忽略。电子邮件的主题行就描述那一个主题。电子邮件很便宜，和发送一封邮件相比，发送两封邮件多花不了什么。但管理单一主题的邮件对所有人来说都更简单。

说清楚上下文

不幸的是，一个非常普遍的电子邮件回复是“是”。虽然我们都喜欢获得肯定回答，但不幸的是经常忘了问题是什么。主题行在这里没有帮助，它显示为：Re: 问题。任何常用的电子邮件软件 (或网页界面) 都允许在回复中引用原始邮件。在回复的同时包含原始问题是一种

随函附上问题是一种礼貌。它为您的回答提供了上下文，这样可以简短地回复而不会使收件人毫无头绪。另外，最好是回复在前，上下文在后，避免收件人到处去找。

使用自动回复

如果几天都无法答复电子邮件，可以设置一个自动回复说你不在，同时可指出大概什么时候能重新看邮件。这也是一种礼貌。自动回复在早期的邮件系统中称为假期邮件，通常能直接套用系统模板。使用假期邮件的好处在于，对方能知道为什么联系不到你。否则，他们可能以为要么是你在偷懒，要么是自己被忽视或冷落了。

反向答复积压邮件

如果经常都在收看邮件，一般会按收件顺序答复，即先处理旧的，再处理新的。但如果好久没有答复邮件，收件箱积压的未读邮件太多，最好按相反方向答复，先处理新的，再处理旧的。一些最早的邮件可能已“过时”。也就是说，可能有最新的跟进取代它，所以不必答复这种已过时的邮件。也有可能别人收到你的假期邮件后，发现无法等及答复，所以会发送一封“不必在意”邮件。不答复过时邮件不仅能节省时间，还能避免误解。例如，假定老板发了一封信询问

每个人在什么时间段有空参加一场会议，并在后来一封信中确定了会议时间，就不必再去答复前一封信，否则就太尴尬了。倒序答复，可以先读到这些已经落实的邮件。只需注意一点：要有耐心，积压的事情一定要处理完。

澄清邮件所有者

大多数人通常都默认自己发送的电子邮件是私人性质的。未经发件人许可转发既不礼貌，也不体面。转发前申请许可，发件人才有机会检查邮件，判断其中是否有不适合传开的内容。发件人的决定之所以重要，是因为虽然邮件内容在你看起来没什么，但其他人可能有不同的反应，而只有发件人才知道这一点。记住，美国大多数电子邮件都不是私人会话。公司、大学和其他组织可以(在大多数情况下)检查其成员收发的电子邮件。也就是说，你的个人电子邮件帐号也许是私人的，但你的收件人可能不是(参考第 12 章)。

使用表情符

最后，电子邮件的重点是清晰地表达你的意思。由于写电子邮件(和文本)时是比较是随意，所以可能出现用词不严谨的情况，造成其他人误解。表情符(笑脸符)可帮助澄清你的用意。虽然某些人喜欢滥用这种符号(尤其是 emoji)，但通常还是有些帮助的。多用比少用好。

笑脸符和起源和发展

在印刷物上呈现情感最早见诸于 1881 年的英国幽默杂志《朋克》(Punk)。排字员是当时唯一能使用笑脸符的人，但他们基本上都不用。

TYPOGRAPHICAL ART.

We wish it to be distinctly understood that the letter-press department of this papen is not going to be trampled on by any tyranical crowd of artists in existence. We mean to let the public see that we can lay out, in our own typographical line, all the cartoonists that ever walked. For fear of startling the public we will give only a small specimen of the artistic achievements within our grasp, by way of a first instalment. The following are from Studies in Passions and Emotions. No copyright.

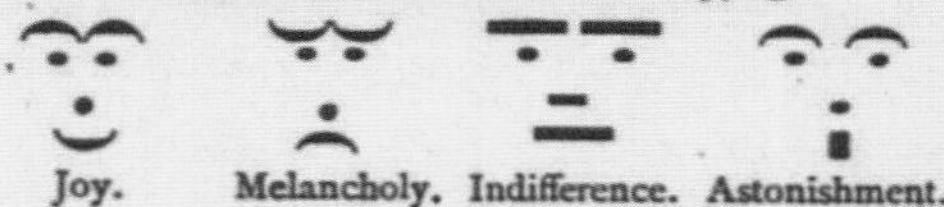

司各特·法尔曼 (Scott Fahlman) 在 1982 年的一封电子邮件中提议在电子通信中使用笑脸符。这些定义好的笑脸符迅速火爆起来。

11.2.3 拜托，别生气

刚才描述的准则帮助你避免在社交时犯错，因为冒犯别人没有好处。但是，“冒犯”涉及到双方。所以，通过宽容、耐心和对差异性的尊重，避免自己生气。

对这一观点的最好论述或许来自一个 CSS 讨论网站的“政策” (policies) 页，如图 11.4 所示。

Offensensitivity

(The word "offensensitivity" was, so far as I'm aware, first used by Berke Breathed in *Bloom County*.)

When posting to `css-discuss`, **remember that your message will be sent to (literally) thousands of people all over the world**. They all have likes and dislikes as individual as your own. They will also be offended by certain things which you may not find remarkable. While you can't foresee every potential area of conflict, there are certain guidelines that are fairly obvious: avoid swearing, cultural insults, blasphemy, proselytizing, and things of that nature. If you wouldn't say it out loud in front of your grandmother while in a place of worship, then you probably shouldn't say it on the list either.

At the same time, recognize that you are receiving messages from (literally) thousands of people all over the world. They all have likes and dislikes as individual as your own. They will also not find remarkable certain things by which you may be offended. Odds are that they probably didn't set out to offend you on purpose, so try taking a deep breath and counting to a nice high number if you feel a rising sense of offense. If, after this calming break, you still feel you must say something, **e-mail the poster directly** (and not on the list) to explain your feelings calmly, reasonably, and above all clearly without attacking them. They may be unaware of the effect of their words, so this is your chance to educate them. If you just slag them for being "insensitive," you may get flamed in return and create a resolve to keep offending you just for being so uptight and irrational (from their point of view).

Above all, remember that other people are about as likely to change their basic natures and habits as you are to change yours. You may at some point have to make a choice between tolerating other people's views and participating in the list. Please make this choice privately, and follow through quietly. Thank you.

图 11.4　一个网站的政策页 (www.css-discuss.org/policies.html) 摘录

大意总结如下。

- 你的帖子会被全世界所有人看到，你自己也能看到来自世界各地的人的帖子。
- 你可能轻易和无意地冒犯他们；他们也可能无意中冒犯你。
- “问题”在于我们存在文化、社会规范、背景、宗教、前提假设等的差异。你没错，别人也没错。别人改变自己想法的可能性不比你大多少。要宽容，要有礼貌。

以开放的心态和成熟的态度上网，可以避免大量麻烦。

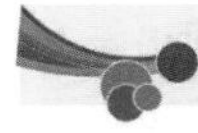

11.3 期待意外

期待意外是生活和计算中的宝贵生存技能。发生意外情况时，不仅要注意到它，还要问自己：“为什么发生？”或“发生了什么？”。通过保持警惕、怀疑意外事件并分析可能的原因，我们能发现陷阱、避免伤害并学到新东西。或许最重要的是，能避免自己看起来像个纯傻瓜！总之，在计算社会中，一项基本技能就是期待意外 (expect the unexpected)。

11.3.1 洋葱日报

如第 5 章所述，不要轻信网上的东西，“期待意外”能够帮助你做到这一点。一个例子是《洋葱日报》(The Onion，www.theonion.com)。作为专门从事新闻讽刺的幽默媒体，《洋葱日报》以发布杜撰的“新闻”报道而闻名。这些报道看起来像那么回事，但深思一下，谣言就会不攻自破。

作为 1969 年第一个登上月球的人，尼尔•阿姆斯特朗 (Neil Armstrong) 可能会在 40 年后说这是一场骗局？这当然不可能！如果是真的，那还真的是个意外

(unexpected)。但许多人就这么信了并向别人转述，而不是去认真做研究(不确定时应想办法核实)。

被《洋葱日报》捉弄的人包括《纽约时报》(以及世界各地其他许多媒体)、前参议员约翰·克里(John Kerry)和其他政治人物，FOX Nation、MoveOn.org(和其他民间组织)以及无数用其脸书(Facebook)帐号发贴的人。虽然无伤大雅，但被愚弄却是很尴尬的。我们每个人都应该“知情”(in the know)。

11.3.2 可疑行为

警惕诸如洋葱文章之类的意外信息能避免尴尬，但其他类型的在线活动也不容小觑。软件是否有奇怪的活动？计算机的行为是否异常？这些现象预示着可能存在软件问题，例如磁盘碎片化严重，或者更不祥的是感染了计算机病毒。如果重启之后仍存在异常，就可能需要一些帮助了。

Your message was not sent

Suspicious activity has been detected on your account. To protect your account and our users, your message has not been sent.

If this error continues, please contact your eMail Customer Care for further help.

We apologize for the inconvenience.

其他意外行为和你在网上的交互有关。网上会“出事”，而正如第3章所述，互联网本身是有恢复能力的。所以，无论访问不了网站还是无法发送邮件，所有这些情况都是能够期待的。当然，此类问题很少见，通常很快就策解决。但是，如果你从电子邮件提供商那里收到了以下消息：

这属于意外情况，因为上一封邮件还能正常发送。可能是有人入侵了你的帐号(参见第12章)，所以电子邮件提供商在解决问题期间封锁了你的帐号。但是，和所有意外行为一样，你应该动一下脑筋来核实。那么，具体应该怎么做？

或许首先要核实的是别的邮件是否能发送。所以，向朋友或者你自己发一封“Hello”邮件。发不了，就表明邮件系统出了问题，只能等它自行解决。发出去了，表明要么是临时错误(不可复制的“突发”事件)，或者是其他原因提示了此消息。接下去最好的行动或许是访问邮件提供商的网站及其技术博客，看他们在说什么。

举止异常

有时，熟悉的应用程序会做一些奇怪的事情，例如速度变慢，“忘记”更改，光标未对准或以其他方式失效。这也是意外行为，而且经常在崩溃之前发生。如发现软件“举止异常”，请立即采取行动：用新的文件名来另存，退出，并重新启动。问题通常出在软件上，但也可能是个别现象。用新的文件名来另存可防止覆盖之前保存的版本。

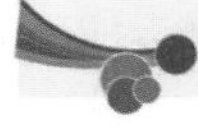

11.4 创建好的密码

或许真的有一天，电子设备能在我们碰到计算机时自动验证我们的身份，这样就不需要密码了。但就目前来说，密码仍是我们日常使用计算机过程中的一个重要组成部分。本节将讨论如何选择、更改和管理密码，同时介绍能使日常的计算机使用更轻松的密码准则。第 12 章将解决与之相关的计算机安全问题。

11.4.1 密码的作用

密码的作用自然是只有知道正确密码 (不容易猜到的键盘字符组合) 的人才能访问计算机或软件系统。所以，选择好的组合很有必要。我们首先讨论密码的原理，再讨论如何选择一个好的密码。

11.4.2 密码的原理

你或许以为计算机系统存储你选择的密码，每次登录帐号时，都将你输入的密码和存储的比较。基本正确，但不完全是这样。如基于该前提，会出现严重的安全漏洞。如帐号和密码以明文形式存储 (看到的跟输入的一样)，入侵者能轻松找到它们并访问你的帐号。

相反，密码应以加密方式存储——虽然并非所有企业都会这么做。加密信息被重新编码以隐藏其原义。密码被转换为无法轻易识别的密文。例如，假定密码是 drowsSap，可通过将每个字母更改为字母表中的下一个字母来完成加密。如下所示：

drowsSap —每个字母都换为字母表中的下一个→ espxtTbq

最后存储下来的是密文。我们一般采用的加密技术是单向加密。意味着解密不易 (甚至不可能)。本例的加密方式 (将在第 12 章进一步讨论) 不是单向加密，强度不够。换言之，它是不安全的。

在单向加密中，除了你之外没人知道你的密码。计算机也不知道，它只知道加密后的版本。怎么验证你输对了密码？答案是对你输入的内容进行加密，与存储好的加密版本比较。如果你自己忘了，将永远无法找回原始密码。

11.1 单行道

单向密码不可逆。换言之，无法解码。但我们的 drowsSap 例子无此特质。基于同样的加密技术，试着解码 vsdpssfdu，看看它的原始密码是什么。

那么，在忘了原始密码之后，如何“恢复”该密码呢？对于采用单向加密的系统，这不可能。这种情况下，只能由系统管理员 (通常称为“超级用户”) 在鉴定了你的身份之后，重新为你分配一个新密码并要求你自己修改。修改后，你便重新成为唯一知道该密码的人。

如何鉴定身份？答案是“安全问题”或“手机验证码”。在学校或工作单位，系统管理员或许认得你，所以在要求更改密码时，对方直接就帮你做了。超级用户知道帐号是你的。但网上不一样，在有好几百万用户的情况下，怎么证明你是帐号的所有者？像“你最喜爱的宠物的名字？”这样的安全问题能提供一些证据。正确回答一个或多个安全问题，就能让系统相信这是你的帐号。另一个方案是使用手机验证码。如果忘记密码，要求系统向你之前登记的手机号发送验证短信，输入其中包含的验证码，即可验证你的身份。

选择别人猜不到答案的问题

如安全问题是“你最喜爱的宠物的名字？”，同时你在社交帐号上到处发表你的宠物的名字，别人就不难伪装成你，说忘了密码，回答安全问题，并猜到答案，获得帐号的访问权。所以，为安全起见，应选择一个很私密的问题。

11.4.3 弱密码

好密码是别人不好猜，但你又好记的那种。许多人只关注“好记”，所以选择昵称、房号或者男 / 女朋友的名字。虽然好记，但熟悉你的人 (或者能查到你的资料的人) 轻松就能猜到。其他弱密码还包括过短的密码、常用数字或字母顺序 (123) 和标准字典词 (password)。

想一个难猜的密码似乎不容易。毕竟，计算机不好很快吗？肯定有人会写一个程序来尝试键盘字符的全部组合。确实如此，只要密码不是太长，很快就能生成所有可能的字符组合。但是，询问密码的系统不允许大量登录尝试。如几次尝试均输入错误密码，系统就假定你不是真正的用户，不允许继续输入。这时，系统要么通知超级用户，要么采取其他预防措施。

所以，我们只需关心如何防止其他熟悉你或你的资料的人几次尝试就猜出密码。稍后会讲到，强密码很容易创建。

11.3.4 创建高质量密码

▶视频讲解 How Many Passwords?

创建密码时有两个目标：好记和难猜。

- 好记：从一个共同主题挑选你的所有密码。
- 难猜：压缩、打乱和重编码一个密码短句来形成乱码。

这两个要求很容易达到。

11.4.5 好记

为防止忘记密码 (更常见的是忘记把密码记哪儿了)，选一个以后总是从中挑选密码的主题。示例主题包括：

电影
喜爱的体育运动
爱好
外国
著名作家
……

由于密码和你熟悉的事物有关，所以以后能帮助你回忆。假定选择电影为主题，可以根据台词、电影名和关键词来创建密码：

May The Force Be With You
《黑客帝国三部曲》
Hollywood
……

以后要回忆密码时，就知道从哪里开始。

注意，主题一定要像“电影”这么宽泛，这样才有更大范围的单词和短语供选择。最重要的是，选好一个主题就不要换了。它是你的第一印象。即使有的密码不好用，因为别人也知道，仍然有其他许多相关字句可供选择。

11.4.6 难猜

长密码比短密码难猜，所以我们的第一个规则就是长度限制：

规则 1：选择 8 个字符以上的密码
规则 2：同时包含字母和数字 (如允许，最好还要包含 % 和 * 这样的符号)
规则 3：混合大小写
规则 4：避免“字典词”

选密码时不要冲动，事先要想好。下面用三个例子演示上述启发式密码选择过程。基本策略是挑选一个短语 (不只一个单词)，修改它，变成别人眼中的无意义符号序列。这降低了别人猜到它的概率。

例1

从台词“May the force be with you”开始	
丢掉没意思的“the”:	Mayforcebewithyou
将May(想像成5月)变成5:	5forcebewithyou
将“for”变成4:	54cebewithyou
将“you”变成u:	54cebewithu
将“cebe”变成CB:	54CBwithu

例2

从电影名“The Matrix Trilogy”(《黑客帝国》三部曲)开始	
丢掉没意思的“the”:	MatrixTrilogy
将“tri”变成3:	Ma3x3logy
将3 x 3变成9:	Ma9logy
改变大小写:	ma9Logy
将“y”变成EE:	ma9LogEE

例3

从关键词"Hollywood"开始	
将"oo"变成2o:	Hollyw2od
将"ll"变成2l:	Ho2lw2od
将"w"变成2u:	Ho2l2u2od
将"o" 变成零(0) :	H02l2u2od
改变大小写:	h02l2u2oD

这些例子演示了如何想方设法(前提是自己记得住)将短语、引文或标题变换成别人不好猜的密码。变换时还可使用外语 (2⇔ dos)、罗马数字 (V ⇔ 5)、化学 (fe ⇔ iron) 等，自己懂就行。或许最具独创性的思路是先来一次明显的变换 (Ratatouille → Ratatoui2le)，再进一步变换 (Ratatouille → Ratatwoe)，从而跨越一组范围更大的字母。

黑客语

您可能熟悉称为 Leet、Eleet、Leet Speak 或"黑客语"的书写形式。在 Leet 中，普通键盘字符被替换为看起来相似的其他字符。例如，6 替换成 G。Leet 则用 Leet 写成 1337。在维基百科上查看 Leet 拼写字典 (https://zh.wikipedia.org/wiki/Leet)。将某些字符更改为 Leet 非常方便。

谁能猜到 54CBwithu，ma9LogEE 和 h02l2u2oD 是什么意思呢？恐怕没有人能够猜得到。你自己能记住吗？如果是别人按上述过程创建的密码，你也不好记。但如果是自己创建的，就相当好记。

11.2 创建密码

按照上述示例变换方式将单词 password 变成一个更好的密码。限制三次变换。

最后注意一点：不要太过！太过的话，最后你自己都记不住密码。一些人花很长时间变换一个字符串。虽然作为游戏是很有趣，但仅仅是密码就没必要了。我们的例子进行了四、五次变换，这已足够。毕竟，那些想要破解的人可能不知道你自己想的原始短语或主题。

11.4.7 管理密码

从事高安全性工作的人员必须遵守其雇主的密码策略。其他人则不需要特别强的密码，只是不得不经常使用它们。怎样管理好密码呢？

完美回忆

应该将密码记在什么地方吗？有的人习惯这么做，有的人则嫌麻烦。要根据自己的记忆(或追溯)密码的能力来自行决定。

我们的策略是用三个密码来应对各种场合，每种场合只用一个。

1. 4 位数密码：用于 PIN 码，不要选那些“明显”的数字序列，比如 1234，4321，1111。
2. 6 个字母 / 数字密码：用于即使被破解，风险也不高的场合，例如备用的 Yahoo! 邮箱。
3. 8 个及以上的符号密码：用于对安全性要求极高的场合，比如网上银行和主力邮箱。

之前描述的启发式密码创建过程适用于第三种场合。这三种场合基本覆盖了你平时遇到的各种情况。由于密码是重复使用的，所以记忆起来不难。如一时想不起用的是哪个密码，只需尝试另两种可能。

虽然安全专家告诉我们要经常修改密码，但这些密码其实用好多年都没有问题。但是，系统偶尔会要求你修改密码，尤其是在系统发生了入侵事件之后。必须修改的是上述三个密码之一。为避免多记一个密码，请马上将新密码用起来。换言之，需要在之前使用旧密码的各个地方修改密码。或许你想不起所有地方，这时先在能想起的地方修改。其他地方到时再修改 (只好先把旧密码记下来)。最终所有地方的密码都会修改，这时就可以忘掉旧密码了。

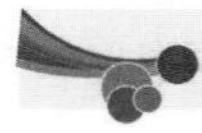

11.5 垃圾邮件

不请自来的商业邮件通常归类为垃圾邮件 (spam)，是最让普通计算机用户头疼的问题之一。一个人随随便便就能在一天当中收到上百封垃圾邮件 (而且还是在没人针对你的情况下)。许多地方都有禁止垃圾邮件的法律，发件人受到起诉，但仍然杜绝不了。

不想要的输入

spam 一词据信源于《巨蟒》(Monty Python) 情景喜剧的“spam-loving vikings” (爱吃罐头肉的维京人) 一幕，其时，一群海盗正在高唱“Spam，Spam，Lovely Spam”以压过酒馆里其他的谈话，现在则特指不受欢迎的输入阻碍了正常交流。

垃圾邮件过滤器是一种将合法邮件与垃圾邮件分开的软件，能很好地防止该问题。示例包括 SpamAssassin 和 PureMessage。大多数情况下，提供电子邮件账户的服务 (例如你的学校或公司) 已安装了垃圾邮件过滤器，能在你不知情的情况下工作。

垃圾邮件过滤器软件会在电子邮件到达时对其进行处理，从而将垃圾邮件与合法邮件分开，后者被放入收件箱。由于程序可能无法理解电子邮件的内容 (参见第 22 章对图灵测试的讨论)，所以确定是否为垃圾邮件实际只是程序的最佳猜测。程序扫描电子邮件并打分，该分数可衡量垃圾邮件和正常电子邮件的典型特征。如分数高于用户阈值，则该邮件被视为垃圾邮件，并被移至称为垃圾邮件隔离区的单独文件夹。用户可检查隔离区以确保没有合法邮件被阻止。

控制垃圾邮件

垃圾邮件过滤器对邮件评分后，如分数低于垃圾邮件阈值，则将其发送到你的收件箱。因为确定邮件是否为垃圾邮件只是一个猜测，所以不可避免会犯一些错误。可通过设置阈值来设置宽容度。由于当邮件具有垃圾邮件的更多典型属性时，会为其分配更多的分数，因此较低的阈值等于“我将基于较少的属性来定义垃圾邮件”。提高阈值等于“我希望有更多证据在邮件被隔离之前证明是垃圾邮件”。表 11.2 总结了这些选择的影响。

通常，一旦找到适合自己的阈值，则几乎无需再次调整。

表 11.2 垃圾邮件阈值对邮件投递的影响

修改阈值	对正常邮件的影响	对垃圾邮件的影响
更高	更少正常邮件被隔离	更多垃圾邮件进入收件箱
更低	更多正常邮件被隔离	更少垃圾邮件进入收件箱

舒适区

使用一个新的垃圾邮件过滤器时，最开始几周注意检查隔离区(系统通常有个“垃圾邮件”文件夹)，看看是否有正常邮件被归类到其中。最好的情况是没有正常邮件被隔离，同时鲜有垃圾邮件进入你的“收件箱”。这说明阈值设置正确。否则就调高或调低阈值，继续检查直至满意。

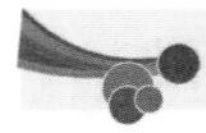

11.6 骗局

人们平时想做的许多事情都很容易用计算机完成：搜索资料 (Google)，与朋友保持联系 (Twitter)，购物 (Amazon) 等。人们想做的其他事情，包括诈骗他人，也很容易用计算机完成。骗局在我们的在线生活中很常见，因此必须警惕。

11.6.1 尼日利亚寡妇骗局

尼日利亚寡妇 (Nigerian Widow) 骗局非常著名，以至于成为流行文化中一个广为人知的参考(参见图 11.5)。该骗局在技术上被称为预付款诈骗，但大多数国际执法人员根据尼日利亚《刑法》中的条款编号将其称为“419 骗局”。

SUBJECT: URGENT RESPONSE

DEAR SIR

IT IS WITH HEART FULL OF HOPE THAT I WRITE TO SEEK YOUR HELP IN THE CONTEXT BELOW. I AM MRS. MUNIRAT ABACHA THE SECOND WIFE OF THE FORMER NIGERIA HEAD OF STATE, LATE GENERAL SANI ABACHA, WHOSE SUDDEN DEATH OCCURRED ON 8TH OF JUNE 1998.

HAVING GOTTEN YOUR PARTICULARS FROM THE FAMILY LIBRARY , I HAVE NO DOUBT ABOUT YOUR CAPACITY AND GOOD WILL TO ASSIST US IN RECEIVING INTO YOUR CUSTODY (FOR SAFETY) THE SUM OF US$20MILLION WILLED AND DEPOSITED IN MY FAVOR BY MY LATE HUSBAND, PLUS 24 CARAT GOLD DUST WORTH USD$5M.

...

图 11.5 典型的“尼日利亚寡妇”诈骗电邮开头

419 骗局的工作方式如下所示。

- 素昧平生的某人告诉你他 / 她获得了一大笔财富 (2000 万美元)，但暂时取不了。
- 他 / 她请求你协助转账，这些钱一般不在其所在国。
- 为感谢你的帮助，他 / 她愿意向你支付其中很大比例的一笔钱 (20%)。
- 他 / 她强调整个过程必须保密——不要告诉他人。
- 如你同意协助，会告诉你在转账时遇到了麻烦。
- 他 / 她需要一些钱来贿赂官员，或者在拿到钱之前支付各种名目的费用。
- 如果定力不够，你会把这些“小钱”转给他 / 她，指望着以后获得丰厚回报。这就是“预付款”。
- 随着时间的推移，骗子需要越来越多的钱来打点。
- 你最后终于意识到不对，开始质问，他们直接就消失了。

该骗局有多个变种 (请自行搜索最新变种)，但唯一不变的是，他们都很急迫，都要求保密，最后都要求你打钱。

只要事实，女士

阅读图 11.5 中的 419 骗局，你可能想知道是否确实有来自尼日利亚的萨尼 • 阿巴查 (Sani Abacha) 或者是否存在一个叫玛丽亚姆 • 吉达 (Munirat Abacha) 的人。实际上，萨尼 • 阿巴查 (Sani Abacha) 是尼日利亚独裁者，1998 年死于心脏病。其妻子是玛丽亚姆 • 吉达 (Mariam Jidah)；没有证据表明他有第二任妻子。玛丽亚姆 • 吉达 (Munirat Abacha) 似乎是组合这些字母来虚构的名字。

不幸的是，419 骗局对骗子来说非常成功。美国特勤局声称，美国人每年因这一骗局损失数千万美元。有专门用于打击尼日利亚寡妇骗局的网站 (www.419scam.org)，但其势头无法阻止。在最新变体中，电子邮件说你在另一个国家中了彩票 (参见图 11.6)。这听起来很可疑，你经常买外国彩票吗？大奖这么容易中？

另一个变种是说你要发一些货物，但因为通关的目的而需要个人识别码(参见图 11.7)。你在等发货地点是加纳的东西吗？但无论如何，总有人上钩。

显然，所有天下掉馅饼的电邮都可以安全地删除。世界不是那样运作的！务必智商在线！

We are pleased to inform you of the release of the SPANISH SWEEPSTAKE LOTTERY/INTERNATIONAL PROMOTION PROGRAM for the Year 2012. Your email address drew the lucky numbers 01-04-12-21-25-32 that consequently won the lottery in the 3rd category. You have therefore been approved for a lump Sum Pay of £5.500, 000.00 Five Million Five Hundred Thousand Great British Pounds Only) in cash Credited to File Ref number EUR-891/7700p. This is from A Total Cash Prize of £100,000.000.00 (One Hundred Million Great British Pounds only) Shared among International winners in this category.

Your fund is now deposited with a financial institution (Royal Bank Of Canada London United Kingdom insured in your name. Please note that your claim and batch number are the key to your funds, your are to keep this confidential until your claim has been processed and your money remitted to your account as this is part of our protocol to avoid double claiming or unwarranted taking an advantage of this program by participants. All participants were selected through a computer ballot system drawn from 25,000 names from Africa, Asia, Europe and America as part of our international promotion program that we conduct once in a month. We hope with a part of your prize, you will take part in assisting the less privileged in the society.

PAYMENT OF PRIZE AND CLAIM

Remember all prize money must be claimed within Six (6) Month of this notice. Six 6) Month, all funds will be returned to the Ministerio De Economia Y Hacienda as unclaimed.

Stated below is your identification numbers:

Batch Number: EUR-401/709p
Pin Number: EUR -23 811

These numbers fall within the England Location file. Urgently email your full name and mobile Number/Pin/Batch number to our fiduciary agent in London via his contact details below to claim your prize.

Overseas Claims/Exchange Online Payment Unit
Contact Dr. C Gibson
Mobile: + 44 7700089 Telephone +447024033 Office Fax: +447024063
Office Address: 300 Oxford Street London W1A1EX United Kingdom
Email: 18@hotmail.com
Email: 18@hotmail.com

Congratulation again from all members of our staff and thank you for being part of our promotion program

Yours faithfully,
Mrs. Janet Hessian, Network Online Coordinator.

WARNING!!!!!

Do not tell people about your Prize Award until your money is successful handed over to you to avoid disqualification that may arise from double claim. You may also receive similar e-mails from people portraying to be other Organizations or Network Inc. This is solely to collect your personal information from you and lay claim over your winning.

图 11.6 预付款诈骗的最新变种说你中了大奖

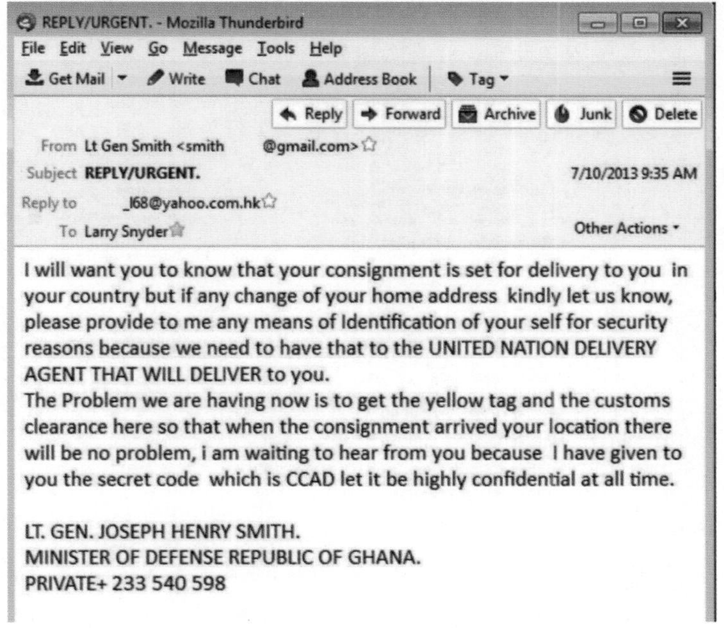

图 11.7 要求你输入 ID 来完成从加纳清关

不同的故事，同样的欺诈

尼日利亚寡妇骗局并不新鲜。上个世纪 20 年代曾一度流行西班牙囚犯骗局。故事是一个非常富有的人被关进西班牙监狱，其家人向任何帮助他逃脱的人表示感谢。当然，上当的人一次又一次地为失败的越狱打钱。

11.6.2 钓鱼

如果有人跑过来跟你说：“交出你的社保号、驾照号、所有计算机账户密码、信用卡号……”，你会发笑。你不会将这些敏感信息随便给人。即使此人穿着得体的蓝色西装，从口袋里掏出一个徽章表明是 FBI 探员，在验证其身份并出示传票之前，你也不要随便给出这些信息。

但人们每天都在自愿放弃这些个人资料。线下面对面时疑心很重，线上却容易轻信，这真是一个谜。

说服人自愿放弃个人数据的社交工程称为“钓鱼”(phishing，即 password harvesting fishing 的简称)。骗局是这样进行的：垃圾邮件设计成貌似来自信誉良好的组织，例如银行、PayPal 或 eBay。邮件采用了这些组织的官方网站的一些内容，包括徽标、图片和字体。有的甚至使用了实际的帮助热线 1-800 电话号码。如果不注意，很容易被骗。

在邮件中，会代表信誉良好的组织提出若干主张之一。

- 你的账户被未经授权的人访问。

- 你欠钱了。
- 发现安全漏洞，正在尝试修复。
- 正在执行审计，发现你的账户可能存在问题。
- 检测到钓鱼攻击，正在尝试修复 (参见图 11.8)。

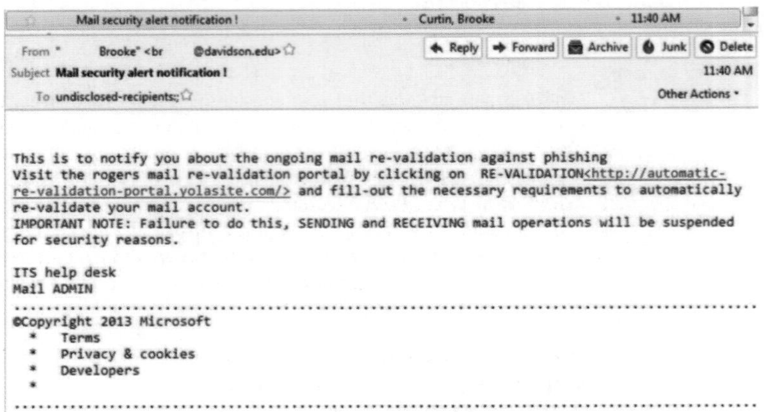

图 11.8 正在钓鱼的人说要验证你的电子邮件账户来防范钓鱼攻击

列表还能继续下去。总之是要求你登录一个网站来解决问题。电子邮件中的大多数链接都把你引向一个伪造的、看起来正式的网站，但实际是钓鱼网站。在图 11.9 的例子中，钓鱼网站要求你提供帐号、密码和其他私密信息。骗子就是要收集这些数据。

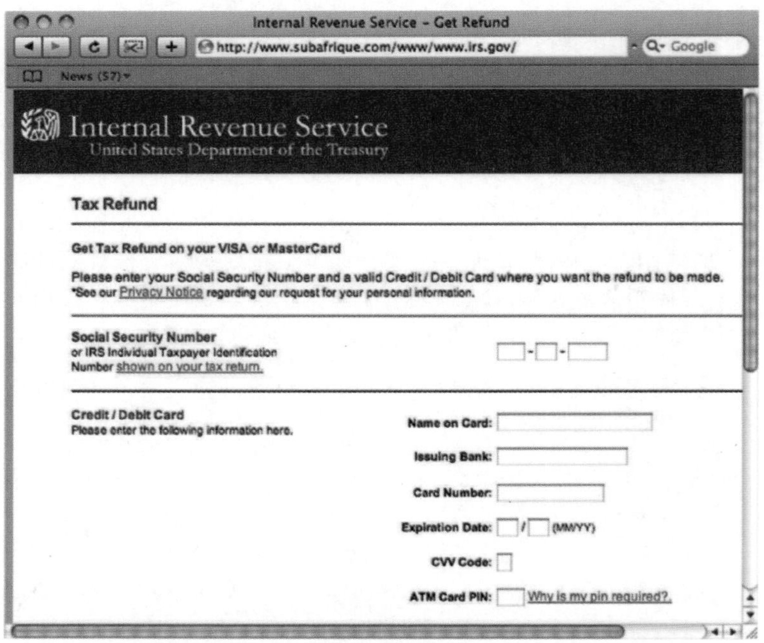

图 11.9 一个钓鱼网站的例子：声称来自美国国税局 (IRS)。但注意，域名不是 IRS，而是莫名其妙的 www.subafrique.com

11.3 钓鱼 IQ 测试

参加 SonicWALL 钓鱼 IQ 测试，解释每一题的判断依据是什么：https://www.sonicwall.com/phishing-iq-test-landing。

11.6.3 终结钓鱼

“钓鱼”(phishing) 的概念最早出现于 1987 年，当时互联网已开始使用，但 WWW(万维网) 还没有发明。可以负责任地说，这个骗局永远不会消失。

最好的防御是保持疑心。怎么可能会欠上自己都不知道的钱，或者一家公司会不怕打扰自己的客户来做审计？采取以下措施来防范钓鱼。

- 只有确定是谁发的，以及为什么发，才打开附件。
- 只有亲自访问公司官网发起交易时，才在线提供信息。
- 输入信息时，想一下自己怎么到该公司网站的。亲自输入 URL 或者用 Google/Bing 搜索 (其他搜索引擎可能有流氓行为，不要用) 是可以的，但点击电子邮件或社交网站的链接不可以。
- 注意公司域名。在伪造的美国国税局官网例子中，真正的域名是 subafrique.com，而 www.irs.gov 只是文件夹名。

许多人都能轻松抵御钓鱼，你也能。钓鱼骗局的风险在于“身份盗用”，详情在第 12 章讨论。

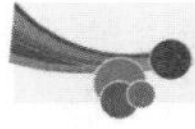

11.7 保护知识产权

就像 land(土地)、Rover(罗孚) 或 Land Rover(路虎) 一样，信息也可能属于特定的主权人。包括照片、音乐、教材和卡通在内的信息均属创作成果。美国和其他大多数国家与地区的创作权法案都规定创作成果归创作者所有。所有权有多种形式。如阿黛尔在巡演时唱了一首保罗 • 西蒙写的歌，则歌词和音乐的版权归后者，演唱的版权归前者。一个人在就职于一家公司期间创作了什么东西，版权通常归公司所有。人类的这些创作成果统称为知识产权或智慧财产，以区别于固定资产、宠物、车子和其他可以拥有的东西。

我们对两种形式的知识产权感兴趣：软件许可和网上的版权内容。两者都影响着我们如何使用信息技术。

11.7.1 软件使用许可

购买软件，很多人在运行安装程序或下载文件的时候，都不大注意软件的法律条款，直接就点了同意 (律师当然会仔细读这些条款，但我们不会)。仔细阅读这些条款，会注意到一个重要事实：“你并没有真的买下这个软件，只是租用了它。”也就是说，软件许可证的目的是使你有权使用软件，但软件的所有权仍属于软件公司(当然，每个许可证都有所不同，所以只能针对这个主题进行泛泛的讨论。要确定特定软件的使用协议，请查看该软件的许可证)。我们对这种情况不感兴趣，只想知道此类协议如何限制我们的行为。

使用软件

如果协议允许我们使用软件，那么至少能在一台计算机上使用。当然，也有可能允许在多台计算机上使用。由于是授权给个人使用，所以我们通常一次只使用软件的一个实例。安装多个实例以方便使用，这或许也是允许的。但是，如果限制了允许安装的计算机台数，或许就该考虑购买其他形式的许可证(例如家庭套餐)来覆盖其他计算机。

不要转卖或送人

由于你并不拥有商业软件，所以不能把它送人，否则就违反了安装或下载时接受的使用条款。即使从一个友好的程序员(比如在计算机实验室碰到的)那里购买了软件，或许还是不能把它送人。程序员创作了软件(其拥有知识产权)，所以程序员享有完整的版权保护。像拍摄了一张好照片的摄影师一样，程序员对软件的所有权使其能复制软件，并将拷贝卖给像你一样的人。你可以买下照片，加上相框来享受。同样地，也可以买下软件，运行软件来享受。除非程序员明确赋予你权限来复制和分发软件，否则不能转卖或送人。

先试再买

最后说一下共享软件，这是一种通过互联网分发的软件。可以免费下载它的一个拷贝，还可以复制并送人。共享软件的理念是，用户能试用软件，如果喜欢并打算继续使用，可以向软件作者付钱(价格是事先定好的)。这对双方来讲都是一种很棒的系统。它为技艺高超的程序员提供了机会来分发其精心编写的软件，同时由于用户在购买软件前可以先试用，所以买起来也放心。但这是一种荣誉系统，如决定继续使用，就应该付费。下载了共享软件，却在不付费的情况下一直使用，就是不道德的。共享软件价格一般都不高，而且一般都好用。

11.7.2 开源软件

Microsoft 和 Adobe 等厂商提供的软件是专有的。换言之，其源代码(程序)保密。当你获得安装拷贝时，收到的只是适合你的计算机架构和操作系统的二进制代码(参见第 9 章和第 22 章)。还有一种软件称为开源软件，其源代码公开。例如，Mozilla 浏览器软件是开源的。Firefox，SeaMonkey，Web，MozBraille(针对视力障碍者的网页渲染)以及其他许多浏览器均基于此构建。结果是像 Firefox 这样的个人拷贝是免费的。许多有用的程序都是开源的。

开源似乎没有意义：谁来为技术买单？如果产品公开可用，公司如何赚钱？公司之所以要将其产品开源，目的是获得好口碑，并提升其市场占有率。他们通过向企业客户出售专业版本、提供客户支持以及出售其他配套软件来赚钱。开源拥护者指出，如果软件公开可用，其他人就可以对其进行改进，使其变得越来越好。这一点反复得到证实。毕竟，谁会拥有从头构建盲文浏览器的资源？寻找新软件时，先看看是否有适合的开源软件。

11.7.3　网上的版权

在美国和其他大多数国家和地区，一个人在写学期报告时，如果创作了一个网页雕塑作品，便自动拥有了该作品的版权。版权一般归作者所有，除非创作过程是在受雇佣期间进行的，这时版权属于雇主，通常为公司。例如，假定你创建了自己的个人网页，你拥有它的版权，但如果创建网页是你的工作职责，则公司拥有版权。在网上发布信息也是一种出版形式。虽然尚未为此制定完善的版权法和其他法规，但最好假定网上的信息都是有版权的。

无需 © 版权声明

有段时间，声明版权归属必须写上"© 日期，作者 / 所有者 版权所有，保留所有权利。"但 1989 年 3 月 1 日以后的作品无此必要。但写上也无妨，可以起到提醒和参考的作用。

版权中包含哪些权利呢？复制权肯定是有的。但令人惊讶的是，还包含其他权利。版权为所有者赋予以下权利：

- 复制权
- 改编权，即二次演绎，基于原作创作衍生作品
- 分发或发行权，包括电子版的发行
- 公演权，适用于音乐、诗、戏剧或影音录制
- 公开展示权，比如在计算机屏幕上显示图像

知识产权法案规定了以上这些权利。不需要申请或审批。作品不需要附带版权符号 ©。作品完成时自动受到版权保护。

注意以上列出的第二项权利——改编权。这是版权法中最重要的一条，因为它防止其他人以某种形式更改原作品，比如通过将每个角色都变老的方式来更改《辛普森一家》，并宣称创作了一部新的搞笑动画片。只有该动画片的创作者麦特・格罗宁 (Matt Groening) 才有权利更改这些角色。或许有人打算用自己的话重新陈述一部作品，打算借此绕过版权法，但如果与原作太雷同，那么得到的还是一种改编作品，而不是新的智慧财产。

个人免费使用

当然，其他人拥有作品的版权，并不意味着你不能享用它。显而易见，作品已在网上发布这一事实表明我们可以免费阅读、观看或收听。可打印下来在公交车上阅读，也可在自己的计算机上保留一个备份供以后个人享用。可将 URL 发

送给朋友(只是URL，不是内容)，通知他们查看。信息之所以往往先在网上发布，目的就是服务于这些应用。

什么时候需要许可？

许多网站都列出了版权条款。网站提供的信息有时被放在公有领域 (public domain)，表示任何人能以任何形式免费使用。这非常方便，因为这表示我们可以将信息当作自己的来使用。甚至能将其卖给别人，如果有人买的话。有时，所有者允许以其他形式重新发布或使用他们的信息，但须注明出处。他们仍然保留版权，但你可以使用信息，只需照他们所说的去做。当然，根据适用的版权法，某些网站 (未另作说明) 保留对网络发布信息的所有权利。

如果想以上述五种方式之一从保留了权利的网站使用其作品，通常必须获得其所有者的许可。未经许可使用版权财产自然是违法的。但是，网站保留权利，并不代表你不能提出使用申请。许多网站通常会允许你使用。要求事先申请的目的是对网站内容传播进行管理。申请花不了多少精力。

合理使用的概念

在个人免费使用与需要获得许可之间存在一个灰色区域，可在无需获得许可的前提下有限使用版权内容。这是合理使用 (fair use) 的概念。在版权法中，合理使用是指允许将受版权保护的内容用于教育或学术目的，允许有限引用以进行审查或批判，允许模仿以及其他一些用途。

例如，我可以在不经过版权所有者华纳兄弟公司许可，在此引用史坦利 • 库伯里克 (Stanley Kubrick) 的《2001 太空漫游》中由大卫 • 鲍曼 (David Bowman) 发出的最著名的计算机指令之一：

“Open the pod bay doors, HAL.” (把舱门打开，哈尔。)

因为我将这段引文用于教育用途，教你什么叫合理使用。即使本书将引用的内容用于商业用途也是 OK 的。你也可以在作业中使用类似的短引文。确实，合理使用提供了许多将受版权保护的内容用于社会公益的机会。问题在于经常搞不清楚如何界定合理使用的时机。

合理使用的时机

以下几个问题可帮你确定是否能合理使用受版权保护的信息。

1. 计划用作哪些用途？
2. 作品的性质，也就是这些信息用于哪些场合？
3. 要使用作品的多大部分？
4. 如果被传播出去，这一使用会造成什么样的市场影响？

合理使用所涉及的话题比较复杂，许多主张凡事公平合理的网民、律师甚至法官对此都持否定态度。1997 年，持续了两年的合理使用大会 (Conference on Fair Use，CONFU) 试图对此进行具体解释，但最终以失败告终。探究合理使用具体如何界定超出了本书范围。但是，马里兰大学发布了一个非常有用的指南。如果有疑问，请访问 www.umuc.edu/library/libhow/ copyright.cfm。

11.7.4 违反版权法

许多人以为可将受版权保护的内容用于非商业目的，但这是错误的。虽然在面临起诉时，商业用途通常会导致更高的罚款或损害赔偿，但无论是否售卖都属于违法。由于对侵犯版权的处罚非常可观(一个案子最高赔偿15万美元)，所以要格外当心。最好的办法是创作自己的内容。也就是说，用自己的智慧创建智慧财产。这样就无需征求别人的许可，还能享受版权保护！

事实没有版权

事实不受版权保护。例如，英语中的Uncopyrightable是不含重复字母的最长的一个单词。这是事实，没有版权。

问问也无妨

申请版权许可时，说明你对具体什么内容感兴趣，比如“你网页上的照片……/greatpix/elvis/”；想怎么使用内容，比如“将拷贝放在我的个人网页上，网址为……”；以及其他相关信息，比如“我想将鞋子变成蓝色”。可以套用图11.10的模板来申请。

To: Date:

I am writing to you to request permission to use the material described below. This material will be posted on a Web site that receives approximately 30 hits per month. The URL is

www.bloghoster.com/mySuperPage.html .

The material will be posted on July 1st and will remain on the Web site for an indefinite period. I am asking permission for the nonexclusive, worldwide right to publish this material.

Description: Include title, author and source of the work (if from a book, give the ISBN; if from a Web site give the complete URL), and a copy of the work if possible (the text or art you want to use).

Full credit will be given to the source. A release form appears below along with space for indicating your desired credit line.

If you do not control these rights in their entirety, please let me know to whom else I should write. Thank you.

Sincerely,

Your Name

Your Contact Information

I warrant that I have the right to grant the permission to republish the material specified above.

Permission is granted by: ______________________

Title: ______________________

Address: ______________________

Date: ______________________

Preferred Acknowledgment: ______________________

图 11.10 版权申请示例，可从 pearsonhighered.com/snyder 下载该文件

11.8 知识共享

本章开头讨论了网络带来的惊人社会进步，并一直在解决它应用于社交时的难题，包括垃圾邮件和网络钓鱼。现在，我们要讨论网络对我们生活的另一项改进：知识共享。

大多数国家 / 地区都有版权法，默认是作者“保留所有权利”。虽然版权法不时发生变化，但至少在美国，它似乎变得越来越严格。而且，我们必须忍受它。根据刚刚讨论的内容，这通常意味着要使用某人在网上发布的作品，必须与其联系以获取许可或其他有关他们打算如何行使其知识产权的详细信息。这是一个阻力，且限制了共享。许多时候，其他人的发明创造能为我们带来灵感，但版权法的存在同样限制了我们的创造力。好了，现在进入知识共享的世界。

11.8.1 允许复制和分发

知识共享 (Creative Commons，CC) 的目标是普及知识产权共享，同时激发更大的创造力。为此开发了专门的许可证使作品能够更轻松地共享：创作者使用 CC 许可证将其作品发布到网上时，人们可以复制和分发作品。每个人都立即知道它的使用规则。这样可省去与创作者联系的麻烦，而且由于许可证强调的是作品的广泛可用，因此大多数作品的限制都很少。

Creative Commons(creativecommons.org) 许可证不等同于将作品放到公有领域。作品放到公有领域意味着放弃所有权利。CC 许可证位于中间地带，作者保留部分权利，放弃其他。

11.8.2 哪些保留，哪些放弃

版权所有者 (可能是你！) 可为知识共享许可证选择几个选项。

署名 (Attribution)：其他人可以复制、分发、表演、重混或以其他方式修改作品，还可以创建基于它的其他作品，前提是要署上你的名字。

非商业性使用 (Noncommercial)：其他人可以复制、分发、表演、重混或者以其他方式修改作品，还可以创建基于它的其他作品，前提是不能用来卖钱。

禁止演绎 (No Derivative Work)：其他人可以复制、分发、表演或者以其他方式使用作品，前提是必须一字不差，不能创建它的衍生作品。

相同方式共享 (Share Alike)：其他人只能使用和你完全一样的许可证来分发衍生作品。

例如一份标准的 CC 许可证用文字简称为 CC BY-NC-SA，用图标来显示就是：

使用它时有什么权限一目了然。

11.4　获得许可？

如果我署了原作者的名字，可不可以修改 CC BY-NC-SA 许可协议下的一张图片 (创建衍生作品) 并在本书中使用？

知识共享 (CC) 许可证是一项伟大的发明，对信息在网上的更广泛传播产生了深远影响。

11.8.3　知识共享 (CC) 小结

下面总结了 CC 的概念及其含义。

- 创作者保留其作品版权。
- CC 许可证针对的是一般“受益”，所有用户共享一样的权限。
- CC 允许自行挑选许可证选项，从而标记你的作品。
- CC 许可证允许复制、分发和表演。
- 大多数 CC 许可证都保留署名权。
- 创作者可根据需要放弃任何权利。
- “知识共享”重点在于“共享”

11.9　小结

本章首先讨论了如何通过互联网实现“众包”以及其他应用，然后讨论了它的一些不好的地方。谨慎的电子邮件用户会限制一封信只涉及一个主题，同时在信中保留上下文，而且一般不会转发私人邮件或将邮件广而告之。随后讨论了以下内容。

- “期待意外”是重要的网上生存技巧。总是期待意外事件，并正确判断如何应对。
- 垃圾邮件、骗局和钓鱼。这些东西已成为“日常”。总是保持怀疑，不要轻信任何东西，麻烦就会少许多。不要总是傻乎乎的当个“乐天派”。
- 创建自己好记、别人难猜的密码。基于一个常规主题来挑选自己的密码。安全性要求不高的场合用简单密码，风险高的场合用复杂密码。

- 版权的特点。一个人在创建智慧财产那一刻，就立即获得了版权保护。如版权归属于别人，你在使用时就有限制。最安全的做法是申请许可。
- 知识共享 (CC) 是个很好的东西，它提供一种简单的方式在现有法律框架下创建并共享智慧财产，促进了网上的全民创新与共享。

11.10 TRY IT 答案

11.1 urcorrect

11.2 答案不一，下面是一些例子：

password → pa2sword → pa2s2uord → pa2s2uORD
password → tossword → 2ssword → 2sSabres
password → noFword → properword → 4perWord
password → pass2uord → pass2uOhare → ATCOhare

11.3 你得分多少？如果答错了，知道错在哪里吗？

11.4 不可以。我可以创建衍生作品，这是合法的，但它基于相同的许可协议，意味着不能商用。但作者可以放弃权利，所以我也许能从所有者那里获得使用修改图片的权限。

习题

选择题

1. 忘记密码时，________。
   a. 系统管理员为你分配一个一次性密码并提示修改密码。
   b. 系统管理员查询你的密码。
   c. 系统管理员破解你的密码并交给你。
   d. 系统管理员为你分配一个新密码。

2. 版权内容的用法是 ________。
   a. 只能用于非赢利性目的　　b. 只能在获得授权后使用
   c. 注明出处即可使用　　d. 在有限场合无需许可即可使用

3. 如果你在网上犯了罪，谁能确定你的真实身份？ ________。
   a. 你的父母　　b. 你学校里的官员
   c. 没有人，你是匿名的　　d. 法律

4. 发电子邮件时，每封信多少个主题为宜？ ________。
   a. 不超过三个　　b. 一个
   c. 任何数量，只要每个都详细说明　　d. 取决于收件人

5. 使用单向加密时，谁知道你的密码？ ________。
   a. 只有你　　b. 你和你的管理员
   c. 你、你的父母以及你的管理员　　d. 你、你的管理员以及政府

6. 大多数时候是什么阻止陌生人重置你的用户密码？ ________。
   a. 网站管理员　　b. 政府
   c. 安全问题　　d. 没什么能阻止

7. 大多数人假定你发送的电子邮件是 ________ 性质。
   a. 半私人　　b. 私人　　c. 公共

8. 按什么顺序回复积压的电子邮件？ ________。
   a. 正常顺序　　b. 逆序　　c. 无关紧要

9. 用单向加密存储在系统中的密码可以恢复吗？ ________。
   a. 有时可以　　b. 总是可以
   c. 不可以　　d. 取决于是谁的密码

10. 以下哪个没有版权？ ________。
   a. 事实　　b. 见解
   c. 新思路　　d. 旧思路

填空题

1. ________ 是指在网络上的举止言谈准则。

2. ________ 是当你不在时的自动邮件回复。

3. 控制计算机系统访问 (包括登录和密码) 的人称为 ________。

4. ________ 是非物质的、人类的创造成果，人们可对其宣称有所有权。

5. 在现有作品基础上创作的新作品称为 ________ 作品。

6. ________ 领域中的信息是免费的，任何人能以任何方式使用。

7. _______ 是指非法利用电子邮件欺骗用户交出其个人信息，包括社保号、银行帐号和信用卡号等。

8. 你没有真的买下软件，只是 _______ 它。

9. 发布非常情绪化的内容之前，先 _______ 一下。

10. 虽然计算机会存储你的密码，但会对其进行 _______ 而非以明文形式存储，以确保安全性。

简答题

1. 解释众包。列举至少三个众包项目。说明众包的至少三个优点。
2. 用电邮沟通相较于面对面沟通缺少什么？详细解释你的答案。
3. 详细解释怎样“避免生气”。
4. 和 BH9oH2won0 这个密码对应的明文是什么？（提示：20 世纪 90 年代一个有名的电视节目。）
5. 根据一个常见的主题，设计出一个可用一年的密码。
6. 有的网站在你修改当前密码时不允许重用旧密码。如果管理员没有存储你过去的密码，它是如何知道的？详细解释你的答案。
7. 详细解释为什么“线下面对面时疑心很重，线上却容易轻信，这真是一个谜。”
8. 以下行为是合法、非法还是不确定？同时说明是否符合网络礼仪。解释你的答案。
   a. 把一个电脑游戏的拷贝卖给朋友。
   b. 未经允许将老板发给你的电子邮件转发给同事。
   c. 把装有软件的旧电脑卖给他人，但自己仍然有这些软件的原始拷贝。
   d. 下载一个共享软件，但没有付费。
   e. 经常使用一个共享软件，但没有付费。
   f. 将公司的软件安装在自己的家用电脑上。
   g. 经常玩一个免费软件游戏。
   h. 用同一张磁盘将软件安装在自己的电脑和上大学的兄弟的笔记本上。
   i. 从 Tumblr 拷贝了一张图片并用在自己的个人网页上。
   j. 购买了一份许可证，把软件安装到实验室的所有计算机上。
9. 以下行为是合法还是非法？
   a. 创作一个滑稽的大耳朵卡通老鼠。
   b. 发布网页而未添加版权声明。
   c. 为《泰坦尼克》创作续集。
   d. 在学期论文中包含一个网页链接。
   e. 在学期论文中包含本书的一段。
   f. 改编非商业性 CC 许可证的艺术作品，并收钱了。
   g. 扫描一张你喜爱的乐队的签名照片，把它放到自己的网站上。
   h. 将一段影片原音设为手机铃声。
   i. 在课堂演讲中播放一段影片原音。
   j. 在自己的学期论文中使用你朋友上学期论文中的部分内容。
10. 只用大写字母和数字，可建立多少个 8 字符密码？
11. 将“How am I not myself?”变换成强密码。详细列出过程。
12. 详细说明发出一封电子邮件之前要做的检查。解释为什么每一项都要检查。
13. 解释厂商如何从开源软件获得收益。

CHAPTER 12

隐私和数字安全

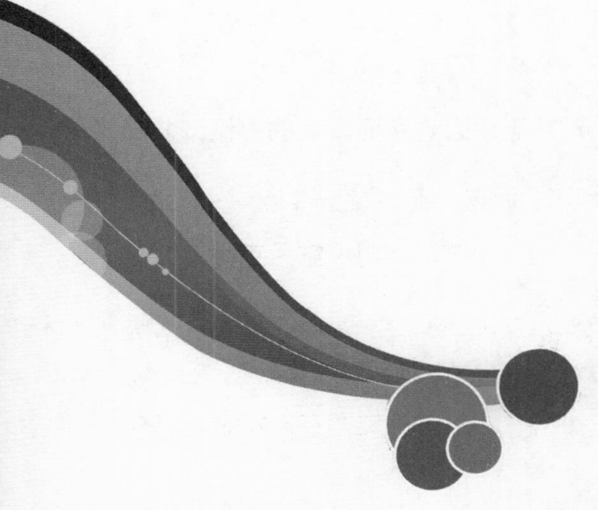

学习目标

- 解释隐私的含义，讨论和信息隐私有关的问题
- 列举并解释经合组织合理信息实践的含义
- 讨论美国隐私问题：同意 / 拒绝选项和数据安全性
- 列举入侵计算机的方式
- 解释公钥加密系统 (PKC) 采用的安全方法
- 执行从明文到密文的简单加密，并反向解密

CHAPTER 12

每次从钥匙孔看出去时，都有人在看回来。

——朱迪·加兰对缺乏个人隐私而发表的感慨，1967

准备用自由换取暂时安全的人们，既不配得到自由，也不配得到安全。

——本杰明·富兰克林，1755

我认为计算机病毒应该算作生命。这也许揭露了人性的某些阴暗。我们到目前为止创造的唯一生命形式居然是纯破坏性的。我们是在以自己的形象创造生命。

——史蒂芬·霍金，1994

隐私是一项基本人权。《联合国世界人权宣言》第 12 条正式承认了隐私权。澳大利亚、匈牙利和南非等国家在宪法中明文规定了隐私权。虽然美国宪法没有明文规定，但美国最高法院已接受隐私作为其他宪法保障所隐含的权利。隐私是一项对我们所有人都至关重要的权利。无论我们的生活多么精彩，都希望保持某些方面的秘密。它们不是别人的事。当这些方面与信息技术互动时，电子隐私和安全性问题就变得很重要。除了密码，我们还有其他东西想要保密。

本章讨论隐私和安全。首先以一个商业交易为例，帮你理解隐私这个主题，说明谁想收集我们的隐私。接着讨论如何保护隐私，列出了隐私原则，其中包括来自世界经合组织的原则。随后讨论美国和其他国家在遵守这些原则时的差异。接下来，我们将 cookie 和跟踪视为威胁隐私的两种方式，并讨论身份盗用问题。

下一个主题是恶意软件，我们讨论了联网的计算机和手机所面临的安全风险。了解了它们是什么，它们怎么做，以及如何“捕捉”它们之后，我们给出了如何保护自己的指导原则。

加密是下个主题。学习了有关加密的术语后，要探讨一些简单的加密例子。其中，公钥加密系统 (Public Key Cryptosystems，PKC) 是一种方便的、适用于互联网的安全工具。PKC 初看似乎没有提供任何保护，但仔细分析会发现它提供了太多保护，用它加密的东西几乎不可能被破解。我们会具体分析原因，解释这些协议为什么真的安全。

最后，本章讨论了使你的信息免受计算机灾难的影响。

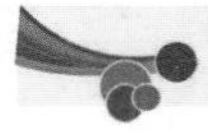

12.1 隐私和技术

在没有技术的原始社会中，隐私很容易理解和实现：做的事情别人没看到，就成了隐私。看到了就是公开的。技术既有助于收集别人的信息，也有助于保护我们的隐私。可能说不上好坏，但肯定会使事情复杂化

12.1.1 现代设备和隐私

最高法院大法官路易斯·布兰代斯是最早担心技术如何影响隐私的人之一。他将隐私描述为个人"独处的权利"。他还(与塞缪尔·沃伦一起)在《哈佛法律评论》中写道：

> 在不违反合同或特殊信任的情况下，需要加以防范的侵害行为很少，所以较狭义的学说可能一时能满足社会的要求。但是现在，在受害方不知情的情况下，现代设备提供了许多这样的机会。因此，法律所赋予的保护必须建立在更广泛的基础上。

他的意思是过去很难不知不觉侵犯人的隐私，但现代设备为此赋予了便利。最神奇的是，沃伦和布兰代斯的这些话是在 1890 年写的。他们说的"现代设备"是第一代便携式相机和更快的胶卷(能拍出短曝光的照片)。他们继续写道：

> 例如，根据摄影技术的现状，一个人除非有意"坐"着，否则不会被拍照。合同或信任法也许为精明的人提供了足够的保障，能防止其肖像不正当流通。但是，由于摄影技术的最新进展，人可以被秘密拍照，因此合同和信任原则不足以支持所需的保护。

沃伦和布兰代斯对手机摄像头、无处无时不在的监控摄像机、Tumblr，YouTube 和全身扫描仪有何看法？他们的重点是，你的形象(从更广义的角度是你的信息)应得到"防止不正当流通的充分保障"。这是来自 19 世纪的人对 21 世纪的关注。

12.1.2 信息来源和使用

在商店购买一件产品会产生一笔交易，这会生成信息。商家收集的信息包括购买日期和时间、产品、价格以及同一个购物篮中其他商品的相关信息。这些信息是否关联到特定客户？用现金支付一般能保证匿名。也就是说，买家不和这一次购物关联。不过，在小镇或者隔壁的商店用现金付款，由于大家彼此都熟悉，可能就做不到匿名了。除此之外，其他交易肯定会和买家关联起来：

- 用支票、信用卡或借记卡付款
- 邮购或网购
- 提供会员卡号
- 购买必须登记服务协议或质保单的产品

如果只是买袜子，可能不会介意别人记录这些信息。但如果购买的是 *Dating for Total Dummies*(约会傻瓜书)可能就要小心了。我们认为这是个人隐私。

但何为隐私？隐私很难定义，所以我们等会儿再给出一个正式的定义。现在先分析一下刚才的买书交易。

12.1.3 控制信息使用

买书问题可归纳为“谁控制交易信息的使用？”，有下面 4 种可能。

1. 不使用 (No Uses)。商店随后 (比如在结账后) 删除信息，因为不再需要它。
2. 批准或同意 (Approval or Opt-In)。商店可以把它用于其他目的，但前提是要你批准。
3. 反对或拒绝 (Objection or Opt-Out)。商店可以把它用于其他目的，但你反对就不会。
4. 无限制 (No Limits)。商店可随意使用信息。

在从 1 到 4 的范围之间，可能存在其他中间点。还有第 5 种可能，称为内部使用，商店可以使用该信息与你开展业务，但不会挪作他用。“与你开展业务”可能意味着保留你的地址，以便将来向你发送读书会公告；但不包括将你的信息赠予或售卖给他人。但是，内部使用也可能不需要你的批准。

如果交易发生在澳大利亚、加拿大、欧洲、新西兰或其他几个国家 / 地区，则法律和标准会将其置于上述范围的 (1) 和 (2) 之间，非常接近 (1)。如交易发生在美国，法律和标准会将其置于上述范围的 (3) 和 (4) 之间，非常接近 (4)。也许更令人担忧的是，许多美国人显然以为有一项隐私法接近第 5 种情况，即内部使用。我们将在后面的部分中回到这些不同的标准，但是首先我们必须了解隐私的概念。

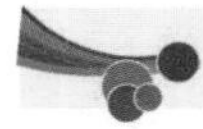

12.2 定义隐私

隐私很重要，也很难定义。它远不止是布兰代斯所描述的“独处权利”。隐私通常关系到生活的 4 个方面：身体、活动范围、个人信息和通信。从信息技术的角度，我们只关心最后两个方面，采纳的是以下定义：

> 隐私：个人自由选择在什么场合以及在什么程度上向他人展示自己、态度和行为的权利。

该定义首先强调是由人自己决定揭示信息的“场合”和“程度”，而不是由别的任何人。人自己有控制权。其次，从人能对信息的哪些特性进行控制，体现了人的每一个方面：自身及其态度和行为。采用这样的包容性定义对于涵盖重要情况至关重要。

回到之前的例子，买书是一种行为，涵盖在刚才的隐私定义中。但是，它不会自动归为信息“不使用”的范畴。由于是刷卡而非付现 (换言之，具名支付而非匿名支付)，所以我们可认为买家愿意透露这一次购物。也可认为付款方式与是否透露信息无关；要透露任何信息都必须由人明确批准。

12.3 享受隐私的好处

知道定义后，隐私又面临着哪些威胁呢？有两种基本威胁：来自政府的和来自企业的。第三种威胁 (私人打探或八卦) 可通过对信息进行保密来自行解决。历史上，来自政府的威胁 (对民众进行监视) 最令人担忧，原因可能是其后果往往非常严重。来自企业的威胁比较新，其 IT 方面则更新。来自企业的威胁有两个方面：对员工的监控，以及将商业相关信息 (包括交易信息) 挪作其他用途。

自愿透露

只要不向任何人透露自己的任何信息 (像个隐士一样，但这意味着要独自生活在与偏僻的小岛上，靠椰子和蛤蜊维生)，一个人能保证自己的完全隐私。但大部分人都要和许多人和机构 (企业、雇主和政府) 打交道，这时需要透露自己的私人信息。也就是说，我们自愿透露信息以换取实际利益。

- 我们将自己的许多私人情况告诉医生，使其更好地帮助我们保持健康。
- 我们允许信用卡公司查看我们的信用记录，以交换刷卡支付的便利。
- 我们允许雇主查看工作邮件，因为我们理解电脑、互联网连接和时间都属于雇主：电子邮件系统是用来工作的，我们不需要或不想在工作时发送私人邮件。
- 我们向政府透露自己的信息，包括信仰 (美国除外)、父母姓名、出生地、种族和民族等，以便享受公民权。

透露了这么多自己的信息、态度和行为，能不能尽量保持隐秘呢？

社交网络

如今，最常见的共享个人信息的方式就是社交网站。我们自愿成为朋友、结交朋友并与朋友分享。自然，许多人都能看到这些信息，包括朋友、亲戚、雇主和政府调查员等。正如本章末要提到的那样，即使努力删除这些信息，这些信息也可能一直存在。所以，在社交网站上发东西前请三思。就像他们说的那样：“如果不想在电视上出现，就不要发到网上。”

12.4 合理信息实践

向别人和机构透露自己的私人信息，同时仍然享受理想的隐私度，这完全可能，但具体要取决于我们透露的信息后来发生了什么。如果他们能对信息保密，只用于他们收集信息时宣称的目的，并保护信息不受所有威胁，那么我们的隐私不会受到严重侵害。我们获得了好处并保留了隐私。这是理想状况。

但假如那些人或机构擅自将信息赠予或售卖给别人，就说明除了你之外，他们也在透露你的个人信息。隐私受到侵害。你向某人透露了私人信息，仅仅信任他还不够。还要有一些标准，通过这些标准来判断这个信任是否有保证。对此，我们有“合理信息实践”原则。

OCED 合理信息实践

1980 年，世界经济与合作发展组织 (OECD，目前有 34 个成员国的国际贸易组织) 制定了 8 条隐私原则，即后来著名的合理信息实践 (Fair Information Practices)。它们已成为一个被广泛接受的标准，形成了一个相当完整的方案，旨在向企业和政府透露适当信息的同时保持信息的私密性。我们都希望这些原则被正式立法。这些原则提供了一个标准来检验企业和政府是否能保护公民隐私权来通过“尽职调查” (due diligence)，使其能免受民众责难或触犯法律。如表 12.1 所示的这些 OECD 原则是在计算机技术的大前提下隐私保护的具体实践。

表 12.1 OECD 合理信息实践指导原则简述

限制收集	对收集的个人数据要有限制。数据应通过合理、合法的手段收集，要尽可能在个人知晓和同意的情况下进行
用途	个人数据的用途必须在收集之前指明，使用时仅限于这些用途。
质量	个人数据应当与其使用目的相关，并保持完整、准确和及时更新。
限制使用	未经当事人或法律机构许可，个人数据不应泄露或用作前面“用途”原则之外的其他用途。
安全性	采取合理安全措施防范数据泄露、未经授权的访问、滥用、篡改、损坏或丢失。
公开	要公开个人数据收集策略或实践，使当事人知道个人数据将被收集、收集的方式、数据的用途以及数据控制者的身份和联系信息。
个人参与	个人应该能查询 (a) 数据控制者是否存储了自己的数据；(b) 存储了什么信息。如这些请求被拒，应允许个人发出质疑。
问责	应该可以通过追溯 (审计或问责) 来了解数据控制者是否遵守了这些原则。

OCED 原则的一个重要概念是“数据控制者” (设置这些策略的人或单位) 必须与个人就其信息 (如果有) 进行互动，而且必须对这些策略和行动负责。

12.1 犯了错

美国人每年都会获得一次免费的信用检查机会以了解其“信用分”并查错。哪条 (哪些) 合理信息实践 (如适用于美国) 会要求这样做？

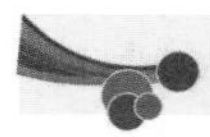

12.5 无隐私的情况

虽然是一项基本人权，但在世界上许多地方，对于政府和企业持有的信息，人们还是无法享受到 OECD 标准所规定的隐私保护 (参考图 12.1)。这有点让人惊讶，因为个人隐私是完全能够理解的，IT 对它的影响也是很明显的，所以只需要颁布法令，然后实施法令。问题出在哪里呢？

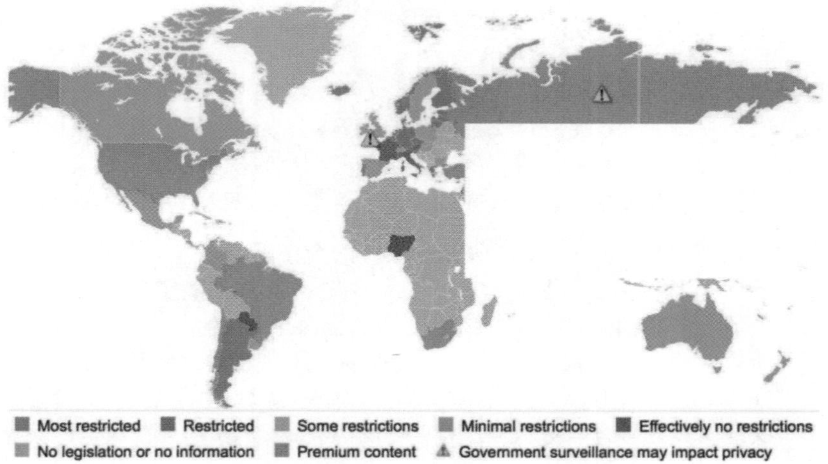

图 12.1 世界各国的隐私和数据保护

合理信息实践的隐私标准与企业和政府的信息收集目标相冲突。这一事实为反对采用 OECD 隐私标准的国家提供了强大的支持者，这认为这就是标准没有更广泛普及的原因。

12.5.1 谁被保护

个人隐私保护的一个重要里程碑是欧盟 (EU) 在 1995 年颁布了“欧洲数据保护指导条例”，这是集成了 OECD 原则的一个基本法。过后几年里，成员国纷纷采纳了它。包括澳大利亚、新西兰和加拿大在内的许多非欧盟国家也通过了基于 OECD 原则的法律。

欧洲采用这些标准很重要，因为 EU 条例中的一个规定是：有关欧盟公民的数据即使在国外使用，也要受法律标准的保护。非欧盟国家想要获取有关欧盟公民的信息，必须证明他们有和 OECD 原则一致的隐私法。作为非欧盟国家，瑞士申请并获得了批准。美国申请了，但没有批准。那么，美国在用什么法律保护隐私？

美国没有类似 OECD 的法律，只有针对特定情况的几种隐私法。这是一种“头痛医头，脚痛医脚”的方式，称为行业 / 部门 (sector) 方法，意味着每个行业或部门都有自己的一套。例如，《健康保险携带与责任法案》(HIPAA) 保护了美国人的个人身份健康信息。车辆注册信息受特定法律保护。视频租赁节目的隐私则受其他法律保护。

美国大多数行业 (例如社交媒体) 都没有隐私法保护。而没有像 OECD 那样广泛的覆盖范围，EU 不可能批准美国的隐私数据移交申请。这是跨国公司在和 OECD 国家做生意时非常头疼的一个问题。为避免侵犯欧盟隐私法的条款，他们最后建立了一个安全港。加入安全港协议的美国企业必须单独从各个欧盟国家获取授权。

12.5.2 一切都是生意

那么，美国企业和政府在做什么？为什么会与 OECD 原则不一致？企业和美国政府都收集了大量违反 OECD 原则的数据。公众通常不了解这种滥用的性质和程度，因为数据收集是秘密进行的。而由于美国《爱国者法案》的存在，就连你抱怨他们正在收集数据，都属于一种违法行为。但是，我们可从现实中的例子发现端倪。

正如之前 Dating for Total Dummies(约会傻瓜书) 例子所说的，和你做生意的几乎所有商店和公司都拥有关于你的信息。显然，除了确保能收到你的钱，他们中的大多数都不会拿这些信息做别的什么事情。但是，由于他们一般都有网站，所以会提供一个关于隐私政策的链接，其中说明了会拿你的信息做什么。为了知道他们要做什么，你必须仔细阅读条款，这是因为没有一个固定的标准，每家的政策都不同。基本上，所有政策都会说："我们会按我们的意愿使用信息。"

一个关键的隐私政策测试称为"同意 / 拒绝测试"(opt-in/opt-out test)。根据 4 条 OECD 规则 (限制使用)，未经你的许可，收集数据之目的不可更改。换言之，要改变用途，你需要明确同意，即 opt-in。(本来的用途是完成像购物这样的一次交易。将收集到的数据转卖给别人，性质就变了。)opt-out 则相反，他们可以随意改变用途，除非你明确拒绝。

根据标准，认真对待隐私的企业应默认采用 opt-in 标准，因为你希望限制信息的使用。A-Check America 就是一个例子，其隐私政策 (www.acheckamerica.com/about-us/privacy.aspx) 涵盖了所有 OCED 原则。其他企业默认自己有权改变用途，只是给你提供了 opt-out 的选项。换言之，他们认为你并不在乎自己的隐私。超市连锁企业酷乐客 (Kroger) 提供了一份从许多方面来看令人尊敬的隐私政策 (www.kroger.com/company_information/ Pages/privacy_policy.aspx)，他们甚至支持一个用于欧盟交易的安全港。但是，他们也非常明确地指出，其高级别隐私保护仅适用于欧盟客户。至于美国客户，必须以书面方式 (例如写信) 申请才可以 opt-out。而大多数其他网站只是说："通过使用我们的网站，你同意我们的隐私政策。"换言之，要么接受，要么退出。显然，美国人并不关心自己的信息被如何使用 (或许他们真的该觉醒了)。

跨个海，标准就不同了

美国的隐私法远未达到欧盟隐私条例的标准。为此，美国联邦贸易委员会 (FTC) 已与欧盟进行了数年谈判，以帮助跨国公司在大西洋两岸转移信息。

主要存在三个问题。在 opt-in/opt-out 中选择会产生问题，因为除了个人之外，其他任何人都不能决定改变信息的用途。换言之，默认应该是"不挪作他用"，但美国大多数情况下都是"没有限制"。

遵从和执行也是一个问题，因为欧盟条例要求监视和强制对条例的遵从。而美国联邦贸易委员会 (FTC) 和企业集团都希望"自我监管"，尽管这事实上行不通，而且在美国侵犯隐私权几乎不会受到任何处罚。

最后一个问题是覆盖范围，因为除了极少数例外，欧盟的 OECD 原则几乎覆盖了所有存储和传输的信息。而美国的行业 / 部门 (sector) 方法使大多数信息都不受保护。因此，当前的解决方案是，需要处理欧盟数据的跨国公司必须遵从一套关于数据保护的协议政策：安全港。如遵从，欧盟就认为其公民的隐私得到了保护。

12.5.3 精准营销[1]

数据挖掘(非正式地称为“大数据”)是指对海量数据进行统计学分析，从客户数据中取得商业优势。它是如此有效，以至于零售百货集团塔吉特(Target)能根据女性的购物习惯判断她是否怀孕，即使她没有购买妊娠测试工具，也没有告诉任何人。

和大多数提供积分卡的公司一样，Target为每个购物者分配了唯一代码来跟踪其一切购物。根据《纽约时报》2012年2月的一篇文章，每当购物者使用信用卡或优惠券、填写调查问卷、用邮件申请退款、致电客服、打开塔吉特发送的电子邮件或访问其网站时，塔吉特都会将这些信息记录下来并将其链接到唯一的客户ID。

通过分析客户的累积购物习惯，塔吉特制定了约25种代表性商品的一个列表来综合分析，为每个购物者分配一个“怀孕预测”分数。例如，购买了比以往更多的无香型乳液，购买了许多如钙、镁和锌等补品或者购买了一个超过常规大小、可兼作尿布袋的钱包。注意，仅仅是购买乳液或营养补品还不足以判断，还要检测到购物行为发生的变化。需要大量数据和分析，但最后的分数相当准确。

在一个案例中，明尼苏达州的一位父亲向塔吉特抱怨说，他的女儿收到了宣传孕妇装和其他孕妇用品的广告传单，怀疑店家在鼓励青少年怀孕。结果，他的女儿真的怀孕了。店家先于父亲知道这个事实。

这个故事有力证明了当有足够完整的购物历史记录时，数据挖掘将多么有效。注意，虽然塔吉特可以(而且可能确实)购买有关其客户背景的更全面的数据(种族、家庭规模、工作等)，但在进行“怀孕预测”评分时，用到的显然只是和客户开展业务期间所收集数据的一部分。这和傻瓜书的例子是一样的。(必须强调的是，虽然邮码广告单可能带来了侵犯隐私的困扰，但在适用的美国隐私法框架内，Target的行为似乎无可挑剔。)

12.5.4 政府是老问题

2013年6月，美国国家安全局(NSA)的分析师爱德华·斯诺登透露，美国政府一直在从电话运营商处收集完整的元数据记录。(第7章讲过，元数据是关于数据的数据，例如拨打电话的时间和号码等，不包括内容。)此外，斯诺登说NSA一直在通过称为“棱镜”(PRISM)的一个计划收集来自脸书、微软、谷歌和其他大型科技公司的美国人在线活动数据。事态的发展不仅令美国人震惊，海外也受到了冲击，因为记录中包含来自诸如德国等遵守OECD隐私法的国家的电话和数据。

按照NSA的说法，收集数据的理由是2001年的《美国爱国者法案》。在该法案通过之前，美国人受到OECD标准的保护，免受政府的监视。爱国者法案终结了一切。

[1] 原标题含有双重隐喻“被连锁超市栽塔吉特(Target，意为‘瞄准’)精确定位”的意思。——译注

事态并未平息。迄今为止，这些指控是否属实，这些数据用在了哪里，在美国境内和境外造成的影响以及无数其他未解决的问题，目前还不得而知。要了解最新进展，请查询电子隐私信息中心 (www.epic.org/privacy) 和电子前哨基金会 (www.eff.org)。

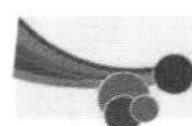

12.6 跟踪

在电子隐私中，跟踪以两种不同的方式使用，并由两种不同的技术支持。

- 在线跟踪是指网站自动将你的访问细节(例如点击的产品或其他项目)发送给其他内容提供商，使其能精准投放广告，或针对性地展示产品。
- 手机跟踪是指通过移动设备的定位功能来跟踪你的物理位置和移动轨迹。

12.6.1 在线跟踪

在线跟踪的后果目前尚未完全明确。这种做法收集你的上网行为数据之全面，显然是史无前例的。接收这些数据的人包括试图了解消费者行为的广告商和营销组织，这一点无庸置疑。但是。如果在跟踪方面没有任何限制，任何人都可按照你的“点击流程”来做他们爱做的事情。

一种稀罕的情况是你没什么要隐瞒的，很高兴看到广告，喜欢别人向你推送你感兴趣的商品。但正常情况下，你访问哪里，在网站上做什么，这些都应该是你自己的事情，不是别人的。

“请勿跟踪”

HTTP 有一个“请勿跟踪”(Do Not Track) 标志能告诉网络服务器你对跟踪的喜好。如设置了该标志，浏览器会把你的选择告诉服务器。但是，服务器怎么对待你的请求就跟你无关了。先假定他们会尊重你的选择。在 Firefox 中设置这个标志很容易，而且强烈建议你这样做，其他浏览器也是如此。最新版本的 IE 浏览器默认已设置了“清除浏览器数据”即“请勿跟踪”。在 Chrome 中设置也很简单，在“设置”|“高级”|“隐私设置和安全性”中操作即可。如果不想被跟踪，请在自己使用的每个浏览器中设置该标志。

设置“请勿跟踪”

在 Firefox(本书选择的浏览器)中，打开“选项”，在“隐私和安全”区域点击“内容阻止”区域的第一项即可。其他浏览器的设置也很简单，具体步骤请访问 Electronic Frontier Foundation 的网站：www.eff.org/deeplinks/2012/06/how-turn-do-not-track-your-browser。

还想更保密

“请勿跟踪”的概念一直存在争议，因为一方面了解消费者的行为在商业上非常有价值，但另一方面，人又不希望随便什么人都一直在跟踪自己，电子的方式也不行。此外，根本不知道别人是否尊重自己的意愿。许多广告公司断然表示忽略。

为了给予用户更确定的保护，业界开发了其他两种保护措施。

- 行业倡议。美国国家广告计划 (National Advertising Initiative，NAI) 拒绝计划 (opt-out program) 是一种行业支持的方法，允许用户告知其会员公司他们不想被跟踪。要参与，请查看其拒绝页面：www.networkadvertising.org/choices/。数字广告联盟 (Digital Advertising Alliance) 也有类似的计划，具体参见 www.aboutads.info/ choices/。
- 隐私权倡议。一家名为 Abine.com 的隐私公司声称有 600 家公司正在跟踪消费者，他们提供了一个名为 DoNotTrackMe 的阻止程序，可从其网站 www.abine.com/dntdetail.php 免费下载。有趣的是，由于限制了跟踪流量，因此他们声称网页加载速度也更快。

围绕隐私和了解消费者行为的问题不断地有新的进展。

私有浏览

注意，跟踪有别于“私有浏览”(在互联网 Explorer 中称为 InPrivate，在 Firefox 和 Safari 中称为“私有浏览”，在 Chrome 中称为“隐身模式”)。私有浏览是一种“客户端”功能，这意味着它针对的是你正在使用的计算机上存储的信息，服务器的行为无法干涉。在这种模式下，会话期间获取的所有 cookie、缓存文件以及会话本身的历史记录最后都会被删除。在图书馆、网吧等场所使用公共计算机时，该模式非常有用。

12.6.2 手机

根据手机和发射塔的距离，可大致确定手机位置 (即使已关闭 GPS 定位服务)。可根据定位数据跟踪和存档一个人的移动轨迹。那么，你的定位数据会被怎么使用？对隐私感到担忧的组织尤其想知道这一情况。

为了确定运营商知道什么、他们将信息保留多长时间以及被要求将其移交给警察和政府的频率，2010 年，美国更严格地落实了《信息自由法》(Freedom of Information Act，FOIA)，最终结果如图 12.2 所示。运营商需要在一段时间内保存所列的全部信息，以负责任的方式开展业务并响应合法授权查询。这对他们使用用户信息的方式形成了限制吗？

运营商	Verizon	T-Mobile	AT&T/Cingular	Sprint	Nextel	Virgin Mobile
用户信息	后付费：3～5年	5年	取决于服务年限	无限制	无限制	无限制
详细呼叫记录	1年	预付费：2年； 后付费：5年	预付费：不定； 后付费：5～7年	18～24月	18～24月	2年
手机用过的信号塔	1年	官方说4～6月， 事实1年或以上	自2008年7月起	18～24月	18～24月	不保留—通过 Sprint 获取
短信细节	1年	预付费：2年； 后付费：5年	后付费：5～7年	18月 （取决于设备）	18月 （取决于设备）	60～90天
短信内容	3–5天	不保留	不保留	不保留	不保留	90天（需搜查证才可查看短信内容）
图片	上传到网站的才保留（客户可在任意时间添加或删除图片）	可在线存储，一直保留，除非删除或取消服务	不保留	联系运营商	联系运营商	不保留
IP 会话信息	1年	不保留	只有非公网 IP 才保留72小时；公网 IP 不保留	60天	60天	不保留
目标 IP	90天	不保留	只有非公网 IP 才保留72小时；公网 IP 不保留	60天	60天	不保留
账单副本 （仅适用于后付费）	3～5年，但只有最后12月才真正可用	不保留	5～7年	7年	7年	n/a
支付历史 （仅适用于后付费）	3～5年，支票副本保留6个月	5年	取决于服务年限	无限制	无限制	n/a
商店监控视频	一般30天	2周	不定。大多数商店保留1–2月	不定	不定	n/a
服务申请	后付费：3～5年	不保留	不保留	不定	不定	不保留

图12.2　移动电话运营商的信息保留期限

领先一步

FOIA 对隐私权的要求其实早于斯诺登的主张 (电话公司正在将其元数据直接移交给 NSA)。公司一直都在保留这些数据，而且保留相当长一段时间 (这是众所周知的)，NSA 只是将其永久保留。我们在担心什么？问题在于，保留数据目的从开展业务 (这是最初收集数据的原因)，逐渐变成与开展业务无关的其他目的。这造成了我们对隐私的担忧。

电信公司出于开展业务的目的保留自己的记录与组织获取所有记录并进行整合之间存在巨大差异。用布兰代斯的话来说，再精明的人，最终也可能“屁股决定脑袋”。当所有电话记录都由一个机构存档时，别无选择。每个人都不由自主同意 (opt-in) 了自己数据的一种或多种新用途。

而且，一旦记录被整合，数据库便成为香饽饽，各种各样的新用途应运而生，大多数人都觉得这不可接受。例如，《华尔街日报》报道说，一些 NSA 员工滥用职权监控其恋人打的电话。

目前，手机跟踪对隐私的影响程度尚不确定

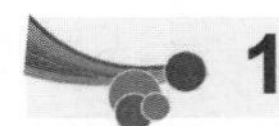

12.7 cookie

cookie 是一个标准的计算机科学概念，最初由网景 (Netscape) 的工程师用于将客户端的身份和一系列独立的客户端 / 服务器事件联系起来。

12.7.1 表面上一直连接

视频讲解 The Cookies That Knew Too Much

图 12.3 展示了网络服务器的客户端 / 服务器关系视图 (已在第 3 章讨论)。假定这是你的银行的服务器，并且你正在在线支付账单，这使你成为客户端。服务器可一次帮助许多客户，并知道谁是谁，原因是服务器在你的计算机上存储了一个 cookie(包含 7 个信息字段的一条记录，从而唯一性地标识客户会话)。每次信息传输时，都在客户端和服务器之间交换 cookie，使服务器知道许多客户端计算机中的哪一个正在发送信息。

即便不需要银行业务那样高的安全性，许多站点也使用了 cookie。例如，美国国家航空航天博物馆在我写这本书时向我发送了以下 cookie：

```
www.nasm.si.edu FALSE / FALSE 2052246450 CFTOKEN 89367880
```

各个字段的含义无关紧要，只需注意第一个是服务器，最后一个是标识我的会话的唯一信息。通过 cookie，客户端产生了服务器是自己“专属”的幻觉。

虽然 cookie 很有用 (而且我们大多数人都愿意启用 cookie 以便使用网上银行)，但第三方 cookie 是跟踪你的上网行为的核心方式。为什么说第三方？前两方是你和你访问的网站，第三方则是通常由服务器公司雇佣的广告代理商，后者通过第三方 cookie 来记录你的访问历史。

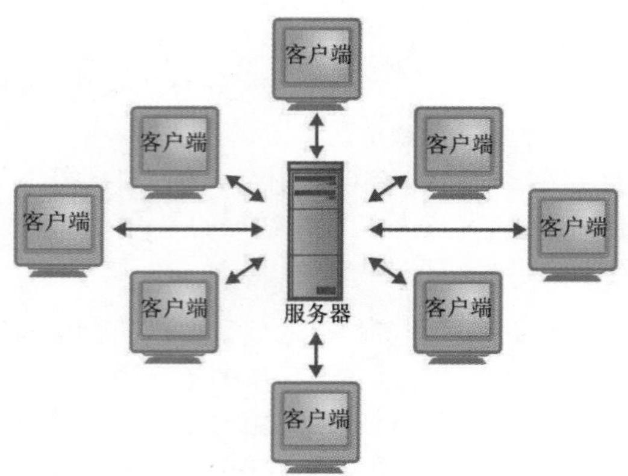

图 12.3 服务器的客户端 / 服务器视图

一般来说，接受 cookie 能更有效地利用网络，但明智的做法是在浏览器的隐私设置中阻止第三方 cookie(即设置“请勿跟踪”标志)。

12.7.2 被遗忘权

本章结尾会讲到，信息上线后可能删都删不掉。但是，有的信息或许真的应该删掉。想像一下，康涅狄格州的一名护士以前没有犯罪记录，但有一天她和她的两个成年儿子一起被逮捕了，在其住所发现了少量大麻、天平秤和塑料袋。鉴于是初犯，所以在同意接受毒品咨询后，案件被驳回。从法律角度看，好像这一次逮捕从未发生。她申请了一份工作，潜在的雇主在报纸上发现了“护士和儿子被捕”的文章，所以没有雇用她。这听起来很残酷：法律认为她无罪，但她还是受到了惩罚。

问题在于，如何处理她被捕的历史事实，以免危害其未来？报纸印刷时，“被捕”事件是真的发生了；他们没有错。法院驳回案子这一事实也没有改变这一点。但是，法院的行动从法律上取消了对她的逮捕。是否也应该从公共记录 (即报纸) 中删除这个信息？毕竟，她没有被判有罪，其犯罪记录仍然是干净的。护士有权让整个事件被遗忘吗？

像本章其他几个主题一样，此问题尚未完全解决。一个方案是报纸主动更新其在线版本 (即搜索引擎能查到的版本)。另一个方案是设置一个标志，让搜索引擎降低该文章的优先级。记录还是留下来了，只是不能随便搜一下就能找到。当然，只要能防止她因未被定罪的行为而受到惩罚，任何方案都是欢迎的。

12.7.3 身份盗用

我们之前最关注的是“合理信息实践”的“限制使用”原则，该原则着重于对改变信息用途的限制，但目前“安全性”原则已变得同等重要。该原则指出，谁掌握了私人信息，谁就有义务保护它，防范未经授权的访问和其他风险。美国人目前也不受这一原则的保护。

企业安全数据 (密码、社保号、信用卡号和其他敏感信息) 被盗窃的新闻不断涌现。一个经典案例是数据代理商 ChoicePoint。这个案子发生得足够早，前前后后发生的事情已被研究得很透彻。2005 年 2 月，公司宣布其存储的 145 000 名美国人的个人数据被“未经授权的第三方查看。”ChoicePoint 存储了美国人的信用评级数据。最初他们仅承认 32 000 人的数据被泄漏。这个较小的数字显然仅指清单上的加利福尼亚人，因为加州的法律要求通知安全违规行为。公众压力迫使 ChoicePoint 承认并通知了更大的人群。

隐私监管机构“美国电子隐私信息中心”(Electronic Privacy Information Center，EPIC) 更直白地说明了情况：“ChoicePoint 最近承认它向身份窃贼出售了 145 000 名美国人的个人信息，还在 2002 年向身份窃贼出售了至少 7 000 人的此类信息。”

拿到这种私人信息后怎么使用？一种可能是身份盗用，即出于欺诈目的冒充他人的犯罪。由于 ChoicePoint 这样的公司提供了信用卡号、社保号、银行帐号和雇主等全面的信息，所以小偷在申请信用卡或贷款时，不会遇到比正主更大的困难。但是，最终是受害者的信用评级下降，而且负担上沉重的债务。

如怀疑有人窃取了自己的敏感身份信息，请访问美国联邦贸易委员会的网站了解应对措施：www.consumer.ftc.gov/features/ feature-0014-identity-theft。

ChoicePoint 事件造成了 800 多次身份盗用；如果不通知受害者采取预防措施，该数字估计要大得多。虽然美国联邦贸易委员会和 ChoicePoint 协商以 1000 万美元的民事罚款和 500 万美元的消费者赔偿了结此案，但身份盗用仍有可能是一个严重的问题。

斯诺登的曝光震惊了 IT 界，许多公司和团体正在为保障用户隐私采取行动。目前有几家网络公司 (例如推特) 已升级为加密通信 (稍后详述)。请立即接受这样的升级。

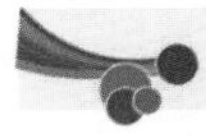

12.8 数字安全

计算机安全几乎成了日常新闻：某组织的网站刚刚被黑客入侵，或者又出现了一些新方法欺骗社交媒体用户来获取其个人信息。这种对安全性无休止的讨论，很容易让人感到无聊并彻底忽略。但是，在“全天候讨论安全性”和“彻底忽略”之间的某处，有一定程度的关注是应该的。应了解风险，并采取一些预防措施。只有保护好自己，才可以在视频网站放心观看病毒式的宠物视频。本节讨论了风险和预防措施。

Macintosh 是安全的？非也！

人们普遍以为安全问题仅发生在 Windows 计算机上，但这是错误的。Mac 确实要好一些，但同样会遭到攻击。Mac 也需要病毒防护，Mac 用户一样要采取这里讨论的所有预防措施。

12.8.1 理解问题

诚实可靠的程序员如果在单机 (未联机) 环境中写软件，那么很少有什么安全问题。在这种情况下，计算机是可靠且值得信赖的助手。但是，这种情况极为罕见。计算机事实上几乎一直都连在网上，没有物理防范，我们也不认识写软件的人。这时就出现了问题。计算机安全的目标是使我们的计算体验尽可能接近于第一种情况，而又不改变我们每天使用计算机的方式 (要改变也不能太大)。

安装软件

安装软件可能使计算机承受最大风险。仅从供应商的网站或官方应用商店安装软件，而且必须先确定网址正确 (如何确定网址？先用谷歌或必应等值得信任的搜索引擎进行搜索，或自己输入网址。例如，自己输入 microsoft.com 很难吗？)

风险

可能发生什么？大多数计算机安全风险都可划归入以下 4 类之一。

- 恶作剧：包括从简单地感染计算机并继续运行到造成麻烦、删除文件、破坏软件等。通常，“坏人”的收益不是很明显。
- 信息盗用：包括盗用地址、账号、密码、文档、电子邮件和其他记录。“坏人”的收益是访问账户，或者将文档卖给其他人。
- 间谍软件：包括偷偷录制用户视频、记录按键以获取密码、入侵保密的在线活动 (比如网上银行) 以及其他入侵行为。“坏人”的主要收益是能够主动捕获信息，这通常比在机器上静态定位信息容易。信用卡安全码就是一个例子。
- 资源盗用：包括接管计算机 (使其成为“僵尸”)，把它加入“僵尸网络”来参与生成垃圾邮件、拒绝服务攻击和其他令人不快的活动。“坏人”的收益包括将服务出售给垃圾邮件发送者、拦截合法广告并替换成自己的、用僵尸网络来创收以及其他诸如此类的恶意行为。

计算机发生任何上述情况，将是非常糟糕的一天的开始。注意，所有这些风险都是虚拟的，并不需要物理接触计算机。

病毒和蠕虫的进化

计算机科学家在 20 世纪 50 年代就写出了能复制其自身的程序；不难，但也没多大意思。1988 年 11 月 2 日，它开始变得有意思了。康奈尔大学计算机科学专业的研究生小罗伯特·塔潘·莫里斯 (Robert Tappan Morris，Jr.) 失去了对自我复制程序的控制权，公众首次了解到程序能生成自己的副本。莫里斯的程序原本应该在每台计算机上复制一次并发送给其他人，这使其成为蠕虫。但是，由于一个不幸的错误，它一直在复制，填满了计算机的内存和硬盘。在停止之前，它感染了 6000 台计算机 (当时占互联网的 10%)。损坏必须手动清除，并花费数百万美元。莫里斯被判 3 年缓刑、400 小时社区服务及 10 000 美元罚金。

从那以后，病毒和蠕虫一直是大新闻。1999 年，梅利莎病毒通过一个受感染的 MS Word .doc 文件传播，造成了 8000 万美元的损失，并导致其作者大卫·L. 史密斯 (David L. Smith) 入狱 20 个月。当时，每个人都收到这样的警告：如果不知道来自谁，则不要打开 .doc 附件。在梅利莎差不多整整一年之后，“我爱你”病毒使用了同样的套路，结果甚至更糟！

12.8.2 术语和行话

由于存在一些行话和奇怪的术语，在读跟计算机安全有关的文章时可能会觉得比较困难。以下列表帮助你了解最常用的术语和行话。

- 恶意软件 (Malware) 是在上面列出的风险中危害计算机的软件的总称；我们在这里讨论的所有内容都和恶意软件有关。
- 病毒 (Virus) 是屏幕保护程序或游戏这样的一个程序，可以共享，但其中包含了可在程序运行时复制自身的代码；病毒“依附”在其他软件中。
- 蠕虫 (Worm) 是一种通常嵌入到电子邮件附件中的程序。会自我复制，并将副本发送给你的联系人列表中的每个人，从而自行传播和移动。
- 漏洞利用 (Exploit) 一般做动词用，即利用标准商业软件中的 bug 来安装自身，并执行令人讨厌的活动。此类 bug 的清单很长，其中一个著名 bug 是“缓冲区溢出”(buffer overflow)，即试图存储比分配的空间更多的数据。该 bug 若“利用”成功，可为恶意软件创建入口点。

- 木马 (Trojan) 是非请自来的“礼物”，就像古希腊的那个木马一样，是一种执行未经授权活动的恶意程序。木马依附在貌似无害的软件中，例如从提供“免费内容”(音乐或墙纸等) 的网站下载的“共享”软件。

这些是恶意软件进入计算机的主要方式。

12.8.3 恶意软件会做什么？

计算机安全社区关注恶意软件最糟糕的三个活动，这些活动用于实施上面列出的间谍软件和资源盗用风险。

- 后门 (Backdoors) 是一种在计算机中“开口子”的软件，它创建一条访问路径，允许恶意软件的制作者在计算机上运行他们想要的任何程序，而不会受到计算机防御系统的阻止。受感染的计算机通常会被加入僵尸网络 (botnet)。
- 木马 (Trojans) 能执行许多未经授权的活动，有多个类别。例如，键盘记录木马会记录你的每次按键，以获取密码和其他私人信息；FakeAV 木马伪装成防病毒软件，但实际会从用户那里勒索钱财以“解决”它所造成的问题；银行家木马会监视网银和信用卡活动，以捕获帐号和密码。这些只是一小部分的木马类型，其他还有大约 20 几种。
- Rootkit 是可以感染计算机并对其安全系统进行反击的软件！如设法阻止感染，则 Rootkit 可以自行重启、复制自身甚至移动自身。Rootkit 故意隐藏自己，导致通常无法用正常方式删除。

这些恶意软件所做的第一件事是降低计算机的安全防护，以免被检测到或被捕获。

这三种“干坏事”的形式可以结合起来。例如，后门程序可将银行家木马下载到你的计算机上。它暗中收集你的帐号和密码，并在“母舰”要求时回传数据。

你好，我是 Foncy

这里讨论的所有安全问题都适用于移动设备。2012 年，有人在法国实施了一个早期的移动僵尸网络，称为 Foncy。它使用了后门、木马和 Rootkit。设置完成后，会向“高价”(premium) 电话号码发送短信 (例如北美的 900 号码)，导致向手机用户收取高额费用，这些费用则汇给了“坏人”。虽然肇事者被法国警方迅速逮捕，但据报道，Foncy 已感染了 2000 部手机，并获得了 10 万欧元的非法收入。

12.9 预防

如果自己不谨慎，有恶意企图人可能会攻击我们。怎样做才能防止这些？本节提供了实用、有用的建议来保护自己。

12.9.1 安全上网

计算机安全最大的问题 (实际上几乎是唯一的问题) 是我们。掌握安全计算的人们很少出问题，他们不需要反复向别人支付费用来“清理”自己的计算机。人们有时很冲动，比如老想着下载一个“免费”的东西，最后的代价就是自己的计算机被感染。

世界上哪里有什么免费午餐？！

2013 年 6 月，康纳尔 • 米尔沃德 (Coner Myhrvold) 向公众展示了他的一次出色的实验，揭示了从网上获取“免费内容”对计算机造成的破坏 (arstechnica.com/information-technology/2013/06/download-me-saying-yes-to-the-webs-mostdangerous-search-terms/)。结果令人警醒。

实验步骤：在谷歌上用 10 个很流行的关键词来搜索。分别点击前 10 个搜索结果，安装目标网页上的“免费内容”并分析安装的东西，结果如表 12.2 所示。

表 12.2 米尔沃德的“免费内容”实验结果

关键字	结果	被感染的文件	Lavasoft Ad-Aware 检测到的威胁
“free wallpaper”	2/6	11	Adware, Adware Installer, 不想要的程序，其他
“free screensaver”	8/10	191	Hijacker，Adware, Adware Installer，不想要的程序，cookies，其他
“free games”	2/10	45	Adware, Adware Installer, cookies
“free game cheats”	0/1	0	N/A
“free word unscrambler”	0/10	0	N/A
“free e-cards”	0/10	0	N/A
“free lyrics”	5/10	608	Adware, Adware Installer, 工具条 , cookies
“free music downloads”	5/10	835	木马，Adware, Adware Installer，工具条，浏览器，插件，其他

第一列是搜索词，都是受欢迎的免费内容。第二列是下载链接数量，以及包含链接的结果网页的数量。第三列是接收到的受感染文件数量，最后一列说明被感染了什么。注意，他从 5 个免费音乐网站下载了 835 个受感染文件！此外，还被安装了两个恶意软件：后门 (Hijacker) 和木马。Myrhvold 总结了最重要的问题：

“虽然我安装了几个号称能提升电脑性能的免费程，例如 iLivid 这样的广告软件，但它们反而严重影响了我的 PC 速度和性能。安装后，电脑基本无法使用。仅打开浏览器就要好几分钟，原因是众多流氓软件会开机启动并在后台运行，争抢对我的电脑的控制权。”

12.9.2 安全计算清单

安全专家不断强调，只要关注自己正在做的事情并了解随之带来的风险，就可以保障安全。下面列出了他们最重要的一些建议。

- 不用时关闭蓝牙。蓝牙无线网络存在许多漏洞，例如附近的人可能收听你打的电话并通过你的设备拨出电话。如必须使用蓝牙，不打电话时记得把它关闭 (而非仅仅是设为“隐身”模式)。

- 保持手机和其他计算机处于锁定状态。即使一天到晚手机不离身，但偶尔也会放下，所以无法保证不被别人接触。考虑到上面存储的敏感个人数据，不要觉得保持锁定是个麻烦。另外，如果被盗，麻烦会更大。所以，过于敏感的数据是不是一开始就不要保存到上面？
- 点击电子邮件的附件需谨慎。附件 (例如 .jpg 文件) 基本上是数据，通常安全，但许多其他文件可能包含程序代码。“坏人”在程序代码中嵌入恶意软件。一旦打开，代码将自动运行，可能释放蠕虫或病毒。表 12.3 列出了危险的文件类型。除非确定安全，否则切勿打开附件。

表 12.3　可能携带恶意软件的文件扩展名 (主要针对 Windows)。记住，文件扩展名是指最后一个点号后面的字母序列

386	虚拟设备驱动程序 (Windows 386 增强模式)
.3gr	VGA 图形驱动程序 / 配置文件
.add	适配器驱动文件
.ade	Microsoft Access 项目扩展
.asp	Active Server Page
.bas	Microsoft Visual Basic 类模块
.bat	批处理文件
.chm	编译 HTML 帮助文件
.cmd	Microsoft Windows NT 命令脚本
.com	Microsoft MS-DOS 程序
.cpl	控制面板扩展
.crt	安全证书
.dbx	数据库索引
.dll	动态链接库
.exe	可执行程序文件
.fon	字体文件
.hlp	帮助文件
.hta	HTML 程序
.inf	设置信息
.ins	互联网命名服务
.isp	互联网通信设置
.js	JavaScript 文件
.jse	JavaScript 编码脚本文件
.lnk	快捷方式
.mdb	Microsoft Access 程序
.mde	Microsoft Access MDE 数据库

（续表）

.msc	Microsoft Common Console 文档
.msi	Microsoft Windows 安装包
.msp	Microsoft Windows 安装补丁
.mst	Microsoft Windows Installer Transform 文件
.ocx	Microsoft 对象链接
.pcd	Corel Adaptec CD Creator 映像文件
.pif	MS-DOS 程序快捷方式
.reg	注册表项
.scr	屏保程序
.sct	Windows 脚本组件
.shb	Shell Scrap 对象
.shs	Shell Scrap 对象
.url	互联网快捷方式
.vb	Visual Basic 脚本文件
.vbe	Visual Basic 脚本编码文件
.vbs	Visual Basic 脚本文件
.vxd	Microsoft Windows 虚拟设备驱动程序
.wsc	Windows 脚本组件
.wsf	Windows 脚本文件
.wsh	Windows 脚本主机设置文件

- 切勿在弹出窗口中输入敏感信息。弹出窗口是恶意软件收集信息的主要方式。合法收集敏感信息(例如用信用卡购物)的网站会使用第 18 章讨论的表单。大多数弹出窗口都有害，因此完全关闭它们并不是一个坏主意。在 Firefox 中，转到“选项”|“隐私和安全”，勾选“阻止弹出窗口”。
- 想空手套白狼？好好考虑一下吧……正如之前康纳尔·米尔沃德 (Coner Myhrvold) 的实验所证明的那样，下载免费内容可能带来极大的风险。但是，我们都喜欢免费东东。安全专家的建议：先做好研究，确定是从正规网站获得有价值的东西，否则不要下载。
- 知道要去的地方。在网上冲浪时，有的链接表面上是要把你连接到一个地方，实际是转到了别的地方。第 4 章说过，对于具有以下形式的锚点标记：

```
<a href="http://bad.site.com/reallybad"> http://neat.siteOn.net/cool.html </a>
```

- 你在屏幕上看到的是 http://neat.siteOn.net/cool.html。但点击该链接，实际会转到 http://bad.site.com/reallybad。这是一个十分简单的花招。复制并粘贴蓝色的锚文本，就可访问宣称的链接，而不是被重定向到坏的链接。另外，鼠标放到链接上方，可在浏览器底部看到点击后会实际跳转到的链接。

- 保持怀疑。社会工程(网络钓鱼)有多种形式，但目标只有一个：让你自愿交出私人信息使其获益。第11章研究了电子邮件噱头和诈骗。米尔沃德的实验也表明用户容易被免费所迷惑。只要心中稍存疑虑，就知道天上不可能掉馅饼，从而避免上当受骗。
- 访问臭名昭著的网站时，请格外小心。音乐分享、体育赌博和色情网站是“电子感染”的源头。尽量少看这些网站，能将风险降至最低。

按专家的建议操作应该不难。

12.9.3 哎呀，我中招了！

如果遵循上述建议，应足以防止“坏人”攻陷你的计算机，但万一坏事真的发生，安全专家的建议如下。

- 立即关闭计算机电源；恶意软件无法在没开机的计算机上运行。手机则要彻底“关机”，而不能仅仅“待机”。
- 用另一台计算机在网上搜索当前情况下的对策。要善用关键词，例如刚才访问的网站类型(直接搜索网址可能过于具体)，例如“音乐分享”，以及遇到的症状。
- 从某个外部来源重启计算机。需重启计算机来进行清理，但请从某个外部来源(例如CD或U盘)启动。例如，卡巴斯基提供了一个免费的应急启动盘(https://www.kaspersky.com.cn/downloads /thank-you/free-rescue-disk)。

如果实在不好清理，可以考虑重置计算机，这时有备份就太好了(稍后详述)。

免费？真的还是假的？

虽然建议不要指望免费获得任何东西，但网上有许多安全合法的免费内容。有许多免费软件、教材、游戏等。但是，为了避免恶意网站并确保找到的是合法内容，还是要事先做一些研究。

◎ 免费软件。许多优秀软件都免费提供，因为它们是开源的，例如Firefox。通常，这些程序本着开放性和传统的计算共享精神而创建(研究：www.gnu.org/philosophy/free-sw.html)。维基百科提供了优秀免费软件的一个列表，网址是en.wikipedia.org/wiki/Free_Software_Directory。

◎ 免费教材。得益于加州大学Affordable Learning Solutions，现在可从网上下载数百本高质量教科书(遗憾本书不在其列)。研究：项目主页是als.csuprojects.org/home。访问https://als.csuprojects.org/node/61获取详细主题和书名列表。

◎ 免费游戏。著名游戏公司EA(艺电)似乎正在提供基于Adobe Flash的免费游戏(https://www.ea.com/games/library/freetoplay)。这是真网站还是假网站？(研究：第5章讲过，可通过www.internic.net /whois.html调查网站的所有者。我们检查并发现：注册人：Electronic Arts Inc.，地址：Redwood Shores Parkway 209，Redwood City，CA 94065。根据维基百科，这确实是他们的地址。)

◎ 免费午餐。对不起，没有这样的东西。

自己要警醒

如果对表 12.2 列出的如此多的文件扩展名感到震惊，表明你可能隐藏了文件扩展名。操作系统允许显示或隐藏扩展名，最好随时随地显示以避免中招。不显示扩展名，一个表面无害的文件可能显示名称 myNewCar.jpg，实际则是 myNewCar.jpg.exe。这种可执行文件使你的计算机面临风险。要显示扩展名，在 Windows 10 中打开文件资源管理器，选择“查看”菜单，勾选“文件扩展名”；在 Mac OS 中，选择“访达”|“偏好设置”|“高级”，勾选“显示所有文件扩展名”。

12.9.4 行动计划

前几节解释了可能出问题的地方。现在唯一剩下的事情是我们应该怎样做。下面是对策清单。

- 运行现代软件，因其更注重安全；操作系统尤其如此。如果还在用 Windows XP 或 Windows 7，快升级吧。
- 如果软件有可用的更新，立即安装。除了修改 bug，通常还进行了安全性修补。
- 安装防病毒软件，至少要使用操作系统自带的。价格不贵 (好多甚至免费)，绝对值回票价。
- 将 Wi-Fi 路由器的安全等级至少设为 WPA2(稍后详述)。
- 按照第 11 章的描述为手机和计算机设置适当的密码保护。
- 上网时多用计算机安全隐患的知识，要有理智。

安全计算其实相当简单。

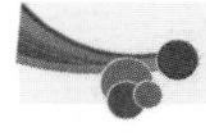

12.10 加密

在日常计算中，比如在咖啡店上网时，你希望自己的活动是私密的，或者只与旁边的人共享。但是，无线设备无论如何都会将你的按键和鼠标点击操作发送到商店的热点。房间里每台计算机都会收到这些信号，如通信未加密 (即通过重新编码以隐藏其真实含义)，则每个人都可以关注整个会话。所以，很明显，你需要加密。但是，具体如何实现？

12.2 凯撒密码

将字母在字母表中移动固定数量的位置来加密消息 (第 11 章的例子是移动一位)，这称为凯撒密码。因为根据历史学家埃托尼乌斯的说法，是尤利乌斯 • 凯撒最先采用该系统，他是移动 3 个字母：

A B C D E F G H I J K L M N O P Q R S T U V W X Y Z
D E F G H I J K L M N O P Q R S T U V W X Y Z A B C

埃托尼乌斯揭示了凯撒的秘密，但凯撒可能比这聪明，他会不会将消息加密之后再加密一遍，使埃托尼乌斯完全无法破解？请解密 USM OZ CUXQY ！。

12.10.1 加密的关键

凯撒密码很适合古代帝王，但随着计算机的普及，最好使用更现代的技术。加密的关键要素是密钥。它有两种形式：私有和公共。

极不安全

向前移动 13 个位置的凯撒密码称为 ROT13()，网站用它加密文本，例如竞赛答案。请注意，针对 26 个字母的字母表，ClearText(x) = ROT13(ROT13(x))。

12.10.2 密钥

在加密中，密钥是一个“魔数”(magic number)，用于将称为明文的文本转换为乱码 (称为密文)。发送方和接收方 (通信双方) 必须在密钥上达成共识，因为它将用于编码明文，并将密文解码回明文。

假定通信双方在密钥上取得了共识，则基本过程是一个五步算法。

1. 发送方将消息分解成字母组。
2. 每个字母组 (位被视为数字)“乘以”密钥。
3. 将“乘积”发送给接收方。
4. 接收方将“乘积”“除以”密钥以重建字母组。
5. 将字母组合并成原始消息。

该过程之所以奏效，是基于以下事实：数 A 乘以数 B，结果除以数 B 将获得数 A。对不对？

$6 \times 4 = 24$

$24 / 4 = 6$

由于具有“可逆性”，所以这是一种双向加密。由于只有发送方和接收方才知道密钥 (本例是 4)，所以乘积对于任何窥探传输的人来说都是无用的数字。

五步算法创建的是一种安全通信 (图 12.4 是该概念的示意图)。发送者获取明文并用密钥加密，使其成为乱码或者说密文 (步骤 1 和 2)。密文被发送 (步骤 3)。接收方获得乱码，然后反向转换 (称为解密) 以重新创建明文 (步骤 4 和 5)。

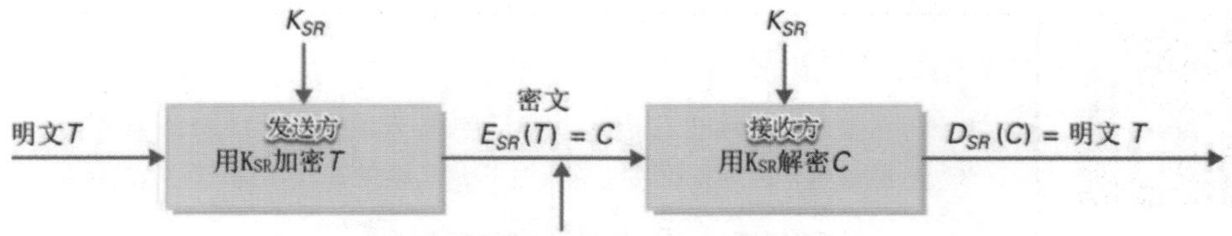

图 12.4 图解密码系统：使用仅通信双方知道的密钥 KSR，发送方加密明文以生成密文，接收方解密密文以还原明文。内容在中途会暴露并且可以被窥探，但其含义对第三方不明

12.10.3 加密的例子

下面通过一个小例子来体验加密 / 解密算法。假定要发送的消息是 MEET @ 9(9 点见面)，密钥是 13。下面是完整过程。

1. 访问 www.branah.com/ascii-converter 并输入 MEET @ 9，从而获得 8 个字符 (含空格) 的十进制 ASCII 码：
   77 69 69 84 32 64 32 57
2. 将十进制值分对，每一对“乘以”密钥 13：
   7769 × 13 = 100997
   6984 × 13 = 090792
   3264 × 13 = 042432
   3257 × 13 = 042341
   (添加“前导零”使所有数都为 6 位。)
3. 将“乘积”100997 090792 042432 042341 发送给接收方。
4. 接收方用密钥 13 来“除”：
   100997/13 = 7769
   090792/13 = 6984
   042432/13 = 3264
   042341/13 = 3257
   访问 www.branah.com/asciiconverter 并输入 77 69 69 84 32 64 32 57 来获得 ASCII 字符：M E E T @ 9。
5. 还原消息：MEET @ 9。

在发送方自己的私密计算机上，消息 MEET @ 9 被转换为 100997 090792 042432 042341。数字在发出之后进入公共环境，别的人可能看到这些数字，但完全不明其义。然后，接收方在自己私密计算机上其转换回消息 MEET @ 9。消息仅当处于私密环境时才为明文。

12.3 另一条消息

假定将刚才加密 / 解密的消息发送给某人，收到回信：101257 042640 099645 087997。该消息的明文是什么？

12.10.4 私钥加密

刚刚讨论的技术称为私钥加密或对称密钥加密。为便于理解，这个例子非常非常小。实际的加密系统使用更长的块 (数百个字母) 和大得多的密钥。另外，还会使用除乘法和除法之外的其他变换算法。但基本思路一样，可安全地认为加密就是用刚才讨论的算法来实现的。

在上述算法中，我为“乘”，“乘积”和“除”等字样添加了引号，因为它们不是唯一可用于加密的运算。只要存在逆运算，任何运算都可以。例如，除法是乘法的逆运算。因此，有许多加密算法可供选择。

私钥加密效果很好，用得也很多。但是，它存在一个小问题：发送方和接收方必须就密钥达成一致，这意味着他们需要以某种方式进行通信。通常，他们可以提前见面并取得共识。

但是，对于在线通信，在密钥上达成一致可能是一件大事，因为发送方和接收方通常不会面对面。不商定私钥，就无法通过私钥来进行加密通信。而之所以要进行加密通信，就是为了商定私钥。哎呀！

不过，多亏有一位伟大的数学家和几位勇于进取的计算机科学家，这个问题解决了！

12.10.5 公钥加密

解决方案是将密钥公开，如图 12.5 所示。如接收方在其网站上公开了密钥，则发送方可获取密钥并加密消息，并将加密的消息发送给接收方。接收方用自己的密钥解密，并阅读她的消息。很正常，是吧？

但是，“坏人”也能访问网站，取得密钥，抓取通信，并进行解密，不是吗？他们和收发双方有一样的密钥访问权。确实如此……但此密钥非彼密钥。

此密钥是公钥，具有一些非常令人惊讶的属性。公钥是两个特殊质数相乘的结果。(质数只能被自身和 1 整除，比如 13。)

在公钥加密系统 (Public Key Cryptosystem，PKC) 中，接收方公开特殊密钥 K。然后发生以下事情。

1. 和之前一样，发送方将消息分解成块。
2. 发送方求每个块的立方，结果除以 K 并只保留余数。
3. 发送余数。
4. 接收方求每个余数的 n 次方，n 由质数决定，且仅自己知道。
5. 接收方将每个结果除以 K 并只保留余数。令人惊讶的是，该余数恰好就是原始块！
6. 接收方重组消息。

过程比之前的乘法加密算法复杂一些，按计算器几乎不可能完成，但计算机特别擅长数学运算！

即便如此，这似乎也不可行，因为在步骤 2 和步骤 5 中，用万能钥匙 K 除后，数字的主要部分被丢弃，只保留余数。有点像烤面包，切成片，丢掉面包片，只保留面包屑。这怎么可能起作用？

12.10.6 PKC 背后的天才

多亏了莱昂哈德 • 欧拉 (OY•ler)，我们知道步骤 2 的质数和求立方具有奇妙的属性，使得六步公钥密码系统能正常工作。虽然不会讲述这背后的数学原理，但是两位计算机科学家 (Whitfield Diffie 和 Martin Hellman) 认识到这些属性将使公钥加密技术发挥作用。随后，另外三位计算机科学家 (Ron Rivest，Adi Shamir 和 Len Adleman) 开发了流行的 PKC 算法之一，即前面概括的 RSA。

12.10.7 总结重点

公钥加密系统非常聪明，如果你擅长数学并且对此感兴趣，请查看附录 B，其中对该技术进行了更完整的说明。看完之后，你会感到简直令人难以置信！对于我们其他人，只需知道以下事实：

> 公钥加密系统使人们可以在不受保护的通道上交换密钥，并且该密钥可以是在更简单的私钥协议中使用的私钥。

换言之，PKC 解决了密钥交换问题 (将私钥拿给另一个人)。一旦完成，较简单的私钥算法就可以正常工作。

欧拉

18 世纪数学家欧拉 (Leonard Euler) 是如此伟大，以至于他的肖像出现在瑞士的纸币和几枚邮票上。只是为了记录 (不作为考点)，下面是使我们的公钥示例起作用的欧拉定理：

> 定理：假定 p 和 q 是不同的质数，$K = pq$，$0 < T < K$，且 $r > 0$。
> 如 $Tr(p-1)(q-1)+1$ 除以 K，则余数为 T。

T 是明文块，K 是公钥，而且在我们的例子中 $r = 2$。通过“可窥探”通道发送的密文是 T3/K 的余数。

12.10.8 因数分解很难

如何知道 PKC 系统起作用？查看欧拉公式 (不看也可以)，数学家会告诉你，公钥 K 只是两个质数 p 和 q 的乘积。理论上，可通过一个称为因数分解的过程从公钥分解出两个数。但实际很难。

虽然计算机科学家不能确定，但大多数人都认为因数分解是一个非常困难的计算。换言之，如 p 和 q 足够大 (可能各自 60 位)，则无论计算机有多厉害，通过因数分解来获得它们都是不现实的。因此，PKC 只使用大质数，而没人知道如何快速将其分解。这就是 PKC 能保持安全的原因。

破解代码，赢大奖！

1977 年，在发明了他们的方案后不久，瑞维斯特等三人 (Rivest，Shamir 和 Adleman) 向全世界发起了挑战：破解他们用公钥 RSA129 加密的一小段密文 (129 是密钥位数) 并赢得 100 美元。这是一个大胆的挑战，因为尽管没有已知的方法能快速分解 129 位密钥，但万一有人发明了更好的算法呢？当时最好的就是中学教的方法，即用连续的质数来分解，借此找出所有因数。如果计算机科学家足够聪明，能够早点提出公钥加密，那么他们或许也能早点想出更好的办法进行因数分解。

事实上，卡尔 • 波默兰斯 (Carl Pomerance) 确实在 1981 年发明了一种新的分解方法，该方法给人带来了一点希望，而当时其他计算机科学家一直在试图证明分解过程永远无法得到很大改善。波默兰斯 (Pomerance) 的算法更佳，但仍然没有破解那段密文。最终，荷兰数学字和密码学家阿尔杰 • 伦斯塔 (Arjen Lenstra) 和马克 • 马拉斯 (Mark Manasse) 在 1994 年发起了一次活动，通过更好的算法、互联网和更快的计算机速度破解了 RSA129 密文。他们花费 8 个月的时间，使用了来自世界各地的近一千台计算机。但这并不代表公钥加密系统的终结，它只是破解了单个公钥的因数。我们大多数人没有一千台计算机或 8 个月的时间来尝试窥探一次信用卡交易。即使是非常重要的秘密 (例如，导弹发射代码或某些电视剧的结局)，而且代码破解者拥有美国政府能拥有的资源，RSA 方案仍然是牢不可破的，因为只需简单地增大密钥长度即可使破解变得更难。

因数分解的难度随密钥长度的增大而急剧增加。据估计，将密钥增大到 250 位 (即长度翻倍) 将使破解时间增加 1 亿倍。如 1 亿倍的强度还不够，则密钥可以增大到 300 或 400 位或更多。较大的密钥对于加密和解密过程也有一点影响，但相较于对因数分解时间的影响，这个影响几乎可以忽略不计。

RSA129 被破解时 (当时是有史以来最大规模的一次计算)，每个人都迫切地想知道秘密消息是什么，结果是“THE MAGIC WORDS ARE SQUEAMISH OSSIFRAGE”(神奇咒语就是神经质的秃鹰)。

12.10.9 回到咖啡店

我们的讨论始于你打算在咖啡店使用 WiFi。WiFi 用的是无线信号，咖啡店中的每台计算机都能收听信号。

Q1: 咖啡店的无线网络使用了加密吗？

许多“免费 Wi-Fi”热点都没有。移动设备在发现可用的无线连接时，会告诉你采用的无线安全协议。如果什么都不说 (首次使用时不询问密码)，表明没有无线安全，你的所有信号都以明文形式发送给所有人。如果只是用浏览器看新闻，而且设备上没有正在运行的其他应用，那么没人在意你在干什么。但是，如果打算使用其他任何敏感的应用程序，这就可能是个麻烦。这带给我们第二个问题：

Q2: 何时需要加密无线信号？

大多数专家都会告诉您：“任何时候！”这是一个很好的建议，但咖啡店可能未使用加密，而你真的想看一下电子邮件。这时必须用密码登录。别人能看到你的密码吗？幸好，即使无线连接没有加密，你的应用也可能是加密的。例如，访问以 https 开头的网址时 (第 6 章说过，s 代表安全)，采用的技术是安全套接字层 (SSL)，通常在浏览器地址栏中用一把锁的图标表示。因此，如果你的免费电子邮件账户使用了这种安全通信。即使没有任何更好的加密，也足以在咖啡店阅读电子邮件。最后，我们的第三个问题：

Q3: 既然咖啡店不需要安全的无线通信，我家里的无线路由器是否也不需要？

绝对需要！首先，要用自己的系统进行网上银行等要求更安全等级的交易。其次，你可能有许多邻居。如系统不设防，这些人能轻易“蹭网”。他们很高兴有人出自己的网费。第三，即便邻居不打算“蹭网”，他们也能安装一些软件来监视你做的一切，例如键入密码。(记住，许多应用在询问密码时都不使用 SSL。) 所以，绝对有必要在路由器上安装一道安全屏障。

安全无线技术近年来一直在受到攻击，许多系统 (WEP 和 WEP2) 被完全破解。如今推荐使用的是 WPA2(Wi-Fi Protected Access 2)。设置路由器时，创建 WPA2 密码能为系统提供足够的防护。

新版本 Firefox 默认安装并启用了 HTTPS Everywhere；看地址栏即可确认。(Chrome 也是如此。) 这是一个很好的功能，因为它会尽可能自动设置安全连接 (即使你在输入网址时忘了写 https)。详情参见 https://www.eff.org/https-everywhere。

12.11 冗余非常、非常重要

俗话说：“人生不定，先吃甜品。”不确定对平常使用网络和计算机提出了物理安全挑战。会造成断电的雷电、地震和其他自然灾害、恐怖袭击、事故和简单的熵 (事物趋于消失)，这些都是不确定因素。在物理风险列表中，还要加上程序 bug 可能引发的逻辑问题、操作人员失误 (我怎么会干那样的蠢事？！)、计算机病毒、蠕虫、后门攻击等。每个人都希望避免此类灾难。人生是不确定的，因此有必要采取预防措施。

另一种迷信

迷信的大有人在。例如，有人认为一天到晚想着灾难，灾难就一定会发生。所以，有必要抑制这样的想法。但是，如果改为另一种迷信，即积极预防以防范灾难 (例如经常存盘)，在计算中可能更有意义。两者都是迷信，但第二种至少能在灾难真的发生时降低损害。

12.11.1 保护数据

近年来，随着云和大容量外部存储的技术进步，个人计算的状况变得好了很多。

云

大规模的在线数据存储站点称为云。拥有大型数据中心的大公司(例如Amazon，Google和Microsoft)(参见图5.3)提供了可靠的数据存储服务。这就是“将信息存储到云中”的含义。对于智能手机和计算机，这是一个不错的备份选择，因为它们随时都和互联网连接。许多手机和计算机都有备份到云的能力，通常是供应商的云。这有效解决了数据可靠性问题。

“云”方案的工作方式类似于Yahoo!和Gmail这样的免费电子邮件账户：公司的计算机为你存储信息，并随时保持可用状态(虽然服务可能不免费)。如图5.3所示，“云”使用了非常聪明的数据冗余编码，并为处理器和磁盘的故障设置了应对措施。数据中心配备了完善的技术人员团队，可保证你存储的信息随时可用。数据中心通常位于不容易发生自然灾害的偏远地区，且有严格的安防措施，其可靠性几乎无可挑剔。

隐私权倡导者对云提出了质疑，因为一些云服务公司也恰好是著名的数据挖掘者。但是，云服务公司已做出保证。如果你不放心，请在存储敏感数据之前对其进行加密。

数 TB 的硬盘

数字存储的成本近年来直线下降，每个人都能拥有数TB的存储空间。更好的是，它们能提供Wi-Fi连接，所以一旦将其连接到路由器，甚至无需插接任何东西即可进行备份。就像一个私有云，只是没有技术支持！

如果经常在一个位置(家中或公司)使用手机和计算机，可以考虑备份到无线外部硬盘驱动器，和商业云一样方便。

对于拥有成千上万张照片或许多电影的人来说，好几个TB磁盘的另一个价值在于为存放所有这些文件提供了方便的位置。另外，借助无线技术，它们可以方便地获取。

12.11.2 备份和恢复

考虑到好几个GB的旅行照片以及存储在计算机上的大量论文草稿，似乎备份需要很长时间。但事实并非如此。之所以通常能很快完成备份，是因为仅需备份自上次备份以来发生更改的文件和文件夹。未更改的文件无需重新备份。

两步恢复程序

过程如下：第一次进行完整备份，之后只需执行部分备份，只备份发生了更改的文件和文件夹。

之后，如发生了一次Rootkit入侵，必须将计算机恢复到干净状态，就可利用备份将磁盘还原到最新一次备份的状态。从目录(文件夹)层次结构的根目录开始(参见第3章)，复制文件，验证每个文件都是最新的。完成后，外部存储设备会恢复为上一次备份的状态。

12.4 备份方案

假定对一台具有以下文件结构的计算机进行了首次备份：

◎ 文件夹 : Desktop

◎ newCarPhoto.jpg

◎ 文件夹 : Stuff

◎ oldCarPhoto.jpg

◎ ChrisLetter.doc

然后，编辑 ChrisLetter.doc 文档，删除 oldCarPhoto.jpg 图片，并在该文件夹中添加新文件 insurance.pdf。说明备份软件在执行部分备份时应复制哪些信息。

在路上

当然，在特殊情况下 (比如在旅行途中)，可通过简单地将文件夹和文件复制到闪存 (U 盘) 或 DVD 来手动备份。请记住，不必备份以下内容：

- 可从某些永久性来源重新创建的信息 (例如软件)。
- 已保存但未更改的信息 (例如去年的电子邮件存档)。
- 不再需要的信息 (例如缓存或旧版的学期论文)。

当然，如果将数码照片从相机上传到计算机 (以便查看)，同时也将其保留在相机的内存中，那么实际已拥有了这些照片的备份。

恢复被删除的信息

为了维持备份的一致性，很重要的一点是“删除并没有真正删除”。备份通常会保留很长时间，一般比当初创建信息的计算机的寿命还要长。这样以后恢复起来很方便。重要文件如果不小心被删除，能很快地恢复。所以，删除已备份的文件并不意味着它真的消失。例如在 Try It 12.4 中，oldCarPhoto.jpg 仍然在完整备份中，删了也能恢复。

当然，备份也可以保存犯罪或其他不当行为的证据。计算机用户匆忙尝试删除作为证据的文件，以期掩盖其不当行为，后来才知道可从备份中恢复 oldCarPhoto.jpg 之类的文件。和纸质文件不同，文件的数字副本易于创建且存储成本低廉，因此很难消除所有数字信息副本。

如果试图隐藏不当行为，则电子邮件特别危险；但是，如果以后想找到当初发送的邮件，这个功能也特别方便：单击“发送”按钮会立即生成两个电子邮件副本，一个在发件人的已发送邮件文件夹中，一份则发送到收件人那里。发件人几乎不可能删除第二个副本。

此外，如电子邮件存在多个小时，则可能对其进行备份。当然，你自己的备份具有一样的“持久”属性。信息时代也许能促进良好行为。

离开我，记得我

在个人电脑上清空垃圾桶是“删除并没有真正删除”的另一个例子。计算机维护着可用磁盘空间块的一个列表。向磁盘写入数据时，就从中取出块。“清空垃圾桶”只是将块归还给列表，允许它们重用，但不实际改变其内容。除非这些块的内容被覆盖，计算机专家就能恢复信息。要彻底删除文件，在 Mac 上要选择安全清空垃圾桶，在 PC 上则要使用某个第三方的安全擦除软件，例如 Eraser。

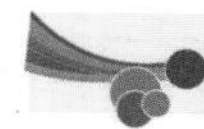

12.12 小结

在讨论了隐私场景之后，我们将隐私定义为个人自由选择在什么场合以及在什么程度上向他人展示自己、态度和行为的权利。学习了以下内容。

- 透露个人资料可能带来好处。所以接收信息的个人和机构必须保证这些信息不被泄露。有几个机构 (包括经合组织或 OECD) 为隐私保障建立了一些原则。
- 这些原则往往与企业和政府的利益相冲突，所以像美国这样的国家尚未采纳它们。由于美国采用的是行业 / 部门 (sector) 方法，每个行业或部门都有自己的一套隐私保护方法，所以对美国公民的信息收集大多不受不受 OECD 标准保护。
- 应设置“请勿跟踪”标志并安装 DoNotTrackMe 程序来防止第三方跟踪和建模你的上网行为。
- 在信息时代管理隐私的最佳方式就是出台 OECD 级别的隐私法。
- 加密两大要素：私钥和公钥。
- 公钥加密 (PKC) 是以众所周知的概念为基础的绝妙主意。
- 计算机科学家无法证明 RSA 方案是无敌的 (或许量子计算机分分钟就能破解)，但目前只需要增大密钥长度，即可使其更安全。这对加密和解密过程影响不大，但会使质因数分解难度剧增。
- 病毒和蠕虫会造成损害。我们可以通过安装并运行防病毒软件来减少感染的机会，还必须防范恶作剧和网络钓鱼诈骗。
- 可采取一系列对策来确保个人计算机的隐密和安全。
- 备份计算机文件是一项基本预防措施，目的是保证文件长时间存在 (即使这不是你的本意)。
- 隐私和安全在公共领域尚未得到完全解决，两者均面临艰巨的挑战。相关法律和政策仍然在完善中。只有在企业和政府的信息收集更广泛地接纳 OECD 标准之后，才能更有效地保护隐私。至于安全问题，需要各方以自己能完全控制的机制进行通信。但在涉及公共利益的某些特殊场合，又需要进行折衷。

12.13 TRY IT 答案

12.1 质量和个人参与

12.2 第一次解密 USM OZ CUXQY!，结果是 RPJ LW ZRUNV!。再解密一次，结果是 OMG IT WORKS!。

12.3 101257 / 13 = 77 89
042640 / 13 = 32 80
099645 / 13 = 76 65
087997 / 13 = 67 69
在 www.branah.com/ascii-converter 输入，得 MEET @ 9。

12.4 ChrisLetter.doc 和 insurance.pdf 这两个文档，以及 Stuff 和 Desktop 这两个目录列表会被备份 (因其包含了被备份的文件)。

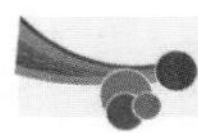

习题

选择题

1. 私有浏览不在 ________ 上存储数据。
   a. 计算机自身　　b. 服务器
   c. 计算机自身和服务器　　d. 任何设备

2. 判断对错：Mac 电脑无需病毒防护软件，因为操作系统已自带。________
   a. 对　　b. 错
   c. 取决于 Mac 型号　　d. 任何电脑都无需病毒防护软件

3. 以下哪个是身份盗用的例子？ ________
   a. 代考　　b. 用你哥哥的身份证
   c. 扮作别人　　d. 以上都对

4. 计算机面临的最大风险是 ________。
   a. 连接到互联网　　b. 安装软件
   c. 手机不用时未锁屏　　d. 使用网上银行

5. 如发现自己的信用资料不准确，这违反了 ________ 原则。
   a. 限制收集　　b. 质量
   c. 安全性　　d. 公开

6. 通过“合理信息实践”的 ________ 原则来纠正自己的信用记录。
   a. 质量　　b. 用途
   c. 个人参与　　d. 问责

7. 欧盟公民的个人资料 ________。
   a. 安全性不如美国公民
   b. 在欧盟外部也受保护
   c. 不受 OECD 原则的保护
   d. 欧盟内部受保护，外部不受
8. 计算机安全最大的问题是 ________。
   a. 我们自己
   b. 政府
   c. 商业活动
   d. 我们的朋友
9. 欧盟公民的个人资料可在欧盟外部分享，前提是企业或政府遵循 OECD 的 ________ 原则。
   a. 不问，不说
   b. 安全港
   c. 合理信息实践
   d. opt-in/opt-out
10. 什么时候能在弹出窗口中输入敏感信息？ ________
   a. 在经常使用的网站上
   b. 使用网上银行的网站时
   c. 仅在绝对必要时
   d. 绝不
11. 数字加密 ________。
   a. 仅用于密码
   b. 容易被计算机专家破解
   c. 是指利用数学使窥探者无法理解通信内容
   d. 以上都对
12. 社交网络 ________。
   a. 不保密
   b. 可被潜在的雇主查阅
   c. 允许向别人展现自己并与之交互
   d. 以上都对

填空题

1. _______ 是个人自由选择在什么场合以及在什么程度上向他人展示自己、态度和行为的权利。
2. 从信息技术的角度，隐私主要与 _______ 和 _______ 有关。
3. _______(付现 / 刷卡) 是支付的匿名形式。
4. _______ 的原则在进行国际贸易时保护个人隐私。
5. 通过 _______ 来检验企业在保护个人隐私方面是否尽责。
6. _______ 负责维护个人信息并确保其可被审计。
7. 合理信息实践原则与 _______ 和 _______ 的信息收集目标发生了冲突。
8. _______ 法案使美国人无法防止来自政府的窥探。
9. _______(单向加密 / 双向加密) 是加密和解密的组合。
10. 加密前的信息称为 _______。
11. 公钥加密系统中最出名的是 _______。

12. 在浏览器中设置 _______ 可在一定程度上防范网站跟踪你。

13. _______ 是监视并记录计算机使用情况的一种软件。

14. _______ 包含在程序运行时复制自身的代码。

15. 密钥长度增大，因数分解难度 _______(增大 / 减小)。

简答题

1. 详细解释 EU 的规定：“有关欧盟公民的数据即使在国外使用，也要受法律标准的保护”，并列出隐私法最多的前几个国家。
2. 美国有些彩票在购买时要求登记并提供自己的住址，使彩票公司能在国家电视节目中寄送支票。这种活动存在什么潜在的隐私问题？
3. 信用卡公司跟踪你的交易。这些数据可能被如何滥用？
4. 用行业 / 部门 (sector) 方法来进行隐私保护存在什么缺陷？
5. 根据现有法律，谁更有影响力：企业还是个人？
6. 解释如何使用存储在 cookie 中的一串简单的数字存储个人信息。
7. 没有强制执行的合规性有效吗？
8. 讨论欧盟和美国在保护隐私方面采取的不同措施。

CHAPTER 13

电子表格基础

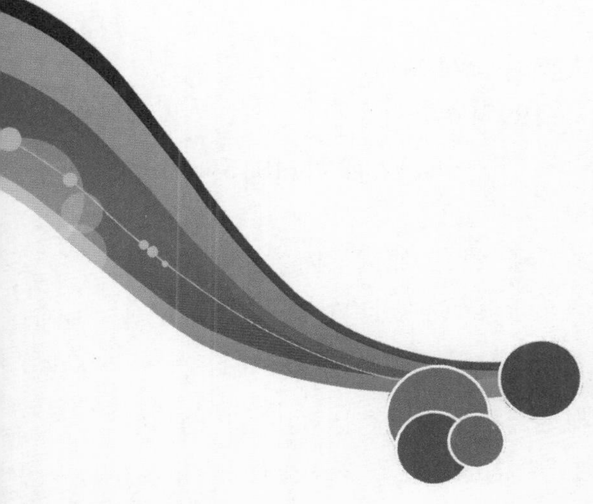

学习目标

- 理解电子表格如何组织数据
- 理解如何引用行、列和特定范围的单元格
- 理解相对和绝对引用
- 写公式时运用相对和绝对引用的概念
- 理解用制表符分隔的输入和输出

CHAPTER 13

计算的目的是洞见，而不是数字。(1961)
计算数字的目的尚未明朗。(1997)[①]

——R. W. 哈明 (1915—1997)

本章介绍电子表格。我们关心电子表格的原因很简单：它最容易完成我们个人感兴趣的计算。至于其他常规计算任务，通常都有相对应的应用程序。

本章将介绍电子表格的基本概念。由于能提高计算机用户的效率(尤其是在企业中)，因此电子表格应用逐渐变得全面和复杂。本章讲解了一些基本知识，日常使用足以。如需更强大的功能，这些知识也能为你学习更高级的技术(比如第 14 章介绍的高级电子表格技术)打好基础。

首先介绍电子表格的使用基础，包括创建列表、对其进行排序、命名单元格以及控制输入格式。接着在电子表格中添加数值信息，并学习如何处理数值，期间会学到公式、相对/绝对引用和函数的概念。

从表格中已有的数字中计算出新的数字是电子表格最擅长的。幸好，电子表格是一种非常容易学习和使用的工具。在学习了这些基本概念之后，将运用它们解决“日常”问题，即一些纯属个人兴趣的任务。将建立一个时区“速查表”，以避免在深夜打电话给我们的朋友。将构建一张表来计算怎么购买比萨最省钱。将开发数据来帮助确定购买汽车或音响系统等“大件”时需要借多少钱。所有这些任务不用计算机也不算很难，但由于无论如何我们都在使用计算机，所以干脆利用工具来快速解决问题。最后，我们使用“奥斯卡最佳影片”列表来练习处理电子表格中的数据。

---

① 洞见：insight；明朗：in sight。——译注

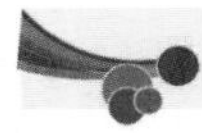

13.1 排列信息

通常用列表 (清单) 来组织文本信息，例如购物列表、邀请列表、“待办事项”列表、班级列表等。下面是一个示例候鸟列表：

Short-tailed shearwater(短尾鹱)
Swainson’s hawk(斯温氏鵟)
Wheatear(麦穗鸟)
Arctic tern(北极燕鸥)
Willow warbler(欧柳莺)
Long-tailed skua(长尾贼鸥)

列表包含 6 个鸟名。虽然可能不熟悉鸟类，但或许能猜到这些都是鸟的名称，因为你知道 hawk(鹰 , 鵟) 和 warbler(莺) 都是鸟，而且各条目都单独用一行显示。文本名称多种多样，有一个单词，两个单词，带连字符的名称，甚至还有所有格 (Swainson’s hawk)。由于计算机并没有聪明到知道你所知道的，所以需告知计算机每个条目的范围。也就是说，每个条目中有多少文本。单独的行能提供一些线索，但如果条目很长以至于换行，该线索就无效了。

都差不多

电子表格软件可从许多来源获得。本章的内容普适于 Microsoft Excel，OpenOffice 和 Google Docs。不同软件的用户界面 (UI) 有所区别，包括菜单、功能区 (ribbons)、图标等，而且各自有不同的默认值。为适应最大数量的学生，本章内容以“Excel 经典形式”呈现，即通过菜单来操作，而且与大量现有系统兼容。如使用 Excel 2003 之后的版本，可在各个功能区轻松找到对应的操作 (在“开始”中找到基本操作，在“公式”中找到公式……等)。对于一些位置不明显的操作，会在方括号中指明在哪个功能区中寻找，例如 [视图]。

13.1.1 单元格阵列

电子表格提供单元格阵列来帮助我们创建列表。

	A	B	C	D
1				
2		Short-tailed shearwater		
3		Swainson's hawk		
4		Wheatear		
5		Arctic tern		
6		Willow warbler		
7		Long-tailed skua		
8				

线条是 UI 的一部分，目的是帮助我们和计算机判断一个数据项是什么，以及各项的相对位置。

注意，6 个数据项有 4 个的长度超出事先提供的宽度。但是，虽然会占用更多空间来显示，但这些项并不会真的跨越单元格。每个数据项都严格对应输入时的单元格。稍后在它们右边输入测试数据时就会明白。

	A	B	C	D
1				
2		Short-tailed she	Test data	
3		Swainson's haw	to see what	
4		Wheatear	happens	
5		Arctic tern	when long	
6		Willow warbler	entries can't	
7		Long-tailed sku	spill	
8				

一旦在右边的单元中输入测试数据，左边单元格中较长的数据就被遮挡住了。也就是说，只有在右边的单元未使用时，数据项的内容才会完整显示。这时，要么让内容被遮挡，要么像表 13.1 描述的那样将单元格加宽。我们选择后者。

自动记账

电子表格由丹·布里克林 (Dan Bricklin) 和鲍勃·弗兰克斯顿 (Bob Frankston) 于 1978 年发明。他们开发了在 Apple II 上运行的 VisiCalc。屏幕截图是 VisiCalc 在 1979 年发布时的界面。

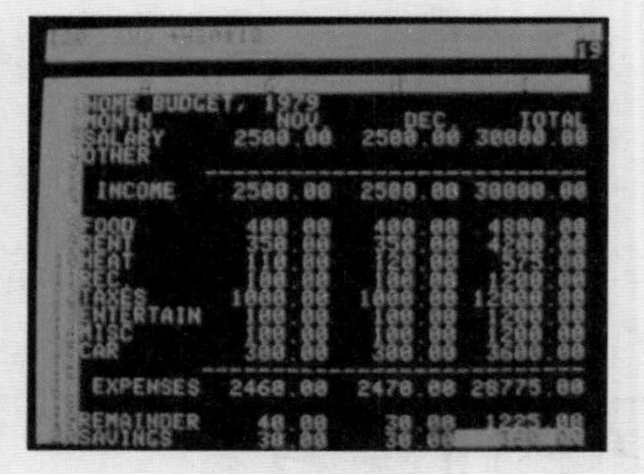

13.1.2　数据排序

任何列表，尤其是长列表，一个常见的操作是按字母排序。在电子表格软件中，排序是一个非常简单的操作。必须指定要对哪些项排序，这时自然要先选中列表。通过在单元格上拖动鼠标来选定要排序的范围，选中的项加亮显示。

	A	B	C	D
1				
2		Short-tailed shearwater		
3		Swainson's hawk		
4		Wheatear		
5		Arctic tern		
6		Willow warbler		
7		Long-tailed skua		
8				

表 13.1　电子表格软件的常见操作 (Excel 2003 之后的版本在方括号显示的功能区中查找对应功能)

操作	使用 Excel……	使用 OpenOffice……
手动更改列宽	鼠标放在列名称右侧并拖动	鼠标放在列名称右侧并拖动
自动更改列宽	格式 > 列 > 最适合的列宽 [开始]	格式 > 列 > 最佳宽度……
剪切，复制，粘贴	标准：^X,，^C，^V	标准：^X，^C，^V
高级格式化	格式 > 单元格……[开始]	格式 > 单元格……
清除单元格	编辑 > 清除 > 全部 [开始]	编辑 > 删除内容……
删除列，行	编辑 > 删除……[开始]	编辑 > 删除单元格……
隐藏列	格式 > 列 > 隐藏 [视图]	格式 > 列 > 隐藏

框中所有项都被选中，包括底色为白色的项。白底的项之所以用了一种不同的颜色，是因为它是被选中的第一项。也就是说，它是拖动开始的地方。选好之后，可从菜单中查找“排序”命令。可按升序或降序排列。我们按升序排列候鸟列表，结果如下所示。

	A	B	C	D
1				
2		Arctic tern		
3		Long-tailed skua		
4		Short-tailed shearwater		
5		Swainson's hawk		
6		Wheatear		
7		Willow warbler		
8				

注意，是从条目的首字母开始排序(首字母相同，就看第二个字母，以此类推)，不是按鸟的类别(比如 hawk)。也就是说，在电子表格软件看来，单元格中的条目具有“原子性”，或者说是“单体”，不关心其组成部分。

如列表中同时包含 Swainson 的鹰和 Swainson 的莺，则它们将按排序顺序一起出现。但是，如果我们希望将这些鸟分别与鹰和莺组合在一起，则有必要对名称的第二部分进行排序。这将需要将鸟类的类型(例如“鹰”或“莺”)放在单独的单元格中 - 在其自己的列中

如列表同时包含 Swainson’s hawk 和 Swainson’s warble 这两个条目 (hawk 和 warble 是两种不同的鸟类)，它们会按字母顺序排在一起。如希望分别按 hawk 和 warble 类型排序，就必须按第二个单词来排序，这要求单独用一列来记录鸟的类别(例如 hawk 或 warbler)。

13.1.3 在列表中添加更多数据

现在的列表还不完整。只是列出了俗名 (common names)。还想用另外两列添加学名，一个是“属”(genus)，一个是“种”(species)。

	A	B	C	D	E
1					
2		Arctic tern	Sterna	paradiasaea	
3		Long-tailed skua	Stercorarius	longicaudus	
4		Short-tailed shearwater	Puffinus	tenuirostris	
5		Swainson's hawk	Buteo	swainsoni	
6		Wheatear	Oenanthe	oenanthe	
7		Willow warbler	Phylioscopus	trochilus	
8					

如你所知，学名通常以斜体字书写。电子表格提供了和字处理软件一样的单元格条目格式化功能，比如倾斜、加粗、字体、字号、对齐、彩色文本和背景等。自然，格式化功能位于“格式”菜单[开始]下。我们用斜体显示学名，然后右对齐属名，使其看起来和种名配对。

	A	B	C	D	E
1					
2		Arctic tern	*Sterna*	*paradiasaea*	
3		Long-tailed skua	*Stercorarius*	*longicaudus*	
4		Short-tailed shearwater	*Puffinus*	*tenuirostris*	
5		Swainson's hawk	*Buteo*	*swainsoni*	
6		Wheatear	*Oenanthe*	*oenanthe*	
7		Willow warbler	*Phylioscopus*	*trochilus*	
8					

命名行和列

现在，假设要按字母顺序对第二列 (属) 进行排序。首先将整个工作表选定。选定三列后，如何指定第二列而不是第一列作为排序依据？

电子表格软件提供了自动命名方案来引用具体的单元格。列用字母标记，行用数字标记。这样就可引用整列，例如列 C；或引用整行，例如行 4；或用行列编号引用某个具体的单元格，例如单元格 B2。所以，在请求对条目排序时，程序会显示一个排序 UI。

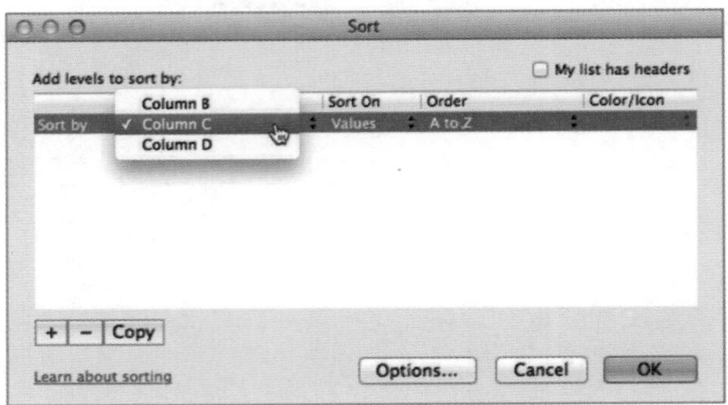

这时选择根据列 C(其中包含“属”条目) 来排序选中的行，结果如下所示。

	A	B	C	D
1				
2		Swainson's hawk	*Buteo*	*swainsoni*
3		Wheatear	*Oenanthe*	*oenanthe*
4		Willow warbler	*Phylioscopus*	*trochilus*
5		Short-tailed shearwater	*Puffinus*	*tenuirostris*
6		Long-tailed skua	*Stercorarius*	*longicaudus*
7		Arctic tern	*Sterna*	*paradiasaea*

请注意，命名方案允许通过命名第一个和最后一个单元格并在它们之间插入冒号 (:) 来引用一组单元格，例如上图加亮显示的单元格 B2:D7。这称为“单元格范围”。

13.1 新范围

俗名包含“-tailed”的鸟，其学名的单元格范围是什么？

标题

虽然软件自动提供用于引用单元格的名称，但用有意义的名称来命名行列显然更方便。例如，可以用信息类型来标记列 (Common Name= 俗名；Genus= 属；Species= 种)。

	A	B	C	D	E
1		**Common Name**	**Genus**	**Species**	
2		Swainson's hawk	*Buteo*	*swainsoni*	
3		Wheatear	*Oenanthe*	*oenanthe*	
4		Willow warbler	*Phylioscopus*	*trochilus*	
5		Short-tailed shearwater	*Puffinus*	*tenuirostris*	
6		Long-tailed skua	*Stercorarius*	*longicaudus*	
7		Arctic tern	*Sterna*	*paradiasaea*	
8					

总之，电子表格由单元格组成。在用户眼中，这些单元格就是一个网格中的矩形块。信息输入到单元格之后，无论有多长，或者是否包含空格或其他标点符号，都被视为一个基本的数据单元。

创建好数据项列表后，可先选定并进行排序。要对多列内容排序，可在选定这些列后，在 UI 询问时指定要作为排序依据的列。电子表格为所有数据项都自动一个标签来指定其行 / 列位置。但是，我们也可以自行添加来方便记忆。表 13.1 总结其他有用的操作。

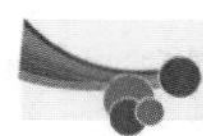

13.2 用电子表格计算

虽然电子表格在处理其他类型的数据时也很好用，但最常见的应用还是对数值数据的处理。数值数据通常与文本信息关联，所以大多数电子表格都同时包含这两种内容。例如，假设像图 13.1 那样进一步完善候鸟迁移电子表格。

	B	C	D	E	F	G
1	**Common Name**	**Genus**	**Species**	**Migration**	**Distance(Km)**	**Body Length(m)**
2	Swainson's hawk	*Buteo*	*swainsoni*	USA-Argentina	13500	0.52
3	Wheatear	*Oenanthe*	*oenanthe*	Alaska-E. Africa	13500	0.16
4	Willow warbler	*Phylloscopus*	*trochilus*	Chukotka-S. Africa	15500	0.11
5	Short-tailed shearwater	*Puffinus*	*tenuirostris*	Tasmania-Bering Strait	12500	0.43
6	Long-tailed skua	*Stercorarius*	*longicaudus*	N. Greenland-Southern Ocean	16000	0.51
7	Arctic tern	*Sterna*	*paradiasaea*	Greenland-Antarctic	19000	0.35
8						

图 13.1 候鸟迁移电子表格

Migration 列是半年一次的迁移路线，Distance 列是大致飞行距离 (公里)，而 Length 列是鸟的身长 (米)。在后续的讨论中，Genus，Species 和 Migration 列将被隐藏：“格式” | “列” | “隐藏” [视图]。

13.2.1 写公式

假设想知道斯温氏鵟的飞行距离是多少英里而不是公里，由于一公里等于 0.621 英里，所以必须将 F2 单元格中的值乘以 0.621。可拿一个计算器来执行该计算，但我们可能想知道所有迁移路线的英里数。这时可考虑为英里距离创建一个新列，将其命名为 Distance(Mi)，并指示电子表格如何计算。

	A	B	F	G	H	I
1		**Common Name**	**Distance(Km)**	**Length(m)**	**Distance(Mi)**	
2		Swainson's hawk	13500	0.52		
3		Wheatear	13500	0.16		
4		Willow warbler	15500	0.11		
5		Short-tailed shearwater	12500	0.43		
6		Long-tailed skua	16000	0.51		
7		Arctic tern	19000	0.35		
8						

应如何填写 H2 的内容？它应该等于 F2 × 0.621，所以像下面这样填写：

```
=F2*0.621
```

该公式会同时出现在 H2 单元格和顶部的“编辑公式”栏中。

SUM fx =F2*0.621

	B	F	G	H	I
1	Common Name	Distance(Km)	Length(m)	Distance(Mi)	
2	Swainson's hawk	13500	0.52	=F2*0.621	
3	Wheatear	13500	0.16		
4	Willow warbler	15500	0.11		
5	Short-tailed shearwater	12500	0.43		
6	Long-tailed skua	16000	0.51		
7	Arctic tern	19000	0.35		
8					

注意，使用的乘法符号是星号 (*) 而非普通的乘号。这时按下回车键，H2 会显示计算结果，即 8383.5 英里。

	B	F	G	H	I
1	Common Name	Distance(Km)	Length(m)	Distance(Mi)	
2	Swainson's hawk	13500	0.52	8383.5	
3	Wheatear	13500	0.16		
4	Willow warbler	15500	0.11		
5	Short-tailed shearwater	12500	0.43		
6	Long-tailed skua	16000	0.51		
7	Arctic tern	19000	0.35		
8					

我们刚刚通过输入公式来告诉电子表格软件应如何计算单元格 H2 的值。以等号 (=) 开头的公式根据其他条目的值来定义本条目的值。我们使用了数字 (0.621)、单元格引用 (F2) 和标准算术运算 (*)。如更改了斯温氏鵟的迁移距离估计值，即 F2 中的值发生变化，则电子表格软件将自动更改 H2 中的值以反映修订。

等号是关键

在单元格中输入时，电子表格软件需知道输入的是要求它直接存储的数据，还是用于计算结果的公式。等号 (=) 就是依据。以 = 开头的是公式，否则是数据。

回到公式的问题。我们在单元格 H2 中输入了公式 = F2*0.621。此时单元格包含的是公式而不是结果值 8383.5。为证明这一点，可以点击 H2 并观察上方的“编辑公式”栏。

H2 fx =F2*0.621

	F	G	H	I
1	Distance(Km)	Length(m)	Distance(Mi)	
2	13500	0.52	8383.5	
3	13500	0.16		
4	15500	0.11		

然后，临时将 F2 的值从 13500 改成 14000，注意，H2 会自动增大至 8694。

通过输入公式，我们像平时代数中那样定义了一个等式：

H2 = F2 × 0.621

该等式表明等号两端引用相同的值。所以，在 H2 中输入公式，表明我们希望将该单元格的值固定为 F2 * 0.621。由于 F2 之前包含数据 13500，所以 H2 显示成 8383.5。一旦改变 F2 的值，由于等式的存在，H2 的值也必然改变。总之，一旦在单元中输入公式 (等号右侧的部分)，计算机就会执行算术运算并显示结果 (等号左边的部分)。

13.2 一个大小

1 米等于 100 厘米。写公式将斯温氏鵟 (Swainson’s hawk) 的身长修改成厘米。

13.2.2 重复公式

可用相同的方式为同一列中的 H3 和其他单元格指定类似的计算。

复制 / 粘贴

但是，稍微想一下，就能猜到可用“复制 / 粘贴”功能将公式复制到其他单元格。所以，我们首先选定单元格 H2 并按 ^C 复制。在 Excel 中，被复制的单元格会显示虚线框，其他电子表格软件可能显示实线框。然后，我们通过拖动鼠标来选定列中其余单元格，然后按 ^V 来粘贴。这样即可向所有单元格应用一样的公式并显示相应的距离值。几个简单的操作即可完成大量计算。

H3 fx =F3*0.621

	B	F	G	H	I
1	Common Name	Distance(Km)	Length(m)	Distance(Mi)	
2	Swainson's hawk	13500	0.52	8383.5	
3	Wheatear	13500	0.16	8383.5	
4	Willow warbler	15500	0.11	9625.5	
5	Short-tailed shearwater	12500	0.43	7762.5	
6	Long-tailed skua	16000	0.51	9936	
7	Arctic tern	19000	0.35	11799	
8					
9					

注意，在上方的“编辑公式”栏中显示的是 F3*0.621。这是向单元格 H3 应用的计算，即加亮显示的所有单元格中的第一个 (白底)。此时，我们注意到一件神奇的事情：虽然粘贴的公式是 F2*0.621，但粘贴到 H3 时自动转换为 F3*0.621，粘贴到 H4 时自动转换为 F4*0.621，以此类推。这正好是我们希望的结果，即列 H 的值应基于列 F 中对应的值。软件自动完成了这个转换。(详情在稍后的“转换公式”一节解释。)

填充

可以更容易地完成这些计算！让我们回到刚刚输入了斯温氏鵟公式的时刻重新开始。

	F	G	H	I
1	Distance(Km)	Length(m)	Distance(Mi)	
2	13500	0.52	8383.5	
3	13500	0.16		
4	15500	0.11		

注意，高亮显示 (代表已选定) 的单元格 H2 有一个矩形方框，方框右下角有一个很小的方块或手柄，称为填充手柄 (fill handle)。可用鼠标抓住该手柄，并向列的下方“拉”它，从而将 H2 的运算应用于这些单元格。

该过程称为填充，它能自动实现之前的复制和粘贴操作，避免我们手动选定列中的每个单元格并执行复制 / 粘贴。只要一个加亮显示的单元提供了填充手柄，就能通过填充来复制内容。

	B	F	G	H	I
1	Common Name	Distance(Km)	Length(m)	Distance(Mi)	
2	Swainson's hawk	13500	0.52	8383.5	
3	Wheatear	13500	0.16	8383.5	
4	Willow warbler	15500	0.11	9625.5	
5	Short-tailed shearwater	12500	0.43	7762.5	
6	Long-tailed skua	16000	0.51	9936	
7	Arctic tern	19000	0.35	11799	
8					
9					

13.3 换成英寸

假设还想知道以英寸为单位的候鸟身长。1 米等于 39.37 英寸，应执行哪些步骤在电子表格的列 I 添加这种信息？

13.2.3 转换公式：相对和绝对

F2 的公式会在粘贴 (或填充) 到其他单元格时会自动转换，因为在该公式的时候用的是相对单元格引用。电子表格支持两种单元格引用 (相对和绝对)，我们必须谨慎选择。F2 单元格的绝对引用是 $F$2；它告诉软件在填充或粘贴时不要更改引用。

相对是指“相对于一个单元格的位置”。将公式 = F2*0.621 粘贴到 H2 时，软件注意到 F2 是 H2 的左数第二个单元格。换言之，该公式引用同一行的左数第二个单元格。软件会记录该相对关系。以后将同一个公式粘贴或填充到 H3 时，会自动转换公式，使其仍然引用同一行的左数第二个单元格。转换好的公式是 = F3*0.621，以此类推。

	B	F	G	H	I
1	Common Name	Distance(Km)	Length(m)	Distance(Mi)	
2	Swainson's hawk	13500	0.52	=F2*0.621	
3	Wheatear	13500	0.16		
4	Willow warbler	15500	0.11		
5	Short-tailed shearwater	12500	0.43		
6	Long-tailed skua	16000	0.51		
7	Arctic tern	19000	0.35		
8					

	B	F	G	H	I
1	Common Name	Distance(Km)	Length(m)	Distance(Mi)	
2	Swainson's hawk	13500	0.52	=F2*0.621	
3	Wheatear	13500	0.16	=F3*0.621	
4	Willow warbler	15500	0.11	=F4*0.621	
5	Short-tailed shearwater	12500	0.43	=F5*0.621	
6	Long-tailed skua	16000	0.51	=F6*0.621	
7	Arctic tern	19000	0.35	=F7*0.621	
8					

绝对引用总是引用固定位置，软件不会自动调整。由于存在两个维度 (列和行)，公式实际在两个方向上都可以相对。所以总共存在下面 4 种情况：

F2—列和行都相对

$F2—列绝对，行相对

F$2—列相对，行绝对

$F$2—列和行都绝对

例如，假定单元格 A1 包含值 1。当公式 = A$1 + 1 从单元格 A2 开始向下填充到列 A 的其他行时，该公式不会自动转换，结果都是 2。这是由于单元格的行引用 ($1) 是绝对的，而列引用虽然是相对的，但在向下填充的过程中不会变化。所有单元格都引用同一个单元格 A1。但是，当该公式从行 1 的单元格 B1 向右填充到新列时，相对的列引用 (A) 就会自动转换，公式自动变成 = B$1 + 1，= C$1 + 1，= D$1 + 1，依此类推。结果是 2，3，4……等。

	A	B	C	D	E	F	G
1	1	2	3	4	5	6	
2	2						
3	2						
4	2						
5	2						
6	2						
7	2						
8							

电子表格软件会保留你指定的在任何维度 (列或行) 上的相对位置，并保持绝对引用不变。

用好撇号

Microsoft Excel 允许按 Ctrl+` 来显示所有单元格的实际内容 (包括公式)，方便你验证特定单元格实际包含的是公式还是计算结果值。

13.2.4 单元格格式

候鸟每年飞行两次，每次都能飞这么远，但更令人惊叹的是小体型的鸟也能做到这种程度。所以，为了更客观地比较候鸟的飞行能力，应将每种鸟的体型也考虑在内。计算时要用到列 F 的飞行距离 (公里) 和列 G 的身长 (米)，相者相除来获得一个“飞行分数”(Flying Score)。和之前一样，先定义一个新列并在第一个单元格输入公式 (= 飞行距离 / 身长)，再将该公式应用于同一列的其他单元格。

I2 fx =F2/G2

	B	F	G	H	I	J
1	Common Name	Distance(Km)	Length(m)	Distance(Mi)	Flying Score	
2	Swainson's hawk	13500	0.52	8383.5	25961.5385	
3	Wheatear	13500	0.16	8383.5	84375	
4	Willow warbler	15500	0.11	9625.5	140909.091	
5	Short-tailed shearwater	12500	0.43	7762.5	29069.7674	
6	Long-tailed skua	16000	0.51	9936	31372.549	
7	Arctic tern	19000	0.35	11799	54285.7143	
8						

分数有点不好看，因为小数位太多 (或者像数学家说的那样，超过了有效位数)。为了使数字更有用，需要对其进行格式化，这里就是取整。

所有电子表格软件都允许控制信息的显示格式。例如，Excel 显示以下单元格格式 UI。

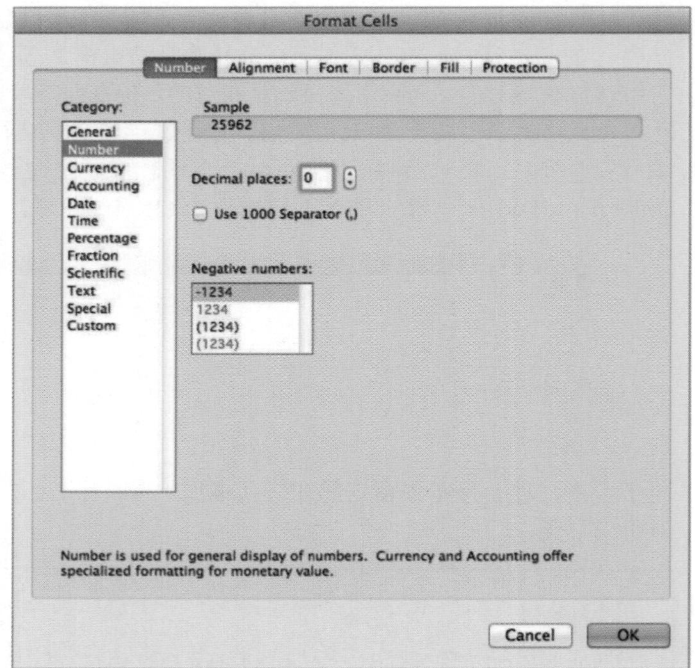

首先在 Category(分类) 区域选择 Number(数值)。然后设置小数位数、是否允许千位分隔符 (北美是使用逗号) 以及负数的显示方式。将小数位数设为 0 来只显示整数，结果如图所示。

	B	F	G	H	I	J
1	Common Name	Distance(Km)	Length(m)	Distance(Mi)	Flying Score	
2	Swainson's hawk	13500	0.52	8383.5	25962	
3	Wheatear	13500	0.16	8383.5	84375	
4	Willow warbler	15500	0.11	9625.5	140909	
5	Short-tailed shearwater	12500	0.43	7762.5	29070	
6	Long-tailed skua	16000	0.51	9936	31373	
7	Arctic tern	19000	0.35	11799	54286	
8						

这证明体型较小的鸟，即使飞的距离不算最远，其得分也挺高。

13.2.5 函数

得分最高的是 Willow warbler(欧柳莺)，这一眼就能看出，因为它的分数具有最多的位数。但其他列的值具有相同的位数，所以不太好判断最大值。另外，在列表比较长的时候，就更不好判断了。这时可考虑让电子表格自动找出最大值。

13.2.6 查找最大值

电子表格软件为常见的汇总操作提供了相应的函数，包括求和 (sum)、求平均值 (average) 以及求最大值 (max) 等。要使用它们，先写函数名，再在一对圆括号中指定单元格范围即可。例如，我们在列 I 底部的一个单元格中写以下公式并为其加上“Maximum:”标签：

```
=max(I2:I7)
```

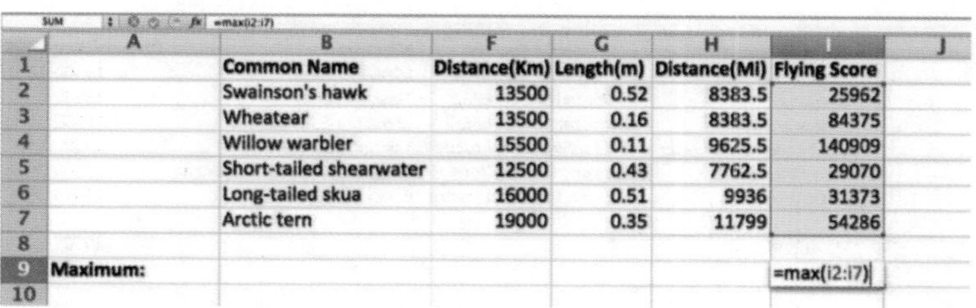

	A	B	F	G	H	I	J
1		Common Name	Distance(Km)	Length(m)	Distance(Mi)	Flying Score	
2		Swainson's hawk	13500	0.52	8383.5	25962	
3		Wheatear	13500	0.16	8383.5	84375	
4		Willow warbler	15500	0.11	9625.5	140909	
5		Short-tailed shearwater	12500	0.43	7762.5	29070	
6		Long-tailed skua	16000	0.51	9936	31373	
7		Arctic tern	19000	0.35	11799	54286	
8							
9	Maximum:					=max(I2:I7)	
10							

该公式指示软件找出单元格范围 I2:I7(即 Flying Score 列) 的最大值。完整函数列表请访问“插入” | “函数” [公式]。

不区分大小写

无论函数还是代表列的字母，在电子表格中都不区分大小写。你可以随便输入，但软件用大写形式保存结果。用小写输入后再重新显示，看到的就是大写形式。

找出 Flying Score 列的最大值后，可像之前那样通过填充 (复制 / 粘贴) 来找出其他列的最大值，方法是单元格 I9 的“填充手柄”向左拖至列 F。结果有点不对。

	A	B	F	G	H	I	J
1		Common Name	Distance(Km)	Length(m)	Distance(Mi)	Flying Score	
2		Swainson's hawk	13500	0.52	8383.5	25962	
3		Wheatear	13500	0.16	8383.5	84375	
4		Willow warbler	15500	0.11	9625.5	140909	
5		Short-tailed shearwater	12500	0.43	7762.5	29070	
6		Long-tailed skua	16000	0.51	9936	31373	
7		Arctic tern	19000	0.35	11799	54286	
8							
9	Maximum:		19000	1	11799	140909	
10							
11							

Length(m) 列的“1”是整数而非 0.52，即该列的最大身长值。为什么？因为作为复制的源头，Flying Score 列的最大值计算继承了之前的小数位数设置。粘贴到其他列时，格式也随之复制了过去。所以，软件自动将 0.52 取整为 1。要解决该问题，可单独设置这个单元格的格式，使其显示两位小数。

为了完善计算，我们还用了 average 函数计算每一列的平均值。最后两列需要额外的格式化。

	A	B	F	G	H	I	J
1		Common Name	Distance(Km)	Length(m)	Distance(Mi)	Flying Score	
2		Swainson's hawk	13500	0.52	8383.5	25962	
3		Wheatear	13500	0.16	8383.5	84375	
4		Willow warbler	15500	0.11	9625.5	140909	
5		Short-tailed shearwater	12500	0.43	7762.5	29070	
6		Long-tailed skua	16000	0.51	9936	31373	
7		Arctic tern	19000	0.35	11799	54286	
8							
9	Maximum:		19000	0.52	11799	140909	
10	Average:		15000	0.35	9315	60995.61	
11							

13.2.7 显示隐藏列

记住，B 和 F 列之前还有三个隐藏列：属、种和迁移目的地。撤销隐藏并稍微调整格式后，结果如图 13.2 所示。

	B	C	D	E	F	G	H	I
1	**Common Name**	**Genus**	**Species**	**Migration**	**Distance(Km)**	**Length(m)**	**Distance(Mi)**	**Flying Score**
2	Swainson's hawk	*Buteo*	*swainsoni*	USA-Argentina	13500	0.52	8383.5	25962
3	Wheatear	*Oenanthe*	*oenanthe*	Alaska-E Africa	13500	0.16	8383.5	84375
4	Willow warbler	*Phylloscopus*	*trochilus*	Chukotka-S Africa	15500	0.11	9625.5	140909
5	Short-tailed shearwater	*Puffinus*	*tenuirostris*	Tasmania-Bering Strait	12500	0.43	7762.5	29070
6	Long-tailed skua	*Stercorarius*	*longicaudus*	N Greenland-Southern Ocean	16000	0.51	9936	31373
7	Arctic tern	*Sterna*	*paradiasaea*	Greenland-Antarctic	19000	0.35	11799	54286
8								
9	**Maximum**				19000	0.52	11799	140909
10	**Average**				15000	0.35	9315	60995.61
11								

图 13.2 候鸟电子表格的最终版本

13.2.8 图表

我们平常用电子表格组织数据并计算新值，但对值进行比较的时候，以图形方式查看结果通常会很有帮助。在电子表格软件中可以轻松创建制图。

首先选择要制图的值，然后在“插入”菜单或功能区下选择图表类型。例如，可选中整个 Flying Score 列，从“插入”菜单选择“图表”，然后在如图 13.3 的 UI 中选择图表样式。为了体会各种图表的含义，可选择“XY 散点图”。注意，软件检测到该列具有标题，会自动在右侧用标题来标记。

图 13.3 Flying Score 的 XY 散点图

双击图表的任何部分都会显示一个弹出窗口，其中提供了格式选项。选择背景填充并更改字体，结果如图 13.4 所示。

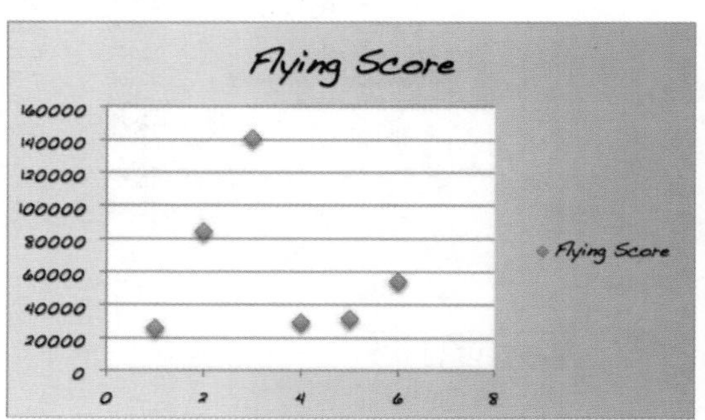

图 13.4 格式化好的 Flying Score 图表

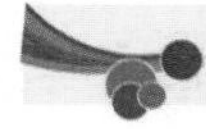

13.3 常用电子表格

有些人每天使用计算机，但从不使用电子表格。还有一些人经常使用电子表格。我们介于两者之间：电子表格是方便且全能的工具，能简化计算。本节将介绍几种个人应用，以获取更多使用电子表格的经验。

经常都可以通过电子表格组织我们的个人信息，包括下面这几类。

- 跟踪健身表现：距离、时间、次数。
- 建立下学期的费用预算。
- 记录借给别人的书和光盘。
- 导入赛季时间表，记录胜负，评注赛事，跟踪自己喜爱的球队。
- 每次飞行或潜水课程后记录飞行小数或潜水次数。
- 出于报税目的，记录旅行等支出，或者小费等收入。
- 保存网上银行生成的记录。

甚至能将电子表格当作通讯簿或菜谱文件来使用。

下面列举了一些比较个性化的电子表格应用。

13.3.1 时区速查表

如本章开头所述，对电子表格感兴趣的一个原因是，它们可以帮助我们完成一些个性化计算。(其他许多任务也很好用。)

解决个人问题

视频聊天(Skype 或微信视频)是人们保持联系的一种流行方式。它是交互式的，比电子邮件或发短信更好。最棒的是，能看到朋友的影像，而非只能听到声音。问题在于，有的聊天对象生活在不同时区。这带来了一些不便，因为你想聊天的时候他们可能正在睡觉、工作或学习。为了安排好聊天，最好有一个“速查表”来显示这些聊天对象的当地时间。

创建这种电子表格的关键是序列填充(series fill)。使用电子表格时，我们通常会用到一些“特殊”数据，例如日期和时间。当软件填充这些值时，会自动递增它们。也就是说，填充每个单元格时会自动递增。电子表格知道星期一在星期日之后，2 月 1 日在 1 月 31 日之后，而且 12:00PM 在 11:00AM 之后。某些系统在看到“Sunday”之类的值时，会默认它是这些特殊数据类型之一，并自动进行序列填充。随时都能手动序列填充，方法是从菜单中选择“编辑”|“填充”|“序列”[开始 > 填充]。如输入“Sunday”，但只想复制文本(即不想把它视为特殊类型的数据)，就不要使用序列填充，直接复制 / 粘贴即可。

使用序列填充的一个便捷方法是先在相邻单元格中填好序列的前两项，然后选中两个单元格，将填充手柄朝行或列的方向拖动。之所以要先填好两个单元格，是为了确定连续项的递增量。这个量不一定是 +1，而是这两个项之间的差值。

利用序列填充，本例的速查表可轻松完成。图 13.5 是最后创建好的电子表格。假定你住在洛杉矶，爷爷奶奶住在芝加哥，好友 Chris 在波士顿上学，Dave 叔叔在欧洲驻军，外国交换生好友 Kiyomi 住在东京，弟弟 Will 则住在夏威夷 (只是不确定他除了冲浪玩耍还在干啥)。

	A	B	C	D	E	F
1	Will	** ME **	Gram & Pops	Chris	Uncle Dave	Kiyomi
2	10:00 PM	12:00 AM	2:00 AM	3:00 AM	11:00 AM	5:00 PM
3	11:00 PM	1:00 AM	3:00 AM	4:00 AM	12:00 PM	6:00 PM
4	12:00 AM	2:00 AM	4:00 AM	5:00 AM	1:00 PM	7:00 PM
5	1:00 AM	3:00 AM	5:00 AM	6:00 AM	2:00 PM	8:00 PM
6	2:00 AM	4:00 AM	6:00 AM	7:00 AM	3:00 PM	9:00 PM
7	3:00 AM	5:00 AM	7:00 AM	8:00 AM	4:00 PM	10:00 PM
8	4:00 AM	6:00 AM	8:00 AM	9:00 AM	5:00 PM	11:00 PM
9	5:00 AM	7:00 AM	9:00 AM	10:00 AM	6:00 PM	12:00 AM
10	6:00 AM	8:00 AM	10:00 AM	11:00 AM	7:00 PM	1:00 AM
11	7:00 AM	9:00 AM	11:00 AM	12:00 PM	8:00 PM	2:00 AM
12	8:00 AM	10:00 AM	12:00 PM	1:00 PM	9:00 PM	3:00 AM
13	9:00 AM	11:00 AM	1:00 PM	2:00 PM	10:00 PM	4:00 AM
14	10:00 AM	12:00 PM	2:00 PM	3:00 PM	11:00 PM	5:00 AM
15	11:00 AM	1:00 PM	3:00 PM	4:00 PM	12:00 AM	6:00 AM
16	12:00 PM	2:00 PM	4:00 PM	5:00 PM	1:00 AM	7:00 AM
17	1:00 PM	3:00 PM	5:00 PM	6:00 PM	2:00 AM	8:00 AM
18	2:00 PM	4:00 PM	6:00 PM	7:00 PM	3:00 AM	9:00 AM
19	3:00 PM	5:00 PM	7:00 PM	8:00 PM	4:00 AM	10:00 AM
20	4:00 PM	6:00 PM	8:00 PM	9:00 PM	5:00 AM	11:00 AM
21	5:00 PM	7:00 PM	9:00 PM	10:00 PM	6:00 AM	12:00 PM
22	6:00 PM	8:00 PM	10:00 PM	11:00 PM	7:00 AM	1:00 PM
23	7:00 PM	9:00 PM	11:00 PM	12:00 AM	8:00 AM	2:00 PM
24	8:00 PM	10:00 PM	12:00 AM	1:00 AM	9:00 AM	3:00 PM
25	9:00 PM	11:00 PM	1:00 AM	2:00 AM	10:00 AM	4:00 PM

图 13.5　时区速查表 (假定“我”住在 LA，即“ME”列的时间)。Will 加底色的两项代表“昨天”，其他聊天对象加底色的代表“明天”

每个聊天对象都有自己的一列，每一行代表不同时区的同一个时间。使用方法是先在“ME”列找到自己的时间，再查找同一行的其他人的时间。例如，假定“我”的时间是 1:00 PM，那么 Will 的时间是 11:00 AM，Kiyomi 的时间是明天的 6:00 AM。

把基础的东西弄好，再填充

为了创建速查表，首先在顶部写好标题。所有人应该按时区排序，要么从东向西，要么从西向东。本例采用的是后者。在“ME”一栏首先用自己喜欢的格式输入午夜时间。如果喜欢 12 小时制，就输入 12:00 AM(空格是必须的)。如果喜欢 24 小时制，就直接输入 12:00。向下填充列，直至一天结束。

接着利用计算机的“日期和时间设置”功能查询聊天对象的时间。假定你的居住地的时间是 3:15 PM，那么将计算机的时区更改为聊天对象所在地的时区。以爷爷奶奶所在的芝加哥为例，芝加哥当前时间是 5:15 PM。所以，在 Gram & Pops 列和你的时间对应的单元格中输入 5:00 PM(对应你的 3:00 PM)，如图 13.6 的 a 部分所示。完成基础部分后，用鼠标拖动填充手柄上下填充整个列。电子表格软件默认上方的行较早，下方的行较晚，这正是我们希望的。

图 13.6 添加聊天对象的时间：(a) 填充之前；(b) 填充之后

为其他聊天对象重复以上过程。假定你现在是 3:16PM，切换到 Chris 的波士顿时间后是 6:16PM，就在和你的 3:00PM 对应的 Chris 单元格中填写 6:00PM。然后向上向下填充。这样很快就能设置好所有人的时间。

13.4 时区换算

假设你不是在 3:15 PM 制作该电子表格，而是在 9:45 AM。此时查询芝加哥时间，显示是 11:45 AM。(a) 说明如何在 9:45 AM 完成爷爷奶奶的那一栏。(b) 如果是在 10:45 AM(芝加哥时间 12:45 PM) 处理呢？

最后修饰一下

最后，为代表“昨天”和“明天”的单元格添加底色，提醒自己日期的变化。在任何列最开始的单元格中，所有包含“PM”的都代表“昨天”，可将其底色设为暗示日落的金黄色。而任何列最后包含“AM”的都代表“明天”，可将其底色设为暗示黎明的品红色。在 AM 块和 PM 块之间添加一条水平线也是可以的。

大功告成！花不了几分钟的时间，不仅练习了电子表格的使用，放在桌面上今后也用得着。还参打印出来，贴在电脑旁边，或者放在自己的包包里面。最起码，以后不用每次都要扳着指头算时间了。这种偏门的信息只有你才用得着，而你很快就把它搞定了。

13.3.2 比萨折扣表

假设当地比萨店为“老客户”打折促销，你和你的朋友们绝对有资格！折扣基于客户上个月购买的比萨数量：零个或者一个不打折，两个或三个 5%，四个或五个 10%，六个或七个 15%，八个或更多 20%。店里出售三种尺寸的比萨：10 寸、12 寸和 14 寸，原价分别是 7.85 美元、11.30 美元和 15.39 美元。

计划

你和你的朋友们决定在一个月内集中共同购买比萨，指定你作为购买人，这样能争取到更大折扣。

针对老客户的比萨促销				
上个月	折扣		尺寸	价格
0-1	无		10"	$7.85
2-3	5%		12"	$11.30
4-5	10%		14"	$15.39
6-7	15%			
8个或更多	20%			

你现在需要做的是制定最佳比萨购买策略。如图 13.7 所示的电子表格可帮助判断。下面研究一下如何利用相对引用和绝对引用来构建该表格。

	B	C	D	E	F	G	H
1							
2	PIZZA	Last Month	0 or 1	2 or 3	4 or 5	6 or 7	8 or more
3	Size		1	0.95	0.9	0.85	0.8
4	10 Inch	$7.85	$7.85	$7.46	$7.07	$6.67	$6.28
5	12 Inch	$11.30	$11.30	$10.74	$10.17	$9.61	$9.04
6	14 Inch	$15.39	$15.39	$14.62	$13.85	$13.08	$12.31

图 13.7　三种尺寸的比萨单价 (基于上个月比萨购买数量)

要求

图 13.7 的电子表格根据“老客户”上个月的消费来显示当前每种比萨的价格。第一行是标题，“Size”下方是各种比萨的尺寸 (10~14 寸)。第二行加了底色的是折扣量 (0.8~1)。第二列加了底色的是各种比萨的原价。所有无底色的价格都是折扣后的价格，其中第一个单元格的公式是：

D4 = D3 × C4

但是，=D3*D4 不是一个好的计算公式，因为它使用的是相对引用。第一个单元格可以这么写，但不适用于整个表格。如果以前那样将公式复制 / 粘贴 (填充) 到其他位置，所有相对引用 (D，C，3 和 4) 都会自动改变。每个单元格要计算正确的值，必须总是引用第二行 (行 3) 和第二列 (列 C)。这两个行和列的值是固定的。下面分析具体如何做。

绝对引用

以单元格 E6 为例，它的正确计算公式如下：

E6 = E3 × C6

对比一下 D4 和 E6：

D4 = D3 × C4
E6 = E3 × C6

注意，加了底色的字符对于两个单元格来说都是相同的。换言之，都引用行 3 和列 C。 所有单元格在计算时都必须保持加了底色的字符不变。这时需要的是绝对引用，所以我们要为这些有底色的字符添加 $ 前缀。

相对引用

对于以下等式：

D4 = D3 × C4
E6 = E3 × C6

我们还注意到等号左边的位置也在右边使用。换言之，它们引用的是当前位置。这时必须使用相对引用，因为我们希望在复制/粘贴到其他单元格时能自动改变。相对引用就不要附加 $ 前缀。

结合上述两点认知，我们知道为了完成以下计算：

D4 = D3 × C4

就必须在公式中混合使用相对和绝对引用。换言之，要在单元格 D4 中输入公式 =D$3*$C4。其中，D$3 总是引用行 3，而 $C4 总是引用列 C，两者均为绝对引用。由于 D 和 4 是相对引用 (无 $ 前缀)，所以总是引用单元格当前所在的列和行。和往常一样运用“填充”技术来完成整个表格。

注意，采用这样的折扣计划，不是每月购买一个 14 英寸比萨，更聪明的做法是每月两个 10 寸比萨 (能吃到更多)。一个月购买四个大比萨可让他们以每个 13.85 美元的价格购买下个月的 14 寸比萨。一个月购买八个 10 寸比萨，能以每个 6.28 美元的价格购买下个月的 10 寸比萨，或者 12.56 美元购买两个。

13.5 皮太厚?

有人抱怨说，购买两个小比萨而不是一个大比萨的计划会导致过多的皮和不足的奶酪。可通过计算比萨的周长来估计皮有多少。学过数学就知道，圆的周长 = π d，其中 d 是比萨直径 (即通常说的多少“寸”)。在以下表格中，为了填充外皮的量 (3.14× 尺寸，其中尺寸为 8，10 和 14) 乘以比萨个数 (1，2，3，4) 的结果，要先在单元格 B2 输入想计算的结果，再将 B2 单元格的内容填充 (复制 / 粘贴) 到其他单元格以完成整个表格。本练习需要混合使用绝对引用和相对引用。

	A	B	C	D	E
1	Pizza	1	2	3	4
2	8				
3	10				
4	14				

13.3.3 还贷

假设你正在考虑购买一个大件，你的叔叔愿意借一笔线给你。但生意人嘛，他要求收取你 5% 的利息。不过，这总比用信用卡提现好！为了决定要借多少钱，你想创建一个电子表格来列出不同期限内不同金额的每月还款额。电子表格的设置遵循上一节的策略：顶部一行填写还款期数 (最多 24 期)，列则对应不同借款金额 (最多 5000 美元)。

	A	B	C	D	E	F	G
1							
2		Payments	6	12	18	24	
3		$1,000					
4		$1,500					
5		$2,000					
6		$2,500					
7		$3,000					
8		$3,500					
9		$4,000					
10		$4,500					
11		$5,000					
12							

电子表格软件提供了“分期偿还”(payment) 函数 PMT。选定 C3 单元格，再从菜单中选择“插入” | “函数”，找到“财务”分类，向下滚动列表并选择 PMT[公式 > 财务]。

随后会出现一个对话框，不同系统会显示不同界面。

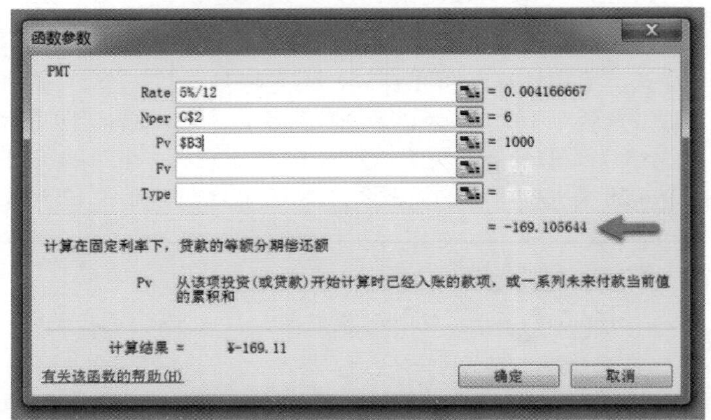

在函数的输入中，Rate 是月利率，即你叔叔收取的年利率的 1/12，所以应输入 0.05/12 或 5%/12；Nper 是还款期数，即该列之行 2 的值；Pv 是现值或贷款金额，即该行之列 B 的值。参考上一节，混合使用绝对和相对引用来引用行和列。所以，Nper 是 C$2，因为总是引用行 2；而 Pv 是 $B3，因为总是引用列 B。公式计算结果显示在 UI 底部，这是分 6 期偿还 1000 美元的每期付款金额 (如箭头所指)。注意，结果为负，因为这是你要付出去的钱。

沿行和列填充该公式来完成整个表格，值显示成红色 (可有还会显示圆括号)，这是负数的默认显示方式。

	A	B	C	D	E	F	G	H
1								
2		Payments	6	12	18	24		
3		$1,000	($169.11)	($85.61)	($57.78)	($43.87)		
4		$1,500	($253.66)	($128.41)	($86.67)	($65.81)		
5		$2,000	($338.21)	($171.21)	($115.56)	($87.74)		
6		$2,500	($422.76)	($214.02)	($144.45)	($109.68)		
7		$3,000	($507.32)	($256.82)	($173.34)	($131.61)		
8		$3,500	($591.87)	($299.63)	($202.23)	($153.55)		
9		$4,000	($676.42)	($342.43)	($231.12)	($175.49)		
10		$4,500	($760.98)	($385.23)	($260.01)	($197.42)		
11		$5,000	($845.53)	($428.04)	($288.90)	($219.36)		
12								

▶视频讲解 Repaying a Loan

如果不喜欢圆括号，可重新格式化一下条目的显示。由于该表的作用是帮助我们决定要借多少钱，所以最好用两种颜色来显示条目：绿色代表在预算之内，红色代表超出预算。例如，假定每月偿还 250 美元是一个合理的限制，那么将所有代表偿还金额的单元格选定，再从菜单中选择“格式”|“条件格式”[开始]。随后会出现如图所示的 UI。同样，不同系统的界面不同。

▶视频讲解 How Your Money Could Grow

先要设置条件。对于大于或等于 –250 的单元格，应触发条件 1(绿底白字)；对于小于 –250 的单元格，则应触发条件 2(红底白字)。记住，数字代表我们要支付的金额。所以，数字越接近 0，表示我们付得越少。设置好两个条件后，点击对话框中的两个“格式”按钮，选择对应的字体颜色和单元格颜色。最终的显示效果使决定借多少钱变得一目了然。

	A	B	C	D	E	F	G	H
1								
2			6	12	18	24		
3		1000	¥-169.11	¥-85.61	¥-57.78	¥-43.87		
4		1500	¥-253.66	¥-128.41	¥-86.67	¥-65.81		
5		2000	¥-338.21	¥-171.21	¥-115.56	¥-87.74		
6		2500	¥-422.76	¥-214.02	¥-144.45	¥-109.68		
7		3000	¥-507.32	¥-256.82	¥-173.34	¥-131.61		
8		3500	¥-591.87	¥-299.63	¥-202.23	¥-153.55		
9		4000	¥-676.42	¥-342.43	¥-231.12	¥-175.49		
10		4500	¥-760.98	¥-385.23	¥-260.01	¥-197.42		
11		5000	¥-845.53	¥-428.04	¥-288.90	¥-219.36		

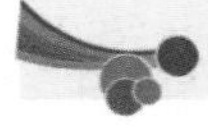

13.4 导入数据

我们感兴趣的许多数据来自其他来源。也就是说，这些数据不是我们自己生成的。这意味着数据已经被别人组织好了，可能提供了现成的电子表格 (或其他应用的表格格式)。我们将其称为外部数据，即来自其他应用的数据，并希望把它导入自己的电子表格软件。虽然将格式化好的数据导入电子表格可能有点棘手，但一些指导原则可简化我们的操作。

13.4.1 以制表符分隔的数据

我们一般用电子表格导入以制表符分隔的文本。“文本”更准确的意思是 ASCII 文本，即 .txt 文件。由于是文本文件，所以像 100 这样的数字用 3 个数字字符来表示，而不是用一个二进制值。这使电子表格软件能将 ASCII 形式转换为它喜欢的任何内部数字形式。“以制表符分隔”意味着每个单元格的条目都以一个制表符来定界 (结尾)，而且每行都以一个回车符定界。其他定界符也是允许的，包括空格和逗号。电子表格软件可将工作表作为以制表符分隔的文本来输出。复制 / 粘贴以制表符分隔的文本是导入外部数据的一种简单方法。

为了将其他形式的列表转换成首选的以制表符分隔的形式，可先将外部数据复制 / 粘贴是到文本编辑器或字处理软件中，然后通过“查找 / 替换”(可能要用到第 2 章介绍的占位符技术) 编辑它。目标是用制表符或其他首选的分隔符替换电子表格软件无法识别的分隔符。将结果写入文本文件可消除文字处理器中的所有格式字符。将结果另存为 .txt 文件，从而消除字处理软件可能引入的其他任何格式字符。

另一个重要的数据来源是网络。信息已经是文本形式 (所以满足条件)，而且通常使用 HTML table 标记进行了格式化 (参见第 4 章)。理论上应该能直接将 HTML 表格复制 / 粘贴到电子表格中。有的浏览器和电子表格的组合确实可以，但其他不行。这完全取决于浏览器如何定界来自源文件的“副本”。如果从 Web 复制 / 粘贴表格数据失败，先尝试换用其他浏览器。如果还是不行，就只好用繁琐的方法重新格式化外部数据。一般运气不会那么坏！

导入外部数据的原则如下。

- 尽量将外部数据另存为以制表符分隔的 ASCII 文本文件，附加 .txt 扩展名。
- 如外部数据来自网上，选择支持对含有标记的表格进行复制 / 粘贴的浏览器。
- 如外部数据很混乱，利用文本编辑器的查找 / 替换功能，运用占位符技术，将修订的数据复制到 .txt 文本文件。导入该文件。

例如，假定要创建一个自定义的公交时刻表。官网提供的公交时刻表通常包含超出我们需要的数据。所以，如果从网上下载了时间表的副本，可在电子表格中进行修剪和编辑以匹配我们的需求。访问官网，找到公交时刻表并复制它 (如图 13.8 所示)，然后粘贴到电子表格中。

只保留从我们所在站的出发时间，以及到达校园的时间。通过删除一些列，可创建一个简单的双列时刻表。再为回程添加两列，得到最终的自定义时刻表，如图 13.9 所示。

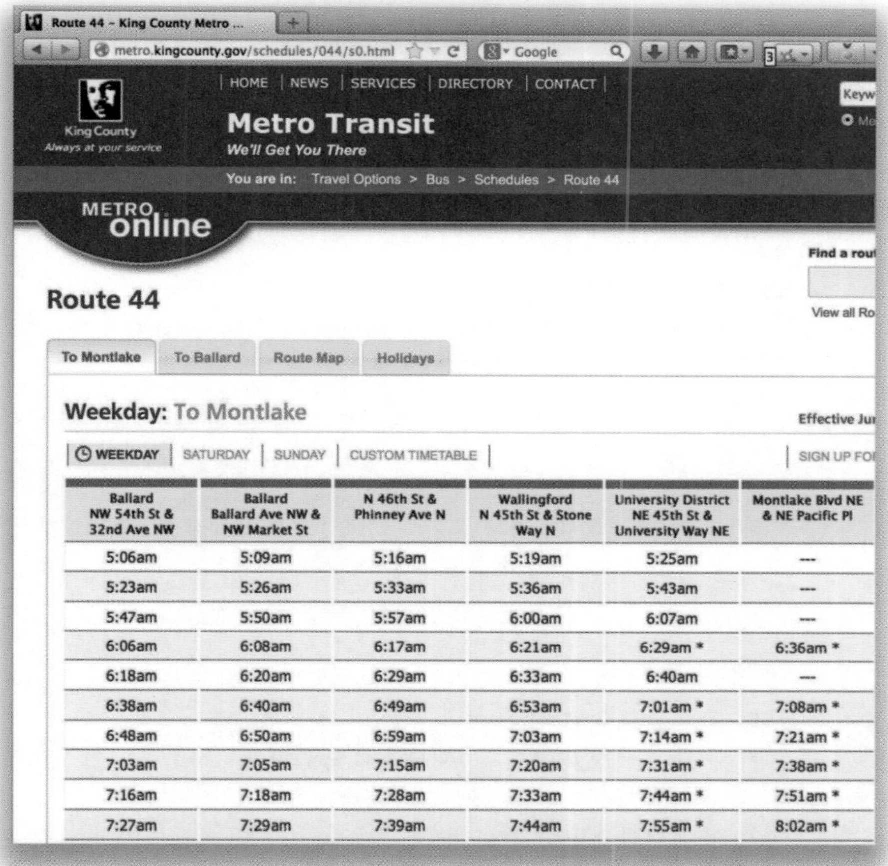

Ballard NW 54th St & 32nd Ave NW	Ballard Ballard Ave NW & NW Market St	N 46th St & Phinney Ave N	Wallingford N 45th St & Stone Way N	University District NE 45th St & University Way NE	Montlake Blvd NE & NE Pacific Pl
5:06am	5:09am	5:16am	5:19am	5:25am	---
5:23am	5:26am	5:33am	5:36am	5:43am	---
5:47am	5:50am	5:57am	6:00am	6:07am	---
6:06am	6:08am	6:17am	6:21am	6:29am *	6:36am *
6:18am	6:20am	6:29am	6:33am	6:40am	---
6:38am	6:40am	6:49am	6:53am	7:01am *	7:08am *
6:48am	6:50am	6:59am	7:03am	7:14am *	7:21am *
7:03am	7:05am	7:15am	7:20am	7:31am *	7:38am *
7:16am	7:18am	7:28am	7:33am	7:44am *	7:51am *
7:27am	7:29am	7:39am	7:44am	7:55am *	8:02am *

图 13.8 一个示例官网的公交时刻表

	A	B	C	D
2				
3	Home	School	School	Home
4	5:23 AM	5:43 AM	5:46 AM	6:04 am *
5	5:47 AM	6:07 AM	6:01 AM	6:20 am *
6	6:06 AM	6:29 am *	6:16 AM	6:35 am *
7	6:18 AM	6:40 AM	6:27 AM	6:46 am *
8	6:38 AM	7:01 am *	6:39 AM	6:58 am *
9	6:48 AM	7:14 am *	6:46 AM	7:05 am *

图 13.9 自定义公交时刻表；无底色的是“去学校”；加了底色的是“从学校返回”

13.4.2 列的排列

电子表格旨在轻松处理行、列形式的数据。其他大多数应用程序只擅长处理行，不擅长处理列。例如，可在字处理软件中轻松输入每行一项的列表。如下所示的是一个奥斯卡最佳影片列表，每行数据包括片名、获奖数 / 提名数、导演和获奖年份。

Argo, 3 / 7, Ben Affleck, 2012
The Artist, 5 / 10, Michel Hazanavicius, 2011
The King’ s Speech, 4 / 12, Tom Hooper, 2010
The Hurt Locker, 6 / 9, Kathryn Bigelow, 2009
Slumdog Millionaire, 8 / 10, Danny Boyle, 2008
No Country for Old Men, 4 / 8, Joel & Ethan Coen, 2007
……

虽然这些数据或许本意不是作为表格来呈现，但每一行都按相同顺序包含了相同的信息。我们自然而然想把它排列成表格。添加新行容易，插入或重新安排列则令人头痛。这时电子表格就有用了。

为了在列支持不佳的应用程序处理好列，可创建分隔好的文本文件，再像之前描述的那样把它导入电子表格。就本例来说，大多数条目以逗号分隔，所以只有斜杠 (/) 要专门处理一下。在电子表格中修改好之后，可将内容以文本形式重新导入字处理软件。本例通过对列进行重新排列来演示这一过程。

例如，假定要对列进行重新排列，将年份放在片名后面，并修改获奖数 / 提名数的显示。(为 Argo 这部电影显示“3 of 7 Oscars”)。

准备工作如下。

- 创建只包含列表的一个文件。
- 利用“查找 / 替换”功能将所有空格斜杠空格 (“ / “) 替换成逗号 (",”)，使每个数字都单独成列。
- 将文件导入电子表格。

结果如图 13.10 所示。

	A	B	C	D	E	F	G
1							
2		Argo	Ben Affleck	3	7	2012	
3		The Artist	Michel Hazanavicius	5	10	2011	
4		The King's Speech	Tom Hooper	4	12	2010	
5		The Hurt Locker	Kathryn Bigelow	6	9	2009	
6		Slumdog Millionaire	Danny Boyle	8	10	2008	
7		No Country for Old Men	Joel & Ethan Coen	4	8	2007	
8							

图 13.10　导入电子表格的电影列表

利用“剪切 / 粘贴”功能将最后一列移至第二列。

	A	B	C	D	E	F
1						
2		Argo	2012	Ben Affleck	3	7
3		The Artist	2011	Michel Hazanavicius	5	10
4		The King's Speech	2010	Tom Hooper	4	12
5		The Hurt Locker	2009	Kathryn Bigelow	6	9
6		Slumdog Millionaire	2008	Danny Boyle	8	10
7		No Country for Old Men	2007	Joel & Ethan Coen	4	8
8						

最后在一个新列中将获奖数 / 提名数合并成一个短语 (例如“3 of 7 Oscars”)。公式使用了一个名为“合并” (concatenate) 的函数。该函数将不同单元格的文本依次连接到一起。我们准备连接 4 个部分的文本：获奖数，文本” of “(注意前后的空格)，提名数，以及文本 " Oscars” (注意前面空格)。

获奖数” of “提名数 " Oscars”

例：3 of 7 Oscars

用公式表示如下：

```
= concatenate(e2," of ",f2," Oscars")
```

对于 Argo(逃离德黑兰) 这部电影，公式生成的结果是：

	A	B	C	D	E	F	G	H
1								
2		Argo	2012	Ben Affleck	3	7	3 of 7 Oscars	
3		The Artist	2011	Michel Hazanavicius	5	10		
4		The King's Speech	2010	Tom Hooper	4	12		
5		The Hurt Locker	2009	Kathryn Bigelow	6	9		
6		Slumdog Millionaire	2008	Danny Boyle	8	10		
7		No Country for Old Men	2007	Joel & Ethan Coen	4	8		
8								

concatenate 函数可连接任意数量的文本内容，是合并单词和数字的趁手工具。

13.6 导演剪辑

在单元格 H2 写公式来生成内容“Ben Affleck, director”，在列 H 向下填充以应用于所有导演 (不必为 Coen 兄弟加复数)。

G 列填充后的结果如图 13.11(a) 所示。修订后的列将两个数值列的内容转换为一个短语，之后可删除两个数值列。我们将两个数值列移至表的末尾 (需暂时保留，否则 concatenate 公式不起作用)，然后按期望的方式对列进行重新排序，如图 13.11(b) 所示。

为了完成整个表，需要将列 G 剪切 / 粘贴到列 E，并丢弃两个数值列。但如果这样做，会造成列 G 所依赖的数据丢失。所以，必须将列 G 的内容作为值 (即作为文本) 粘贴到列 E。为此可从菜单中选择“编辑” | “选择性粘贴” [开始 > 粘贴]，并选择“数值”。这样会将列 G 的内容从公式转变成文本，使电子表格不再依赖两个数值列，如图 13.11(c) 所示。随后就可以删除两个数值列，得到如图 13.11(d) 所示的最终结果。

完成所有修订后，就可以将结果从电子表格复制到其他文档。

Argo, 2012, Ben Affleck, 3 of 7 Oscars
The Artist, 2011, Michel Hazanavicius, 5 of 10 Oscars
The King's Speech, 2010, Tom Hooper, 4 of 12 Oscars
The Hurt Locker, 2009, Kathryn Bigelow, 6 of 9 Oscars
Slumdog Millionaire, 2008, Danny Boyle, 8 of 10 Oscars
No Country for Old Men, 2007, Joel & Ethan Coen, 4 of 8 Oscars

这就完成了我们最初设想的列编辑。虽然详细讲解该过程似乎有点复杂，但实际只需几分钟的时间，即可完成将数据导入电子表格，修订它，将重新格式化好的文本复制回文档的全过程。

图 13.11 修订电影列表。(a) 构造短语；(b) 重新排列主要列的顺序；(c) 利用“选择性粘贴”创建短语的文本形式；(d) 最终完成的表格

13.5 小结

本意讨论电子表格的基本概念，学习了以下内容。

- 电子表格提供了一个单元格阵列，每个单元格都能存储一个数据项：数字，字母序列或公式。
- 数字和文本的显示可按自己的意愿来格式化，包括字体和小数位数等。
- 电子表格强大的地方在于能输入公式，根据其他单元格的值计算新值。
- 公式放在等号右侧。一旦公式依赖的数据发生改变，电子表格会自动计算并显示新值。
- 除了对单元格执行算术运算，还可向单个项或整个单元格范围应用函数。
- 可根据情况对单元格进行相对引用和绝对引用。
- 除了排序，还可用函数执行求和、求平均值、求最大或最小值等运算。
- 电子表格是执行日常计算的实用工具。
- 只需大胆尝试，就能轻松自学更多关于电子表格的知识。
- 电子表格或许是进行个人计算的最有用的软件。

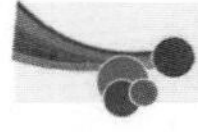

13.6 TRY IT 答案

13.1 单元格范围是 C5:D6，因为俗名包含“-tailed”的两种鸟在行 5 和行 6，其学名跨越列 C 和列 D。

13.2 公式是 = G2*100。

13.3 步骤 1：建议为下一列 I 写上合适的标题，虽然并非必须。步骤 2：在单元格 I2 输入公式 = G2*39.37 来计算 Swainson’s hawk 的英寸身长，结果是 20.28 英寸。步骤 3：单击单元格 I2 将其选定，向下拖动填充手柄来填充其他鸟的身长。

13.4 (a) 在爷爷奶奶那一列，找到和你的 9:00 AM 对应的单元格，填写 11:00，向上向下填充。(b) 在爷爷奶奶那一列，找到和你的 10:00 AM 对应的单元格，填写 12:00 PM，向上向下填充。

13.5 B2 = 3.14 × A2 × B1，应在 B2 填写 =3.14*$A2*B$1。

13.6 公式是 =concatenate(D2, “, director”)。不要遗漏逗号后面的空格。

习题

判断题

1. 单元格中的文本如果太长，多余的文本会被截掉并丢弃。________
   a. 对　　b. 错　　c. 信息不足，无法判断

2. 电子表格中的单元格固定 10 字符宽度。________
   a. 对　　b. 错　　c. 信息不足，无法判断

3. 相对单元格引用在关联的值发生改变时改变。________
   a. 对　　b. 错　　c. 信息不足，无法判断

4. 拷贝 / 粘贴能复制公式，但无法利用相对和绝对单元格引用。
   a. 对　　b. 错　　c. 信息不足，无法判断

5. 拖动选定的单元格右下角的小方块，可以复制 / 粘贴单元格的内容。________
   a. 对　　b. 错　　c. 信息不足，无法判断

6. 一个单元格中可同时存在相对和绝对单元格引用。________
   a. 对　　b. 错　　c. 信息不足，无法判断

7. 引用一个单元格范围时，对列字母的引用必须使用大写。________
   a. 对　　b. 错　　c. 信息不足，无法判断

8. 将相对引用变成绝对引用需使用 & 符号。________
   a. 对　　b. 错　　c. 信息不足，无法判断

9. 电子表格中的列可以隐藏，但行不可以。________
   a. 对　　b. 错　　c. 信息不足，无法判断

10. 电子表格能导入任何种类的数据。________
   a. 对　　b. 错　　c. 信息不足，无法判断

选择题

1. 公式中的函数和列字母 ________。
   a. 要区分大小写
   b. 不区分大小写
   c. 如果在公式中加入 $，则区分大小写
   d. 如果在公式中加入 $，则不区分大小写

2. 引用一个单元格时，绝对和相对引用有 ________ 种组合方式。
   a. 4　　b. 1
   c. 6　　d. 2

3. 行号和列号分别用 ________ 来表示。
   a. 数字和字母　　b. 字母和数字
   c. 数字和数字　　d. 名称和数字

4. 以下哪个是有效的单元格范围？ ________
   a. D1:D4　　b. C3:D5
   c. A1:E1　　d. 以上都有效

5. 以下哪个是无效的单元格范围？ ________
   a. A1>A5　　b. C3–C8
   c. 3B:6B　　d. 以上都无效

6. B2:D7 这个范围中有多少个单元格？ ________
   a. 6　　b. 12
   c. 18　　d. 数量不定

7. 电子表格公式以 ________ 开头。
   a. +　　b. =
   c. @　　d. !

8. 所谓“定界”的单元格条目，是指 ________。
   a. 以特定字符开头的单元格条目
   b. 包含特定字符的单元格条目
   c. 不包含特定字符的单元格条目
   d. 以特定字符结尾的单元格条目

9. 通过 ________ 功能根据单元格的值来改变它的颜色。

a. 排序
b. 文本格式
c. 单元格格式
d. 条件格式

10. 以下哪个单元格引用全部采用相对单元格引用？ ________

a. J4
b. $J4
c. J$4
d. $J$4

11. 将公式 =$B$3 * .062 从单元格 B4 复制到 B5，结果是 ________。

a. =$B$4 * .062
b. =$B$3 * .062
c. =B5 * .062
d. 会报错

12. 如公式中包含 $G5，可知 ________。

a. G 是绝对引用，5 是相对引用
b. G 是相对引用，5 是绝对引用
c. 均相对
d. 均绝对

填空题

1. 单元格内容不以等号开头，表明单元格包含的是直接存储的 _______。

2. 单元格条目是 _______ 性的；也就是说，计算机不关心它的任何组成部分。

3. 查找列 J 的行 3~ 行 7 的最大值使用 _______ 公式 (假定这些单元格填充的都是数值)。

4. 查找列 A~ 列 E 的行 8 的最小值使用 _______ 公式 (假定这些单元格填充的都是数值)。

5. 包含一个或多个单元格的矩形块称为单元格 _______。

6. 选定单元格右下角的小方块称为 _______。

7. _______(相对 / 绝对) 单元格引用在粘贴 (填充) 时会自动转换公式。

8. _______(相对 / 绝对) 单元格引用在粘贴 (填充) 时会保持对固定位置的引用。

9. 一般先将数据整理成以 _______ 分隔，再导入电子表格。

10. 用 _______ 功能自动填充和递增值。(提示：series fill)

11. _______ 是电子表格内建的公式，目的是帮你完成常规计算。

12. 用 _______ 函数查找单元格范围中的平均值。

13. 用 _______ 函数查找单元格范围中的最大值。

14. 用特定类型的数据的增量来填充的一个单元格范围称为 _______。(提示：series fill)

15. PMT() 函数返回 _______(正 / 负) 数，因为这是你的支出。

16. 改变图表格式应 _______(单击 / 双击) 图表的某个部分，然后使用相应的菜单项。

17. _______ 函数用于连接不同的字母序列。

简答题

1. 电子表格的单元格包含哪些两种信息？说明电子表格如何知道信息的类型。

2. 浏览电子表格的函数列表。列出其中 10 个函数并解释如何使用它们。

3. 列出使用电子表格来组织个人生活的 5 种方法。请结合自己的实际，不要使用本章讨论的任何例子。

4. 用电子表格创建一个 8 行 ×8 列棋盘。调整行列大小使各单元格大小相等。用红色和黑色交替显示颜色。用彩色打印机输出结果。

5. 统计一袋 M&M 巧克力豆中每种颜色的数量。记录每一种颜色，在旁边的单元格中输入该颜色的巧克力豆数量。更改单元格的底色来匹配巧克力豆的颜色。写一个公式来计算总共有多少巧克力豆。如果愿意，可创建一个饼图，用颜色和数量作为数据来源。

6. 创建一个电子表格来显示你参加的课程。每学期一列，在下方输入课程名称。

7. 修改本章的还贷电子表格。在一个单元格中输入动态利率，在公式中使用该单元格。测试在利率发生变动后，会对你的还贷能力产生什么影响。

8. 访问 www.tides.info。选择一个地点来获得当前月份的潮汐表。复制数据并粘贴到电子表格。按自己的意愿修改格式。

9. 创建个人预算。收入单独一列。求和。开支另外一列。求和。数据越准确，预算就越接近真实。为预防万一，月底至少要剩一点钱！

10. 创建一个 GPA 计算器。课程单独一列。在每门课旁边的两个单元格中分别输入获得的学分和绩点。(通常，成绩为 D 的话，每学分 1 个绩点；C 是每学分 2 个绩点；B 是每学分 3 个绩点；A 是每学分 4 个绩点)。学分和绩点分别求和。GPA 等于绩点除以学分。

11. 解释作者为何选择创建一个包含他朋友的不同时区的电子表格，而不是每次都访问某个工具网站来查询时区信息。

12. 访问 www.imdb.com/chart/top。研究如何将显示的数据移至电子表格。按字母顺序对所有片名排序，将评分低于 8.0 的电影所在的单元格设为红底。

CHAPTER 

用于规划的高级电子表格：模拟分析

学习目标

- 了解创建高效电子表格的两个基本设计原则
- 了解如何通过条件格式来解释电子表格信息。
- 了解条件公式及其组件和行为
- 对电子表格执行模拟 (what if) 分析
- 使用自动筛选和高级筛选来自定义电子表格列表
- 了解电子表格单元格的符号命名

CHAPTER 14

明智的决策来自于猜测并将不好的结果归咎于他人这一悠久的传统。

——斯科特·亚当斯

计算机无人性的部分原因在于，一旦进行了合适的编程并能平稳运行，它便会变得完全诚实。

——艾萨克·阿西莫夫

第 13 章只介绍了电子表格的基本操作。学完之后，你可能疑惑为什么说电子表格是“最有用的常规应用”。它的功能似乎很有限。实情并非如此。本章将介绍高级电子表格技术，将证明电子表格不仅能帮助我们组织和分析数据，还能研究各种可能性，并针对那些变化制定相应的策略。这些高级技术和第 13 章的基本技术一样容易学，我们可凭借这些技术预测未来。

其他课本一般在商业应用的场景下讲解电子表格，而我们打算在例子中加入更多的个人爱好：一个不断修订的、用于计划公路旅行的电子表格。有人喜欢说走就走，认为太详细的计划会破坏旅行的乐趣。有人则喜欢精心计划行程。无论哪种方式，该电子表格都能帮助我们了解旅行中的重要限制因素，例如时间和金钱。一旦知道了这些限制，出发的时候是说走就走还是精心计划都无所谓。

到目前为止，我们创建的电子表格都是只用一次，而不是反复保存和使用。当电子表格成为日常工作或娱乐的基本工具时，它必须是有用且方便的。这意味着它需要良好的设计，本章将介绍两个重要的设计原则。

讨论高级功能时，将解释如何为电子表格设置条件。其中包括根据不同情况调整单元格的格式或值；例如，可标记“超出范围”的值。还可对电子表格进行筛选，根据需要包含或排除数据。另一个分析工具是进行“模拟”(what if) 试验；也就是说，电子表格可帮助我们检查替代方案并查看各种决策的后果。

通用工具

电子表格软件有多种，每个系统都提供一套不同的功能。本章旨在兼容不同的系统。为适应最大数量的学生，本章内容以“Excel 经典形式”呈现，即通过菜单来操作，而且与大量现有系统兼容。如使用 Excel 2003 之后的版本，可在功能区轻松找到对应的操作 (在“开始”中找到基本操作，在“公式”中找到公式……，等)。对于一些位置不明显的操作，会在方括号中指明在哪个功能区中寻找，例如 [视图]。

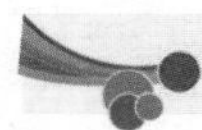

14.1 设计电子表格

如果制作电子表格来查找答案再将其删除，只要计算正确，用什么形式无关紧要。但是，如需反复使用电子表格，它就不只是给出答案。相反，它会成为你的计划、分析和决策工具。为提高效率，电子表格必须精心设计，尽量让人一目了然，而且要灵活。本节首先描述要在示例电子表格中使用的数据，然后提供实现这些目标的设计原则。

14.1.3 旅行

本例使用的数据和 Pat 和 Alex 相关，这两个人是朋友。他们知道不可能开车去北极，但好奇是否能开到北极圈。在网上调查一番后，他们发现以下事实。

- 伊利诺斯州罗克福德有一个北极圈街 (出师不利)。
- 一条公路在加拿大育空地区横穿北极圈，位于育空地区的道森市 (Dawson) 和西北地区的麦克弗森堡 (Fort McPherson) 之间。
- 从芝加哥的家到麦克弗森堡是 3512 英里，要驾驶 67 小时，如图 14.1 所示。
- 公路上有几百英里是非铺装路。

显然，67 小时是连续驾驶所需的时间。他们不打算这么做，所以决定制作一个电子表格来计算实际的时间和花费。本章把他们的电子表格作为例子。

旅行伴侣

仔细阅读后续各小节，按说明创建电子表格；这是学习新知识的一种相当高效的方式。另外，在完成后，将得到一个将来能帮自己规划行程的电子表格。访问 pearsonhighered.com/snyder 下载所有必要的文件。

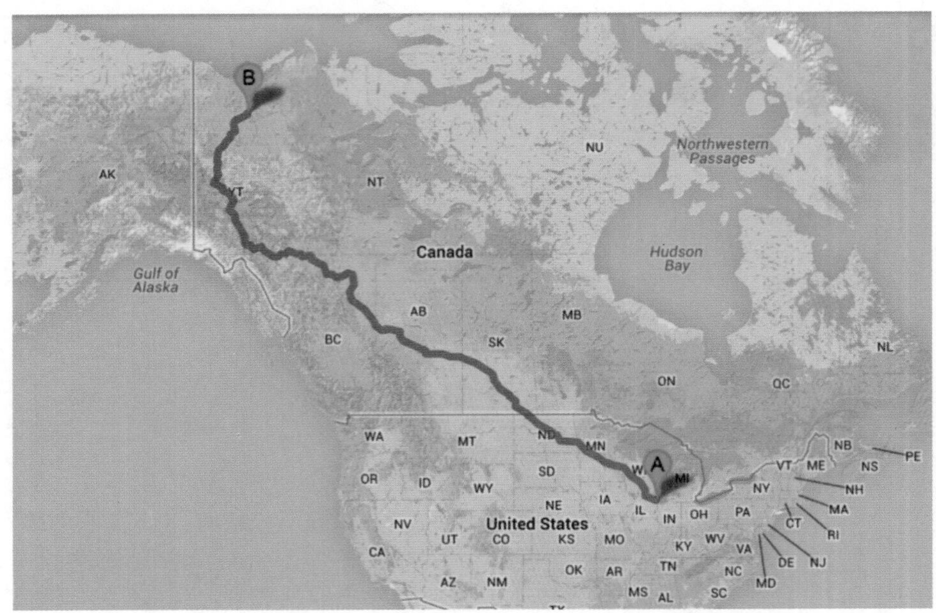

图 14.1　从伊利诺斯州芝加哥市 (图钉 A) 到西北地区麦克弗森堡 (图钉 B) 的谷歌地图行驶路线

14.1.2　设计原则

我们遵循两个基本原则来创建高效的电子表格。

> 注重布局：布局 (数据的表达形式) 要合理且清晰，每个条目都要让人一目了然且易于使用。

由于电子表格是供人而非计算机解决问题，所以必须容易理解和使用。这时，数据的表达形式就很关键。要合理排列数据，这通常意味着：

- 说明信息放在顶部和左侧
- 汇总 (摘要) 信息放在底部和右侧

字体要清晰，通常为标题和数据使用不同字体。字体和填充颜色的使用要有度，在吸引关注的同时，不能让人分心。每个表格单独使用一张工作表。创建多个工作表费不了多少事，管理多个表格时也更容易。隐藏当前上下文不需要的信息，也能使电子表格清晰和易于使用。

> 解释一切：解释每个单元格的作用

该规则意味着要描述数据来源，添加有意义的列标题和行标识信息。为单元格和范围分配符号名 (稍后解释)，以便直接引用而不必每次都指定行列号。对于显示汇总信息的单元格，应选择“合计”和“最大”这样的修饰符。对于负责计算的单元格，应通过“注释”对公式进行说明。

这些原则不仅适用于电子表格，还适用于网页设计和其他许多 IT 应用。贯穿本章，将有许多机会应用这些规则。

行业最佳

电子表格非常强大。它们理论上和任何编程语言一样强大，而且使用起来更直观。为了证明电子表格能胜任任何任务，加拿大会计师加里·沃尔金 (Cary Walkin) 用电子表格写了一个视频游戏！访问 http://carywalkin.ca/2013/03/17/arena-xlsm-released/，了解详情。

14.1.3 初始电子表格：应用规则

帕特和阿力克斯想弄清楚这次旅行要花多少时间和金钱，所以似乎可以弄一个电子表格出来，算出答案，然后马上就丢弃不用。但事实证明，这次旅行对他们两个人来说太昂贵了，所以需要寻找其他人来“搭伙”。所以，他们必须不断修改电子表格，展示给其他人以鼓励他们参与。相应地，他们要应用之前提到的设计原则，使电子表格灵活、可信和不言自明。

应用规则并不难。一共 5 天的行程，从芝加哥到育空地区的道森市。从道森开车去北极圈，当天晚上返回道森并参加富有特色的 19 世纪 90 年代淘金热庆祝活动。利用地图软件，他们制作了以下路书：

芝加哥 (Chicago) →北达科他州卡林顿市 (Carrington, ND)	778 英里	12 小时 2 分钟
卡林顿→萨斯喀彻温省巴特尔福德市 (Battleford, SK)	620 英里	11 小时 6 分钟
巴特尔福德→卑诗省圣约翰堡 (Fort St. John, BC)	648 英里	11 小时 26 分钟
圣约翰堡→育空地区沃森湖镇 (Watson Lake, YK)	555 英里	11 小时 17 分钟
沃森湖→育空地区道森市 (Dawson, YK)	601 英里	11 小时 55 分钟
道森市 ↔ 北极圈 (注意是往返)	484 英里	14 小时

朋友们想知道这次旅行要花多少钱，因此他们查询 www.gasbuddy.com 网站来添加了一列油费。注意行程一部分在美国，汽油以加仑和美元为单位；另一部分是在加拿大，以升和加拿大元为单位。图 14.2 展示了预估的当地油价。

Trip to the Arctic Circle
by Pat and Alex (Completed 23.June) "Let's Go!!"

Segment	Time Est.	Miles	Fuel Price Report	Fuel Price
Chicago to Carrington ND	12:02	778	US Chicago	$4.15
Carrington to Battleford SK	11:06	620	US Carrington ND	$3.65
Battleford to Fort St. John BC	11:26	648	CA Battleford SK	$1.27
Fort St. John to Watson Lake YT	11:17	555	CA Medicine Hat AB	$1.16
Watson Lake to Dawson YT	11:55	601	CA Fort Nelson BC	$1.57
Dawson to Dawson via AC	14:00	484	CA Yellowknife NT	$1.39

图 14.2　北极圈公路旅行的初始电子表格

有多个地方应用了“注重布局”原则。例如，图 14.2 的电子表格添加了大标题，还列出了作者和表格制作时间，每一列都有恰当的标题。标题行用淡雅的颜色填充 (颜色太重会使人分心) 以便和内容区分。数据使用无衬线 (sans serif) 字体并对齐。这样所有列都显得很整齐，清晰而美观。

“解释一切”原则通过 4 个注释来应用，每个注释都说明了数据来源。可将“注释”想象成为单元格贴的便签纸，标志就是单元右上角的小红色三角。鼠标放到单元格上方，将自动显示注释。

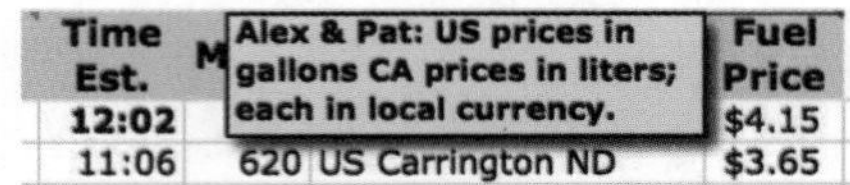

在 Excel 中插入注释的方法是选定单元格并从菜单中选择“插入”|“批注”[审阅]。会在注释开头自动插入作者名。要编辑选定单元格的注释，请从菜单中选择“插入”|“编辑批注”。要删除注释，则选择“编辑”|“清除”|“批注”[审阅 > 删除]。注意，Excel 2003 只有“批注”功能，没有“注释”功能。最新版本两者共存，且存在一定区别。

对该电子表格进行后续开发时，会经常应用这两个设计原则。

14.1 加油问题

美国汽油按加仑计价，加拿大按升。参考图 14.2，艾伯塔省 (Alberta) 省梅迪辛哈特 (Medicine Hat) 市的油比伊利诺伊州芝加哥市的贵还是便宜？ (假定币值相等)。提示：1 加仑 3.785 升。

14.2 条件格式

使电子表格更高效的另一个技术是有条件地格式化单元格。第 13 章已在计算应还款时运用了该技术，结果是预算内的月还款金额显示成绿色，超出预算的显示成红色。条件格式使我们能对数据进行解释 (还款在预算内，还是在预算外？)，并以易于理解的方式表达该解释。

14.2.1 设置单元格

在北极圈公路旅行电子表格中，有许多地方都可运用条件格式来帮助朋友理解数据。关于这次旅行的一个观察结果是，他们在每个路段上的行驶时间有很大差异。有些天开的时间要长一些。为了强调这些路段，Pat 和 Alex 决定为 Time Est.(估计时间) 列应用条件格式：行驶小时数高于平均值的任何路段均被解释为“长时间”，加粗显示。

为此，他们首先选定这一列的数据项，从菜单中选择“格式”|“条件格式”[开始 > 条件格式 > 新建规则]。在随后出现的对话框中 (各种系统的界面不同) 设置条件格式。

新建格式规则

选择规则类型(S):

► 基于各自值设置所有单元格的格式
► 只为包含以下内容的单元格设置格式
► 仅对排名靠前或靠后的数值设置格式
► 仅对高于或低于平均值的数值设置格式
► 仅对唯一值或重复值设置格式
► 使用公式确定要设置格式的单元格

编辑规则说明(E):

基于各自值设置所有单元格的格式:

格式样式(O): 双色刻度

最小值　最大值

类型(T): 最低值　最高值

值(V): (最低值)　(最高值)

颜色(C):

预览:

确定　取消

可以在这里设置一个或多个格式规则。如单元格满足条件，就应用设置好的格式。目前显示的是默认选项，我们要选择“仅对高于或低于平均值的数值设置格式”，并指定在满足“高于”条件时加粗显示。

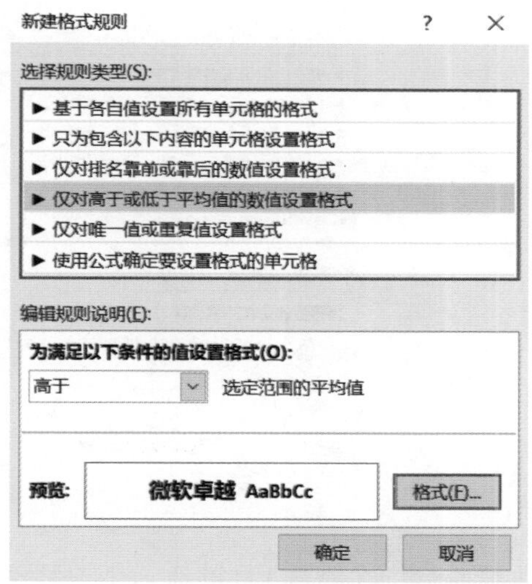

单击“确定”按钮，获得如图 14.3 所示的结果。

Trip to the Arctic Circle

by Pat and Alex (Completed 23.June) "Let's Go!!"

Segment	Time Est.	Miles	Fuel Price Report	Fuel Price
Chicago to Carrington ND	**12:02**	778	US Chicago	$4.15
Carrington to Battleford SK	11:06	620	US Carrington ND	$3.65
Battleford to Fort St. John BC	11:26	648	CA Battleford SK	$1.27
Fort St. John to Watson Lake YT	11:17	555	CA Medicine Hat AB	$1.16
Watson Lake to Dawson YT	11:55	601	CA Fort Nelson BC	$1.57
Dawson to Dawson via AC	**14:00**	484	CA Yellowknife NT	$1.39

图 14.3　为“长时间”设置了条件格式的北极圈公路旅行电子表格

14.2.2 设置公式

虽然“长时间”定义了长路段，但之所以要开这么长的时间，是由路段造成的。我们想突出显示第一列 (A) 的信息，即 Segment(路段) 列，而不是突出显示第二列 (B)。可根据 AVERAGE(B$2,B$7) 的值来格式化这一列的数据项，该函数计算 Time Est.(估计时间) 列的平均值。但问题在于：和平均值比较的应该是 B2 而非 A2。这时可在“条件格式”中选择“使用公式确定要设置格式的单元格”。也就是说，需要一个公式来判断是否对特定数据项进行格式化。这时就要用到 IF() 函数，其常规形式如下所示：

IF(条件 , 条件为 TRUE 时的返回值，条件为 FALSE 时的返回值)

所以，选定列 A 的所有数据项，并在条件格式中使用 IF() 函数：

=IF(B2 > AVERAGE(B$2:B$7), TRUE, FALSE)

该函数将 B2 单元格的值和 Time Est.(估计时间) 列的平均值比较。如结果为 TRUE(B2 大于平均时间)，就返回 TRUE 并对 A2 进行格式化；否则 (B2 小于或等于平均时间) 不对 A2 进行格式化。

为了实现对 Segment(路段) 列的格式化，我们清除了 Time Est.(估计时间) 列的条件格式，并向列 A 的数据项应用公式。结果如图 14.4 所示。

Trip to the Arctic Circle
by Pat and Alex (Completed 23.June) "Let's Go!!"

Segment	Time Est.	Miles	Fuel Price Report	Fuel Price
Chicago to Carrington ND	12:02	778	US Chicago	$4.15
Carrington to Battleford SK	11:06	620	US Carrington ND	$3.65
Battleford to Fort St. John BC	11:26	648	CA Battleford SK	$1.27
Fort St. John to Watson Lake YT	11:17	555	CA Medicine Hat AB	$1.16
Watson Lake to Dawson YT	11:55	601	CA Fort Nelson BC	$1.57
Dawson to Dawson via AC	14:00	484	CA Yellowknife NT	$1.39

图 14.4 向 Segment(路段) 列应用条件格式，在“Time Est.” (估计时间) 大于平均值时加粗

14.2.3　区分美国和加拿大

图 14.5 展示了条件格式的另一个应用：Fuel Price(油价) 列中的加元价格以斜体显示。和路段格式一样，油价的格式化也需要使用 IF() 函数。问题在于，现在要知道哪些价格是加元，而这无法通过单元格中的金额来判断。但是，在 Fuel Price Report 列的单元格中，前两个字母标识了加油所在国家。所以，如果国家是 CA，价格就以斜体显示。

这时可用 LEFT() 函数访问文本值中的字母，其语法如下所示：

```
LEFT( 文本值 , 字符数 )
```

该函数从“文本值”最左边开始获取由“字符数”指定的字符。当然，还有一个对应的 RIGHT() 函数。这里“文本值”应填写 D2，即 Fuel Price Report 列的加油地点。“字符数”则填写 2。所以，IF() 函数的条件应该是：

```
LEFT(D2, 2)="CA"
```

注意，由于是字符串，所以引号是必须的。上述表达式的意思是：从单元格 D2 的文本左边取两个字符，把它们和 "CA”比较。将表达式放到 IF() 函数中，获得完整公式：

```
=IF(LEFT(D2, 2)="CA", TRUE, FALSE)
```

这样就可以在油价以加元计的时候 (条件为 TRUE) 格式化油价金额，否则 (条件为 FALSE) 不格式化。

所以，为了应用斜体，首先选定 Fuel Price 列的所有金额，执行“条件格式”命令，新建规则，选择“使用公式确定要设置格式的单元格”。

输入上述 IF() 函数并点击“格式”按钮将字体设为倾斜。点击“确定”按钮后将获得如图 14.5 所示的结果。注意前两个油价的格式没有变化，因为 D 列对应的前两个字母不是 "CA”。

最后，他们为 Segment 列添加一条注释，解释加粗的字代表行驶时间超出平均值；再为 Fuel Price 列添加一条注释，解释斜体代表加元 / 升。

14.3 条件公式

之前是用 IF() 函数改变格式来响应特定条件。类似地，可用条件公式使整个单元格的计算取决于特定条件。这一点对 Pat 和 Alex 来说很重要，因为油有加仑和升这两种计量单位，价格也分美元和加元。需要准确计算一箱油到底要花多少钱。本节解释电子表格如何计算条件公式，演示如何用它计算每一段行程的开支。新列称为 Amount Paid(支付金额)。在解释如何计算之前，先弄清楚他们的需求。

14.3.1 判断支付金额

首先要知道车子每单位油量的行驶距离，即平均里程 (我们称为油耗、燃油经济性)。大多数驾驶员对自己车子的平均里程都有数，Alex 的老款斯巴鲁是平均每加仑 22 英里 (miles per gallon，mpg)。所以，油费公式是“= 油价 * 距离 / mpg”。他们在 Amount Paid 列添加一条注释，说明假设 mpg = 22。

电子表格列出的距离以英里为单位，因为这是在美国用地图软件报告的。如某些距离以英里计，另一些以公里计，就必须将一种格式转换成另一种。幸好不用。

转换为每升英里数

但是，还是要在升和加仑之间转换。为算出油费，距离要除以平均里程，从而得出每一段需要多少油。然后，将这个数字乘以当地油价。由于已知平均里程的单位是“每加仑英里”，所以他们有两个选择：

- 按加仑而不是升来计价
- 将平均里程表示成“每升英里”(miles per liter，mpl)

不管怎么选择，美国和加拿大都要区别对待。

两种计算都需要知道一加仑是多少升，所以他们利用搜索引擎查到美国一加仑等于 3.788 升。选择第二个方案：

```
mpl = mpg/3.788
```

斯巴鲁 mpg = 22，对应 mpl = 5.8。

针对两种情况

要知道每一路段要支付的油费，要么每加仑油价乘以“距离 /mpg”，要么每升油价乘以“距离 /mpl”。显然，这时又要用到 IF() 函数。和之前的条件格式例子一样，需要测试“Fuel Price Report”字段的前两个字母。如数据来自美国，就执行第一个计算，否则执行第二个：

```
=IF(LEFT(D2,2)="US", E2*C2/22, E2*C2/5.8)
```

注意，和之前不同，该公式比较的是"US”。其前提条件是：油价是所列地点的平均油价，而且车子的平均里程(mpg)是22。这些前提条件已在注释中记录。油费在美国以美元计，在加拿大以加元计，所以还要和之前一样将Amount Paid列的加元油费格式化成斜体。如果如图14.5所示。

Trip to the Arctic Circle
by Pat and Alex (Completed 23.June) "Let's Go!!"

Segment	Miles	Fuel Price Report	Fuel Price	Amount Paid
Chicago to Carrington ND	778	US Chicago	$4.15	$146.76
Carrington to Battleford SK	620	US Carrington ND	$3.65	$102.86
Battleford to Fort St. John BC	648	CA Battleford SK	*$1.27*	*$141.89*
Fort St. John to Watson Lake YT	555	CA Medicine Hat AB	*$1.16*	*$111.00*
Watson Lake to Dawson YT	601	CA Fort Nelson BC	*$1.57*	*$162.68*
Dawson to Dawson via AC	484	CA Yellowknife NT	*$1.39*	*$115.99*

图14.5　添加了Amount Paid列的北极圈公路旅行电子表格。注意，Time Estimate列已被隐藏，并为Amount Paid列的标题添加了一条注释说明这些金额的前提假设是22 mpg

14.3.2　统一货币

还有一个运用条件公式的例子。为了让朋友了解旅行的总预算，统一货币至关重要。作为美国人，他们自然选择美元。所以在电子表格中添加了一列Cost(支出)。基本上是复制Amount Paid列(列F)的值，但全部换算为美元。计算思路一样，同样要用到IF()函数。

Pat在网上搜索到加元和美元的汇率是1加元=0.948美元[①]。所以，凡是以加元计的支出，都直接乘以0.948来获得美元值。

Cost列(列G)的IF()函数很简单，和之前一样测试列D，判断支出是以美元还是加元计，G2要使用的条件是LEFT(D2,2)="CA"。如果是加元，就返回F2*0.948，否则直接返回F2的值。所以，以下表达式：

```
=IF(LEFT(D2,2)="CA", F2*0.948, F2)
```

会将所有油费都统一为美元。

14.2　货币兑换

假定将统一货币的公式写成=IF(LEFT(D2,2)="US", x, y)。x和y应写成什么来获得同样的结果？

然后在电子表格中输入沿同一路线的返程。虽然不是首选，但这或许是回家最快和最便宜的路线。最后，添加一个SUM()函数来汇总开支。结果如图14.6所示。

①　2020年2月汇率是1加元=0.75美元。——译注

Trip to the Arctic Circle
by Pat and Alex (Completed 23.June) "Let's Go!!"

Segment	Miles	Fuel Price Report	Fuel Price	Amount Paid	Cost
Chicago to Carrington ND	778	US Chicago	$4.15	$146.76	$146.76
Carrington to Battleford SK	620	US Carrington ND	$3.65	$102.86	$102.86
Battleford to Fort St. John BC	648	CA Battleford SK	*$1.27*	*$141.89*	$134.51
Fort St. John to Watson Lake YT	555	CA Medicine Hat AB	*$1.16*	*$111.00*	$105.23
Watson Lake to Dawson YT	601	CA Fort Nelson BC	*$1.57*	*$162.68*	$154.22
Dawson to Dawson via AC	484	CA Yellowknife NT	*$1.39*	*$115.99*	$109.96
Dawson to Watson Lake YT	601	CA Fort Nelson BC	*$1.57*	*$162.68*	$154.22
Watson Lake to Fort St. John BC	555	CA Medicine Hat AB	*$1.16*	*$111.00*	$105.23
Fort St. John to Battleford SK	648	CA Battleford SK	*$1.27*	*$141.89*	$134.51
Battleford to Carrington ND	620	US Carrington ND	$3.65	$102.86	$102.86
Carrington to Chicago IL	778	US Chicago	$4.15	$146.76	$146.76
				Total	$1,397.14

图 14.6 完善了油费的北极圈公路旅行电子表格

居然要花这么多钱，真的出乎意料。这还只是油费。还要吃饭和睡觉；另外，总得买些纪念品吧？难怪帕特和阿力克斯（Pat 和 Alex）要找朋友一起分摊费用！

14.3 燃油税

假定只有加拿大艾伯塔省 (即 Fuel Price Report 列中最右侧是 "AB” 的地点) 要征收燃油税，请新增一个名为 Fuel Surcharge(税后油费) 的列，用公式在原油费的基础上加 10% 的燃油税，返回在 AB 省加油的税后价格。非 AB 省保持原价。

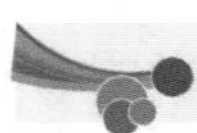

14.4 命名：符号引用

之前开发条件格式和条件公式时，通常以 B2，D2，E2 这样的形式引用单元格。但这样做会埋下隐患。假定在电子表格中插入一列，引用也会跟着调整吗？显然，之前对列 D 的注释不会调整。这和电子表格要清晰易懂的主旨不符。另外，这张表还在公式中做了许多假设，包括一加仑汽油所行驶的里程 (mpg) 和汇率。这些都有可能发生变化：汇率每分钟都在变，最后可能换一台 mpg 更好的车子等。电子表格现在过于依赖特定位置和当时的数据。如目标是将来能反复使用，就不能受这些容易变化的东西的影响。

14.4.1 定义名称

一个有用的设计方案是为电子表格的组件分配名称。用行话来讲，就是对单元格进行符号引用 (即引用其名称)，而不是直接引用 (即引用其行、列位置)。可为单元格或单元格范围分配一个单词或短语作为名称。之后。以后引用单元格时 (比如在公式中)，就可以引用该名称。使用名称不容易破坏范围规范，以后添加行列时也能减少出错概率。

为了分配名称，请选择“插入”｜“名称”｜“定义”[公式 > 定义名称]，随后会出现如图 14.7(a) 所示的对话框。在引用位置中，已填好了执行命令前选定的单元格范围。这时输入一个名称 (通常不能包含空格)，将该名称分配给选定的单元格范围。但这只是第一步，定义好的名称还没人引用。接着选择“插入”｜“名称”｜“应用”[公式 > 定义名称 > 应用名称]，如图 14.7(b) 所示。点击“确定”后，软件会查找所有对具有该名称的单元格 (本例是 C2:C12) 的所有引用，用符号名称替换对行、列位置的直接引用。

注意，我们命名的是标题为 Miles 的列，但将其名称定义为 distance，因为后者更能说明问题。名称独立于列标题，虽然通常使用相同的单词。

图 14.7　定义并应用名称：(a) 定义名称；(b) 应用名称

14.4.2　应用名称

应用名称后，所有公式都会自动应用 distance 这个名称。以单元格 F2 为例，它之前引用的是 C2，现在变成 (看上方的公式栏)：

```
=IF(LEFT(D2,2)="US", E2*distance/22,E2*distance/5.8)
```

这证明已自动替换成了名称。除了更安全，使用符号名称还更易读、更易理解。为了进一步体验，下面再多定义几个符号名称，我们选择：

priceSrc D2:D12
fuelPrice E2:E12
amtPaid F2:F12
cost G2:G12

将这些名称应用于公式。完成后，F2 的公式变成下面这样：

```
=IF(LEFT(priceSrc,2)="US", fuelPrice*distance/22,fuelPrice*distance/5.8)
```

这就更容易理解了。

使用符号名称是一个绝妙的主意，我们似乎可增加一个设计原则，规定总是使用符号名称，但这没有必要。之前的“解释一切”原则已暗示了这一点。例如，当用户选择单元格 F2 时，应该在顶部的公式栏中看到一个有意义的公式。符号名称方便我们理解 (计算机自然无所谓)。

14.4.3 明确假设

目前尚未全面贯彻对所有变量进行命名的思路。22(mpg) 和 5.8(mpl) 不是 π 那样的常量，它们是基于场景的变量，是我们计算的基础。它们也应该拥有符号名称。

目前命名的范围和这些应用于公式的参数的区别在于，后者没有和特定的单元格绑定。但是，如下一节所述，通过将它们的值赋给单元格并命名，将方便探索更多的旅行方案。

为此，Pat 和 Alex 在 Segments(路段) 条目下方新建了一个区域，完整列出了他们的假设。目前有三个参数：每加仑里程 (mpg)、每升里程 (mpl) 和汇率。还有一个假设是旅行人数。虽然没有在任何公式中出现，但这个人数肯定是个变量。所以，他们决定为其新增一个单元格。这些假设明确如下：

Assumptions	
Miles per gallon	22
Miles per liter	5.81
US-Canadian Exch Rate	0.948
Travelers	2

然后可为这些值分配名称，以方便在公式中引用。选取的名称分别是 mpg，mpl，xchRate 和 buddies。mpl 值用以下公式换算：

```
=mpg/3.788
```

结果是 5.81，比之前使用 5.80 大一点，所以最后的油费账单会有一点点差异。

14.4 更好的平均里程

在 22 mpg 的情况下，一升油可行驶 5.81 英里。如果是 25 mpg 呢？

最后，必须手动修改 Amount Paid(支付金额) 公式中使用的常量。这时无法使用“应用名称”，因为公式中直接引用了 22，而不是包含 22 的某个单元格。所以，在公式栏中将 22 手动替换成 mpg，并将公式填充到该列的其他单元格。当然，mpl 和 xchRate 也必须手动替换。F2 修改完成后变成：

```
=IF(LEFT(priceSrc,2)="US", fuelPrice*distance/mpg,fuelPrice*distance/mpl)
```

将底部的结果单元格命名为 fuelCost 后，就完成了对电子表格的全部修订，所有相关的单元格和范围都进行了命名，花费的时间不过几分钟。最好在设计单元格就立即命名，这样以后可以省很多事。

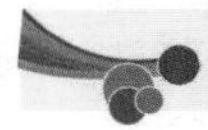

14.5 模拟分析

Pat 和 Alex 发现开车往返北极圈单单油费就要 1400 美元。这有些超出他们的承受能力。所以，需要找一些朋友来分摊费用。但在此之前，需要更好地了解整个旅程的开销，以及是否有办法控制一下费用。由于电子表格的特点是只要一个数字发生变化就全部重新计算，所以特别适合用来预测变化所带来的后果。所以可以修改一些数字，然后观察结果。

14.5.1 直接试验

Pat 和 Alex 可直接在现在电子表格的基础上进行这种预测分析。具体就是更改单元格，看看会发生什么，再撤销更改。有点笨，但是快。(文件先存盘是个好主意。) 他们感兴趣的如下。

- 改装斯巴鲁到 25 mpg，油费有何变化？
- 增加人数后造成车子载重增加，22 mpg 的假设可能不合适了。如果 20 mpg 呢？
- 如果能拿到一台 30 mpg 的车子，油费有何变化？

三个 mpg 在修改后，油费分别变成 1228，1536 和 1024 美元。显然，旅行开销和油耗息息相关。用同样的方法，他们发现汇率对开销影响不大 (至少在可能的汇率波动范围之内)。所以，不必等着美元走强了。

直接试验的问题在于，之前精心输入的数据和公式可能不慎被永久性更改。幸好，有更好的方法做试验。

14.5.2 方案

电子表格软件通过一个称为方案 (Scenario) 的工具支持刚才描述的预测或者“模拟分析”。可将方案视为基于不同输入的备选电子表格。方案帮助我们理解计划变化所造成的后果，比如油耗的变化。另外，它比直接修改单元格更安全。

改装方案

首先选定 mpg 单元格 (Miles per gallon)，因为我们想探索修改当前值 22 后发生的变化。然后选择“工具” | “方案” [数据 > 模拟分析 > 方案管理器]，如图 14.8(a) 所示。这是“方案”功能的主界面，我们在这里新建方案、编辑方案并请求摘要。刚开始自然无方案，所以点击“添加”。随后出现如图 14.8(b) 所示的“添加方案”对话框，将方案命名为“Tune-Up”(改装)。注意软件自动填充了要发生变化的单元格，并备注了创建者和创建时间。点击“确定”将出现如图 14.8(c) 所示的“方案变量值”对话框。

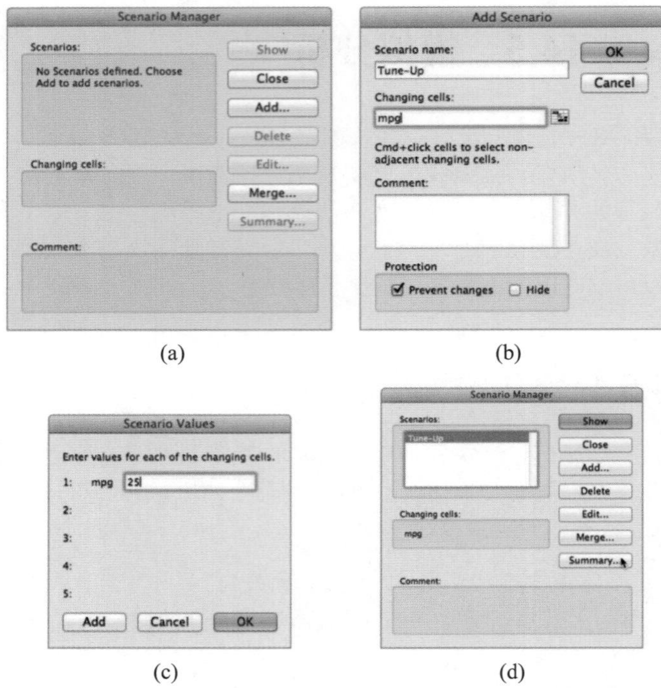

图 14.8 为北极圈公路旅行电子表格添加方案的一系列对话框：(a) 方案管理器；(b) 新建改装方案；(c) 设置模拟分析变量值；(d) 请求摘要报告

在这里输入 mpg 的备选值。注意该字段使用符号名称，我们已对单元格进行了命名。单击“确定”按钮并返回如图 14.8(d) 所示的“方案管理器”对话框，可在列表中看到新方案。

定义好方案后即可运行。注意，图 14.8(d) 的方案管理器底部有一个“摘要”按钮。点击后会有一个对话框询问要将哪个单元格视为计算结果。也就是说，假设方案实行了，最感兴趣的值是什么？软件预测 G14(即 fuelCost 单元格) 是我们最感兴趣的摘要信息。点击“确定”将显示如图 14.9 所示的“方案摘要”工作表。它很好地总结了原方案 (“当前值”列) 和改装方案 (“Tune-Up”列) 的结果。分析表明，如价格便宜，改装一下是有好处的 (虽然在长途旅行之前，一般都要考虑改装一下汽车)。

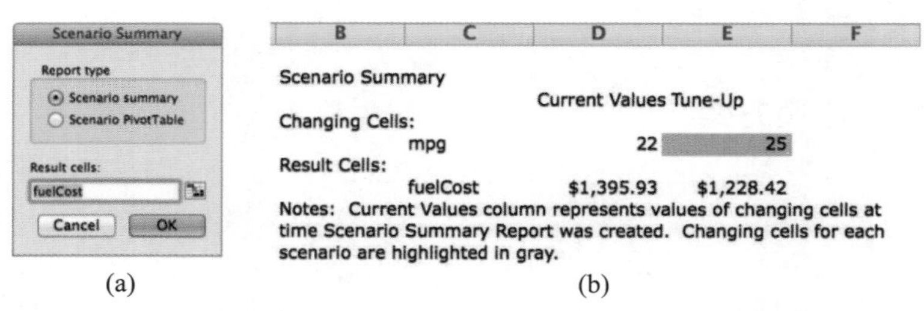

图 14.9 改装方案和原方案的比较

和直接修改 mpg 单元格并观察结果相比，设置改装方案所花的时间似乎有点不值得。但这只是暂时的，真正的好处还没有显现出来。

14.5 值得吗？

改装后的 mpg 从 22 变成 25，这或许值得，但和节省的油费相比，改装花的钱可能更多。花多少钱改装才能至少做到保本？

结伴自驾方案

由于 Pat 和 Alex 希望预测增加一个或多个朋友的结果，所以在 fuelCost 单元下方添加了一个名为 fuelPP 人均费用单元格，公式是 =fuelCost/buddies。

Total	$1,395.93
Cost Each	$697.96

然后为它们新增一个名为 xtraPassenger(额外乘客) 的方案。该方案和刚才的 Tune-Up(改装) 方案相似。图 14.10 展示了关键步骤。注意，图 14.10(a) 的“添加方案”对话框指定了两个可变单元格：mpg 和 buddies。在随后的“方案变量值”对话框中 (图 14.10(b))，要为这些单元格输入值。他们将 buddies 设为 3，将 mpg 降至 21(因为载重增加了)。然后，在如图 14.10(c) 所示的“方案摘要”对话框中，他们将 fuelPP 指定为结果单元格。

最后，在图 14.10(d) 所示的“方案摘要”工作表中，新方案的预测结果和之前的“改装”方案共存。和你猜的一样，加了一个人之后，费用少了不少 (即使油耗增加了)。

显然，可以用类似的方法开发 High Mileage(高油耗) 方案。

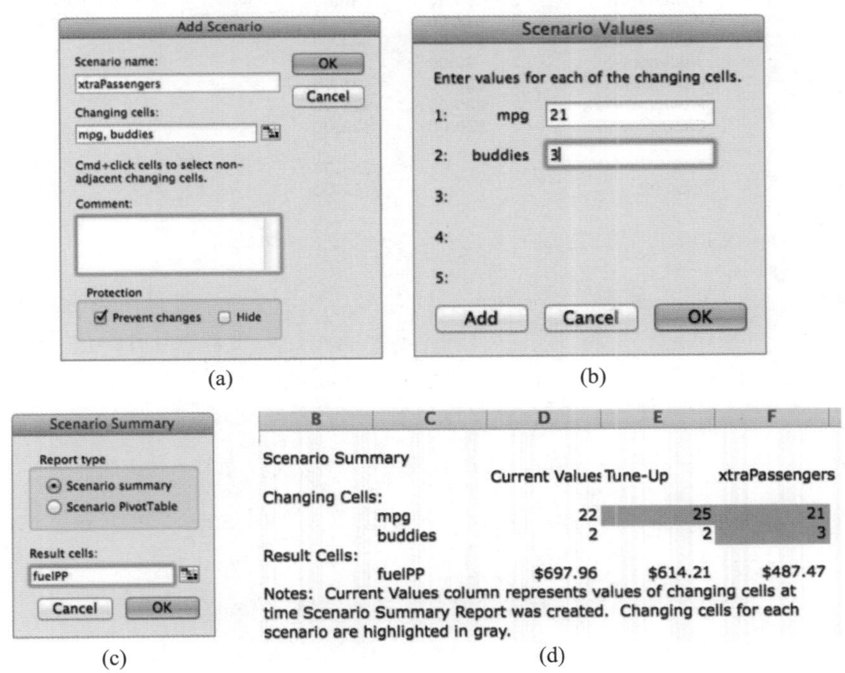

图 14.10 xtraPassengers 方案及其对 FuelPP 的影响

14.6　变重了

加一个人会增加油耗，假设 mpg 从 22 变成 21(以前一加仑能开 22 英里，现在只能开 21 英里)，但多了一个人支付油费。加一个人具体要额外支付多少油费？

14.5.3　分析模型

现在很好地估计了旅途中的油费和增加乘客的成本效益。但是，旅行实际要花多少钱？他们建立一个模型来回答这个问题，模型中考虑了这次旅行的所有可预见的费用，以及这些费用如何与油费用结合以生成前往北极圈的最终开销。

模型公式化

首先，他们多考虑了一下开支。为节省住宿费，他们决定露营。这是有道理的，因为要去的是荒郊野外，而且有现成的露营装备。稍微在网上搜索了一下，他们知道可以在公共营地、国家 / 省级公园露营。另外，如果进入荒野，就直接在野外露营。在电子表格中，他们新建了如图 14.11 所示的工作表。

Trip to the Arctic Circle
by Pat and Alex (Completed 23.June) "Let's Go!!"

Lodging	Occp	Price	Lodging Expense
Campground	2	$28.00	$28.00
Provincial Park	2	$25.00	$25.00
Provincial Park	2	$25.00	$25.00
Wilderness	2	$0.00	$0.00
Hostel @ 22	2	$22.00	$44.00
Hostel @ 22	2	$22.00	$44.00
Wilderness	2	$0.00	$0.00
Provincial Park	2	$25.00	$25.00
Provincial Park	2	$25.00	$25.00
Campground	2	$28.00	$28.00
Total			$244.00
Total PP			$122.00

Trip to the Arctic Circle
by Pat and Alex (Completed 23.June) "Let's Go!!"

Extras	Cost
Contingency	$100.00
Tires	$180.00
Total	$280.00
Total PP	$140.00

图 14.11　北极圈公路旅行电子表格的住宿和应急数据

Lodging(住宿) 表为每一晚的住宿都准备了一个条目，说明在哪儿住，住多少人和要花多少钱。注意，Occp 是单间入住人数 (一个房间住 2 人，Occp 就是 2)，Price 是每房间的价格。如果入住青年旅舍这样的地方，由于按床位收费，所以 Occp 应填为 1，Price 就是床位费。住宿费 (Lodging Expense 那一列) 的计算公式是：

=price*buddies/occupancy (= 单间报价 * 总人数 / 单间入住人数)

汇总后就得到总的住宿费，再除以总人数 (buddies)，就得到人均住宿费 (totalPP)。这些汇总结果在列的最下方列出。

应急费用涉及路上可能存在的收费站和可能的油价变化。但是，他们觉得虽然这些事情有可能发生，但总共最多不会超过 100 美元。另外，由于担心斯巴鲁的轮胎，所以决定留一些预算来换胎。汇总这两项并除以总人数，得到人均应急费用 (continPP)。

模型

最后，掌握了更全面的数据之后，他们又新建了一个工作表。

Trip to the Arctic Circle
by Pat and Alex (Completed 23.June) "Let's Go!!"

Expenses	Amt PP
Fuel	$697.96
Lodging	$122.00
Contingencies	$140.00
Total Est Cost	$959.96

该表汇总了人均费用。这是他们的模型：显示 fuelPP(人均油费)、lodgingPP(人均住宿费) 和 continPP(人均应急费)，并给出总人均 (estTotal)。注意不含餐饮，因为即使呆在家里也要吃饭，所以这不能算是旅行的直接成本。

重用方案

可以重新运行之前设置的方案，查看总开支随旅行者人数增加而如何变化。再次在方案管理器中点击摘要，并在随后的“方案摘要”对话框中将“结果单元格”更改为 estTotal，这是现在最重要的单元格。

点击“确定”后，获得如图所示的模型摘要。

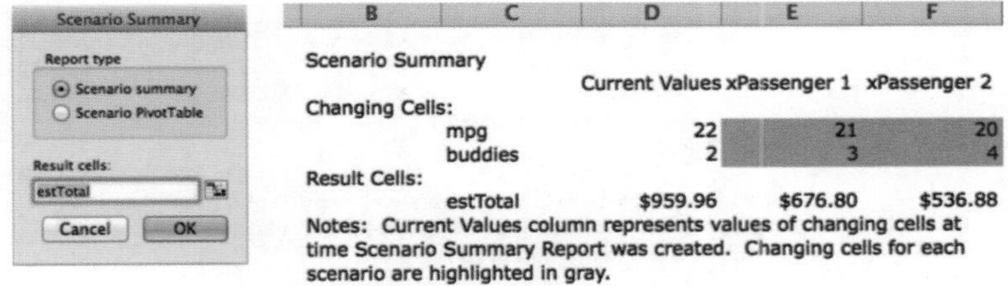

	B	C	D	E	F
	Scenario Summary				
			Current Values	xPassenger 1	xPassenger 2
	Changing Cells:				
		mpg	22	21	20
		buddies	2	3	4
	Result Cells:				
		estTotal	$959.96	$676.80	$536.88

Notes: Current Values column represents values of changing cells at time Scenario Summary Report was created. Changing cells for each scenario are highlighted in gray.

模型的预测跟我们估计的相符。真是太方便了！

改变计划

Pat 和 Alex 很快便找到了第一个对北极圈旅行感兴趣的朋友，前提是出发前买好新轮胎。下一个人则表明担心在熊出没的地方露营，更愿意住旅舍。自然，不可能每个晚上都开到一个旅舍，丢下朋友，然后自己跑去露营。所以，他们决定运行另一个“方案”，了解每天住旅舍对于开支的影响。

Hostel Upgrade(旅舍升级) 方案需要一个新字段，名为 camping。

Assumptions	
Miles per gallon	22
Miles per liter	5.81
US-Canadian Exch Rate	0.948
Travelers	2
Camping	Yes

Yes/No 字段控制 Lodging(住宿) 表的入住人数 (occupancy)。该数据之前定义成在营地停留的人数 (buddies)，现在变成：

```
=IF(camping="Yes", buddies, 1)
```

该公式指定每个人要么露营 (Yes)，要么在旅舍订一张床 (No)。他们添加了一条注释来描述字段的含义。

Pat 和 Alex 再次在“方案管理器”中新建一个方案。新方案必须考虑更改整个范围的值(所有 Price 值)所造成的影响。旅行者露营(Yes)时，原始数据没有问题，但一旦不露营 (No)，条目就必须显示旅舍一张床的价格。

在“添加方案”对话框中，他们输入名称 Hostel Upgrade，并指定可变单元格。这些单元格除了和之前一样要包括 mpg 和 buddies，还要包括 Lodging 表的 Price 字段 (J2:J11) 以及 camping。在随后的“方案变量值”对话框中，他们输入旅舍每晚的估计价格 22 美元(没有花时间去查询确切价格)。其他值也要输入，最后一个输入 No，代表不露营。点击“摘要”将显示如图 14.12 所示的“方案摘要”表。

B	C	D	E	F	G
Scenario Summary					
		Current Values	xPassenger 1	xPassenger 2	Hostel Upgrade
Changing Cells:					
	mpg	22	21	20	20
	buddies	2	3	4	4
	$J$2	$28.00	$28.00	$28.00	$22.00
	$J$3	$25.00	$25.00	$25.00	$22.00
	$J$4	$25.00	$25.00	$25.00	$22.00
	$J$5	$0.00	$0.00	$0.00	$22.00
	$J$6	$22.00	$22.00	$22.00	$22.00
	$J$7	$22.00	$22.00	$22.00	$22.00
	$J$8	$0.00	$0.00	$0.00	$22.00
	$J$9	$25.00	$25.00	$25.00	$22.00
	$J$10	$25.00	$25.00	$25.00	$22.00
	$J$11	$28.00	$28.00	$28.00	$22.00
	camping	Yes	Yes	Yes	No
Result Cells:					
	estTotal	$959.96	$676.80	$536.88	$673.88

Notes: Current Values column represents values of changing cells at time Scenario Summary Report was created. Changing cells for each scenario are highlighted in gray.

图 14.12　北极圈公路旅行电子表格的 Hostel Upgrade Scenario Summary(旅舍升级方案摘要)表

注意，在图 14.12 的工作表中，变化值以灰色填充显示。另外，它们针对每个方案都有显示，和是否属于方案无关。也就是说，即使住宿费在旅行者人数增加的方案 (xPassenger 1 代表增加一人，xPassenger 1 代表增加两人) 中没有变化，它们也会显示。这是因为它们在某些方案 (Hostel Upgrade，旅舍升级) 中发生了变化。

可用该模型探索备选方案。

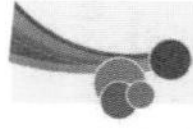

14.6 通过筛选来分析数据

Pat 和 Alex 找来两个朋友 Chi 和 Ali，一起踏上前往北极圈的史诗般的旅途。在穿越北美中部大平原的漫长时间里，Pat 在电子表格中新建了一个名为 Travel Log(旅行日志) 的工作表来专门记录这次旅行 (图 14.13)。

Road To Arctic Circle and Back: Stops
Pat, Alex, Chi, Ali

When	Seg No	Where	Reason	Buy	$	Amt	Mi	Remark
8/4/14 5:45	1	Ali"s house IL	Last pick-up					We're Off!
8/4/14 6:40	1	Toll Booth IL	Alex Fumbles	All tolls	X	$2.85		
8/4/14 8:05	1	DriveThru Joe IL	Espresso					Only driver
8/4/14 9:00	1	Beloit WI	Gas & Go	Gas	A	$34.50	241	
8/4/14 9:55	1	Madison WI	Snacks					
8/4/14 12:05	1	St. Paul MN	Gas & Go, Eat	Gas	P	$28.95	191	Subway
8/4/14 14:45	1	St. Cloud MN	Stretch/Photo					Pretty Here
8/4/14 15:30	1	Sauk Center MN	Snacks					
8/4/14 16:55	1	Fergus Falls MN	Gas & Go	Gas	P	$29.22	205	
8/4/14 19:45	1	Fargo ND	Photo in ND					Pat's First
8/4/14 20:25	1	Valley City ND	Supper					Junk Food
8/4/14 22:00	1	Carrington ND	Stay Night	Camp	C	$21.45		Great Start
8/5/14 7:25	2	Carrington ND	Gas	Gas	A	$37.42	252	
8/5/14 7:55	2	Sykeston ND	Photo					It's flat
8/5/14 10:05	2	Minot ND	Gas & Go, Snx	Gas	X	$19.64	135	Ice Cream
8/5/14 11:50	2	Portal ND	Photo in CA					Ali, Pat, 1st
8/5/14 12:25	2	Estevan SK	Lunch					
8/5/14 13:55	2	Weyburn SK	Gas & Go, Eat	Gas	A	*$33.82*	151	
8/5/14 15:45	2	Moose Jaw SK	Snacks					I Scream!

图 14.3 初始旅行日志：Seg No 列对应原计划 (工作表 1) 中的路段；$ 列说明暂时是由谁支付的分摊费用；Mi 是上次加油后行驶里程

旅行日志是集中处理一大组相关内容的例子 (下面还有各个分组)。可利用筛选工具访问这一组信息的子集。例如，朋友有时只想查看旅行日志的特定条目，例如什么时候加的油。

14.6.1 自动筛选技术

从名字可知，筛选只从列表中选择符合条件的行 (记录)。它只适合有列标题的工作表，旅行日志就是一个例子。通过筛选，用户可创建列表的自定义版本，只在其中包含符合条件的行。例如，要弄清楚加了几次油，既可手动检查图 14.13 中的每条记录，找出加油的所有时间和地点。也可用自动技术来筛选列表。后者容易得多。

筛选最简单的形式称为“自动筛选器”(AutoFilter)。选定列表中的任意单元格，选择“数据”|“筛选”|“自动筛选”[数据 > 筛选]。结果是一个重绘的列表，每个列标题都显示一个三角按钮。

Road To Arctic Circle and Back: Stops
Pat, Alex, Chi, Ali

When	Seg No	Where	Reason	Buy	$	Amt	Mi	Remark
8/4/14 5:45	1	Ali"s house IL	Last pick-up					We're Off!
8/4/14 6:40	1	Toll Booth IL	Alex Fumbles	All tolls	X	$2.85		
8/4/14 8:05	1	DriveThru Joe IL	Espresso					Only driver

点击三角按钮，可选择根据该列的什么数据进行筛选。选项包括按升级或降序对列进行排序，显示包含指定数量的值的行，或者显示包含特定值的列。例如，点击 Buy 列的按钮将显示这些选项。

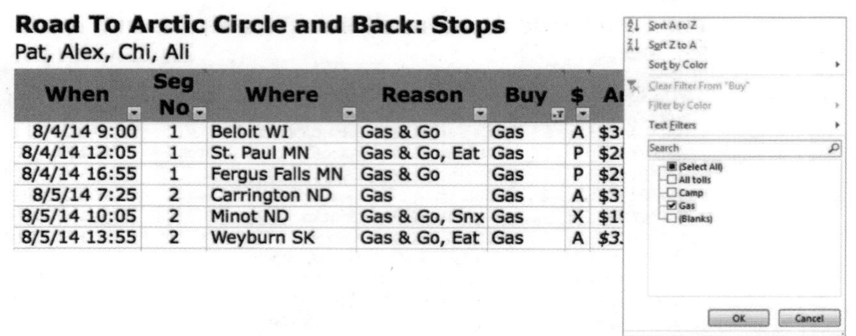

Road To Arctic Circle and Back: Stops
Pat, Alex, Chi, Ali

When	Seg No	Where	Reason	Buy	$	A
8/4/14 9:00	1	Beloit WI	Gas & Go	Gas	A	$3
8/4/14 12:05	1	St. Paul MN	Gas & Go, Eat	Gas	P	$2
8/4/14 16:55	1	Fergus Falls MN	Gas & Go	Gas	P	$2
8/5/14 7:25	2	Carrington ND	Gas	Gas	A	$3
8/5/14 10:05	2	Minot ND	Gas & Go, Snx	Gas	X	$1
8/5/14 13:55	2	Weyburn SK	Gas & Go, Eat	Gas	A	$3.

如果只勾选“Gas”，就只显示加油记录。快速而高效。

所以，旅行到目前为止加了 6 次油。这些行还可进一步筛选。例如，如果点击 $ 列的按钮并选择“X”，将只显示由 Alex 付钱的加油记录。

Road To Arctic Circle and Back: Stops
Pat, Alex, Chi, Ali

When	Seg No	Where	Reason	Buy	$	A
8/4/14 9:00	1	Beloit WI	Gas & Go	Gas	A	$3
8/4/14 12:05	1	St. Paul MN	Gas & Go, Eat	Gas	P	$2
8/4/14 16:55	1	Fergus Falls MN	Gas & Go	Gas	P	$2
8/5/14 7:25	2	Carrington ND	Gas	Gas	A	$3
8/5/14 10:05	2	Minot ND	Gas & Go, Snx	Gas	X	$1
8/5/14 13:55	2	Weyburn SK	Gas & Go, Eat	Gas	A	$3.

注意，在图 14.13 中，Alex 还支付了过路费 (tolls)。但那个信息在目前这个版本的工作表中没有显现，因为第一个筛选器是匹配 Gas 的 Buy 列，第二个筛选器是匹配 X 的 $ 列。当然，反方向应用两个筛选器，将获得一样的结果。

注意，对列表的这些改变只是逻辑上的，实际列表不会变化。撤销应用这些自动筛选器，将重新显示原始列表。

14.6.2 高级筛选技术

自动过滤很好用，我们能直接使用软件提供的多种标准筛选条件。但是，大多数列表都包含需要更细致分析的数据。我们使用一样的界面，只是要进行更复杂的查询。

高级筛选设置

例如，旅行者决定分析他们的加油情况。为过滤掉较小笔的加油记录，他们在 Mi(里程) 列中将条件设为大于或等于 175。首先从“数字筛选”中选择一个条件。这里选择“大于或等于”，再指定 175。这样就只保留较长的距离。结果如图 14.14 所示。

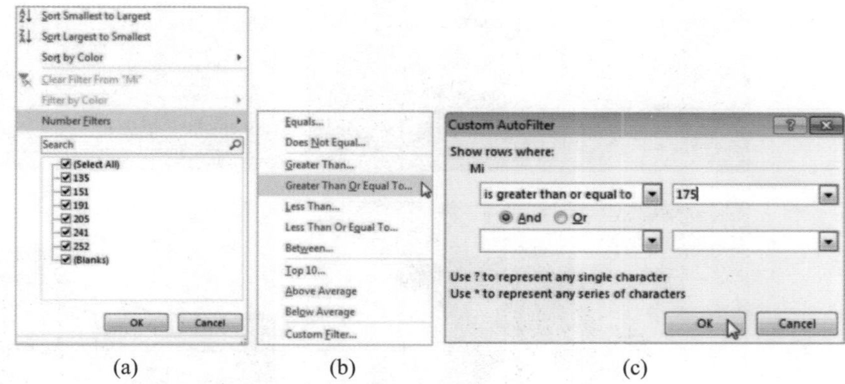

(a) (b) (c)

Road To Arctic Circle and Back: Stops

Pat, Alex, Chi, Ali

When	Seg No	Where	Reason	Buy	$	Amt	Mi	Remark
8/4/14 12:05	1	St. Paul MN	Gas & Go, Eat	Gas	P	$28.95	191	Subway
8/4/14 16:55	1	Fergus Falls MN	Gas & Go	Gas	P	$29.22	205	

(d)

图 14.14 显示 Pat 的 175 英里以上的加油记录：先在 $ 列选择 P；(a) 选择“数字筛选”；(b) 选择“大小或等于”；(c) 填写值；(d) 结果

14.6.3 基于多个条件的筛选

视频讲解 Quiz Bank(题库)

视频讲解 Your Class Schedule, Spreadsheet Style (电子表格风格的课表)

“高级筛选”功能允许多个条件。用起来很直观。要过滤掉较大笔的加油，比如 225 英里以上的里程，只需再为 Mi 列添加一个条件，如图 14.15 所示。注意，两个条件之间选中的是“And”(与)，确保只有两个条件都符合才显示。

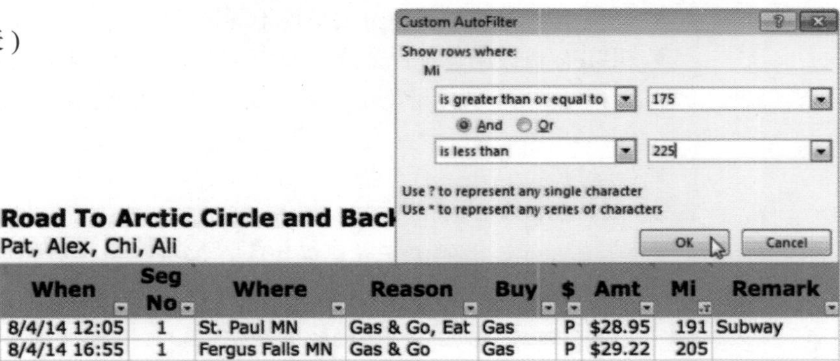

图 14.15 筛选 175 英里到 225 英里之间的里程

图 14.16 明信片。玩得真开心，希望你也来这里！我们到了北极圈，看见了登普斯特“高速公路”上的熊 (ha ！)，在道森市搞了两个晚上的 party，在那里观看了育空河上的日出

筛选是很有用的功能。例如，当旅行结束并和朋友们结账时，可以创建、处理和分析每个人的付款列表。实际上，旅行结束后，Pat 和 Alex 可确定他们最开始的旅行费用预测的准确性。

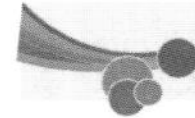

14.7 小结

本意讨论了电子表格的几个高级技术。学习了以下内容。

- 创建高效电子表格的两个基本原则：(1) 注重布局；(2) 解释一切。
- 通过条件格式以不同方式呈现不同性质的数据，使其一目了然。
- 用 IF() 函数创建条件公式，以实现复杂的、基于特定条件的数据定义和分析。
- 为单元格和单元格范围命名，引用电子表格的特定部分时会更方便、更不容易出错。
- 通过模拟 (What if) 分析了解数据变化对结果的影响。
- 高效筛选来定制电子表格数据，以反映特定情况。
- 还有其他好用的电子表格操作未在这里讨论。另外，每一项已讨论的技术都有对应的其他应用程序。一旦开始将电子表格作为日常计算工具使用，无疑会逐渐用上这些更高级的功能。

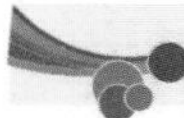

14.8 TRY IT 答案

14.1 更贵，因为 3.785*1.16 = 4.39 > 4.15

14.2 x = F2，y = F2*0.948

14.3 公式是 =IF(RIGHT(D2,2)=”AB”, E2 + 0.1*E2,E2)

14.4 6.60 mpl

14.5 167.51 = 1395.93 – 1228.42

14.6 $66.48 = 3*487.47 – 1395.93

习题

选择题

1. 电子表格中的名称 ________。
   a. 用于单元格　　b. 用于单元格范围
   c. 可包含下划线　　d. 以上都对

2. 以下哪个不是电子表格的基本设计原则？ ________
   a. 逻辑形式　　b. 清晰的布局
   c. 无文本　　d. 条目清晰且易用

3. 电子表格设计中的“解释一切”是指 ________。
   a. 应该能轻易判断每个单元格的意思
   b. 为每个单元格和单元格范围加上标签
   c. 每个公式都用一个标签来解释
   d. 以上都对

4. 条件格式 ________。
   a. 支持以多种方式显示信息
   b. 支持为一个单元格写多个公式
   c. 自动查找并标记公式和格式错误
   d. 以上都对

5. 获取单元格的前几个字符应使用 ________。
   a. BEGIN() 函数　　b. START() 函数
   c. LEFT() 函数　　d. GET() 函数

6. 可用条件格式更改 ________。
   a. 文本颜色　　b. 文本格式
   c. 单元格颜色　　d. 以上可自由组合

7. 为电子表格定义名称以便 ________ 引用单元格。
   a. 按位置
   b. 通过符号
   c. 条件性地
   d. 按字母顺序

8. 如果在电子表格的公式中看到 regHours 字样，表明它是 ________。
   a. 出错了
   b. 命名的引用
   c. 常量
   d. 函数

9. 电子表格在什么时候重新计算？ ________
   a. 只要一个单元格发生变化
   b. 仅在存盘时
   c. 仅在打开时
   d. 每分钟存盘一次

10. “自动筛选”只能用于 ________。
   a. 命名的范围
   b. 有列标题的工作表
   c. 包含公式的单元格
   d. 所含条目各不相同的行

11. 可用“自动筛选” ________。
   a. 对行排序
   b. 显示包含有限数量的值的行
   c. 显示符合特定条件行
   d. 以上都对

12. 电子表格中一个值发生变化时，________。
   a. 除隐藏列之外的一切都重新计算
   b. 一切都重新计算
   c. 仅重新计算条件格式

填空题

1. 电子表格擅长 _______ 分析；也就是说，适合探索各种可能的情况。

2. _______ 是解释电子表格公式的好方法。

3. _______ 格式使我们能对数据进行解释。

4. _______ 当前不需要的信息是使电子表格清晰且易用的好办法。

5. 单一单元格或相关单元格的分组称为单元格 _______.

6. 通过 _______ 实现对电子表格数据的程序化处理和分析。

7. 在电子表格中 _______ 单元格范围时，相当于创建了对该范围的符号引用。

8. _______ 是基于不同输入的备选电子表格。

9. 在 _______ 对话框中管理方案。

10. _______ 允许基于指定条件选择特定表行。

简答题

1. 创建电子表格来计划一次旅游。

2. 使用航班、租车和酒店住宿来计划旅游。不要忘记观光预算。为各种情况执行模拟分析。

3. 创建一个表来计算罚球命中率。用 IF() 函数防止在没有罚球时出错。将大于或等于 75% 的命中率加粗显示。

4. 创建一个电子表格，根据卧室数、室友数和一般生活开销来计算住公寓的成本。根据价格、室友数和每月开支来模拟分析不同情况。

5. 创建一个电子表格来记录每月开支。分类并筛选不同种类的支出。包含几列来显示当前记录是一月的多少号、具体日期和星期几 (填好日期后，使用 DAY() 和 WEEKDAY() 函数来计算是那个月的多少号和星期几)。

6. 在上一题的表格基础上，添加数据来反映你当前的银行余额。写 IF() 函数在值大于或等于零的情况下显示“GOOD”，小于零显示“BAD”。

7. 组织你的 CD、DVD 或蓝光光盘收藏。根据需要创建分类，并按类型、年份、评分、制片人、导演等进行筛选。

8. 创建电子表格来记录你喜欢的篮球队的统计数据。创建公式来计算投球命中率。根据需要对列进行汇总。

9. 创建电子表格来记录选择题。题目一列，每个备选答案一列，正确答案一列，主题一列。根据主题和正确答案来筛选。

10. 创建电子表格来记录自己的饮食习惯。食物类型、卡路里、一天当中的时间和营养价值各一列。设置筛选条件以查看自己吃了多少垃圾食物以及何时食用。

11. 创建电子表格来进行股票分析。跟踪一支股票的开盘价、收盘价、最高价、最低价、涨跌额和成交量。跟踪 30 天，分析涨跌各多少天。利用条件格式，将涨的那些天标为红色，跌的那些天标注为绿色。

12. 基于第 5 题创建月度预算。跟踪实际开支以分析是否符合预算。不及预算的标注为绿色，超出预算的标注为红色。

13. 创建大学课程电子表格。每门课一行。记录是必修课还是选修课。记录学期。记录预修课程、授课方式、老师姓名和成绩。根据需要筛选来分析自己的课程。

14. 基于第 6 题创建电子表格来结算账单 (balance your checkbook)。为日期、支票编号、收款人、金额和注释添加列。再添加两列记录存款和余额。余额应设计成“累计余额”(running balance)，即根据之前的收支情况来计算的余额，要用适当的公式来计算。设置条件公式以了解余额在何时低于某个级别。根据需要筛选以了解自己的消费习惯。

15. 分析各种购车方案。比较价格、贷款额、付款、保养、保险和日常驾驶开销。分析各种情况以判断最合理的购车方案。

CHAPTER 15

基本数据库概念：表视图

学习目标

- 理解普通表格与数据库表的区别
- 学会用 XML 来描述数据库表的元数据，并理解使用标记的三大原则：标识、关系和集合
- 理解如何运用实体和属性的概念来设计数据库表
- 理解 6 种数据库操作：Select(选择)，Project(投影)，Union(合并)，Difference(求差)，Cross-Product(叉乘)和 Join(连接)
- 学会使用按例查询 (Query By Example) 来表示一个查询
- 理解物理数据库与逻辑数据库的区别

CHAPTER 15

计算机是无用的，它们只能给你答案。

——毕加索

Now that we have all this useful information, it would be nice to do something with it. (Actually, it can be emotionally fulfilling just to get the information. This is usually only true, however, if you have the social life of a kumquat.)

——UNIX 程序员手册

我们已见识了使用电子表格组织信息列表的好处。通过用列来组织相似信息，并为每个列表项单独使用一行，可以轻松对数据排序、用公式汇总和计算值、在计算机的帮助下建立序列等。电子表格功能强大，但有了数据库，就可以进行更大程度的组织，并从计算机获得更多帮助。

中心思想是提供元数据来描述所收集的信息的属性。我们知道，元数据是对其他信息 (的属性) 进行描述的信息。第 7 章曾用标记 (即元数据) 描述牛津英语字典的内容，使计算机能帮助我们搜索单词及其释义。有的数据库也用标记来定义元数据，有的则采用不同种类的元数据，但基本原则不变：计算机在了解数据的结构和属性后，可帮助我们检索、组织和管理这些数据。

本章解释了普通表格与关系型数据库表的区别。将使用称为 XML 的一种记号法来具现化元数据。接着要解释如何为信息集设置元数据以创建数据库。基本原则相当简单和直观。在介绍了数据表的基本概念后，将展示可对表执行的 5 项基本操作，另外着重强调了 Join 操作。会用一些简单的例子演示“实例查询”的便利性。

最后，将通过“查询”这一概念将物理和逻辑数据库连接到一起，并演示了如何基于物理表构建用户想要的逻辑视图。

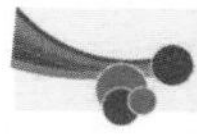

15.1 表格和数据库的区别

想到数据库时，第一印象就是信息表。例如，iTunes 或类似应用除了记录实际的 MP3 数据 (音乐) 之外，还记录歌曲名称、艺术家和播放时间等。你最喜欢的歌曲是该表中的一行。另一个例子是车管所的汽车注册数据库，其中记录了车主的姓名和地址、车辆识别号 (VIN) 和车牌号等。你的爱车的信息在该数据库表中存储为一行。最后一个例子是美国中央情报局 (CIA) 维护的一个有趣的数据库，名为 World Factbook(网址是 https://www.cia.gov/library/publications/the-world-factbook/index.html)。其中有一个人口统计表，记录了国家 / 地区名称、人口和预期寿命等。有关美国的数据在该表中存储为一行。

15.1.1 比较表格

为体会数据库表和其他形式的表格 (比如电子表格和 HTML 表格) 的区别，下面以 CIA 人口统计表和 Canada(加拿大) 对应的那一行为例。该行在表格中显示成：

Canada	34568211	1.61	5	80.1

表格具有多个列标题，包括 Country(国家)，Population(人口) 和 Birthrate(出生率) 等。但在实际文件中这样表示：

```
<demogData>
   <country>      Canada       </country>
   <population>34568211  </population>
   <fertility>    1.61         </fertility>
   <infant>       5            </infant>
   <lifeExpct>    80.1         </lifeExpct>
</demogData>
```

注意，用标记 (tags) 来标识国家、人口、生育率 / 出生率、婴儿死亡率 (每 1000 例活产) 和预期寿命。也就是说，虽然在其他任何表格中都显示为一行数据，但在计算机内部，是用标记来标识每个数据字段。

这些数据在其他表格中具体如何显示？下面是电子表格中和 Canada 对应的一行：

36	Cameroon	16900132	4.47	65	50.09
37	Canada	32805041	1.61	5	80.1
38	Cape Verde	410224	3.49	40	70.45

Canada 的条目是一样的，但软件只知值的位置，不知其含义。所以，如果在行首插入一个单元格，其余数据会整体右移一个位置。

36	Cameroon	16900132	4.47	65	50.09	
37		Canada	32805041	1.61	5	80.1
38	Cape Verde	410224	3.49	40	70.45	

这样就失去了信息的“标识”(身份)。电子表格依赖位置来保持数据完整性。不是通过 <country> 标记来知道这是什么信息，而是通过其 A37 引用。

HTML 表格可能更糟。下面是代表 Canada 的一个表格在普通网页中的编码方式：

```
<tr>
  <td>Canada</td>
  <td>32805041</td>
  <td>1.61</td>
  <td>5</td>
  <td>80.1</td>
</tr>
```

以前说过，<tr> 是表行标记，<td> 是表格数据标记。这些标记只是将 Canada 的数据描述成表格项，不会赋予其他身份标识。也就是说，不管具体是什么种类的数据，都用同一种 <td> 标记来围绕。HTML 只关心怎么显示数据，不关心其含义。

15.1.2 数据库的优势

和将数据作为表格记录的其他方式相比，元数据是数据库的核心优势，因其实现了内容搜索。假定要知道加拿大人的预期寿命，数据库软件先搜索围绕 Canada 的 <country> 标记。该标记和其他几个标记一起，必然被一个 <demogData> 标记围绕。这就是 Canada 在数据库中的完整条目。然后，软件可在那些标记中搜索 <lifeExpct> 标记，并汇报该标记所围绕的具体数据，即加拿大人的预期寿命。总之，计算机基于元数据的可用性来查询要返回的数据。

刚刚讨论的 CIA 数据库的标记在定义元数据时起着两个最重要的作用。

- 标识数据类型：每个不同类型的值都有一个唯一的标记。
- 定义数据的关系 (相似性)：标记将逻辑上相关的所有数据包围起来。

<country>、<population> 和类似标记之所以具有标识的作用，是因为它们为内容加上了标签，定义了数据的类别。<demogData> 标记之所以有定义相似性的作用，是因为它将一个条目的数据 (本例就是加拿大的所有人口数据) 归到一起。如本章后面会讲到的那样，元数据还必须记录数据的其他属性，但这些或许是最基本的。

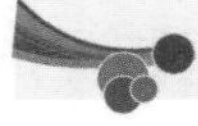

15.2 XML：元数据标记所用的语言

为了强调元数据的重要性，并准备将数据库技术应用于我们的实际情况，先花一些时间来学习 XML 的基础知识。XML 全称是 Extensible Markup Language，即可扩展标记语言。和你之前学过的 HTML(超文本标记语言) 一样，它基本上是一种标记方案，这使其很容易理解。第 7 章为牛津英语字典 (OED) 使用的标记方案是 XML 的前身，而上一节的人口统计数据是用 XML 来写的。

XML 之所以好用且易懂，是因为它没有一套固定的标记需要记忆。标记想到什么就用什么。计算机科学家将其称为“自描述”语言，因为我们创建的任何内容都成为用于结构化数据的语言(标记)。当然会有一些规则(例如始终匹配标签)，但基本上是想怎么来就怎么业。XML 或许是世界上最容易学习的“外语”。

XML 的开发者和制定 Web 标记的是同一帮人(万维网协会，W3C)，浏览器和其他基于 Web 的应用都能很好地支持 XML。所以，毫不奇怪 XML 和 HTML 都要用一个简单的文本编辑器来写，而不是用复杂的字处理软件，目的是防止无意中加入字处理软件特有的标记(例如格式标记)。请使用和第 4 章练习写网页时一样的编辑器：Windows 用 Notepad++，Mac 用 TextWrangler。

使用 XML 文本编辑器

和 HTML 一样，应该使用 Notepad++ 或 TextWrangler 这样的文本编辑器来写 XML，不要用 Word 或 Word Perfect 这样的字处理软件。文本编辑器只使用你能看见的文本，而字处理软件会插入许多应避免的冗余信息(比如格式)。注意，将字符编码设为 UTF-8。

15.2.1 来自大溪地的一个例子

欣赏了大溪地的美丽之后(图片显示的是茉莉雅岛的 Temae 海滩)，让我们用一些 XML 标记来定义一个小型数据集的元数据。给定大溪地及其南太平洋向风群岛附近岛屿的面积数据(以平方公里为单位)：

Tahiti	1048
Moorea	130
Maiao	9.5
Mehetia	2.3
Tetiaroa	12.8

现在要添加元数据来标识哪个数据是岛名，哪个数据是面积。和往常一样，用标记及其配对标记将数据包围起来。我们选择 <iName> 和 <area> 作为标记，并像下面这样写：

```
<iName>Tahiti</iName>    <area>1048</area>
<iName>Moorea</iName>   <area>130</area>
<iName>Maiao</iName>    <area>9.5</area>
<iName>Mehetia</iName> <area>2.3</area>
<iName>Tetiaroa</iName> <area>12.8</area>
```

这些标记的作用是标识。注意，选择的是 <iName> 而不是 <island name>。这是由于 XML 标记名不能包含空格。但是，由于大小写都允许(XML 要区分大小写)，所以将 N 大写来增强标记的可读性。表 15.1 总结了所有 XML 规则。

表 15.1 XML 编码规则

必须的第一行	<?xml version="1.0" encoding="UTF-8"?> 必须是文件第一行，从行首第一个位置开始
第一个标记	遇到的第一个标记是根元素，它必须将文件的全部内容包围起来。出现在第二行或第三行
结束标记	所有标记都必须写配对的结束标记
元素命名	名称可含字母、数字和下划线；不能以数字或标点符号开头；不能以字母 xml(或 XML，Xml 等) 开头；不能包含空格
大小写敏感	标记和属性要区分大小写
正确嵌套	所有标记都必须良好嵌套
属性引用	所有属性值都必须加引号。可成对使用单引号或者双引号。如有必要，可在一对引号中使用另一种类型的引号。但是，不能使用大括号 ({})
空白	空白予以保留并转换成单个空格
注释	XML 注释的形式是 <!— 注释内容 -->

虽然用标记说明了每一项是什么，但描述数据的工作还没完。还要用标记描述名称代表的是什么，以及面积衡量的是什么。这自然是一个岛屿。所以，再用一个 <island> 标记将上述每一项包围起来。

```
<island><iName>Tahiti</iName>     <area>1048</area> </island>
<island><iName>Moorea</iName>     <area>130</area>  </island>
<island><iName>Maiao</iName>      <area>9.5</area>  </island>
<island><iName>Mehetia</iName>    <area>2.3</area>  </island>
<island><iName>Tetiaroa</iName>   <area>12.8</area> </island>
```

<island> 标记的作用是将两个事实关联起来。也就是说，Tahiti(大溪地) 和它的面积数据是一组，并和 Moorea(茉莉雅) 及其面积分开。

现在还差最后一步。这些岛屿并非随机分布于海上，它们均属于某个群岛。自然，应该再加一个 <archipelago>(群岛) 标记将所有这些岛包围起来。结果如图 15.1 所示。

```
<?xml version = "1.0" encoding="UTF-8" ?>
<archipelago>
  <island><iName>Tahiti</iName>        <area>1048</area></island>
  <island><iName>Moorea</iName>        <area>130</area></island>
  <island><iName>Maiao</iName>         <area>9.5</area></island>
  <island><iName>Mehetia</iName>       <area>2.3</area></island>
  <island><iName>Tetiaroa</iName>      <area>12.8</area></island>
</archipelago>
```

图 15.1 对“向风群岛”数据库的数据进行编码的 XML 文件。第一行说明文件包含了 XML 标记

注意图 15.1 所示文件的第一行。尖括号内以问号 (?) 开头，并指明文件包含 XML 数据，而且这些数据使用标准 UTF-8 编码 (参见第 7 章)。这必须是所有 XML 文件的第一行。通过将文件标识为 XML，其他软件就能理解其中包含的是什么数据。这样一来，用它们处理这些数据的时候，为所有信息加上标记的努力就会得到回报。

从 XML 开始

XML 文件必须标识，所以必须以下面这行开始 (可改成其他编码)：

<?xml version = “1.0” encoding=” UTF-8” ?>

而且行首不能留空。文件扩展名应该是 .xml。

15.1 更多岛屿

用 XML 元数据对加拉帕戈斯群岛 (Galápagos archipelago，又称科隆群岛) 的以下数据集进行编码。对于和向风群岛一样的数据类型 (Island 和 Area)，使用相同的标记。为新增的海拔 (Elevation) 数据创建新标记。

Island	Area	Elevation
Isabela	4588	1707
Fernandina	642	1494
Tower	14	76
Santa Cruz	986	846

15.2.2 扩展 XML 的应用

有了加拉帕戈斯群岛和向风群岛的 XML 编码后，一个合理的选择将其合并。创建两个群岛的数据库需要把它们的数据放到同一个文件中(按你希望的顺序)。看起来似乎很怪，因为向风群岛只有两种数据值：名称和面积，而加拉帕戈斯群岛有三种：名称、面积和海拔。但这是没有问题的。两套群岛编码为通用的信息使用相同的标记 (这是合并它们的关键)。额外数据是完全允许的。事实上，我们甚至想收集向风群岛的海拔数据。

用浏览器打开

必须严格按表 15.1 的规则行事。幸好，可以要求 Firefox 扫描文件来查错。确定文件扩展名是 .xml，并包含强制性的第一行，用 Firefox 打开。将图 15.1 的 </area> 标记删除。注意，Firefox 会标注这里有错误：

```
XML Parsing Error: mismatched tag. Expected: </area>.
Location: file:///Users/lawrencesnyder/Desktop/tahiti.xml
Line Number 4, Column 44:

  <island><iName>Moorea</iName> <area>130</island>
-------------------------------------------^
```

将两个群岛合并为一个数据库，我们希望包括每个群岛的名称以方便区分。这自然意味着要为该名称添加另一个标记。可使用 <name>，以区别于之前使用的 <iName>。但该名称过于普通。之前，我们是添加一个“i”来提醒自己 <iName> 代表岛屿名称。类似地，群岛名称标记也应该更具体。这里采用 <a_name> 标记 (a 代表群岛)。注意，下划线是 XML 命名规范所允许的。群岛名称放到 <archipelago> 标记中，因为这是有关群岛的数据。

有了两个群岛的数据后，最后需要把它们全部分为一组，所用的标记将成为该 XML 数据库的根元素。根元素是将 XML 文件的所有内容包围起来的标记。在图 15.1 的文件中，<archipelago> 标记是根元素，但文件现在包含两个群岛，所以还需一个新标记来包围它们。由于两者均属于我们这个星球的地理特性，所以这里选择 <geo_feature> 作为根元素。最后结果如图 15.2 所示。

```
<?xml version = "1.0" encoding="UTF-8" ?>
<geo_feature>

 <archipelago>
  <a_name>Windward Islands</a_name>
  <island><iName>Tahiti</iName>       <area>1048</area></island>
  <island><iName>Moorea</iName>       <area>130</area>  </island>
  <island><iName>Maiao</iName>        <area>9.5</area>  </island>
  <island><iName>Mehetia</iName>      <area>2.3</area>  </island>
  <island><iName>Tetiaroa</iName>     <area>12.8</area> </island>
 </archipelago>

 <archipelago>
  <a_name>Galapagos</a_name>
  <island><iName>Isabela</iName>      <area>4588</area>  <elev>1707</elev></island>
  <island><iName>Fernandina</iName>   <area>642</area>   <elev>1494</elev></island>
  <island><iName>Tower</iName>        <area>14</area>    <elev>76</elev>   </island>
  <island><iName>Santa Cruz</iName>   <area>986</area>   <elev>846</elev>  </island>
 </archipelago>

</geo_feature>
```

图 15.2 地理特性数据库的 XML

顺便说一句，XML 并不关心标记之间的空白 (空格、制表符和换行符)。这使我们可以自由格式化 XML 文件，比如通过缩进来理解嵌套。

15.2.3 XML 的属性

以前说过，HTML 标记允许通过属性来提供额外信息，比如 <img /> 标记中的 src 和 alt 属性。自己写的 XML 标记同样支持属性。形式相似，值同样必须包含在引号中。下面这些例子说明既可以成对使用双引号：

```
<entry location="Hawai'i">Luau Restaurant</entry>
```

也可以成对使用单引号：

```
<entry location='"SoHo"'>Barney's NYC Bistro</entry>
```

具体视内容而定。

注意，最好只用属性定义额外的元数据，不要用它定义实际内容。例如，可在 <area>(面积) 标记中添加一个属性来指明度量单位：

```
<area unit="km2">
```

因为这是数据的属性，而非要实际显示的内容。

15.2.4 高效设计 XML 标记

XML 是一种非常灵活的元数据编码方式。描述群岛时，我们基于一些基本原则来决定如何使用标记。可归纳为三大原则：

标识规则：一致性地标记数据

可随便选用标记名称，但一旦决定为特定种类的数据使用一个标记，所有这种数据都必须用该标记来包围。

注意，用标记来包围数据的一个好处是可以将数据保持在一起。例如，加拉帕戈斯群岛 (Galápagos) 的圣克鲁斯岛 (Santa Cruz) 名称含有两个单词。但是，我们对待它的方式和其他只有一个单词的名称没有什么不同，因为标记将两个单词保持在一起。

关系规则：将引用一个实体的数据分为一组

将引用同一事物的所有被标记数据放到一对标记中。分组的作用是将其保持在一起，但这样做还有更深远的目的：分组使标记的数据项彼此关联，进而成为同一事物的特性。

例如，岛屿名称和面积数据都放到 <island> 标记中。这是一个重要的关联，因为这不是地球上随便某个地点的面积数据，而是名为 Tahiti(大溪地) 的一个地点的面积数据。只需将数据简单地封装到一对标记中，即可获得如此重要的结果。

基于同样的理由，在添加海拔数据作为岛屿的额外特性后，我们也把它包含在 <island> 标记中。正如海拔数据所显示的那样，不一定为事物的每个实例都包含同一套特性。

集合规则：将实例分为一组

如同一种数据有多个实例，将所有实例都包含到一对标记中。同样地，目的是将其保持在一起，并暗示它们属于同一种实例。

有了两个群岛的数据后，我们将它们分组到一对 <geo_feature> 标记中，这是一个集合标记。注意“集合规则”和“关系规则”的区别。“关系规则”是分组一个事物 (例如一个岛屿) 的数据。而集合规则分组的是同一种类型的不同实例 (比如两个群岛) 的数据。观察 <archipelago>(群岛) 标记的使用就能明白其中的差异：几个岛屿加在一起，代表一样新事物 (或者说实体)，即群岛。所以，它是一个关系标记，目的是将有关群岛的数据保持在一起，而分别添加 <a_name>(群岛名称) 标记强化了我们的意图。群岛的两个实例并不能建立一个新实体，它们只是集合到一起。

▶视频讲解
Your Class Schedule,
XML Style
(采用 XML
样式的课表)

15.2.5 XML 树

XML 编码规则生成了一个树状层次结构。(第 3 章将层次结构描述为树，详见 3.4 节。) 图 15.3 为图 15.2 的编码生成了树状视图。嵌套的标记自然就会形成这种树状图。

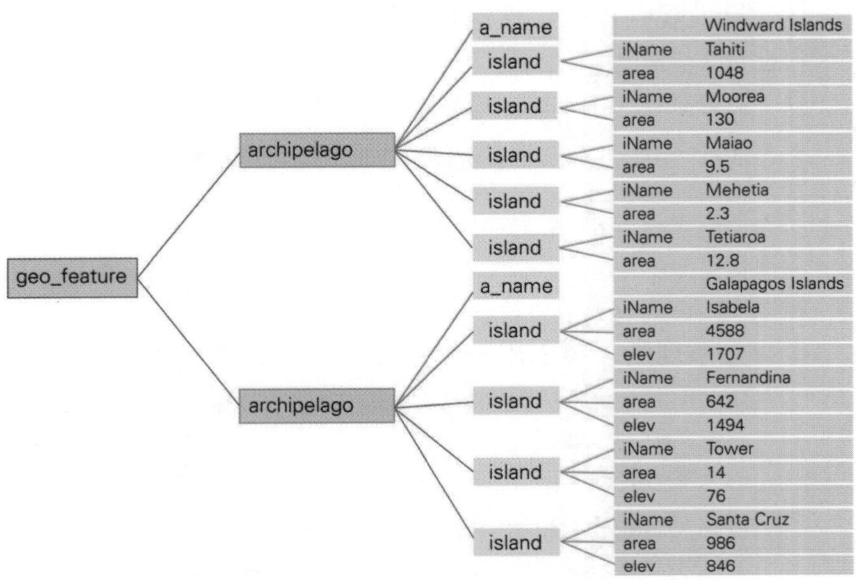

图 15.3　XML 树状图。以图 15.2 的编码为基础，根元素 (geo_feature) 在最左边，叶子 (内容) 向右边延展

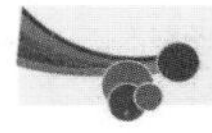

15.3　表和实体

你现在已知道了如何通过 XML 标记来记录数据值集合的元数据。本节先搁置一下标记和 XML 的话题，直接将注意力集中到数据库表系统上。我希望你先了解数据库的组织结构以及元数据的价值，而不是纠结于如何用标记对这种结构进行编码。将于第 16 章重拾标记的话题，但现在将重点放在表的常规问题上。

15.3.1　实体

数据库表存储有关实体的信息。“实体” (entity) 这个词和“事物” (thing) 和“东西” (stuff) 差不多，但数据库的发明者不想限制可以存储的信息的种类。

常规特征

要将实体和属性与前面讨论的元数据联系起来，请参考图 15.4，它以数据库表的形式显示了和图 15.2 的 XML 标记一样的信息。

PacificIslands

ID	IslandName	Area	Elev	Archipelago
1	Tahiti	1048		Windward Islands
2	Moorea	130		Windward Islands
3	Maiao	10		Windward Islands
4	Mehetia	2		Windward Islands
5	Tetiaroa	13		Windward Islands
6	Isabela	4588	1707	Galapagos Islands
7	Fernandina	642	1494	Galapagos Islands
8	Tower	14	76	Galapagos Islands
9	Santa Cruz	985	846	Galapagos Islands

图 15.4　一个数据库表实例 (来自 Microsoft Access)，描述和图 15.2 一样的信息

实体和属性描述的是你平时熟悉的概念，只是用了你不熟悉的术语。所以，先用不那么正规的方式解释一遍：任何具有常规特征的事物的组合，只要这些事物能具体地标识自身，都能形成一个数据库表。例如，在一个学生信息表中，每个特征都可以有一列：姓名、学生 ID、电邮地址等。每一列都有自己的名称 (列标题)，比如 Name，ID 和 email。每个学生都占据一行，并在正确的列位置填写其具体的特征值，例如：

Grant Pell, 20140001, grape@ude.edu

采用正规的数据库术语，列中的特征称为属性 (attributes)，行称为实体 (entities)，输入值 (条目或 entry) 称为实体的属性值。

到处都是“属性”

不幸的是，属性 (attribute) 一词在计算领域被过度使用。在关系数据库中 (即目前关注而且稍后要详细解释的数据库)，属性是“表的列”，属性名称是“列标题”，属性值是“条目”。在说到 XML 或 HTML 的“属性”时，会专门指明是“标记的属性”。

更准确地说，数据库表包含具有常规属性的一组事物，这些属性唯一性地标识了每个事物。数据库表行是实体，每个属性都有一列。列标题就是属性名。每一行都列出了当前实体的属性值。所以，Name 和 ID 是所有学生都有的属性，但“Grant Pell”和“20140001”定义了一名具体的学生，即一个实体实例 (entity instance)。包含具体行的整个表称为一个表实例。当抽象概念 (实体) 和一个具体的数据行 (实体实例) 的区别不重要时，我们通常不加“实例”二字。

要点总结

岛屿例子揭示了实体的几个要点。

- 数据库表行各不相同，因为属性唯一标识了每一行。
- 即使不知道一个属性 (比如大溪地的海拔) 具体的值，它仍然是一个岛屿的特征。
- 实体表的生成条件表明行可采用任何顺序。
- 实体表的生成条件表明列可采用任何顺序。

- 实体表的生成条件表明，列 (作为一个整体) 可互换，行 (作为一个整体) 也可互换。重新排列的表和原始表是同一个表实例。
- 如果添加 / 删除行或更改任何值，则给定的表实例 (包含一组特定值的表) 将成为另一个实例。
- 两个表行的部分属性可以有相同的值，但不能是全部属性。

另外，对于任何给定的实体 (行)，列标题是其值的好记名称。

15.2 海拔问题

假定更新图 15.4 的数据库表以填上遗漏的海拔数据，还是和原来一样的表实例吗？

15.3.2 实体的特点

将表定义成行的集合，而且这些行通过一组值 (属性) 来唯一标识自己，这听起来很简单，但背后还有许多潜台词。事实上，表中一行都没有也是可能的。

无声胜有声

数据库表一个奇怪的特点是它允许为空。也就是说，表中可以没有行。例如，图 15.4 可将最后 9 行全部删除。这听起来奇怪，但却有意义。一旦我们同意实体是由一组特定属性定义的事物，那么原则上就存在一个只有名称和列标题、但没有具体数据的表。添加实体实例后才有了行；未添加之前该表就是一个空实例。

另外要注意的是，图 15.4 的表处理层次结构 (分级) 信息的方式与图 15.2 的 XML 不同。在图 15.4 中，需要用另一个属性来说明一个岛屿处于哪个群岛中。但在图 15.2 中，该信息由另一级封装标记表示。用行话来说，就是数据库表使层次结构信息扁平化了。这是数据库表和 XML 数据库的主要区别之一。

几种类型之一

属性除了具有名称外，还具有数据类型，例如数字、文本、图片等。数据类型定义了可作为属性值存储的信息形式。通过指定数据类型，数据库软件可防止我们意外地将错误的信息类型存储为表项。为了将数据类型和之前讨论的标记关联起来，请将类型作为标记的属性来对待，例如：

<iName type="text"> 或 <area type="number">

PacificIslands

Field Name	Data Type
ID	AutoNumber
IslandName	Short Text
Area	Number
Elev	Number
Archipelago	Short Text

如图所示，数据库软件将表的数据类型元数据作为一个配套表来存储，并允许在 UI 中进行操作。

作为记录

数据库是如此重要且需要长期学习，我们可以先从几个约定俗成的术语开始。行在技术上称为元组 (tuple)，也经常称为记录，后者计算机穿孔卡时代的一个历史遗留。属性也称为字段和列，这两个术语我们都在用。属性的数据类型有时称为它的格式。表在技术上称为关系。

15.3.3 每个都不同

一个实体可以是什么？这其中的限制很少，但确实有些事物不是实体。例如，变形虫不是实体，因其没有使我们区别开来的特征。(或许变形虫自己能区分彼此，如果我们能弄清楚它们是如何做到的，那么区分的依据就可成为属性，使其成为实体。) 当然，单细胞动物是实体。

如实体的标识信息难以处理，可考虑选择替代编码方案。例如，虎鲸可通过身上的黑白花纹排列来区分。即使图像能存储到数据库中，软件也很难比较两张图以确定它们是不是同一头鲸。这时可为虎鲸分配名字以便计算机处理，让人来识别并分配不同的名字。

总之，实体是数据库的数据。

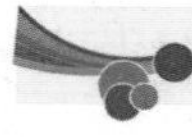

15.4 表的学问

表有什么学问吗？答案是肯定的。本节要简单解释一些日常的计算“魔法”是如何工作的。目标是理解其中心思想，不是成为数据科学家。

15.4.1 关系数据库表

所谓“表的学问”，我的意思是指对于关系数据库的研究。上一节简单介绍了实体和数据库表，因为它们是关系数据库的基础。虽然表在技术上被称为“关系”，但我们将继续称之为数据库表。

总是不同

之前说的所有特点都适用：每个行都不同，列作为整体可互换……等。唯一没强调的要求如下：

> 不同的行必须有区别，即使添加新行。

一个表实例包含不同的行还不够，每个 (有意义的) 表实例的行都必须不同。

每一行都必须有区别，这个要求很合理。表行是实体，由于总是根据固定数量的属性来区分不同实体，所以无论表存储的是什么事物，每一行都应该有所区别，而且后来添加的任何行也要不同。所以，该要求相当于说："表要包含用于区分实体的所有必要的属性(列)"。

来看一个不符合要求的例子，假定有一个学生信息表只包含两列，一个列出学生的发色，一个列出眼睛颜色。如图 15.5(a) 所示，一旦添加另一个金发蓝眼的学生就会出问题，因为表中已经有一个这样的了。这时就知道，仅仅这两个属性不足以区分所有学生。当然，可添加更多信息(比如学生姓名)来修复问题。

该要求很重要，而且为了保证满足该要求，有一个普适的修复方案：为任何表的每一行都添加序列号，如图 15.5(b) 所示。该序列号保证每一行都有区别，因为编号总是不同。这样就可以说学生 1 是金发蓝眼，学生 5 也是。添加姓名和其他信息当然能生成更有用的实体，但数据库会自动为表添加一个序列号字段。它就在那里，不管你需不需要。

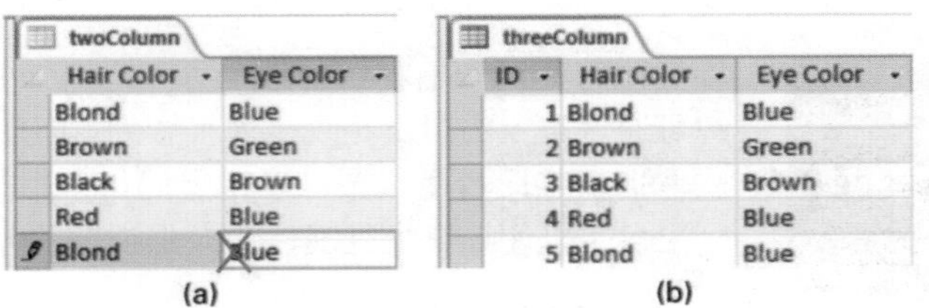

图 15.5 两个数据库表：(a) 试图添加一个新行违反了行必须不同的规则；(b) 每行都添加了序列号 (ID)，确保每行都不同

键

注意，图 15.5(a) 的两列都包含重复项。一列中存在重复数据本身不是问题。但如果不同的行在所有列位置都出现重复，就会出问题。我们通过添加序列号(图 15.5(b)) 修复了该问题，因为该列的每一项都必然不会重复。

之所以关注每一项都肯定不同的列，是因为可通过它们查找数据。这样的列称为候选键 (candidate key)。在图 15.4 的岛屿表中，序列号 (ID) 就是候选键。Archipelago(群岛)列不能作为候选键，因为可能有重复。虽然 Area(面积)和 Elev(海拔)值在这个特定的例子中都不同，但太平洋可能存在相同面积或海拔的岛，所以它们也可能不是合适的候选键。那么，IslandName(岛名)是候选键吗？你可能觉得是，但 Santa Cruz 也属于 San Bernardo 群岛。所以，IslandName 也不行。只有 ID 列是候选键。

然而，候选键并非只能是一列。可以是多列的组合。所以，IslandName 和 Archipelago 可一起作为候选键。也就是说，(Santa Cruz, Galápagos) 和 (Santa Cruz, San Bernardo) 是不同的，而且我们认为这样的组合肯定不会重复。所以，这两列的组合是候选键。

数据库软件需要知道主键，即计算机和用户同意用于定位条目的候选键。用户在元数据 UI 中指定主键。在图 15.6(a) 中，Code 属性被设为主键(注意钥匙符号，键 =key= 钥匙)。

数据库表的元数据

由于数据库表有属性名 (列标题)，每个属性都有数据类型，所以可用一个数据库模式 (database scheme 或 database schema，也称为数据库架构或数据库纲要) 来简单地描述一个表，如图 15.6 所示。之前说过，属性历史上称为字段 (field)，所以偶尔也会用到该术语。

worldDatabase11

Field Name	Data Type	
CountryName	Short Text	Common English Name
Code	Short Text	Short Abbreviation
Capital	Short Text	Government
Longitude	Number	Capital Longitude: W<0<E
Latitude	Number	Capital Latitude: S<0<N
Population	Number	Recent Population Est
Area	Number	Area in square kilometers

(a)

wDB1

CountryNan	Code	Capital	Longit	Latitu	Population	Area
Austria	A	Vienna	16.37	48.20	8023244	83850
Afghanistan	AFG	Kabul	69.20	34.58	22664136	647500
Antigua and B	AG	Saint Johns	-61.50	17.30	65647	442
Albania	AL	Tirane	19.80	41.30	3249136	28750
Andorra	AND	Andorra la \	1.30	42.30	72766	450
Armenia	ARM	Yerevan	44.40	40.10	3463574	29800
Australia	AUS	Canberra	149.08	-35.10	18260863	7686850

(b)

图 15.6 worldDatabase1 (wDB1) 表：(a) 表的元数据，称为数据库模式 (database scheme)；(b) 示例条目，按 Code 排序。注意，图 (a) 表明主键是 Code

数据库模式每行一个列出属性。如图 15.6(a) 所示，针对每个属性，用户都要指定其数据类型，是不是主键，另外一般还要包含简短的描述。数据库系统认为描述可选，但数据库的设计者不这样认为。

数据库模式是数据库表的元数据。由于列中的所有项都引用相同属性并具有相同数据类型，所以这种元数据远比标记简洁。但要注意的是，这并非全部元数据。

电子世界

图 15.6 的数据来自一个开源世界数据库，提供多种格式，其中或许就有适合你的。详情请访问 www.dbis.informatik.uni-goettingen.de/Mondial/。

15.3 候选键

根据你所掌握的地理知识来判断“北美国家和地区”表的哪些属性可作为候选键？

NorthAmericaPoliticalUnits

Ctry	State/Prov	Capital	Largest City
US	Alabama	Montgomery	Birmingham
US	Alaska	Juneau	Anchorage
CA	Alberta	Edmonton	Calgary
	...	...	...
MX	Yucatán	Mérida	Mérida
CA	Yukon	Whitehorse	Whitehorse
MX	Zacatecas	Zacatecas	Zacatecas

15.4.2 用表计算

我们写查询从数据库表获取信息。查询 (query) 是告诉数据库系统如何处理表来计算答案的指令(答案也以表的形式返回)。另外，数据库系统使用简单操作来“操纵”它的表。我们只需知道 6 个操作。所有数据库系统都支持这些操作，只是用于表示的语言有细微差异。我们先总结一下概念，再通过例子来体验实际命令。

表 15.2 总结了这些操作，输入是一个或两个表 (D1 和 D2)，返回包含数据拷贝的一个新表 (DR)。例如，我们写 D1 + D2 来合并两个表中的行。

表 15.2 数据库系统的基础表操作。D1 和 D2 是来源表，DR 是结果表

操作	符号形式	结果表 DR 所含内容
Project(投影)	D1 c1,c2,. . . ,cn → DR	从 D1 选择的完整列
Select(选择)	D1 公式 → DR	符合公式的来自 D1 的所有行
Cross-Product(叉乘)	D1 × D2 → DR	D1 的所有行和 D2 的所有行匹配，返回所有排列组合
Union(合并，并集)	D1 + D2 → DR	来自 D1 和 D2 所有字段兼容的行
Difference(求差，差集)	D1 – D2 → DR	D1 的所有行，排除 D2 中有的，即减去交集
Join(连接)	D1 Join D2 On D1. 字段 i=D2. 字段 j → DR	若 D1 中一行的字段 i 匹配 D2 行的字段 j，D2 行就附加到 D1 行后并包含到 DR 中

下面用图 15.6 的世界数据库 (wDB1) 例子来详细解释表 15.2 的定义。

Project(投影)

Project 操作从一个数据库表选择并排列列，以创建一个新的、可能更“窄”的表。图 15.7 用投影操作从 wDB1 创建一个包含三列的表。

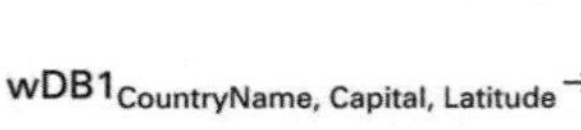

projectQuery

CountryNan	Capital	Latitu
Austria	Vienna	48.20
Afghanistan	Kabul	34.58
Antigua and B	Saint Johns	17.30
Albania	Tirane	41.30
...	...	0.00

图 15.7 从 wDB1 将三列 (CountryName，Capital 和 Latitude) 投影到新表

Select(选择)

Select 操作只选择符合条件的行。图 15.8 用公式 Latitude > 60 从 wDB1 选择符合条件的行。

$wDB1_{Latitude > 60}$ →

selectQuery

Country	Code	Capital	Longi	Latit	Populat	Area
Iceland	IS	Reykjavik	-21.93	64.13	270292	103000
Finland	SF	Helsinki	24.95	60.17	5105230	337030

图 15.8 从 wDB1 选择符合公式 Latitude > 60 的行

Cross-Product(叉乘)

为了演示 Cross-Product 操作，我们先定义两个小表。假定同时应用刚才演示的 Project 和 Select 操作，只是将公式调整为 Latitude > 60 OR Latitude < –40，从而同时获得北半球和南半球的首都。先应用哪个操作无关紧要。结果是如图 15.9(a) 所示的三行、三列表格。我们将该表命名为 extremes。图 15.9(b) 是另一个小表，命名为 HemiNS(hemisphere 代表“半球”，这个名字代表北半球或南半球)，其中只有一列，内容手动输入。

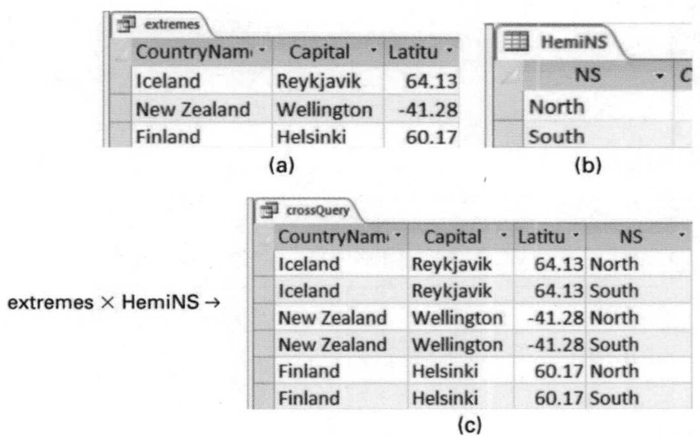

extremes

CountryNam	Capital	Latitu
Iceland	Reykjavik	64.13
New Zealand	Wellington	-41.28
Finland	Helsinki	60.17

(a)

HemiNS

NS
North
South

(b)

extremes × HemiNS →

crossQuery

CountryNam	Capital	Latitu	NS
Iceland	Reykjavik	64.13	North
Iceland	Reykjavik	64.13	South
New Zealand	Wellington	-41.28	North
New Zealand	Wellington	-41.28	South
Finland	Helsinki	60.17	North
Finland	Helsinki	60.17	South

(c)

图 15.9 Cross-Product 操作：(a)extremes 表；(b)HemiNS 表；(c) 两个表的叉乘结果，名为 crossQuery

叉乘像做乘法那样合并两个表，这是用乘号 (×) 来表示它的原因。针对第一个表 (本例是 extremes) 的每一行，都将第二个表 (HemiNS) 的一行附加到它后面。这样得到的是两个表的所有排列组合结果，如图 15.9(c) 所示。由于是对所有行进行排列组合，所以 m 行的一个表和 n 行的另一个表进行叉乘，将生成含有 m×n 行的一个表。(现在清楚了为什么要用小表来演示。)

Project 和 Select 似乎是从表中选择数据的有用操作，而 Cross-Product 就很奇怪而且无用，因为它只是机械地合并数据，无论新行有没有意义。表面上是这样，但一旦和其他操作组合使用，Cross-Product 就会很强大。例如，为了正确标记南北半球，可通过以下公式向 15.9(c) 的表应用一个 Select 操作：

```
(Latitude > 0 AND NS = 'North') OR (Latitude < 0 AND NS = 'South')
```

该公式表示，正数纬度 (Latitude) 应标记为“北”(North)，而负数纬度应标记为“南”(South)，结果如图 15.10 所示。因此，Select 仅选择那些行，而且这两个操作合并的结果真正有了意义。

crossQuery$_{(Latitude>0\ AND\ ...\ 'South')}$ →

selectCrossQuery

CountryName	Capital	Latitude	NS
Iceland	Reykjavik	64.13	North
New Zealand	Wellington	-41.28	South
Finland	Helsinki	60.17	North

图 15.10 通过公式 (Latitude > 0 AND NS = 'North') OR (Latitude < 0 AND NS = 'South') 对 crossQuery 表执行 Select 操作

下面总结一下这三个命令。基本上，我们是以原始表 (extremes) 为基础，再从另一个表 (HemiNS) 添加新数据。首先用 Cross-Product(×) 操作构造行的所有组合，再用 Select 操作选择符合条件的行。合并两个表来创建所有可能的组合，再从中选出有意义的结果，这是一种强大而且常用的数据库技术。稍后还会用到这个技术。但首先把和乘法操作相当的加减操作弄清楚。

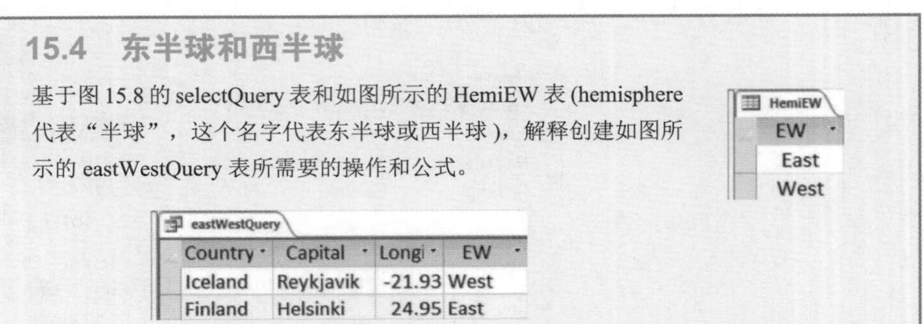

15.4 东半球和西半球

基于图 15.8 的 selectQuery 表和如图所示的 HemiEW 表 (hemisphere 代表“半球”，这个名字代表东半球或西半球)，解释创建如图所示的 eastWestQuery 表所需要的操作和公式。

HemiEW

EW
East
West

eastWestQuery

Country	Capital	Longi	EW
Iceland	Reykjavik	-21.93	West
Finland	Helsinki	24.95	East

Union(合并，并集)

Union 操作合并含有兼容属性 (即列) 的两个表。结果是来自两个表的行，这些行如有重复就只保留一个拷贝，如图 15.11 所示。

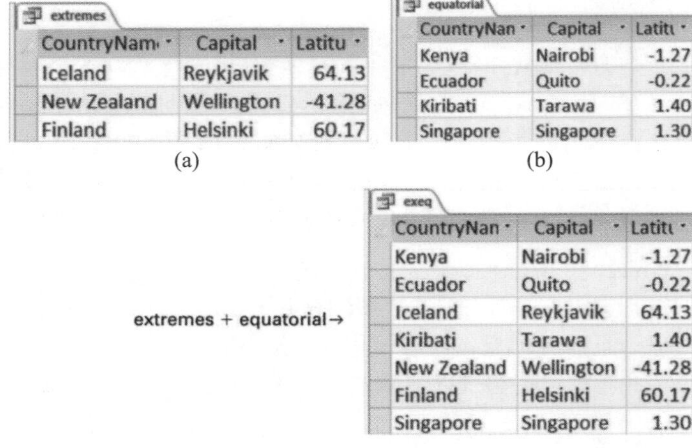

extremes

CountryName	Capital	Latitu
Iceland	Reykjavik	64.13
New Zealand	Wellington	-41.28
Finland	Helsinki	60.17

(a)

equatorial

CountryNan	Capital	Latitu
Kenya	Nairobi	-1.27
Ecuador	Quito	-0.22
Kiribati	Tarawa	1.40
Singapore	Singapore	1.30

(b)

extremes + equatorial→

exeq

CountryNan	Capital	Latitu
Kenya	Nairobi	-1.27
Ecuador	Quito	-0.22
Iceland	Reykjavik	64.13
Kiribati	Tarawa	1.40
New Zealand	Wellington	-41.28
Finland	Helsinki	60.17
Singapore	Singapore	1.30

(c)

图 15.11 Union 操作：(a)extremes 表；(b)equatorial(赤道) 表，首都在赤道 1.5 度之内的国家；(c) 两者的并集，即 exeq 表

Difference(求差，差集)

Difference 操作和 Union 相反，一个是求差集，一个是求并集。也就是说，D1 – D2 的结果是在 D1 表中但不在 D2 表中的行。所以，结果行是 D1 表独有的。以图 15.11 的表为例，以下公式成立：

exeq – equitorial = extremes

以下公式同样成立：

exeq – extremes = equitorial

注意，执行 D1 – D2 时，D2 可能包含了 D1 的全部行。所以，可用 exeq 删除 extremes 或 equatorial 中的全部行：

extremes – exeq = < 空 >

结果是一个包含三列的空表。

15.5 数据世界

基于图 15.7 的 projectQuery 表，说明以下两个操作的结果：

(a) projectQuery + exeq →

(b) extremes–equitorial →

Join(连接)

最后是 Join 操作，它相当于先进行一个 Cross-Product 操作，再进行一个 Select 操作。其实图 15.9 和图 15.10 已演示了这种组合操作，只是那个例子比基本的 Join 操作更复杂。

Join 获取两个表 D1 和 D2，再从两者分别获取一个属性，即 D1.a1 和 D2.a2(先写表名，加一个句点，然后是属性名)。Join 先对两个表进行 Cross-Product 操作，再用 Select 操作找出两个属性匹配的行 (公式是 D1.a1 = D2.a2)。Join 的优势在于能将两个表连接到一起，同时匹配相关数据。

例如，假定有一个只包含 4 个字段 (ID，CityName，Country 和 Population) 的城市表。其中，Country 属性用的是之前看到过的国家代码 (图 15.6 的 wDB1 表)。为了在其中添加国家名称、首都和其他数据，可连接 City 和 wDB1，并按国家代码来匹配。操作是：

City Join wDB1 On City.Country = wDB1.Code

这将生成如图 15.12 所示的结果。注意第二个国家代码 SF 在两个来源表中本来就是匹配的 (都是第二行)。但这只是巧合，City 表的每一项都和 wDB1 表中的某一项配对。

City

ID	CityName	Country	Populat
165	Tromsoe	N	48109
144	Helsinki	SF	487428
373	San Luis Potosi	MEX	488238
497	Santa Fe	USA	48899
576	Castries	WL	49000
468	New Orleans	USA	496938
...	...	...	...

(a)

wDB1

Country	Cod	Capital	Latit
Iceland	IS	Reykjavik	64.13
Finland	SF	Helsinki	60.17
Norway	N	Oslo	59.93
Sweden	S	Stockholm	59.35
Estonia	EW	Tallinn	59.30
Latvia	LV	Riga	57.00
Russia	R	Moscow	55.77
...	...	...	

(b)

joinQuery

ID	CityName	Country	Populatio	CountryNan	Code	Capital	Latitu
165	Tromsoe	N	48109	Norway	N	Oslo	59.93
144	Helsinki	SF	487428	Finland	SF	Helsinki	60.17
373	San Luis Potosi	MEX	488238	Mexico	MEX	Mexico City	19.40
497	Santa Fe	USA	48899	United States	USA	Washington	38.50
576	Castries	WL	49000	Saint Lucia	WL	Castries	14.00
468	New Orleans	USA	496938	United States	USA	Washington	38.50
199	Dublin	IRL	502337	Ireland	IRL	Dublin	53.37
9	Skopje	MK	506926	Macedonia	MK	Skopje	42.00
259	Lahore	PK	5085000	Pakistan	PK	Islamabad	34.00
...	...	...	...	...	...	...	...

(c)

图 15.12　对 City 和 wDB1 执行 Join 操作：(a)City 表，其中 Country 列使用 Code；(b)wDB1 表，每个国家一行；(c)Join 后生成的 joinQuery 表，条件是 City.Country = wDB1.Code。City 的所有行都在 joinQuery 中出现

15.4.3　问任何问题

为了体验刚才介绍的技术，来试试几个普通人都会问的问题。例如，你可能好奇：“非洲获得了哪些奥运会男子马拉松金牌？”

自 1896 年重启以来，奥运会的所有奖牌记录都保存在瑞士洛桑的国际奥委会总部。可以去那里，查看历届奥运会男子马拉松获得金牌的国家。麻烦但并非可行。如记录已在网上发布，我们可以在网上做这件事情。仍然麻烦，仍然可行。但我们是人，稍微动一下脑筋，就知道如何利用工具更快回答这样的问题。

计算机能回答该问题。唯一要做的就是说出问题。利用刚才介绍的技术，可立即获得答案。来看看具体如何做。

假定数据库至少包含如图 15.13 所示的两个表。第一个表是历届奥运会所有男子项目的奖牌获得者，第二个表列出了所有非洲国家及其国家代码。

Games	Event	Athlete	Coun	Medal
1896	100 Meters	Thomas Burke	USA	Gold
1896	100 Meters	Fritz Hofmann	GER	Silver
...	...	...	...	...
1896	Marathon	Louis Spiridon	GRE	Gold
1896	Marathon	Vasilakos Kharilaos	GRE	Silver
...	...	...	...	...
2012	Marathon	Stephen Kiprotich	UGA	Gold
2012	Marathon	Abel Kirul	KEN	Silver
2012	Marathon	Wilson Kipsang	KEN	Bronze
...	...	...	...	...

(a)

Country	Code
South Africa	RSA
Kenya	KEN
Morocco	MOR
Uganda	UGA
...	...

(b)

图 15.13　Olympic 表：(a) OlympicMen 表，列出所有项目的所有奖牌获得者；(b) AfricanCountries 表，包含所有非洲国家及其三字母代码 (所有数据都来自维基百科)

可用以下方案回答“非洲获得了哪些奥运会男子马拉松金牌？”：

1. 从 OlympicMen 表选出引用了马拉松的行：

   Select OlympicMen$_{\textit{Event = "Marathon"}}$ → OMMarathon

   结果是 OlympicMen 表的一部分，将结果表命名为 OMMarathon。

2. 从 OMMarathon 表选出引用了金牌的行。

   Select OMMarathon$_{\textit{Medal = "Gold"}}$ → OMMGold

   结果是获得所有获得金牌的马拉松选手。将结果表命名为 OMMGold。

3. 接着需要判断哪些马拉松金牌由非洲国家获得。这时就需要将 OMMGold 和 AfricanCountries 这两个表连接 (Join) 起来，只保留符合要求的：

   OMMGold **Join** AfricanNations **On** OMMGold.Country=AfricanCountries.Code

   结果是非洲的所有马拉松金牌获得者。将结果表命名为 Olympians。

4. 最后一步，用命令Olympians$_{\text{Games, Athlete, Country}}$ → Ans获得最终结果。

注意，如果将公式写成 Event = "Marathon" AND Medal = “Gold”，最后两个操作就可以合并。

答案是……

图 15.14 显示了最终的结果表 Ans。注意，关于运动项目 (马拉松) 的信息消失了，因为所有记录都是关于该项目，为什么还要显示呢？奖牌 (金牌) 的信息也是，因为本来就是只显示金牌。注意，运动员的国家显示的是名称而非代码。这个信息是在 Join 操作期间匹配到的，使结果更容易理解。

虽然第一次接触时这些步骤似乎很复杂，但习以为常就好了。

Olympians

ID	Games	Athlete	Country
1	1912	Ken McArthur	South Africa
2	1960	Abebe Bikila	Ethiopia
3	1964	Abebe Bikila	Ethiopia
4	1968	Mamo Wolde	Ethiopia
5	1996	Josia Thugwane	South Africa
6	2000	Gezahegne Abera	Ethiopia
7	2008	Samuel Wanjiru	Kenya
8	2012	Stephen Kiprotich	Uganda

图 15.14　Olympians 表的 Ans 版本，基于图 15.13 的各个表生成

总结

我们现在知道解决问题的方法是准确提出希望数据库软件回答的问题。这相当巧妙，而且非常容易。事实上，甚至大多数请求并非来自用户，而是来自另一台计算机。例如，在网上查询机票时，需要提供出发城市、到达城市和出发日期。软件将这些信息打包成一个数据库请求。数据库返回答案。UI 向你显示一个符合要求的航班列表。

所以，看起来像是“魔法”，实际是通过对表的各种操作来实现的。

15.6 贵金属

假定 OlympicWomen 表包含历届奥运会所有女子项目奖牌获得者，结构类似于图 15.13(a)，写查询生成自 1984 年奥运会加入女子马拉松项目以来非洲在该项目上所取得的所有金牌。

AfriMaraWomen

ID	Games	Athlete	Country	Medal
1	1996	Fatuma Roba	Ethiopia	Gold
2	2000	Joyce Chepchumba	Kenya	Bronze
3	2004	Catherine Ndereba	Kenya	Silver
4	2008	Catherine Ndereba	Kenya	Silver
5	2012	Tiki Gelena	Ethiopia	Gold
6	2012	Priscah Jeptoo	Kenya	Silver

15.4.4 总结表的学问

迄今为止介绍的概念——表的基础、表的基本操作以及合并操作来回答问题，证明表存在大学问。本节简单地进行一下总结。

Join 是可选的

有趣的是，虽然 Join 不仅强大，现实中也被严重依赖，但它并非不可缺少的。Join 能做到的任何事情，都能通过 Cross-Product 和 Select 来做到。例如以下查询：

D1 **Join** D2 **On** D1.fieldi = D2.fieldj

可替换成以下形式：

Select (D1 × D2)$_{D1.fieldi\ =\ D2.fieldj}$ →

不过，虽然等价，Join 操作符用起来还是要方便一些。

完成工作的 5 个操作

之前介绍的其他 5 个表操作是关系数据库的基本操作。这是基于关系数据库的以下基本特点而得出的结论：

给定一组实体表，Project，Select，Cross-Product，Union 和 Difference 操作足以创建从这些表衍生出来的任何表。

也就是说，在实际应用中利用这 5 个操作来表达一个查询，任何问题都可通过从一组表衍生出来的一个表来回答。

关系元数据

在查询中使用各种操作时 (查找马拉松奖牌获得者，为世界城市添加国家名称和首都，甚至是区分半球)，都利用了一个表的数据和另一个表的数据相关的事实。例如在图 15.12 中，City 表中的 Country 数据具有和 wDB1 表中的 Code 数据相同的含义，这使我们能根据这两个字段来匹配不同表的记录。我们理解表的内容是什么，所以才知道这种关系。为了使数据库系统能最大程度地帮助我们，需告知软件这些关系。

非正式地说，关系是两个属性(列)的数据值存在的一种联系。例如在图15.13中，OlympicMen.Country和AfricanNations.Code这两个属性一旦匹配，就引用同一个国家。所以，OlympicMen.Country中的字母UGA具有和AfricanNations.Code中的字母UGA相同的含义，这就是这两列所有内容之间存在的一种联系。

之所以要手动、明确地指明关系，原因是并不是说字母序列相同，就一定意味着具有相同含义。例如，KEN意味着Kenya(肯尼亚)的前提是它存在于AfricanNations.Code列中。它也可能是一个运动员的名字，例如OlympicMen.Athlete(运动员)列中的肯·麦克阿瑟(Ken McArthur)。数据库UI允许用户手动指定属性之间的关系。

关系是元数据，而且是相当有价值的元数据。关系数据库利用关系能做出许多令人惊叹的事情。科学家们对该主题进行了深入研究，划分了许多关系类型。这是一个引人入胜的主题，但限于篇幅，除了下面再举一个实际的例子，我们就到此为止了。

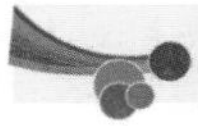

15.5 SQL：数据库语言

你在网上的许多活动(例如查询航班)都使用了我们到目前为止介绍的数据库概念。基于数据库的网上应用已成为一个成熟的体系。下面通过介绍主流数据库语言SQL来实际地体验一下。

SQL(Structured Query Language，结构化查询语言)是最广泛使用的数据库语言。表15.3总结了和表15.2的操作对应的SQL语句。注意，SQL将原先的Project和Select操作合并为Select命令，并在命令中使用WHERE子句指定公式。另外，SQL使用INNER JOIN取代Join，支持以多种方式连接数据。

表15.3 基本SQL查询

操作	SQL	示例
Project(投影)	**SELECT** wDB1.CountryName, wDB1.Capital, wDB1.Latitude **FROM** wDB1;	图15.7
Select(选择)	**SELECT** wDB1.CountryName, wDB1.Code, wDB1.Capital, wDB1.Longitude, wDB1.Latitude, wDB1.Population, wDB1.Area **FROM** wDB1 **WHERE** (((wDB1.Latitude)>60));	图15.8

（续表）

操作	SQL	示例
Cross-Product(叉乘)	**SELECT** * **FROM** extremes, HemiNS;	图 15.9(c)
Union(合并，并集)	**SELECT** * **FROM** extremes **UNION** **SELECT** * **FROM** equatorial;	图 15.11©
Difference(求差，差集)	**SELECT** * **FROM** exeq **WHERE** Country **NOT IN** (**SELECT** Country **FROM** equatorial);	
Join(连接)	**SELECT** City.CityName, City.Country, City.Population, wDB1.ID. wDB1.CityName wDB1.Code, wDB1.Captial. wDB1.Latitude, wDB1.Logitude, wDB1.Population, wDB1.Area **FROM** City **INNER JOIN** wDB1 **ON** City.Country = wDB1.Code;	图 15.12(c)

以图 15.14 的 Olympians 表为例，用以下 SQL 查询可获得同样的结果：

```
SELECT OlympicMen.Games, OlympicMen.Athlete, AfricanCountries.Country
FROM AfricanCountries INNER JOIN OlympicMen
  ON AfricanCountries.Code = OlympicMen.Country
WHERE (((OlympicMen.Event)="Marathon") AND ((OlympicMen.Medal)="Gold"));
```

最后一行使用之前的“合并”公式选出马拉松金牌获得者，FROM 和 ON 语句加起来就是一个 Join，而 SELECT 语句选出我们想要显示的字段。

虽然 SQL 的语法和工作方式在不同数据库系统之间存在一些差异，但上述 SQL 命令是创建本章所用表的常见方式。

按例查询

开发查询最简单的方式或许是利用 Microsoft Access 的按例查询 (Query By Example，QBE) 功能，如图 15.15(a) 所示。Access UI 允许用户选择要向查询输入的表，比如 OlympicMen 和 AfricanCountries。

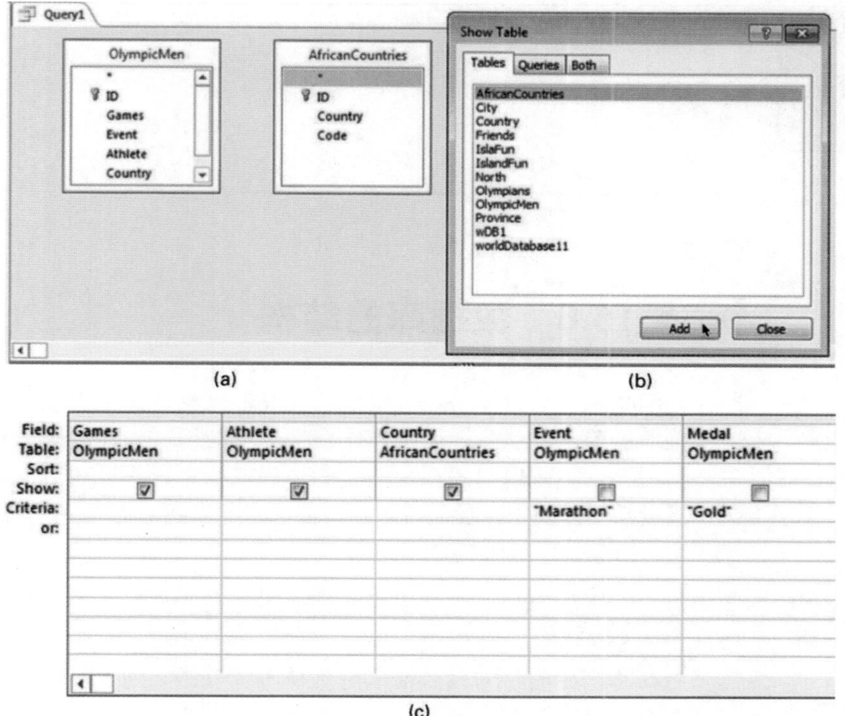

图 15.15　用 Microsoft Access 的 QBE 功能对 Olympians 进行编程：(a) 选择查询的输入表；(b) 数据库定义好的表和查询；(c) 指定字段和限制条件

接着，每列的下拉菜单会列出最终结果中的属性 (参见图 15.15(c))。选择这些属性后，可在条件行输入限制公式。利用此方法，我们可指定公式来选择想要的行，比如 Event = "Marathon" 和 Medal = "Gold"。

选择要在答案中出现的字段是创建表最简单的方式。现在只剩一件事情，就是告诉数据库系统 OlympicMen.Country 和 AfricanNation.Code 这两个属性引用的是同样的信息。也就是说，两个字段之间存在一个关系。所有数据库系统都提供了定义关系的机制。在 Access 的 QBE UI 中，只需将一个表的字段 (OlympicMen.Country，在图 15.16(a) 中加亮显示拖动到另一个表的字段 (AfricanCountries.Code，图 15.16(b))。

一旦松开鼠标，就会显示一条代表关系的线。这时就准备好了运行查询并会生成如图 15.14 所示的结果表。

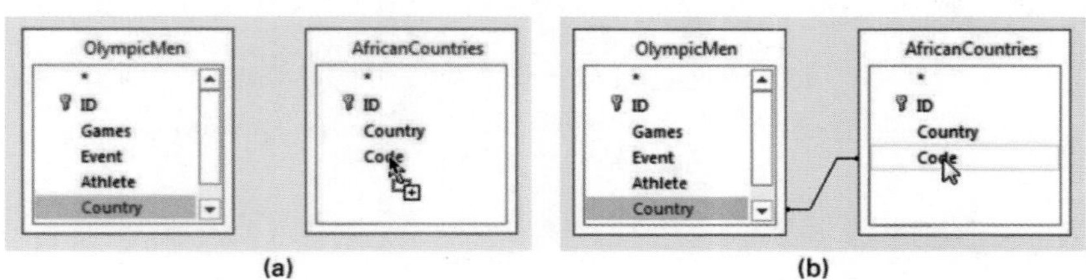

图 15.16　在 QBE 中指定关系：(a) 选择 OlympicMen 的 Country 字段；(b) 拖至 AfricanCountries 的 Code 字段后，会显示代表关系的一条线

数据库栈

本章的数据库概念已被其他应用广泛使用。有多广泛？查看图 1.8(Android 手机的软件栈)，然后找到 SQLite(适合移动设备的小型数据库系统)。再查看图 9.2(Microsoft Windows .NET 软件栈)，找到位于中间层的 XML。

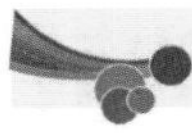

15.6 数据库的结构

现在已学会如何利用 5 个基本操作以及 Join 来创建结果表以回答和数据库中的数据有关的问题。但是，这些操作在实际中的用法和我们讲的稍有区别。一般不会问一个问题就退出。相反，我们希望以特定方式排列数据库的信息。针对用户连续使用的数据，我们希望用户能一直看到符合其要求的视图，图 15.17 演示了这一概念。

图中显示了表的两种形式。物理数据库存储在计算机系统的磁盘驱动器上，是数据库的永久存储。逻辑数据库，也称为数据库的“视图”，则是针对用户的需求而动态创建的。为什么要采用这种两级方案？为了回答这个问题，需要仔细查看两种形式的表。

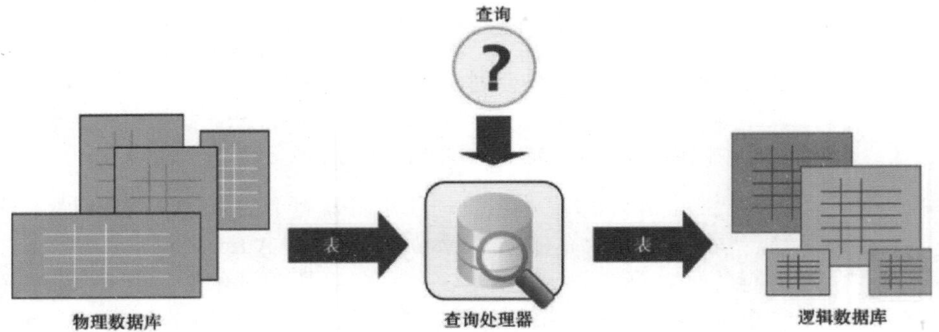

图 15.17　数据库系统结构。物理数据库是数据的永久存储；逻辑数据库，或者说数据库的“视图”，则是用户看到的形式。这种转换由查询处理器来实现，其基础就是从物理表定义逻辑表的查询

物理和逻辑数据库

两级系统的目的是将数据管理(通常在物理数据库级别上完成)与数据表示分开，后者通常要为许多不同的用户准备许多不同的版本。

物理数据库

物理数据库被设计成使数据能被快速访问。更重要的是，被设计成避免冗余(重复信息)。数据显然不应被重复存储，否则太浪费空间。但磁盘空间又相当便宜，

所以这不是避免冗余的主要理由。更重要的是，如果数据在物理数据库中多处存储，很有可能一个地方发生更改后，别的地方不会同步更改。这会造成数据不一致。

例如，假定学校存储了你的家庭地址，院系也存储了你的地址的一个单独的拷贝，那么当你通知学校新地址时，两个都应更改。但由于存在多个拷贝，所以这可能不会发生。如数据库存储了你的两个不同的地址，学校就不知道哪个地址是正确的。完美的信息会因为不一致而变成垃圾。因此，数据库管理员要确保每个数据只有一个拷贝。也就是说，数据不能冗余存储。

只保留一份数据似乎有风险：如果不小心删除了数据或磁盘崩溃了怎么办？数据库管理员也一直担心这个问题，并且有一个制作数据库备份的流程。备份存储在安全的地方，平时不会动用。也就是说，只有不慎删除数据或磁盘崩溃（这时就失去了其他拷贝），才会动用备份，从中恢复丢失的数据。但在这种情况下，还是只有一个拷贝。

避免冗余显然是件好事，但只保留一个拷贝似乎忽略了多个用户都需要信息的事实。校务处需要发送学费账单，院长办公室需要通知你上优秀生名单了，体育中心需要向你发送 photo finish 照片（选手到终点时非常接近，需借助照片来判定胜负）。他们都要你的地址。那么，从哪里获得拷贝？这时，逻辑数据库就有用了。

仅一个拷贝

由于音乐或照片存储在数据库中，所以创建播放列表或幻灯片时似乎创建了内容的拷贝，但事实上只是创建了对单一拷贝的引用。这是许多网盘能提供大容量存储的原因，因为许多重复内容仅一个拷贝。

逻辑数据库

逻辑数据库向用户显示其所需信息的视图。并非永久存在，而是每次看的时候动态创建。这解决了每个人都要一份地址拷贝的问题。数据从物理数据库存储的永久拷贝中获取，按需提供给用户，每次都刷新。当你报告地址变动时，只修改那个永久拷贝。在此之后，其他人刷新时将获得最新版本。

每次都创建新拷贝很关键，因为假如只创建一次，然后就永久存储到用户的计算机上，就会重新出现信息的两个拷贝：一个在物理数据库，一个在逻辑数据库。这又会造成数据的冗余存储。所以，它永远都不会停留在用户的计算机上，而是每次都重建。所以，你上午通知校务处地址变动，下午院长办公室就能向你的正确地址发出祝贺信了。

为每个用户创建数据库特制版本的另一个好处在于，每个用户都想看到不同的信息。例如，体育中心需要记录学生的储物柜号码，但校园里没有其他单位关心这个。类似地，如果学生因为 GPA 不达标被留校察看，数据库的大多数用户都不需要知道这一情况，所以不应包括到他们的视图中。原则上，每个用户都想要数据库的一个不同视图。

查询

查询是使这种两级体系运作起来的关键。每个用户组(例如院长办公室)都需要一个为其专门创建的数据库版本。每个用户表都通过一个用数据库语言(例如 SQL) 写的查询来生成。院长办公室的人点击生成“春季学期成绩”表时，数据库系统运行定义该表的查询，创建并显示该表。这可能不是它在物理数据库中的形式。相反，是通过我们之前描述的各种操作，从物理存储的数据来动态创建的。第二天，院长办公室再次打开该表，会再次创建一个新拷贝。如果昨天下午某位物理教授更新了成绩(并存储到物理数据库中)，这时就能看到最新的变化。

15.7 小结

本章从XML标记讲到用QBE来生成逻辑视图。学了很多东西，主要有以下内容。

- XML 是在文件中记录元数据的有效方式。
- 元数据的作用是对值进行标识，可用它记录同一实体的值之间的关系，并可对实体实例进行分组。
- 数据库表通过名称和字段来描述表中所含实体的属性 (attributes)。
- 属性值具有特定的数据类型。
- 足以利用表的 5 种基本操作 (Select，Project，Union，Difference 和 Produc) 从其他数据库表创建新表。
- Join 是特别有用的一个操作，它以匹配的字段为基础，以新的方式连接来自多个表的信息。
- 关系是将物理数据库的字段关联起来的关键。
- 物理数据库依赖磁盘驱动器；它避免了冗余存储数据，并为速度而优化。
- 数据库表的理论思想和数据库系统软件之间存在直接联系。

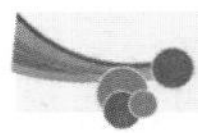

15.8 TRY IT 答案

15.1 可为海拔数据使用 <elev> 标记：

```
<?xml version = "1.0" encoding="UTF-8" ?>
<archipelago>
 <island><iName>Isabela</iName>      <area>4588</area> <elev>1707</elev></island>
 <island><iName>Fernandina</iName>   <area>642</area>  <elev>1494</elev></island>
 <island><iName>Tower</iName>        <area>14</area>   <elev>76</elev></island>
 <island><iName>Santa Cruz</iName>   <area>986</area>  <elev>846</elev></island>
</archipelago>
```

15.2　变成不同实例了。表的任何值发生改变 (这里是从无到有)，就是一个新的实例。

15.3　就北美来说，Name，Capital 或 Largest City 都可作为候选键，因为都具有唯一性。也就是说，列中的条目无一重复。Name 和 Capital 更佳，因其不太可能改变。相反，Largest City 可能改变。例如，未来某一天，堪萨斯城可能同时成为密苏里州和堪萨斯州的最大城市。

15.4　对 selectQuery 表执行 Project 操作，投影出 CountryName，Capital 和 Longitude 来创建 table1 表。再执行 table1 x HemiEW 操作创建所有行的排列组合，新表命名为 table2。最后对 table2 执行 Select 操作，使用以下公式：

(Longitude > 0 AND EW='East') OR (Longitude < 0 AND EW='West')

15.5　(a) projectQuery + exeq = projectQuery，因为 exeq 的全部列和行在 projectQuery 中都有。

(b) extremes – equatorial = extremes，因为它们没有共同的行，所以没有行可供删除。

15.6　先执行 Select 操作：

Select OlympicWomen$_{Event="Marathon"}$ → OWMarathon

再执行 Join 操作：

OWMarathon Join AfricanCountries On OWMarathon.Country=AfricanCountries.Code

最后执行 Project 操作获得最终结果：

OlympiansGames, Athlete, Country, Medal →

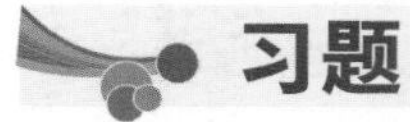

习题

选择题

1. 电子表格依赖 ________ 以保持其数据的完整性。
   a. 元数据　　b. 位置
   c. 数据本身　　d. 列名

2. 以下哪个是无效 XML 标记？ ________
   a. <address>　　b. <stud ID>
   c. <cellPhone>　　d. <SSN>

3. 以下哪个是有效 XML 标记？ ________
   a. <active?>　　b. <grad-date>
   c. <zip code>　　d. <DOB>

4. 在数据库术语中，实体的集合称为 _______。
   a. 字段 b. 列
   c. 表 d. 信息

5. XML 标记不能包含 _______。
   a. 空格 b. 数字
   c. 下划线 d. 空格和数字

6. 判断对错：表中的两行允许为相同属性输入相同数据。_______
   a. 对 b. 错
   c. 取决于数据本身 d. 取决于谁要用数据

7. XML 标记 _______。
   a. 大小写不敏感
   b. 大小写敏感
   c. 大小写是否敏感取决于具体是什么标记

8. 判断对错：物理数据库可以有冗余数据。_______
   a. 对 b. 错
   c. 取决于数据本身 d. 取决于谁要用数据

9. 哪个标记封闭 XML 文件的全部内容？ _______
   a. 根元素 b. <XML>
   c. <html> d. <content>

10. XML 文件在什么时候要求缩进？ _______
   a. 总是
   b. 从不
   c. 仅在和别人分享 XML 文件时
   d. 仅在 XML 文件有 200 行以上时

11. 数据库表的一行是 _______。
   a. 值 b. 字段
   c. 查询 d. 元组或记录

填空题

1. _______ 是对其他信息进行描述的信息。

2. _______ 数据库用表来组织信息。

3. XML 标记不能以 _______ 或 _______ 开头。

4. 所有 XML 标记必须 _______。

5. 最好只用标记的属性来定义 _______，不要用它定义 _______。

6. 标记的属性有一个名称和一个 _______。

7. 总是有不同值的一列称为 _______ 键。

8. 任何 Join 操作都可更换成 _______ 和 _______ 操作。

9. _______ 是表的定义集合，指定了表名和一系列属性及其数据类型，并标识了主键。

10. _______ 最使用最广泛的数据库语言。

11. 和数据库不同，_______ 依赖位置保持其数据的完整性。

12. XML 称为自 _______ 的语言。

13. 所有 _______ 数据库都可用 XML 来描述。

14. 数据库表的行和列可以 _______，重新排列的表和原始表是同一个表实例。

15. 标记将逻辑上相关的所有数据分为一组，从而定义数据的 _______。

简答题

1. 用 XML 标记你的两个朋友的联络信息。说明每个标记的规则。

2. 解释有时为什么要用数据库而不是电子表格。

3. 用 XML 定义你的课表。

4. 解释在填写 Web 表单时，为什么系统一般会要求在不同的框中输入街道地址、城市和州 (省)。

5. 创建可在数据库中作为主键使用的 ID 列表。

6. 用自己的话解释 XML 标记的“关系规则”和“集合规则”。

7. 利用来自你的课表的数据定义一个数据库表。

8. 定义可用于创建行事历的一个表所需要的属性名、数据类型和可选的注释。

9. 针对第 8 题的数据库，给出能保证每行唯一的两个列的例子 (例如 ID、名称)。

10. 为手机上存储的联系人信息写一个数据库模式。

11. 创建数据库表来存储你的驾照信息。

12. 用文本编辑器创建 XML 文件来包含影音光盘 (CD，DVD 和蓝光) 信息。在浏览器中打开文件。

CHAPTER 16

数据库组织案例分析：iDiary 数据库

学习目标

- 理解如何用 XML 表示元数据
- 理解 XML 和 XSL 的关系
- 理解数据库的渐进式创建
- 理解标记和模板的关系
- 理解如何用标记的属性来显示图片
- 理解信息在 XML 数据库中如何隐藏

CHAPTER 16

要了解技术无法改善生活质量的所有方式，请按3。

——爱丽丝·卡恩

很多人都会写日记，网络时代以数字形式保存日记是很自然的一件事情。日记不是博客，后者要和别人分享。日记仅供个人使用，不对外公开。传统日记只有手写文本，以线性方式组织。但网络时代的数字日记可包含多种电子信息，包括网站链接、照片、视频以及每天记录的个人想法。新形式的日记不是线性的文本链，而是个人数据库。这使其成为一个经典的数据库案例，可借此机会学习数据库原理。

本章用 XML 对数据进行结构化 (参见第 15 章) 以创建一个日记数据库。这是我们的物理数据库。为显示 iDiary，我们在 Firefox 中将 XML 转换成 HTML 以便在浏览器中查看。转换采用基于 XML 的一种语言，称为可扩展样式表语言 (Extensible Stylesheet Language， XSL)。每个人都应该按自己的需求来个性化日记。本章的数据库只演示原理，它显然不可能非常“个性化”。所以，我们创建了一个虚构的日记；其中记录了某人每天学到的一些有趣的东西。它很有用，你只需把自己的日常经历加进去。

演示了要构建的数据库示例之后，将构建一个小型数据库来记录曾游览过的国家，会在此过程中复习 XML。然后，通过 XSL 来显示该 Travels 数据库。有了这些知识储备之后，将逐步构建 iDiary 数据库。将添加文本、标题、图片、视频和诗，以解释如何以连贯而合理的方式来组织不规律数据。最后，解释这个构建好的数据库平时如何使用。

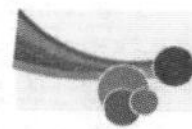

16.1 策划个人数据库

首先分析创建个人数据库来存储我们感兴趣的任何(数字)信息所面临的问题。虽然会讲到如何解决数据库设计的技术问题，但这里的讨论也将指导我们组织本章。

16.1.1 对比规律和不规律数据

第 15 章讨论的关系数据库可用标准的表来创建，表中含有规律的行、属性、键和关系等。这种规律性和数据库科学使我们能创建查询，其中计算机完成了组织和显示我们想要看到的信息的所有艰巨工作。关键在于数据的规律性以及强加于其上的刚性结构。关系数据库或许强大，但我们很多时候想要记录的信息没有那么规律。事实上，我们的日常生活本来就不那么规律。所以，需要一种更灵活的方法。iDiary 数据库是不规律数据集合的一个例子。

万用的“属性”

虽然之前花了一整章介绍数据库，但本章的上下文是 XML 和 HTML，所以“属性”(attribute) 一词通常是指标记的“属性”。

日常生活中任何有趣的东西都可以记录到 iDiary 中，包括文本、照片、网站 URL、动画、诗和视频等。由于不想限制能够存储的信息种类，所以用 XML 定义元数据，最终的数据库是一个 XML 树。将用第 15 章介绍的标识、关系和集合规则来标记数据库中存储的项(参考上一章的表 15.1)。这样计算机就知道它存储的是哪种数据。

但仅仅堆积数据还不够，还需对数据进行结构化。通过组织数据，我们可以跟踪它们，同时帮助计算机显示它。由于 iDiary 数据库设定每天都要添加新东西，自然应按时间顺序组织数据库(即按日期)。虽然该结构比不上关系数据库，但起码能使我们的不规律数据变得有序，方便我们管理和使用。

16.1.2 对比物理和逻辑

XML 树将是我们的物理数据库。这是我们用来存储数据的结构。由于数据库主要用于存档而非一个“工作数据库”，所以不期待连续的修订和更新，只是不断添加新东西。这意味着不用操心数据库管理员才需操心的各种事情，比如冗余和访问速度。我们只要方便，不过事先还是要做点准备。

至于逻辑数据库，自然是我们的 iDiary 视图。如果是关系数据库，可指定查询来显示感兴趣的信息，合并只含相关信息的表。但是，XML 树不是关系数据库。

虽然 XML 确实有自己的查询软件 (毫不奇怪，称为 XQuery)，但我们选择使用标记语言 XSL(可扩展样式表语言，Extensible Stylesheet Language) 创建简短描述，从 XML 树选择我们想要的数据并指定如何显示。XSL 是 XML 对 Web 数据库进行标准化的工作的一部分。XSL 描述将数据转换成 HTML 以便在浏览器中显示。

和所有数据库视图一样，使用 XSL 同样为我们提供了灵活性。可决定显示 XML 树中的一切，或只显示部分 (例如电影评论)，将其他内容隐藏。所以，XSL 描述相当于我们的查询，从物理数据库提取数据，只显示我们想要看到的那些。

XHTML

和 XML 配合使用的 HTML 版本称为 XHTML，但你无需学习 HTML 的一个新版本。第 4 章学到的知识也适用于 XHTML。

16.1.3 iDiary

我们的策略是以渐进的方式一起构建 iDiary 数据库及其样式表。从小的开始，再逐渐添加，避免一开始就被艰巨的任务吓倒。另外，小数据库能正常工作后，如果添加新功能造成它失效，就知道肯定错在刚才添加的部分。这是在调试任何复杂系统时避免问题过多的一种可靠方式。最后，这种渐进式方案也适用于需要随时间推移而增强的数据库和其他系统。该计划确保成功，是任何独立数据库项目的好范本。

使用 Firefox

本章用到的功能其他浏览器要么不支持 (例如 Chrome)，要么支持但会出现小的、令人烦恼的错误。请使用 Firefox，它能很好地工作。

图 16.1(a) 和图 16.1(b) 是我们要创建的数据库的一个例子。先熟悉一下，注意，数据库是一个长的日记条目列表。这些条目包罗万象，例如科技新闻、诗、书评等。这些条目不仅有趣，而且我们希望它们成为将来的珍贵回忆。

虽然本章要花许多篇幅建立 iDiary 数据库，但完成后用起来很方便，而且不需要进一步编码。

iDiary

iDiary: Journal of Interesting Stuff

This is a record of the most interesting thing I find out each day that's worth remembering. There's personal stuff in this database, too, but it's not gonna be displayed!

The Digital Diary

This will be fun! I start my digital journal today. So, to launch it with the right sentiment, I looked up what Henry David Thoreau wrote on the first day of his famous *Journal*. He wrote,

"What are you doing now?' he asked. 'Do you keep a journal?' So I make my first entry today."

Which, I guess, is pretty much what I just said. Great minds ... !

11 August 2013

Human-powered Helicopter

It's so totally awesome! It's been a month since a Toronto team won the Sikorsky Prize, but OMG, I can't stop thinking about it! So, I start this journal with Di Vinci's dream-come-true!

Sikorsy requires: Be aloft 60 seconds; rise to 3 m; stay inside a 10m x 10m square. In the **winning flight** [at 3:30], 50 seconds are spent descending to avoid the perils of the downdraft!

12 August 2013

I ran across this today, and am saving it here so I don't lose track of it. It needs more reading.

Vespertina Cognitio

Natasha Trethewey

Overhead, pelicans glide in threes—
their shadows across the sand
dark thoughts crossing the mind.

Beyond the fringe of coast, shrimpers
hoist their nets, weighing the harvest
against the day's losses. Light waning,

concentration is a lone gull
circling what's thrown back. Debris
weights the trawl like stones.

All day, this dredging—beneath the tug
of waves—rhythm of what goes out,
comes back, comes back, comes back.

图 16.1 (a) 第 1 部分：计划的 iDiary 的例子

13 August 2013

Potentially Hazardous Astroids

Wow! I read so much poetry, I missed yesterday's APOD! NASA has plotted the orbits of the inner planets, and potentially hazardous astroids. Hmm ... don't a lot of 'em cross Earth's orbit?

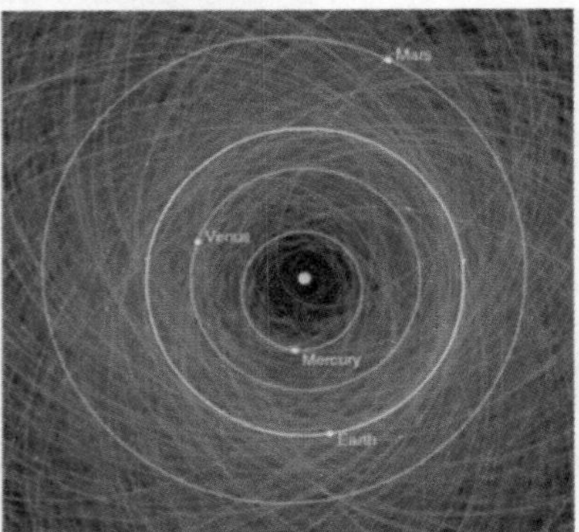

Here's the high resolution image. The Astronomy PIcture of The Day has to be about the BEST science site on the Internet. Thanks APOD! (*Sun not shown actual size.*)

14 August 2013

Science Finally Asks Permission

Last year I read *The Immortal Life of Henrietta Lacks* by Rebecca Skloot. Lacks was a poor African American tobacco farmer and mother of five, who died of cervical cancer in 1951 at age 31. Doctors at Johns Hopkins took cancer cells from her without permission. Because her cells continue to grow in the lab, they're key to medical research. Skloot profiles her and her family, stressing their confusion and hurt because her cells cured diseases; scientists got fame, she got nothing. HeLa cells, cited in 70,000 scientific papers, are *still* growing 60 years later. Immortal!

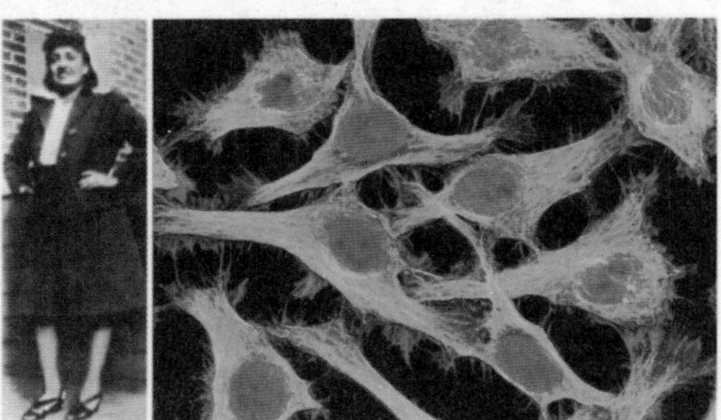

Her genome has now been sequenced. Today the National Institutes of Health set up a board to approve research with her genome; 2 family members sit on the board. Finally! Hear NPR Here

图 16.1 (b) 第 2 部分：计划的 iDiary 的例子

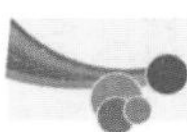

16.2 预备练习

下一节才开始构建 iDiary。先探索一个练习性质的数据库，其中包含旅游过的国家。数据库的组织方式和 iDiary 相似，但要简单得多。

使用文本编辑器

HTML，XML 和 XSL 文件要用 Notepad++ 或 TextWrangler 这样的文本编辑器来写，不能用 Word 或 Pages 这样的字处理软件。以前说过，文本编辑器生成的文件只包含你看到的文本，没有一大堆隐藏的标记。

16.2.1 旅游数据库

假定我们已过去意大利、瑞士、法国和日本旅游。数据库将列出这些国家以及我们在这些国家去过的几个地点 (一般是城市)。为了更醒目，要用非文本的数据显示国旗，如图 16.2 所示。

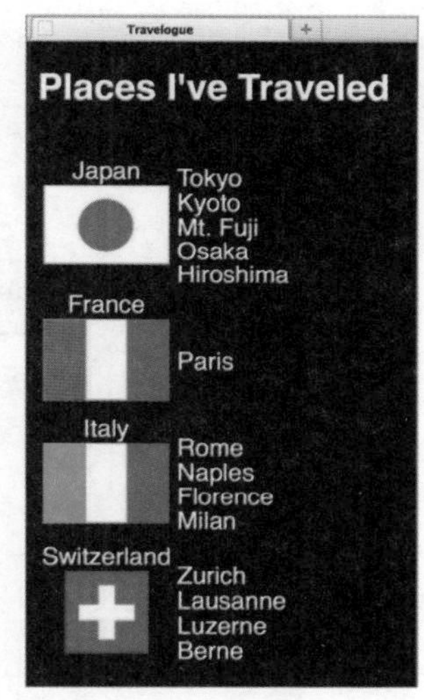

图 16.2　使用 travelSS.xsl 样式信息显示的 travels.xml 文件

定义 XML

数据库中的条目是一个国家列表，每个国家都有一个名称 (name) 和一个景点 (sight) 列表。国旗图片文件作为 <name> 标记的属性 (flag) 来给出。所以，这个数据库本质上是一系列国家实例，采用以下结构：

```
<country>
    <name flag="file.gif">Country name </name>
    <tour>
        <sight>Sight name </sight>
        …
        <sight>Sight name </sight>
    </tour>
</country>
```

我们用标准文本编辑器将数据输入文件，过程中添加标记。由于是 XML 文件，所以必须添加 .xml 文件扩展名，并在第一行添加以下文本：

```
<?xml version="1.0" encoding="UTF-8"?>
```

记住，还要添加根元素来包围 XML 文件的所有项，这里选择 <travels> 作为我们的 XML 树的根元素，使用刚才展示的结构来列出各个国家。最后形成的文件是 travels.xml。

直接检查 XML

直接在 Firefox 中打开 XML 文件即可显示它，如图 16.3 所示。浏览器会查找样式表 (稍后解释)，没有找到 (因为我们将第二行注释掉了)，浏览器将显示 XML 树。彩色标注可帮助我们核实结构的正确性。核实之后，文件包含的确实是我们想要的组织结构。注意该显示处于活动状态，可关闭和开启以“关系”或“集合”方式使用的标记。例如，图 16.3b 是点击减号 (–) 之后将 <tour> 标记关闭后的结果。这样可以清楚地看到所有 <country> 而不受大量 <tour> 标记的干扰。

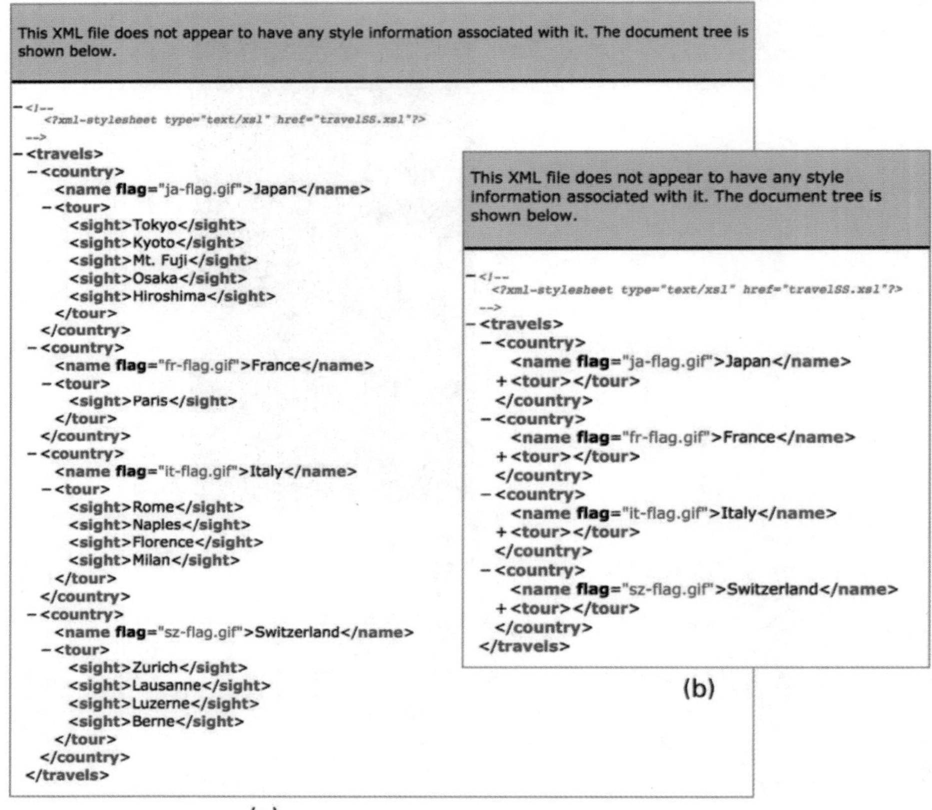

图 16.3 未指定样式 (XSL) 文件时显示的 travels.xml：(a) 初始显示完整文件；(b) 用活动控件 (– 和 +) 隐藏和显示 <tour> 标记包含的旅游信息

错误控制台

以前说过，Firefox 能通过 Web 控制台 (工具 >Web 开发者 > Web 控制台) 告诉你网页上的错误。例如，假定显示的 XML 是完全没有格式化的，就可在这里查询原因。

16.2.2　用 XSL 显示旅游数据库

图 16.3 的顶部指出没有找到样式信息。样式信息告诉浏览器如何显示 XML 这样的标记语言，这和 HTML 的情况一样。有了样式信息后，浏览器就不会显示标记，而是根据样式来显示实际的信息。例如，有了 XSL 之后，就可以像图 16.2 那样显示 travels.xml 文件。本节要讨论具体如何实现。

将 XML 和样式关联

第 4 章讲过，CSS 允许将具有 .css 扩展名的一个外部样式表文件和 HTML 网页关联以定义样式。浏览器会自动合并 .html 和 .css 文件。XML 采用一样的思路，只是外部样式表文件的扩展名是 .xsl。我们选择将样式信息存储到 travelSS.xsl 文件中，并在 XML 文件的第二行添加以下文本来和该样式表文件关联：

```
<?xml-stylesheet type="text/xsl" href="travelSS.xsl"?>
```

它告诉浏览器在处理 XML 文件时在哪里查找样式信息。注意该行在图 16.3 中被注释掉，而且必须保持这样的写法 (文件名当然可以更换)。

XSL 原理

先了解一下 XSL 具体如何格式化 XML。.xsl 样式表文件包含对 .xml 内容标记中的信息进行格式化的一系列规则。每个标记一个规则。这些规则在 XSL 中称为模板，因其描述了在没有实际信息的情况下信息的外观。(“信息”自然是在 XML 内容文件中。)

模板如何描述信息的显示？它使用的是 HTML。这也是 XSL 很容易学习的原因：基本上就是用第 4 章学习的 HTML 来描述一个网页。

图 16.4 示意了这种方法。在浏览器中打开数据库 (XML 文件) 时，数据库 (DB) 和样式表 (SS) 被输入一个转换程序 (浏览器软件的一部分)。转换程序“遍历”XML 树，基于样式模板将所有标记转换成 HTML。发现一个 XML 标记时，转换程序在 XSL 样式表文件中查找和该标记对应的模板，按模板的要求操作，生成更多 HTML。HTML 最后累积显示。通常，每个模板都会提供一些 HTML，而转换程序将来自 XML 文件的数据“填入”正确位置。最后，当 XML 树的“遍历”结束时，将显示 HTML 页面。

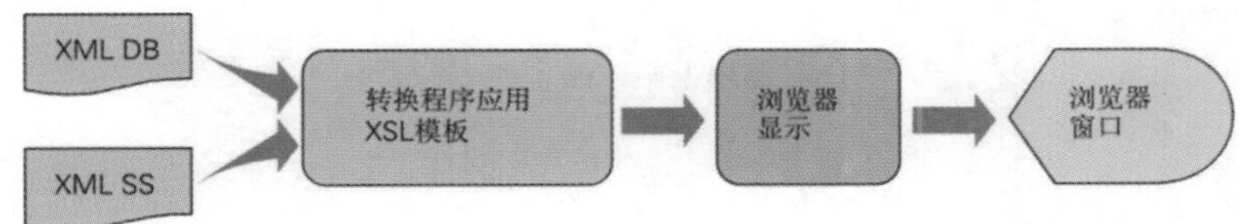

图 16.4　合并 XML 树和 XSL 样式信息来生成 HTML。浏览器显示最终的 HTML 结果

XSL 模板

现在来看一些 XSL 模板。我们用图 16.5 的 XSL 文件显示图 16.2 的内容。注意，到处都是标记，这是因为 XSL 真的就是 XML！

GAAAK!

“XML！ XSL！ HTML！ XSL 实际是 XML！标记计算难道是唯一吗？救命！”如果你觉得困惑和沮丧，其实其他人也这样，他们和你一样觉得晕头转向。但坚持一下吧。最终所有这些都会变得很清楚，而且很有道理。谢谢你的耐心。

注意，图 16.5 的第一行是所有 XML 文件必须的。第二行也必须，这是一个 <xsl:stylesheet... > 标记，其属性指定了样式表的细节，正是这一行使其成为 XSL 文件。之后就是模板，每个标记一个。另外，由于 <xsl:stylesheet... > 是该 XML 文件的根元素，所以文件最后必须以 </xsl:stylesheet> 结束。

```
<?xml version="1.0" encoding="utf-8" ?>
<xsl:stylesheet version="1.0"
  xmlns:xsl="http://www.w3.org/1999/XSL/Transform">

<xsl:template match="travels">
  <html >
    <head><title>Travelogue</title>
        <meta http-equiv="Content-Type"
                content="text/html; charset=utf-8"/>
      <style type="text/css">
        body {background-color : black; color : white;
              font-family : helvetica}
      </style>
    </head>
    <body>
      <h2>Places I've Traveled</h2>
        <table>
          <xsl:apply-templates/>
        </table>
    </body>
  </html>
</xsl:template>

<xsl:template match="country">
  <tr>
    <xsl:apply-templates/>
  </tr>
</xsl:template>

<xsl:template match="name">
  <td style="text-align : center">
    <xsl:apply-templates/><br/>
      <img src="{@flag}"  alt="Country Flag"/>
  </td>
</xsl:template>

<xsl:template match="tour">
  <td>
    <xsl:apply-templates/>
  </td>
</xsl:template>

<xsl:template match="sight">
  <br/><xsl:apply-templates/>
</xsl:template>

</xsl:stylesheet>
```

图 16.5 生成图 16.2 内容的 travelSS.xsl 文件

必须的标记

之前说过，每个 XML 文件都必须以标记 <?xml version = "1.0" encoding="UTF-8"?> 开头，并具有 .xml 文件扩展名。如文件同时还是 XSL 文件，下个标记（第二行）必须是 <xsl:stylesheet version="1.0" xmlns:xsl="http://www.w3.org/1999/XSL/Transform">，扩展名应该是 .xsl。一切都必须准确无误：空格、大小写等。

XML 树中使用了 5 个不同的标记，XSL 文件也使用了 5 个模板，每个对应一个。注意，模板用标准形式指定如何以 HTML 的形式显示标记：

```
<xsl:template match=" 标记名称 ">
...
</xsl:template>
```

match 属性指出该模板对应哪个 XML 标记。开始标记和结束标记之间是指定如何显示 XML 的 HTML(以及其他 XSL 标记) 规范。

下面解释各个模板如何工作。

多种标记

由于到处都是标记，所以有必要了解计算机如何区分它们 (我们也可用同样的方法区分)。虽然看起来有点奇怪，但开头的标记 <?xml... ?> 是标准的 XML 标记。以 <xsl:...> 开头的标记是 XSL 标记。其余标记是 XHTML 标记。所以，当转换程序根据该文件判断如何显示 XML 时，它很清楚各自对应的是什么。

创建游记视图

travelSS.xsl 中的第一个模板匹配 XML 标记 <travels>，图 16.6 显示了该模板。

```
<xsl:template match="travels">
  <html >
    <head><title>Travelogue</title>
       <meta http-equiv="Content-Type"
              content="text/html; charset=utf-8"/>
     <style type="text/css">
       body {background-color : black; color : white;
             font-family : helvetica}
     </style>
    </head>
    <body>
      <h2>Places I've Traveled</h2>
        <table>
          <xsl:apply-templates/>
        </table>
    </body>
  </html>
</xsl:template>
```

开始
HTML 文本

结束
HTML 文本

图 16.6 XSL travels 模板，标记了 HTML 文本的开始和结束

注意，在 <xsl:template . . . > 标记之间的是 HTML 标记 (<html> 和 </html>)，可将其视为网页的开始和结束 (稍后解释 <xsl:apply . . . >)。该模板指出一旦转换程序遇到 XML 内容文件中的 <travels> 标记，就应包含这些描述如何显示 <travels> 标记的 HTML 文本。当然，XML 文件中只有一个 <travels> 标记，因其是 XML 树的根元素标记。所以，显示该标记的方法是创建要显示的整个网页。然后，随着其他标记被逐渐处理，它们将逐渐填充网页的其余部分。

注意，该模板包含了必要的 <head> 和 <body> 标记来显示如图 16.2 所示的内容。在所有这些标记中，最“深”的是 <table> 标记，这是因为 travels.xml 文件的内容要作为一个双列的表格来显示。每个表行都对应一个 <country>，其常规结构如下所示 (sight 是景点)。

<name>标记的信息 这里显示国旗	<sight> 条目 . . . <sight>条目

该结构需要在表的第一个单元格中包含两项 (国名和国旗图片)，并在第二个单元格中包含一个条目列表，每个条目对应一个景点。

由于和 "country" 匹配的模板添加了 <tr> 标记来创建表行，所以表的每一行都对应一个 <country> 标记。另外，<name> 和 <tour> 标记添加的是表格数据标记，即 <td>。如表 16.1 所示，在生成最终网页的过程中，每个 XML 标记都通过对应的 XSL 模板扮演了样式的角色。

那么，数据如何进入 <td> 标记中呢？转换程序在处理 XML 文件期间会一直查找标记并尝试与 XSL 文件中的模板匹配。所有不是标记的内容 (即实际内容) 都会直接放到 HTML 定义中。所以，不费吹灰之力就能显示文件的实际内容。

表 16.1 通过 XSL 来实现的 XML 标记的样式角色

XML 标记	显示标记实际数据的 XML 模板的任务
<travels>	从头到尾创建整个网页，包含表格标记。
<country>	设置表行
<name>	设置行的第一个单元格的 <td> 标记，添加国名，跳到下一行，再添加国旗图片。
<tour>	设置第二个单元格的 <td> 标记
<sight>	换行并显示景点

apply 操作

在图 16.5 的 XSL 规范中，一个奇怪的部分是 <xsl:apply-templates/> 标记。我们知道，/> 代表这是一个独立标记 (和
 一样)，没有配对的结束标记。另外，注意每个模板都包含一个这样的标记。它的意思是：“现在处理该标记中的所有东西”。例如，下面是和 <tour> 匹配的模板：

```
<xsl:template match="tour">
   <td>
      <xsl:apply-templates>
   </td>
</xsl:template>
```

它的意思是，只要遇到一个 <tour> 标记，就在累积的 HTML 定义中添加一个 <td> 标记；然后处理 <tour> 标记中的项 (我们知道这将是一系列 <sight> 标记)；最后，当处理完成时，添加 </td> 标记来结束对表格数据的定义。

虽然标记叫做 apply-templates(应用模板)，但它的真正含义是：“现在处理该标记中的所有东西”，即使其中可能没有更多被标记的项，而只有内容。你现在知道，当遇到实际内容时，转换程序直接将那些内容放到累积的 HTML 定义中，这正是我们想要的。

16.1 强调段落

写一个 XSL 模板为 XML 标记 <emph> 中封闭的实际内容定义样式，使所有文本加粗和倾斜。

标记的属性

让人特别感兴趣的是和 <name> 标记匹配的模板，其定义是：

```
<xsl:template match="name">
  <td style="text-align: center">
     <xsl:apply-templates/><br/>
        <img src="{@flag}"alt="Country Flag"/>
  </td>
</xsl: template>
```

模板显然要为表的最左边的单元格添加 <td> 标记，但它还要负责在其中包含国旗图片。显示图片需要 <img src . . . /> 标记 (第 4 行)。这里采用的是一般形式，只是 {@flag} 有点特殊。@flag 引用的是 <name> 标记的 flag 属性的值，即国旗图片文件名 (参考图 16.3)。在 XSL 中用大括号封闭一个标记属性引用 ({@flag})，将从 XML 中获取该属性的值，放到一对引号中，从而指定文件名，如下图所示：

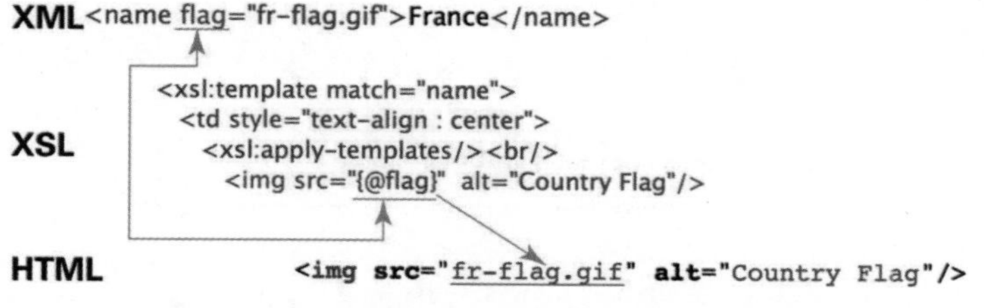

这是将属性信息放入 HTML 中的标准技术，以后还有机会用到它。

XSL 总结

浏览器打开 travels.xml 文件时会查找对应的样式信息。它发现我们指定了 travelSS.xsl 文件。打开该样式文件后，浏览器的转换程序开始处理 XML 树。首先发现 <travels> 标记，检查 .xsl 文件中对应的模板。找到后按模板的要求操作：

将多个起始 HTML 命令放到 HTML 定义中，最后放了一个 <table> 标记后，开始处理 <travels> 标记中的其他信息 (即 XML 文件的其余内容)。处理完之后，将剩余的 HTML 标记放到 HTML 定义中。都完成后，显示结果网页。

处理“<travels> 标记中的其他信息”时，转换程序会遇到更多标记，会为每个标记查找匹配的模板，并按模板中的样式规范来操作。每个模板内部某个位置都有一个 <xsl:apply-templates/> 标记，要求处理当前正在处理的标记中封装的信息。该过程继续：匹配模板，在处理封装信息前按模板的要求操作，处理封装的信息，处理完封装的信息后执行所需操作，这时才算完成对一个标记的处理。这是一个非常优雅的方案。

XSL 是一种丰富、复杂的语言，非常强大，但目前管理我们的 iDiary 只需要知道这些知识。

16.2 当一下转换程序

说明以下 XSL 模板所做的事情：

```
<xsl:template match="poem">
  <span style="font-family : century gothic">
   <xsl:apply-templates/>
  </span>
</xsl:template>
```

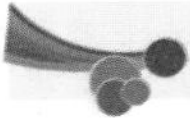

16.3 iDiary 数据库

现已准备好创建如图 16.1 所示的 iDiary。之前说过，我们是以渐进方式解决问题，从小处着手，再增加更多信息和更多功能，把它作为一个网页来处理。创建稍微复杂的项目时，这是一个好的策略。

计算机导师

在电脑旁阅读以下小节，按书中的指示构建数据库；这是学习新概念的相当高效的方式。另外，完成后将获得一个完整的数据库，可在其中添加自己感兴趣的信息。所有必要的文件请从 pearsonhighered.com/snyder 获取。

渐进方式可归纳为以下步骤。

1. 准备开始。
2. 创建第一个条目 (August 11)。
3. 思考事物的本质。
4. 开发标记和模板。

以下小节将用这 4 步作为标题。

16.3.1 准备开始

构建 XML 数据库首先应考虑 iDiary 的物理存储。由于 XML 允许自定义标记，可采用自己想要的任何结构，所以设计任务是：归纳自己的需求，并设计一个能满足这些需求的结构。现阶段需要一个 XML 树来存储和日常生活中遇到的有意思的事情相关的信息。这自然需要创建一系列条目，或许每天一个。基本上就是一个日期，然后是想要存储的信息。

创建 XML 数据库

有了这个基本思路后，我们做出关于 XML 数据库的两个决定。首先，我们决定将 <entry>(条目) 作为“关系”标记来封装每天添加的信息。其次，由于需要一个根元素来封装 <entry> 标记，所以选择 <idiary> 作为集合标记。确定这两个标记后，可创建一个暂时不含任何数据的数据库。我们用文本编辑器创建一个名为 iDiary.xml 的文件。

```
<?xml version = "1.0" encoding="UTF-8" ?>
<!-- <?xml-stylesheet type="text/xsl" href="iDiarySS.xsl"?> -->

<idiary>
  <entry> This is the first entry </entry>
</idiary>
```

并在浏览器中显示。

```
This XML file does not appear to have any style information
associated with it. The document tree is shown below.

- <!--
    <?xml-stylesheet type="text/xsl" href="iDiarySS.xsl"?>
  -->
- <idiary>
    <entry> This is the first entry </entry>
  </idiary>
```

注意，样式表定义被注释掉了 (以 <!-- 开头，以 --> 结尾的部分)，因为暂时不存在样式表。下一节将开始定义这个名为 iDiarySS.xsl 的样式表。

创建 XSL 样式表

XSL 样式表需要识别两种标记。参考之前的试验性 Travels 数据库，我们决定为网页设置根元素 <idiary>，并让 <entry> 标记生成连续的列表项。在文本编辑器创建 iDiarySS.xsl 文件并输入图 16.7 的内容。

其中包括网页的整体设置，在网页开头添加了网页标题 (title)、h1 标题和斜体注释。(斜体注释内容放到一个单独的列表中，以便和日记条目分开控制格式。) 两个列表都指定了最大宽度，使网页文本显得很紧凑。和 Travels 数据库的 <table> 相似，包含日记条目的列表也被指定为 <idiary> 模板的一部分。和 <entry> 标记匹配的模板只是处理日记条目本身。

```
<?xml version="1.0" encoding="UTF-8"?>
<xsl:stylesheet version="1.0"
  xmlns:xsl="http://www.w3.org/1999/XSL/Transform">

<xsl:template match="idiary">
  <html><head><title>iDiary</title>
      <style>
        body {background-color : white; font-family : helvetica}
        h1    {text-align : center}
        h2    {text-align : center; color : #993400;}
        ul    {margin-left : auto; margin-right : auto; list-style-type : none}
      </style>
    </head>
    <body>
      <h1>iDiary: Journal of Interesting Stuff</h1>
        <ul style="max-width:435px">
           <li style="background-color : sienna; color:white; padding:10px">
               <i>This is a record of the most interesting
               thing I find out each day that's worth
               remembering. There's personal stuff in this
               database, too, but it's not gonna be displayed! </i>
           </li>
        </ul>
        <ul style="max-width:700px;">
            <xsl:apply-templates/>
        </ul>
    </body>
  </html>
</xsl:template>

<xsl:template match="entry">
      <xsl:apply-templates/>
</xsl:template>

</xsl:stylesheet>
```

图 16.7 iDiarySS.xsl 的首批 XSL 样式设置

取消对 XML 文件第二行的样式表标记的注释，并在浏览器中打开 XML 文件，将获得如下所示的显示。搭建好 XML 和 XSL 文件的框架后，iDiary 项目就有了一个良好的开头。

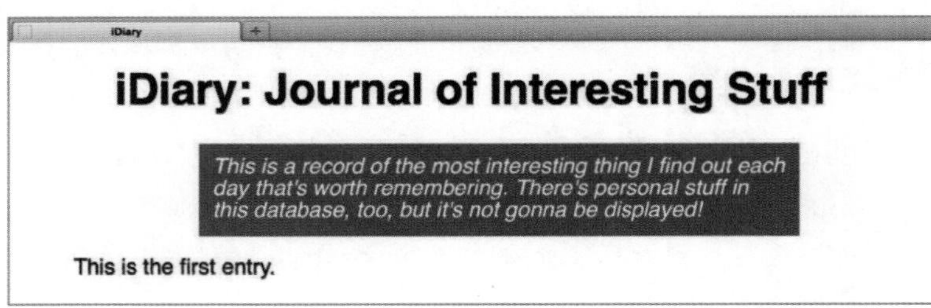

16.3.2 创建第一个条目 (August 11)

继续我们的设计规划，将以日记条目 August 11 为例来思考应在每个 <entry> 标记中放入什么内容。既然条目是准备放到数据库中的实体，那么它应封装哪些项？其中一部分显然是日期，另一部分则是一些很酷的内容。所以创建另外两个标记：<date> 和 <cool>。

标记日期

对日期进行标记意味着要想好为日期准备的元数据。我们有一些选择。如采用最基本的形式，一个标记足以：

```
<date>August 11, 2013</date>
```

这样无法单独引用年、月和日。但我们真的需要吗？另一个方案是完整标记每一部分，例如：

```
<date><month>August</month><day>11</day><year>2013</year></date>
```

输入一个日期要打这么多字。所以，为了偷懒，我们选择最基本的形式。随着学习的深入，以后改变主意的时候可用 XSL 进行修复。

16.3　这是日期

假定采用刚才完整标记的日期，写 XSL 模板生成*August* 11, 2013。即月用斜体，天加大，年变小。

修订起始条目

决定好两个新标记后，现在可修订 iDiary.xml 文件中的 <entry> 标记的临时内容。它仍然是起始文本，而不是一个正式的 August 11 条目，所以我们决定不添加日期标记，只是单独使用 <cool> 标记。

```
<entry>
  <cool><title>The Digital Diary</title>
    This will be fun! I start my digital journal today.
    ...
    said. Great minds ... !
  </cool>
</entry>
```

添加好标记后，需要在 iDiary.xsl 文件中添加模板。两个新标记都要通过 <li> 标记显示为列表项（虽然两者有不同的“外观”）。可用定义列表 <dl> 标记保持两个角色的独立，但稍后就会讲到，用 CSS 属性改变外观更容易。为了使用 CSS，只需用 class 属性指出当前 <li> 标记的用途（参见第 4 章）。相应的模板是：

```
<xsl:template match="cool">
    <li class="entry">
      <xsl:apply-templates/>
    </li>
</xsl:template>

<xsl:template match="date">
    <li class="date">
     <xsl:apply-templates/>
    </li>
</xsl:template>
```

它生成以下结果。

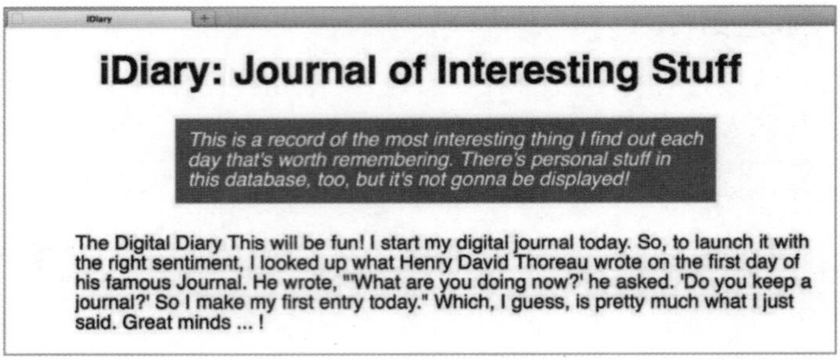

为什么我们输入的文本没有样式？当转换程序查找<li class = "entry">的模板时，它没有找到任何东西。所以，它直接忽略格式化请求，改为使用列表项的默认格式化选项。<title> 和 <quote> 标记也会发生同样的事情。因此，我们的下一步是为条目中使用的标记定义 CSS。

样式类

<li> 标记的样式基于第 4 章讲述的 CSS 语法和样式类。另外，参考 www.w3schools.com/sitemap/sitemap_references.asp 了解如何使日期左对齐。图 16.8 展示了两个类的样式。

输入第一天的数据之后，如图 16.9 所示，<date> 和 <cool> 标记将获得正确的样式。稍后将讨论如何定义内容样式。

```
li.entry { color : black;                  set text color
           padding : 10px;                 add space around item
           border-bottom-style : solid;    define item's bottom side
           border-bottom-width : 0.5px;    set bottom's thickness
           border-right-style : solid;     define item's right side
           border-right-width : 0.5px;     define side line's thickness
           margin-bottom : 20px }          seperate from next entry

li.date { color : white;                   set text color
           position:relative; left : -50px; move date left to mark item
           background-color : sienna;      color the date item
           padding : 8px}                  put some space around it
```

图 16.8 用 CSS 为两类列表项 (entry 和 date) 定义样式

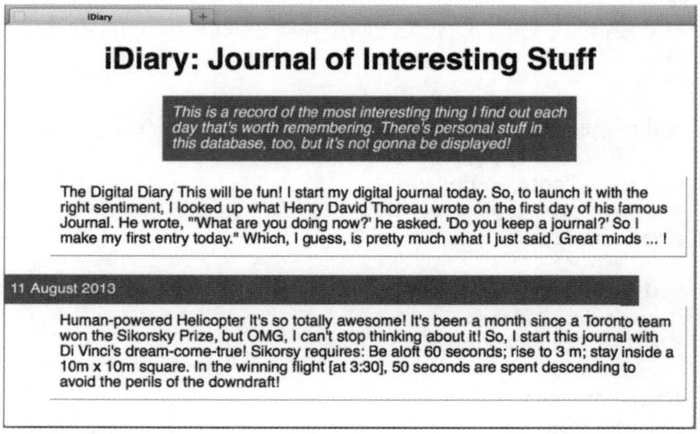

图 16.9 起始信息和第一天的日记条目。已为 <date> 和 <cool> 这两种列表项定义了样式。但是，所有用于“标识”的标记 (如 <title>) 还没有定义 XSL 样式

16.3.3 思考事物的本质

创建条目时，我们希望以数字方式捕获所有信息。另外，如图 16.1 所示，数据具有多种形式。这会同时影响 XML 和 XSL 定义。

认识特定标记的需求

思考 XML 的设计时，注意必须为每种内容类型指定不同的数据。下表展示了一些例子。

类型	规范
链接	URL 和锚
图片	文件 URL，可能要指定宽度
文本	直接写入文件，可能要指定倾斜或加粗等样式
视频	文件 URL、长宽以及其他参数

所有这些内容类型，要分别指定不同的信息。它们还需要不同的格式。另外，文本具有多种形式，如下所示。

类型	样式
标题（title）	居中，大字号
引文（quote）	缩进和彩色背景
诗（poem）	标题、作者以及特定位置的换行

为了具现所有这些区别，我们显然需要几个额外的标记。

选择特定标记

不同种类的数据需要不同的标记(用数据库的术语来说，每个数据库实体都需要它自己的标记)，所以我们为存储在 iDiary 数据库中的每种数据都分配了一个新标记，如表 16.2 所示。

表 16.2 iDiary 数据库使用的主要“标识”标记

标记	所封装的内容
<title>	要居中的文本，放大字号
<link>	锚文本；用标记的属性指定 URL
<pic>	独立标记，指定文件名和宽度属性
<quote>	缩进和彩色背景的文本
<poem>	用于将 <p_title>(标题)、<poet>(作者)和 <lines>(诗词)标记分为一组
<ytvid>	独立标记，指定视频 URL

该表中的所有标记都是“标识”标记，唯一例外的是 <poem>(诗) 标记，它是一个“关系”标记，用于将三个“标识”标记 (诗的标题、作者和诗词) 分为一组。注意 <title> 和 <p_title> 的区别。区别在于，<title> 居中并放大字号，提示这是大标题。而 <p_title> 代表诗的标题，是下属文学作品的标题，它不会居中，且采用较小字号。区别不大，但请注意不同对象之间确实存在差异，而且我们希望 iDiary 的外观能够让人一目了然，所以应该添加不同的标记来具现这些差异。这并不麻烦。标记随便添加，写对应的模板不会超过 30 秒的时间。

16.3.4 开发标记和模板

知道自己需要的几个新标记后，现在花些时间来思考一下它们。各自都有一些需要讨论的问题。我们将分别提供相应的样式表模板。

title 标记

<title> 标记宣布开始你感兴趣的一个条目：

```
<title> The Digital Diary </title>
```

文本应居中，可用 HTML 的标题标记 (h1、h2 等) 来放大字号。

```
<xsl:template match="title">
  <h2>
    <xsl:apply-templates/>
  </h2>
</xsl:template>
```

link 标记

<link> 标记指定一个 Web 链接。如你所知，Web 链接由两部分构成：用于封装锚文本 (你在网页上看到的文本) 的标记，以及通过该标记的属性指定的 URL(点击文本将跳转到该 URL)。例如：

```
<link url="http://apod.nasa.gov/apod/ap130812.html">Here's...</link>
```

所以，样式表必须添加一个 <a href...> 标记，并用一对引号封装标记的 url 属性的值。例如：

```
<xsl:template match="link">
  <a href="{@url}">
    <b><xsl:apply-templates/></b>
  </a>
</xsl:template>
```

之前讲过，@ 符号代表 XSL 对一个 XML 标记的属性的引用。在一对大括号中引用标记的属性名，就可以将该属性的值直接嵌入 HTML 文本。

pic(图片) 标记

<pic> 是独立标记，因其所有信息都通过标记的属性来表示。换言之，没有需要在开始和结束标记之间封装的内容。如下例所示，该标记只需编码图片文件名以及图片的显示宽度。

```
<pic file="im/APODpicOfTheDay.jpg" width="350"/>
```

注意，作为独立标记，<pic.../> 以 /> 结束，而且图片文件存储在名为 im 的文件夹中。

```
<xsl:template match="pic">
      <img src="{@file}" width="{@width}"
            alt="Picture of Interesting Thing"/>
</xsl:template>
```

作为独立标记，它自然没有封装任何内容。相应地，也不需要通过 <xsl:apply-templates/> 标记请求对封装的标记或内容进行后续处理。这使 <pic /> 标记和之前看到的标记稍有区别。

quote(引文) 标记

引文是应该独立设置样式来凸显它的一种文本。可用 HTML 标记 <blockquote>，并应用我们希望的样式。例如以下引文：

```
<quote>"'What are you doing ... today."</quote>
```

可以在网页的 <head> 区域设置 <blockquote> 的样式，但更简单地做法是直接内联。所以，模板如下：

```
<xsl:template match="quote">
  <blockquote style="background-color : #c89848;
     color:white; padding:10px; font-size:small">
    <xsl:apply-templates/>
  </blockquote>
</xsl:template>
```

通过对不同类型的文本进行区分，我们实现了对网页格式的强有力的控制。

poem(诗) 标记

一首诗有几个属性，包括标题、作者和诗词。需分配不同的标记。这些标记应封装到 “关系” 标记 <poem> 中。之前说过，不是用 <title> 标记来标记一首诗的标题。相反，我们发明了另一个 <p_title> 标记来实现不同的格式化，例如：

```
<poem>
  <p_title>Vespertina Cognitio</p_title>
  <poet>Natasha Trethewey</poet>
  <line>Overhead, pelicans glide in threes—</line>
     ...
</poem>
```

如下所示，这些新标记的模板目前都很简单直接。<poem> 的模板已在之前的 Try It 16.2 中给出，它为诗选择了一种更漂亮的字体 (诗嘛，值得！)。<p_title>(诗的标题) 和 <poet>(诗人) 标记一看就懂，基本的 <line>(诗词) 标记也是。

```
<xsl:template match="p_title">
  <h3>
     <xsl:apply-templates/>
  </h3>
</xsl:template>

<xsl:template match="poet">
  <h4><i>
     <xsl:apply-templates/>
  </i></h4>
</xsl:template>

<xsl:template match="line">
       <xsl:apply-templates/>
     <br/>
</xsl:template>
```

图 16.10 (a) 展示了这种格式的诗的样子

用于设置填充的属性

为了实现诗人所选中的样式，我们创建一个 <skip> 标记，通过
 插入空行来分隔每一节。至于缩进，则有几个选项。可为每行单独创建一个标记来指定具体缩进量，也可用一个标记固定缩进 5 个空格，每行选择使用 0 个、1 个或者 2 个这样的标记。我们最终选择的方案 (也可能是最好的方案) 是用单个 <line> 标记来实现，为此，需要添加一个属性。

下面是修订的 line 模板。

```
<xsl:template match="line">
   <span style="padding-left:{@amt}0px">
      <xsl:apply-templates/>
   <br/></span>
</xsl:template>
```

它支持以下三种形式之一：

```
<line>Overhead, pelicans glide in threes—</line>
<line amt="2"> their shadows across the sand</line>
<line amt="4"> dark thoughts crossing the mind. </line>
```

效果如下所示：

Overhead, pelicans glide in threes—
  their shadows across the sand
    dark thoughts crossing the mind.

诗节第一行无需任何左填充，所以无需提供 amt 这一标记属性，这是大多数诗的正常形态。诗人选择接着两行要依次缩进，所以我们分别提供 20px 和 40px 的左填充。这是由于当 amt 的值 (2 或 4) 替换模板文本中的 {@amt} 时，嵌入的数字会生成 20px 或 40px。之所以只提供前导数位，是因为当不指定 amt 属性时，其值为空，造成首行左填充为 0px。最终的效果如图 16.10(b) 所示。

该方案的好处在于定义诗的样式时非常灵活，因为除了 2 和 4，还可以指定其他任意缩进量。当然，这种格式对于像卡明斯这样的诗人来说还不够 (他的诗以新奇的排版而闻名)，但那些问题暂时放一边吧。

Vespertina Cognitio

Natasha Trethewey

Overhead, pelicans glide in threes—
their shadows across the sand
dark thoughts crossing the mind.
Beyond the fringe of coast, shrimpers
hoist their nets, weighing the harvest
against the day's losses. Light waning,
concentration is a lone gull
circling what's thrown back. Debris
weights the trawl like stones.
All day, this dredging—beneath the tug
of waves—rhythm of what goes out,
comes back, comes back, comes back.

(a)

Vespertina Cognitio

Natasha Trethewey

Overhead, pelicans glide in threes—
  their shadows across the sand
    dark thoughts crossing the mind.

Beyond the fringe of coast, shrimpers
  hoist their nets, weighing the harvest
    against the day's losses. Light waning,

concentration is a lone gull
  circling what's thrown back. Debris
    weights the trawl like stones.

All day, this dredging—beneath the tug
  of waves—rhythm of what goes out,
    comes back, comes back, comes back.

(b)

图 16.10　诗的样式：(a) 用基本 <line> 标记指定样式；(b) 符合诗人坚持的样式

视频标记

在 iDiary 中包含视频最好的办法是用 HTML <iframe> 标记嵌入对播放器的连接。大多数视频网站都提供了一个 embed 按钮，点击会看到在自己网页上显示该视频所需要的完整 HTML，如图 16.11 所示。注意，这是一个 YouTube 视频，获得嵌入代码的方式是选择“分享” | “嵌入”。将这些信息打包到一个 XSL 模板中，即可访问视频。

图 16.11　在 YouTube 视频网页选择“分享” | “嵌入”，查看在自己网页嵌入该视频所需要的 <iframe> 标记

首先请注意，不同视频网站有不同章程。所以，最安全的做法是为每种流媒体都设置一个不同的标记。其次，<iframe> 内容通常需要稍微修改一下来适应 XML/XSL。例如，YouTube 提供的 <iframe> 是：

```
<iframe width="560" height="315"
src="//www.youtube.com/embed/syJq10EQkog"
frameborder="0" ... allowfullscreen></iframe>
```

主要需纠正的是 src 属性所指定的 URL 中遗失的 https:。用 XML 标记的属性来提供 URL 时，可以修正该问题[①]。所以，我们在 XML 中使用以下代码嵌入该视频：

```
<ytvid file="https://www.youtube.com/embed/syJq10EQkog">
```

file 属性值将成为 <iframe> 标记的 src 属性值。和 ytvid(代表油管视频) 匹配的 XSL 模板是：

```
<xsl:template match="ytvid">
    <br/><br/><iframe width="560" height="315"
      src="{@file}" frameborder="0" allowfullscreen="1">
    </iframe><br/><br/>
</xsl:template>
```

模板以两个
 标记开始和结束，目的是在视频前后留空。src 值从 <ytvid> 标记的 file 属性值获取，这样导入的文本基本和 YouTube 官方提供的一致。唯一区别是修改了 allowfullscreen 来强行为其赋值，即 allowfullscreen="1"。这是由于 YouTube 假定我们使用的是 HTML，所以允许不为 allowfullscreen 这样的

① 现在的 YouTube 已经不存在该问题。——译注

属性赋值。但 XHTML 更严格一些，标记的每个属性都必须赋值。所以，针对 allowfullscreen 这样的所有独立属性，我们都为其赋值 "1"。

& 警告

嵌入代码一般直接随取即用。但有一个例外。URL 或其他导入的 HTML 偶尔会出现一个 & 符号。XML/XSL 在处理它会出问题，因为 & 是某些特殊字符的转义符。这时要把它替换成 &，这是“转义符的转义符”。否则浏览器会提醒你！

16.4 影片制作人

假定要在 iDiary 页面播放一个 Vimeo 视频。具体视频可自选，也可以用这个：http://player.vimeo.com/video/29200097。请给出相应的 XML 和 XSL。

标记总结

目前已讨论了图 16.1 使用的大多数标记和模板。略过了像 <skip/> 这样的简单标记（该标记用于在诗节之间插入空行）。还略过了使设计和布局“恰到好处”的 CSS 样式。这些均属于个人品味。附录 C 展示了图 16.1 的样式，无需更深入讲述。

最后一个要思考的问题是如何使图片居中。<pic /> 标记放置图片，而且如第 4 章所建议的那样，可把它放到 <p> 标记中，并设置 text-align:center 属性使其居中。但是，如果在 <pic /> 模板中包含 <p> 标记，例如使行星图片居中，那么当两张图片应该并排显示时，例如海瑞塔 • 拉克斯和她著名的海拉细胞，<p> 标记会强制照片上下显示。这是由于每张照片都“自成一段”。所以，我们选择不在 <pic /> 中包含 <p>。相反，选择单独创建一个 <para> 标记来居中其文本。这样不仅能使行星图片居中，也能使海瑞塔 • 拉克斯和海拉细胞的图片并排显示。

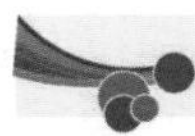

16.4 iDiary 的日常使用

构建 iDiary 数据库要花一定时间。不可能每天都做这件事情，但也没必要。数据库现已设置好，直接用它即可。如记录的只是文本、引语、引文、YouTube/Vimeo 视频或者诗，现在就已经完成了。只需标记日期和自己感兴趣的内容。但是，数据库能灵活地记录任意数字化数据并以吸引人的方式显示它们。唯一要做的就是添加相应的新标记来标识和显示信息。但只需偶尔这样做。只要处理好了“常规”数据类型，可能每年少于一次。

有多种方式简化该数据库的日常使用。

16.4.1 照片归档

构建好网页后，iDiary.xml 和 iDiarySS.xsl 文件以及照片都在桌面上。他们需要放到一个永久性的位置。由于网页可能包含许多照片，所以在数据库文件所在的文件夹中，应该单独创建一个文件夹来存储照片。这里使用文件夹 im，该文件夹已足够，但是可在其中创建单独的文件夹，比如一个公开，一个供个人使用。

16.4.2 隐藏信息

目前是显示数据库中的全部信息，但不一定要这样。确实标记了所有东西，而且必须提供模板来处理每个标记。但是，不一定要显示它。

假定用一个 <personal> 标记封装我们的个人想法。虽然信息可放到数据库中的任何地方，但如果真要想显示，就应该考虑它的位置。假设 <personal> 标记包含在 <cool> 标记内，作为一天中最有趣的事情的一部分。然后，用于显示 <personal> 内容的模板是：

```
<xsl:template match="personal">
    <!--Display Personal Information -->
    <xsl:apply-templates/>
</xsl:template>
```

它和往常一样处理文本和标记；有必要在代码中添加一条注释来提醒自己正在显示个人信息 (Display Personal Information)。由于 <xsl:apply-templates/> 标记告诉转换程序“处理所匹配的标记中封装的信息”，所以我们唯一要做的就是将该标记从模板中拿出。所以这样写：

```
<xsl:template match="personal">
    <!--Don't Display Personal Information -->
</xsl:template>
```

转换程序看到一个 <personal> 标记时，将检查自己要执行什么操作。发现没有相应的指令要求将模板应用于封装的信息，所以直接跳过标记内部的信息，就像其中没有信息一样。结果是，尽管我们的个人内容是数据库的一部分，但并未显示。

注意，在文件中包含个人信息而不将其封闭到标记中，或者标记但不提供相应模板，都会导致信息被显示。转换程序在这两种情况下都不知道如何处理信息，所以直接将信息添加到 HTML 文件中，造成其在网页上显示。需用正确方法来隐藏信息，要想好如何不显示它。

16.4.3 向数据库输入数据

由于不是用某个商业数据库软件来构建自己的数据库系统，所以要用自己选择的任何文本编辑器来添加新数据，而且要自己标记一切。(第 17 章学习了 JavaScript 之后，可专门创建一个 app 来做这件事情。) 目前，可通过注释来设置自己的模板以简化任务，以免麻烦。

例如，可在 XML 数据库中包含如图 16.12 所示的注释。然后，通过复制和粘贴注释的内部部分 (<entry> 标记及其包含的行) 来获得所需的任何标记。不需要的标记可以删除，需要的可以编辑。这样可确保自己记住标记，匹配标记，而且不会在标记中打错字。

```
<!--The following tags are available for adding a new entry.
  Change the places containing black letters or dashes
<entry>
<date> dd mm yyyy</date>
<cool>
   <para>  <ital>  <bold>
   <link url="http:// - ">anchor text</link>
   <title> title text </title>
   <pic file="-.jpg" width="-" />
   <quote> blockquote text </quote>
   <poem>
     <p_title> poem title</p_title>
     <poet> poet's name </poet>
     <line amt="d"> set d to digit for d tabs </line>
     <skip/>
   </poem>
   <ytvid url=" - "/>
</cool>
</entry>
-->
```

图 16.12　注释形式的标记列表，提醒自己哪些标记可用

16.5　小结

本章将第 15 章的数据库思想应用于一个创建数字化日记的任务，以便记录并显示平时上网时感兴趣的多种媒体。通过该案例，我们理解了以下主题。

- XML 数据库可记录关系数据库无法记录的不规律数据。
- XML 数据库在浏览器中打开即可显示。
- 在 XML 中添加一行代码来指定样式表，并用 XSL 构建模板，就可用自己喜欢的格式以 HTML 的形式显示 XML 文件的内容。
- 复杂数据库可渐进式构建，每次添加少量标记和模板，随时核实效果。
- XML 数据库可选择隐藏部分信息，选择性地显示其内容。

16.6　TRY IT 答案

16.1

```
<xsl:template match="emph">
<b><i>
      <xsl:apply-templates/>
</i></b>
</xsl:template>
```

将 <b> 标记封装到 <i> 标记中也是可以的。

16.2 用 Century Gothic 字体显示诗，将文本封装到 <span> 标记中。

16.3

```
<xsl:template match="date">
    <xsl:apply-templates/>
</xsl:template>

<xsl:template match="month">
      <i><xsl:apply-templates/></i>
</xsl:template>

<xsl:template match="day">
    <big><xsl:apply-templates/></big>,
</xsl:template>

<xsl:template match="year">
    <small><xsl:apply-templates/></small>
</xsl:template>
```

记得在“天”后面加一个逗号。

16.4 XML：

```
<vimeostd url = "http://player.vimeo.com/video/29200097?
   title=0&amp;byline=0&amp;portrait=0" />
```

XSL：

```
<xsl:template match="vimeostd">
    <br/><br/><iframe src="{@url}"  width="400" height="225"
        frameborder="0" webkitAllowFullScreen = "1"
        allowFullScreen = "1">
       </iframe><br/><br/>
</xsl:template>
```

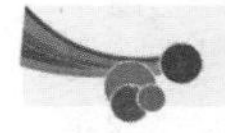

习题

选择题

1. <idiary> 是 ________。

   a. 集合标记　　b. 关系标记
   c. 标识标记　　d. 以上都不对

2. <country> 是 ________。

   a. 集合标记　　b. 关系标记
   c. 标识标记　　d. 以上都不对

3. 根元素 <xsl:stylesheet ... > 标记是 ________。

   a. 集合标记　　b. 关系标记
   c. 标识标记　　d. 以上都不对

4. 添加视频应该用 ________ 标记？

   a. <ivideo>　　b. <frame>
   c. <iframe>　　d. 以上都不对

5. 渐进开发的好处是 _______。
   a. 缩短开发时间
   b. 使最终产品更精简
   c. 如出现错误，必然是最近新增的东西有错
   d. 以上都对

6. 在缺少样式表前提下，在浏览器中打开 XML 文件，它将 _______，
   a. 不显示并报错
   b. 显示文件中的文本
   c. 显示一个树来展示文件结构
   d. 弹出对话框，要求你指定样式表

7. XSL 标记规则称为 _______。
   a. 许可证
   b. 结构
   c. 策略
   d. 模板

8. 如 XML 文件使用了一个 XSL 模板，其第二行以 _______ 开头。
   a. <?xml-stylesheet
   b. <html>
   c. <!--xsl
   d. <?xsl-stylesheet

9. iDiary 以 _______ 排序。
   a. 事件
   b. 日期
   c. 朋友
   d. 类

10. 想隐藏特定信息，就不要留 _______ 标记。
    a. <xsl: template>
    b. <xsl: apply/>
    c. <xsl:hide-templates/>
    d. <xsl:apply-templates/>

11. 为了向 iDiary 添加日记条目，_______。
    a. 要修改 XML 文件
    b. 要修改 XSL 文件
    c. 两个文件都要修改
    d. 文件创建好后就不能修改。

填空题

1. XSL 代表 _______。

2. XSL 模板使用 _______ 来描述信息如何显示。

3. XML 和 XSL 文件通过所谓的 _______ 程序合并到一起，该程序将它们转换成 HTML 以便在浏览器中显示。

4. Firefox 打开 Web 控制台的方式是依次选择 _______ > _______ >_______。

5. 样式表的根元素是 _______ 标记。

6. XSL 代码 <img src = "{@dog}" /> 要想有效，XML 中必须存在 _______ 这一行。

7. 独立标记自成一体，没有配对的结束标记，它不 _______ 任何东西。

8. 打开一个 _______ 即可显示 XML 数据库。

9. _______ 可用于对 XML 文件进行格式化，或指定其样式。

10. XSL 文件包含一系列 _______ 对信息进行格式化。

11. 要在转换后的 HTML 中忽略特定 XML 标记的内容，需从那些标记的模板中删除 _______ 标记。

简答题

1. 用 XML 定义自己的课表。

2. 创建可添加到 iDiary 数据库中的其他内容的一个列表。

3. 设计和 iDiary 相似的一个数据库来存储一次度假的细节。

4. 解释以下 XSL 模板的作用：

```
<xsl: template match="face">
<p style="color: blue">
<xsl: apply-templates/>
</p>
</xsl: template>
```

5. 用 XML 和 XSL 创建一个家族史。

6. 创建一个 iStore 数据库显示待售商品。

7. 创建 XML 和 XSL 来播放自己选择的一段来自某视频网站的视频。

8. 二手车经销商希望你开发一个网站来显示要出售的车子。库存每天都在变化。解释要包含哪些信息以及如何显示。

PART 4 问题求解

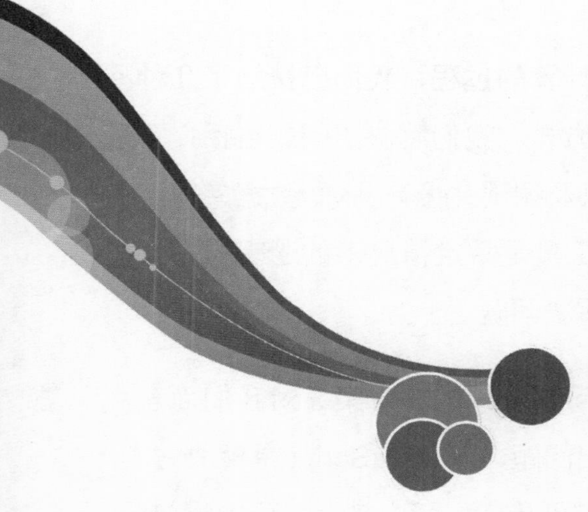

CHAPTER

PART 4

INTRODUCTION

通过前面学习计算的过程，我们已接触了几种不同的问题求解方式。我们解决的问题包括：写了HTML、找到准确的信息来源以及调试并设计 XML 数据库等。在所有情况下，我们采用的主要工具是特定情形下的逻辑推理。第Ⅳ部分的目标是以更高的效率解决问题。

为了解决问题，自然需要一个问题及其解决方案。对我们而言，网页和熟悉的应用程序负责提出问题，而 JavaScript 是解决方案。学习过程中，最重要的部分（传递到我们生活中其他方面的那部分）既不是问题，也不是解决方案，而是发现它们的过程。

虽然问题求解很重要，但 JavaScript 是一种程序设计语言。知道如何写程序之后，能更好地理解计算，这使你更加熟练（并成为更好的用户）。另外，学习 JavaScript 还有一个实际的好处，即创建更引人入胜的网页。

CHAPTER 17

用 JavaScript 表示的基本概念：初识程序

学习目标

- 理解名称、值和变量的区别
- 理解三种基本数据类型以及如何在程序中指定它们
- 理解赋值语句如何改变变量值
- 用算术、关系和逻辑操作符来写表达式
- 写条件和复合语句

CHAPTER 17

凡事皆隐晦，若非努力使其精确，否则无法领会。

——伯特兰·罗素

程序设计是一项专业技能，但为了成为高效率的计算机用户，我们还是要了解一下它。这有点儿像医疗行业。医生和护士是专业人员，但我们还是需要了解一下该专业(自己的身体、症状、营养学、急救措施等)。这不仅是出于对自身的关爱，还能更充分地从医护人员对我们的护理中受益。无论哪种情况，都不需要成为“专家”。而且在这两种情况下，即便什么都不懂，也没有太大关系。但是，某些专业知识即使偏向技术性，但了解它们没有坏处，学起来也有意思。那么，需要了解什么？

关于程序设计，需要了解的是第 10 章关于算法的概念的更详尽的阐述。这些概念比较深奥，不容易理解，第 10 章只是进行了简单介绍。事实上，我们的目标是改变自己的思维习惯，使其更加“抽象”。正如需要经历写、读和说的过程来掌握外语，同样需要经历写、读和执行算法 / 程序这一过程来掌握计算的思考过程。

做了一些准备工作后，本章将展示一个示例程序。虽然刚开始看起来可能有点乱，但计划是要引入程序中用到的所有概念。首先解释名称、变量和声明，这是为了引用程序中的数据。然后介绍数据值的类型：数字、字符串和布尔值。接着介绍赋值语句和表达式，这是为了计算新值。然后，通过一个上机实验在 Firefox 中运用这些概念。最后讨论用于分组的复合语句和用于测试的条件语句。了解这些概念后，将回到程序并体会其执行过程。本章结束时，就学会编程了！

17.1 概述：程序设计概念

程序设计或编程 (Programming) 是制定一个算法或程序的活动。它以系统化的方式解决问题，使某个代理 (除程序员以外，通常是计算机) 能遵照指令执行，每次都针对一个输入生成预期的结果。代理必须能在无需程序员介入的情况下执行程序。这意味着必须准确而高效地阐明所有步骤，而且必须为所有意外情况做好计划。

这个对程序设计的总结 (一切都必须清晰地解释，而且所有意外情况都必须做计划) 或许最好由 Adele Mildred Koss(阿黛尔 · 米尔德里德 · 科斯) 来表述，请参考以下来自《计算史年鉴》(Annals of the History of Computing) 的摘录。

用程序员的话

阿黛尔 · 柯斯 (Adele Koss) 是计算史上首批专业程序员之一，她在 1950 年就 Univac I 的编程进行了一段总结。目前看起来仍然精彩：

> [计算机] 无法像人那样思考，必须先按部就班执行一组机器指令，然后才能为特定问题提供答案。计算机在能解决一个问题之前，人必须先通过数学、物理学或业务过程将其解决。人必须将解决方案分割成机器能处理的小的构建单元，再用机器代码写一个程序，该程序能正确、高速地执行该过程，能反复执行许多次，而且期间不要求人的介入。一个问题可用多种不同的方式解决，但设计出正确而优雅的解决方案 (我强调优雅) 是挑战。

在柯斯 (Koss) 女士之后的岁月里，编程变得越来越容易，但基本原则没变。编程实际上需要思考。但是，仅靠思考又显得太难。相反，本章和随后各章将介绍通过多年发展起来的一些基本编程概念，它们有效地简化了任务。一些工具是制定任何计算过程都需要的。另外，尝试用英语 (或你自己的母语) 为一个算法写程序是没有希望的。自然语言太含糊，有太多歧义，无法指挥像计算机这么“笨”的东西。所以，编程语言应运而生，它通过两种方式帮助程序员：首先是精确，其次是擅长运用前面描述的各种概念。使用编程语言实际要比用英语书写容易。我们将使用 JavaScript，这是特别适合写 Web 应用程序的一种现代编程语言。虽然学完本章并不能成为 JavaScript 专家，但足以制作出色的个人网页。

本章介绍以下编程概念：

- 名称、值和变量
- 声明
- 数据类型、数字、字串字面值和布尔值
- 赋值
- 表达式
- 条件

在咖啡摊

只需要掌握以上几个概念，就能写出实际的程序了。如图 17.1 所示的程序就是一个例子。刚开始可能不好理解，但通过本章的学习，你将能读懂并理解这个程序 (先将其列出是为了清楚最终的目标是什么。如果现在看起来令人生畏，请暂时忽略它)。

最后，在介绍这些深奥概念的过程中，我们必须确定编程的具体细节。但是，满篇的“要这样”和“不要那样”会令人疲惫不堪。所以，这里跳过了一些明显的规则 (凭直觉就能猜到的那些)，只强调一些靠自己猜不到的规则。如有疑问，请参见附录 D，其中列出了全部要求。

浓缩咖啡 (Espresso)，有人喜欢直接喝。有人喜欢做成拿铁 (Latte)，混入热牛奶。有人喜欢做成卡布奇诺 (Cappuccino)，混入等量的热牛奶和奶泡。还有人喜欢做成美式 (Americano)，混入近于沸腾的水。各种浓缩咖啡饮品以三种规格出售：小杯 (short，8 盎司)、中杯 (tall，12 盎司) 和大杯 (grande，16 盎司)。所有饮品均由标准量的浓缩咖啡制成，但咖啡成瘾的顾客一般会点额外的一份浓缩咖啡。单点的浓缩咖啡的价格会加到饮品的基础价格上，并计入税款以生成一杯咖啡的最终费用。计算一杯浓缩咖啡价格的程序如下：

输入：

drink，具有以下值之一的字符串："espresso"，"latte"，"cappuccino"，"Americano"

ounce，一个整数，指定饮品规格 (盎司)

shots，一个整数，指定基础浓缩咖啡份数

输出：

price，一份订单的美元价格，含 8.8% 销售税

程序：

```
var price;
var taxRate = 0.088;
if (drink == "espresso")
   price = 1.40;
if (drink == "latte" || drink == "cappuccino") {
   if (ounce == 8)
      price = 1.95;
   if (ounce == 12)
      price = 2.35;
   if (ounce == 16)
      price = 2.75;
}
if (drink == "Americano")
   price = 1.20 + .30 * (ounce/8);
price = price + (shots - 1) * .50;
price = price + price * taxRate;
```

图 17.1　JavaScript 计算示例：计算咖啡价格

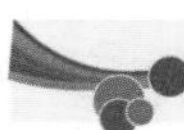

17.2　名称、值和变量

虽然我们熟悉名称 (用于引用某个事物的字母序列) 和值 (事物本身) 的概念，但日常对话时一般不仔细地区分两者。所以，在使用这串字母 Jennifer

Lopez(珍妮弗 • 洛佩兹) 或 Harrison Ford(哈里森 • 福特) 时，指的是具体的电影明星。当然，叫这个名字的人还有许多。如果你地理课的同学也叫 Harrison Ford，该名字对你而言就有了两个值：一个以这堂课为背景；另一个以电影为背景。人们在日常对话中明白这一区别。在日常生活中，我们将名字和值“绑定”到一起。

17.2.1 名称引用的是会发生变化的值

在程序设计中，名称和值是独立的。对于程序中使用的名称和值，最好这样想：名称是职务或头衔，或其引用的值会发生变化的其他名称。下面是一些例子。

名称	当前的值 (2020 年 3 月 20 日)	以前的值
美国总统	唐纳德 • 特朗普	比尔 • 克林顿，乔治 • 布什，贝拉克 • 奥巴马
美国最高法院首席大法官	约翰 • 罗伯茨	伊尔 • 沃伦，沃伦 • 伯格，威廉 • 伦奎斯特
詹姆斯 • 邦德 (007)	丹尼尔 • 克雷格	肖恩 • 康纳利，罗杰 • 摩尔，皮尔斯 • 布鲁南
英国女王	伊丽莎白二世	维多利亚一世，伊丽莎白一世
联合国秘书长	安东尼奥 • 古特雷斯	布特罗斯 • 加利，科菲 • 安南

自然，右边两列代表的就是“名称”在日常对话中的非正式用法。

之所以要注意这种情形 (名称引用的值可能变化)，是因为它们在程序中真的会发生变化。程序是对一个过程的固定说明。随着过程的进行，程序转换数据来生成新值。旧的名称必须引用这些新值。由于对过程的描述一成不变，所以这是一个很自然的结果。例如，美国宪法包含这一过程说明：“选举后的 1 月 20 日，将由首席大法官主持美国总统当选人的宣誓就职仪式”。该法令的目的是描述一个过程，无论谁 (也就是“总统当选人”的值) 赢得总统大选，也无论谁 (也就是“首席大法官”的值) 是现任最高法院首席大法官，都适用于该过程。我们以这种方式自然地解释美国宪法。“总统当选人”和“首席大法官”这两个名称具有变化的值。

通过平时的计算体验，你其实已熟悉了名称的这种用法 (值可能变化的一个字母序列)。例如，每次保存一个新版本，EnglishPaper.doc 文件的值都会发生改变。在计算领域，名称始终独立于值，而值可以改变。这是值得重视的一个基本思路，因其使变化成为可能。

17.1 名称中有什么？

解释奥斯卡“Best Picture”(最佳影片) 和“Argo”(逃离德黑兰) 这两个名称的差异。

17.2.2 程序中的名称叫变量

在编程术语中，前面讨论的名称或名字叫变量(variable)，这提醒我们其值可“变”。编程语言最常见的一个命令就是更改变量值。这就是所谓的赋值命令，详情稍后讨论。

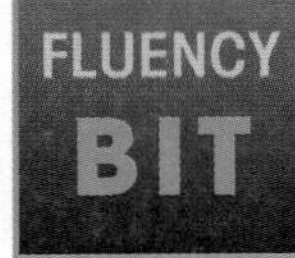

名称和值

一个名称在不同时间有不同值，这是很常见的情况。内存位置 (其名称叫地址) 在不同时间允许有不同的值。这并非巧合。变量就是计算机中的内存位置。相较于使用实际二进制地址，使用变量来引用计算机内存位置显得更可读、更方便。地址的就值是该内存位置当前的实际内容，即对应的变量的值。

17.2.3 标识符及其规则

构成变量名的字母序列叫标识符 (identifier)。每种编程语言的标识符都具有特定形式，而且不同语言有不同要求。通常，标识符必须以字母开头，后跟数字 (0~9)、下划线 (_) 以及字母的任意组合。(JavaScript 对标识符的限制比这里描述的更宽松，但为了方便学习和避免出错，本书进行了一些限制。总体影响不大)。

标识符不能包含空格。下面列举了 8 个合法标识符：

```
X
x
ru4it
nineteen_eighty_four
Time_O_Day
Identifiers_can_B_long_but_if_so_typing_them_can_be_a_pain
oO000Oo
elizaBETH
```

注意，标识符的两个特点：下划线可用作单词分隔符，使标识符更可读；大多数编程语言 (包括 JavaScript) 的标识符都大小写敏感；也就是说，要区分大写和小写字母。

形式规则

用户 ID、登录名和邮件名遵循相似的规则，但存在几处重要的差异。例如，登录名或邮件名通常允许包含短划线 (–)，但变量名不可以，因其会和变量之间的减号 (-) 混淆。最后，JavaScript 保留了自己专用的一些单词 (参见附录 D)，这些“保留字”不能作为标识符。

17.2.4 变量声明语句

程序通常从头写起。也就是说，开始写程序的时候，将计算机视为刚出厂的机器。

它除了编程语言一无所知。所以，写任何程序时，第一件事就是指出要使用的变量。该过程称为声明变量。我们通过一个称为声明的命令来完成。JavaScript 的声明命令是 var(variable 的缩写)，后跟一个变量列表，每个变量以逗号分隔。例如，要根据半径来计算圆的面积，需声明 area(面积) 和 radius(半径) 两个变量：

```
var area, radius;
```

该命令声明：要在程序中将这两个标识符作为变量使用。注意，图 17.1 浓缩咖啡程序的第一个命令：

```
var price;
```

就是这种形式的变量声明。(程序还使用了其他变量，稍后会解释。)

之所以将声明称为命令，是因其命令计算机记录要作为变量使用的标识符。但是，由于我们要求计算机做的每一件事情都是命令，所以还是将这种声明换回它的正确术语：声明语句。

17.2 多少个变量

用最多三个 b 或 B，能组合成多少个变量？

17.2.5 语句终止符

程序不外乎是一个语句列表。由于不能像普通列表那样始终每行只写一个语句，所以语句通常一起运行。也就是说，每个语句必须以某个标点符号终止。JavaScript 的语句终止符是分号 (;)。这类似于英语句子以句点、问号或感叹号来终止。主要区别在于，如果忘记终止一个英语句子，你仍然能够理解 (大多数时候)。计算机却没那么聪明。它必须看到冒号。所以，规则是每个语句都用分号来终止。

犯的第一个错

编程时人人都会犯错。初学者最常见的错误是忘记分号。如遗漏分号，计算机会被弄糊涂，这时就需要调试了。训练自己记住使用分号，将使编程更轻松。

17.2.6 变量声明规则

程序中使用的每个变量都必须声明。JavaScript 允许将声明语句放在程序的任何位置。但是，由于变量声明语句是宣布程序中将要使用什么变量，所以程序员一般将声明语句放在程序开头。意思是：“以下是我将在该程序中使用的变量列表”。所以，我们先声明变量。

未定义的值

声明指出某标识符是一个变量的名称。但对应的值是什么呢？它刚开始没有值！对于一个已声明的变量，其值是未定义的，只是一个尚未命名任何东西的名称。类似地，假定我们组建了一个学校篮球队，比如 Crunch 队，学校体育处就可以提到“Crunch 队的队长”，即使此时尚未指定由谁担任队长。虽然声明了名称，但没有为其赋值。只有进入赛季，该名称才有实际的含义。此时，我们说该值未定义 (undefined)。

初始化声明

我们声明的标识符通常都知道其初始值。所以，JavaScript 允许在声明的同时赋值，这称为对变量进行初始化。下例一边声明 taxRate 和 balanceDue 是要在程序中使用的变量，一边将其分别初始化为 .088 和 0：

```
var taxRate = .088;
var balanceDue = 0;
```

一个声明语句并非只能声明并初始化一个变量。不同变量以逗号分隔即可，如下所示：

```
var taxRate = .088, balanceDue = 0;
```

计算机不关心你选择什么样式。在它眼中两者并无区别。如果变量存在逻辑联系，程序员通常选择全部用一个语句声明。例如，可用一个语句声明和一个人的特点相关的所有变量：

```
var height, weight, hairColor, eyeColor, astrological_sign;
```

如变量之间没有逻辑关系，一般就用单独的语句声明。随便你怎么选择，没有所谓的“正确”方法。

17.3 发表声明

美国开国元勋在签署《美国独立宣言》时声明“这些真理不言而喻”(… these truths to be self evident …)。如何在 JavaScript 中完成这一声明？

IN CONGRESS, JULY 4, 1776.

The unanimous Declaration of the thirteen united States of America,

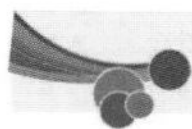

17.3 JavaScript 的三种基本数据类型

我们的 JavaScript 程序要用到三种类型的数据：数字、字串和布尔值。

17.3.1 写数字的规则

赋给变量 taxRate 和 balanceDue 的值是数字。和编程的所有东西一样，写数字也有规则，但基本上和平常写数字差不多 (详情参见附录 D)。

程序中的数字不同寻常之处在于，它们没有单位。不能写 33% 或 $10.89，只能写成 0.33 和 10.89。这解释了图 17.1 的程序为什么没有美元符号，即使它的作用是计算咖啡的美元价格。标准计算机数字可以有大约 10 个有效位，范围从 10-324 到 10308。数字和计算机算术非常精密。为避免遇到麻烦，我们将保持数字的一般性使用。一般情况下，“安全区”是正负 20 亿分之一到 20 亿。超过该范围，就必须学习关于计算机算术的更多知识。

虽然计算机频繁执行数字计算，但也能对其他类型的数据进行计算。

17.3.2 字符串

字符串对我们来说是最常见的一种数据类型。字符串 (string) 是键盘字符的一个序列。例如，下面有 9 个字符串：

```
"abcdefghijklmnopqrstuvwxyz" "May" '!@#$%^&*( )_+|}{:]['
"strings are surrounded by quotes" "" "M&M's"
'strings can contain blanks' " " '"No," she said.'
```

注意，字符串总是用单引号 (') 或双引号 (“) 封闭。

可以在声明时初始化成字符串

类似于数字，变量在声明时也可初始化成字符串，例如：

```
var hairColor = "black", eyeColor = "brown", astrological_sign = "Leo";
```

处理文本时 (比如创建网页) 需要用到字符串。图 17.1 的程序使用了几个字符串常量："espresso"，"latte"，"cappuccino" 和 "Americano"。

JavaScript 写字符串的规则

以下是在 JavaScript 中写字符串的规则 (大多数都可参考之前的例子)。

1. 字符串必须用引号封闭，可以是单引号 (') 和双引号 (“)，不可以是弯引号。
2. 大多数字符都可包含在引号内，但不允许回车符 (Enter)、退格符、制表符、\ 和很少用到的另外两个字符。

3. 双引号字符串可包含单引号，反之亦然。
4. 反撇号 (`) 等同于单引号。
5. 字符串中能包含任意数量的字符。
6. 字符串最少允许零个字符 ("")，这称为空字符串。

规则 3 允许我们在一个字符串中包含引号。例如，要将双引号包含到一个字符串中，可用单引号来封闭该字符串，例如 'He said, "No!"'。要将单引号包含到字符串中，则改用双引号封闭，例如 "Guide to B&B's"。由于单引号在英语的所有格和缩略形式中很常见，所以最好默认使用双引号。这样使我们能随便使用单引号。只有字符串含有双引号时，才改用单引号来界定一个字符串。两者都可以用，计算机并不关心这些。

注意，规则 6 说空字符串是合法值。例如，以下代码：

```
var exValDef = ""
var exValUndef;
```

会造成两种迥然不同的情形。这两个语句之后，问计算机 exValDef 值是什么类型，答案是“一个字符串”，但对于 exValUndef，答案则是“一个未定义的值”。

字面值

前面讨论的数字和字符串称为字面值 (literal)。该术语暗示字符串按“字面”意思敲入程序。所以，存在有关如何在计算中显式写入这些值的规则。但是，当字面值成为变量的值并存储到计算机之后，其表示形式会发生少许变化，尤其是对于字符串。

计算机存储的字符串字面值

首先，无论用什么引号来界定一个字符串，其字面值存储到计算机之后，这些引号会被删除。这正是空字符串 "" 的长度是 0 而不是 2 的原因。

其次，任何字符都可存储到计算机内存。具体地说，虽然像制表符这样的字符不能作为字面值直接在代码中“敲入”，但可作为计算机中的字符串值。为此，需要用到“转义”机制。

JavaScript 的转义符是反斜杠 (\) 加转义序列，如表 17.1 所示，所以可以写这样的声明：

```
var fourTabs = "\t\t\t\t", backUp = "\b", bothQuotesInOne = " '\" ";
```

这样就可将无法直接敲入的值赋给变量。存储到计算机之后，转义序列被转换为它们所代表的单个字符。所以，这三个字符串变量的长度分别是 4，1 和 2。

表 17.1 一些无法作为字面值直接融入的字符的转义序列

转义序列	字符	转义序列	字符
\b	退格符	\f	换页符
\n	换行符	\r	回车符
\t	制表符	\’	反撇号或单引号
\”	双引号	\\	反斜杠

17.3.3 布尔值

另一种值是布尔值 (Boolean)。与数字和字符串不一样的是，布尔值只有两个：true 和 false。布尔值有其明显的逻辑意义。需强调的是，虽然 true 和 false 写成字母序列，但它们都是值，就像 1 是值一样，而不是标识符或字符串。虽然在整个程序设计过程中，或多或少都会用到布尔值，但正如后文所述，它们只是偶尔用于初始化变量。比如：

```
var foreignLanguageReq = false, mathReq = true, totalCredits = 0;
```

第三个变量的声明证明在同一个声明语句中，不同变量可用不同类型的值来初始化。

真假故事

为什么称为“布尔”值？该名称源于英国数学家 George Boole(乔治・布尔)。这是“真”的。布尔发明了 true 和 false。这是“假”的。真假概念自人类开始思考以来就一直存在。布尔先生只是根据这两个值发明了一个代数，后来成为计算机工程和其他领域的基础。

在编程语言中，值的不同类型称为它们的数据类型，或称为它们的值类型，或者简单地说成类型。(第 2 章讨论“新建”命令时已介绍过数据类型)。之前讨论了 JavaScript 语言的三种基本数据类型：数字、字符串和布尔值。还有其他几种类型，但这三种类型目前已经够用。如本章稍后所述，JavaScript 对数据类型的支持是非常友好的。

17.4 文学作品

声明你所选择的变量来描述文坛名人，将其初始化为与 Mark Twain(马克・吐温) 相称的值：他的原名、在哪个世纪写的汤姆・索耶、是不是幽默大师以及一条名言 (用引号包围)。

尖括号

讨论编程语言时，往往需要描述像声明语句这样的语法结构。为区分被定义的语言和执行定义的语言，我们将定义语言的术语放到一对尖括号(<>)中，这称为meta-bracket。所以，之前声明变量并初始化的语句具有以下常规形式：var < 变量名 > = < 初始值 >。其中，不在尖括号中的符号按其字面意义敲入，而尖括号中的符号或单词代表应敲入什么种类的数据，是一种占位符。注意，这些不是标记。

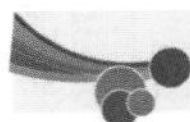

17.4 赋值语句

如变量值需要在一个算法或程序中改变，应该有一个命令来执行该操作。赋值语句更改变量值，是我们的编程主力。

赋值语句分为三部分，总是以下面的形式出现：

< 变量 > < 赋值符号 > < 表达式 >;

例如：

```
week = days / 7;
```

其中，< 变量 > 是程序中任意一个已声明的变量，< 赋值符号 > 是语言表示赋值操作的符号 (稍后讨论)，而 < 表达式 > 告诉计算机如何计算新值。和其他所有语句一样，赋值语句的末尾要以分号 (;) 终止。JavaScript 的 < 赋值符号 > 是等号 (=)，我们之前声明并初始化变量时已见过这种赋值操作。

17.4.1 赋值符号

不同编程语言使用不同符号来表示赋值。三个最常用的赋值符号是等号 (=)、冒号加等号 (:=) 和左箭头 (←)。还有其他赋值符号，但这三个最常用。:= 被视为一个符号，即使它由两个键盘字符组成。和 JavaScript 一样，大多数语言都使用 =。Pascal 使用 :=，像 APL 这样的数学语言则使用←。无论使用哪个符号，赋值在每种编程语言中都是一个标准和常用的操作。

下面是对我们的示例赋值语句的分解说明：

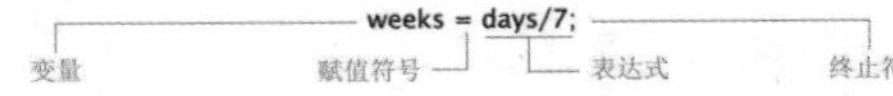

其中，weeks 是其值要被改变的变量，= 是赋值符号，而 days/7 是表达式。该赋值语句清楚说明了赋值的标准形式。

17.4.2 解释赋值语句

为理解赋值原理，必须这样想象：值从赋值符号右侧 (表达式一侧) 流向左侧 (变

量一侧)。从这一角度看，左箭头 (←) 似乎是最形象的赋值符号。赋值符号应读作“被赋予”，或者说“变成”和“获得”。所以，之前的例子可以这样读。

" 变量 weeks 被赋予变量 days 的值除以 7 的结果。"
" 变量 weeks 的值变成变量 days 的值除以 7 的结果。"
" 变量 weeks 获得变量 days 的值除以 7 的结果。"

在程序中获得

许多程序员喜欢将赋值操作读成“获得”。它传达了一种向容器进行填充的概念，就像“邮箱获得了一封邮件”或者“面粉罐获得了面粉。”变量即容器。

“被赋予”、“变成”和“获得”等术语强调了赋值符号的作用，即更改等号左侧具名变量的值。

绝对不相等

如觉得赋值和代数中的等号无异，请重新阅读上一段。赋值不是在说明相等性，而是代表将数据从右向左移动的一个操作。这也是我们称其为“赋值操作符”的原因。

赋值语句首先对表达式 (即赋值符号右边的一切) 进行计算或求值。如表达式使用了任何变量，就使用这些变量的当前值。该求值过程最终会生成一个值，该值随即变成左侧具名变量的新值。所以，假如执行示例赋值语句：

```
weeks = days/7;
```

过程是首先在内存中检查变量 days 的当前值 (假设是 77)，然后该值除以 7，生成一个新值 11。该新值随即变成变量 weeks 的新值。结果是 weeks 被赋予值 11。

赋值到内存

计算机的一个赋值语句会造成和变量对应的内存位置中的值被替换为新值，新值来自表达式的计算结果。

17.4.3 赋值三要点

赋值语句有三个要点需要记住。首先，赋值语句的三个组成部分缺一不可。缺少任何一部分，语句就毫无意义。其次，值总是从右向左流向变量名：

接收新值的变量 = 新计算的值 ;

注意，表达式可以是另一个变量，而非一定是一个复杂的式子。第三，表达式中所用的任何变量都具有赋值语句执行前的值。这一点尤其重要，因为要修改的变量可能同时存在于表达式中。例如，一个模拟篮球比赛的程序可能使用以下赋值语句：

```
totalScore = totalScore + 3;
```

简单地说，就是三分线外的投篮加三分。对右侧表达式totalScore + 3进行求值时，所用的 totalScore 值是该赋值语句执行前的值，即加三分之前的分数。赋值语句执行完毕之后，totalScore 获得新值，反映三分投篮的结果。

类似地，该程序可能包含以下代码：

```
shotClock = shotClock – 1;
```

这行代码用于实现时投篮计时钟（即 shot clock，指的是进攻方在 24 秒内必须投篮，而且球必须触及篮框，否则判违例）。同样，对右侧表达式求值时，所用的变量值是语句执行前的值。

由于这是本章所有概念中最重要的一个，所以再次重申：= 的作用是将右侧计算生成的值赋给左侧的具名变量，使其获得新值。

编程不是代数

和代数一样，许多编程语言都在赋值语句中使用等号。程序中的等号“=”读作“变成”，表示值从右向左流动这一动态含义。代数中的等号“=”则读作“等于”，强调两侧相等这一静态含义。程序中的语句“x = x + 1”表示 x 的值变成加 1 后的结果。代数中的等式“x = x + 1”则没有意义，因为没有一个数字会等于自身加 1。代数中的未知数是其值不会发生改变的那些名称。

17.4 一次赋值

声明变量 bestPicture(最佳影片)，写赋值语句为其赋值”12 Years a Slave”(为奴十二年)。

17.5 上机练习

我们已学习了变量、声明和赋值。虽然只有这点知识还不能执行太多计算，但已经可以开始写 JavaScript 程序并运行。这样做的目标很简单：从现在起，我们学到的关于 JavaScript 的一切，都可以在 Firefox 浏览器中尝试。这无疑是学习编程最快、最轻松的方法，只有实践才能出真知。

17.5.1 在 Scratchpad 中运行“Hello, World”

我们要使用的开发系统称为 Firefox Scratchpad 或者称为“代码草稿纸”(如图 17.2 所示)[①]。Scratchpad 是一个 Firefox 网页，允许直接输入 JavaScript 代码并运行，

---

① Firfox 70.0 版本后不再支持 Scratchpad。所以请下载一个 70.0 之前的老版本，安装后还要禁止自动更新。下载地址：https://ftp.mozilla.org/pub/firefox/releases/。——译注

对我们学习语言和开发程序来说非常完美。在这个沙盒中将一切都搞定之后，就可以将 JavaScript 代码转移到其他网页。(“沙盒”是编程系统的这种测试工具的统称。)

在 Firefox 中选择“工具”|“Web 开发者”|“代码草稿纸”来显示 Scratchpad 页面。随后会打开一个 Scratchpad 窗口(如图 17.2 所示)。它事先填好了几行内容，作用是解释如何在 Scratchpad 中运行程序。顺便说一下，这些都是 JavaScript 注释，所以可保留以提醒自己。(JavaScript 有两种形式的注释。多行注释以 /* 开头，以 */ 结束，两者之间的所有内容都被视为注释。还有一种放在一行代码后面的注释，以 // 开头；该行结束，注释就自然结束。)

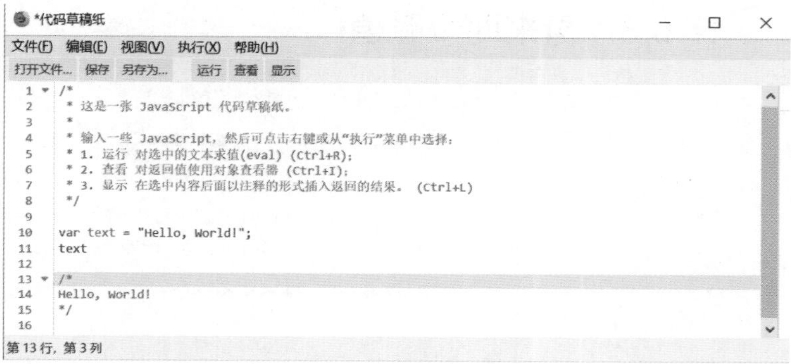

```
*代码草稿纸
文件(F) 编辑(E) 视图(V) 执行(X) 帮助(H)
打开文件... 保存 另存为... 运行 查看 显示
/*
 * 这是一张 JavaScript 代码草稿纸。
 *
 * 输入一些 JavaScript，然后可点击右键或从“执行”菜单中选择：
 * 1. 运行 对选中的文本求值(eval) (Ctrl+R)；
 * 2. 查看 对返回值使用对象查看器 (Ctrl+I)；
 * 3. 显示 在选中内容后面以注释的形式插入返回的结果。 (Ctrl+L)
 */

var text = "Hello, World!";
text

/*
Hello, World!
*/

第 13 行，第 3 列
```

(a)

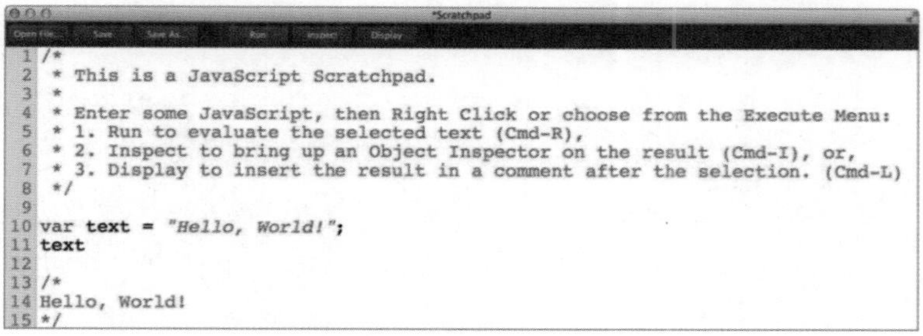

```
/*
 * This is a JavaScript Scratchpad.
 *
 * Enter some JavaScript, then Right Click or choose from the Execute Menu:
 * 1. Run to evaluate the selected text (Cmd-R),
 * 2. Inspect to bring up an Object Inspector on the result (Cmd-I), or,
 * 3. Display to insert the result in a comment after the selection. (Cmd-L)
 */

var text = "Hello, World!";
text

/*
Hello, World!
*/
```

(b)

图 17.2 Firefox 的 Scratchpad 开发页面：(a)Windows OS；(b)Mac OS

17.5.2 熟悉操作

在 Scratchpad 中声明之前作为例子的两个变量，再输入赋值语句本身：

```
var days = 77;
var weeks;
weeks = days / 7;
```

要查看计算结果，请选择“显示”命令(^L)。Scracthpad 将显示结果：

```
var days = 77;
var weeks;

weeks = days / 7;


/*
11
*/
```

接着将 days 初始化为除 77 之外的其他值，例如 50，再显示新结果。注意，weeks 的值被替换成 days 的新值除以 7 的结果。

17.5.3 再来两个赋值

最后，声明两个新变量 totalScore 和 shotClock，把它们初始化为 10，再执行以下操作：(a) 在 totalScore 上加 3；(b) 从 shotClock 中减 1。这些都是我们之前提过的例子。

```
var totalScore = 10;
var shotClock = 10;

totalScore = totalScore + 3;  // 输完这一行按^L
/*
13
*/
shotClock = shotClock - 1;  // 输完这一行按^L
/*
9
*/
```

注意，使用“显示”(^L) 命令时，显示的是最后一个赋值的变量；要查看哪个变量，就把它放到最后一行。

要保存一张代码草稿纸的内容，请点击“保存”，或者按 ^S。输入文件名，并添加 .js 扩展名 (如果没有自动添加的话)，例如 basketball.js。

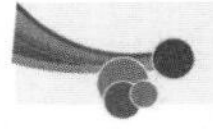

17.6 表达式及其语法

虽然编程不是数学，但它起源于高等数学。所以，编程支持类似于代数式的“表达式”一点都不奇怪。表达式描述如何执行实际计算。以前讲电子表格时，以及在讲表达式 days/7 时说过，表达式是基于变量和操作符来构建，后者执行的是标准算术运算，比如加 (+)、减 (–)、乘 (*) 和除 (/)。这些都是在计算器上能找到的算术运算。

执行基本算术运算的符号称为算术操作符。某些操作符实际采用的符号可能不同，具体取决于编程语言。所以，这里只讨论 JavaScript 的操作符。下面是表达式的几个例子：

a * (b + c)

```
height * width / 2
pi * diameter
(((days * 24) + hours) * 60 + minutes) * 60 + seconds
```

作为一个练习，请声明并初始化所有这些变量，并在 Scratchpad 中执行计算。(将 pi 初始化为 3.1415962。)

17.6.1 算术操作符

表达式通常遵循和代数式一致的规则，但不完全一致。例如，乘法运算要用星号 (*) 来显式描述。所以，只能写 a * b，而不能写 ab，a · b 或 a×b。和代数一样，除非用圆括号来强行指定优先级，否则乘法和除法先于加法和减法执行 (我们说乘法和除法的优先级高于加法和减法)。所以，a*b + a*c 等价于 (a*b) + (a*c)，因为乘法运算的优先级本来就高于加法。另外，由于表达式必须在同一行敲入，所以上标 (例如 x2) 是绝对禁止的。有的语言提供了专门于指数或求幂运算的操作符，但 JavaScript 没有。要计算圆的面积，必须对 R(半径) 进行连乘，因为无法直接输入它的平方。所以，要用以下表达式：

```
pi * R *R
```

来计算圆的面积 (假定变量 pi 的值是 3.1415962)。

像 + 和 * 这样的操作符称为二元操作符，因其是对两个值进行操作。它们操作的值称为操作数。其他还有一元操作符，例如取反 (–)，它们只有一个操作数。语言解析器 (编译器的一部分，用于分析程序使计算机能理解它们) 能轻松判断一个减号执行的是取反还是减法运算。

后面几章还会用到一个非常有用的操作符，即求余 (取模、取余、模除、Mod) 操作符 %。它返回一个整数除以另一个整数的余数。所以，对于两个整数 a 和 b，a%b 结果是 a/b 的余数。例如，4%2 的结果是 0，因为 4 能被 2 整除；而 5%2 的结果是 1，因为用 2 除 5 余 1。请在 Scratchpad 中试验这些计算。

17.6.2 关系操作符

涉及加减等运算的表达式和代数式差不多，但程序员还会用到其他类型的表达式。其中，关系操作符用于比较数值，即测试两个数值之间的关系。比较结果是一个布尔值，要么为 true，要么为 false。这里用示例操作数 a 和 b 来说明，但是，这两个操作数可替换成其他变量或表达式：

```
a < b     a 小于 b ？
a <= b    a 小于或等于 b ？
a == b    a 等于 b ？
a != b    a 不等于 b ？
a >= b    a 大于或等于 b ？
a > b     a 大于 b ？
```

注意，关系操作符“等于”(==)是连续两个等号，使其有别于赋值操作符。在Scratchpad中计算 7 > 5，结果是true，这证明关系操作符返回的是布尔值。

下面是关系表达式的一些例子：

```
bondRate > certificateDeposit
temperature <= 212
drink == "espresso"
```

注意，可将关系测试应用于字符串变量，比如上面最后一个例子(摘自图17.1的程序)。等于(==)和不等于(!=)这两个操作都既适用于数值变量，也适用于字符串变量。

一个还是两个字符?

像 <=，>= 和 != 这样的操作符都由两个键盘字符组成。其中不能包含空格，被总体视为一个字符。它们发明于若干年之前，目的是为了用标准键盘上有限的字符来表示。如果编程语言的研究从现在才开始，就不必使用这种组合了，因为现在能输入的内容不再受传统键盘的限制。像≤，≥和≠这样的字符能轻松输入。

17.6.3 逻辑操作符

对于 a < b 这样的关系测试，结果要么为true，要么为false。也就是说，要么符合条件，测试结果为true(a确实小于b)；要么不符合条件，测试结果为false。经常需要一起测试两个或更多关系，这要求合并多个关系表达式的结果。例如，青少年指大于12岁但小于20岁的人。在编程中，“青少年”的成立条件是两个关系测试 age > 12 和 age < 20 的结果都为true。JavaScript的“青少年”表达式是：

```
age > 12 && age < 20
```

逻辑 AND

&& 是逻辑AND操作符，作用查询表达式中的AND一样(第5章和第15章)。如果a和b均为true，那么 a && b 的结果为true；否则为false。(操作数a和b可以是变量或表达式，或者是两者的混合，前提是要返回布尔值。)

所以，在“青少年”表达式中，age的当前值和12比较，生成true或false结果。然后，age的当前值和20比较，生成另一个true或false结果。最后对这两个结果(即&&的两个操作数)进行测试。如两者均为true，则整个表达式的结果为true；反之为false。例如：

age 的值	age > 12	age < 20	age > 12 && age < 20
4	false	true	false
16	true	true	true
50	true	false	false

注意，关系表达式的操作数必须是数字，而逻辑表达式的操作数必须是布尔值(true 和 false)。要试验该操作符，请声明并初始化一个 age 变量，检查“青少年”表达式中的结果。

编程依然不是代数

在代数中，可用 12 < age < 20 这个式子判断是不是青少年，这是年龄符合限制的一个静态条件。在编程中，两个测试都必须指定，而且两个测试结果要进行 AND 运算 (用 && 合并) 以生成最终答案。和之前说过的一样，两者的区别在于：在代数中，我们只是指出一个事实；而在编程中，是“命令”计算机去执行对两个条件进行测试的操作。

逻辑 OR

毫不奇怪，另外还有一个逻辑 OR 操作符，即 ||。a 和 b 任何一个为 true，则 a||b 的结果为 true；两者均为 true，结果同样为 true；只有在两者均为 false 的前提下，结果才为 false。下面是一个 preteen(所谓“前青少年期”，10 岁出头的样子) 测试表达式：

```
age == 11 || age == 12
```

由于逻辑操作符 && 和 || 的优先级低于关系操作符，所以会先测试关系表达式。要将 10 岁的孩子也视为 preteen，可以写一个表达式，指出要么 10 岁，要么符合之前的条件：

```
age == 10 || (age == 11 || age == 12)
```

注意，和关系测试一样，圆括号中的子表达式在求值后生成 true 或 false 值。|| 的操作数如何生成并不重要，重要的是它们必须是 true 或 false。以下表达式可获得相同结果：

```
(age == 10 || age == 11) || age == 12
```

当然，也可以使用以下表达式来测试这个 preteen 定义：

```
age >= 10 && age <= 12
```

该表达式比之前的简洁，而且形式和“青少年”测试一样。所有这些表达式对人而言都很清楚，而且计算机也不会关心你采用哪种形式。

逻辑 NOT

逻辑 NOT 操作符 ! 是一元操作符，仅一个操作数，结果是其操作数的反值。为了命令计算机判断年龄是否不符合“青少年”的定义，可以这样写：

```
!(age > 12 && age < 20)
```

圆括号中的子表达式测试年龄是否符合“青少年”的定义，即大于 12 岁并小于 20 岁。如结果为 true，表明是青少年；为 false 则表明不是。将逻辑 NOT 操作符放在圆括号前面，则获得了一个新的表达式，它对刚才的结果取反：如年龄表明是青少年，整个表达式的结果为 false；否则为 true。

17.6 热带或极地

北回归线在北纬 23.5°，南回归线在南纬 23.5°。北极圈在北纬 66.5°，南极圈在南纬 66.5°。假定 lat 是代表地球上某个地点的纬度的一个变量。写一个关系表达式，无论该地是热还是冷 (即热带或极地)，它都为真。

操作符重载

最后要讨论操作符重载。这听起来有点像某人一口气学了太多新操作符 (毫无疑问，你已进入这种状态)，但这是一个技术术语，意思是“将一个操作符用于不同数据类型”。我们尤其关注 + 操作符。操作符通常应用于一种数据类型，比如数字。所以，我们期望 4+5 生成数字结果 9。操作数是数字时，情况的确如此。但是，如操作数是字符串，则 "four"+"five" 的结果是字符串 "fourfive"。在 Scratchpad 中自行试验这两种“加法”运算。(数字加字符串会有什么结果？)

连接

对字符串使用操作符 +，它通过一个称为连接 (concatenation) 的操作将字符串连到一起。日常写作时要将两个字符串连到一起，将它们放到一起就可以了。但在编程中，需命令计算机完成该操作，所以需要通过一个连接操作符告诉计算机将两个字符串放到一起。我们重载 (overload) 了操作符 + 的含义。如操作数是数字，+ 执行算术加法运算；如操作数是字符串，+ 则执行字符串连接操作。虽然重载在某些编程语言中很常见，但在我们使用 JavaScript 的过程中，只重载操作符 +。

留意引号

以下语句在处理字符串时：

```
fullName = firstName + " " + middleName + " " + lastName;
```

将基于各组成部分 (名、中间名、姓) 创建一个以空格分隔的全名。此时，很容易理解 + 代表连接操作。以下语句则不明显：

```
colt = "4" + "5";
```

最终，变量 colt 被赋值为字符串 "45" 而非 9。因为两个操作数都是长度为 1 的字符串。所以，看代码时必须留意引号，它表示操作数是字符串而非数字。(利用 Scratchpad 调查数字和字符串相加的结果。)

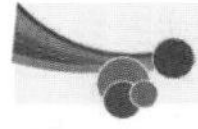

17.7 条件语句

我们用条件语句测试数字和字符串，并根据结果选择要执行什么语句。JavaScript 条件语句 (有别于电子表格的 IF() 函数) 具有以下形式：

```
if (< 布尔表达式 >)
  <then- 语句 >
```

其中，< 布尔表达式 > 是求值结果为布尔值 true 或 false 的表达式，比如关系表达式；而 <then- 语句 > 是任何 JavaScript 语句，比如赋值语句。

17.7.1 if 语句及其控制流

以下 if 语句检查华氏温度 waterTemp：

```
if (waterTemp < 32)
  waterState = "Frozen";
```

这是一个典型的条件语句。条件语句中的 < 布尔表达式 > 称为“断言”或“谓词”(predicate)，求值后生成 true 或 false 结果。结果为 true 将执行 <then- 语句 >，否则跳过语句。所以，变量 waterTemp 的值在确定之后将与 32 进行比较。如小于 32，变量 waterState 的值就变为 "Frozen"；否则跳过语句，waterTemp 的值保持不变。以下条件语句：

```
if (waterTemp >= 32 && waterTemp <= 212)
waterState = "Liquid";
```

用关系操作符和 && 逻辑和操作符测试一个值的范围。

有的编程语言使用单词 then 来分隔断言和 <then- 语句 >，但 JavaScript 语言不这样，因为没必要。在下一行缩进 <then- 语句 > 只是习惯，而非规则。完全能将 <then- 语句 > 和断言放到同一行，如下所示：

```
if (waterTempC >= 0 && waterTempC <= 100) waterState = "Liquid";
```

意思和前面一样，因为空白会被 JavaScript 忽略。程序员习惯在下一行写 <then- 语句 > 并缩进，目的是方便阅读。顺便说一下，在读条件语句时，可在心里默默地在断言之后加一个“then”，即“如果……那么”。

有时需要在断言测试的结果 true 时执行多个语句，笨办法是反复测试，每次结果为 true 都执行一个不同的语句。如下所示：

```
if (waterTemp < 32) waterState = "Frozen";
if (waterTemp < 32) description = "Ice";
```

下一节讲更聪明的办法。

17.7.2 复合语句

<then- 语句 > 可以是多个语句。问题在于，如断言结果为 false，如何跳过所有这些语句？答案很简单：用大括号 ({}) 将这些语句分为一组，这称为复合语句。可将其视为单个语句。这样就满足了之前的定义。如断言结果为 false，将跳过整个 (复合) 语句。例如：

```
if (waterTempC < 0) {
waterState = "Frozen";
description = "Ice";
}
```

注意大括号的位置。一个紧跟在断言之后，提醒马上就是一个复合语句；另一个单独占一行，和 if 中的 i 垂直对齐。这同样是方便阅读，因为随便放容易被人忽略。但和之前一样，计算机并不关心大括号的具体位置。

每个语句都必须以冒号终止，但复合语句例外，结束大括号 (}) 后面不要加冒号。

统一大括号位置

由于复合语句的大括号对程序行为有非常大的影响，所以务必统一其位置以便阅读。

图 17.1 计算咖啡价格时也使用了复合语句：

```
var drink = "latte";
var ounce = 12;
var price;

if (drink == "latte" || drink == "cappuccino") {
  if (ounce == 8)
      price = 1.95;
  if (ounce == 12)
      price = 2.35;
  if (ounce == 16)
      price = 2.75;
}

price
/*
2.35
*/
```

注意，上述代码在一个 if 语句中使用了由三个简单 if 语句构成的复合语句。如 drink 既不是 "latte"，也不是 "cappuccino"，将跳过复合语句。反之，如 drink 是 "latte" 或 "cappuccino"，就执行复合语句。注意，在复合语句中的三个 if 语句中，最多只有一个的断言为 true，因为 ounce 一次只能有一个值，即 8，12，16 或其他值。所以，price 最多只改变一次。

17.7.3 if/else 语句

条件为 true 时执行一个分支语句自然很方便，但条件为 false 时如何执行另一个分支语句？ if 语句还有另外一种形式，称为 if/else 语句，其形式如下：

```
if (< 布尔表达式 >)
<then- 语句 >
else
<else- 语句 >
```

<布尔表达式>最先求值。如结果为 true，就执行 <then- 语句 >，跳过 <else- 语句 >。

如 < 布尔表达式 > 的结果为 false，就跳过 <then- **语句** >，执行 <else- **语句** >。例如：

```
var day = "Tuesday";
var calendarEntry;

if (day == 'Friday' || day == 'Saturday')

       calendarEntry = "Party!";

else

       calendarEntry = "Study";

calendarEntry
/*
Study
*/
```

<then- **语句** > 和 <else- **语句** > 都可以是复合语句。例如：

```
var year = 2015;
var leapYear = false;
var febDays = 28;

if ((year % 4) == 0) {
        leapYear = true;
        febDays = febDays + 1;
}
else
        leapYear = false;

febDays
/*
28
*/
```

该例使用了求余操作符 %，所以 (year%4) 的结果是 year/4 的余数，即大于 0 并小于 4 的整数：0，1，2 或 3。

if/else 的一个典型应用是根据条件在不同分支语句中设置相同变量。例如，可以这样表示足球比赛开始时抛硬币来挑边的过程：

```
if (sideUp == sideCalled) {
      coinTossWinner = visitorTeam;
      firstHalfOffensive = visitorTeam;
      secondHalfOffensive = hostTeam;
}
else {
      coinTossWinner = hostTeam;
      firstHalfOffensive = hostTeam;
      secondHalfOffensive = visitorTeam;
}
```

注意，这里还是选择将 <else- **语句** > 的起始大括号放在 else 右侧，结束大括号单独占一行，和 else 中的 e 垂直对齐。

17.7 奇还是偶？

```
if (monthDays < 31 && monthNumber < 8)
   evenOrOdd = "even";
else
   evenOrOdd = "odd";
```

执行以下条件语句后，五月的 evenOrOdd 值应该是奇 (odd) 还是偶 (even)？提示：5 月有 31 天，代码中的 monthDays 指 1 月有多少天，monthNumber 指第几月。

17.7.4 嵌套 if/else 语句

<then- 语句 > 和 <else- 语句 > 可包含另一个 if/else 语句。但要小心，因为可能会搞不清楚哪个 if 和哪个 else 对应。JavaScript 和其他大多数编程语言的规则是 else 和前面最靠近的 if 关联。例如：

```
var description = "muggle";
var ref = "literary";
var report = "?";

if (description == "muggle")
   if (ref == "music")
      report = "Louis Armstrong jazz hit [1928]";
else
   report = "Wizard sighting";
```

警告：这段代码具有迷惑性

以上代码故意通过缩进使 else 看起来和第一个 if 关联。但请记住，空白 (包括缩进) 会被忽略。在 Scratchpad 中运行代码来证明其迷惑性。

```
var description = "muggle";
var ref = "literary";
var report = "?";

if (description == "muggle")
   if (ref == "music")
      report = "Louis Armstrong jazz hit [1928]";
else
   report = "Wizard sighting";

report
/*
Wizard sighting
*/
```

事实上，上述代码根本没有照顾到 description 不是 "muggle" 的情况。程序员的最佳策略是只要遇到 if/else 语句，就用大括号来封闭 <then- 语句 > 或 <else- 语句 >。所以，上述语句应修改成：

```
var description = "muggle";
var ref = "literary";
var report = "?";

if (description == "muggle") {
   if (ref == "music")
      report = "Louis Armstrong jazz hit [1928]";
   }
else
   report = "Wizard sighting";

report

/*
?
*/
```

大括号确保 else 和它的 if 匹配，在 description 不是 "muggle" 的情况下，能正确为 report 赋值 "Wizard sighting"。无脑坚持这个“大括号策略”，能省下许多麻烦。

最后通过抛两个硬币来获得总共 4 个不同的结果以演示嵌套条件语句。

```
if (flip1 == guess1) {
    if (flip2 == guess2)
        score = "win win";
    else
        score = "win lose";
}
else {
    if (flip2 == guess2)
        score = "lose win";
    else
        score = "lose lose";
}
```

内层if

外层if

内层if

这个例子清楚演示了断言的真假结果。

17.8 咖啡价格程序

视频讲解
Stepping Through the Espresso Program

现在回到图 17.1 的程序，它根据咖啡类型、规格 (盎司) 和基础浓缩咖啡的份数以及销售税来计算 4 种咖啡的价格。图 17.3 复制了该程序，开头以注释形式列出了输入和输出变量。

```
1  /* Espresso Pricing Program
2  Inputs:
3     drink can be "espresso", "latte",
4                  "cappuccino" or "Americano"
5     ounce can be 8, 12, 16
6     shots can be 1, 2, 3, 4, ...
7  Output:
8     price in dollars                         */
9
10 var drink = "latte";
11 var ounce = 12;
12 var shots = 2;
13 var price;
14 var taxRate = 0.088;
15
16 if (drink == "espresso")
17   price = 1.40;
18 if (drink == "latte" || drink == "cappuccino") {
19   if (ounce == 8)
20      price = 1.95;
21   if (ounce == 12)
22      price = 2.35;
23   if (ounce == 16)
24      price = 2.75;
25 }
26 if (drink == "Americano")
27   price = 1.20 + 0.30*(ounce/8);
28
29 price = price + (shots - 1)*.50;
30 price = price + price*taxRate;
31
32 /*
33 3.1008
34 */
```

图 17.3 用 Scratchpad 运行的咖啡价格程序

第 10~12 行列出输入变量。这些代码最终会成为用 HTML 写的网页的一部分。第 18 章会讲到，可用 HTML <input> 标记指定用户数据，届时会把它作为 UI 来设置这些变量。由于程序要创建输出，所以第 13 行声明了输出变量。

第 16~ 27 行判断客人点的是什么品类的咖啡，并设置基础价格。这些语句采用了多种的编程技术。

- 第 16~17 行：如果订的是 Straight Espresso(基础浓缩)，那么第一份 (first shot) 的价格为 1.4 美元。使用的是基本的条件语句。
- 第 18~25 行：这些语句用 if 语句建立 Latte(拿铁) 和 Cappuccino(卡布奇诺) 的基本价格。其 <then- 语句 > 是复合语句。
- 第 26~27 行：用一个基本 if 语句计算 Americano(美式) 的基础价格。
- 第 29~30 行：最后，总价在第 29 行和第 30 行计算。第 29 行将客人额外点的 shots 加到基础价格上 (有人喜欢多份基础浓缩)。第 30 行计入税款，这是通过总价乘以 taxRate，结果加到总价上来完成的。
- 第 32~34 行：用户按 ^L 后显示的计算结果

注意，第 19~24 行的 if 语句始终都要执行，但由于它们针对不同的咖啡品类，所以最多只会执行其中一个 <then- 语句 >。

双份中杯拿铁的逻辑

图 17.3 演示的是计算一杯双份中杯拿铁价格的过程。所谓“双份”，就是 double shots，表示除了一份基础的浓缩咖啡，再加一份进去。所以，程序的输入变量应这样设置：

drink ⇔ "latte"
ounce ⇔ 12
shots ⇔ 2

其中，符号 ⇔ 的意思是“具有值…”或“包含”。采用这样的表示法，可在不用等号的前提下给出变量的值。因为如果使用等号，看起来就像是赋值语句。

第一批语句是声明，看起来像定义。注意，要将 price 视为当前还没有任何值。其余各行是这样执行的。

- 首先执行 16~17 行。测试 drink == "espresso" 失败，因为变量 drink 的值是 "latte"，所以跳过它的 <then- **语句** >。
- 接着执行第 18 行。测试 drink == "latte" || drink == "cappuccino" 的结果为 true，因为子表达式 drink == "latte" 为 true。当然，关系测试 drink == "cappuccino" 为 false。但是，操作符 || 的特点是只要有一个操作数为 true，整个表达式都为 true。所以，将执行 19~25 行的 <then- **语句** >。
- 接着执行 19~20 行。测试 ounce==8 的结果为 false，所以跳过其 <then- **语句** >。
- 接着执行 21~22 行。ounce==12 测试结果为 true，所以执行其 <then- **语句** >，为 price 指定其初始值：price ⇔ 2.35。
- 接着执行 23~24 行。ounce==16 测试失败，跳过其 <then- **语句** >。
- 接着执行 26~27 行。drink=="Americano" 测试失败，跳过其 <then- **语句** >。
- 接着执行第 29 行。这会导致 shots 的值减 1 再乘以 .50。结果是 .50，该值加到基础价格 price 上，得到 price ⇔ 2.85。
- 接着执行第 30 行。price 的当前值乘以 taxRate(税率已在第 14 行初始化，即 taxRate ⇔ 0.088) 得 0.25，后者加到 price 上，算出终值为 3.10，该值被赋给 price。

最终，price ⇔ 3.10，所以一杯双份中杯拿铁的价格是 3.10 美元。(多出来的 0.0008 被丢弃，详情在下一章解释。)

17.9 小结

本章介绍了相当多的编程概念及其对应的 JavaScript 语法，目的是帮助你阅读和理解基本程序。本章首先强调名称可以和它的值区分。“头儿”这个名称用于称呼团队带头人，但它的值，即具体由谁当“头儿”是不固定的。事实上，团队一旦建立就会有一个名称，尽管此时具体的值还没有定义。值会变的名称是我们平常很熟悉的概念。例如，用字处理软件更新文件时，文件名是固定的，但其“值”在不停地变化。在编程语言中，变量也有不断变化的值。原因很简单。程序是固定的，就那么几页代码，对要执行的计算进行了有限的描述。但在执行计算时，会创建许多值来生成最终结果。例如，在咖啡价格计算程序中，变量 price 最初没有定义，它有三个不同的值：基础价格、税前价格和税后价格。任何时候，price 的值都是到目前为止计算到的价格。但是，对 price 的计算会一直持续到程序结束。

本章通过演示基本编程来强调了以下重点。

- 名称和值的区分是很重要的概念。它是编程和代数的重要区别之一。
- 必须声明构成变量名的字母序列 (标识符)。变量可在声明的同时初始化。可通过赋值语句来更改变量值。
- 在赋值语句中，变量在赋值操作符 (=) 左侧，表达式在右侧。将计算表达式的值，并将其赋给左侧的变量。也就是说，在赋值语句中，数据从右向左流动。像 x = x + 1; 这样的语句在编程中有意义，但在代数中无意义。该语句的作用是查找 x 的当前值，递增 1 后重新赋给 x。
- 本章使用了三种 JavaScript 数据类型 (数字、字符串和布尔值)，并通过构建表达式计算了这些类型的值。
- 标准算术操作符和关系操作符操作的是数字，而逻辑操作符操作布尔值。(详情参见附录 D。) 通过定义连接 (concatenation)，你理解了操作符重载 (overload) 的概念。表达式在程序中“执行计算”，这是你熟悉的一种概念。
- 正常情况下，程序所有语句都从头开始一个接一个地执行。但条件语句例外。本章讲解了 JavaScript 的两个条件语句：if 和 if/else。它们允许根据布尔表达式 (称为断言) 的结果来选择不同分支。我们利用条件语句来组织计算。“条件成立”执行一些操作，“条件不成立”则执行另一些操作。
- 用大括号 ({}) 将多个语句分为一组，这称为“复合语句”，以便统一跳过或执行。在条件语句中使用 if/else 时要当心，if 和 else 必须正确关联。
- 图 17.1 和图 17.3 的咖啡价格计算程序演示了本章的大多数概念。程序同时使用了数字和字符串数据类型。还使用了声明、赋值和条件语句。
- 该程序目前还不完善，不能随便更改 drink，ounce 和 shots 等变量的值。这需要一个用 HTML 写的 UI，这将是第 18 章的主题。

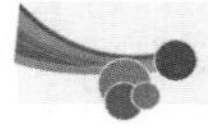

17.10 TRY IT 答案

17.1 “Argo”和一部特定电影绑定，始终是电影名；而奥斯卡的“Best Picture”是一个变量，其值每年都在变。

17.2 14 个：b, B, bb, bB, Bb, BB, bbb, bbB, bBb, bBB, Bbb, BbB, BBb, BBB

17.3 var theseTruths = “self evident”;

17.4 var real_first_name = 'Samuel', real_last_name = "Clemens";

var humorist = true;

var century = 19;

var famous_quote = '"Nothing so needs reforming as other people\'s habits."'

注意，famous_quote 变量中的单引号要转义。这是因为已选择用单引号来界定字符串，以便在字符串中直接使用双引号。所以，如需在字符串中使用单引号字面值，就必须转义。在计算机内存中，famous_quote 的值是 54 字符的一个字符串：

"Nothing so needs reforming as other people's habits."

也就是说，用于定界的单引号和代表转义符的反斜杠没有了。

17.5 var bestPicture;

bestPicture = "12 Years a Slave";

不要忘记用分号来终止语句。

17.6 lat <= 23.5 || lat >= 66.5

17.7
```
var monthDays = 31;
var monthNumber = 5;
var evenOrOdd;

if (monthDays < 31 && monthNumber < 8)
   evenOrOdd = "even";
else
   evenOrOdd = "odd";

evenOrOdd
/*
odd
*/
```

习题

选择题

1. 一般用 _______ 符号描述语法结构。

   a. #　　b. < >

   c. ( )　　d. { }

2. 执行代码 var symbol = "/\\'\"'\"/\\"; 后，在 symbol 引用的内存位置存储的是什么内容？_______

   a. "/\\'\"'\"/\\";　　b. /\' " ' "/\\

   c. /\\'\" '\"/\\　　d. /\' " ' "/\";

3. 计算机中的变量是 _______。

   a. 内存位置　　b. 程序

   c. 文件　　d. 以上都对

4. 变量名中可以使用 _______。
   a. 连字号 -
   b. 空格
   c. 下划线 _
   d. 圆括号 ()

5. 用 _______ 符号终止一个 JavaScript 语句。
   a. 冒号 :
   b. 回车
   c. 感叹号 !
   d. 分号 ;

6. JavaScript 变量在声明后 _______。
   a. 自动赋值 0
   b. 自动赋值空格
   c. 未定义
   d. 赋值一个随机数

7. grade = num_right * 2.5; 是一个 _______。
   a. 变量
   b. 操作符
   c. 赋值语句
   d. 关系操作符

8. 以下优先级规则哪个正确？ _______
   a. 先加后减
   b. 先除后乘
   c. 先乘后加
   d. 一切操作都从左向右进行

9. 对于用 JavaScript 写的一个关系测试：birth_year > 1944 && birth_year < 1965，以下哪个说法正确？ _______
   a. 如 birth_year 是 1952，结果为 true
   b. 如 birth_year 小于 1965，结果为 true
   c. 如 birth_year 大于 1944，结果为 false
   d. 以上都不对

10. 逻辑 AND 操作符要返回 true 结果，则 _______。
   a. 任一条件为 true
   b. 任一条件都不能为 false
   c. 任一条件为 true，但不能两个条件都为 true
   d. 以上都不对

11. 一个典型的计算机程序遵循的是 _______ 模式。
   a. 输出，处理，输入
   b. 输入，输出，处理
   c. 输入，处理，输出
   d. 处理，输入，输出

12. 空字符串包含 _______ 个字符。
   a. –1
   b. 1
   c. 未定义
   d. 0

13. 编程时会犯错的是 _______。
   a. 编程新手，或训练不够的人
   b. 大型程序的开发人员
   c. 任何人
   d. 18 岁以下的学生

填空题

1. 用 ________ 终止程序中的每个语句。

2. 标识符名称不能包含 ________。

3. ________ 是一种系统化的问题求解方式，目的是使代理能遵循指令来获得正确答案。

4. ________ 符是构成变量名的字母序列。

5. 变量通过 ________ (声明 / 初始化) 语句创建。

6. 第一次对变量赋值，这称为对变量进行 ________ (声明 / 初始化)。

7. +，-，* 和 / 这些符号在编程中称为 ________。

8. ________ 操作符仅一个操作数。

9. ________ 操作符用于进行比较。

10. 用 ________ 命令更改变量值。

11. 用操作符 + 将两个字符串连到一起，这称为 ________。

12. 编程中的 if 语句称为 ________ 语句。

13. 若 if 后跟一个 else，且 if 的条件为 false，则执行 ________ 语句。

14. 用 ________ 符号将多个语句组合成一个复合语句。

15. 无法用自然语言指挥电脑，因其有太多 ________。

简答题

1. 对于编程语句 first_name = " Fred ";，绝对不要把它读作“first_name 等于 Fred”。给出该语句的两种正确解释。

2. 表格填空。

名称	当前值	之前值
Batman(蝙蝠侠)		
Top Chef(顶级大厨)		
	Joe Biden(乔・拜登)	

3. 为什么 true 和 false 不是字符串？

4. 填入数学操作符和 JavaScript 关系操作符。

名称	数学操作符	JavaScript操作符
小于	________	________
小于等于	________	________
大于	________	________
大于等于	________	________
等于	________	________
不等于	________	________

5. 遍历以下 JavaScript 程序中的每一行 (来自图 17.1)。写下每个变量的值。使用一杯双份大杯拿铁 (latte, 16 oz, double shots)。

```
var price;
var taxRate = 0.088;
if (drink == "espresso")
  price = 1.40;
if (drink == "latte" || drink == "cappuccino") {
  if (ounce == 8)
    price = 1.95;
  if (ounce == 12)
    price = 2.35;
  if (ounce == 16)
    price = 2.75;
}
if (drink == "Americano")
  price = 1.20 + .30 * (ounce/8);
price = price + (shots - 1) * .50;
price = price + price * taxRate;
```

6. 执行以下代码后，posOrNeg 的值是什么？ (假定 number 的当前值是 -2。)

```
if (number >= 1)
posOrNeg = "pos";
if (number == 0)
posOrNeg = "zero";
else
posOrNeg = "neg";
```

7. 修改咖啡价格计算程序，添加一种新的咖啡饮品：现煮咖啡 (brewed coffee)。固定 12 盎司一杯，1 美元加税。

8. 解释如何针对不同情况用双引号或单引号来界定一个字符串。

9. 写 JavaScript 表达式来计算员工的加班时数。

10. 解释以下语句为何没用：

```
wont_work = "five" * 5 + "5" – '5'
3 * 7 = wont_work
"wont_work" = m * n
```

11. 以下表达式每个 answer 的值是什么？

```
answer = (9 + 7) / 4 * 2 – 5
answer = 6 * 3 / 9 – (17%5)
answer = (4 + 5) – (2 + 3) * 4
```

12. 解释以下语句为什么在编程中合法，在数学中不合法：

```
count = count +1
```

13. 解释以下语句的工作原理：

```
left = right
```

CHAPTER 18

JavaScript 程序：Bean Counter

学习目标

- 以Bean Counter程序为模型来解释如何写输入控件，如何创建按钮表，如何写 JavaScript 事件处理程序，以及如何生成和 Bean Counter 相似的 UI
- 跟踪 Bean Counter 程序的执行，理解特定输入下的输出
- 理解 JavaScript 基于事件的编程，以及如何使用事件处理程序

CHAPTER 18

程序员在跟宇宙赛跑，他们在努力开发出更大更好的傻瓜程序，而宇宙则努力培养出更大更好的白痴.到目前为止，宇宙领先。

——瑞奇·库克

大多数现代编程需要两个活动。第一是设计算法，指导计算机解决问题。第二是创建用户界面 (UI) 以辅助人机交互，具体就是提供输入和输出界面。JavaScript(JS) 面向的是 Web 应用，这意味着可在用 HTML 写的网页源代码中包含 JavaScript 代码。网页负责实现图形化用户界面，JavaScript 则负责计算。

第 17 章写了一个 JavaScript 程序来计算各种咖啡饮品的价格。该程序是本章完整解决方案的“计算”部分。本章重点是创建用户界面，将其与之前的咖啡价格计算程序联系起来。该 UI 必须对用户友好。

我们将完整的应用程序命名为 Bean Counter。第一步是确定第 17 章的计算正确无误。然后，在介绍了两个预备知识后，将分 5 步完成计算。

1. 复习网页编程，重温一些 HTML 基础知识，介绍 HTML 的 input 元素。
2. 为 Bean Counter 程序创建 UI，使界面赏心悦目。只有图片是完整的，按钮还不能用。
3. 介绍事件编程概念，将按钮和程序逻辑联系起来。
4. 测试网页，评估其可用性。
5. 修订网页和逻辑，改进问题的解决方案。

网页完工后，我们将获得第一个完整的 JavaScript 应用程序。

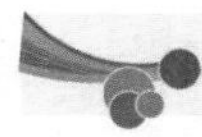

18.1 预备知识

第 4 章讲过，HTML 文件其实是简单的 ASCII 文本。Pages 和 Microsoft Word 等具有复杂格式化功能的字处理软件只会给网页浏览器带来困扰，必须避免使用。相反，我们使用简单文本编辑器，如 Notepad++ 或 TextWrangler，这些软件已在第 4 章的“上机实验 I”中介绍。文件格式必须是 text 或 txt，文件扩展名 (文件名最后一个圆点后的字符) 必须是 html，所以，bean.html 就是一个很好的名字。这样一来，操作系统就知道该文件将由网页浏览器处理，而浏览器理解文件中的所有内容，不会有任何混淆。

边学边练

为了学习本章描述的思想和磨练技能，最好的办法是一边学，一边练。学生文件请从 pearsonhighered.com/snyder.com 下载。

要创建自己的程序，首先在文本编辑器中打开学生文件 beanV0.html 并另存为 bean.html。HTML 文件的 JavaScript 代码要放到一对 <script> 标记中。包含在这两个标记之间的信息就是本章的主题。需测试程序时，先保存，再在 Firefox 中打开。这样就能立即体验 JavaScript 代码和 HTML 的效果了。整个过程就是这么简单！

为了将重点放在 JavaScript 程序在网页中的运行机制上面，我们将暂时忽略用户界面，直接运行“计算”部分 (来自第 17 章的程序)。这主要是一个练习，暂时还不能和结果交互，唯一能看到的就是打印出来的一个数字。以这个方式入手，我们先确定来自上一章的 Bean Counter 代码能够工作。本章后面会使用这些代码，所以现在输入它们以熟悉代码。图 18.1(a) 是仅运行“计算”部分所需的程序结构。你也可以新建一个 .html 文件，并准确无误地输入这些代码。不过，学生文件已提供了现成的 beanV0.html(已被你另存为 bean.html)。请在浏览器中打开该文件。

```
<!doctype html>
<html>
 <head>
  <meta charset="UTF-8">
  <title>Bean Counter</title>
 </head>
 <body>
  <h2> Confirming that bean.html works </h2>
  <script>
   var drink = "latte";
   var ounce = 12;
   var shots = 2;
   var taxRate = 0.088;
   var price;
   if (drink == "espresso")
     price = 1.40;
   if (drink == "latte" || drink == "cappuccino") {
     if (ounce == 8)
       price = 1.95;
     if (ounce == 12)
       price = 2.35;
     if (ounce == 16)
       price = 2.75;
   }
   if (drink == "Americano")
     price = 1.20 + 0.30*(ounce/8);
   price = price + (shots - 1)*.50;
   price = price + price*taxRate;
   alert(price);
  </script>
 </body>
</html>
```

(a)

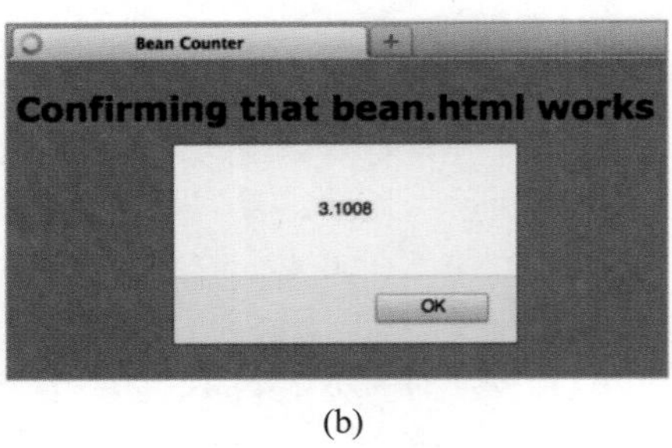

(b)

图 18.1 Bean Counter 程序的 V0 版本，无 UI，输入固定。(a) HTML 和 JavaScript 源代码；(b) 在 Firefox 浏览器中运行的结果

由于尚未创建用户界面，所以无法通过 UI 提供输入。我们于是“伪造”了输入，声明并初始化了三个新变量：drink，shots 和 ounce。这些是 JavaScript 代码的前三个语句。以后添加按钮时，会将这三个变量去掉。这些是双份中杯拿铁 (12 盎司一杯的拿铁，用双份浓缩咖啡制成) 的初始值。输入程序代码并在 Firefox 中运行程序之后，会看到如图 18.1(b) 所示的结果。

JavaScript 代码最后用 alert(price) 命令输出程序计算的 price 值，证实该程序计算的双份中杯拿铁价格和第 17 章一样。下一步是构建图形用户界面。

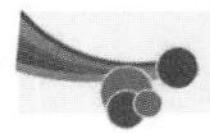

18.2 UI 的背景知识

本小节概述创建 JavaScript 图形用户界面所需的两个基本主题。首先要快速复习一下 HTML。如需了解更多，请参见第 4 章。接着介绍新的 HTML <input…/>。将用该标记创建按钮并显示输出。

Bean Counter 图形用户界面 (图 18.2) 提供了数行和数列的按钮，并在右下角的窗口中显示价格。第一列按钮指定 shot 份数 (点几份基础浓缩咖啡)。第二列按钮指定规格，其中 S，T 和 G 分别对应小杯 (short)，中杯 (tall) 和大杯 (grande)。第三列指定咖啡品类 (拿铁等)。最右边一列两个按钮的作用很明显：点击 Clear 清除当前输入以开始一次新的价格计算；点击 Total 计算价格。

图 18.2 Bean Counter 程序完成后的 Web 界面

18.2.1 回顾 HTML 基础知识

我们通过复习第 4 章对 HTML 的讨论来快速开发 bean.html 网页的初始 HTML 代码。

从 starterPage.html 开始，将标题更改为 <title>The Bean Counter</title>。head 区域需要一个全局 <style> 小节，所以请添加这一对标记。主体将 <h1> 标题的文本从“Hello, World”更改为“the bean counter”。添加 <hr/> 标记插入水平线，再添加一个段落来显示文本“figuring the price of espresso drinks so baristas can have time to chat”(计算咖啡价格使咖啡师有时间聊天)。需要一个
 标记将这段话显示成两行。现在，唯一剩下的就是对文本进行格式化。

将按图 18.2 的颜色和字体来操作。将背景颜色设为 saddlebrown，字体颜色设为 darkorange，font-family 则设为 helvetica。不过，<h1> 标题要设为白色，水平线也必须短于完整窗口。请参照图 18.3 来设置具体样式。注意，我们为水平线选择了一个有别于默认颜色(灰色)的颜色。

如果觉得自己忘记了许多 HTML 的知识，请复习一下第 4 章或者参考附录 A。

```
<!doctype html>
<html>
  <head>
    <meta charset="UTF-8"/>
    <title>The Bean Counter</title>
    <style type="text/css">
        body {background-color : saddlebrown; color : darkorange;
                font-family : helvetica; text-align : center}
        hr    {width:50%; color: darkorange}
        h1    {color : white;}
    </style>
  </head>
  <body>
    <h1> the bean counter</h1>
    <hr/>
    <p><b>figuring the price of espresso drinks<br />
          so baristas can have time to chat</b></p>
  </body>
</html>
```

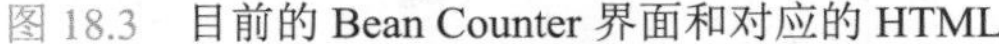

图 18.3 目前的 Bean Counter 界面和对应的 HTML

18.2.2 和 UI 交互

奇怪的是，诸如按钮和复选框之类的输入工具被称为表单 (form) 元素。它们被引入 HTML，以协助诸如订购产品或进行问卷调查之类的活动。如你所知，用户可通过点击按钮或在文本窗口中输入数据来填写表单。表单完成后，将其发送到计算机进行处理。虽然我们的应用程序不涉及问卷，但由于使用了输入元素，所以必须使用表单标记。

表单

我们用表单标记 <form> 和 </form> 来包围输入元素。虽然 <form> 支持多个属性，但目前只需要 name。

```
<form name="unique_name">
```

这样就标记了该特定表单。讨论了输入标记后，还会进一步解释 name 的使用。

事件和事件处理程序

在 UI 上输入时，比如点击一个按钮，会造成一个事件的发生。对于按钮，发生的事件称为“Click 事件”。事件是来自计算机 (操作系统) 的一种通知，表明刚刚发生了某件事情。

我们希望 JavaScript 程序响应这个点击操作，即执行和按钮命令对应的操作。JavaScript 收到事件通知后，会运行和该事件关联的一段程序 (称为事件处理程序)。事件处理程序 (event handler) 执行操作来响应事件。稍后会详细解释这一概念。

18.2.3 三个输入元素

虽然 HTML 支持多种输入元素，但本书只用到三个输入标记：文本框、单选钮和 (命令) 按钮。

文本框

文本框用于输入或输出文本 (数字或单词)。其常规形式是：

```
<input type="text" id=" 引用名称 " value=" 要显示的文本 " size="n"
onchange=" 事件处理程序 " />
```

Initial Entry

其中，type 的值 "text" 指出这是一个文本框。引用名称是引用该文本框所用的唯一名称。value 是文本框中显示的文本，比如示意图中的 "Initial Entry"。size 是以字符数为单位的文本框宽度，默认为 20。最后，onchange 指定一个 JavaScript 事件处理程序。一旦文本框中的内容发生改变，就执行指定的 JavaScript 程序。和示意图对应的 HTML 代码如下：

```
<input type="text" id="eg" value="Initial Entry" size = "10"
onchange=" ... "/>
```

单选钮

单选钮提供一组事先设置好的选项，只能从中选择一个。其常规形式如下：

```
<input type="radio" name=" 标识符 " onclick=" 事件处理程序 " /> 标签文本
```

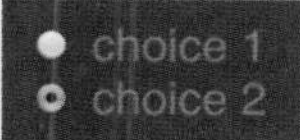

其中，type 的值 "radio" 指出这是一个单选钮，标识符是元素的名称，而 onclick 指定事件处理程序。注意，标签文本 (例如“选项 1”) 不在标记的尖括号内。当用户点击一个单选钮时，会在该按钮中间显示一个小黑点，表示它当前已被设置 (选定)，并执行指定的 JavaScript 事件处理程序。如存在其他同名单选钮 (name 值一样的其他单选钮)，对它们的选定会被清除。示意图的单选钮由以下代码生成：

```
<input type="radio" name="pick" onclick=" ... "/> choice 1<br/>
<input type="radio" name="pick" onclick=" ... "/> choice 2
```

按钮

按钮的常规形式如下：

```
<input type="button" value=" 标签 " onclick=" 事件处理程序 " />
```

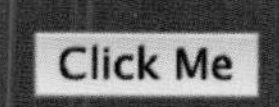

其中，type 的值 "button" 指出这是一个按钮，value 是要在按钮上显示的文本，onClick 则指定事件处理程序。点击按钮，将执行指定的事件处理程序。示意图的按钮由以下代码生成：

```
<input type="button" value="Click Me" onclick=" ... "/>
```

按钮技术上称为命令按钮，它还支持另一种形式。例如，可将图片作为按钮。这种形式很好用，其中包围的对象将成为按钮：

```
<button onclick="event_handler">text or other object</button>
```

其中，onclick 同样指定 JavaScript 事件处理程序。注意，按钮上显示的标签这时要放到起始和结束标记之间。

我们的 Bean Counter 程序只需文本和按钮输入。以后再使用单选钮。

表单及其输入

各种 <input/> 标记为了和正确的表单关联，要先对表单进行命名。我们的称为 esp：

```
<form name="esp">
```

之后，该表单的所有输入标记都要用 form 属性和该表单关联。这样一来，系统就会将这些输入标记视为该表单的一部分：

```
<input form="esp" ... />
```

稍后还会进一步演示这个技术。

18.1 提供你的输入

a. 写 HTML 代码创建一个按钮，上面显示 PANIC。事件处理程序使用空字符串 ""。

b. 写 HTML 代码创建一个 10 字母长度的文本框，命名为 author。在其中显示初始文本 Pen Name。同样为事件处理程序使用空字符串。

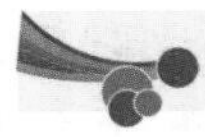

18.3 创建图形用户界面

现已准备好创建如图 18.2 所示的 Bean Counter 界面。图 18.3 的 HTML 代码设置了 <h1> 标题、水平线和放到一个段落中的标语。现在只需创建一个表格并填写即可。

关注重点

面对一项任务时，最好在动手之前想清楚。按先后顺序列出所需步骤。然后，一次只集中精力执行一个步骤。该过程的详情将在第 21 章讨论。下面先列出我们的计划。

如图 18.2 所示，要创建的是一个 4 行、4 列的表，其中有两个空单元格。(列的尺寸不统一，但浏览器会将它们调整为合适的尺寸)。在使用的所有单元格中，除了一个之外，其他都有按钮，所以我们的表可称为按钮表。基于这些前提条件，我们通过以下算法构建 UI。

1. 创建按钮表。写 HTML 代码创建一个 4 行、4 列的表，每个单元格都包含一个普通按钮。这是一个很好的策略，因为可通过复制和粘贴迅速创建这样的表。
2. 删除两个按钮。有两个单元格是空的。删除按钮，但不删除单元格。这时剩 14 个按钮。
3. 插入文本框。将最后一个单元格的按钮替换成文本框。这时剩下 13 个按钮，都是我们需要的。
4. 为按钮加上标签。遍历表，根据需要设置每个按钮的标签 (即 value 属性值，按钮上显示的文本)。
5. 修饰界面。检查界面，根据需要调整。

完成这 5 步后，Bean Counter 的界面显示就完成了 (注意，只是显示)。下面详细说明每个步骤。

表格技巧

写 HTML 表格的一个快速方法是先创建主干再填充。由于可通过复制 / 粘贴“由内向外”创建主干，所以非常简单。先创建一个标准单元格，比如 <td> 和 </td> 标记；然后开始复制并粘贴，次数取决于一行想要多少个单元格。最后用 <tr> 和 </tr> 标记将这些内容包围起来。再整个复制并粘贴表行。创建好主干后，整体用 <table> 和 </table> 包围。最后再填充具体内容。

18.3.1 步骤 1：创建按钮表

我们通过刚才描述的“由内向外”方法创建按钮表。根据需要的按钮输入，我们确定标准单元格具有以下形式：

```
<td><button form="esp" onclick = ' '> b </button></td>
```

其中，b 是按钮标签占位符，将在步骤 4 添加合适的标签。'' 是 JavaScript 事件处理程序的点位符，稍后会写这些代码。

将这些 HTML 代码输入图 18.3 的文件。通过复制 / 粘贴来获得 4 个拷贝，把它们放到一对 <tr> 标记中来形成一个表行。再用同样的方法获得 4 个行拷贝，最后把它们放到一对 <table> 标记中。保存并查看网页，注意表格是左对齐的。我们想让它居中。用 CSS 来实现显得有点复杂，但为了以后省心，我们还是为 table 元素添加一个全局样式定义，指定自动定位左右边距，从而获得表格自动居中的效果：

```
table {margin-left : auto; margin-right : auto}
```

(由于老版本互联网 Explorer 不支持被广泛采纳的 Web 标准，所以为了使 IE 用户也能看到居中效果，还要在上述代码中添加一条 text-align : center。) 结果如图 18.4(a) 所示。

18.2 表格构建

假定要用“自内向外”方法构建一个 4 行、6 列的表格，你需要输入 <td>, </td>, <tr>, </tr>, <table> 和 </table> 等标记。再复制和粘贴。总共要复制几次？粘贴几次？

(a)

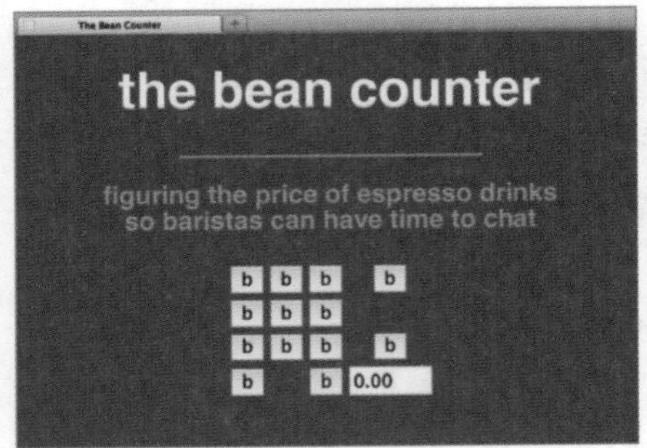

(b)

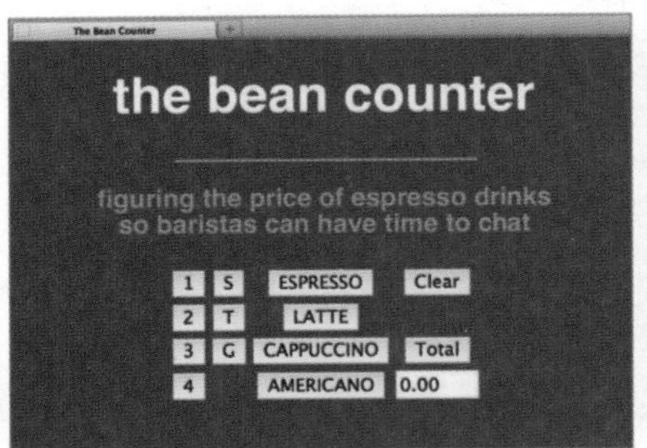

(c)

(d)

图 18.4 构建 Bean Counter 界面的各个阶段：(a) 完成步骤 1；(b) 完成步骤 3；(c) 完成步骤 4；(d) 最终形式

18.3.2 步骤 2：删除两个按钮

我们将 <button> 标记从第 2 行第 4 个单元格以及第 4 行第 2 个单元格删除，因为这两个单元格必须为空。注意，即使什么内容都没有单元格，也必须包含在标记 <td> 和 </td> 内，否则不成其为单元格了。

18.3.3 步骤 3：插入文本框

之前说过，右下角需要一个文本框，所以下一步是将这里的按钮标记替换为文本输入标记。我们将文本框命名为 "disp"，因为想在这里显示总价。窗口宽度可设为 5 个字符，因为没有哪种咖啡的价格会超过 4 位数加小数点。我们指定一个 onchange 事件处理程序。最后，由于要在这里显示计算结果，所以要用 form 标记包围该输入控件。最终，第 4 行第 4 个按钮被替换成：

```
<form name="esp">
<input type="text" id="disp" value="0.00" size="5" onchange=' '/>
</form>
```

这将产生如图 18.4(b) 所示的结果。看起来有点不对称，但先为按钮加上标签再说。

18.3.4 步骤 4：为按钮加上标签

下一个任务是遍历表的单元格，将每个按钮的标签从 b 改成适合的值。第一列是 shot 份数 (1，2，3，4)，第二列是小中大杯 (S，T，G)，第三列是咖啡类型 (espresso，latte，cappuccino，Americano)，这里改成全部大写。最后一列包含 Clear 和 Total 按钮。

由于 HTML 表格的行很规范，所以最好是逐行而非逐列处理。结果如图 18.4(c) 所示。结果基本符合要求，但按钮还需修饰一下。

18.3.5 步骤 5：修饰界面

不出所料，表单的形式有点别扭。检查图 18.4(c) 的设计，注意到按钮居中但不整齐。全部同样的宽度会更美观。由于按钮的宽度以它的 value 文本为准，所以在饮品名称前后添加空格来加宽按钮并使文本显得“居中”。

如第 4 章所述，浏览器在处理网页时，看到 HTML 中的多个空格时会只保留一个，所以直接在 <button> 标记之间输入空格是不行的。需要明确指出自己需要额外的空格，为此要使用转义符号 ，它的全称是 non-breaking space(不间断空格)。例如，要使 espresso 按钮变得和 cappuccino 按钮一样宽，需要在单词之前添加 2 个空格，之后添加 3 个：

```
<td><button form="esp" onclick='drink = "espresso"; '>
      ESPRESSO    </button></td>
```

其他按钮用同样的方法调整为一致宽度。

参考图 18.2 的最终效果，现在还剩下边框和颜色需要调整。为表格添加背景色需要设置表格的全局样式。如第 8 章所述，可以使用数值颜色。该表格的背景颜色可设为 background-color : #993300。另外，还要为表格添加边框，粗细设为 medium，样式设为 solid(实线)，颜色设为 firebrick。由于按钮在表格中显得略拥挤，所以还添加了 8 像素填充。

最后，我们为价格文本框添加了一个粗细为 medium、颜色为 red 的实线边框。由于它只应用于单元格，所以要么在它的 <td> 标记中内联一个样式属性，要么设置全局 <td> 样式，但添加一个 class 标识符。我们选择后者，但实际上两种选择没有孰优孰劣的问题。现在的界面就和图 18.2 完全一致了。

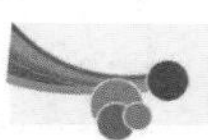

18.4 基于事件的编程

Bean Counter 程序如何工作？和计算器一样，按每个按钮都应发生某事，即响应用户造成的事件。其余时间则没有事情发生。对 Bean Counter 应用程序进行编程，实际就是用 JavaScript 定义点击每个按钮时应采取的行动。这称为基于事件的编程。本节要写事件处理代码。

18.4.1 onclick 事件处理程序

其实编程任务中最重要的一部分已经完成了，因为 Total 按钮的行动是计算最终价格。而这个计算 (在图 18.1 的 <script> 和 </script> 之间) 已经编好程了。由于这段代码定义了点击 Total 按钮后我们希望计算机采取的行动，所以只需把它变成 Total 按钮的 onclick 事件处理程序即可。Total 按钮目前的 HTML 输入元素是：

```
                                          ⬇
<td><button form="esp" onclick =' '/> Total </button></td>
```

其中，onclick 是 Total 按钮的事件处理属性。为了用 JavaScript 计算价格，如图 18.5 所示，我们将价格计算代码插入 onclick 属性的引号中 (箭头所指)。这些代码就会成为该按钮的 onclick 事件处理程序。注意，这时就不再需要 <script> 标记了，因为浏览器知道事件处理程序是用 JavaScript 写的。

```
<td><button form="esp"
   onclick='
      var price = -10;
      var taxRate = 0.087;
      if (drink == "espresso")
         price = 1.40;
      if (drink == "latte" || drink == "cappuccino") {
      if (ounce == 8)
         price = 1.95;
      if (ounce == 12)
         price = 2.35;
      if (ounce == 16)
         price = 2.75;
      }
      if (drink == "Americano")
         price = 1.20 + .30 * (ounce/8);
      price = price + (shots - 1) * .50;
      price = price + price * taxRate;
      /* One more assignment statement needed here */
   '> Total </button></td>
```

图 18.5 Total 按钮标记，其中已插入了作为事件处理程序的计算代码。注意，图 18.1 的三个临时声明已被去掉，最后的临时 alert() 命令也是

18.4.2 Click 事件

▶视频讲解 What a Click Event Does

以下是所发生的事情。咖啡师点击 Total 按钮后，会在浏览器中造成一个 Click 事件。浏览器被设计用于采取行动以响应 Click 事件，它开始在 Total 按钮的输入标记中查找 onclick 事件处理程序。浏览器找到刚才插入的 JavaScript 代码，执行这些指令以完成行动，然后等候下一个事件。这正是我们将价格计算指令 (即图 18.1 的 JavaScript 代码，但删除了临时赋值) 转移到 onclick 属性的引号之间的原因。这样一来，浏览器就知道点击按钮后应执行什么操作以及如何执行。现在，浏览器能处理 Click 事件了，另外还需要一个指令，稍后会解释。

18.4.3 份数按钮

处理其他按钮的 Click 事件更简单。每种情况下，我们都要确定点击该按钮应采取什么动作。第一列是份数按钮，用于指定顾客所点份数 (shot 数)。例如，点击 1 导致为 shots 变量赋值 1。所以，1 按钮的 Click 事件处理代码是：

```
<td><button form = "esp" onclick = 'shots = 1' > 1 </td>
```

点击 2 按钮则为变量 shots 赋值 2……以此类推。因此，对于每个代表份数的按钮，其事件处理程序都只需一个 JavaScript 命令：将正确的数字赋给变量 shots。

额外赋值

onclick = 'shots = 1' 这样的写法刚开始会觉得奇怪，因其使用了两个等号。它事实上定义了两个赋值操作。一个是实时赋值，即对 onclick 赋值，将文本值 'shots = 1' 赋给它。该文本被解释成一个程序，作用是对 shots 赋值。所以这里需要两个等号，一个进行实时赋值，另一个在按钮被点击时才赋值。

18.4.4 规格和品类按钮

杯子规格和咖啡品类这两列中的按钮是相似的。对于规格按钮，Click 事件的行动是为 ounce 变量赋相应的值：8，12 或 16。例如：

```
<td><button form = "esp" onclick = 'ounce = 8' > S </button></td>
```

点击品类按钮则为 drink 变量赋相应的值：

```
<td><button form = "esp" onclick = 'drink = "espresso"'>
       ESPRESSO    </button></td>
```

注意，用单引号包围赋值语句，赋值语句内要使用双引号。正是考虑到要用到双引号字符串字面值，所以上一节才为按钮事件处理程序的占位符选用了单引号。

另外，注意为 drink 赋的值是字符串 "espresso" 而不是按钮上显示的 "ESPRESSO"。这是由于当 JavaScript 代码计算价格时，if 语句将 drink 的值和字符串字面值 "espresso" 比较。由于比较要区分大小写，所以大小写必须完全一致才被视为匹配。

18.3 第二行

表格第二行具有以下形式：

```
<tr>
  <td><button form="esp" onclick=" "> 2 </button></td>
  <td><button form="esp" onclick=" "> T </button></td>
  <td><button form="esp" onclick=" "> LATTE </button></td>
  <td></td></tr>
```

请给出三个按钮元素的 onclick 事件处理代码。

匹配点

输入 "espresso" 这样的字符串字面值时要小心，因为计算机将这个值和 Total 按钮事件处理程序中的字面值比较时 (图 18.5 第 5 行)，两者必须完全匹配。拼写错误 ("expresso")，大小写不同 (“Espresso”)，甚至意外出现的空格 (“ espresso”) 都会导致不匹配。

18.4.5 Clear 按钮和初始化

点击 Clear 按钮应将所有变量 (drink，ounce 和 shots) 重置为初始值。说到初始值，变量似乎还没有初始化？目前，它们仍处于未定义状态，而且根本就没有声明。编程时经常发生这样的事情：先就一个任务 (设置 Clear 按钮的事件处理程序) 拿出解决方案，然后发现另一个任务需要完成 (声明变量)。所以，先处理变量声明和初始化的问题，再回到 Clear 事件处理程序。

声明应放在程序开始处，但我们现在并没有一个单独的程序。相反，只有事件处理程序形式的许多小程序片段。所以，参考图 18.1，我们将这三个变量的声明放到 head 区域，刚好在 <style> 标记之前。和以前一样，必须将声明放到 <script> 标记内部。(记住，事件处理程序不需要 <script> 标记，因为浏览器预期的就是 JavaScript 代码。)

```
<script>
    var shots = 1;
    var drink = "none";
    var ounce = 0;
</script>
```

shots 的初始值是 1，因为每种咖啡至少都使用一份意式浓缩。drink 和 ounce 的初始值其实是非法的，目的是一旦咖啡师忘了主动提供其中一个变量的值，就会显示一条错误消息。这时，咖啡师就知道自己忘记了一个输入。最后，Clear 按钮应进行同样的赋值，其 onclick 事件处理程序应该是：

```
<td><button form="esp" onclick='
 shots = 1;
 drink = "none";
 ounce = 0;
 disp.value = "0.00"
 '> Clear </button></td>
```

现在，初始化和 Clear 事件处理程序都完成了。

Clear 事件处理程序的最后一个赋值语句如下；

```
disp.value = "0.00"
```

该语句很重要。它重新初始化价格窗口 (id 为 disp 的文本框，或者说价格窗口) 以显示 0.00。下一小节将解释赋值语句的工作原理。

18.4 更多赋值

和所有 onclick 事件处理程序一样，Clear 按钮的事件处理程序作为一个文本字符串来赋值。该事件处理程序包含多少个赋值语句？

18.4.6 跨输入引用数据

18.3.3 节的步骤 3 在 UI 右下角创建了文本框，其定义如下：

```
<input type="text" id="disp" value="0.00" size="5" onchange=' '/>
```

注意为其设置了 id 名称 "disp"，并将文本框中的初始显示设为 0.00。id 指定的是全局名称，其他事件处理程序中的语句可引用该文本框并对其进行赋值。在 Clear 按钮的事件处理程序中，最后一个语句做的就是这件事情：

```
disp.value = "0.00"
```

它将 id 为 disp 的窗口的 value(所显示的内容) 设为 0.00。虽然表单目前没有其他窗口，但如果有的话，通过附加 id 前缀，可清楚地指定要操作的窗口。所以，我们总是包含前缀。这里的关键在于，事件处理程序可通过 id 来引用其他标记中的值。

窗口的变化

重新对 value 进行赋值时，注意窗口显示 0.00，因此其行为就像是一个输出。这看起来很奇怪，因为本来是进行输入，但效果却是输出。但请这样想，无论用户还是计算机，都是能看到这个窗口的。如一方从该窗口获得了信息 (输入)，另一方则必须将信息放入其中 (输出)。反之亦然。输入元素兼具输出和输入功能。

显示总价

Total 的事件处理程序也必须引用 disp 的 value 属性。该事件处理程序是我们最先创建的。它采用的做法与 Clear 事件处理程序清除 disp 窗口是一样的，也就是将计算好的价格赋给 disp.value。所以，为了显示总价，Total 事件处理程序的最后一行 (在图 18.5 中是一行注释，注释说明了这里还需要一个赋值语句) 应修改如下：

```
disp.value = price;
```

进行这样的修改后，就完成了我们的 Total 事件处理程序。整个 Bean Counter 应用程序已经完成，运行它吧！

18.5 连续点击

你现在知道价格窗口的值可用 disp.value=="0.00" 这样的代码来更改，请用一个 if/else 语句修改 Clear 按钮的事件处理程序。点击 Clear 按钮时，如果价格窗口已包含 "0.00"，就在价格窗口中显示 "No Sale"；否则还是显示 "0.00"。

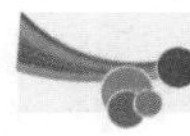

18.5 评审 Bean Counter 程序

每个设计都必须进行评审，确定它真正解决了问题，并确定是否有改进的空间。因此，下一个任务是用大量示例值来试验 Bean Counter 应用程序，观察其表现。

我们的设计是否能满足咖啡师的需求？下面将按主题进行分析。

成为评审

自己花些时间尝试应用程序，对它的评审才最有价值。如果没有按本章的说明来写完这个程序，可从 pearsonhighered.com/snyder 下载完整程序。试试吧！

18.5.1 对比数字和货币

Bean Counter 程序目前最明显的问题是最终价格显示了多位小数，而不是货币常见的两位小数。将 Total 事件处理程序的最后一行修改成下面这样几乎能彻底解决问题：

```
disp.value = Math.round(price*100)/100;
```

price 首先乘以 100，这样就将价格单位从“元”变成“分”。结果用 JavaScript 内置的 Math.round() 函数来取整，从而消除小数点后的数位 (这些数位代表不足 1 分的钱)。结果再除以 100，恢复以元为单位。这是删除多余小数位的标准方式。

但该方案尚未完全解决问题，因为末尾的 0 被丢弃了。也就是说，一杯咖啡 3.10 元，实际会显示成 3.1。虽然只是一个很少出现的小问题，但我们也能修正，办法是指定两位精度：

```
disp.value = (Math.round(price*100)/100).toFixed(2);
```

18.5.2 组织

按钮的组织通常要与应用程序的使用方式一致。由于咖啡饮品的命名一般都采用以下形式：

< 份数 >< 规格 >< 品类 >

例如“double tall latte” (双份大杯拿铁)，所以按钮从左到右最好也是这个顺序，方便咖啡师用鼠标依次点击。或许可以将 Clear 按钮换到左侧来开始整个计算过程，但由于没有明显的地方可供安放该按钮，而且由于在一次购买完毕后，鼠标通常定位在 Total 按钮上 (即表格右侧，Clear 按钮下方)，所以将 Clear 按钮换到左侧并不方便。我们将保留当前的网页组织形式。

18.5.3 反馈

当前这个设计还有一个问题，它没有为咖啡师提供与变量当前设置有关的任何反馈。第 2 章讲过，用户界面的一个基本原则是，每个操作都应该有反馈。某些浏览器提供了少量反馈，即按钮在被点击时自动加亮。但一旦点击其他按钮，自动加亮就会转移到后者 (术语是“获得焦点”)。所以，更好的做法可能是主动添加反馈 (例如在每一列按钮上添加一个窗口来显示当前设置)，如图 18.6 所示。

```
<tr>
  <td class="echo"><input type="text" form="esp"
      id="shotpic" value=" " size="1"/></td>
  <td class="echo"><input type="text" form="esp"
      id="sizepic" value=" " size="1"/></td>
  <td class="echo"><input type="text" form="esp"
      id="coffee" value=" " size="10"/></td>
  <td> </td>
</tr>
```

(a)

```
<tr>
  <td><button form="esp" onclick='shots = 1;
      shotpic.value=" 1"'> 1 </button></td>
  <td><button form="esp" onclick='ounce = 8;
      sizepic.value=" S"'> S </button></td>
  <td><button form="esp" onclick='drink = "espresso";
      coffee.value=" Espresso "'>
        ESPRESSO    </button></td>
  <td><button form="esp" onclick='
   shots = 1;
   drink = "none";
   ounce = 0;
   disp.value = "0.00"
   shotpic.value=" "; sizepic.value=" "; coffee.value=" ";
   '> Clear </button></td></tr>
```

(b)

图 18.6 改进后的 Bean Counter 程序为咖啡师提供了反馈：(a) 第一行的 <button> 标记；(b) 修改按钮事件处理程序，将咖啡师选择的值赋给正确的文本窗口

18.5.4 应用

Bean Counter 用于商业还需其他功能，而不仅仅是能够计算咖啡价格。例如，可能需要了解当前是哪位咖啡师在操作。(由于这是以不同方式使用的不同种类的信息，所以需要一个不同的表单。) 为了演示如何添加附加输入，我们在这里添加一个员工名字下拉菜单。

腾出空间

由于需要一个地方来安放菜单，我们考虑在顶部添加额外空间。由于希望信息以表格方式显示，所以这个空间要做成表行。第 4 章说过，可用 colspan 来合并单元格，所以用以下代码在顶部添加一个新行：

```
<tr><td colspan="4"> 菜单标记放在这里 </td></tr>
```

这样会将所有单元格合并为一个，为菜单显示留下充足空间。

菜单

<select> 是实现菜单选项的输入标记。它将一组 <option> 标记包围起来，后者各自对应一个菜单项。第一个选项在网页加载时显示。下图展示了包含 6 名咖啡师的菜单信息。

value 属性指定当选择一个菜单项为 select 控件提供的输入值，采用的是和之前价格窗口一样的机制。所以，当咖啡师选择了自己的名字，就可用 employee.value 来引用该值。这样的改进使应用程序变得更有用了！

```
<select id="employee" >
<option value="-">-Sign In-</option>
<option value="C"> Charlie </option>
<option value="J"> Juliette </option>
<option value="M"> Mike </option>
<option value="O"> Oscar </option>
<option value="R"> Romeo </option>
<option value="V"> Victor </option>
</select> Is Pulling For Us
```

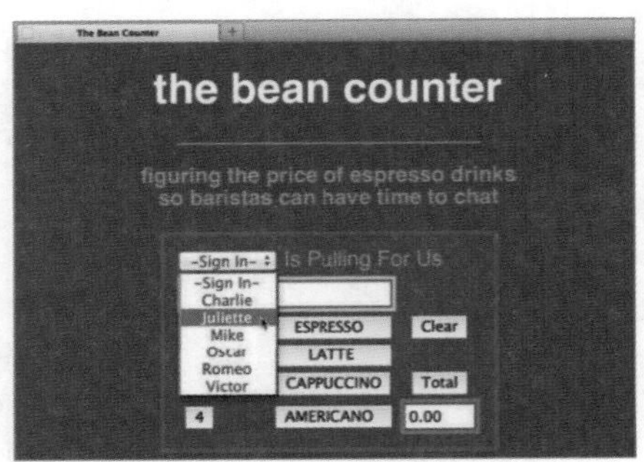

图 18.7 是集成了所有这些改进的最终版本。完整代码请参考附录 E。

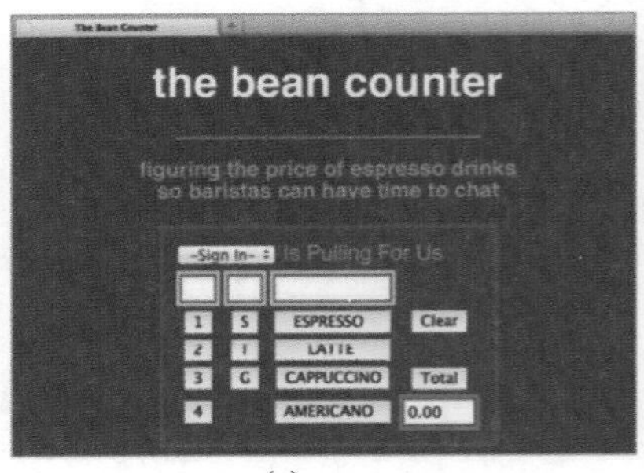

(a)

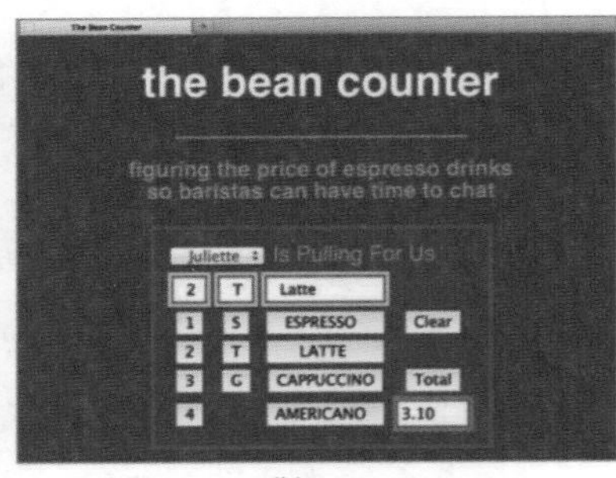

(b)

图 18.7 改版后的 Bean Counter 网页：(a) 加载时；(b) 使用中

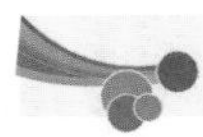

18.6 Hello?

我们提供反馈的方案 (18.5.3 节) 适合台式机、笔记本和平板。为什么不适合手机？

18.6 Bean Counter 小结

本章将第 17 章的示例程序变成了一个真正有用的程序。我们通过此过程学习了 JavaScript 基于事件编程的基础知识。由于本章一直关注应用程序的构建，所以没有花太多时间讨论常规概念。所以，现在要回顾一下主要思路。

为了创建 Bean Counter 应用程序的户界面，我们首先创建 HTML 文本来生成界面的显示。然后添加 JavaScript 代码 (主要是针对各种输入的事件处理程序) 使这个应用程序能工作起来。虽然第 17 章讨论的程序似乎是单一的、作为一个整体出现的语句序列，但 Bean Counter 程序实际由多个小代码段构成，每段代码大多只有一、两个语句。这是基于事件编程的典型情况。其他不怎么需要交互的计算才会出现大段代码作为一个整体出现的情况。

18.6.1 编程和测试

写 Bean Counter 程序是一个渐进式过程。首先创建只有 19 行的一个 HTML 程序 (图 18.3) 并测试。添加只有主干的一个表格并测试。改进这个表，一次添加一个功能，期间进行测试。写 JavaScript 代码，一次解决一个事件处理程序。然后，意识到各种事件的相似性，所以一起开发它们的事件处理程序。最后，我们对目前的程序进行评审。

结果是一个 111 行、3900 个字符的程序，和其他首次写的程序相比，该程序显得相当大。该策略 (将任务分解为小片，每完成一个小的里程碑就进行测试，即“分而治之”) 有两大优势。首先，如果一个复杂的任务无法直接完成，就没必要在它上面纠缠不清。相反，把它分解成小的、简单的任务，同样能达到目的。其次，通过不断测试，可锁定出问题的地方 (肯定是刚才添加的那一部分)。虽然附录 E 的程序看起来很复杂，但采用这种“一边写、一边测试”的方法，生成这样的程序一点都不难。这显然是一种通行的方法，第 21 章将再次回顾。

18.6.2 访问编程设计

初始设计完成后，我们对结果进行了评审。我们没有对编程进行评审。相反，评审的是方案是否满足了咖啡师的需求。这在任何设计工作中都是很重要的一步，但在软件设计中尤其关键。由于软件能做任何事情，所以应完美满足需求。我们发现自己的设计没有为咖啡师提供反馈，所以违反了第 2 章列出的一个基本原则。这个不足可通过添加反馈窗口来予以纠正。

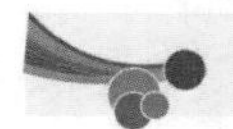

18.7 小结

我们用第 17 章的价格计算程序和本章开发的 UI 创建了 Bean Countery 应用程序。结果是一个有份量的、能执行有用计算的程序 (至少在你是咖啡师的情况下)。该应用程序类似于计算器：通过点击来使用程序。请求的计算会立即执行以响应输入事件。在创建这个应用程序的过程中，我们做了以下事情。

- 用 HTML 创建一个上下文，事件处理程序在该上下文中执行实际工作。在此过程中，我们完成了按钮和其他输入元素在网页上的排布，以便用户输入数据并获取结果。这是应用程序的输入 / 输出部分，主要用 HTML 来写。
- 为事件处理程序写 JavaScript 代码。这是应用程序的处理部分。我们采用基于事件的编程风格和第 17 章介绍的基本指令。这种风格对交互式应用程序很理想，在 Web 应用程序中被广泛采用。虽然 HTML 和 JavaScript 是各自独立的语言，但对我们影响不大。通常，HTML 不过就是 JavaScript 程序的输入 / 输出部分。

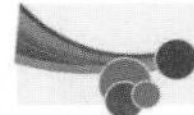

18.8 TRY IT 答案

18.1 HTML 代码如下：

a.

```
<input type = "button" value = "PANIC" onclick = "" />
```

或者：

```
<button onclick = "">PANIC</button>
```

b.

```
<input type = "text" name = "author" size = "10" value = "Pen Name" onchange = "" />
```

18.2 复制 2 次：一次复制单元格，一次复制整行。粘贴 8 次：5 次创建额外的单元格 (表格共 6 列)，3 次创建额外的行 (表格共 4 行)。

18.3 第二行三个 button 元素的 onclick 事件处理代码分别是 onclick='shots = 2'，onclick='ounce = 12' 和 onclick='drink="latte"'。

18.4 单引号中的文本就是事件处理程序的代码，其中包含 4 个赋值语句。

18.5 在 Clear 按钮的事件处理程序中，将价格窗口的赋值语句 (最后一行) 改成以下形式：

```
if (disp.value == "0.00")
   disp.value = "No Sale";
else
   disp.value = "0.00";
```

18.6 问题在于反馈窗口占用了宝贵的屏幕空间，大屏设备能接受。手机上的解决方案是以某种方式更改按钮来提示当前选择 (更改颜色、更改背景、用彩色框标注等)。这些方案不占用额外空间。

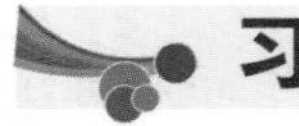

习题

选择题

1. 用 ________ 标记创建菜单。

   a. <select> b. <form>
   c. <text> d. <checkbox>

2. 网页第一个标记是 ________。

   a. <script> b. <!doctype html>
   c. <top> d. <html>

3. 创建 espresso 按钮时，表单代码中应该怎么拼这个词？ ________
   a. Espresso b. espresso
   c. ESPRESSO d. 大小写无关紧要

4. 以下除 ________ 之外都是输入元素。
   a. print b. 单选钮
   c. 文本框 d. 命令按钮

5. JavaScript 的 onclick 是 ________。
   a. 变量 b. 事件
   c. 事件处理程序 d. 按钮

6. 操作系统通知发生了一次鼠标单击。这称为发生了 ________。
   a. 事件处理程序 b. 事件
   c. 触发器 d. 行动

7. 一个按钮被点击时，浏览器 ________。
   a. 查找 onclick 事件处理程序。
   b. 查找要下载的 JavaScript 程序
   c. 为程序创建按钮
   d. 以上都不对

8. 基于 Web 的应用程序的 UI 用 ________ 构建。
   a. HTML b. JavaScript
   c. 上述两者 d. 以上都不对

填空题

1. 用 ________ 标记封装 JavaScript 文本。
2. 用 _______ 标记封装输入元素。
3. 点击 UI 上的按钮时发生一个 ________。
4. 为了将输入标记和正确的表单关联，首先要对 _______ 进行命名。
5. 事件 _______ 用于响应一个事件。
6. 本书例子中的赋值语句 disp.value = "0.00" 更改 id 为 ________ 的 ________。
7. 输入和输出都要使用 _______(输入 / 输出)元素。
8. 事件处理程序通过 _______ 属性引用其他标记中的值。
9. 从一个按钮切换至另一个按钮，后者被自动加亮(突出显示)，这称为后者获得了 _______。
10. 浏览器在解析 HTML 时，将所有空白都替换成一个 ________。

简答题

1. 解释事件和事件处理程序的区别。提供事件的至少两个例子。

2. 图 18.1 的 Bean Counter 要正确运行，需要多少个输入？

3. Bean Counter 有多少个输出？

4. 解释如何初始化变量。变量为什么需要初始化？

5. 本章的程序有必要使用单选钮吗？怎么用？

6. 存储人的年龄的变量可以称为什么？创建输入元素来询问一个人的年龄。

7. Bean Counter 程序使用 8.8% 的税率。变成 7% 需要怎么修改？

8. Bean Counter 程序编码了哪些事件？

9. 为什么只有点击 Total 按钮才知道咖啡多少钱？

10. 分别解释为何 'Espresso' 不匹配 'espresso'，'ESPRESSO'，'Expresso' 和 'Espresso '。

11. 用通俗的话说说当用户点击 Tall(中杯) 按钮时发生的事情。

12. 为什么在引用某些变量而不是其他变量时需要 id 属性？

13. 写 HTML 代码生成以下表单 (复选框和单选钮的格式一样，只是能多选)。

Name: [   ]
Sex: ▢ Male ▢ Female
Age: ○ Under 20 ○ 20-30 ○ Over 30

CHAPTER 19

编写函数：从大处着眼

学习目标

- 为函数、声明、返回值、函数调用和局部 / 全局变量引用运用 JavaScript 规则
- 在公共软件的背景下运用你的函数知识
- 为移动应用设计 Web 应用程序
- 用正确的结构写 JavaScript 函数
- 构建包含函数的 UI
- 解释计算机如何生成随机数

CHAPTER 19

不动脑子就能进行的重要操作的数量越多，文明就越进步。

——阿尔弗雷德·诺思·怀特海，1911

如你所知，算法是生成特定结果的精确而系统的方法。写 JavaScript 程序时，如果一个算法在不同设置中都通用，可考虑把它放到一个函数中。我们用函数来“打包”一个算法，使算法变得实用。

将算法打包成函数有两方面的好处。第一个好处是可以重用。一旦确定了算法生成其结果的细节，就不想再重复该过程。使用函数可反复利用我们的成熟思路，不必每次都重新想一遍。这个好处可大了！第二个好处是降低复杂度，即简化我们的思维。如第 21 章所述，问题有时会变得很复杂，以至于需要过于“烧脑”才能解决。而在函数的帮助下，可以暂时搁置解决方案的一部分(先隐藏起来)，避免头绪太多。这也是一个很大的好处！

本章要学习如何用 JavaScript 创建函数。讨论函数语法和工作方式时，会展示许多简单的例子。函数的学习并不难，所以本章有充足的时间在最后创建几个能在手机上使用的应用。

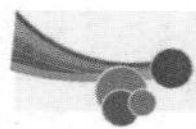

19.1　解析函数

函数是对算法的一种打包。这意味着它包含以下三个部分。

1. 名称
2. 参数
3. 定义

这三部分一起构成了函数声明。任何函数都包含这三部分，无论是 JavaScript，其他编程语言，电子表格，数据库，或者是数学中的函数。这里将以摄氏度到华氏度的换算为例，因为许多美国人平时都搞不清楚这个计算。(Try It 19.1 将华氏度到摄氏度的换算留成作业。) 记住，两种温度的换算关系如下：

华低度 =9/5 摄氏度 +32

这是等式而非赋值语句。我们想把这个简单的计算打包成函数。

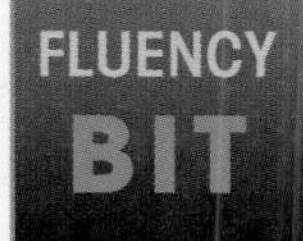

函数的其他称呼

在非正式场合和计算语言中，函数也称为“过程”。古老的编程语言将函数称为“子程序”。还有些语言将函数称为“方法”。更有甚者，Visual Basic 将要返回值的函数称为“函数”，将不返回值的函数称为“子程序”或者“过程”。

19.1.1　温度换算

函数的三个组成部分稍后解释。我们先在 Scratchpad 中用 JavaScript 写摄氏度到华氏度的换算函数。(以前说过，使用 Firefox 70.0 之前的一个版本，选择“工具”｜“Web 开发者”｜“代码草稿纸”。) 在图 19.1 中，首先声明该函数 (1~3 行)，然后用它将摄氏 0° 换算为华氏度 (第 5 行)。答案作为注释显示 (第 8 行)。

```
1 function convertC2F ( tempInC ) {
2     return 9/5 * tempInC +32;
3 }
4
5 convertC2F(0);
6
7 /*
8 32
9 */
```

图 19.1　在 Scratchpad 中运行 1~3 行声明的 convertC2F() 函数，第 5 行向函数输入值 0 来运行它，第 8 行是结果 (作为注释)

可以随便试验其他值。例如，输入 convertC2F(38)，选定后按 ^L。

```
10 convertC2F(38);
11 /*
12 100.4
13 */
```

这样就将 38 摄氏度换算成为华氏度。

标准形式

JavaScript 要求用以下标准形式来声明函数：

```
function < 函数名 > ( < 参数列表 > ) {
< 语句列表 >
}
```

和图 19.1 的例子对照一下：< 函数名 > 是 convertC2F，< 参数列表 > 只有一个 tempInC 参数，< 语句列表 > 则只有一个 return 语句。

注意标点符号。函数名之后总是一对圆括号，即使其中没有 < 参数列表 >。用于封装 < 语句列表 > 的大括号 ({}) 位置随意，但显眼和统一为宜。和 if 语句用的大括号一样，由于很容易看漏，所以位置应该统一。

函数名

这里选择 convertC2F 作为温度换算函数名，这是函数的标识符，一般应描述函数的作用。我们最好选择对人来说有意义的名称 (计算机对此则无所谓，它只要求名称唯一)。这样数周或数年之后重新看代码，或者别人看你的代码，就能一眼看出函数的作用。

JavaScript 函数名遵循和普通标识符一样的规则，即以字母开头，然后是字母、数字和下划线 (_) 的任意组合，避免使用保留字 (附录 D 的表 D.2)，而且大小写敏感。

参数

参数是向函数输入的值，函数将用这些值来完成计算。在我们的例子中，输入的是摄氏温度。为了使函数中的算法语句能引用输入值，必须为输入指定名称。< 参数列表 > 就是函数需要的所有输入的名称列表，不同名称以逗号分隔。

参数名遵循和所有编程语言一样的规则。可以是任何名称，但和函数名一样，最好选择有意义的名称，以提醒自己它的作用。这里选择的参数名是 tempInC，一眼就能看出它是摄氏温度。整个函数是要将摄氏度换算为华氏度。

写函数的语句时，可以像使用普通变量那样使用参数。区别在于：(1) 它们已经有定义好的值，即函数的输入；(2) 不需要声明，即不需要 var，JavaScript 已经自动为我们声明好了；(3) 只能在函数“内部”使用，即只能在函数定义的大括号 ({}) 内使用。换言之，它们的作用域仅限函数内部。

定义

函数定义就是我们要用编程语言实现以计算函数结果的算法。函数定义遵循和语言的编程语句一样的规则。对于 JavaScript 来说，就是第 17 章 ~ 第 20 章以及附录 D 讨论的规则。

由于函数定义的作用是实现算法 (生成规定结果的一种精确和系统化的方法)，所以必须通过某种方式报告结果 (或者说给出答案)。不同语言有不同做法，JavaScript 是使用以下语句：

return < 表达式 >

函数的“答案”就是<表达式>生成的值。我们将答案称为函数的返回值或结果。以下面这个函数为例：

```
function greeting ( ) {
    return "Hello, World!";
}

greeting( )

/*
Hello, World!
*/
```

它在运行时返回字符串 "Hello, World!"。这同时是一个无参函数。

摄氏度到华氏度的换算算法非常简单。之前已提供了等式：“华低度 =9/5 摄低度 +32”，对等号右边的部分进行编程就可以了。我们直接用 return 语句返回这一部分的计算结果：

```
return 9/5 * tempInC + 32;
```

这里直接将参数 tempInC 当作变量使用，因其提供了我们要计算的数据。另外，和之前给出的数学式不同，编程语言必须显式地写上乘号 (*)。

完工！以后就不再需要操心摄氏度换算成华氏度的问题。该函数可以反复使用，方便我们将脑力转移到其他事情上，比如电影……

19.1　华氏度转换成摄氏度

写 JavaScript 函数将华氏度转换成摄氏度 (最好在 Scratchpad 中试验)。等式是摄氏度 = 5/9 (华氏度 – 32)。

19.1.2　发出调用

1~3 行的 convertC2F() 函数定义摄氏度到华氏度的换算算法。但怎么获得答案呢？这要求调用函数。

所谓调用 (call) 函数，就是要求计算机执行函数中的语句来生成答案，这正是图 19.1 的第 5 行所做的事情。先写函数名，然后在随后的圆括号中提供输入值 (称为实参)，例如 convertC2F(0)。随后，计算机按函数的定义操作并返回答案 32。

19.1.3　比较定义和调用

图 19.1 展示了函数的一个重点：函数的声明和定义 (规范) 有别于对它的调用 (使用)。为理解这个区别，现在回顾一下我们所做的事情。

1~3 行按 JavaScript 的要求写函数的三个组成部分，从而声明并定义函数。函数只需声明和定义一次，因为没必要反复告诉计算机一个函数如何工作。

程序在第 5 行和第 10 行调用两次 convertC2F() 函数，换算了两个摄氏温度。函数经常需要反复调用，基于不同的输入来生成不同的答案。例如，每当有人提到一个自己不熟悉的摄氏温度时，都可调用 convertC2F()。简单地说，一次声明，多次调用。

虽然每次需要换算一个温度都可以在 Scratchpad 沙盒中打开 JavaScript 文件，但更方便的还是创建一个网页来作为用户界面，将函数集成到一个合适的 Web 应用程序中。这样可通过对用户更友好的方式来应用算法。

19.2 声明还是调用？

Try It 19.1 要求写函数将华氏度换算为摄氏度。写答案的时候，你写的是一个声明还是调用？

实参和参数（形参）

实参和参数是引用同一样东西的两种不同方式。声明和定义函数时（即描述函数如何工作）用的是参数 (parameter，或称为形参)，例如 convertC2F(tempInC) 中的 tempInC。调用函数时（要求计算机运行函数），提供的则是实参 (argument)，例如 convertC2F(0) 中的 0。两者的区别从名称即可看出，参数（形参）是形式参数，在函数定义中作为变量使用；而实参（参数值）是实际为参数提供的值。从另一个角度说，参数是从函数“内部”看待函数输入的方式，而实参是从函数“外部”（即调用函数时）看待函数输入的方式。两者是同一样的东西的正反面。

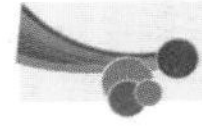

19.2 表单和函数

本节创建以下网页。

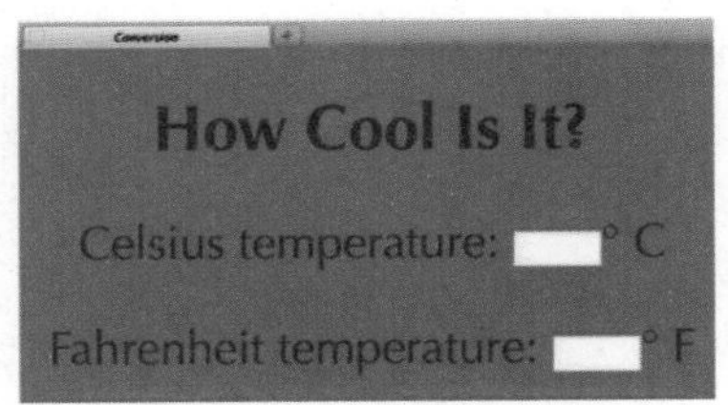

用户在任一文本框输入温度后，另一个文本框将显示单位换算后的值。大多数工作都已完成。唯一剩下的就是设置网页。回顾一下第 18 章所说的下面几点。

- 表单用 <form> 标记定义。
- 文本框用 <input type="text" . . . /> 标记定义。
- 文本框有 id，value，size 和其他属性。
- 用 tb.value 引用 id 为 "tb" 的文框的值（或者说内容）。
- 本例文本框的主要事件处理程序是 onchange。

向摄氏度 (Celsius) 文本框输入值后，一旦焦点离开该文本框 (按 TAB 键，或者鼠标点击另一个文本框)，就会发生 onchange 事件，造成运行相应的事件处理程序。事件处理程序执行的操作十分简单，就是调用 convertC2F() 函数，以窗口中输入的值作为实参。对华氏度 (Fahrenheit) 文本框的处理与此相似。我们的表单代码如下所示：

```
<form id="cool">
  <p> Celsius temperature:
    <input type="text" id="textTempC" size="4"
      onchange="textTempF.value=Math.round(
      convertC2F(textTempC.value))"/>&#176; C</p>
  <p> Fahrenheit temperature:
    <input type="text" id="textTempF" size="4"
      onchange="textTempC.value=Math.round(
      convertF2C(textTempF.value))"/>&#176; F</p>
</form>
```

表单有两个输入：textTempC 文本框中输入的摄氏温度，或者 textTempF 文本框中输入的华氏温度。记住，虽然两个文本框同时具有输出的作用，但两者均用 <input . . . /> 标记创建。换算为华氏度的逻辑是在 onchange 事件处理程序中执行以下函数调用：

```
onchange = "textTempF.value = convertC2F(textTempC.value)"
```

意思是说，一旦输入窗口 (textTempC) 发生改变，就将该窗口中的值 (textTempC.value) 作为实参传给 convertC2F() 函数，结果赋给输出窗口的值 (textTempF.value) 以便显示。

将两个函数的声明和定义放到 <script> 标记中，将表单代码放到网页 body 区域，再添加一点必要的 HTML 代码，即可生成如图 19.2 所示的网页。

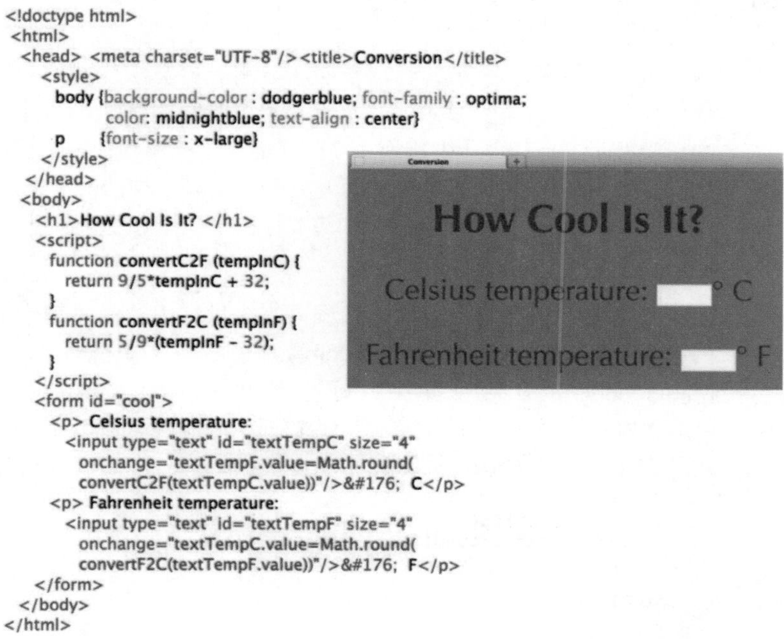


```
<!doctype html>
 <html>
  <head> <meta charset="UTF-8"/> <title>Conversion</title>
     <style>
      body {background-color : dodgerblue; font-family : optima;
              color: midnightblue; text-align : center}
      p      {font-size : x-large}
     </style>
   </head>
  <body>
    <h1>How Cool Is It? </h1>
    <script>
      function convertC2F (tempInC) {
        return 9/5*tempInC + 32;
      }
      function convertF2C (tempInF) {
        return 5/9*(tempInF - 32);
      }
    </script>
    <form id="cool">
      <p> Celsius temperature:
        <input type="text" id="textTempC" size="4"
          onchange="textTempF.value=Math.round(
          convertC2F(textTempC.value))"/>&#176; C</p>
      <p> Fahrenheit temperature:
        <input type="text" id="textTempF" size="4"
          onchange="textTempC.value=Math.round(
          convertF2C(textTempF.value))"/>&#176; F</p>
    </form>
  </body>
</html>
```

图 19.2　温度换算网页的 HTML/JavaScript 源代码

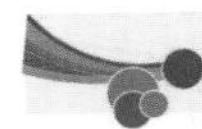

19.3 编写和使用函数

▶视频讲解
A Function for Calculating Wages

虽然我们对函数的了解还不算很完整，但足以编写一些函数来进行有趣的计算。本节尝试翻转电子“硬币”，并计算身高体重指数 (BMI)。两个计算都将进一步练习函数。

19.3.1 抛电子“硬币”

计算机怎么抛硬币？由于计算机没有运动部件，所以除非是机器人，否则表面上不可能。但事实上，该问题的重点并不在于“抛”硬币这一动作，而在于结果。“抛”硬币是一种不可预测的事件，它的两个结果 (head 和 tail，head 是指有头像的那一面，或者说正面。中国则称为字和花。) 具有相同概率。我们可能会猜测计算机生成一个介于 0 和 1 之间的随机数，并四舍五入到最接近的整数。0 代表 tail(反面)，而 1 代表 head(正面)。约一半的结果是 tail(随机数小于 0.5)，其余是 head。但正如第 9 章所述，唯一的问题在于，计算机是完全确定性的：给定程序及其输入，结果是完全可预测的。这绝不是随机的。可基于不可预测的物理过程 (例如统计铀 -238 这样的放射性物质的粒子发射) 来创建真正的随机数。但是，计算机不必具有放射性也能生成随机数。它们可以生成伪随机数。

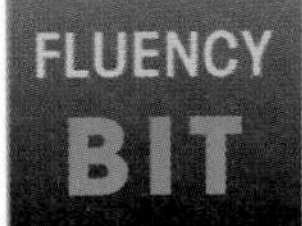

失心疯

数学家约翰 • 冯 • 诺伊曼，计算机先驱之一，曾经如是说：“任何打算通过具有确定性的手段得出随机数的人，肯定都是失心疯。”

伪随机数是计算机科学的一项发明，它用一种算法生成的数字序列能通过随机数的统计学验证。例如，一个介于 0 和 1 之间的伪随机数序列具有以下特性：约一半接近 0，其余一半接近 1。也就是说，该序列在四舍五入为最接近的整数后，其行为与抛硬币无异。(注意，它仍然是确定性的：事先知道算法和起点值，就能完美预测该序列；但你不知道！) 由于伪随机数是如此可信，所以我们之后不再强调“伪”这个字。

随机数有许多重要应用，所以编程语言提供了内置函数来生成它们。JavaScript 的随机数生成器称为 Math.random()。它是数学函数库的一部分。取整函数 Math.round() 也在这个库中。每次调用 Math.random()，都将生成一个介于 0(含) 和 1(不含) 之间的随机数。也就是说，它可能为 0，但决不可能为 1。所以，用于抛电子硬币 (即以大致相同的概率生成 0 或 1) 的函数具有以下形式：

```
function coinFlip( ) {
    return Math.round( Math.random( ));
}

coinFlip( )

/*
0
*/
```

调用 coinFlip() 将以相同概率返回 0 或 1，代表硬币的反面 (tails) 和正面 (heads)。本例第 8 行获得 0，表明生成的随机数小于 0.5。

coinFlip() 函数的一项明显的改进是直接返回文本 Heads 和 Tails，而不是返回数字。所以，下面创建另一个函数：

```
 1 function coinFlip( ) {
 2     return Math.round( Math.random( ));
 3 }
 4
 5 function flipOut( ) {
 6     if (coinFlip( ) == 0)
 7         return "Tails";
 8     else
 9         return "Heads";
10 }
11
12 flipOut( )
13
14 /*
15 Tails
16 */
```

注意，我们在新的 flipOut() 函数的 if 语句条件测试中调用之前的 coinFlip() 函数。本例在第 12 行调用 flipOut() 获得一个 "Tails" 结果 (第 15 行)，表明 Math.random() 函数调用的结果肯定小于 0.5。经常需要在一个函数中调用另一个函数，这样就可以渐进式地构建越来越复杂的程序。

19.3　正面还是反面?

调用 flipOut() 时，如果 Math.random() 返回 0.514093540772，网页上会打印什么？正面 (Heads) 还是反面 (Tails)?

还可以用这个抛硬币函数响应网页上的一个按钮点击事件来显示结果。第 18 章所述，按钮和文本框等都是输入元素 (输入控件)，所以创建这样的网页并不难。这里创建一个名为 flipper 的表单，使用刚才完成的函数即可。图 19.3 展示了界面和源码。

```
<!doctype html>
<html>
  <head>
   <meta charset="UTF-8"/><title>eCoin Flipping</title>
    <script>
      function coinFlip( ) {
        return Math.round(Math.random());
      }
      function flipOut( ) {
        if (coinFlip( )==0)
           return 'Tails';
        else
           return 'Heads';
      }
    </script>
     <style>
      body {background-color : #ccffcc; color : green;
              font-family : verdana; text-align : center}
     </style>
   </head>
  <body>
    <form id="flipper">
      <h2>Heads or Tails? </h2>
        <input type="button" value="Flip" onclick='ans.value=flipOut( );'/>
        <input  type="text" id="ans" size="5" onchange=" "/>
    </form>
  </body>
</html>
```

eCoin Flipping

Heads or Tails?

Flip　Tails

图 19.3　eCoin Flipping(抛电子硬币) 网页的源码和 UI

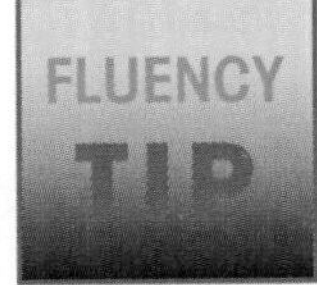

bug 报告

如果不知道为什么一个 JavaScript 程序无法工作，Firefox 的“Web 控制台”通常都能提供有用的信息。选择“工具” | “Web 开发者” | “Web 控制台”。

19.4 石头 - 剪子 - 布

coinFlip() 函数生成两个结果之一，但更常规的做法是生成一定范围 (例如 0 到 n–1) 中的随机整数。我们可以写一个 randNum() 函数来做这件事情，它将生成的 0~1 的随机数乘以参数 range，再用 Math.floor() 函数丢掉小数点右边的部分。

```
function randNum( range ) {
   return Math.floor( range * Math.random( ));
}

randNum(2)
/*
1
*/
randNum(3)
/*
0
*/
randNum(3)
/*
1
*/
```

写一个函数，利用 randNum() 来玩石头、剪子、布 (Rock-Paper-Scissors) 游戏，随机生成“Rock” (石头)，“Scissors” (剪子) 或者“Paper” (布) 结果。

19.3.2 计算 BMI

BMI(Body Mass Index，身高体重指数) 是 一个人的体重与身高之比。(“可接受”的 BMI 在 18.5~25 之间，但和往常一样，专家有点不认可。) 你的 BMI 是多少？以下是 BMI 公式，注意用的是公制；也就是说，身高单位是米，体重单位是公斤：

$$BMI = 体重/身高^2$$

温度换算能轻松转变成函数；类似地，BMI 计算也能轻松转变成函数。只是这次需要两个参数，一个代表体重，一个代表身高。另外，输入身高时用厘米，在函数中把它转换成米。

```
function bmiM( weightKg, heightCm ) {
   var heightM = heightCm / 100;
   return weightKg / (heightM * heightM);
}

bmiM(75, 180)
/*
23.148148148148145
*/
```

这里用 var 声明了一个额外的变量 heightM 来存储厘米换算为米的结果。事实上，我们是直接用换算结果来初始化变量。另外，JavaScript 没有“求平方”的操作符，所以这里用 heightM 乘以它自己。

如体重和身高用的是英制，公式则变成：

$$BMI = 703\ 体重/身高^2$$

其中，体重单位是磅，身高单位是英寸。(在用公制单位定义的量中使用英制单位，要用常量 703 来校正。) 当然，美国人说自己身高的时候会同时用到英尺和英寸，例如，他们会说：“我 5 英尺 6 英寸”，而不是说：“我 66 英寸”。但是，同时处理英尺和英寸有点麻烦，所以这里只使用英寸。以下是解决方案：

```
function bmiE( weightLbs, heightIn ) {
    return 703 * weightLbs / (heightIn * heightIn);
}

bmiE(165, 70.5)
/*
23.33786026859816
*/
```

两个函数非常相似。我们还可以创建一个通用函数，它基于用户选择的单位来计算。新函数需要三个输入，一个指定单位，另一个指定身高和体重。可在此函数中使用之前定义的两个函数 (这是在函数中调用其他函数的另一个例子)。通用型 BMI 函数的定义如下所示 (同时列出了它的两个配套函数。注意，M 代表公制，E 代表英制)：

```
function bmiM( weightKg, heightCm ) {
   var heightM = heightCm / 100;
   return weightKg / (heightM * heightM);
}
function bmiE( weightLbs, heightIn ) {
    return 703 * weightLbs / (heightIn * heightIn);
}
function BMI( units, weight, height) {
    if (units == "E")
       return bmiE( weight, height);    // English
    else
       return bmiM( weight, height);    // Metric
}

BMI("E", 165, 70.5)
/*
23.33786026859816
*/

BMI("M", 75, 180)
/*
23.148148148148145
*/
```

注意三点。首先检查 units(单位) 参数的值来调用正确的函数。其次，体重和身高参数直接作为实参传给之前已经写好的两个 BMI 函数。第三，由于用“取整”后的数来引用身高和体重，所以计算中引入了些微的错误。

实参的数量和顺序

调用函数时，有多少形参就要提供多少实参，它们要一一对应。有鉴于此，调用多参数函数时，还必须以正确顺序提供实参。

19.5 真重啊！

假定某人身高 6 英尺 (72 英寸)，体重 200 磅。调用 BMI() 函数计算其身高体重指数。

如何利用 BMI() 函数？最方便的或许就是创建一个和抛硬币相似的网页。和往常一样，需要定义函数，设置表单和输入，并定义事件处理程序。最终结果如图 19.4 所示。

```
<!doctype html>
<html>
  <head><meta charset="UTF-8"/><title>Figure BMI</title>
    <script>
      var scale='E';
      function bmiM( weightKg, heightCm ) {
        var heightM = heightCm / 100;
        return weightKg / (heightM * heightM);
      }
      function bmiE( weightLbs, heightIn ) {
        return 703 * weightLbs / (heightIn * heightIn);
      }
      function BMI( units, weight, height) {
        if (units == "E")
          return bmiE( weight, height);  // lbs
        else
          return bmiM( weight, height)  // kgs
      }
    </script>
    <style>
      body {background-color : indigo;
      color : white; font-family : verdana}
      p    {text-align : right}
    </style>
  </head>
  <body>
    <form name="mass">
      <p> What units do you use:
        <input type="radio" name="unit" onclick='scale="E"'
          checked/> English
        <input type="radio" name="unit" onclick='scale="M"'/>
          Metric</p>
      <p>Enter your weight (<i>lbs</i> or <i>kg</i>):
        <input type="text" id="wgt" size="4"/></p>
      <p> Enter your height (<i>in</i> or <i>cm</i>):
        <input type="text" id="hgt" size="4"/> </p>
      <p> Your
        <input type="button" value="Body Mass Index" id="figure"
          onclick="ans.value= BMI( scale, wgt.value, hgt.value)"/> is:
        <input type="text" id="ans" size="4"/></p>
    </form>
  </body>
</html>
```


图 19.4 Figure BMI(计算 BMI) 网页的界面和源码

代码分解

注意图 19.4 的 Figure BMI 网页的结构。除开头和结尾处的 HTML 标记外，程序还有两个主要部分：用 script 标记包围的一个区域，其中包含函数和其他 JavaScript 计算；以及用 form 标记包围的一个区域，其中包含输入、输出和网页的其他文本。本章和本书的大多数程序都采用这种结构。认识它有助于理解较长的网页源代码。

这里用单选钮来选择英制或公制单位。第 18 章说过，单选钮和命令按钮一样都是用 <input /> 标记来指定，所以必须和 <form> 标记关联。

- 所有相关的单选钮必须同名。也就是说，同名单选钮才会发生联动：点击其中一个，另一个被选定的会自动取消选定。
- 可添加 checked 属性指定预设单选钮。

这里的预设单选钮是英制单位 (English)，但改成公制也很容易。

除了预设单选钮，还必须为它们写 onclick 事件处理程序。点击单选钮应发生什么事情？显然，需记住用户选择的单位。但此时还没有准备好调用 BMI() 函数，因其他输入尚未就位。所以，要先将值存储到一个变量中，以便稍后传给 BMI()。在 JavaScript 代码开头，我们声明并初始化：

```
var scale = "E";
```

这样，scale 的初始值就是预设的英制单选钮。如点击公制单选钮，我们希望执行：

```
scale = "M";
```

以响应事件。所以，这就是 Metric 单选钮的 onclick 事件处理程序。类似地，点击英制按钮时，应重新为 scale 赋值 "E"。

最后，我们从 Body Mass Index 按钮的事件处理程序中调用 BMI() 函数。由于假定所有值顺序填写，在输入身高后，所有输入均已就绪，所以可以开始执行计算。向 BMI() 传递的实参需要做一些解释：

```
onclick = "ans.value= BMI( scale, wgt.value, hgt.value)"
```

由于 scale 变量是在所有函数或表单外部声明的，所以是全局变量。也就是说，可在任何函数中直接引用 scale。这有别于参数，后者只能在当前函数的主体中引用。注意，scale 没有任何前缀。另外，wgt.value 和 hgt.value 是体重和身高这两个输入控件中的值。

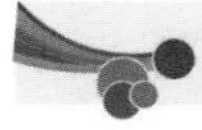

19.4 自定义网页

JavaScript 的一个强大功能是实时创建网页。本节将用刚才创建的函数进行演示。不过，先讨论一下浏览器如何构建网页。

19.4.1 创建网页内容

浏览器读取 HTML 文件，找出所有标记并准备构建网页。读取文件时，它会找到 JavaScript 标记。浏览器删除这些标记以及它们之间的所有文本，即我们的 JavaScript 代码。然后，它执行 JavaScript 指示的所有操作。JavaScript 可能要求浏览器将一些文本放回刚才的文件中。内建函数 document.write() 做的就是这件事情。它将作为实参传递的文本插入 JavaScript 标记所在的网页位置，如图 19.5 所示。

提交的源代码文件

```
<body><p> The browser reads the
  HTML before it creates the page.
  When it comes to a script tag, it
  processes it immediately. If it
  has document.write( ) calls, the
  browser writes the argument</p>
  <script>
    document.write("into the file");
  </script>
  <p>at the point of the script .</p>
</body>
```

用于构建网页的文本

```
<body><p> The browser reads the
  HTML before it creates the page.
  When it comes to a script tag, it
  processes it immediately. If it
  has document.write( ) calls, the
  browser writes the argument</p>

  into the file

  <p>at the point of the script .</p>
</body>
```

图 19.5　左边是包含一个 JavaScript document.write() 的 HTML 源代码文件；右边是浏览器分析源码之后用于创建网页的 HTML 文本

所以，为了创建自定义网页，只需写一个 JavaScript 函数来创建 HTML 标记，再用 document.write() 函数把它们放到文件中即可。下面介绍如何利用这一点来改进我们的抛硬币程序。

19.4.2　自定义抛硬币

虽然图 19.3 的抛硬币网页演示了如何在 onchange 事件处理程序中使用函数，但 UI 过于简陋。如果能根据 coinFlip() 函数的结果来显示一枚实际的硬币 (正面或反面) 就好了。所以，让我们创建一个新的抛硬币网页，它用 document.write() 实时显示正确的硬币正反面图像。

首先找到两张硬币照片。这里用萨卡加维亚 1 美元硬币作为例子，两个文件名是 us1heads.jpg(正面) 和 us1tails.jpg(反面)①。

接着修改图 19.3 的 flipOut() 函数，不是直接返回 Heads 或 Tails，而是返回要显示的图片文件名字符串。具体逻辑如下：

```
function coinFlip( ) {
  return Math.round(Math.random( ));
  }
function flipOut( ) {
  if (coinFlip( ) == 0)
    return "us1tails.jpg";
  else
    return "us1heads.jpg";
}
```

现在只需要创建网页，根据 flipOut() 函数的返回值来显示正确的图片。最终的应用程序如图 19.6 所示。注意网页加载时直接显示抛硬币的结果。想再抛一次，刷新页面即可。

① 这是该硬币 2000 至 2008 年版的背面。——译注

```
<!doctype html>
<html>
  <head>
    <meta charset="UTF-8"/><title>eCoin Flipping</title>
    <script>
      function coinFlip( ) {
        return Math.round(Math.random());
      }
      function flipOut( ) {
        if (coinFlip( )==0)
          return "us1tails.jpg";
        else
          return "us1heads.jpg";
      }
    </script>
    <style>
      body {background-color : black; color : goldenrod;
            font-family : verdana; text-align : center}
    </style>
  </head>
  <body>
      <h2>Heads or Tails? </h2>
      <script>document.write('<img src=" ' +
         flipOut( ) + ' " alt="coin" width="150"/>');
      </script>
  </body>
</html>
```

图 19.6　修改后的 eCoin Flipping(抛电子硬币) 程序，加载时使用 document.write() 显示抛硬币的结果

19.6　更美观的石头 - 剪子 - 布

修改 Try It 19.4 的石头 - 剪子 - 布程序，加载时随机显示三张图片之一：rock.gif(石头), scissors.gif(剪子) 或 paper.gif(布)

单位换算表

可利用“动态定制”(现场创作网页) 这一思路来构建一个单位换算网页。假定要创建一个如图 19.7 所示的温度换算网页，一列对应摄氏度，一列对应华氏度。

```
<script>
 function convertC2F ( tempInC ) {
   return (9 / 5) * tempInC + 32;
 }
</script>
<style>
 body {background-color : lightsteelblue;
        color : black; font-family:verdana;
        text-align : center}
 table {margin-left : auto;
        margin-right : auto; }
 th    {min-width : 70px;
        background-color : white}
</style>
</head>
<body><h2> Table of Celsius-<br/>Fahrenheit Equivalents</h2>
  <script>
   document.write("<table border='1'>");
   document.write("<tr><th> C </th><th> F </th></tr>");
   document.write('<tr style="background-color : #00ccff">');
   document.write('    <td>-10</td><td>' + convertC2F(-10) + '</td></tr>');
   document.write('<tr style="background-color : #0088ff">');
   document.write('    <td> 0 </td><td>' + convertC2F(0)  + '</td></tr>');
   document.write('<tr style="background-color : #8800cc">');
   document.write('    <td> 10</td><td>' + convertC2F(10) + '</td></tr>');
   document.write('<tr style="background-color : #cc0088">');
   document.write('    <td> 20</td><td>' + convertC2F(20) + '</td></tr>');
   document.write('<tr style="background-color : #ff0033">');
   document.write('    <td> 30</td><td>' + convertC2F(30) + '</td></tr>');
   document.write('<tr style="background-color : #cc0033">');
   document.write('    <td> 40</td><td>' + convertC2F(40) + '</td></tr>');
   document.write("</table>");
 </script>
```

图 19.7　温度换算表网页的源码和 UI

可用普通的 HTML 代码来创建网页并指定 <h1>、<h2> 这样的标记。在希望显示表格的地方添加 <script> 标记。然后，在 JavaScript 标记中用 document.write() 动态创建表格。一个表行由多部分连接而成。(以前说过，“连接”操作通过加号将两个字母序列连到一起。) 例如，第一个表行基于以下 HTML 创建：

```
<tr style="background-color : #00ccff">  表行(tr)标记和属性
<td>-10</td>                            第一个单元格的表格数据(td)标记
<td>convertC2F(-10)                     调用换算函数
</td></tr>                              td和tr的结束标记
```

将这些文本和图 19.7 的“–10”那一行比较，了解它是如何创建的。左边单元格的内容指定为文本”–10”，但右边单元格的内容用 convertC2F(-10) 来创建。如下所示，document.write() 通过正确的引号和连接操作 (+ 操作符) 将多个组成部分合并到一起：

```
document.write( '<tr style="background-color:#00ccff">');
document.write( '<td>-10</td><td>'
                    + convertC2F(—10) + '</td></tr>');
```

所有行都具有类似的结构。

自动创建的行

浏览器构建网页时遇到 script 标记。它执行 JavaScript 程序要求的操作并调用多个 document.write() 函数。调用这些函数时，浏览器通过“连接”操作来构建传给它们的实参。例如，构建针对第一个表行的实参字符串时，它遇到 convertC2F(-10) 函数调用并运行它。该函数返回华氏温度 (14)。该值和其他部分一起被包括到实参字符串中，document.write() 函数基于该实参字符串将新构造的行标记 (tr) 放到文档中。总之，当浏览器生成页面时，表格内容基于用温度换算函数计算到的华氏温度来动态生成。

19.5 创建基于 Web 的手机应用

虽然开发手机应用有专门的软件，但本节要利用已学到的 JavaScript 知识来开发一个基于 Web 的手机应用，将在其中访问之前写好的函数。这比创建商业应用简单，因为利用的都是我们学到的知识。

我们计划构建如图 19.8 所示的界面。该主页由手机或平板电脑上的浏览器加载，它提供了访问本章之前写好的各个网页的入口。

图 19.8 该导航网页调用本书由用户创建的函数，为移动设备而优化

19.5.1 为移动而设计

和桌面使用的“普通”网页相比，手机和平板上的网页设计存在一套不同的限制。例如，第 18 章的 Bean Counter 程序虽然足够小，能正常适应手机屏幕，但一个是按钮太小，另一个是使用了下拉菜单。这样的程序在强调触摸隐喻的设备上不太方便。触摸隐喻得益于更大的“色块”和更开放的组织。例如，我们不是用加了项目符号的一个列表来列举应用程序，而是创建一个由色块构成的二维网格 (实际是一个表格)，以便用手指点按这些块。

当然，该 UI 在桌面 (笔记本和台式机) 上也工作得很好。

图 19.9 是导航页的定义代码，你现已非常熟悉它们。该 3×2 表格的几乎所有格式都在 <td> 标记中完成。这些单元格的大小通过 min-width 和 padding 属性来定义。另外定义了两个类以便用不同颜色填充每一行。注意，该方案假定将来新增的行遵循相同的配色方案。也就是说，它们在以下三种背景颜色中循环反复：无关联的类，alta 类和 altb 类。要为新行使用单独的颜色，则使用 style 属性显式设置单元格样式更佳。

```
<!doctype html>
<html>
 <head>
  <meta charset="UTF-8"><title>myApps</title>
  <style>
    body  {background-color:black; color:cyan;font-family:helvetica}
    h2    {color:white;text-align:center;}
    table {margin-left:auto;margin-right:auto;}
    td     {background-color:orangered; color:white;min-width:100px;
           text-align:center; padding:20px;}
   td.alta {background-color:deeppink;}
   td.altb {background-color:fuchsia;}
   a       {text-decoration:none;color:white;}
  </style>
 </head>
 <body>
  <h2>myApps</h2>
  <table border="0">
   <tr><td><a href="bmi.html"> bmi </a></td>
       <td><a href="temperature.html"> C° ≈ F°</a></td></tr>
   <tr><td class="alta"><a href="counter.html"> counter </a></td>
       <td class="alta"><a href="rps.html"> RPS</a></td></tr>
   <tr><td class="altb"><a href="flipOut.html">coin flip</a></td>
       <td class="altb"><a href="itsMagic.html"> magic 8</a></td></tr>
  </table>
   <script type="text/javascript">
    var today = new Date( );  // Get today's date
    var myBdate = new Date( ); // Get a date object to modify
    var difference; // Declare a temporary variable
    myBdate.setFullYear(1995); // Set my birth year to 1995
    myBdate.setMonth(6);  // Set my birth mo to July (mos start at 0)
    myBdate.setDate(4); // Set my birth day to 4th
    myBdate.setHours(12); // Set my hour of birth to noon
    myBdate.setMinutes(0);// Set my minute of birth to o'clock
    myBdate.setSeconds(0);   // Set my second of birth on the hour
    difference = today.getTime( ) - myBdate.getTime( );
    difference = Math.floor(difference/1000);
    document.write(" <p style='text-align:center'> my age: " + difference +
       " seconds </p>");
   </script>
 </body>
</html>
```


图 19.9 导航网页的 HTML。稍后的补充内容会描述如何在底部添加“age”文本

活了多久?

计算机处理日期很容易，因其通常用“UNIX 日期”来跟踪日期和时间。UNIX 操作系统记录自 1970 年 1 月 1 日 00:00:00(Universal Time) 以来的毫秒数。为计算该时间之后任意两个日期之间的毫秒数，两个日期相减即可。这比处理以年 / 月 / 日 / 小时记录的时间容易。

JavaScript 使用 UNIX 日期，并提供了多个函数以日和小时等来引用时间，这就很方便了。我们利用这些功能计算以秒计的年龄。(毫秒结果除以 1000 即为秒数。)

将以下 JavaScript 代码放到 <script> 标记内：

```
var today = new Date( );        // Get today's date
var myBdate = new Date( );      // Get a date object to modify
var difference;                 // Declare a temporary variable
myBdate.setFullYear(1995);      // Set my birth year to 1995
myBdate.setMonth(6);            // Set my birth mo to July (mos start at 0)
myBdate.setDate(4);             // Set my birth day to 4th
myBdate.setHours(12);           // Set my hour of birth to noon
myBdate.setMinutes(0);          // Set my minute of birth to o'clock
myBdate.setSeconds(0);          // Set my second of birth on the hour
difference = today.getTime( ) - myBdate.getTime( );
difference = Math.floor(difference/1000);
document.write(" <p style='text-align:center'> my age: " + difference +
    " seconds </p>");
```

代码创建两个日期对象，一个代表今天，一个代表生日。(对象很复杂，不在这里讨论。) 声明之后的 6 个语句将生日设为 1995 年 7 月 4 日午时。(如 setMonth 的注释所述，UNIX 月份从 0 开始而不是从 1 开始。这是需要撰写和阅读注释的一个好例子。) 为此，我们利用各个 JavaScript 函数来引用日期中的月份和小时等组成部分。生日设置好之后，就开始计算生日和今天的差值。由于计算用的是 UNIX 日期，所以结果是毫秒值。除以 1000 转换成秒数，并在 myApps 页面底部显示：

```
document.write('<p style="text-align:center"> my age: ' + difference +' seconds </p>');
```

19.5.2 引用函数

如图 19.9 所示，表格的每个单元格都引用一个网页，有的已经创建，有的还没有。图 19.10 是部分应用的例子。

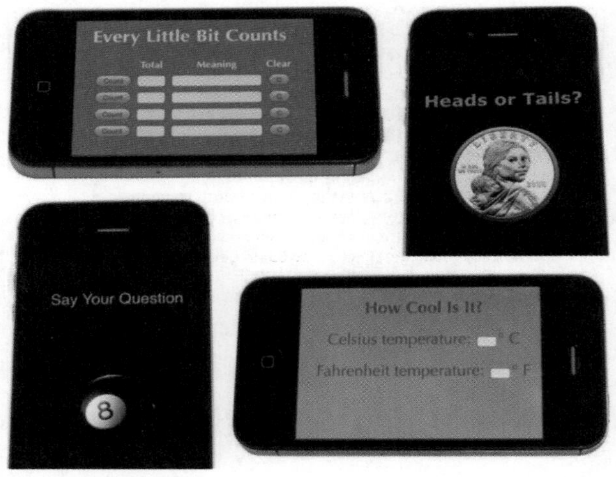

图 19.10　连接到本章所写函数的一些网页例子，Magic Decider 应用在第 20 章写

计数

查东西或者看比赛时，经常需要计数或计分。虽然拿起一张纸并在上面写数字也很容易，但同样容易的是点按或点击一个计数器程序。所以，这里创建了如图 19.11 所示的 Counter Assistant(计数器助理) 网页。

它的工作方式一目了然：点击 Count 按钮递增 Total 字段；Meaning 字段可填写任意文本来提醒自己当前计数器的作用。C 按钮清除字段。

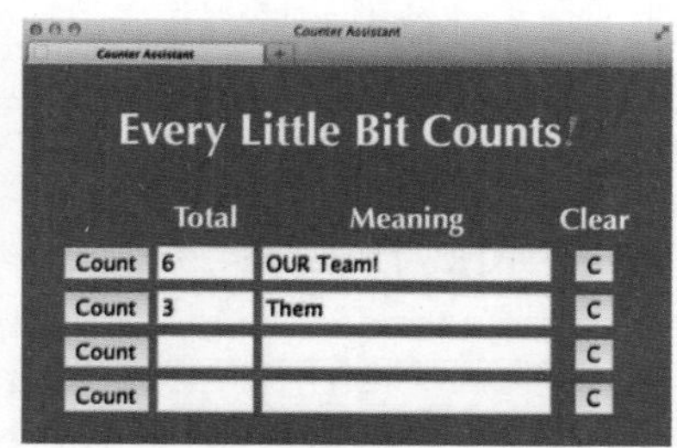

图 19.11　用 Counter Assistant 网页计数

19.5.2　Counter Assistant 的结构

Counter Assistant 网页采用了一个有趣的设计策略。我们写函数来创建一个表行，将整个 HTML 文件放到函数。该策略要求使用一系列 document.write() 函数。程序如图 19.12 所示。

```
<!doctype html>
<html>
  <head>
   <meta charset="UTF-8"/><title>Counter Assistant</title>
    <style type="text/css">
     body  {background-color : blueviolet; color : white; font-family : optima;
            text-align : center}
     table {margin-left : auto; margin-right : auto}
    </style>
   <script>
     var count1=0, count2=0, count3=0, count4=0;
     function makeTable ( ) {
      document.write('<table> <tr><th> </th><th> Total </th>');
      document.write('<th> Meaning </th> <th>Clear</th></tr>');
      row(1); row(2); row(3); row(4);
      document.write('</table>');
     }
     function row(num) {
      document.write('<tr><td><input type="button" value="Count"' );
      document.write(' onclick="count'+num+'=count'+num+'+1;' );
      document.write('arch'+num+'.value=count'+num+'"/></td>' );
      document.write('<td><input type="text" size="5" id="arch'+num+'"/></td>' );
      document.write('<td><input type="text" size="20" id="what'+num+'"/></td>' );
      document.write('<td><input type="button" value="C" ' );
      document.write( ' onclick="arch'+num+'.value='+"' ';" );
      document.write("what"+num+".value=' ';" );
      document.write('count'+num+'=0"/></td></tr>' );
     }
   </script>
  </head>
  <body>
   <h2>Every Little Bit Counts<i style="color : hotpink">!</i></h2>
   <form>
      <script>
       makeTable( );
      </script>
   </form>
  </body>
</html>
```

图 19.12　用 makeTable() 和 row() 函数生成 Counter Assistant 应用程序

检查代码，发现它依赖 4 个全局变量来跟踪计数：count1~count4。声明这些变量后定义了 makeTable() 函数，它设置表格结构并调用 row() 函数，后者构建表行及其输入控件。row() 函数获取一个代表行号的参数。在其定义中是一系列 document.write() 调用，参数值和其他文本连接以生成所需代码。你现已熟悉了 HTML 代码。两个按钮的 onclick 事件处理程序执行的操作同样一目了然：Count 按钮递增对应的计数器，C 按钮用一个空格覆写两个文本框，并将对应的计数器重新初始化为 0。写 4 个 row() 调用即可轻松构建表格。编辑 counter.html 文件来声明更多计数器变量，并调用更多 row()，即可为 Counter Assistant 添加更多行。

19.5.3 更好的应用程序

本章和下一章中写的函数很有用，但其功能是出于教学目的而选择的。完全可以构思并写出更有趣的应用程序。稍微发挥一下想象力，就能想到对自己有用的应用。用 JavaScript 编写，对之前展示的代码修改，使自己的计算机和手机变得更有用

19.5.4 小结：写函数的两个原因

我们的大多数函数——convertC2F()，BMI()，randNum() 等——都是通用的。确实是为当前应用程序而写，但我们希望将来有机会重新使用。可以把它们视为我们将来可能写的应用程序的基本构建单元。它们就像是第 1 章提到的软件栈中的程序，也就是使用其他程序且被其他程序使用的程序。我们通过 myApps 网页小范围演示了这一点。

但是，makeTable() 和 row() 函数不是基本构建单元，因其包含像 what.value 这样的显式引用，必须在含有一个表单的文档内运行，而且那个表单必须含有具有指定名称的输入标记。这种情况很难复制。相反，之所以写这两个函数，是为了将构建 Counter Assistant 程序的复杂性封装起来。通过对事件处理操作和表行的构建进行打包，是为了将这些复杂的过程独立出去。管理复杂性是写函数的另一个原因。

所以，通过本章写函数的过程，我们强调了将算法打包到函数中的两个主要原因：重用和复杂性管理。前者成为未来编程的基本构建单元，后者有利于我们在解决问题期间保持专注。两者都相当重要。

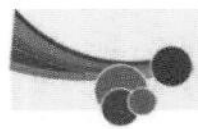

19.6 大胆假设，小心求证

我们已研究了函数的结构以及如何编写它们。这些知识很重要，但更重要的或许是能看懂别人的函数，并按自己的需求进行调整。本节演示如何“大胆”借鉴你可能不完全理解的软件。只要多试验一下，观察期间发生的事情，就能化为己用。

19.6.1 使用别人的代码

计算领域的一个优良传统是共享代码，例子包括开源运动，以及所有浏览器都能显示网页源代码(即生成当前网页的代码)等。这是一个伟大的传统，我们可以从中受益！

场景假设

假设有一天，当你搜索 JavaScript 和 HTML5 网上教程时，在 Mozilla.org(为我们提供了 Firefox 的团队)上看到了一篇有关如何使用 <canvas> 标记的文章。这是 HTML5 的新增标记，提供了在浏览器中画图的功能，可用它做许多有趣的事情。在甚至未进一步了解 <canvas> 之前，你已经看到了它在 HTML 中的基本用法示例(如图 19.13 所示)，代码和生成的图片都有。

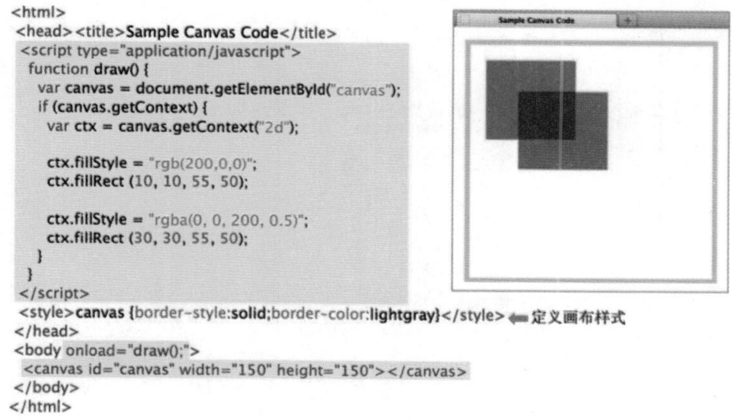

图 19.13 <canvas> 标记基本用法示例：(a) 代码；(b) 显示

这个例子看起来不难，有的内容一眼就能明白。例如，draw() 函数中是你熟悉的语句形式，而且像是 rgb(200,0,0) 函数，它明显是将填充颜色设为红色……或许是想画一个红色矩形？这样的函数还有一个，所以似乎是画两个矩形？看图识字，你能看出 fillRect() 函数实参的含义吗？当然。前两个实参肯定是指定矩形左上角坐标，因其是两个方向上的相同偏移量(以前说过，0,0 代表网页左上角)。后两个实参可以猜出是宽度和高度。根据它们在屏幕上的位置，可猜出单位是像素。

另外注意，网页加载时调用了 draw() 函数(这是 onload 事件处理程序做的事情)，而且使用了一个 <canvas> 标记。canvas 是画布的意思，所以猜得到是先创建一个 150 × 150 的画布，再在其中画矩形。一切似乎都不难。

查看别人的代码时，为了验证自己的猜测，一个很好的方式是将代码放到文件中，运行它，检查它，进行一些更改，再运行以观察发生的事情。如更改符合预期，你的猜测就可能是正确的。

另一个发现

所以，在基本没有深入学习 <canvas> 的前提下，你已经试验了它。多学一点当然有好处，但我们都是没耐心的人。很快，你发现一个函数使用称为“二次贝塞尔曲线”的东西来生成对话气泡，这绝对是个只有专家才感兴趣的主题。但它也有一个示例 (如图 19.14 所示)，看起来很有趣！

这次只给出了一个 draw() 函数，所以我们猜测为了画布上绘制对话气泡，需要替换刚才的基本用法示例程序中的 draw() 函数。猜得没错，真的可行！

二次贝塞尔曲线

这个例子使用多个贝塞尔曲线来渲染对话气泡。

```
function draw() {
 var canvas = document.getElementById('canvas');
 if (canvas.getContext) {
 var ctx = canvas.getContext('2d');

 // 二次贝塞尔曲线
 ctx.beginPath();
 ctx.moveTo(75,25);
 ctx.quadraticCurveTo(25,25,25,62.5);
 ctx.quadraticCurveTo(25,100,50,100);
 ctx.quadraticCurveTo(50,120,30,125);
 ctx.quadraticCurveTo(60,120,65,100);
 ctx.quadraticCurveTo(125,100,125,62.5);
 ctx.quadraticCurveTo(125,25,75,25);
 ctx.stroke();
  }
}
```

Screenshot	Live sample

图 19.14 Mozilla 的教程：用于生成对话气泡的二次贝塞尔曲线函数 (https://developer.mozilla.org/zh-CN/docs/Web/API/Canvas_API/Tutorial/Drawing_shapes)

19.6.2 定制对话气泡

虽然我们并不怎么明白什么是“二次贝塞尔曲线”，但现在就已经可以开始绘制自己的对话气泡了。下面尝试创建一个网页，显示一张图片，再在上面添加对话气泡，效果如图 19.15 所示。

创建该网页的步骤如下。

1. 在对话气泡中填写文本。
2. 移动气泡和文本。
3. 添加图片。
4. 定位气泡。

所有这些步骤都涉及函数和参数的运用，下面各小节将分别解释。

图 19.15　包含一张图片和一个对话气泡的网页

将文本添加到气泡

图 19.16 展示了我们要处理的 HTML/JavaScript 代码。

```
<!doctype html>
<html>
 <head><title>Word Balloons</title>
  <script type="application/javascript">
function draw() {
  var canvas = document.getElementById('canvas');
  if (canvas.getContext) {
    var ctx = canvas.getContext('2d');
    // Quadratric curves example
    ctx.beginPath();
    ctx.moveTo(75,25);
    ctx.quadraticCurveTo(25,25,25,62.5);
    ctx.quadraticCurveTo(25,100,50,100);
    ctx.quadraticCurveTo(50,120,30,125);
    ctx.quadraticCurveTo(60,120,65,100);
    ctx.quadraticCurveTo(125,100,125,62.5);
    ctx.quadraticCurveTo(125,25,75,25);
    ctx.stroke();
  }
}
  </script>
 </head>
 <body onload="draw();">
   <canvas id="canvas" width="150" height="150"></canvas>
 </body>
</html>
```

Sample Canvas Code

图 19.16　初始对话气泡程序，它合并了两个 Mozilla 教程程序

为了添加自己的文本，比如在 <canvas> 标记后面添加一个段落：<p>Text</p>。会发生什么？会获得如图 19.17(a) 所示的气泡。文本显然是在画布之后显示的。所以，需摸索出将文本定位到画布上的方法。

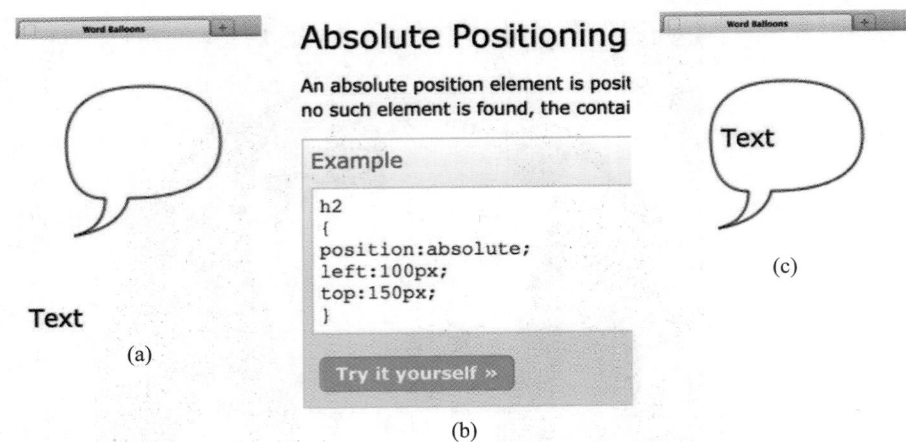

图 19.17 在网页上定位文本：(a) 添加一个段落；(b)CSS 绝对定位参考；(c) 文本进入气泡

第 4 章讲过，层叠样式表 (CSS) 提供了许多定位属性，首先查阅 CSS 网站来了解具体信息。我们发现元素的绝对定位是可能的，图 19.17(b) 展示了一个标题的绝对定位。将这个思路应用于段落元素，也许就能将文本移至气泡中的正确位置。所以，我们将段落标记修改成：

```
<p style="position:absolute;left:40px;top:45px">Text</p>
```

之所以选择 40,45，是由于画布起始于左上角，所以该坐标或许就接近了。结果如图 19.17(c) 所示，已相当于接近我们想要文本开始的地方。以后再细致调整。

移动气泡和文本。

画布现在仅覆盖页面左上方 150×150 的区域 (图 19.13 是为画布加了灰色边框，所以才看得见)。如希望对话气泡出现在屏幕上的任何位置，需扩展画布。稍微 Google 一下就知道，JavaScript 通过 window.innerWidth 和 window.innerHeight 来返回当前窗口的大小。我们利用这一点扩展画布以覆盖整个窗口。要修改 <canvas> 标记来使用这两个值，我们需要以下 document.write 函数：

```
document.write('<canvas id="canvas" width="' + window.innerWidth
  + '" height="' + window.innerHeight + '"></canvas>');
```

注意，这些代码应放到一对 <script> 标记中，并替换图 19.16 的 <canvas> 标记。这样就可以在文档中获得一个自定义的、动态生成的 <canvas> 标记。

扩展画布以覆盖整个窗口确保气泡能在这个范围内移动，但它本身并不移动气泡。为此，需要对绘制贝塞尔曲线的位置进行修改。在图 19.14 中，像 ctx.quadraticCurveTo(25,25,25,62.5) 这样的命令指定了一条曲线。传递的实参指定了两个端点的 x 和 y 坐标。所以，该曲线始于 x=25 和 y=25，终于 x=25 和 y=62.5。

气泡的新位置应通过参数来指定——毕竟，位置是一种输入。所以，我们修改 draw() 函数，指定 x 和 y 作为参数，所有端点坐标都用这些值来替换。结果是：

```
function draw(x, y) {
  var canvas = document.getElementById('canvas');
  if (canvas.getContext) {
    var ctx = canvas.getContext('2d');
    // Quadratric curves example
    ctx.beginPath();
    ctx.moveTo(75+x,25+y);
    ctx.quadraticCurveTo(25+x,25+y,25+x,62.5+y);
    ctx.quadraticCurveTo(25+x,100+y,50+x,100+y);
    ctx.quadraticCurveTo(50+x,120+y,30+x,125+y);
    ctx.quadraticCurveTo(60+x,120+y,65+x,100+y);
    ctx.quadraticCurveTo(125+x,100+y,125+x,62.5+y);
    ctx.quadraticCurveTo(125+x,25+y,75+x,25+y);
    ctx.stroke();
  }
}
```

这样，只需为 x 和 y 提供实参，所有端点都能转移到新位置。这就实现了气泡的移动。

最后还要移动气泡的文本。显然，我们想使用和气泡一样的 x, y 值，但又想轻松修改文本内容。所以，我们写了一个小函数，用 document.write() 在文件中插入段落标记：

```
function comment(x, y, remark) {
  document.write('<p style="position:absolute; left:' + (40+x)
    + 'px; top:' + (45+y) + 'px;">' + remark + '</p>');
}
```

注意，和 draw() 一样，我们为位置加了偏移量。另外，指定文本绝对定位。

添加图片

用一张图片占满整个窗口，最简单的方式或许就是把它设为网页背景。根据第 4 章学到的知识，为了将帝企鹅图片 emperor.jpg 设为背景图片，我们这样修改 body 标记的样式：

```
body {background-image:url('emperor.jpg');background-repeat:no-repeat; }
```

第 4 章的 Travel Page 网页是希望背景图片重复，但这里不。

定位气泡

现已准备好将气泡放到图片的正确位置。估计距离左侧 700 像素，距离顶部 10 像素。所以向 draw() 和 comment() 函数传递实参 700 和 10，得到下图所示的结果。

差一点。但除了调整位置，我们注意对话气泡的背景色还需填充为白色。

记得图 19.13 是用 RGB 值在矩形中填充红色，图 19.4 是用 ctx.stroke() 画线，所以我们猜在 draw() 定义的最后添加以下两行代码：

```
ctx.fillStyle = "rgb(255, 255, 255)";
ctx.fill();
```

就会使气球变白，确实如此。调整位置使气泡靠近企鹅，就得到了如图 19.15 所示的最终网页。大功告成！

“对话气泡”应用总结

虽然我们使用 HTML5 的新 <canvas> 标记创建了网页，但实际并未真正研究标记本身。只是从 Mozilla 的网上教程摘录出了一些有效的代码，并对其工作方式进行了一系列“最佳猜测”。我们验证了猜测，它们确实足以创建网页。如果这是最后一次使用 <canvas>，那么你获得了乐趣。如果需要掌握它，则需要进一步学习，这涉及逐渐消化教程并理解概念。

该练习强调了两个重点。第一是应尝试弄清楚技术资料，相信自己能理解它 (至少能入门)。会失败很多，而且容易犯错。所以，这需要一些勇气，还需要一些坚持。但是，试一试又没害，何乐而不为？“大胆”一点是可能成功的。第二，创建有趣的网页时，函数是我们的好朋友。我们修改了示例中的贝塞尔曲线 draw() 代码，使其能随意移动。已经是一个函数，我们只是添加了一些参数 (输入) 使其更有用。还添加了一个自定义的 comment() 函数，用一样的机制调整文本位置。将代码打包到函数中，或修改函数使其更通用，这是利用其他人的代码时的常见方式。

19.7 小结

本章首先介绍用函数封装算法的概念。出于两方面的目的要学会函数：重用和复杂性管理。本章演示了这个方面。主要讨论了以下主题。

- 函数的三个组成部分——名称、参数列表和定义——以标准形式在函数的声明中指定。通过定义 convertC2F()，bmiE()，randNum() 等函数进行了演示。
- 函数的声明和定义告诉计算机函数如何工作，所以只需要提供一次。为了使用函数 (有时要多次使用)，需要提供函数名及其输入值 (实参)。实参和函数声明的参数列表中的“形参”一一对应。
- 写函数可以打包算法，但要在 JavaScript 和 HTML 中用好它们，需要开发网页为函数提供输入并显示其输出。
- 有三种方式在 HTML 中显示函数输出：使用 alert()，与含有文本框的网页交互，以及用 document.write() 在构造网页期间包含函数输出。本章强化了对这三者的理解。

- 我们将所有关于函数的知识整合到一个小的 Web Apps 网页中；完整源代码在附录 F 提供。它为手机而优化，可直接从一个入口连接所有函数。你下一步可思考如何实现自己感兴趣的一些应用。
- 最后，我们大假假设，小心求证。从网上教程找了一些例子，试验并观察发生的事情。很快就搞清楚了一些东西，并化为己用。

19.8 TRY IT 答案

19.1 解决方案和 convertC2F() 函数相似。

```
function convertF2C (tempInF) {
   return 5/9*(tempInF - 32);
}

convertF2C(32)

/*
0
*/
```

19.2 是声明。调用时采用 convertF2C(104) 这样的形式。

19.3 Tails

19.4

```
function randNum( range ) {
   return Math.floor( range * Math.random( ));
}
function RPS( ) {
   var guess = randNum(3);
   if (guess == 0)
      return "Rock";
   if (guess == 1)
      return "Paper";
   if (guess == 2)
      return "Scissors";
}

RPS( )
/*
Scissors
*/
```

19.5 BMI(‘E’ , 200, 72)

19.6

```
<!doctype html>
<html>
 <head><meta charset="UTF-8"/><title>RPS</title>
 <script>
   function randNum( range ) {
     return Math.floor( range * Math.random( ));
   }
   function RPS( ) {
     var guess = randNum(3);
     if (guess == 0)
       return "rock.gif";
     if (guess == 1)
       return "paper.gif";
     if (guess == 2)
       return "scissors.gif";
   }
  </script>
  </head>
  <body style="color:firebrick">
    <h4> Rock-Paper-Scissors</h4>
    <script> document.write('<img src="' + RPS( ) +
          '" alt="Throw" height="100"/>');   </script>
  </body>
</html>
```

习题

选择题

1. 必须为函数提供多少个实参？ _______
   a. 无关紧要
   b. 函数中使用的每个变量都要提供一个实参
   c. 函数声明中的每个形参都要提供一个实参
   d. 函数声明中的每个形参都要提供两个实参

2. 单选钮只有在 _______ 时才会发生联动。
   a. 设置了 checked 属性
   b. 在同一个表单中时
   c. 全部选定
   d. 全部同名

3. JavaScript 随机数用 _______ 生成。
   a. Math.random()
   b. Rnd
   c. Math.rnd
   d. Random.Math()

4. 通过 _______ 这两个属性使导航页面上的按钮 (表格单元格) 变大。
   a. max-width 和 padding
   b. min-width 和 margin
   c. min-width 和 padding
   d. max-width 和 margin

5. 在 <form> 标记中，要为单选按钮使用什么属性使其预先选定？ _______
   a. checked
   b. radio
   c. filled-in
   d. onclick

6. 选择变量和函数时，应该 _______。
   a. 选择对计算机有意义的名称
   b. 选择以前没人用过的名称
   c. 随便选择名称
   d. 选择对人有意义的名称

7. 函数主体什么时候需要大括号 ({}) ？ _______
   a. 有多行代码时
   b. 总是需要
   c. 从不需要；它们是可选的
   d. 仅当有参数时

8. 在所有函数外部声明的变量称为 _______。
   a. 局部变量
   b. 全局变量
   c. 函数变量
   d. 合法变量

填空题

1 ._______ 是函数中无须用 var 语句声明的变量。

2. 函数的两个主要优势是 _______ 和 _______。

3. 从函数主体的角度，函数的输入值称为 _______。

4. JavaScript 使用 _______ 日期。

5. JavaScript 生成的随机范围总是介于 _______ 和 _______ 之间。

6. 编程界有 _______ 代码的优良传统。

7. 我们通过对函数进行 _______，从而请求计算机执行函数中的语句。

8. 写函数时，要求的最少参数数量是 _______ 个。

简答题

1. 列举至少三个你想得到的程序员在编写函数时犯的错误。

2. 解释为算法创建函数的两大主要优势。

3. 解释声明和调用的区别。

4. 写代码在 300 × 150 的画布的右下角绘制一个黄色矩形。

5. 说明如何利用随机数掷骰子。怎样用该函数模拟两个骰子？

6. 说明函数的三个组成部分。

7. “石头 (Rock)- 剪子 (Scissors)- 布 (Paper)”游戏有一个变种，多加了史波克 (Spock) 和蜥蜴 (Lizard)。蜥蜴毒死史波克并吃掉布。剪子斩首蜥蜴，石头砸死蜥蜴。史波克踩碎剪子并融化石头。布证明史波克不存在 (我们说的布在同样的英文游戏中用纸来表示，而 paper 又和论文同词。由于可能是科学论文，所以能证明史波克不存在)。修改你的“石头 - 剪子 - 布”程序来加入史波克和蜥蜴，并添加对应的图片。

8. 调整图 19.7 的温度换算代码，添加一列来表示开尔文温度。

9. 写函数计算一份兼职工作的薪酬，输入是时薪和工作时数。(不用担心还要算加班费了。)

CHAPTER 20

迭代原则：一次还不够

学习目标

- 跟踪 for 循环的执行
- 写世界知名 for 循环
- 讨论嵌套循环结构
- 解释索引用途
- 列出数组规则，描述数组引用语法
- 解释联网动画的主要编程任务

CHAPTER 20

有三种程序员：犯“相差 1”错误的和从来不犯这种错误的。

——无名氏

本章主题是迭代，即重复做一件事情的过程，我们通常也将该过程称为循环。虽然重复一般让人觉得索然无味，但学习迭代的过程不然。而且，迭代是获取可观算力的主要方式，这使其成为一个非常重要的主题。学会如何使用迭代，就能让计算机执行编程中最枯燥的哪些部分。

本章将通过学习迭代，并利用它解决计算问题，从而完成本书关于编程概念的学习。首先解释 for 语句，这是 JavaScript 的迭代语句之一，是迭代计算的关键。理解迭代的关键在于，要将重点放在迭代变量的值如何变化上面。我们将提到迭代的基本原则，随后回到随机数的主题上。之后，我们讨论了索引和数组这两个伴生主题。在迭代中结合使用索引和数组，可以几乎无休止地执行计算，这使迭代成为算力的主要来源。最后，为了将所有这些主题糅合到一起，将分析一个联机动画。理解如何创建这个我们熟悉的“等待”图标后，以后就可以在自己的网页上创建更有趣的动画。

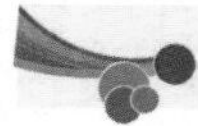

20.1 迭代：再来一次，山姆

迭代和重复存在细微差异。如果妈妈对你说“我都重复了 4 次”，那么在严格意义上，她的意思是：同样的话，她已经说了 5 次。第一次通常不被认为是“重复”。只有第二次到最后一次才是“重复”。如果她想表明同样的话总共说了 4 次，那么应该说“迭代了 4 次”(当然，你肯定不能拿这个说她用词不当！)我们在日常对话中会忽略两者的差异。本书不怎么区分迭代和重复，但在要求准确的时候，会说“迭代”。如果说一个操作要迭代 5 次，那么必然是总共执行 5 次，不能出现相差 1 的情况。

20.1.1 for 循环基本语法

迭代或许是继赋值、条件和函数之后的第 4 大重要编程概念，它的意思是循环遍历一系列语句以重复执行它们。JavaScript 的主要迭代语句是 for 循环，其语法如下：

```
for (< 初始化 >;< 继续条件 >;< 下一次迭代 >){
  < 语句列表 >
}
```

尖括号中的内容稍后解释。其余文本 (for 和所有标点符号) 必须存在。(注意，大括号的位置应统一。)

< 语句列表 > 包含要重复的语句序列，而圆括号中的各种构造控制 < 语句列表 > 的迭代次数。每次迭代都要执行整个序列语句。所以，假如以下 for 循环迭代三次：

```
for ( <初始化>; <继续条件>; <下一次迭代> ) {
   document.write('First');
   document.write('Second');
   document.write('Third');
   document.write('Home');
}
```

那么将生成以下结果：

```
First
Second
Third
Home
First
Second
Third
Home
First
Second
Third
Home
```

也就是说，计算机先完成 < 语句列表 > 的整个语句序列，再开始下一次迭代。

迭代变量

for 循环的圆括号中包含三部分：< 初始化 >、< 继续条件 > 和 < 下一次迭代 >。它们控制着循环迭代次数。我们将其统称为控制规范。它们用一个迭代变量①来控制循环。迭代变量是普通变量，所以必须声明，而且通常在 < 初始化 > 中声明。在下面这个典型的例子中，迭代变量是 j：

```
for ( var j=0 ; j < 3 ; j=j + 1 ) {
< 语句列表 >
}
```

为了理解上述语句的工作原理，我们将该 for 循环转换成使用 if 的常规形式，再和本例的具体情况进行对比：

箭头的意思是返回再次执行 if 语句。

for 循环的工作过程是：首先执行 < 初始化 >，为第一次循环迭代 (如果会发生的话) 初始化迭代变量的值。如迭代变量未声明，还要在这里声明。然后对 < 继续条件 > 进行求值，其形式和条件语句中的“断言”一样，必须是返回 true 或 false 的条件表达式。如 < 继续条件 > 的测试结果是 false，循环终止，跳过后面的 < 语句列表 >。所以，有可能一次循环迭代都不会发生。

不过，如 < 继续条件 > 的测试结果是 true，就执行 < 语句列表 >。语句列表可以是任意语句序列，其中可包含其他 for 语句。语句执行完毕后，对 < 下一次迭代 > 表达式进行求值，该表达式必须更改迭代变量。这就完成了第一次迭代。下一次迭代从 < 继续条件 > 测试开始，如此反复，直至 < 继续条件 > 测试结果变成 false，此时循环终止。通过这种方式，只要满足条件，整个语句序列就能反复执行。

也是“终结者”

控制规范的第二项称为“继续条件”测试，如结果为 true，则迭代继续；否则结束。但是，该测试的正确编程术语是终止测试，因其判断循环是否应终止。但是，作为终止测试，结果要反着看：true 表示继续，false 表示终止！两个术语都有用。为帮助自己记忆结果的含义，请将测试看成是在询问“继续吗？”

跟着迭代变量走

在使用迭代变量 j 的示例 for 循环中 (而且在所有 for 循环中)，我们跟着迭代变量走，就能理解所发生的事情。表 20.1 总结了围绕 j 发生的操作序列。

① 更常见的说法是“循环变量”。——译注

表 20.1 使用控制规范 (j=0; j<3; j=j+1) 的 for 循环所发生的操作序列

操作	操作结果	作用
j = 0	j 的值是 0	初始化迭代变量
j < 3	true，j 小于 3	第一次 <继续条件> 测试，继续
j = j + 1	j 的值是 1	第一次 <下一次迭代> 操作
j < 3	true，j 小于 3	第二次 <继续条件> 测试，继续
j = j + 1	j 的值是 2	第二次 <下一次迭代> 操作
j < 3	true，j 小于 3	第三次 <继续条件> 测试，继续
j = j + 1	j 的值是 3	第三次 <下一次迭代> 操作
j < 3	false，j 等于 3	第四次 <继续条件> 测试，终止

总共循环迭代了三次。第一次，迭代变量从 0 开始。之后每次重新为 j 赋值后，都判断是否应该继续。<语句列表> 中的语句是在 <继续条件> 测试和 <下一次迭代> 操作之间执行的。注意，j 值从 0 变化到 2，但在变成 3 时，条件测试发现 j 已经太大了，所以立即退出，不再执行 <语句列表>。这就保证了 <语句列表> 执行正确的次数。

20.1.2 for 循环工作原理

为了体验如何用 for 循环进行编程，我们在 Firefox 的 Scratchpad(代码草稿纸) 中输入以下代码，注意它提前声明了变量 text。

```
var text = "She said ";                    //Declare/initialize text

for (var j = 0; j < 3; j = j + 1) {        //Specify a 3 iteration loop
     text = text + "Never! ";              //Concatenate on more text
}                                          //... end of loop

text
/*
She said, Never! Never! Never!
*/
```

该 for 循环将迭代三次，每次都通过一个赋值语句为 text 现有的内容连接字符串 "Never! "(注意空格)。注意在总共 4 次 <继续条件> 测试过程中，text 的值发生以下变化：

"She said " 进入循环前的第一次测试

"She said Never! " 一次迭代后，第二次测试

"She said Never! Never! " 两次迭代后，第三次测试

"She said Never! Never! Never! " 三次迭代后，第 4 次测试

所以，该 for 循环的作用是逐渐加长短语，每次增加一个同样的单词。当然，你可以直接输入最终短语 "She said Never! Never! Never! "。但是，如果更长呢？比如包含上千个 "Never! " 时，手打就太麻烦了。而如果使用 for 循环，只需将 3 改成 1000。用 for 循环来强调一样东西再简单不过。

20.1 非常抱歉

基于 Never! 例子写一个“非常抱歉”JavaScript 程序。最终获得的 text 变量值是 "I am so so so sorry."。提示：循环终止后需要一个额外的赋值语句。

20.2 JavaScript 的 for 循环规则

循环之所以强大，是因为计算机擅长反复做同一件事情。循环很快就会成为你的好朋友。本节将总结它们的编写规则。

20.2.1 世界知名迭代 (WFI)

由于 JavaScript 的 for 循环结构和其他流行编程语言 (例如 C，C++ 和 Java) 一样，所以人们每天都要写无数和之前描述的形式一致的 for 循环。程序员基于这么多循环总结出以下标准形式：

```
for (var j=0; j<n; j++) { ... }
```

毋庸置疑，这是一直以来写得最多的 for 循环，所以我们称之为世界知名迭代 (World-Famous Iteration， WFI)。以下小节概括了 WFI 的规则。

迭代变量

迭代变量 (这里是 j) 可以是遵循一般规则的任何标识符。程序员倾向于为迭代变量选择短的、甚至单字母的标识符，这样才好打字。目前最常用的是 i，j 和 k。注意，通常在 for 循环的 < 初始化 > 部分声明迭代变量，但完全可以使用任何已声明的变量。

起点

WFI 始于 0，所以 for 循环控制部分的第一项如下：

```
for ( j = 0;
```

或者：

```
for ( var j = 0;
```

从 0 开始计数是计算机人员的常规操作，它简化了循环的使用 (稍后还会具体解释)。

测试继续条件

WFI 的 < 继续条件 > 测试采用关系操作符 <，比如 j < n。当然，n 可以替换成任何数字、变量或表达式，只要返回的结果是一个数值。

递增量

递增量 (也称为“步长”，即 step size) 是每次迭代后迭代变量变化的量。就 WFI 来说，这个量是 1。所以，< 下一次迭代 > 表达式每次都要使迭代变量递增 1，即 j = j + 1。由于递增 1 是编程中很常见的操作，所以 JavaScript 和其他语言提供了一个简化的写法，称为“后缀递增”，即 j++。它等价于 j = j + 1，目的自然是少打一些字。顺便说一句，有递增自然有递减，所以 x-- 等价于 x = x – 1。

引用迭代变量

稍后会讲到，迭代变量通常要在 < 语句列表 > 中使用，这是我们要关注迭代变量值的原因。就 WFI 来说，迭代变量的值是 0，1，2，...，n–1，因为 < 继续条件 > 测试是 j < n。

我们关心这些值是因为要用它们进行计算。例如，假定用迭代变量 i 计算 5 的阶乘 (5!)：

```
var fact = 1;
for (var i = 0; i < 5; i=i+1) {
    fact = fact * (i + 1);
}

fact
/*
120
*/
```

也就是说，迭代变量的值是 0，1，2，3，4。总共 5 次迭代，最终执行的算式是 ((((1 * 1) * 2) * 3) * 4) * 5 ⇔ 120。在计算中使用迭代变量，不仅必要，而且有用。

不做计划

for 循环的设计看起来像是先确定要迭代的次数，再开始迭代。但这不是迭代的设计初衷。相反，计算机只知道无脑地工作：开始一次迭代之前判断是否应该继续，执行语句序列，更改迭代变量，再重复这一过程。无脑工作使其强大，因为并非一定能预测迭代次数。

20.2.2　因何知名？

和刚刚描述的 WFI 循环相比，JavaScript 允许的 for 循环范围要大得多。在 JavaScript 中，循环从任何地方开始都允许 (不一定要从 0 开始)，< 继续条件 > 可以是程序员能想到的任何条件，每次递增的量 (步长) 随便多少都可以 (无论正负)，还有更多。但是，如前所述，程序员已经适应了 WFI 风格。为什么？

轻松判断迭代次数

WFI 迭代从 0 开始计数，每次递增 1(因为使用后缀递增 j++)。另外，一旦迭代变量刚好不再小于 n 就终止迭代 (也就是说，最后一次循环迭代发生在 j ⇔ n – 1 的时候)。

这样，for 循环的 <语句列表> 必然只执行 n 次，而迭代变量值的变化顺序必然是：0，1，2，…，n – 1。采用这种规范样式，< 符号后的变量或表达式 (这里用的是 n) 必然是循环迭代次数。这一事实是如此重要，值得再次重申：

< 之后的值就是循环迭代次数

这样，我们立即就能知道一个循环的迭代次数，根本用不着算来算去。

程序员总是需要知道迭代次数，而 WFI 方便了判断。这是它如此知名的原因。

一个小代价

在之前的阶乘例子中，注意必须在迭代变量 i 上加 1。如循环从 1 而非 0 开始计数，就没必要加这个 1 了。这算是一个小的代价。但是，以这种方式“纠正”迭代变量是如此普遍，所以程序员都习惯了。

相差 1

计算中一个极其常见的错误 (本节你或许已犯过几次这样的错) 是“相差 1”。如果说“考试周是 3 号到 10 号”，那么到底要考多少天？不动脑筋的话，直接用减法算出结果是 7 天。但实际是 8 天，因为最开始和最后一天都要算进去。判断迭代次数时也容易犯类似的错误。幸好，“世界知名迭代”(WFI) 帮了我们大忙。采用 WFI 形式，符号 < 后面的 n 就是确切的迭代次数。

20.2 极客之爱

声明变量 n 并初始化为某个值，例如 2。写代码将字符串值 "If I've said it once, I've said it n times: “赋给变量 love。用 for 循环为 love 变量连接 n 个字符串 " I love you."。例如，love ⇔ “If I’ ve said it once, I’ ve said it 2 times: I love you. I love you.”。不要忘了宣告你的爱 (不要忘了声明 love 变量)。

20.2.3 避免无限循环

如果遵循 WFI 的形式，for 循环相对不容易出错，但仍有机会发生无限循环；即循环永远停不下来。为避免这种情况的发生，要知道哪些地方可能出错。

程序的每个循环都必须有一个 <继续条件> 测试，否则永不终止。如第 10 章所述，算法的第 5 个基本属性是“有限性”；也就是说，必须能停下来并报告答案 (或报告没有答案)。for 循环有 <继续条件> 测试，所以满足每次迭代都进行测试的要求。但是，有测试并不意味着肯定能终止循环。万一测试结果总是 true 呢？必须根据在循环期间不断变化的一个值 (例如由 <下一次迭代> 表达式更改的值) 来进行条件测试。如根据循环期间根本不变的值来测试，测试结果就永远没有变化，循环永远不会结束。同样地，按规则行事，事情会简单许多。

但不管怎样，都很容易犯错造成无限循环。例如：

```
for (var j = 0 ; j < 3; i = i + 1) {. . .}
```

这看起来和之前用于生成 "She said " 的那个 for 循环相似，但此 for 非彼 for，它会无限循环下去。问题在于，在 < 继续条件 > 测试中比较的变量 (j) 不是在 < 下一次迭代 > 表达式中递增的那个变量 (i)。除非在循环中别的地方更改了迭代变量，否则会一直迭代。(最好不要在 < 语句列表 > 中更改迭代变量。) 任何人只要认真分析一下该 for 语句都能看出问题，但确实很容易疏忽。另外，编辑代码时稍不留神，也容易犯下这样的错误 (例如，语句之前确实是将 i 作为迭代变量，只是后来没有改全)。

FLUENCY BIT

无限循环

无限循环确实会发生。这是写程序时不容回避的事实。幸好，JavaScript 对犯这一错误的程序员还是很友好的。Firefox 和互联网 Explorer 会提醒你脚本程序运行速度慢 (下图显示“无响应”)，并询问是否想停止。其他浏览器则可能直接强制关闭。如果是过去，发生这种情况只能关闭计算机。

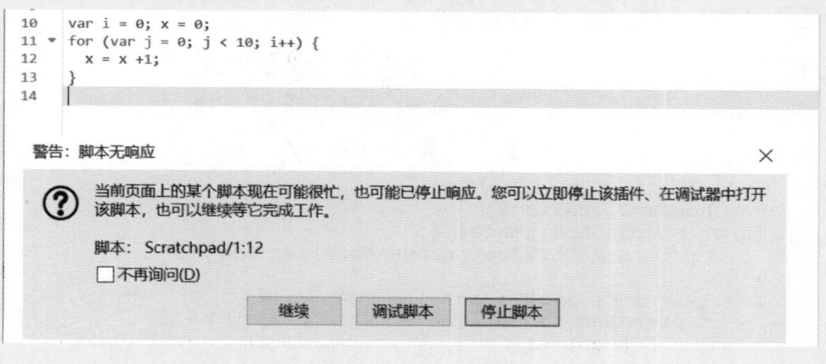

FLUENCY BIT

苹果公司的笑话

苹果公司总部位于加州库比蒂诺无限环路 1 号 (1 Infinite Loop，直译过来就是“无限循环 1 号”)。或许公司本来的意思是要一直继续下去，但也是打算“停止响应”的意思？

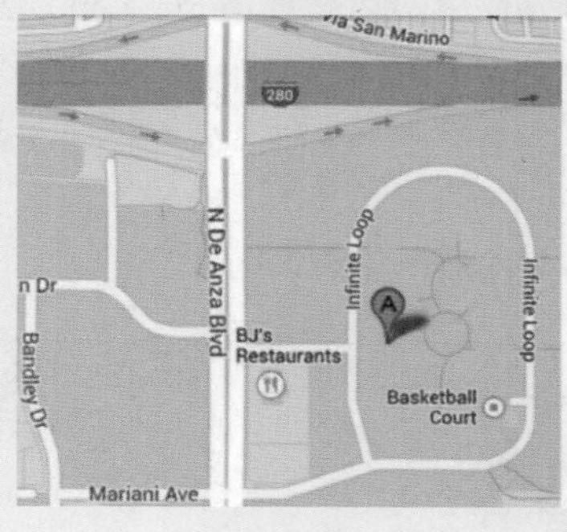

20.3 抛硬币实验

为了练习 for 循环，本节将实验抛电子硬币。第 19 章写过一个 randNum() 函数，它获取代表随机整数范围的一个参数。

```
function randNum( range ) {
    return Math.floor( range* Math.random( ));
}
randNum(3)
/*
0
*/
```

推理过程是：一个整数范围(假定 r)乘以 [0, 1) 之间的一个随机实数，将生成 [0, r) 之间的一个随机实数；用 Math.floor() 丢弃小数位，将生成 0，1，……，r-1 这个列表中的一个随机整数。

所以，randNum(2) 要么返回 0(反面，即 tail)，要么返回 1(正面，即 head)。

20.3.1 实验抛 100 次硬币

第一个实验是抛 100 次硬币，看看会得到多少次正面，多少次反面。我们期望两个数大致相等。为了运行实验，必须设置一个循环来执行 100 次 randNum() 函数，并在期间进行计数。代码如下所示：

```
var heads=0, tails=0;                //Counters
function randNum(range) {
     return Math.floor(range*Math.random());
}
for (var i=0; i<100; i++ ) {         //WFI
   if (randNum(2) == 1)              //Is pick 1?
          heads++;                   //Yes, count heads
     else
         tails++;                    //No, count tails
}

"Heads: " + heads + " Tails: " + tails

/*
Heads: 53 Tails: 47
*/
```

该 for 循环迭代 100 次 (迭代变量 i 从 0 变化到 99)，主体用一个条件语句检查并记录随机数生成结果。注意有三处使用了后缀递增 (++) 表示法，这样就可以将 heads=heads + 1 这样的语句替换为更简洁的 heads++。本例显示结果为 53 次正面，47 次反面，但每次运行都有可能不同。(如果方便访问 Scratchpad，请自行尝试！) 我自己运行了 5 次，结果从 50–50 到 57–43 都有。

注意，程序构造了一个输出字符串来打印正反面计数。

20.3 石头 - 剪子 - 布

修改抛硬币例子，统计“石头 - 剪子 - 布”游戏三种结果的出现次数，迭代 300 次。可以参考第 19 章的 Try It 19.6 要求写的相关程序。

刚才的实验完成了 100 次示例迭代。要多运行几次这样的实验，最好像第 19 章解释的那样将采样过程放到一个函数中。将循环打包到函数之后，函数就成为一个基本构建单元，方便我们在不同情况下使用。图 20.1 展示了代码。注意，就像第 1 章和第 10 章解释的那样，将一次实验视为一个单元，这属于一种抽象。

```
function randNum(range) {
     return Math.floor(range*Math.random());
}
function trial (count) {
  var heads=0, tails=0;
  for (var i=0; i<count; i++ ) {
      if (randNum(2) == 1)
         heads++;
      else
         tails++;
  }
  return heads ;
}

trial(100)

/*
52
*/
```

图 20.1 trial() 声明，以及抛 100 次硬币的一次实验的结果

函数获取一个 count 参数，代表我们想采样多少次，本例是 100，但可以随意更改。自然地，count 要在迭代的 < 继续条件 > 测试中使用。

最后请注意，trial() 返回硬币抛出正面的次数。由于只有两种可能，所以抛出反面的次数肯定是 count - heads。

20.3.2 多次实验

为了运行 5 次实验，我们写一个新 JavaScript 程序来包含 trial() 和 randNum() 函数声明。这两个函数都要用到。另外，还写了新代码调用 5 次 trial()，这自然是通过第二个循环来进行的。图 20.2 展示了两个循环的逻辑以及一次示例运行。

```
function randNum(range) {
     return Math.floor(range*Math.random());
}
function trial (count) {
  var heads=0, tails=0;
  for (var i=0; i<count; i++ ) {
      if (randNum(2) == 1)
         heads++;
      else
         tails++;
  }
  return heads ;
}
var headCount, outAns = "";          //Output text is empty
for (var j=0; j < 5; j++) {
    headCount = trial(100);          //Compute a trial
    outAns = outAns + "Trial " + j   //Build answer string
       + ": " + headCount + ":" +
       (100-headCount) + '\n';
}

outAns
/*
Trial 0: 45:55
Trial 1: 43:57
Trial 2: 63:37
Trial 3: 52:48
Trial 4: 48:52

*/
```

图 20.2 该 JavaScript 程序运行 5 次实验，每次模拟抛硬币 100 次

构造答案用的三个变量分别如下。

- headCount：一个临时变量，保存一次 trial(100) 调用抛出正面的次数。
- outAns：用于构造答案的一个字符串变量。
- j：迭代变量。

完成声明后进入循环。每次迭代都调用 trial() 函数来模拟抛硬币 100 次，结果保存到 headCount 变量。然后，使用字符串变量 outAns 来构造一个答案字符串来描述实验结果。先写当前是第几次实验，冒号后以“正面 : 反面”的形式列出实验结果，最后是一个换行符 (参考表 17.1)。其他时候需要构造一个字符串来描述答案时，也应采用这样的形式。

我们创建了一个好用的计算，但它还有改进空间。

20.4 奇怪的计数

为什么实验编号是从 0 到 4，而不是从 1 到 5？

20.3.3 结果示意图

假定我们想知道一次实验与完美的 50-50 结果相差多少。这种信息用示意图来显示最直观。为此，我们计算抛硬币结果与 50-50 的差值，并用星号表示这个数。例如，第 4 次实验的结果 52-48 可以用两个星号表示，因其和完美结果相差 2。此时，用“正面数 -50”或“反面数 -50”这两个表达式都能获得正确的星号个数，但一个为正，一个为负。JavaScript 提供了 Math.abs() 函数来求绝对值，即不管提供的实参是正还是负，返回的结果都是正数。所以，Math.abs(heads-50) 返回的就是要显示的星号个数。

如之前的例子一样，每次调用了 traial() 之后都要输出包含星号的结果行。但是，怎么输出数量有变的星号呢？答案自然是再用一个循环，代码如图 20.3 所示。

```
var headCount, outAns = "", aster;                      //Output text is empty
for (var j=0; j < 5; j++) {

    headCount = trial(100);                             //Compute a trial
    outAns = outAns + "Trial " + (j+1) + ': ';          //Build answer string
    aster = "";                                         //Initialize
    for (var k=0; k < Math.abs(headCount-50); k++) {   //Loop by difference
       aster = aster + "*";                             //Add * for each one
    }
    outAns = outAns + aster + "\n";                     //Include in output
}

outAns

/*
Trial 1: **
Trial 2: ****
Trial 3: ***
Trial 4: **
Trial 5: *

*/
```

图 20.3 该 JavaScript 程序总共使用三个 for 循环 (其中一个在函数中，这里未列出) 来显示 5 次抛硬币实验的星号示意图结果

注意，程序声明了一个新字符串变量 aster(代表星号) 并初始化为空字符串。第 18 行相较于上例进行了一下改动，在 "Trial " 后输出 j+1，这样实验编号就不再从 0 开始，而是从 1 开始。(Try It 20.4 指出的一个问题。)

```
18    outAns = outAns + "Trial " + (j+1) + ': ';        //Build answer string
```

这个语句很有意思，因为 + 被赋予了两种不同的含义。箭头所指的第三个 + 代表“加法运算”，其余两个则代表“字符串连接”。计算机怎么知道哪个代表哪个？很简单，它检查 + 操作符合并的是数字还是字符串，前者执行加法，后者执行连接。用计算机专业术语来说，+ 操作符左右两侧的内容都是它的“操作数”，它根据操作数的类型来选择要执行的操作。还有一个特殊规则，如果一个是数字，另一个是字符串，将执行连接。这也是为什么要用圆括号来包围 (j + 1) 以强制执行加法运算的原因。

20~22 行用一个 for 循环 (加亮的部分) 来构造星号字符串，每次迭代都加一个星号，最多加 Math.abs(headCount–50) 个。这里需要一个新的迭代变量 k，因为迭代变量 j 已用于“实验循环”，星号循环是其组成部分。如还是使用 j，会造成两个循环的冲突。注意，在 < 继续条件 > 测试中使用数学函数是没有问题的。(这是标准的 WFI 形式，我们第一时间就知道确切的迭代次数。) 最后，在构造星号字符串的循环结束后，为该字符串连接一个换行符，使每次实验的结果都从一个新行开始输出。

20.5 更短的程序

如删除实验循环最后一个语句中的 + '\n'，图 20.3 的程序还能继续工作吗？

outAns=outAns + aster + '\n' ;

20.3.4 嵌套循环

关于图 20.3 的程序，最后要注意的是它其实利用了嵌套循环，即循环中的循环。任何循环主体，即<语句列表>，都可包含另一个循环。图 20.3 总共执行 5 次实验。每次实验时 (也就是外部循环每一次迭代时)，都需要构造一个反映结果的星号示意图。所以，我们直接使用了第二个循环，即加亮的嵌套循环。

外层循环每一次迭代，内层循环的所有迭代都会完成，可通过图 20.3 来验证这一点。

所有编程语言都支持嵌套循环，这和它们都支持嵌套 if 语句一样。另外，这个嵌套没有限制，程序经常要用到三层或者更多层嵌套。唯一要注意的是，写嵌套 for 循环时，每个循环都必须使用不同的迭代变量，否则会相互干扰。

图 20.4 展示了嵌套循环的另一个简单例子。

```
<script>
 function randNum( range) {
   return Math.floor( range * Math.random( ));
 }
 function coinFlip ( ) {
   if (randNum(2) == 1)
     return "us1heads.jpg";
   else
     return "us1tails.jpg";
 }
  document.write("<div style='margin:50px'>")
  for (var j=0; j<5; j++) {
    for (var i=0; i<7; i++) {
    document.write('<img src=" ' + coinFlip( )
        + ' " width="50" />');
    }
    document.write('<br/>');
  }
  document.write('<div>');
</script>
```

图 20.4 嵌套循环，内层循环迭代 7 次，外层循环迭代 5 次

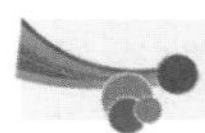

20.4 索引

如果你熟悉伊丽莎白二世 (Elizabeth II)、第 25 届超级碗 (Super Bowl XXV)、《洛奇 3》和阿波罗 13，其实就已经熟悉了索引。索引是将一个基础名称 (如“阿波罗”) 和一个数字 (如“13”) 关联起来，从而创建一系列名称的过程。需要一个新名称时，就使用序列中的下一个数字 (如“阿波罗 14”)。每个索引项都称为基础名称序列的一个元素。

20.4.1 索引语法

自然，编程语言的索引有其特殊语法。JavaScript 的索引包含在一对方括号内，例如 Apollo[13]。索引可以是常量、变量或表达式。它必须求值为一个非负的整数，即索引值 (详情参见 20.5.2 节“数组引用语法”)。索引在计算领域非常重要，因其与迭代紧密联系：可通过迭代引用一个名称的所有元素；也就是说，像 A[j] 这样的表达式，可通过迭代来遍历 j 的所有值，从而引用 A 的所有元素。

英语索引术语

英语中的 index 有两种复数形式：indexes 和 indices，都可以用来称呼多个索引。

20.6 循环中的循环

就图 20.4 回答以下问题。

(a) 内层循环的索引变量是什么？

(b) 两个循环一起生成了多少个 <img> 标记？

(c) 从 j 获得值 3，到变成 4，i 变化了多少次，是怎么变化的？

(d) 如果将 document.write('<br/>') 这一行移到它上方的大括号中，网页会有什么变化？

20.4.2 索引起点

对英女王、超级碗、教皇等进行索引时，通常从 1 开始计数。不过，第一项经常没有索引值。例如，在出现伊丽莎白二世之前，伊丽莎白一世直接称为“伊丽莎白女王”。美式橄榄球的码线从 0 开始索引 (门柱是 0 码)。电影续集从 2 开始，因为总要先有一部电影，才有它的续集吧？我们将索引开始的位置 (即最小索引) 称为索引起点。JavaScript 的索引起点是 0。

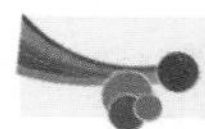

20.5 数组

编程中一个被索引的基础名称称为数组。数组必须声明。JavaScript 的数组声明语法如下：

```
var < 标识符 > = new Array(< 元素数 >)
```

注意 Array 关键字以大写字母 A 开头，而且 < 元素数 > 要放到一对圆括号中。我们将方括号保留给数组引用。另外，和英女王不一样，变量要么是数组，要么不是，不会变来变去。(有了 Elizabeth Ⅱ之后，Elizabeth Ⅰ才成为数组元素)。在以下声明示例中：

```
var week = new Array(7);
```

week 是被声明的标识符，new Array(7) 指定该标识符是数组变量。圆括号中的数字指定数组元素的个数。JavaScript 的索引起点是 0，意味着任何数组的最小索引总是 0，最大索引则是元素数减 1。所以，刚才声明的数组包含 week[0]，week[1]，……，week[6]，总共 7 个元素。也可用数组长度这一术语指代数组元素个数。程序中用 < 变量 >.length 来引用数组长度；例如，week.length ⇔ 7。

20.7 小心灾难

如 Apollo 是长度为 17 的数组，Apollo[13] 引用哪个元素？

20.5.1 数组规则

综上所述，JavaScript 的数组具有以下规则。

- 数组是 new Array(< 元素数 >) 初始化的普通变量。
- < 元素数 > 是字面意思，就是数组中的元素个数。
- 数组索引从 0 开始。
- 数组中的元素个数称为它的长度。
- 数组最大索引是 < 元素数 >–1，因为索引从 0 开始。

20.5.2 数组引用语法

数组引用(想使用一个数组元素的值时要写的东西)由数组名和方括号中的索引构成。索引可以是常量、变量或表达式，但必须求值为一个非负的整数，称为索引值。索引值必须小于数组长度。所以，以下语句：

```
var dwarf = new Array(7);    //Declarations use parens
var deux = 2;                //Create a value for examples
dwarf[0] = "Happy";          //References use brackets
dwarf[1] = "Sleepy";         //Index by a constant
dwarf[deux] = "Dopey";       //Index by a variable
dwarf[deux + 1] = "Sneezy";  //Index by an expression
dwarf[2*deux] = "Bashful";
dwarf[3*deux - 1] = "Grumpy";
dwarf[10-(2*deux)] = "Doc";

dwarf

/*
Happy,Sleepy,Dopey,Sneezy,Bashful,Grumpy,Doc
*/
```

就是通过索引的连续变化(从0到6)，将不同的数据分配给不同的数组元素。

注意，该程序根据1937年的迪士尼动画《白雪公主和七个小矮人》为每个小矮人分配了名字：

- 开心果(Happy)：最快乐的一位矮人，也是最胖的。
- 瞌睡虫(Sleepy)：喜欢打瞌睡。
- 糊涂蛋(Dopey)：最年轻的矮人，没有胡子，没讲过话
- 喷嚏精(Sneezy)：时常打喷嚏。
- 害羞鬼(Bashful)：总是很腼腆。
- 爱生气(Grumpy)：脾气最暴躁的一位，时常在抱怨。
- 万事通(Doc)：最聪明的矮人，戴眼镜。

下标

索引也称为下标。这个说法来自数学中的索引，它们确实要写成下标，例如x_1和y_1。编程沿用了这个术语，但把它们写在方括号中，例如x[1]和y[1]。

介绍世界知名迭代(WFI)时，我们说“稍后”会解释为什么从0开始计数很方便。你现明白从0开始的迭代和从0开始的索引简直是天造地设的一对。以下面这个版本的WFI为例：

```
for(var i = 0; i < week.length; i++) {
    week[i] = dwarf[i] + " & " + dwarf[(i+1)%7] + " do dishes";
}
```

变量i的范围(0到6)覆盖了week数组的所有元素。通过在<继续条件>中使用<数组名>.length，就可枚举数组的全部元素。每一次迭代，都引用了dwarf数组中连续的两个小矮人，并输出以下结果(描述一周中的每一天由哪两个小矮人洗盘子)：

```
for(var i = 0; i < week.length; i++) {
    week[i] = dwarf[i] + " & " + dwarf[(i+1)%7] + " do dishes";
}

week

/*
Happy & Sleepy do dishes,
Sleepy & Dopey do dishes,
Dopey & Sneezy do dishes,
Sneezy & Bashful do dishes,
Bashful & Grumpy do dishes,
Grumpy & Doc do dishes,
Doc & Happy do dishes
*/
```

▶视频讲解 Looping from 1 to 100

注意，最后一对小矮人是 Doc & Happy，一周中的最后一天必须“回卷”，即安排第 7 个和第 1 个小矮人洗盘子。所以，我们将负责洗盘子的第二个小矮人的索引设为(i+1) % 7。当 i 等于 6 时，(i+1)%7 结果是 0，因为 (6+1) 除以 7 余 0，正好变回小矮人 Happy。而当 i 等于 0~5 时，余数就是 i。

因何知名？

通过学习如何用表达式计算索引，我们理解了 WFI 如此流行的另一个原因。由于经常需要对表达式进行求值来获取索引值，所以迭代变量从 0 开始还是从 1 或 14 开始都无关紧要。索引表达式可对索引值进行调整，只要索引的总数正确就行。WFI 做到了这一点，而且比其他迭代做得好。

20.8 用数组简化编程

修改 Try It 20.3 的“石头 - 剪子 - 布”代码，将三种结果的计数保存到包含三个元素的数组中。在使用索引的情况下，不用 if 语句就能解决问题。

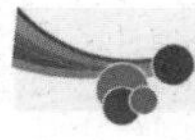

20.6 Magic 程序

第 19 章的一个移动应用推迟到这里才介绍。用数组来存储回答，Magic Decider 自动应答机很容易编写。

20.6.1 设置数组

之前为 dwarf 数组分配小矮人的名字时，我们是写赋值语句来填充元素。但是，也可以在声明数组的同时初始化它，这和其他变量是一样的。语法是在圆括号中列出以逗号分隔的每一项。

```
var respond = new Array(
  "It is certain", "It is decidedly so", "Without a doubt",
  "Yes, definitely", "You may rely on it", "As I see it, yes",
  "Most likely", "Outlook good", "Yes", "Signs point to yes",
  "Reply hazy, try again", "Concentrate, and ask again",
  "Better not tell you now", "Cannot predict now",
  "Concentrate and ask again", "Don't count on it",
  "My reply is, no", "My sources say, no", "Outlook not so good",
  "Very doubtful");
```

这样就为 respond 数组初始化了 20 个字符串。注意，不用事先指定数组有多少个元素，有多少初始值，就有多少个元素。现在，为了随机生成一个答案，只需写 respond[randNum(20)]。调用 randNum(20) 将生成 0~19 的一个随机整数，相当于数组中的一个字符串的索引，输出对应的数组元素即可。

20.6.2 构建网页

如图 20.5 所示，Magic Decider 网页围绕三段话来构建。第一段问一个问题。中间一段显示图片，这是可供用户点按或点击的按钮。最后一段显示答案。图片选用的是一个神奇八号球 (8-ball)，它因具有“魔力”而知名。[①]

注意，当用户点击图片时，顶部段落的文本会变化，同时显示底部段落的文本。两者都通过 onclick 事件处理程序来实现。

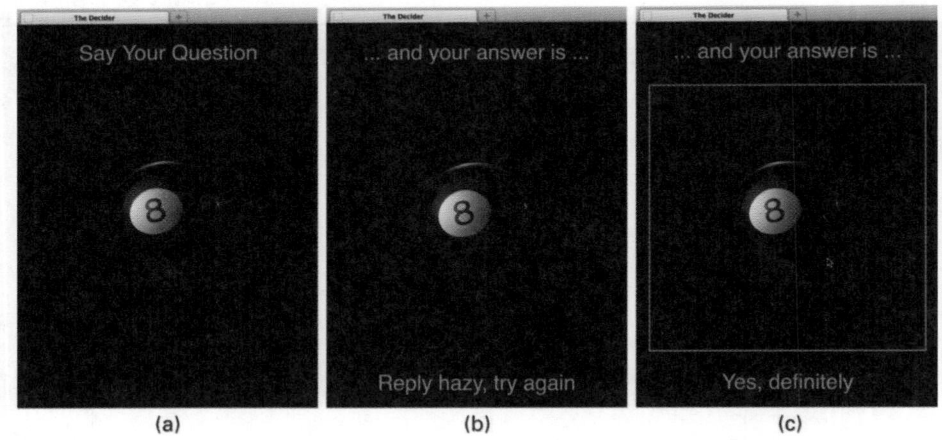

图 20.5 Magic Decider：(a) 初始界面，要你提问；(b) 点击图片后的 UI；(c) 图片有一个可见的边框以界定其范围

更改 DOM

按钮的 onclick 事件处理程序会更改“文档对象模型”(Document Object Model，DOM)，即浏览器对网页的表示 (数据结构)。浏览器读取 HTML 并设置它自己对网页的描述，即 DOM。JavaScript 提供了简单的方法来修改它，这会造成网

① 神奇八号球预设的各种万金油答案请参考维基百科：https://zh.wikipedia.org/wiki/ 神奇八号球。——译注

页的变化。所以，发生 onclick 事件时，我们唯一要做的就是更改两个段落的文本。图 20.6 展示了 Magic Decider 的代码。

```
<!doctype html>
<html>
 <head>
  <meta charset="UTF-8"><title>The Decider</title>
  <style>
    body {background-color:black; color:orange;
         text-align:center; font-family:helvetica}
    button {margin:0; padding:0; background-color:black;
           border-style:none}
    p      {font-size:x-large; }
  </style>
  <script>
    var respond = new Array(
      "It is certain", "It is decidedly so", "Without a doubt",
      "Yes, definitely", "You may rely on it", "As I see it, yes",
      "Most likely", "Outlook good", "Yes", "Signs point to yes",
      "Reply hazy, try again", "Concentrate, and ask again",
      "Better not tell you now", "Cannot predict now",
      "Concentrate and ask again", "Don't count on it",
      "My reply is, no", "My sources say, no", "Outlook not so good",
      "Very doubtful");
    function randNum( range ) {
         return Math.floor( range * Math.random( ));
    }
  </script>
 </head>
 <body>
  <p id="ask"> Say Your Question</p>
  <p><button
    onclick="document.getElementById('ask').innerHTML='... and your answer is ... ';
             document.getElementById('tell').innerHTML=respond[randNum(20)]">
    <img src="8-ball.jpg" alt="8 Ball" width="300"/></button></p>
  <p id="tell" > </p>
 </body>
</html>
```

图 20.6 Magic Decider 的 HTML 代码，加亮的是其三段式结构

注意，为第一个段落分配了 ask id，最后一段分配了 tell id。将利用这些标识符来引用两个段落以进行更改。在中间段落的按钮的 onclick 事件处理程序中，注意两个赋值操作和以前的操作相似，但并不完全一样。

对于以下赋值操作：

```
document.getElementById('ask').innerHTML = '... and your answer is ... '
```

左侧的引用标识的是 DOM 中的 ask 段落，赋值操作的结果是用新文本替换它。另一个赋值操作为 tell 段落做同样的事情，只是用来自 respond 数组的一个随机答案替换现有文本 (空格)。

总结

直接修改 DOM 属于进阶 Web 编程。这里只是粗略体会了一下，以后还会提供另一个例子。这些 JavaScript 机制通常都很强大而且有意思。另外，学起来也不难。

20.7 “忙”动画

如你所知，电影和动画都通过快速显示多张静态图片 (称为帧) 来实现。人的视觉相对较慢，所以只要以每秒 30 帧 (即 30 fps) 的速率显示连续的帧，人眼就会感觉到流畅的影像。本节要讨论制作联网动画的一种方式，并通过此过程练习迭代、数组和索引。

要构建的动画是你熟悉的“忙”指示符。图 20.7 列出了组成该动画的 12 帧及其名称。快速显示这些帧，就能使黑色线条呈现旋转效果。本节的目标就是创建“忙”动画。

图 20.7 Busy Animation 程序包含的各帧，这些 .gif 图片可从 pearsonhighered.com/snyder 下载

快速进步

为了熟悉动画的概念及其实作技巧，最快的办法就是一边读，一边亲自动手写动画程序。

为了能用 JavaScript 成功编写动画程序，首先必须理解以下三个概念。

- 如何用计时器触发动画事件。
- 如何预取动画帧。
- 重画网页图片。

理解这些概念后，就可以开始写 Busy Animation 程序了。

20.7.1 用计时器触发动画

我们生成的动画要在网页浏览器中显示。如你所知，网页浏览器是事件驱动的。也就是说，你要求它执行某个任务，它执行这个任务，然后进入空闲状态并等待事件。事件发生后才执行下一个任务。那么，当浏览器没有执行任务时处于空闲状态，它如何显示动画呢？动画要求每 30 毫秒动一次。最明显的方案就是将绘制下一帧的行动转换为事件。该事件就是时钟一次普通的“滴嗒”。这里可使用一个计时器隐喻。

我们设置一个计时器来唤醒浏览器，告诉它显示下一帧，并在 30 毫秒后重复。这样就能以固定间隔绘制帧以生成动画。一点都不奇怪，JavaScript 提供了完美的机制。例如，它支持实现联网动画所需的计时器。

设置计时器

计算机的内部时钟非常快，对大多数编程目的来说都太快了。相反，程序员使用的计时器通常每毫秒“滴嗒”一次。计时器非常直观。JavaScript 用于设置一个计时器的命令如下：

```
setTimeout("< 事件处理程序 >", < 持续时间 >)
```

其中，< 事件处理程序 > 是一个字符串，指定计时器触发时要运行的 JavaScript 计算。< 持续时间 > 则是任何一个正的毫秒数，指定计时器每隔多少时间触发一次。

例如，为了在事件处理程序中使用 animate() 函数，从而每 30 毫秒显示一帧，可以写 setTimeout("animate()", 30)。30 毫秒后，计算机运行 animate() 函数来显示帧。当然，animate() 函数的最后一步必须设置计时器，使其能再次“唤醒”。否则，动画会停止。注意，“每 30 毫秒”有别于“一秒 30 次”，因为 1000/30=33.333 毫秒。可以将计时器设为 33 毫秒，但动画不需要这么精确，30 就差不多了。

用句柄引用计时器

和机械计时器不同，计算机计时器能一次跟踪许多不同的时间。它是如何做到的？执行 setTimeout() 时，我们将得到一个特殊的、称为句柄 (handle) 代码，计算机用它标识计时器。我们可用该句柄来引用自己的计时器，比如在需要取消计时的时候。例如，假定已声明了变量 timerID 来保存句柄，然后就可以像下面这样写：

```
timerID=setTimeout("animate()", 30);
```

取消该计时器可以像下面这样写：

```
clearTimeout(timerID);
```

这样一来，计算机就知道自己跟踪的哪个计时器应该被取消。

使用按钮开始 / 停止动画

由于计时器可以设置和取消，所以我们包含两个按钮来开始和停止动画。定义如下：

```
<form>
  <input type="button" value="Start"
     onclick='setTimeout("animate( )",100);'/>
  <input type="button" value="Stop"
    onclick='clearTimeout(timerID);'/>
</form>
```

Start 按钮首次设置计时器。之后，动画会一直播放。每次 animate() 函数设置计时器，都会将一个句柄存储到 timerID 中。以后，只要点击 Stop 按钮，它的事件处理程序就会清除计时器，导致动画停止。

20.7.2 预取图像

接着考虑显示图像的问题。第 3 章说过，为保持网站文件结构整洁有序，.gif 和 .jpg 图片应存储到单独的目录或文件夹中。所以，假定图 20.7 的图形文件存储在文件夹 gifpix 中。那么，第一张图片应通过以下 HTML 代码在网页上显示：

```
<img src="gifpix/Busy0.gif" alt="spinner"/>
```

我们从下面这个基础 HTML 网页开始，它包含 <form> 标记和两个按钮：

```
<!doctype html>
<html>
 <head>
  <meta charset="UTF-8"/><title>Spinner</title>
  <style>
    body {text-align:center}
  </style>
 </head>
 <body>
    <img src="gifpix/Busy0.gif" alt="spinner"/>
    <form>
      <input type="button" value="Start"
          onclick='setTimeout("animate( )",100);'/>
      <input type="button" value="Stop"
         onclick='clearTimeout(timerID);'/>
    </form>
  </body>
</html>
```

目标是依次用 gifpix 文件夹中的其他 .gif 文件来覆盖第一张，每 30 毫秒一次。但不能直接这样做，因为加载图片文件的过程往往非常慢，新图片无法迅速显示。Web 图片必须通过互联网从 Web 服务器传送，期间会遭遇各种延迟 (在自己的计算机上开发 Web 应用时注意不到这一点，因为所有文件都已存储到本地)。所以，策略是先取回所有图片，存储到本地，使其随时都能加载到计算机内存，再依次显示它们。提前加载图片的过程称为预取 (prefetching)。

那么，gifpix 文件夹中的 12 张图 (Busy0.gif 到 Busy11.gif) 应该放在哪里呢？由于它们已经被索引了，所以正常逻辑是使用数组。我们将数组命名为 pics，并像下面这样声明：

```
var pics = new Array (12);
```

从而指定该数组含有 12 个元素。

初始化为图像对象

为了在数组元素中存储图像，必须将这些元素初始化为图像对象 (image object)，即图像的空白实例 (这在第 2 章讲过)。可将图像对象视为一个框架，它为存储一张图片所需的全部信息预留了位置，包括名称、尺寸 (长和宽) 及其实际像素。我们通过循环迭代和 new Image() 操作将 12 个数组元素初始化为图像对象：

```
for (var i = 0; i < pics.length; i++) {
  pics[i] = new Image( );
}
```

注意，Image() 函数以大写 I 开头。

使用 src 字段

图像对象预留的位置包含一个称为 src 的字段，它是代表图片文件名的一个字符串。在 HTML 中，我们是用 <img src="…"> 来指定该字符串。为 src 字段赋值后，浏览器保存文件，获取文件并存储到内存中，这正是我们需要的。所以，以下赋值语句：

```
pics[0].src="gifpix/Busy0.gif
```

的作用就是获取第一帧，它和之前展示的 HTML 代码是对应的。由于总共有 12 张图，所以我们使用一个循环：

```
for (var i = 0; i < pics.length; i++) {
  pics[i].src = "gifpix/Busy" + i + ".gif";
}
```

来动态构建文件名。也就是说，使用迭代变量和字符串连接来生成文件名 gifpix/Busyi.gif。

相较于使用 HTML 代码 <img src="...">，通过向图像变量的 .src 字段赋值来预取图像存在一处重要区别。前者在屏幕上可见，后者不可见。这对我们都有利。图像变量只是我们 JavaScript 程序的一部分，它没有放到网页上，因此不可见。这符合要求，因为我们不希望用户看到预取过程。而 <img src="..."> 标记直接将图像放到网页上，因此可见。我们两者都需要。

20.7.3 重画图像

为了使之前用 <img src="…"> 放到网页上的第一帧动起来，我们需要每隔 30 毫秒用预取的帧覆盖它。如何引用第一帧以便覆盖它呢？和第 18 章讲过的表单一样，网页浏览器在它自己的数据结构 (称为 DOM) 中保存一个数组，其中包含网页上使用的所有图片。该数组类似于我们的 pics 数组。遇到 <img src="…"> 命令，浏览器就像我们填充 pics 一样填充其 images 数组。所以，document.images[0] 就是第一张图片的名称 (即第一帧 Busy0.gif)。任何额外的 <img src="…"> 图片都依次用较大的数来索引。浏览器的 images 数组元素也有 src 属性，向其赋值就能覆盖图像。所以，我们用以下赋值语句更改第一帧：

```
document.images[0].src=pics[i].src;
```

它用 pics 数组第 i 个元素替换并显示现有帧。“忙”图标要动起来，只需循环遍历所有 i 值。这里选择每 100 毫秒而不是 30 毫秒轮换一帧，因为该动画以较低的帧率播放更合适。

定义 animate() 事件处理程序

animate() 事件处理程序负责覆盖图像，设置要显示的下一帧，并设置计时器下次触发的时间。

```
function animate( ) {
   document.images[0].src = pics[frame].src;
   frame = (frame+1)%12;
   timerID = setTimeout("animate( )", 100);
}
```

这里将计时器设为 100 毫秒而不是 30 毫秒触发，使黑色线条的旋转更舒适。图 20.8 展示了完整的 Busy Animation 程序，其中包括你熟悉的 Start 和 Stop 按钮。

尝试连续多次点击 Start，再点击 Stop 同样多的次数。你能解释为什么会发生这样的事情吗？

```
<!doctype html>
<html>
  <head>
   <meta charset="UTF-8"/><title>Spinner</title>
   <style>
     body {text-align:center}
   </style>
   <script>
    var frame = 0;                              //Frame counter
    var timerID;                                //Timer handle var
    var pics = new Array(12);                   //Array for prefetched gifs
    function animate( ) {
    document.images[0].src = pics[frame].src;
    frame = (frame+1)%12;
    timerID = setTimeout("animate( )", 100);
}
    for (var i = 0; i < pics.length; i++) {
       pics[i] = new Image( );
    }
    for (var i = 0; i < pics.length; i++) {
       pics[i].src = "gifpix/Busy" + i + ".gif";
    }
   </script>
  </head>
  <body>
    <img src="gifpix/Busy0.gif" alt="spinner"/>
    <form>
      <input type="button" value="Start"
         onclick='setTimeout("animate( )",100);'/>
      <input type="button" value="Stop"
        onclick='clearTimeout(timerID);'/>
    </form>
  </body>
</html>
```

Spinner

Start Stop

图 20.8 Busy Animation 程序，要求 12 个 .gif 文件都保存在名为 gifpix 的文件夹中

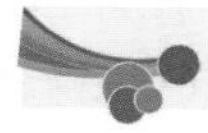

20.8 不那么“忙”的动画

上一节讲解的三个概念非常重要，因为它们经常都要用到，并不仅仅是在 Busy Animation 练习中才有用。所以，本节通过最终版本的“石头 - 剪子 - 布”(RPS) 应用来总结这三个概念。我们在学习过程的不同阶段都使用了 RPS，这一次要用浏览器对网页的 DOM 表示来演示如何保存状态、预取以及更新 document.images 数组。图 20.9 展示了最终的 RPS 应用。下面解释它所做的事情。

网页加载时显示 RPS 欢迎屏幕。当用户点击 / 点按图片，它从三张手形图片中随机选择并显示一张。再次点击 / 点按图片，它返回欢迎屏幕。如此反复。可通过以下网址自行尝试：media.pearsoncmg.com/aw/ ecs_snyder_fluency_6/rps.html。

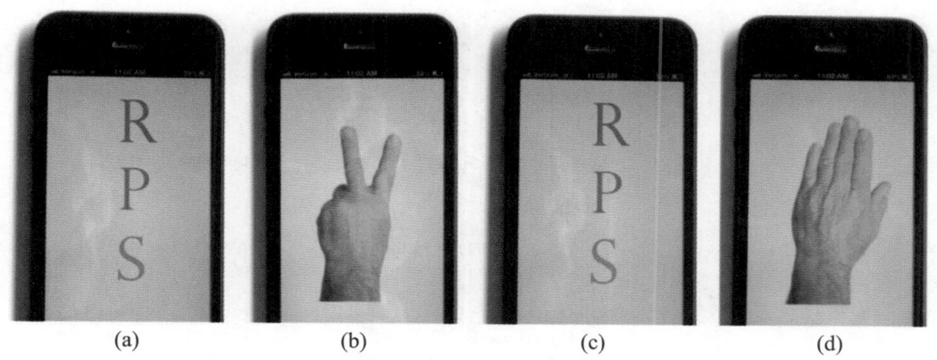

图 20.9 “石头 - 剪子 - 布”(RPS) 应用的工作过程：(a) 欢迎 / 初始屏幕；(b) 随机选择；(c) 返回欢迎屏幕准备下一次出手；(d) 随机选择。每次变换都通过在图片上点击 / 点按来促成

三个关键概念

图 20.10 展示了用于实现 RPS 应用的代码。代码加了注释，演示了以下三个重要概念。

- 保存状态。应用需记住要显示的下一张图片，所以用变量 thro 来“记忆”(之所以不用 throw，是因为后者是 JavaScript 的保留字；参见附录 D)。thro 从值 1 开始，意思是下一次更换图片时，应该从三张手势图片中随机选择一张。注意应用最初显示的是欢迎图片，即数组中的第一张图片 (索引 0)。随机显示了三张手势图片之一后，rps() 函数最后一个语句是用 1 来减 thro，造成它从 1 变成 0。如上一次显示的是欢迎图片，则从 0 变成 1，下一次将继续显示随机的手势图片。
- 预取。类似于 Busy Animation 预取图片并存储到本地以便快速显示，RPS 应用做的是相同的事情。它声明包含 4 个元素的 pix 数组 (4 个元素分别是欢迎图片和三张手势图片)，设置这些元素来存储并加载图片。注意，每个元素都显式设置，而不是通过一个循环来设置，因为图片文件名不一。

- 更改 document.images。之前说过，浏览器将网页用到的图片存储到自己的 document.images 数组中。欢迎图片是唯一需要存储的，所以必然存储在 document.images[0] 中。rps() 函数调用 randNum(3) 来随机返回 0，1 或 2，在这个结果上加 1 来引用 pix 数组的索引 1，2 或 3，再将图片的 src 值存储到 document.images[0].src 中。如 thro ⇔ 0，表明刚刚才显示了手势图片，所以将恢复显示欢迎图片。无论如何，最后都会显示一张新图片。

这是一个简单的应用，它很好地演示了三个概念。下一章还会进一步运用这些概念。

```
<!doctype html>
<html>
 <head><meta charset="UTF-8"/><title>RPS</title>
 <style> button {margin:0; padding:0; background-color:white;
                 border-style:none; border-width:0}
         p {text-align:center}      <!--above styling centers pic-->
 </style>
 <script>   //this code prefetches, randomizes and flips a picture
   var thro = 1;                      //alternates betw 0 and 1
   var pix = new Array(4);            //array to hold 4 pictures
   for (var i=0; i<4; i++){
     pix[i] = new Image( );           //set up element for pics
   }
   pix[0].src = "im/splash.gif";      //prefetch the 4 pics
   pix[1].src = "im/rock.gif";
   pix[2].src = "im/paper.gif";
   pix[3].src = "im/scissors.gif";
   function randNum( range ) {        //old randomizing friend
     return Math.floor( range * Math.random( ));
   }
   function rps( ) {                  //display a new image
     if (thro == 1)                   //is this a throw or reset?
       document.images[0].src         //throw, change picture
            =pix[1+randNum(3)].src;   //its random from pix 1-3
     else
       document.images[0].src         //reset, change picture
            =pix[0].src;              //to splash picture
     thro = 1-thro;                   //flip thro for next time
   }
  </script>
  </head>
  <body><p>
   <!--The program is just a picture that acts as a button
        flipping between the splash page and a random throw-->
   <button onclick="rps( )">
     <img src="im/splash.gif"
        alt="R-P-S Throw" height="300"/>
   </button></p>
  </body>
</html>
```

图 20.10 “石头 - 剪子 - 布”应用的 JavaScript 代码，总结了前两节的重要概念

20.9 小结

通过对编程基本概念的学习，我们理解了计算机强大算力的来源。本章介绍的迭代、索引和数组等概念在其中发挥了关键作用。编程还有许多要学习的主题，但我们将那些内容留给专家去讲解。本章讨论了以下主题。

- for 循环的基础知识。for 语句的控制部分包含在圆括号中 ,< 语句列表 > 包含在大括号中。每次迭代都会执行语句列表。迭代次数通过对控制部分中指定的迭代变量进行赋值和测试来确定。
- 在 JavaScript for 语句中，< 初始化 > 部分首先执行。然后，在每次迭代之前，包括第一次迭代在内，都对 < 继续条件 > 断言进行测试。如结果为 true，就执行 < 语句列表 >；否则跳过过 < 语句列表 > 并终止 for 循环。每次迭代后，都要对 < 下一次迭代 > 表达式进行求值。
- 迭代原则确保每次迭代都包含一个测试，而该测试依赖于循环中发生变化的变量。
- for 语句非常灵活。< 初始化 > 可从任何数字开始，< 继续条件 > 测试可在任何数字终止循环，而 < 下一次迭代 > 表达式可递增 / 递减任何数字。
- 程序员习惯采用世界知名迭代 (World-Famous Iteration，WFI) 来写循环，这是一种标准迭代形式：从 0 开始，测试迭代变量比某个限制严格小 1，而且每次递增 1。没有硬性规定一定要用 WFI，但它方便我们迅速判断迭代次数 (就是 < 右侧的限制数)。由于很容易搞错迭代次数，所以程序员们养成了使用 WFI 来快速识别迭代次数的习惯。
- 我们将数字和基本名称关联来创建一系列名称，该过程称为索引。如需更多名称，递增数字即可。编程中的索引变量称为数组。和普通变量一样，数组必须声明，但使用的是 new Array[< 长度 >] 语法，其中 < 长度 > 是数组元素的个数。
- 引用数组元素的方式是先写数组名称，再在一对方括号中指定元素的非负索引值。这样引用的数组元素可作为普通变量使用。数组和迭代配合使用，可以非常高效地完成计算。
- 联网动画的基本概念。所有动画都通过快速显示一系列静态帧来实现。
- 在网页浏览器中显示动画时，需预取图片并存回本地以快速显示。核心思路是用计时器创建事件，再用计时器事件处理程序以固定间隔重画网页上通过 <img src="..."/> 标记来放置的图片。这些图片通过文档的 images 数组元素来引用。

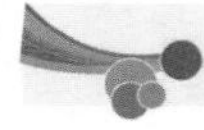

20.10 TRY IT 答案

20.1

```
var text = "I am ";                        //Declare/initialize text

for (var j = 0; j < 3; j = j + 1) {        //Specify a 3 iteration loop
      text = text + "so ";                 //Concatenate on more text
}                                          //... end of loop

text = text + "sorry."                     //Complete sentence

text
/*
I am so so so sorry.
*/
```

20.2 显然，n 越大，最终形成的句子越热烈。

```
var n = 2;
var love;
love = "If I've said it once, I've said it ";
love = love + n;
love = love + " times:"
for (var i = 0; i < n; i++) {
  love = love + " I love you.";
}
love
/*
If I've said it once, I've said it 2 times: I love you. I love you.
*/
```

20.3

```
var rock = 0, paper = 0, scissors = 0, temp;
function randNum( range ) {
    return Math.floor( range * Math.random( ));
}
for (var i=0; i<300; i++ ) {                    //WFI
     temp = randNum(3);                         //Make random choice
    if (temp == 0)
       rock++;
    if (temp == 1)
       paper++;
    if (temp == 2)
       scissors++;
}
"R: " + rock + " P: " + paper + " S: " + scissors

/*
R: 92 P: 107 S: 101
*/
```

20.4 因为迭代变量 j 从 0 开始，而不是从 1 开始。

20.5 当然能，只是所有结果都跑到一行中了。

20.6 (a)i; (b)35; (c)7，即 0→1→2→3→4→5→6→7，一旦变成 7 就太大了，内层循环终止；(d) 相当于内层循环在每个 <img /> 标记后面添加
，造成 35 枚硬币打印成一列。

20.7 由于数组索引总是从 0 开始，所以 Apollo[13] 引用 Apollo 数组中的第 14 项，这和阿波罗登月任务不一样。

20.8

```
function randNum( range ) {
    return Math.floor( range * Math.random( ));
}
var rps = new Array(3);                     //Counters
var pick;                                   //Loop variable
rps[0] = 0; rps[1] = 0; rps[2] = 0;         //Initialize counters
for (var i=0; i<300; i++ ) {                //WFI
     pick = randNum(3);                     //Make random choice
     rps[pick]++;                           //Index array by pick
}

rps
/*
101,83,116
*/
```

注意，数组有三个元素，索引分别是 0，1 和 2。有了数字索引后，就不再需要用 if 语句处理每种单独的情况。每次随机到什么结果，使对应索引位置的元素递增 1 即可。

习题

选择题

1. < 继续条件 > 测试结果为 false，这意味着 _______。

   a. 终止循环
   b. 终止程序
   c. 继续循环
   d. 重启程序

2. 循环的最小迭代次数是 _______。

   a. 1
   b. 5
   c. 0
   d. –1

3. 关于以下 for 语句，哪个说法正确？ _______

```
for (var j = 0; j < n; j++) { . . . }
```

   a. 循环起点是 0
   b. 每次迭代递增 1
   c. n 次迭代后终止循环
   d. 以上都对

4. JavaScript 用 _______ 设置计时器。

   a. setTimeout
   b. Math.Timer
   c. Timer
   d. setTick

5. 给定以下声明，哪个是有效的数组引用？ _______

```
var cols = new Array(9);
```

   a. cols[0]
   b. cols[4.5]
   c. cols[9]
   d. cols[10]

6. 提前加载图片称为 _______。

   a. 缓冲
   b. 预取
   c. 缓存
   d. backlogging

7. for 循环的第一个操作是 _______。

   a. < 继续条件 > 测试
   b. 递增
   c. 执行 for 循环主体语句
   d. 初始化

8. m++; 等价于 _______。

   a. m = m + 1;
   b. m = m – 1;
   c. m = 1 – m;
   d. m + m;

9. 以下数组声明无效，原因是 _______。

```
var sample = new array(1);
```

   a. sample 不是有效名称
   b. new 应首字母大写
   c. array 应首字母大写
   d. 数组至少要有两个元素，将 1 改成 2

10. 写代码时，哪些语句能嵌套？_______
    a. if 语句
    b. for 语句
    c. if 和 for 语句都可以
    d. if 和 for 语句都不能嵌套，只有函数可以

填空题

1. _______ 是浏览器用于表示网页的数据结构。
2. 循环第二次迭代时，首先执行的操作是 _______ 测试。
3. i 递增 1，结果存回 i，这个操作的简便写法是 _______。
4. 永远不终止的循环称为 _______ 循环。
5. 循环中的循环称为 _______ 循环。
6. Math.abs() 在 JavaScript 中用于计算 _______。
7. 数组元素通过其 _______ 来访问。
8. 数组的元素数量称为数组的 _______。
9. 每秒播放的帧数称为 _______。
10. 数组的最大有效索引是它的 _______。

简答题

1. 假设你正在做饼干 (真的 cookie)，操作步骤上说，一直搅拌，直至充分混合。解释具体的循环过程。
2. 循环的什么特征确保它会终止？
3. 写一个循环从 0 开始，迭代 7 次。
4. 创建一个数组来容纳你去过的所有城市的名称。
5. 引用第 4 题创建的数组，写 for 循环遍历数组并显示“I have visited ”，后跟每个城市的名称。
6. 写循环计算 1~100 的累加值，用一个 alert 对话框显示结果。
7. 写代码显示一个骰子，点击骰子将显示 1~6 的随机数。(参考 Magic Decider 的代码。)
8. 年轻人常用一支雏菊来判断恋人对自己的真实感受。每数一个花瓣，就交换说“她爱我”和“她不爱我”。请生成一个不超过 25 的随机数，用它判断女友 (或男友) 是否爱你。偶数表示爱，奇数表示不爱。列出完整过程。
9. 写嵌套循环，用 document.write 显示一组星号以生成“阶梯”效果。

```
*
**
***
****
*****
******
*******
```

10. 写 for 循环打印 1~101 的所有偶数。
11. 写代码从 1~10 随机选择一个数，如结果等于 5 或更小，就显示“Low”，否则显示“High”。
12. 解释写循环时为什么最好从 0 而不是 1 开始。
13. 什么是“相差 1”错误？它们有多普遍？能够避免吗？
14. 写一个无限循环，详细解释它为什么是无限循环，以及如何修正使其变得有限。
15. 写代码创建“警告：脚本无响应”错误。详细解释是什么造成了错误，以及如何修正。

CHAPTER 21

用算法解决问题：Smooth Motion 应用程序

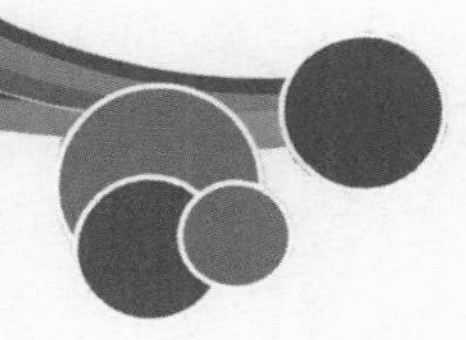

学习目标

- 理解并运用分解原则
- 解释创建 Smooth Motion 应用程序所用的策略
- 理解Smooth Motion对各种JavaScript操作的运用，包括迭代、索引、数组、函数、动画控件和事件处理程序
- 理解如何在 Smooth Motion 中处理鼠标事件

CHAPTER 21

再这样继续下去，人的四肢将会萎缩，但一直敲键盘的手指头除外。

——弗兰克·劳埃德·赖特

通过学习编程，我们明白了计算机如何解决问题，以及它们的速度和能力源自何处。现已学习了足够多的编程知识，足以美化我们的网页，使其更实用、更动感。但是，这些知识的价值并非仅仅是让我们用来装饰门面。相反，我们可运用编程思想来解决常规问题。除了计算机，我们在日常生活中还会接触到大量操作步骤、规程、指令和说明等。你学到的知识适用于所有这些情况，这使你能更高效地学习、执行和计划任务。本章将运用这些知识解决一个更复杂的任务。

虽然编程思想具有多方面的应用，但我们的兴趣仍然在和 Web 有关的应用上。本章要创建一个名为 Smooth Motion(平滑运动) 的 Web 应用，它测试测试用户在操作鼠标时的协调性。你能做到多平滑？应用程序将采用事件编程，其中涉及鼠标事件、动画、控件、更复杂的 HTML、函数、迭代、索引和数组等。Smooth Motion 是一个常规应用程序，它使我们能将重点放在解决问题的过程上。如果能耐心完成整个案例分析，就会对自己应该在什么时候以及如何运用编程思路做到心中有数。

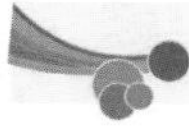

21.1 Smooth Motion 应用程序

解决任何问题时，步骤 0 都是理解你的目标。(本章几乎一切都从 0 开始编号！) Smooth Motion 应用程序是一个协调性测试程序 (访问 pearsonhighered.com/snyder 来试用 Smooth Motion)。图 21.1 展示了图形用户界面。各个组件从上到下依次如下。

- 标题 (Heading)：文本“Smooth Motion”。
- 网格 (Grid)：7×20 方块网格。
- 键 (Key)：一排共 7 个橙色 / 黄色方块。
- 控件 (Control)：按钮和单选按钮。
- 指示 (Instructions)：底部的操作说明文本。

此外，所有组件都包含在一个有边框和背景色的 1 列 5 行表格中。

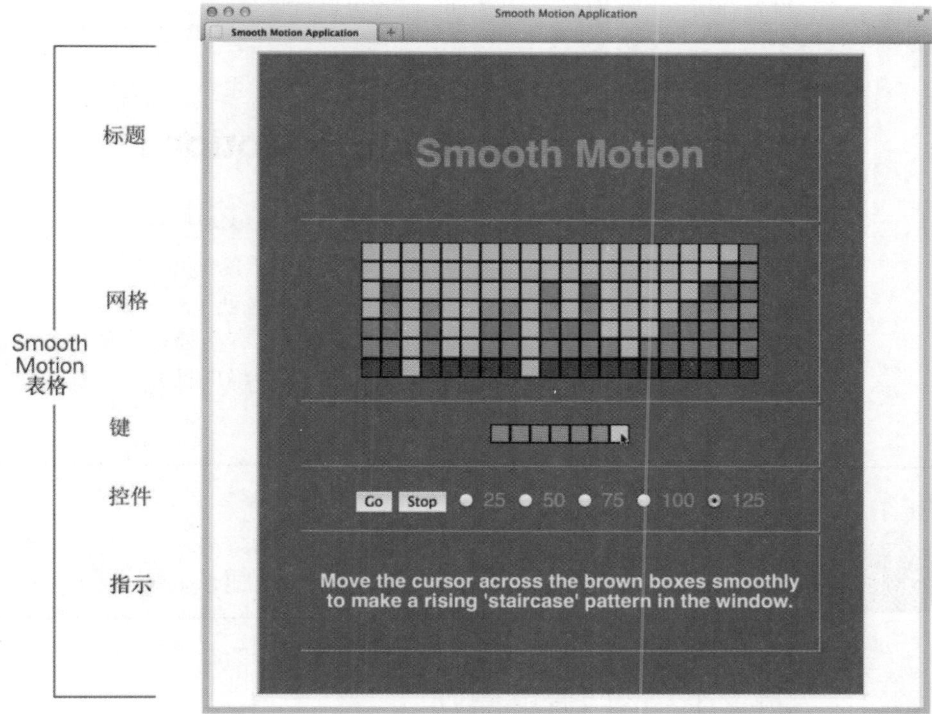

图 21.1　Smooth Motion 应用程序的 UI，访问 pearsonhighered.com/snyder 试用

Smooth Motion 的工作方式

Smooth Motion 的工作方式如下：应用程序在加载 5 秒钟后自动启动。它在网格中从右侧开始填充高度随机的方块列。方块列匀速向左侧移动，具体速度由下方的控件决定。

随机方块列将持续生成，直到用户将鼠标放到某个橙色“键”上。这时将由用户控制网格中的方块列显示。如果将最左边的键称为键 1，最右边的称为键 7，则鼠标放在键 n 上时，网格中将显示由 n 个方块构成的一个方块列。图 21.1 展示了鼠标放在键 7 上的情况。

用户的目标是尽量平滑地让鼠标移过每一个橙色“键”。如移动得足够平滑，以至于创建了一个从左向右依次升高的完美阶梯，过程就会停止。该过程任何时候都可使用 Go 和 Stop 按钮来开始或停止。速度选择以毫秒 (ms) 为单位，它决定了方块向左侧移动的速度。测试时，你需要让鼠标平滑地从最左边的键移动到最右边的键，移动速度必须和网格动画的帧率一致。

Smooth Motion 应用程序的编程比较复杂，但令人惊讶的是，它只需要你具备适当的 HTML 和 JavaScript 知识。

完全不适合做成移动应用

尽管到目前为止开发的网页都同时适合桌面和移动设备，但 Smooth Motion 是一个例外。它依赖于悬停，而“悬停”这个动作需要鼠标或触摸板之类的指点设备。所以，只有在有鼠标的时候才可以玩这个应用。

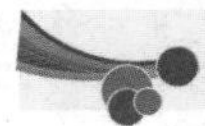

21.2 计划 Smooth Motion

我们的目标是设计和构建 Smooth Motion 应用程序。为了达到这个目标，需要准备几个函数和一些复杂的逻辑。一个难点在于，我们要让动画的计时器事件和控件的鼠标事件同时发生。许多人绞尽脑汁也想不出应该如何解决这个问题。项目的复杂性会让我们产生畏难情绪。所以，有必要逐步解决该问题，其间要采用“分而治之”的方式来简化我们的工作。将项目分解成简单的、容易控制的部分，最后必然会取得成功。

平滑移动

你自己认为应该如何编写 Smooth Motion？在阅读本章的解决方案之前，先花两分钟的时间想一想自己如何解决这个问题，这有助于你以后更好地理解本章的内容。

21.2.1 运用分解原则

解决复杂问题的一个基本策略是运用以下原则。

> 分解原则：将一个大任务分解成较小的子任务，分别解决各个子任务，再合并起来生成最终的解决方案。

当然，分解出来的子任务也许还不够小，仍然不能轻易解决。这时需要为这样的每个子任务再次应用“分解原则”，生成更小的子任务；以此类推。最终得到的组件会足够小，能轻易解决。解决了所有子任务之后，就需要开始汇总过程——合并最基本的组件，生成较复杂的组件。再合并，再生成；以此类推，最终解决整个问题。合理应用分解原则，能够解决非常复杂的问题。

21.2.2 列出任务

Smooth Motion 应用程序的几个部分提供了应用“分解原则”的明显起点。

任务	描述
构建 UI	创建网页，在一个表格中包含应用程序的 5 部分：标题、网格、键、控件和指示
让网格动起来	使方块列向左侧移动
感应键	处理鼠标事件，将控件信息传送给网格动画组件
检测阶梯	根据一系列事件来识别用户是否“通过测试”
构建控件	实现对应用程序的控制
汇总总体设计	实现自动随机启动，处理开始和停止，设置速度，并实现其他组件的互联
修饰设计	使网页效果更美观，工作更流畅

其中，只有“构建 UI”任务足够简单，可以直接解决。但即便如此，它也要比我们之前构建的其他网页复杂。其他任务最开始都需要分解。

21.2.3 确定解决方案

解决问题的第一步是把它分解成单独的任务。第二步是确定每一部分的解决方案。策略在很大程度上与解决各个部分的顺序有关。

首先构建一个基本网页

由于 JavaScript 编程通常需要一个网页才能展开计算，所以有必要先从构建 UI 开始，而不是先急着做其他任务。这样才有地方测试，并可存储其他任务的解决方案。网页变成了一个组织结构，我们在其中添加 JavaScript 代码来记录进展。

避免做无用功

任何 JavaScript 设计都要避免花大量时间来构建一个最后才发现完全不适合自己解决方案的网页。虽然本书的例子不会犯这样的错误，但在你的其他项目中，需要尤其注意这一点。

所以，我们先构建主页。但是，为了避免浪费时间设计一个花哨而不实用的网页，我们决定刚开始只构建一个非常基本的网页，并在所有组件都能正常工作之后，再对其进行修饰。所以，GUI 的构建要分成两个部分来完成。

虽然目前要解决的问题并不复杂，但标准的问题求解策略是先创建一个能正常工作的原型，再完成整个设计。该策略的好处在于，在已知能正常工作的基本设计上添加东西要容易得多。我们的计划是将重点放在基本网页上，并将修饰性的东西放到最后来添加。

先解决独立任务，再解决依赖任务

为确定其他任务的解决顺序，需了解"任务依赖性"。也就是说，有些任务 (比如"检测梯形") 要依赖其他任务 (比如"感应键") 的解决方案。这种有依赖性的任务称为"依赖任务"，而不依赖其他任何任务的称为"独立任务"。应该先完成独立任务。接着完成依赖于独立任务的任务，再接着完成依赖于后者的任务，以此类推。任务的规划基于以下规则：任何任务都在它依赖的所有任务解决后再开始。所有任务都可能相互依赖，但这种情况极少发生。如真的发生，那么先开始具有依赖性的任务，一旦必须要用到另一个任务的结果，就暂时中断，改为完成其他任务。在本例中，"构建 UI"属于独立任务，而"让网格动起来"任务唯一依赖的就是这个任务。所以，我们安排后者第二个完成。"感应键"也只依赖 UI，但"让网格动起来"任务完成后更容易测试，所以安排它第三个完成。

PERT 图

跟踪大量依赖关系时容易混淆，系统工程师和项目经理经常描绘一幅"任务依赖图"，或者称为 PERT 图。PERT 是 Program Evaluation and Review Technique 的简称，即"计划评审技术"最早由美国海军于 20 世纪 50 年代开发。

有几种方式来画这种图；我们将任务放到在圆圈中，用箭头指出依赖关系。图 21.2 在两个圆圈之间连了一个箭头，表明箭头处的任务要依赖于箭尾处的任务。这是 PERT 图很常见的一种形式，它要求从没有被任何箭头指向的圆圈开始。对于任何圆圈，一旦其中的任务完成，就可接着完成箭头所指向的任务。

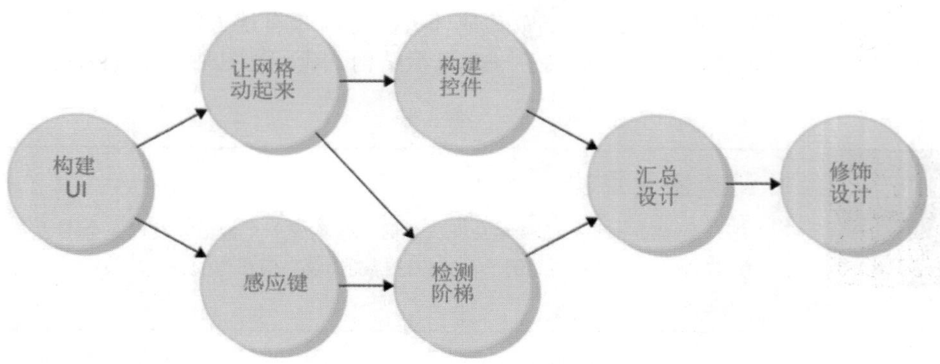

图 21.2 任务依赖图 (PERT 图)，箭头的任务依赖于箭尾的任务

我们的策略是按以下顺序解决问题。

1. 构建 GUI：结果将是一个基本网页。
2. 让网格动起来：它只依赖“构建 GUI”任务。
3. 感应键：它只依赖“构建 GUI”任务。
4. 检测阶梯：它依赖“让网格动起来”和“感应键”任务。
5. 构建控件：它依赖“让网格动起来”任务。
6. 汇总总体设计：合并那些尚未完成的部分。
7. 修饰设计：对网页进行修饰。

通常，上述每个任务都可使用“分解原则”进一步简化，直到所有子任务都简单到能直接解决。这样可确保通过分解来获得一个实际的方案。考虑到当前的目标，我们决定采用一个稍有不同的策略，就是为每个任务都分配一个小节，并在每节开头应用“分解原则”。

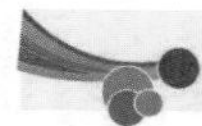

21.3 构建基本网页 GUI

Smooth Motion 的完整 UI 基于一个表格，表格中包含所有组件：标题、网格、键、控件和指示。目前只创建基本结构。我们将这个网页称为结构化网页。“基本”特性包括表格、标题和指示，另外还有背景颜色、字体样式 / 颜色以及应用程序在网页上的居中对齐。应用程序能正常工作后，再对其进行改进。

21.3.1 结构化网页

结构化网页包含一个 5 行、1 列的表格。Smooth Motion 的标题和指示文本分别放在第一行和最后一行。第 18 章创建 Bean Counter 网页时讲过，构建表格最简单的方式是通过复制 / 粘贴“由内向外”地进行。也就是说，首先使用 <td> 标记创建标准单元格，复制来生成一行，将整行封闭到 <tr> 标记中。再复制这一行，将所有表行封闭到 <table> 标记中来完成整个表格主干的创建。最后再填充具体的内容。由于这个表格只有一列，所以没有必要复制单元格来生成多列。在本例中，“标准”单元格应居中，而且只包含一个空格，即 <td> </td>。我们的基本表格要求有一个边框。

21.3.2 结构化网页的标题

标题文本使用 <h1> 标题，指示则使用一个段落标记。由于指示文本的颜色有别于网页上的其他文本，所以必须设置它的字体颜色。

图 21.3 展示了结构化网页的 HTML 定义和显示。注意，图 21.1 的中间三行在图 21.3 中是空的，因为它们目前还只是空格。但这三行已在 HTML 中定义，为下一个编程任务“让网格动起来”预留了空间。

```
<!doctype html>
<html>
  <head>
   <meta charset="UTF-8"/>
    <title>Smooth Motion Application</title>
    <style>
      body {background-color : white; color : #ff6600; font-family : helvetica;
              text-align : center}
      table {margin-left : auto; margin-right : auto; background-color : #a80000}
      p      {color:black;}
    </style>
  </head>
  <body>
   <table border="1">
     <tr><td>
       <h1>Smooth Motion</h1>
       </td></tr>
     <tr><td>
       </td></tr>
     <tr><td>
       </td></tr>
     <tr><td>
       </td></tr>
     <tr><td>
       <p><b>
       Move the cursor across the brown boxes smoothly <br/>
       to make a rising 'staircase' pattern in the window.</b>
       </p></td></tr>
   </table>
  </body>
</html>
```

行1

行5

Smooth Motion

Move the cursor across the brown boxes smoothly to make a rising 'staircase' pattern in the window.

结构化网页使用的表格

图 21.3　结构化网页的显示和 HTML；表格似乎被压缩，因为 2~4 行目前没有任何内容。记住，你的浏览器的显示效果可能不同

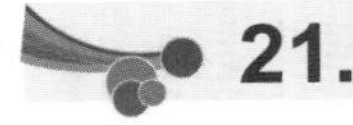

21.4　让网格动起来

这个任务要求使 7×20 = 140 的方块网格从右向左移动。任务过于复杂，以至于不能直接解决，所以必须再次应用“分解原则”。

21.4.1　第一次分析

第 20 章的 Busy Animation 解释了创建动画的三个基本步骤。

1. 定义并放置初始图像。
2. 预取用于更新图像的帧。
3. 设置计时器并编写计时器处理程序来更新图像

这恰好就是“让网格动起来”任务的初始分解步骤。但这些步骤还不能完全解决问题，我们需要进一步思考和策划。

方块列的帧

怎样组织快速重画的 140 张图 (140 个方块)，并跟踪每个块的轨迹呢？研究一下应用程序的工作方式，我们首先注意到它只是提及方块构成的“列”。这意味着在垂直方向上，图像是没有“运动”的。相反，图像只是水平运动。(这一点通过配色方案也能看出来。) 另外，水平运动只限于从右向左进行。根据以上

结论，我们可确定根本不需要让单独的方块动起来。图像可以是整列。这样，网格中需动起来的图像总数就减少至 20，即我们预定的列数。当然，每种方块列都需要一幅帧图像：包含 0 个方块的列，包含 1 个方块的列，...，以及包含 7 个方块的列，总共需要 8 帧。所以，在三个基本步骤的基础上，一个新的子任务就是定义和组织方块列的帧图像 (称为柱形帧)。

从左向右对列进行索引

接着研究一下图像的“运动”。每隔固定时间，一个给定的列都要由它右侧的列来替换。如图 21.4 所示，如 20 个列从左向右索引，则每隔固定时间，列 i 的图像都将由列 i+1 的图像替换。列从 0 开始从左向右索引，这是因为第 20 章讲过，浏览器将图像放到网页上时，会按遇到它们的顺序将其记录到 document.images 数组中。那个顺序就是 HTML 网页的构造顺序，即从左到右，向上到下。所以，网格最左边的列是 document.images[0]，我们要将 document.images[i] 的内容替换为 document.images[i+1] 的内容。让每个列左移非常简单，只有最后一列需要特殊处理。

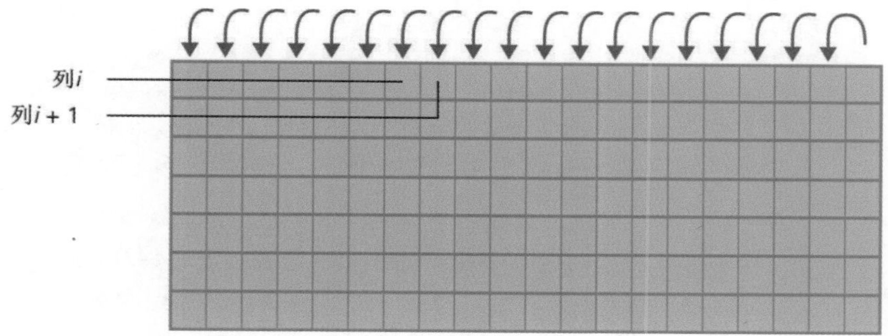

图 21.4　最左边的是列 0，列 i 中的图像应替换成列 i+1 的图像，从而在“网络动画”事件处理程序中实现左移效果

列 19(最后一列) 的处理其实也比较简单，因为只需为它分配一张新图片 (即 8 帧之一)。那么，具体应该分配哪一帧呢？如当前处于随机启动阶段，这应该是一个随机帧。如处于由用户控制的阶段，就应该是由用户通过鼠标位置指定的那一帧。我们将帧的选择留待将来完成，因为“汇总总体设计”任务将正确地设置帧。

21.4.2　第二次分析

根据第一次分析，似乎应该添加子任务来定义一个图像移动过程，以及定义一个“列 19”填充过程。但其实没有必要。这两个活动都是计时器事件处理程序的一部分，而它已经在我们的列表中。因此，“让网格动起来”的子任务列表只增加了一项。

1. 定义并组织 8 个柱形帧。
2. 定义并放置初始图像 (0~19)。
3. 预取 8 个帧来更新图像。

4. 设置计时器并编写事件处理程序，将列 1~19 的图像分别移至列 0~18，同时在列 19 放入一个新帧。

下面将分单独的小节来讨论每个子任务。

子任务：定义并组织帧

Smooth Motion 的 8 帧如图 21.5 所示。文件是现成的，可从 pearsonhighered.com/snyder 下载，不需要自己创建。注意，它们的名称依据方块的高度来定义。另外，图像设计了必要的颜色和线条，紧密摆放到一起就能构成一个美观的网格。

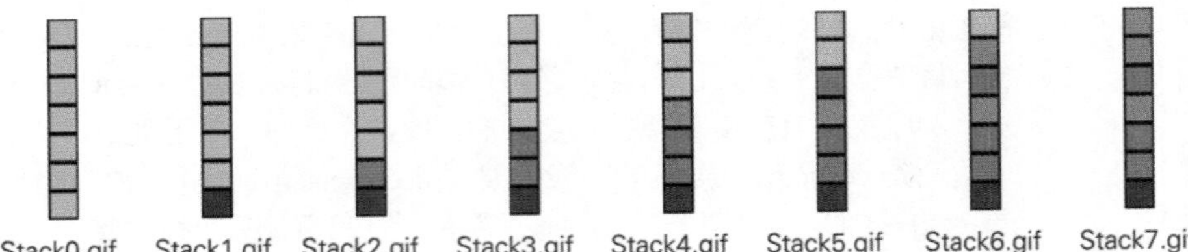

图 21.5 Smooth Motion 应用程序需要的 8 帧

如 gif 帧不可用，就必须创建它们。有许多工具可供利用，从简单的绘图程序，一直到复杂的图像编辑套装软件。虽然各种工具的功能、方便性和复杂度有区别，但在创建供 JavaScript 使用的帧图像时，只需遵守两个原则。

- 确保相互覆盖的所有图像都具有相同像素尺寸。为满足这个要求，一个简单的方法是创建一个初始的“空白”帧，把它保存起来，其他所有帧都以它为基础来创建。
- 确保所有文件都以 .gif 或 jpg 格式存储，而且使用时保持一致；也就是说，只用 .gif 覆盖 .gif。

在 HTML 中使用图像时，建议把它们放到一个单独的文件夹中以便组织 (参见第 3 章)。例如，可将图 21.5 的那些方块列 gif 文件存储到一个名为 gifpix 的目录中。这样一来，它们相对于 HTML 文件所在位置的名称就是 gifpix/Stack0.gif，gifpix/Stack1.gif……。

子任务：定义并放置初始图像 (0~19)

该子任务的目的是在结构化网页的那个表格的第二行构建网格 (参见图 21.3)。网格的初始状态基于 Stck0.gif 的 20 个拷贝来创建。和往常一样，用 <img src="..."> 标记在网页上放置一张图片。20 张图需要 20 个这样的标记，所以最好用循环来解决。为了使用 JavaScript for 语句，需要在第二行的 <td> 标记内部添加 <script> 标记，再在其中写必要的 JavaScript 代码。图像要在结构化网页上显示出来，必须使用 documet.write() 函数来写入这些图像。

迭代可以采用 WFI 形式，而且必须声明一个迭代变量。实现这个功能的代码如下：

```
<tr><td>
  <script>
        for (var j = 0; j < 20; j++) {                    //Place grid imgs
          document.write('<img src="gifpix/Stack0.gif" alt=" "/>');
        }
  </script>
  </td></tr>
```

这便完成了图像的初始化。(注意，alt 标记留空，因为这些图片会被覆盖。)

子任务：预取帧图像

正如第 20 章解释的那样，对网上取回的图片进行动画处理时，由于文件会在传输过程中出现延迟，所以必须进行预取，这正是当前子任务的目标。(如有必要，请复习第 20 章的 Busy Animation 例子。)

相对于网页的创建，预取操作可在动画开始前的任何时候进行。由于预取也需要 JavaScript 代码，所以我们决定把这些代码和刚才完成的初始化子任务的代码放到一起(当然要先声明)。这是一个很好的位置，因为在预取帧的时候，我们需要填充由 8 个元素构成的图像数组。为此，我们需要先添加一个对那个数组的声明。

预取的三个步骤如下所示。

1. 声明用于存储预取图像的数组。
2. 将数组元素初始化成图像对象；也就是说，使用 new Image() 规范来定义每个数组元素的图像结构。
3. 将文件名赋给图像对象的 src 字段，造成浏览器记录名称并获取文件，这就实现了预取。

文件名已在图 21.5 中给出。我们将数组命名为 pics，并分别为第二个和第三个子任务使用单独的循环(虽然将两个操作合并成一个也完全可行)。结果代码如下：

```
var pics = new Array(8);                    //Prefetch array
for (var j = 0; j < 8; j++) {               //Initial img array
  pics[j] = new Image();
}
for (var j = 0; j < 8; j++) {               //Prefetch images
  pics[j].src = "gifpix/Stack" + j + ".gif";
}
```

声明数组那一行要放到网页 head 区域的 <script> 标记中。其他代码和刚才的初始化代码放到一起。注意，文件名是动态构建的，这避免了单独输入每个文件名的麻烦。

21.1 法老的金字塔

通过字符串连接来构造文件名，写两个 for 循环来组合图 21.5 的图片文件，生成如图所示的金字塔。

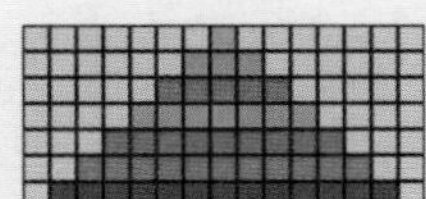

子任务：设置计时器并编写计时器事件处理程序

这个子任务的目标是编写事件处理程序，使网格中的每张图左移一个位置(位置 0 的图像直接消失)，并为位置 19 分配一张新图。所以，我们首先构建这个名为 animate() 的事件处理程序。在此期间，有几个细节问题需要注意。

计时器事件处理程序 animate() 有三个操作。

1. 除第一张图的其他所有图朝左移一个位置。
2. 为图像 19 分配一个新帧。
3. 计划在将来某个时间要做的事情。

选择新帧的机制还没有开发出来，但“汇总总体设计”任务会解决它。就目前来说，目前只需分配一个随机帧，就能在时钟每次滴答时发生不一样的事情。另外，分配随机帧本来就是应用程序启动时要做的事情。

记住，浏览器将它显示的图像的细节存储到 DOM 的 images 数组中，因此，我们通过 document.images 来引用该数组。如果想显示一幅新图像，需要更改来源字段 src。以下代码将使用 document.images，并根据上述三个步骤来写 animate() 函数：

```
function animate() {                                    //Animate
  for (j = 0; j < 19; j++) {                            //Shift images L
    document.images[j].src = document.images[j+1].src;
  }
  document.images[19].src = pics[randNum(8)].src;       //Place random img
  timerId = setTimeout("animate()", duration);          //Set timer for next
}
function randNum (range) {                              //Rand No. picks
  return Math.floor( range * Math.random( ));           // nums from range
}
```

这里使用了第 19 章开发的 randNum() 函数，所以必须包括该函数的声明之后才能用它。别外，还在声明列表中添加了一个 duration 变量：

```
var duration = 125;
```

为了实现 5 秒钟之后自动开始，需要在函数定义前添加以下附加语句：

```
timerId = setTimeout("animate( )", 5000);
```

它指示 animate() 函数在浏览器启动 5000 毫秒之后运行。和 Busy Animation 例子一样，我们将从 setTimeout 函数接收到的句柄存储到一个 timerId 变量中(该变量同样需要声明)，从而确保动画能够停止。另外，基于上述代码，一旦“设置计时器”子任务结束，“让网格动起来”任务也就算是完成了。图 21.6 显示了结构化网页目前的状态。

```
  <script>
    var duration = 125, timerId;                  //vars
    timerId = setTimeout("animate()", 5000); //Initial timer
    var pics = new Array(8);                      //Prefetch array
    for (var j = 0; j < 8; j++) {                 //Initial img array
      pics[j] = new Image();
    }
    for (var j = 0; j < 8; j++) {                 //Prefetch images
      pics[j].src = "gifpix/Stack" + j + ".gif";
    }
    function animate() {                                    //Animate
      for (j = 0; j < 19; j++) {                            //Shift images L
        document.images[j].src = document.images[j+1].src;
      }
      document.images[19].src = pics[randNum(8)].src; //Place random img
      timerId = setTimeout("animate()", duration);     //Set timer for next
    }
    function randNum (range) {                              //Rand No. picks
      return Math.floor( range * Math.random( ));           // nums from range
    }
  </script>
 </head>
 <body>
  <table border="1">
   <tr><td><h1>Smooth Motion</h1></td></tr>
   <tr><td>
     <script>
          for (var j = 0; j < 20; j++) {                   //Place grid imgs
            document.write('<img src="gifpix/Stack0.gif" alt=" "/>');
          }
     </script>
     </td></tr>
   <tr><td></td></tr>
   <tr><td></td></tr>
   <tr><td>
    <p style="color : black"><b>
    Move the cursor across the brown boxes smoothly <br/>
    to make a rising 'staircase' pattern in the window.</b>
    </p></td></tr>
  </table>
 </body>
</html>
```

图 21.6　在完成了“让网格动起来”任务之后，Smooth Motion 中的那个表格的 HTML、JavaScript 和显示

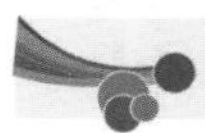

21.5　改变计划

任务分解策略的下一步本来应该是解决如何感应键的问题。但是，在解决了网格动画问题后，我们发现假如不能随心所欲地开始和停止动画，将是一件十分麻烦的事情。需要提供控件来停止动画，避免每次运行都要关闭并重启浏览器。“构建控件”任务计划是在以后完成。但是，现在解决它似乎更符合逻辑，这样才能简化后期的开发。正如罗伯特·彭斯 (Robert Burns) 所说的，不管你有多努力，计划总是跟不上变化。大型项目经常需要根据实际情况来调整任务顺序，因为事先并非一定能预料到所有事情。所以，我们接着完成“构建控件”任务。

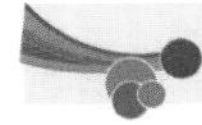

21.6 构建控件

观察图 21.1 的 UI，注意“控件”区域总共包含 7 个输入控件。所以，表格第 4 行必须包含 <form> 标记以定义控件。注意，<form> 标记的详情已在第 19 章和第 20 章进行了描述。这里唯一的挑战是如何处理单击事件。和往常一样，我们要问自己：“控件被单击之后，应该发生什么事情？”有三种情况。

1. Go 按钮单击事件：使用 setTimeout() 开始动画，跟踪句柄。
2. Stop 按钮单击事件：使用句柄来清除计时器，从而终止动画。
3. 单选钮单击事件。通过为 duration 赋值来设置计时器间隔。

以上任何一个活动都只需要一个语句，所以我们选择不为事件处理程序创建函数。相反，直接将代码作为输入控件的 onclick 值。

```
<tr> <td>
  <form>
    <input type="button" value="Go"
      onclick='timerId=setTimeout("animate()",duration)'/>
    <input type="button" value="Stop"
      onclick="clearTimeout(timerId)"/>
    <input type="radio" name="speed" onclick="duration=25"/> 25
    <input type="radio" name="speed" onclick="duration=50"/> 50
    <input type="radio" name="speed" onclick="duration=75"/> 75
    <input type="radio" name="speed" onclick="duration=100"/> 100
    <input type="radio" name="speed"
      onclick="duration=125" checked="checked"/> 125
  </form>
</td></tr>
```

注意，最后一个按钮设置了 checked，表明 duration⇔125 是默认值。

简单重复

也可使用一个 for 循环来放置单选按钮，虽然只有前 4 个才具有适合循环的一致性结构。循环需要 <script> 标记和 document.write 等。由于重复次数非常少，所以使用“拷贝 - 粘贴 - 编辑”更容易，而不是使用循环。

“构建控件”任务完成后，动画就可以启动和停止了。现在回到最早计划的步骤中。

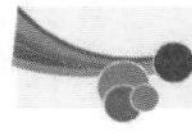

21.7 对键进行感应

“感应键”任务的宗旨是确保当鼠标放到某个“键”上时，程序能正确地识别。这个任务要求我们理解如何感应鼠标的运动，这是一个以前没有讲过的主题。但是，在解决一个较大的问题时，经常会遇到不是所有活动的细节都清楚的情况，这时必须学习某个新概念、系统或操作以完成任务。这就是我们在需要感应鼠标运动时遇到的情况。所以，在尝试任务分解之前，先学习一下鼠标运动。

实际上，感应鼠标运动非常容易。浏览器除了能识别控件所引发的事件，还能识别网页上各个对象(例如图像)所引发的事件。例如，单击一张图将引发一个单击事件，可用事件处理程序来处理它。我们用图像标记的 onClick 属性来指定事件处理程序，例如 <img src="..." onClick = "doSomething()">。这样就能识别网页图像上的鼠标单击操作。

在操作系统的帮助下，浏览器能跟踪鼠标指针在任何时候的位置(毕竟，鼠标指针本身就是由操作系统描绘的)。鼠标移动到一幅图像或其他网页对象上方时，会发生一个 mouseover 事件。鼠标离开对象，则会发生一个 mouseout 事件。我们需利用这两个事件跟踪鼠标在 Smooth Motion 的各个“键”上“滑过”的过程。这些键是图像，所以我们为两个鼠标事件分别写一个事件处理程序。然后，在显示键图像的 <img src="..."> 标记中，将它们分别设为 onmouseover 和 onmouseout 事件处理程序。

现在就可以问自己以下问题，从而对“感应键”任务进行分解：“怎样感应键？”首先，我们注意到目前还没有键(参见图 21.6)，所以必须定义它们。其次，在思考了它们的工作方式之后(发生 mouseover 时从橙色变成黄色，发生 mouseout 时变回橙色)，我们发现这些键实际是另一种动画。和我们写过的其他动画的区别在于，其他动画由一个计时器来更新，而键动画由鼠标运动来更新。这个结论对我们的计划大有裨益，因为我们之前已解决了动画问题。所以，使用和“让网格动起来”任务一样的方式进行标准动画分解。

1. 定义并组织必要的帧。
2. 放置初始图像，创建键。
3. 预取帧。
4. 构建事件处理程序。

该策略足以解决问题。

子任务：定义并组织帧

第一个子任务只涉及到两张图，即橙色方块(■)和黄色方块(□)，文件分别是 OrangeBox.gif 和 YellowBox.gif，和 Stack(方块列)图像一起存储在 gifpix 目录中。将文件移动到那个目录，就算完成了第一个子任务。

子任务：放置初始图像

将图像放到网页上来创建键。7 张图必须放到结构化网页的那个表格的第 3 行中，而且要居中。它们全是 OrangeBox.gif。和往常一样，写一个 JavaScript 循环来反复执行 document.write 以写入 <img src="..."/> 标记。结果代码如下所示(还不算完整，但稍后就会改正)：

```
for (var j = 0; j < 7; j++) {
   document.write('<img src="gifpix/OrangeBox.gif" alt=" "/>'); //Incomplete
}
```

这就暂时结束了放置图像的子任务。

子任务：预取帧

预取帧也和早先的动画相似。你现在应该熟悉了三个步骤的子任务序列。由于只需预取两个帧，所以不值得用循环，只需声明一个小数组，写代码来初始化图像，然后预取。

```
var keypix = new Array(2);
keypix[0] = new Image();
keypix[1] = new Image();
keypix[0].src = "gifpix/OrangeBox.gif";
keypix[1].src = "gifpix/YellowBox.gif";
```

子任务：构建事件处理程序

最后要构建两个事件处理程序，即用于 mouseover 的 here()，以及用于 mouseout 的 gone()。它们并不复杂。

和任何事件处理程序一样，我们要问："鼠标移到一个键上方时，应该发生什么事情？"首先，键的颜色必须改变，在视觉上提醒用户鼠标已移动到键上，或者已离开键。为此，只需用 YellowBox.gif 或 OrangeBox.gif 来更新键的图像即可。但是，怎样引用键的图像呢？我们知道图像已在浏览器的 images 数组中列出 (浏览器将网页上的所有图片都存储到该数组中)。由于键在网格之后出现，所以键图像在数组中明显存储在网格图像之后。我们已知网格图像是 images[0]，...，images[19]。所以，键的图像必然是 images[20]，...，images[26]。当然，如果我们知道一个键的位置 (例如 pos)，就能以 images[20+pos] 这样的形式来引用该键。最后的结论是，我们需要记录每个键在序列中的位置。

接着，鼠标感应事件处理程序必须告诉"网格动画"事件处理程序要在网格的最后一个位置显示哪幅新 Stack(方块列) 图像。后者唯一需要知道的就是键的位置。所以，只需把它赋给一个全局变量 (比如 frame)，工作就完成了。基于以上结论，我们认为需要声明一个名为 frame 的变量，并定义两个鼠标事件处理程序：

```
function here (pos) {
   document.images[20+pos].src = "gifpix/YellowBox.gif";
   frame = pos + 1;
}
function gone (pos) {
   document.images[20+pos].src = "gifpix/OrangeBox.gif";
   frame = 0;
}
```

我们将键的位置设为一个参数。

注意 here() 是如何解决索引不匹配问题的。键的索引从 0 开始，即 0，1，……，6；pos 的值取其中之一。相反，方块列的索引从 1 开始，即 Stack1.gif，Stack2.

gif，……，Stack7.gif；frame 的值取其中之一。所以，当鼠标放到 key[0] 上时，意味着要绘制的是 Stack1.gif。here() 函数通过以下赋值语句来解决这个不匹配问题：

```
frame = pos + 1;
```

另外还要注意 gone()。我们不知道鼠标会朝哪个方向移动。它可能移至另一个键，也可能完全离开键 (此时应绘制 Stack0.gif)。所以，最安全的做法是设置 frame = 0。如鼠标移至另一个键，后者的 mouseover 事件处理程序会立即调用，从而将 frame 设为正确编号。

21.2　快速鼠标

鼠标放在最右侧的感应键上时会调用 here() 函数。(a) 该调用传递的 pos 值是多少？ (b) document.images 数组中发生改变的元素的索引是多少？ (c) 调用完成后，在 document.images[19] 中显示的图片的文件名是什么？

合并子任务

定义好两个鼠标事件处理程序后，我们回到图像初始化子任务，在 <img src = "..."/> 标记中中添加事件处理程序规范。下面是修订过的图像初始化语句，也是它的最终形式：

```
for (var j = 0; j < 7; j++) {
   document.write('<img src="gifpix/OrangeBox.gif" ' +
   'onmouseover = "here(' + j + ')" ' +
   'onmouseout = "gone(' + j + ')"  alt=" "/>');
}
```

在两个鼠标事件处理程序中，位置参数由 for 循环的迭代变量 j 来指定。为了测试我们的“感应键”任务解决方案，我们在“网格动画”事件处理程序 aimate() 中进行一处微小的改动，也就是将分配最后一列的 frame 从随机选择变成 frame 变量。新行的形式如下：

```
document.images[19].src = pics[frame].src;
```

这样就可以对代码进行测试。

完成了“感应键”子任务之后，图 21.7 显示了在结构化网页的表格的第三行输入的代码。注意，两个声明 (keypix 和 frame) 要和之前的声明放到一起，事件处理函数要和之前定义的函数放到一起)。

```
<script>
   var keypix = new Array(2);
   keypix[0] = new Image();
   keypix[1] = new Image();
   keypix[0].src = "gifpix/OrangeBox.gif";
   keypix[1].src = "gifpix/YellowBox.gif";
   for (var j = 0; j < 7; j++) {
      document.write('<img src="gifpix/OrangeBox.gif" ' +
      'onmouseover = "here(' + j + ')" ' +
      'onmouseout = "gone(' + j + ')"  alt=" "/>');
   }
</script>
```

图 21.7　“感应键”任务的 JavaScript 代码；两个声明和两个事件处理程序未显示

21.8 检测阶梯

如果用户在 7 个“键”图像上匀速移动鼠标，造成在网格中出现一个完美的、逐渐上升的阶梯效果，动画显示就应该停止。那么，怎么正确识别这个“阶梯”呢？计算机不会像我们一样去“看”网格，所以必须根据其他特征来识别阶梯。事实上，在 7 个连续的 animate() 调用中，如 frame 的值依次是 1，2，3，4，5，6，7，就表明创建了一个完美的阶梯。这是因为 animate() 事件处理程序将根据 frame 值来显示一幅特定的 Stack 帧图像。如果它收到的指令是连续 7 次时钟滴答依次显示这 7 帧，网格中就会显示一个完美的阶梯。

子任务：识别阶梯

如何识别 7 个连续的 frame 值呢？有许多技术都能做到这一点。有的技术要求维护一个数组，其中含有最近使用的 7 个帧值，每次都检查这些值是否出现了符合要求的序列。另一种技术要求检查网格中最后出现的 7 幅图像的 src 字段(这和在显示器上“看”图像非常相似)，判断它们是否构成正确的文件名序列。但是，我们采用的方案在编程量上会少一些，而且看起来更巧妙。它的核心思路是：不停预测下一个 frame 值。

子任务：识别连续性

注意，我们的目标是识别一系列事件的连续性。也就是说，判断连续 7 个事件的 frame 值是否为 1，2，3，4，5，6，7。打个比方，假定你坐在公交车站，观察连续开过的 7 辆公交车的车牌号，判断尾数是否构成了 1~7 的序列。不巧的是，你身上没有纸来记录数据，而且你的记忆力不是很好。但是，你身上刚好有 7 枚硬币 (你的车费)，所以你将一枚硬币放在左边的衣袋中，这表示你预测下一辆公交车的车牌号以 1 结尾。

任何一辆公交车抵达时，你都看它的车牌号是否以左边衣袋的硬币数结尾。如果是，而且手上还有硬币，就在左边衣袋中添加一枚硬币。这是你的下一次预测。如果不是，就拿出所有硬币，并只保留一枚。如果某一次试图添加一枚硬币时，发现已经没有多余硬币了，那么目的就达到了，游戏结束！总之，左边衣袋中的硬币用于预测下一辆公交车的车牌号尾数。预测正确，就多加一枚硬币来进行下一次预测；否则，就重置那些硬币，只保留一枚。这样一来，就能非常方便地判断一系列事件的连续性。

为了实现公交车的思路，在 animate() 函数准备为下一次时钟滴答设置计时器的时候，我们需要做一些改动。这是因为假如出现了完美阶梯，就不应该有下一次滴答了。另外还要声明一个 next1 变量，它对应你左边衣袋中的硬币数。我们用它预测一个事件是否发生。以下代码实现了这一过程。

```
if (frame == next1)                    //Correct prediction?
   next1 = next1 + 1;                  //Yes, make another
else                                   //No
   next1 = 1;                          //Go back to start
if (next1 != 8)                        //Are we still looking?
   timerId = setTimeout("animate( )",duration); //Yes, set timer
```

注意，最后一个 if 语句是和 8 而不是 7 比较，因为 next1 之前已完成了递增，所以“没有更多硬币”相当于 next1⇔8。将上述代码添加到 animate() 之后，就完成了“检测阶梯”任务。

21.9 汇总总体设计

由于已提前完成了“构建控件”任务，而且“汇总总体设计”的部分任务也已经提前完成，所以剩下的事情并不多。但无论如何，在这一阶段，我们需确保整个应用程序按计划来工作。

回顾本章开头的说明，我们注意到目前还不能显示随机选择的方块列。起初完成“让网格动起来”任务时，我们确实选择生成随机方块列。但是，后来又取消了该功能，目的是对“键”进行测试。现在需要把它恢复。

简单地说，应该将图像 19 设为 frame 或 randNum(8)，具体取决于用户是否将鼠标放到一个键的上方。那么，如何识别这种情况呢？ mouseover 事件处理程序能识别这种情况，但目前只是返回 1~7 的一个 frame 值。所以，如果将 frame 初始化为某个错误的数字 (比如 -1)，然后在 animate() 事件处理程序中先测试再使用 frame 值，就能识别出这两种情况：-1 表明鼠标一次都没有移到“键”图像上方，其他任何值都表明鼠标至少有一次将鼠标移到“键”图像上方。所以，必须在 frame 的声明中将它的初始值改为 -1，并再次修改对网格最后一列的赋值。

```
if (frame == -1)
   document.images[19].src = pics[randNum(8)].src;
else
   document.images[19].src = pics[frame].src;
```

对 animate() 进行了上述修改之后，你会注意到其中充斥着大量 if 语句。看似混乱，但实际只有一个分为两部分的简单逻辑：让网格动起来和检测阶梯。所以，完全可以将这两个操作转换为函数。最终的解决方案如图 21.8 所示，它没有变短，反而多了 4 行。但由于 animate() 的重要性，这样设计使事件处理程序变得更清晰，可读性更佳，完全值回票价。

```
function animate() {
   shiftGrid ()
   checkStairAndContinue ();
}
function shiftGrid() {
   for (var j = 0; j < 19; j++) {
      document.images[j].src = document.images[j+1].src;
   }
   if (frame == -1)
      document.images[19].src = pics[randNum(8)].src;
   else
      document.images[19].src = pics[frame].src;
}
function checkStairAndContinue() {
   if (frame == next1)                              //Correct prediction?
      next1 = next1 + 1;                            //Yes, make another
   else                                             //No
      next1 = 1;                                    //Go back to start
   if (next1 != 8)                                  //Are we still looking?
      timerId = setTimeout("animate( )",duration); //Yes, set timer
}
```

图 21.8　修改 animate()，将两个计算部分封装到函数中

检查一下 Smooth Motion 的工作情况，我们发现已完成了几乎所有设计元素，唯一剩下的就是对 UI 进行美化。

21.10 修饰设计

迄今为止构建的结构化网页是非常简陋的，可以考虑进行一定的美化。事实上，对网页的外观进行改进恐怕是一个无休止的任务。要想生成如图 21.1 所示的，需要进行以下两方面的改进。

单元格填充。

修改指示文本的颜色。

单元格填充似乎很有必要，因为现在的布局过于紧凑。多留点空更吸引人。为获得我们需要的空间，需要为 table 和 td 元素添加样式。如下所示：

```
table {margin-left : auto; margin-right : auto; background-color : #a80000;
       padding : 5%}
td    {padding : 15px}
```

注意，这里采用了两种方式来设置填充。

修改指示文本的颜色是为了使其更醒目但又不能太“夺目”，这需要我们自行决定颜色。这里改一个单词即可完成修改。图 21.1 所用的颜色名称是 tan。

评估与回顾

设计一个方案来解决别人提出的问题时，一旦证明已达到对方的要求，通常就结束了。但是，如果是为自己设计，还需完成一个评估步骤。

当我们选择目标时，一般不像图 21.1 那样事先有一个固定要达成的结果。相反，最开始只有一个“最佳猜测”，基于它来设计方案。最后，根据结果判断是不是最佳方案。(第 18 章已采用了这样的一个评估过程。) 一般情况下，拿到一个能工作的解决方案后，会注意到许多值得改进的地方。

本章属于第一种情况，所以已经算是完成了。这里不进行评估，而是归纳一下前几章的概念在本章的应用。主要有以下三个主题。

- 循环。
- 可重用的参数化函数。
- 用函数管理复杂性。

这些技术帮助我们生成了一个更好的程序。下面具体回顾一下，

循环

Smooth Motion 应用程序使用了几个 for 循环。这避免了一些繁复的操作，比如连续写 20 个 <img src="..."/> 语句等。这种循环能简化编程。但有时看似应该使

用循环，但我们没用。例如，我们选择显式地写指令来定义单选钮和预取键图像。这时采用的是复制 / 粘贴 / 编辑技术，而非循环，因为前者反而更容易写。当然，如果迭代次数多，或者更容易写，仍然应选择循环。在计算机看来，两种方式没有区别，我们只是选择对自己方便的一种。

可重用的参数化函数

here() 和 gone() 函数都获取代表键在序列中的位置的一个参数。实参在事件处理程序中传给函数。以一个 document.write 命令定义的左数第三个键为例：

```
<img src="gifpix/OrangeBox.gif"
     onmouseover="here(2)" onmouseout="gone(2)" alt=" "/>
```

其中，“2”表明键的索引编号从 0 开始。参数使事件处理程序针对每个键都得以定制。我们也可编写独立的函数，在 pos 出现的每个地方都显式使用键的位置。但这样就会造成大量几乎完全一样的函数。相反，参数指明事件处理程序在哪个地方不同，以及有什么不同，从而获得一个更抽象的、更容易理解的方案。

用函数管理复杂性

图 21.8 的 shiftGrid() 和 checkStairAndContinue() 函数是利用函数来管理复杂性的典型例子。两个函数都“封装”了特定的程序逻辑，我们可以将这两个函数的定义移到不显眼的地方，并在需要时调用，从而清楚揭示 animate() 函数的两部分逻辑。如下所示：

```
function animate() {
  shiftGrid ()
  checkStairAndContinue ();
}
```

和循环及参数一样，像这样使用函数，目的是澄清动画函数的工作过程。但计算机对此无所谓。别人会看到我们选择的函数名，比如 shiftGrid()，并通过研究函数所做的事情，对其进行正确的理解。如果人们需要知道程序如何让网格动起来，那么可以检查函数；如果对此不关心，而是只关心自己要做的事情 (让网格动起来)，那么只需使用一条简单的语句，调用这个函数即可。当然也可以在代码开头加一条注释说以下代码是“让网格动起来”，但注释很容易被忽略。“抽象”(命名函数并给出它的定义) 使我们掌握了一个全新的编程理念，使我们对 Smooth Motion 动画过程的理解更进一步。虽然本例的两个函数只用了一次，但由于程序得到了大幅简化，所以定义这两个函数是完全值得的。附录 G 提供了 Smooth Motion 的完整代码清单。

总之，我们发现编程其实就是一边指示计算机该如何做，一边让程序的读者理解我们是如何解决问题的。即使你写的不是本章这种“教科书”式的程序，也有义务帮助别人理解自己的程序。它还有利于调试，这对程序员来说是一个重要考量。另外，它还有助于以一种容易理解的方式来组织我们的解决方案。别人看我们的解决方案时，对其正确性也更有信心。

21.11 小结

本章写了一个大型应用程序，它过于复杂以至于不能直接实现。为克服困难，我们运用了“分解原则”。首先创建高级任务来指引我们完成总体解决方案。如其中某个任务还是太复杂，就再次分解。如此反复，一个复杂的任务就能被“分而治之”。虽然听起来是常识，但运用“分解原则”能解决所有困难的编程任务。为了解决本章的问题，我们做了以下事情。

- 定义了任务，并确定了解决它们的顺序。由于任务间可能存在依赖性，所以必须制定一个合理的计划来解决。
- 用一个依赖性示意图厘清各个任务的依赖情况，从而帮助自己制定策略。我们制定了和示意图一致的任务解决顺序(换言之，没有任务安排在它所依赖的任务之前完成)，这样就生成了一个切实可行的计划。
- 考虑了其他问题，比如测试时的方便性等，并调整计划以照顾到那些问题。
- 开发了 Smooth Motion 程序的实际解决方案。每个任务都分解成几个子任务。不同任务的子任务存在一些共通之处。例如，由“计时器”驱动的动画和由“键”驱动的动画就使用了一组相似的子任务。
- 中途稍微修改了计划，改动了一下任务顺序，目的是先获得开始和停止动画的能力。是为了方便才改动计划。在此之前，我们无法预料到这一点。
- 学习了鼠标事件，这是之前没有遇到过的主题。概念本身不难，但它揭示了所有大型任务的一个共同特点——解决复杂问题的过程中，经常都需要学习新知识。
- 运用之前各章学到的编程技术(循环、函数和参数等)来指示计算机和别人看懂程序。这些技术厘清了程序流程，使人对问题的解决过程一目了然。
- 用多种具有广泛用途的技术开发了一个 IT 应用程序。解决其他问题时，通常也需要运用分解原则，对方案的组成部分进行抽象(为其提供名称和准确的定义)，以及降低解决方案的复杂性使其更容易理解。
- 学习了强大的问题求解技术。

21.12 TRY IT 答案

21.1
```
for (var i = 0; i < 8; i++) {
  document.write('<img src="gifpix/Stack' + i + '.gif"/>');
}
for (var i = 0; i < 7; i++) {
  document.write('<img src="gifpix/Stack' + (6-i) + '.gif"/>');
}
```

21.2 (a) 该调用传递的 pos 值是 6，因为 7 个感应键从 0 到 6 索引。而最右边的键是最后一个键。(b) document.images 中发生改变的元素是 26，因为 20 + 6 = 26。(c) 显示的图片 (frame) 是 Stack7.gif，因为所含方块数大于 0 的方块列图像从 1 到 7 索引。

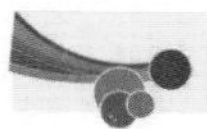

习题

选择题

1. 先解决大型任务的子任务，再将子任务合并为整体解决方案，这称为 _______。
   a. 问题求解策略
   b. 分解原则
   c. JavaScript 运算
   d. Smooth Motion

2. 应在 _______ 之前确保应用程序的所有部分都能工作。
   a. 使用分解原则
   b. 写应用的 JavaScript 代码
   c. 使设计更美观
   d. 构建函数

3. “构建控件”任务依赖于 _______：
   a. 汇总总体设计
   b. 检测阶梯
   c. 对“键”进行感应
   d. 让网格动起来

4. 在“让网格动起来”任务完成之前，_______。
   a. “构建控件”任务必须完成
   b. “检测阶梯”任务必须完成
   c. “构建 UI”任务必须完成
   d. “感应键”任务必须完成

5. “检测阶梯”任务不依赖于 _______。
   a. 构建控件
   b. 对“键”进行感应
   c. 让网格动起来
   d. 构建 UI

6. 预取图像需使用哪种代码？ _______
   a. HTML
   b. JavaScript
   c. DOM
   d. 特殊

7. 为了使用预取的图形，_______。
   a. 必须使用 href 命令
   b. 必须使用 src 命令
   c. 必须将特定图像放到一个特定位置
   d. 以上答案都不对

8. 为了使浏览器延迟 5 秒，setTimeout 函数的超时值需要设为 _______。
   a. 5
   b. 500
   c. 5000
   d. .5

9. 在什么情况下，值得写一个循环来完成重复性任务？ _______
   a. 2 个或更多任务
   b. 3~5 个或更多任务
   c. 8~10 个或更多任务
   d. 20 个或更多任务

10. 为函数取一个有意义的名称，_______。
   a. 使代码更易读
   b. 自己或别人看代码时方便理解
   c. 对计算机来说有意义和没意义没有区别
   d. 以上都对

填空题

1. ________ 是指将任务分解成较小的、容易解决的任务。
2. ________ 是指任务之间的关系，它决定了程序中各个任务的解决顺序。
3. 解决问题时，首先要解决 ________ 任务。
4. 可以使用 ________ 来可视化地表示相互依赖的任务。
5. ________ 任务必须先于“感应键”任务完成。
6. 浏览器在称为 _______ 的一个数组中存储和网页上的图像有关的信息。
7. 在 Smooth Motion 应用中，_______ 和 _______ 是同时发生的。
8. 对 JavaScript 事件进行计时的函数是 _______。
9. 列出 Smooth Motion 重用的前几章的一个函数：_______。

练习题

1. 说明“分解原则”。
2. 将“分解原则”应用于做饭的过程。
3. 为上题创建 PERT 图。
4. 列出做饭时的依赖任务和独立任务。
5. 写代码将 6 张 20 px × 20 px 的图放到一个 3 行 × 2 列的表格中。
6. 解释提前创建基本 UI，在其他工作结束后再完善它的好处。
7. 预取动画帧的好处是什么？
8. 如何修改 Smooth Motion 代码，跟踪记录用户达成目标所花的时间，并在最后显示？
9. 解释 onmouseover 和 onmouseout 事件是如何工作的。

CHAPTER 22

计算机的局限

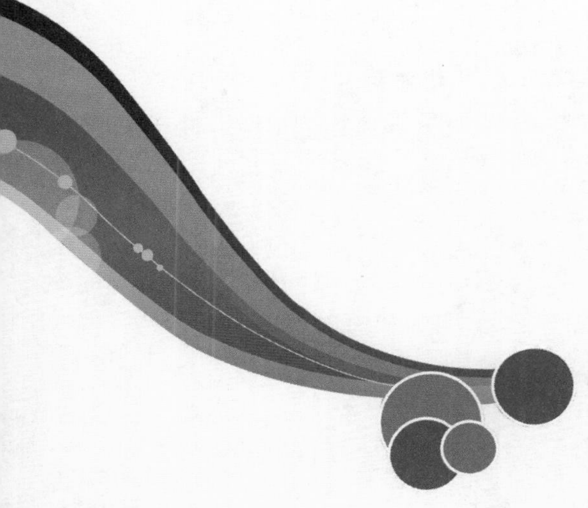

学习目标

- 理解图灵测试被设计用于证明什么
- 讨论计算机是否具有智能并能思考的问题，会提到深蓝和沃森
- 讨论计算机是否具有创造性的问题，会提到计算机生成的音乐和艺术作品
- 理解普遍性原则
- 理解程序的工作量与程序运行速度的关系

CHAPTER 22

真正的危险不是计算机将学会像人一样思考，而是人开始像计算机那样思考。

——西德尼·J. 哈里斯

人工智能和天然的愚蠢完全没法比。

——无名氏

有人担心人工智能会使我们自卑，但任何人看到鲜花，都应该感到自卑吧？

——艾伦·凯

目前的计算机速度非常快，每秒能执行1000万亿次以上的加法运算。用计算器每秒执行一次运算，你总共需要经历1000次人生(假定每次人生为60年，每天计算14小时)，才能完成1万亿次运算。但这又如何？每个人都知道计算机执行数学运算非常之快。如果计算机因此而产生了思想，哪怕只有一丁点，那才真的令人震撼。但这件事情恐怕永远不会发生。我们知道，计算机要做任何事情，都必须在程序的指示下进行。所以，现在必须严肃对待一个问题。计算机在执行某些任务时确实无敌，但在执行其他任务时，却是完全无能的。由于它们和人类是如此不同，所以有必要明确哪些事情是计算机能做的，哪些是计算机不能做的。

本章探讨了因为计算而产生的哲学问题。第一个问题是计算机是否能思考，从而引申出著名的“图灵测试”。下国际象棋需要动脑筋，它已成为人工智能(AI)研究的一个事实性方向。我们讨论了计算机如何下象棋，总结了它们的优势，并整理了“深蓝”所取得的成功。2011年，AI程序沃森(Watson)在综艺节目《危险边缘》中与有史以来最好的选手对决并获胜！我们将讨论这一成就。另外，还讨论了计算机是否具有“创造性”的问题。接着，我们介绍了一个容易理解，同时非常重要的概念，即“普遍性原则”(Universality Principle)，它论证了不同计算机的区别。任何“新的和增强的”计算机会变得越来越快，或者越来越大。速度快有什么好处？通过复习第10章的算法，我们讨论了各种问题要用多快的计算机来解决。最后，我们讨论了那些即使在理论上计算机也解决不了的问题。原因并不是问题过于模糊，以至于无法在计算机上准确定义，而是因为如果计算机真的能解决这些问题，就会造成悖论。

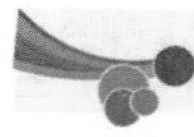

22.1 计算机有没有思想

电子计算机的发明人曾以为他们发现了“用电来思想”的方法。由于加法和乘法等要求人类思考的算法被成功移植到计算机上，所以不难理解他们为什么会有这样的想法。在此之前，电只是作一种能源来使用，人们用电来驱动马达和点亮灯泡等。数字计算机问世后，电可以驱动复杂的电路来执行逻辑运算。用电来处理信息，这在当时确实是一件新鲜事。

今天，用于信息处理的电子设备是如此普遍，以至于我们极少正视它。很难想象一台计算器有“思想”。但是，我们对“思想”的定义也在随着时间的推移而发生变化。中世纪很少有人会阅读或计算。当时，会做加法和乘法的任何人要么是特权人物，要么是神职人员，要么是专门的学者。计算是一种独特的人类活动。人们花了几个世纪的时间来研究加法和减法，最终才演变成我们现在从小学就开始学习的数学学科。一种能力在划分到思想的范畴内，并被我们视为一种天赋之后，一旦它转变为算法，就不再涉及到思想了吗？当我们学习它时，需要进行思考。或许所有思想都可以用算法来表示。或许计算机真的有思想，只是现在没人理解罢了。

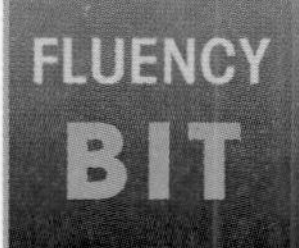

潜台词

计算机科学家艾兹格·迪科斯彻 (Edsger Dijkstra) 曾经说过：“计算机有没有思想，和潜艇是否会游泳这个问题一样无聊。”但在当时，赞同他的人并不多。

22.1.2 图灵测试

说到计算机是否具有思考能力的问题，就不得不提到图灵 (Alan M. Turing)，他是计算领域的开创者之一。图灵注意到了一些混乱的定义，比如“思考是人做的事情。”他还注意到人们倾向于将一种活动在转变成算法之前的那一部分称为“思考”。所以，他决定放弃直接给出“思考”的定义，而是计划了一个旨在演示智能的测试。图灵设计了以下测试性框架，人们将其称为“图灵测试”(Turing Test)：

> 图灵测试：两个一模一样的房间分别标记为 A 和 B，它们以电子方式连接到一名评委，他可以向两个房间的主人输入问题。一个房间的主人是一个人，另一个房间的主人是一台计算机。评委的目标就是根据所问的问题和收到的答案，判断哪一个房间中是计算机。如果在一段合理的时间之后，评委仍然不能做出结论，就认为计算机具有智能。
>
> 换言之，如果计算机能像人那样行动，足以骗过评委，就认为计算机具有智能。
>
> 评委：你的十四行诗的第一行，“我欲比君为夏日？”若将“夏日”改成“春日”，是否更好？

图灵在其 1950 年发表的论文“Computing Machinery and Intelligence”(计算机器与智能)中提出了这一测试。图灵设想了他认为的对话模式.

评委：你的十四行诗的第一行，“我欲比君为夏日？”若将“夏日”改成“春日”，是否更好？

计算机：这样就不押韵了。

评委：改为“冬日”呢？这样会押韵。

计算机：可以，但是没有人愿意被比作冬日。

评委：你说 Pickwick 先生让你想到圣诞节了？

计算机：算是吧。

评委：然而圣诞节是冬天的一天，我认为 Pickwick 先生不会在意这个比喻。

计算机：我认为你在开玩笑，冬日是指一个典型的冬日，而不像圣诞节那样特殊的一天。

22.1.2 通过测试

图灵测试不仅回避了对思考和智能进行定义的问题，还回避了专注于任何特定的能力(比如做算术)。评委可以问任何问题，所以能探索整个思考过程。一些问题对于计算机来说似乎很难，例如：

在哈姆雷特的独白中，莎士比亚用什么比喻“死亡”？

但是，如果计算机能访问有关莎士比亚戏剧的联机资源，那么实际并不是很难。例如，IBM 的沃森可以给出正确答案(稍后详述)，因为其庞大的数据库可能已经收录了对莎士比亚戏剧的各种评注。另外，计算机可能遇到一些明显的“陷阱”：

72914426 的质因子是多少？

要在这种问题上欺骗评委，就不能立即给出答案，而是应该拖很长时间给出答案，或者干脆拒绝回答。图灵在 1950 年设计出这些测试时，计算机几乎完全没有希望欺骗评委。但无论如何，它都强调了这样的一个重点：“思考是一个过程。”它还强调，具体如何完成思考(通过脑神经还是晶体管)，其实并不重要。

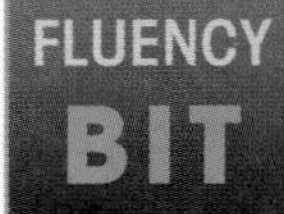

说说 robot(机器人)这个词

robot 一词最早由捷克科幻作家卡雷尔•恰佩克 (Karel Čapek) 在其 1921 年的戏剧 R.U.R.《罗索姆的万能机器人》(*Rossum's Universal Robots*) 中使用。按恰佩克的说法，该词是由他的哥哥 Josef 从捷克语单词“robota”创建的，意指“奴隶”。

过去 60 年，计算领域发生的巨大进步增大了计算机“通过”图灵测试的机会，虽然它们或许仍然做不到最好。1950 年的研究人员在阅读图灵的论文时，或许会承认计算机确实在数学计算上优于人类，但当时所有人都认为“自然语言”(这是真正的人类发明)超出了计算机的能力。例如，当图灵考虑这个测试时，还没有任何一种运算过程能够解析(分析)英语的语法结构，而今天字处理软件的语法检查器已经能做到这一点。另外，“机器翻译”(将一种语言的文字翻译成另一种语言)也只有科幻小说中才会出现，而今天谷歌翻译已经能做到这一点。当时的计算机也不能识别在语义上有用的信息，而今天的 AI 程序沃森就可以。当然，在所有这些方面，目前计算机都做得并不完美。

不在话下

在图灵的示例对话中，评委问：“你的十四行诗的第一行，'我欲比君为夏日？'，若将'夏日'改成'春日'，是否更好？”列出计算机要回答这个问题需要知道的关于这句话的至少 5 个事实。

计算机要完美完成以上三个任务，无疑还有很长一段路需要走。但是，今天的计算机已经能很好地完成这些任务，至少能当作一个有用的应用程序来使用。更重要的是，计算机在完成那些语言任务时非常出色，这使我们相信，终有一天，计算机能够做得比大多数人都要好。届时，和数学运算一样，用自然语言进行解析、翻译和语义搜索的任务会归纳为算法形式。那么，这表明计算机更有把握通过图灵测试吗？或者是否能转移我们关注的重点，放弃讨论计算机是否更像人的问题，而是讨论人是否更像计算机的问题？这些问题具有深刻意义。

图灵生平

英国人图灵 (Alan Mathison Turing，1912–1954 年) 或许是所有计算机先驱中最杰出的。除了图灵测试，他还发明了第一台理论性的计算机(即著名的“图灵机”)，还发明了“普遍性原则”(稍后解释)。二战期间，他在英国政府的密码学校 (Code and Cipher School) 工作，致力于破解德国的恩尼格玛密码机 (Enigma)。作为从剑桥大学毕业的数学家和马拉松动员，图灵荣获大英帝国勋章(OBE)，而且是英国皇家学会的会员。1954年，他疑似因氰化钾中毒致死。

22.2 显得有智能？

即使那些只是以前用过语法/拼写检查器的人，也知道那些程序并不真正“理解”一个句子。它们知道分析一句话的结构，比如介词和动词，知道一些像主语/宾语、被动时态这样的概念，但它们不理解完整的句子。这些概念并不简单。必须使用复杂的软件和大量字典资源实现语法和拼写检查。语法/拼写检查器虽然偶尔能为我们提供重要帮助，但绝对不能说它们“理解”英语。

20 世纪 50 年代和 60 年代，研究人员非常关心智能和通过编程显得有智能的区别。麻省理工学院 (MIT) 的约耳·魏泽鲍姆 (Joel Weisenbaum) 开发的 Doctor 程

序 (也称为 Eliza) 清楚演示了这些差异。通过编程，Doctor 能像一名医生那样向病人提出问题：

用户：我感到郁闷。
医生：为什么郁闷？
用户：我妈妈不跟我说话。
医生：说说你妈妈的事。
用户：她不想我读工程。
医生：不想吗？
用户：不想，她想我学医。

Doctor 程序会不断地提出问题，并请求更多的信息，让以上对话能够继续下去。它会从“妈妈”这样单词中提取线索，并在下个问题中提到它。程序还能注意到否定句的使用并相应地回应。但是，整个对话在本质上都是事先计划好的。表面上看起来有智能，实则不然。那么，计算机必须做到什么事情，才能证明它有智能，或证明它能“理解”某事呢？

AI 研究领域出现时，人们提出了一个新的观点，计算机要证明自己有智能，就必须能非常好地“理解”一种复杂的情况，并进行很好的推理来强化其“理解”。而且，行动不能被编排或预定。最复杂的情况要求计算机理解自然语言，并且 / 或者掌握非常多的实际知识。这两方面的要求对当时的计算机非常不利。如今已进入 21 世纪，AI 研究人员在这些方面取得了长足进步。我们将研究两个里程碑式的成就。

网上问诊

网上有些程序能模拟 Doctor 形式的对话。用关键词“eliza”搜一下。(例如 https://www.masswerk.at/eliza/。)

22.2.1 下棋

下国际象棋不要求懂自然语言或太多实际知识。它提出了人们既擅长、也感兴趣的一个挑战性任务。规则非常明确，是否成功很容易定义：在正式比赛中打败一名国际象棋大师即可。事实上，在计算发展的初期，人们早在 1952 年就预测计算机会在“未来 10 年内”战胜一名国际象棋大师。但结果是，计算机花了不止十年的时间才基本具备这方面的能力，说明仅仅知道走棋规则远远不够。无论如何，这个问题已成为检验 AI 的一个很好的试金石。

一个小小的建议

信息理论的先驱克劳德 • 香农 (Claude Shannon) 于 1949 年率先建议计算机如何下棋。

22.2.2 博弈树

计算机如何下棋？首先，类似于所有计算问题，信息必须用比特 (二进制位) 表示。国际象棋的世界很容易表示，因其完全由一个 8×8 的棋盘来定义，总共 32 个棋子 (两种颜色和 6 种类型)。再用一比特表示轮到谁落棋就可以了。由于细节无关紧要，所以可直接使用棋谱或象棋网站上的一张棋盘图，如图 22.1 所示。我们把它称为“棋盘局面”(board configuration)，或简称为“棋盘”(board)。

图 22.1 棋局

接着，计算机必须判断如何走棋。具体做法和人的做法大致相似，即通过综合各种可能的走法来做出判断：

> “将这个棋子移到那个位置，会变得更好还是更坏？”

当然，“更好还是更坏”要依据胜利条件来判断。但是，“计算”这种信息非常困难。人会根据直觉和经验。计算机则使用一个“求值函数”。求值函数是一个特殊的过程，它为每个棋子分配一个数值，然后对各种因素进行综合考虑 (比如吃子和棋盘位置等)，从而计算出一次走棋的分数。如分数为正，表明更好；为负表明会更坏。然后，从当前的棋盘局面开始，计算机针对每一步合法的走棋检查求值函数的结果，如图 22.2 的“博弈树”所示。如其中一步棋 (假定总共有 28 种合法的走棋) 获得了最高分数，它就可能是计算机应该采纳的。

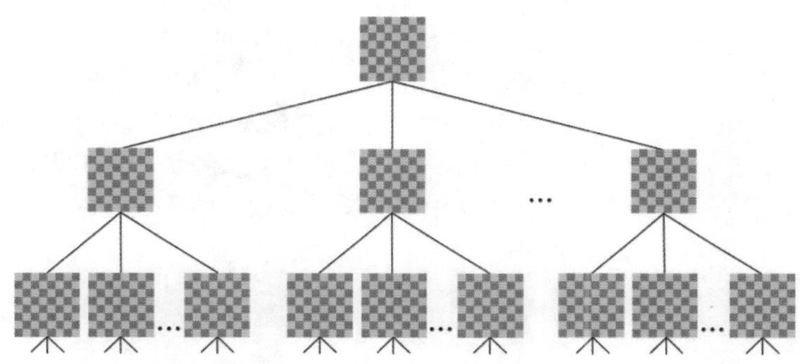

图 22.2 国际象棋博弈树示意图。当前棋盘位置在顶部 (根)。走一步棋之后的棋盘在第二行显示，走两步棋之后的棋盘在第三行显示，以此类推

22.2.3 战术性地使用博弈树

▶视频讲解 Game Trees

选择一步棋之前，计算机应考虑对手想做什么。所以，针对到目前为止考虑过的所有“走一步棋”的棋盘局面，计算机都要考虑接着可以走的每一步，并分别对它们进行求值。求值后的棋盘在当前棋盘局面的基础上走了两步。另外，由于对手要走第二步棋，所以必须反着解释求值函数的结果。换言之，对手最好的一步棋被视为计算机最差的一步棋。因此，计算机假定对手会选择求值函数结果负得最大的那一步棋。该过程称为“预判”。显然，计算机预判得越远 (在象棋中称为“越深”，看如图所示的树形结构就明白)，计算机对博弈结果的认识就越全面。

AI 与果蝇

人工智能先驱约翰 • 麦卡锡 (John McCarthy) 曾经发表评论说：“国际象棋是人工智能领域的果蝇。”

从表面上看，由于计算机的速度非常快，似乎能算出直到博弈结束的所有落子，找出一个能取胜的路径，并照着它来下棋。但是，对整个博弈树进行检查是不现实的，因为棋盘数量将呈几何级增长。例如，假定从当前位置开始总共有 28 种可能的落子方式，每种又有 28 种，以此类推。基于这一前提，假定只是考虑 6 级深度的博弈树 (每一方三级)，结果就如下：

$$28 + 28^2 + 28^3 + 28^4 + 28^5 + 28^6 = 499\,738\,092$$

也就是约 5 亿个棋盘。所以，继续考虑后面的 50 步落棋显然是不切实际的。

向前看

从一个空棋盘开始，计算井字棋 (圈圈叉叉) 游戏树走三步棋的大小，即为了绘制走三步棋的博弈树，总共需要多少个棋盘。最底部的棋盘有三个符号：两个 × 和一个 O。

那么，计算机应该选择哪一步棋呢？一开始就选择最好的一步并不一定是最佳策略，这是因为求值函数通常只能对棋盘局面进行静态评估。如果走一步就能将军，那么求值函数将获得非常高的分数，计算机应选择走这一步。但除此之外，就必须采取更聪明的策略。高分数可能是因为计算机能吃掉人类对手的一个子，而这会为计算机带来一子的优势。但是，另一个选择也许当前分数不高，但在走几步之后，就能带来胜利。为了更聪明地下棋 (也就是要有战略眼光，懂得舍卒保帅，懂得迫使对手不得不做某事)，计算机必须更加细心地分析博弈树。

22.2.4 使用知识库

最后，除了表示博弈和落子，计算机还需要掌握一些知识。在国际象棋中，这些知识就是存储了开局和残局棋谱的一个数据库。由于国际象棋具有很强的趣味性，而且人们对其研究了很长的时间，所以人们对如何开局和收拾残局有很深的了解。提供这个数据库就像为计算机提供下棋经验。由于学习可能比具有智能还要困难，所以通过加载数据库，就能避免计算机“从经验中学习”的必要。这类似于国际象棋的新手需要阅读象棋大师的著作。

22.2.5 使用并行计算

随着前面讨论的基本逻辑逐渐确定下来，象棋程序会变得越来越好。它们会逐渐打败似懂非懂的新人，然后打败业余棋手，最后打败大师。随着计算机越来越快，数据库越来越完善，求值函数和“战略制定”函数变得越来越好，形势将越来越有利于计算机。尤其是，在并行计算 (同时用多台计算机来完成任务) 和特制硬件的帮助下，计算机研究人员终于有机会让计算机在正式比赛中打败国际象棋大师。

22.2.6 与深蓝比赛

1996 年，国际象棋国际大师加里•卡斯帕罗夫 (Garry Kasparov) 打败了 IBM 的“深蓝”(Deep Blue) 计算机。深蓝是一台并行计算机，由 32 台常规用途的计算机 (IBM RS/6000 SP) 和 256 个特制的国际象棋处理器组成，平均每秒钟能处理 2 亿个棋盘位置。但深蓝也并非全无还手之力。在此次比赛的 6 次对弈中，有一次对弈计算机发挥得非常出色，并战胜了卡斯帕罗夫。虽然卡斯帕罗夫最终捍卫了人类的尊严，但 AI 研究人员也从此次比赛中获益非浅，因为这是历史上首次在世界级的正式比赛中由一台计算机来挑战人类对手。重赛是不可避免的。1997 年 5 月 11 日，在总共 6 局的比赛中，一台改进过的深蓝以 3.5:2.5 的优势战胜了卡斯帕罗夫。计算机用了 45 年的时间，终于实现了上个世纪 50 年代提出的“在未来 10 年内”战胜国际象棋大师的预言。

座右铭

作为 20 世纪 50 年代到 70 年代的计算机行业霸主，IBM 使用“思考”(Think) 作为公司座右铭。在机房和程序员的桌子上，经常都看到如图所示的指令。这个图案很有意思，或许是利用“负空间”(留白) 让读者的大脑开动起来的最佳设计之一。

22.2.7 解释比赛结果

深蓝澄清了“计算机是否具有智能”的问题吗？并非各方都满意。但值得肯定的是，它确实解决了长期以来困扰人们的最大的技术挑战之一。为此，它需要一个非常庞大的数据库，其中存储了前人丰富的开局和残局知识，但这类似于读书和下棋。它还需要特制的硬件，以便快速计算棋盘位置，但那也许类似于棋手的脑力锻炼，目的是让他们逐渐掌握将整个棋盘局面快速变成自己大脑中的一个记忆单元的能力。令人失望的是 (至少对某些观察家而言，以及对那些最开始做出预测的 AI 先驱而言)，问题基本上是通过速度来解决的。深蓝只不过能将博弈树看得更深而已。当然，它是采用比较“聪明”的方式来做到这一点。由于棋盘数量会呈几何级数增长，所以仅仅“快”还不够。而这或许就是深蓝 / 卡斯帕罗夫的比赛传达出来的最重要的一个信息。所谓“智能”，或许就是以一种全面的、有依据的方式来考虑多种方案的能力。深蓝明确证明了这一点。

深蓝的事迹也许证明了计算机具有智能，但也许只是证明了 IBM 的国际象棋专家和计算机程序员团队非常聪明。我们最终进行分析，硬件仍然只是按照程序员和工程师为它提供的指令来行事。从最开始有关计算机智能的辩论中，就一直存在像这样的分歧。但是，没必要吹毛求疵，因为我们可以假定智能 (或创造性) 或者其他任何智能化过程都采用一种通用的形式来编码。所以，程序一旦在某个信息主体的基础上开始运行，就能自主地工作，响应新的输入，并能意识到自己没有达到设计者事先计划好的状态。从这方面来说，深蓝完全是自主工作的，因此超越了它的设计者。

对于深蓝来说，唯一要注意的就是它完全针对国际象棋而定制。换言之，256 个象棋处理器只能计算棋盘位置，而不能用于其他目的。当然，32 台常规用途的计算机能运行其他程序，但深蓝所表现出来的“智能”在执行其他计算时完全无法体验出来，除非程序员提取出深蓝的“思想”，并将它们集成到那个计算中。“智能”无法以任何常规用途的方式来表达。所以，深蓝只能说间接涉及了常规用途的智能。沃森则不一样。

22.3 沃森

下棋显然是具有挑战性的智力活动。回答《危险边缘》(*Jeopardy!*) 的问题有多难？我们中的许多人觉得不难，这是因为在看节目时，我们自己的心态很好。(但如果真的擅长，不妨申请参赛。) 我们将看到，《危险边缘》对于计算机来说非常具有挑战性。注意，这个节目是以答案形式提问，例如“美国第一任总统”。选手则根据答案反推问题，例如：“谁是乔治 • 华盛顿？”后文将向选手询问的称为“问题”，将他们的回答称为“答案”。

22.3.1 计算机大战人类

2011 年 2 月，当 IBM 的一个语义分析系统参与竞赛并赢得特别版的《危险边缘》时，计算机科学家欣喜若狂 (参见图 22.3)。在三晚的比赛中，《危险边缘》冠军詹宁斯和卢特对决由 IBM 研究人员开发的 AI 程序沃森。比赛结束后，沃森赢得 77147 美元，詹宁斯赢得 24000 美元，卢特则赢得 21000 美元。这次活动最聪明的总结或许就是詹宁的话："我个人欢迎我们的新电脑霸主。"这是对《辛普森一家》的某一集"Deep Space Homer"的模仿。

图 22.3　几名选手正在思索《危险边缘》第一天的最后一个问题：詹宁斯、卢特以及 IBM 开发的人工智能系统沃森

如图 22.4 所示，沃森是包含许多专门函数和一个庞大数据库的程序。该程序独立运行 (不联网)，它解析英语，查询数据库，筛选接收到的结果，评估与问题的相关性，选择答案，最后以口头形式给出答案。数据库基于 2 亿页非结构化的输入来创建，内容涵盖百科全书、字典、博客、杂志等。关于系统的一个非正式解释，请观看"Building Watson"视频 (www.youtube.com/watch?v=3G2H3DZ8rNc)。

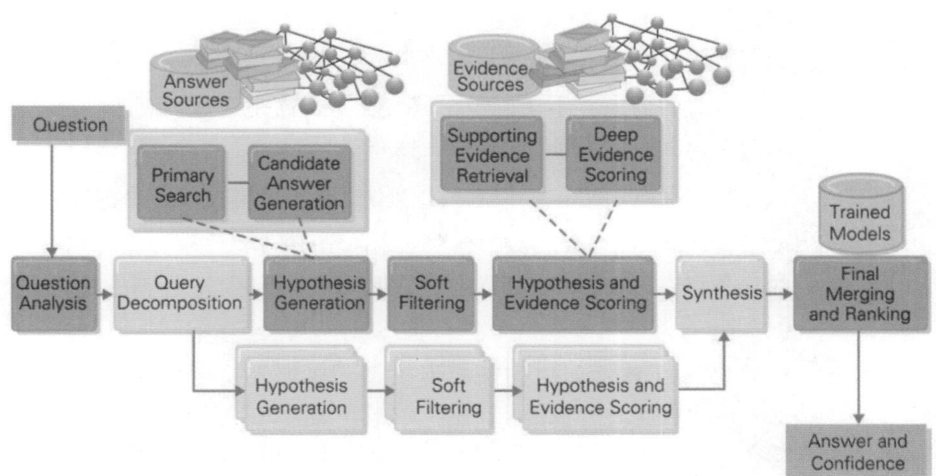

图 22.4　沃森逻辑示意图。摘自 David Ferrucci 等人撰写的"Building Watson: An Overview of the DeepQA Project"一文，*AI Magazine*，第 31 卷，第 3 期；www.aaai.org/ojs/index.php/aimagazine/article/view/2303

用标准台式机运行沃森，需要 2 小时才能回答《危险边缘》的一个问题。而要参加正式节目，沃森必须在 2~6 内回答，这要求 2880 台计算机和总计 16TB 内存。

22.3.2 技术挑战

那么，IBM 研究人员到底做了什么？他们用“野生”信息 (即我们以自然语言形式看到的信息而未进行任何特殊处理) 来创建了一个通用问答系统。结果是，和深蓝不同，沃森的技术和软件还适用于解决其他问题。

为什么这么难？沃森项目带头人大卫 • 费拉兹 (David Ferrucci) 指出，问题、数据库和答案均用英语表示。他总结了自然语言的特点。

- 含蓄：几个字就能让人心领神会。
- 高度依赖上下文：准确含义取决于当前讨论的主题。
- 模棱两可：经常能有不同的解读。
- 不精确：字词不会“按字典定义”来使用。

考虑到这些困难，能弄清楚问题，查询数据库，取回信息，并将其整合成答案，真是太神奇了！

沃森采用多种技术来解决一些非常棘手的问题。这里只讨论最具代表性的一个：判断要用哪种类型的答案来回答一个问题。例如，为了回答“一名棒球运动员的姓名”，答案的类型是“谁是第一？”一旦沃森确定了类型，就可以开始搜索信息以回答该类型的问题。

人在判断答案类型上有先天优势，你平时可能意识不到这个问题。但是，请考虑来自《危险边缘》的“国际象棋”分类的这一问题：

发明于 1500 年代的这一腾挪 (maneuver)，目的是加快游戏速度，涉及两个同色棋子。

答案“王车易位”(castling)，一种腾挪方式。沃森必须分析线索，发现跟象棋中的腾挪有关。这并不难，因为那个词就在句子里面。

但是，有些问题并不明确说出答案类型。而是用代词 (它、它们等) 来指代答案类型。例如“装饰”类的以下问题：

虽然听起来很“刺耳”，但它只是刺绣，通常是用棉布上的纱线制成的花卉图案。

答案是“crewel”(绒线刺绣)，在句子中用“它”来表示。另外还要考虑线索的其余部分。例如，根据“它只是刺绣”推断出“它”指的是什么。沃森必须：(a) 知道答案的类型没有明确给出；(b) 利用线索中的剩余信息推断答案类型。

为了理解计算机如何判断答案类型，研究人员考虑了《危险边缘》之前的 20 000 个问题。分析每一个的“词汇答案类型”(Lexical Answer Type，LAT)，如图 22.5 所示。有 2500 多个不同的显式 LAT，而且超过 10% 的问题没有显式 LAT。也就是说，即使沃森能完美判断 LAT，十次也有一次不知道要生成什么类型的答案。常规问答可能更糟，因为《危险边缘》的问题是精心制定的。

研究人员最终搞清楚了如何让沃森使用它发现的 LAT，并利用它们来指导搜索。为进一步缩小答案类型的范围，他们对 Watson 进行编程，使其随着游戏的进行而学习，将一个类别中的早期答案作为该类后期答案类型的参考。所以，沃森具有少量的适应性。

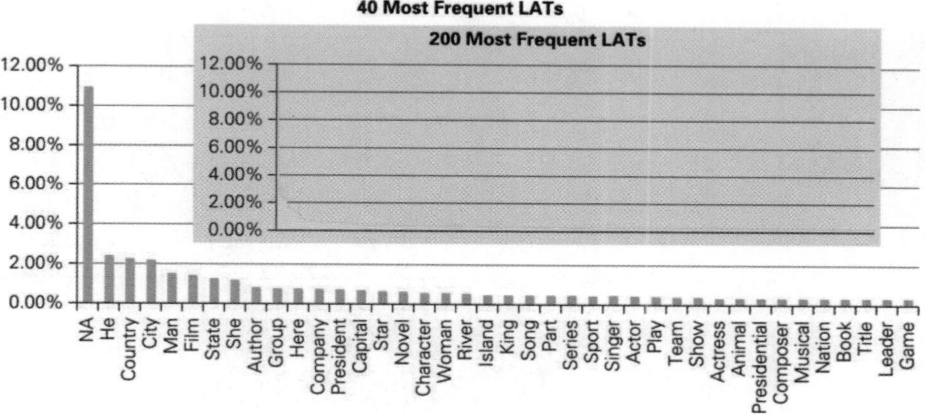

图 22.5 排名前 40 个“词汇答案类型”(来自 20000 个问题)的出现频率，插图是前 200 个的频率。注意，即使排名前 200 个覆盖的问题也不到一半

不再参加《危险边缘》

由于沃森的数据库用自然语言表达的文档建立，所以可通过创建新数据库的方式，将软件应用于其他更有用的领域。医学是未来沃森将应用的领域。医学就是沃森未来有志于发展的一个领域。

22.3.3 沃森小结

沃森是一个大型团队在从自然语言处理到风险分析等主题上数十年研究的结晶。它表现出色，并且在通过图灵测试方面迈出了一大步。即便如此，要难住它也不难。以下问题来自“美国城市”类别：

它最大的机场以二战一位英雄命名，它的第二大机场用于二战中的一场战役。

正确答案是“Chicago”(芝加哥)，两个机场分别是 O’Hare(一位著名的飞行员)和 Midway(中途岛，用于太平洋战争)。该答案本来在沃森的选择列表中，但置信度比较低。所以，它最终猜了一个 Toronto(多伦多)。注意，这可能是由于 LAT 分析出了问题。问题本身并没有说答案是一个美国城市，沃森却忽略了该问题来自“美国城市”类别。

沃森解决了比深蓝更棘手的问题。在象棋比赛中，目标一开始就是已知的，主要问题是“理解”博弈流程、棋手表现以及是要攻还是防。这些问题使算法的创建变得极为困难。深蓝是一项非凡的技术成就。

而在《危险边缘》中，首要问题是组织 2 亿页信息来建立数据库。那是用来回答问题的知识，但要成为“知识”，文档必须进行分解和结构化；而 ASCII 文本并不友好。其次，还要找到利用这些信息来回答问题的方式。我们认为只知道答案的类型 (例如棒球运动员的姓名) 是相当难的。更不用说还要找到答案，评估它的好坏，根据它来制定一个口头说出的答案，并在节目进行时管理整个流程。

22.3 LAT 练习

沃森在这个问题上出现严重失误：“它最大的机场以二战一位英雄命名，它的第二大机场用于二战的一场战役。”这是“美国城市”类别的一个问题，暗示答案肯定是一个“美国城市”。但是，虽然沃森搞砸了，但它至少知道答案是一个“城市”(这个在线索中并不明显)。你认为它是怎么推断出来的？

22.4 显得有创造性？

为了理解计算机的局限和潜力，另一种方式是考虑它们是否具有“创造性”。例如，计算机能自己画一幅画吗？这不关乎它们是不是艺术媒体，这几十年来画家一直在用计算机设计美术作品。相反，问题是计算机是否能成功通过图灵测试的一个“图形版本”：评委访问画廊，判断是人还是计算机的作品。计算机能成功骗过评委吗？和原先的图灵测试相比，该任务对计算机而言更困难，因为根据定义，创造性是打破规则的一个过程，而计算机只会按规则行事。它们如何成功地具有创造性呢？或许有一些规则 (元规则，metarule) 描述了如何打破或超越现有规则。计算机可遵循那些规则行事。为了具体体会这一点，让我们来研究一个创建美术作品的程序。

有一些巧妙的 Web 应用能根据著名立体派画家 Piet Mondrian(1872~1944) 和抽象表现主义画家 Jackson Pollock(1912~1956) 等来创建图形设计。这些画家的作品在世界各地的著名美术馆中展出 (如图 22.6 所示)。

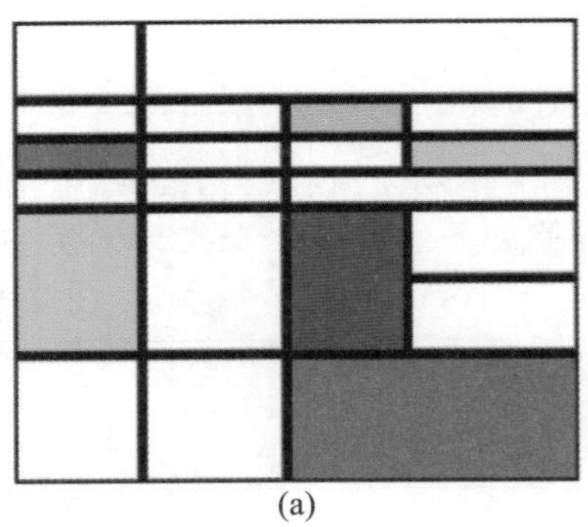
(a)

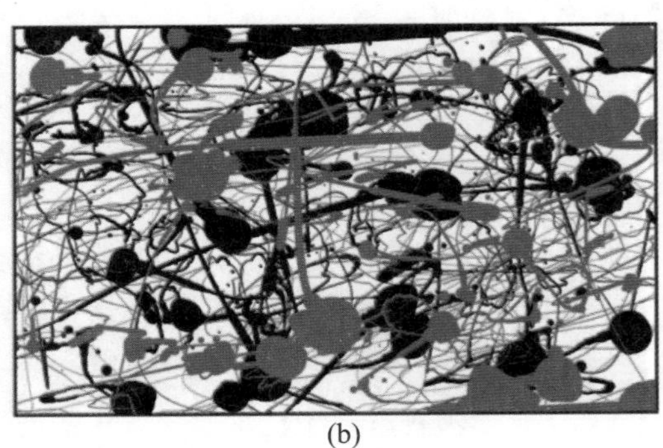
(b)

图 22.6 计算机画作示例 (a) 皮特 • 蒙德里安风格的绘画 (www.stratigery.com/automondrian.php)；(b) 杰克逊 • 波洛克风格的绘画 (www.jacksonpollock.org)

有个程序每点一下鼠标，就能显示一幅新的蒙德里安风格的绘画。检查代码，我们发现程序使用随机数来操纵一个确定性的过程来添加线条和填充区域。换言之，程序事先制定好一系列规则来创建蒙德里安风格的绘画。对于不明就里的人来说，他们根本没有意识到程序使用的是相同的设计元素、相同的颜色等。最终生成的绘画之所以新颖，是因为它们以前从来没有出现过，但如同那些美术评论家喜欢说的那样："这是演绎作品。"

至于波洛克的情况，程序是通过计时和鼠标移动来创建随机画作。和蒙德里安一关，程序将这种随机数据转换成波洛克风格的形式和颜色。

蒙德里安和波洛克之所以出名，并不是因为他们会用有区别的元素来创建令人愉悦的作品，而是因为他们会通过画作来描述自己的体验。换言之，之所以出名，是因为其画作提炼了程序的规则，而程序只是通过随机数以不同方式来应用这些规则。但在很大程度上，创造性意味着要率先发明规则。

22.4.1 将创造性想象为一个范围

计算机科学家布鲁斯•雅各布(Bruce Jacob)将创造性区分为"来自灵感"和"来自努力"这两种形式。灵感仍然属于神秘事物；努力在他看来则是可以用算法来表示的，这类似于爱迪生对于天才的名言：天才是百分之一的灵感加上百分之九十九的勤奋。

为了对我们的讨论加以组织，可将创造性视为从"灵感"到"Mondrian 绘画软件"之间的一个范围。在美术领域，要在"灵感"这一端获得创造性，计算机必须摆脱"既定的秩序"，发明它自己的规则；要在"范围"这一端获得创造性，计算机只需根据程序员为它指定的规则来随机组合不同的组件就可以了，绝对不会延伸或者修改那些规则。在这两个极限值之间，还存在着大量变化形式。

"努力"形式

雅各布使用卡农曲(一首乐曲或乐段，其中同样的旋律被一个或多个声部重复，同一调或相关调彼此在时间上重合)来说明创造性的"努力"形式。

雅各布开发了一个音乐合成系统，名为 Variations，该系统旨在创造出卡农曲，具体做法是通过(随机)产生新的主旋律，对它们给与好与不好的评价，然后丢弃不好的旋律，借此来扩展基本旋律。有趣的是，雅各布指出，因为这个程序必须在基本旋律的基本特性内工作，所以，得到一个随机的变声以适应这些约束条件有时就需要有创造性。也就是说，对已经有一套规则限定的约束条件强加一个随机的变声，导致了新技术的产生。

根据雅各布的成果就说计算机有了创造性似乎有点牵强，因为该程序的许多地方似乎要求设计者介入——比如测试出那些"不好"的。另外，肯定会因为随机性为解决方案带来一定的阻碍。无论如何，该系统以及从发明字体到进行类比的其他类似成果，都强调了创造性"制定规则"的这一部分，并证明不断进行的修订是能够用算法来完成的。所以，结论是创造性覆盖一个巨大范围，其中包含各种不同的发明。

经典问题

在俄勒冈大学一次演出中，有三位钢琴家弹奏三段巴赫风格的不同的音乐，一段音乐由巴赫作曲，一段音乐由史蒂文·拉逊(Steven Larson，俄勒冈大学的一名教授)作曲，一段由EMI作曲。EMI是一个计算机程序。听众们投票选出哪一段音乐是谁作曲的。教授创作的曲子被认为是程序创作的，巴赫创作的曲子被认为是教授的，而EMI创作的曲子被认为是巴赫的。

22.4.2 创造性的哪一部分有算法特性

图灵机发明时，“画一幅蒙德里安风格的画”就已经是计算机无法完成的请求。如今，只需要三页的Java程序就能解决问题。

AI研究人员已经在各种场合演示了创造性的“努力”形式是具有算法特性。如果计算机是否有创造性这个问题不能简单地用Yes或No来回答，那就可以看作是一个探索创造性的过程，我们能从中找到答案。我们对创造性的理解越深刻，就越能找到具有算法特性的方式。在未来的某个时间点，能发现它完全具有算法特性吗？有打破规则的规则吗？它会变成和计算一样吗？亦或在“灵感”这一端是否必须是非算法的？不管其最后结果如何，创造性的各个方面都是有算法特性的。从广义上讲，创造性是有算法特性的，所以计算机就是有创造性的。但谁需要计算机呢？如果创造性是有算法特性的，那么通过遵守这些规则，我们都是能有创造性的。理解创造性的这个过程还能为我们带来好处。至于这一过程是如何实现的——用神经突触或晶体管——并不重要。

填空

《科学》杂志发表的一篇文章中，戈尔登伯格(Goldenberg)、马祖斯克(Mazursky)和所罗门(Solomon)报告说，他们在一项研究中，发现89%的获奖广告作品使用了6个创造性模板(也就是遵循规则这个技术)中的一个，据统计，在全部获奖广告中，有25%的作品使用了一个简单的模板：Replacement(替换)。

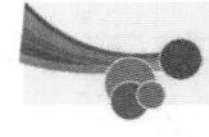

22.5 普遍性原则

图灵和其他计算机先驱都关心的另一个问题是，确定是什么使一台计算机的功能超过其他计算机。他们惊讶地发现，任何计算机只需使用简单指令即可模拟其他任何计算机。该事实——称为普遍性原则——意味着所有计算机都能执行相同的计算。

所有计算机都一样

尽管计算机科学家研究出了不同的基本指令集，Add(参见第 9 章)，Subtract，Test_For_Zero，Load，Store 和 Branch_On_Zero 等 6 个指令足以为任何计算编写出相应的程序。

毫无疑问，每台计算机都支持这些基本指令以及更多指令。但从商业角度看，普遍性原则意味着英特尔和 AMD 无法为制造出一台能执行更多计算的计算机而展开竞争。从能计算的东西来看，两家公司制造的每台计算机和其他所有计算机都是一样的。普遍性原则指出，所有计算机都是对同一个计算集执行计算。这一结论出人意料。

普遍性原则有其深刻的理论含义，但它还有非常重要的现实后果。

回归基本

对于普遍性原则，另一个惊人的后果是，任何计算都能用 6 种简单的指令来编程，不管是下象棋，检查语法，还是计算所得税。

22.5.1 普遍性信息处理器

也许，普遍性最重要的一方面是，如果我们想执行新的信息处理任务，那么不需要另购一台计算机。只要能编写或购买完成这一任务的软件，现有的计算机就完全能胜任。

这和我们想在厨房或商店里执行新的任务就必须添置新设备不同。对原料进行加工的机器必须为每一项特定的活动而定制，这要求我们购买专门设备。相比之下，处理信息的机器只有一个，即计算机。

由于计算机是常规用途的机器，所以在为特定任务而设置和配置计算机 (例如安装软件) 时，人扮演着非常重要的角色。其重要性胜过使用单一用途机器的情况，比如食品加工机和圆锯机等。人在定制通用设备以满足需求的过程中更重要，这是需要通晓信息技术的重要原因之一。

22.5.2 普遍性原则的现实后果

普遍性原则指出，计算机以相同方式计算，仅存在速度上的差异。遗憾的是，虽然普遍性原则说任何计算机都能模拟其他任何一台计算机，但缺点是只要一模拟，速度就会变慢。

机器之间的竞争和普遍性原则

为了理解为什么说所有计算机都是一样的，请想象有两台计算机，ZAP2 和 BXLE，两者具有相同的硬件指令，只是 ZAP2 多了一个指令。其制造商称，与普遍性原则相反，那个新指令使 ZAP2 上的新计算无法在 BXLE 上完成。“胡说，”BXLE 的 CEO 如此评论:“使用 BXLE 已有的指令，我们能写一个函数来执行 ZAP2 特殊硬件指令的操作。然后，在任何程序中，在使用 ZAP2 特殊指令的任何地方，我们将调用自己的函数来替换它。任何 ZAP2 能做的事情，BXLE 都能做。”其示意图请参见图 22.7。

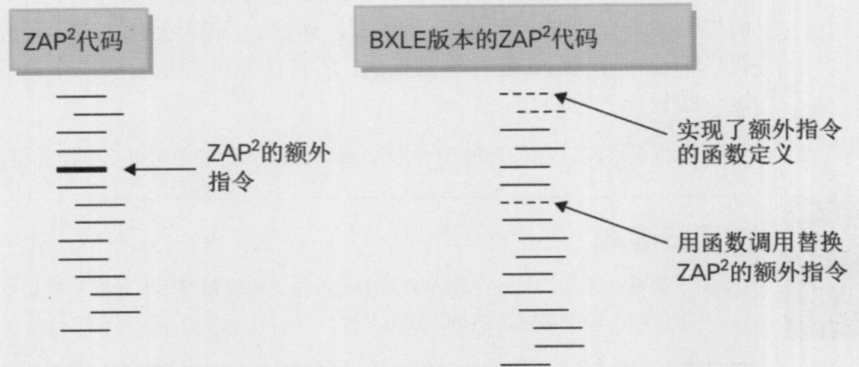

图 22.7 该示意图演示如何修改 ZAP2 的程序以便在 BXLE 上运行，ZAP2 的特殊指令被替换为函数调用

最终，ZAP2 执行的是硬件中的指令，BXLE 执行的则是软件中的指令；也就是说，通过函数来执行。只要特殊指令能用 BXLE 的基本指令写出来(我们能确信这一点)，该论点就能成立。如果还有疑虑，我们还有第二个方案，就就是为 BXLE 写一个程序来模拟它的电路，进而模拟 ZAP2 的整个电路。用 BXLE 来模拟 ZAP2 是可行的，因为 ZAP2 由(亿万个)双输入逻辑门制成。其中只有 16 个不同的门，而且很容易用 6 个基本指令模拟，而 BXLE 肯定支持这些基本指令。由于 BXLE 能在模拟器中完全复制 ZAP2 的操作，自然能执行所有相同的计算。注意，该方案还解决了软件中的问题。

由于所有计算机都能执行相同的计算，所以各制造商之间的技术竞争主要在于速度。

ZAP2/BXLE 例子的第一个方案中，BXLE 只有在执行特殊指令时比较慢，因为要通过几个基本指令来实现。第二种情况则慢得多，因为 ZAP2 的每一个指令都可能要执行数千个逻辑运算，而 BXLE 必须模拟每一个。所以，尽管两台计算机能实现同样的计算，但存在速度上的差异。有鉴于此，计算机厂商确实包含了特殊指令来执行数字信号处理、图形和加密等任务。目的是在频繁执行这些任务时能加快速度。

不过，普遍性原则似乎和我们日常经历发生了冲突。有两个明显不一致的地方。

必须为 PC 和手机单独购买应用，为什么不能在两种机器上运行同一个拷贝？

都说旧机器过时了；既然它们都是一样的，为什么要这么说？

虽然存在这些明显的问题，但普遍性原则是事实。我们逐一讨论这些问题。

独立的软件

PC(Intel 处理器) 和手机 (ARM 处理器) 需要同一个应用的不同拷贝。既然所有计算机都一样，为何不能只购买一个拷贝并在两种平台上运行？确实，所有计算机都能执行相同的计算，但用的不是完全一样的指令。Intel 和 ARM 处理器支持不同的指令集，采用不同的编码方式，还存在其他许多重要的内部区别。所有这些都没有扩展它们能执行的计算，而是防止了它们共享程序。类似地，你最近开的两辆车非常不一样，但它们都能载你到目的地。

另外，消费类软件严重依赖操作系统 (OS) 的特性和其他许多软件 (还记得第 1 章的软件栈吗？) 如第 9 章所述，OS 软件扩展了计算机的基本指令集，使其能执行一些有用的操作，比如启动应用并为其分配内存。这是 PC 和手机之间最重要的区别：操作系统用不同的方式做事情。这些区别不是根本性的，原则上所有 OS 都能在其他平台上模拟。是出于业务上的考虑，才使两者分开。

Adobe，Microsoft 和 Oracle 等软件公司采用的解决方案是针对不同的计算机系列来编译它们的程序 (参见第 9 章)。一个浏览器在 PC 和手机上看起来一样，就是这个原因。程序用 C，C# 或 Java 等语言来写，然后转换 (编译) 为不同的机器语言，使不同的处理器 /OS 组合能运行代码。结果不是在一台计算机上模拟其他计算机的软件，而是针对每个供应商的计算机都提供一个单独的自定义版本的软件。因此，普遍性原则每天都在应用，只是并不遵循我们最初的讨论。

过时的计算机

前面说过，速度是计算机的主要区别。人们之所以购买新计算机，往往是因为有了新软件。新软件有了新功能，在原先的计算机上运行很慢。由于新软件能做更多的事情，所以一台更快的计算机会有一定的帮助，这没什么奇怪的。但是，对于那些有足够的耐心人，可能就没必要升级。

人们往往用两个原因来支持旧计算机已经“过时”这一说法。第一个原因是，硬件和 / 或软件产品通常与旧机器不兼容。例如，输入 / 输出设备 (比如打印机) 往往因为其内部组件 (比如系统总线) 的问题与旧计算机不兼容 (参见第 9 章图 9.4 的计算机组件图)。结果是，电脑计算机无法连接新设备。不过，这些组件与指令的执行没有很密切的联系。

第二个原因是，软件厂商直接就不支持旧机器。刚才说过，软件厂商为每种平台 (通常是一个处理器 /OS 组合) 编译他们的程序，然后卖给消费者。但是，如果运行旧处理器 /OS 组合的消费者太少，厂商也许会觉得为这类计算机销售和维护一个软件版本没有利润。因此，经常发生新软件不支持旧计算机的情况。这是一种商业策略，而非技术上的障碍。

所以，普遍性原则不仅是理论事实，还是一个实践事实。

22.6 工作越多，速度越慢

使用计算机的过程中，它们大多数时候都是闲置的，等着我们为其分配任务。对于文字处理这样的任务，甚至包括连续的语法和拼写检查，都不会让它们忙起来。那么听一下 MP3 吧，但这同样不会给计算机增加压力。最终，或许在我们进行视频编辑这样的任务时，才会注意计算机有点“忙”。那么，是什么决定了程序的运行速度?

一个计算任务所花的时间受几方面因素的影响。显然，更大的问题(更多的数据)需要更多的时间，因为有更多事情要做。但是，同样重要的是解决问题的算法有多么巧妙。第 10 章对此进行了演示。当时，J-DB 的助理使用一个按频率排序的字母表帮助他更快地拼写。和使用普通字母表相比，这更巧妙。大多数好的算法都很巧妙。

比较 IAL 和 NAL

第 10 章还讨论了两个算法：“交叉查询字母排序列表”(Intersecting Alphabetized Lists，IAL) 和“非字母排序列表”(No Alphabetized Lists，NAL)。从名字可知，两者以不同方式查找 URL 列表中的命中。IAL 利用了字母排序，NAL 没有(就像里程表那样)。通过早先的分析，我们注意到计算的以下特点。

- IAL 每次检测一个匹配时都访问一个新的 URL(在某些列表中)。
- NAL 像日程表那样工作，反复检查同一个 URL，浪费许多次检查才获得一个匹配。

当时的一个例子是是 5 个代表搜索词的列表，每个列表都包含 10 个 URL。计算结果如下：

$$Steps_{IAL} = 10 + 10 + 10 + 10 + 10 = 50$$
$$Steps_{NAL} = 10 * 10 * 10 * 10 * 10 = 100\ 000$$

解决同一问题所需的步骤数相差太大了！显然，利用字母排序能生成非常快的方案。假定增加一个搜索词，这意味着再增加一个列表，其中同样 10 个 URL，则重新计算的结果如下：

$$Steps_{IAL} = 10 + 10 + 10 + 10 + 10 + 10 = 60$$
$$Steps_{NAL} = 10 * 10 * 10 * 10 * 10 * 10 = 1\ 000\ 000$$

也就是说，增加一个包含 10 个数据项的列表，IAL 只增加了 10 步，而 NAL 要增加 90 万步。

一个计算机科学家这样总结该现象：

在 k 个列表中搜索，其中最长的列表有 n 个 URL，那么使用 IAL 最多需要 kn 步，使用 NAL 则需要 nk 步。

在本例中，k = 6，而 n = 10。

22.4 不同的查询

假定搜索中有三个关键字，每个列表 100 个 URL。IAL 和 NAL 分别需要多少步？

总之，更多数据意味着算法必须做更多工作。但是，算法的工作方式决定了它要增加多少工作量。IAL 是一种速度很快的算法，具有“线性”增长率。所以，增加 n 个 URL 只是让工作量增加 n 步。

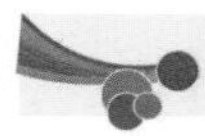

22.7 “最佳”算法都很快吗?

显然，程序员对算法的选择很重要。所以，对于程序员和用户来说，一个重要问题是“是否有针对每个问题的快速算法？”如果有的话，我们都想要，而程序员可能需要熬夜来寻找答案。令人惊讶的是，他们最后可能会睡着。

22.7.1 NP 完全性问题

许多对商业、科学和工程来说非常重要的计算没有已知的快速算法。事实上，在 20 世纪 70 年代，最重大的一个发现是，许多趣味性难题——比如，为周游 n 个城市找出最便宜的机票组合——就一直没有实用的算法解决方案。此类问题有一个非常奇怪的名称：NP 完全性问题 (NP-complete problems)。最有名的算法其实都像 NAL 那样工作，就是尝试所有可能的答案，从中选出最好的。似乎应该存在比这更巧妙的算法。如果真的有，发现它的人就出名了。顺便说一句，此类问题也称为“棘手问题”(intractable)，解决它们的最佳方式非常之难，其大型数据集无法用任何一台计算机在合理时间内解决。计算机理论上能解决，但现实上不能。

难题

多伦多大学的 Steve Cook(史蒂夫·库克)和加州大学伯克利分校的 Richard Karp(理查德·卡普)发现了 NP 完全性问题。他们还发现了一个惊人的事实：如果有人为一个 NP 完全性问题找出了更好的算法，那么他们的算法将改进所有 NP 完全性问题。

22.7.2 解决不了的问题

最出乎意料的也许是，还有一些问题计算机根本解决不了。不是说算法太长，而是根本没有算法！这些不是与智力或创造性有关的问题，而是可用清楚量化的目标来精确定义的问题。例如，没有一个算法能判断程序是否有 bug(比如无限循环)。如果有这样的算法，在第 20 章学习循环时就非常有用。当时，我们弄错了 <下一次迭代> 表达式，造成了无限循环。如果存在想象中的循环检查

器 (LoopChecker) 算法，那么将程序拿给它，就能报告程序是否会无限循环。注意，LoopChecker 特别适合像 NAL 这样需要长时间运行以获得结果的计算。既然要等待，就想先确定最终是否能得到一个结果，而不是因为程序进入无限循环而傻等。

不存在的循环检查器

但循环检查器不可能存在。假定它存在。也就是说，假定有一个程序 LC(P, x)，它的输入是任何一个程序 P 以及输入数据 x，返回答案“Yes”或“No”来表明 P 是否会因为输入 x 而无限循环。这其实听起来是合理的，因为 LC 可以检查 P 中的每一个循环来确定 < 下一次迭代 > 表达式和 < 继续条件 > 测试是否正确设置。然后，它可以基于 x 来执行 P，看是否会出错。貌似合理，实则不然。原因如下。

创建另一个程序 CD(P)，它也将程序 P 作为输入。CD 在这里代表 contradiction(悖论)。该程序的流程如图 22.8 所示。CD(CD) 计算什么？我们不确定 LC(CD,CD) 会返回什么答案，但假设它返回“No”，那么在 CD 程序作为输入时，CD 不会产生无限循环。在这种情况下，会选择从菱形左侧出去的箭头，CD 无限循环。所以，LC 是错误的。也许 LC 返回“Yes”，表明当 CD 作为输入时，CD 会无限循环。但在这种情况下，会选择从菱形右侧出去的箭头，程序不会无限循环，而是停止执行。又错了。循环检查器不能正确回答，“Yes”和“No”都不是正确答案。该问题不能通过算法来解决。

这听起来是不是像第 4 章的罗素悖论？确实是，两者有关系。

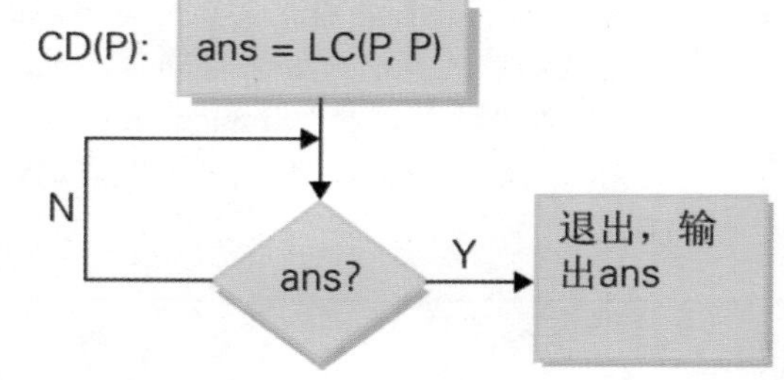

图 22.8 CD 程序的逻辑，假设已有程序 LC

停机问题

循环检查器试图解决一个著名的计算问题，即停机问题 (halting problem)。图灵第一个意识到不可能创建完美的调试器 (像理论上的循环检查器一样)。这真是太糟了，因为拥有这样的调试器会很方便。有趣的是，调试——第 6 章的主题——是人们能做到的，只是有时难度较大。事实上，它需要相当高的智商，从而在一个计算任务无法完成时找出错误根源。这是计算机无法以任何常规方式做到的。所以，我们或许找错了地方，有的地方真的只有人才行。为了使计算机正确解决我们的问题，只有我们人才能做到！

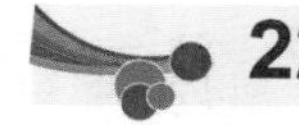

22.8 小结

本章探讨了计算的局限。首先提出一个自计算机发明以来就一直在困扰人们的问题：计算机能思考吗？该问题促使我们对思考进行定义。本章讨论了以下内容。

- 指出人倾向于假如一项智力活动能用算法实现，就不认为它是一种“思考”过程。或许最好将思考定义为人能做到，所以按照定义，计算机做不到的事情。
- 讨论了作为一个测试性框架，图灵测试旨在对人和计算机的能力进行比较。
- 分析了计算机下棋的问题，知道计算机使用一个博弈树公式，用一个求值公式评估棋盘位置，并会参考一个包含大量开局和残局数据的数据库。1997 年，深蓝赢得了国际象棋世界冠军的称号，这是一个值得纪念的重大成就。但它最终还是一个算法，无法证明计算机拥有了“智能”。
- 研究了沃森 (Watson) 程序实现的语义分析。我们发现即使判断答案的类型都很难。沃森解决了这个问题以及许多其他难题，其算法可应用于其他领域，例如医学。
- 分析了创造性，将它确定为一个范围：从算法 (Mondrian 和 Pollock 绘画软件) 慢慢过渡到灵感。若干年来，用算法能实现的活动越来越多。
- 也许还会有更多进步，但我们不知道算法的下一个前沿领域是什么。现在就认为创造性和计算一样完全可以算法化尚为时过早。计算机会有一天用算法来具有创造性。我们所有人也应如此。
- 讨论了普遍性原则，它意味着计算机能计算的东西都一样。这不仅在理论上成立，我们在日常生活中也从中受益。
- 一些重要问题——即所谓的 NP 完全性问题——要求比我们日常所需多得多的计算量。我们想要解决的许多问题都是 NP 完全性问题，但遗憾的是，这种问题非常棘手。理论上计算机能解决，但现实上不能。
- 最后，我们知道了一个惊人的事实：有的计算 (例如常规用途的调试) 无法由计算机解决，即使理论上也无法解决。如果可能，我们可以解决停机问题，但这在逻辑上不可能。在计算机看似无所不能的时候，请将这一点铭记于心。

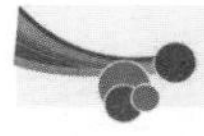

22.9 TRY IT 答案

22.1 没有统一答案，这里只给出一个例子：(a) 十四行诗是一种诗歌形式；(b) 诗歌由多行构成；(c) 英语诗歌的行有基于音节 (syllables) 的韵律 (meter)。(d) 夏日 (summer) 有两个音节；(e) 春日 (spring) 有一个音节。其他还需掌握的事实有：(f)“我欲比君为夏日”引用的是第一行；(g) 所谓“押韵”是指具有恰当的韵律，等。

22.2 按层级来算：1 + 9 + (9 × 8) + (9 × 8 × 7) = 586

22.3 沃森可能推断“它的机场”适用于答案，而“有”机场的是城市。

22.4 IAL：kn 步，其中 k = 3，n = 100，最多 300 步。NAL：nk 步，即最多 1003 或 1 000 000 步。

习题

选择题

1. 计算机能 _______。
   a. 思考
   b. 处理信息
   c. 有创造性
   d. 以上都对

2. 博弈树最顶部称为 _______。
   a. 基础
   b. 顶部
   c. 根
   d. 解决方案

3. 任何计算机都能模拟其他计算机，这一能力称为 _______。
   a. 模仿
   b. 模拟原则
   c. 普遍性原则
   d. 图灵测试

4. 开发人员通过编程让沃森在电视节目进行时 _______。
   a. 思考
   b. 学习
   c. 判断类别
   d. 提出聪明的问题

5. NP 完全性问题 _______。
   a. 没有已知解
   b. 有太多解
   c. 必须考虑每一种可能的答案来找出最好的
   d. 可以用一个“工作量与 n 成比例”算法来解决

6. 人能做但计算机不能做的一件事情是 _______。
   a. 玩概率游戏
   b. 执行排序算法
   c. 使计算机正确工作
   d. 解决停机问题

7. 有多少个基本指令就足以对任何计算进行编程？ _______
   a. 一个
   b. 6 个
   c. 1024 个
   d. 数百万个

8. 用几台计算机来解决同一个问题，这称为 _______。
   a. 算法思考
   b. 并行计算
   c. 普遍性
   d. 以上都不对

9. 计算国际象棋比赛中每种可能的走棋，将生成一个 _______。
   a. 博弈树
   b. 图案测试
   c. 算法
   d. 以上都不对。

10. 下棋时，提前判断可能的走棋称为 _______。
   a. 更深
   b. 更靠下
   c. 变化
   d. 以上都不对

填空题

1. 为下国际象棋而设计的 IBM 计算机名为 ________。
2. 在图灵测试中，如计算机完全表现得像 _______，能骗过 _______，就认为它具有了智能。
3. 下棋时，人根据直觉和 _______，计算机则使用一个 _______。
4. 计算机下棋时，用一幅 ________ 描述每一步可能的合法走棋及其求值结果。
5. 参加《危险边缘》智力抢答时，沃森没有连接到 _______。
6. _______ 是关于规则的规则。
7. ________ 原则确保任何计算机都能模拟其他任何计算机。
8. 如果有一天创造性能够用 _______ 来表示，计算机就具有了创造性。
9. 计算机芯片厂商主要在 _______ 上展开技术竞争。
10. 计算机的任何硬件指令都可以用 ________ 来模拟。
11. 计算机无法自己 _______ 自己。
12. _______ 问题是计算机解决不了的一种问题。
13. 程序无法理解 _______ 语言。
14. _______ 是没有现实算法方案的问题。

简答题

1. 除了《危险边缘》电视节目和医疗行业，沃森的数据库还能应用于其他哪些领域？
2. 解释为什么计算机画作只是演绎，而不是创新？
3. 用你自己的话解释 NP 完全性问题。
4. 解释博弈树如何应用于扑克牌游戏。
5. 解释关于计算机是否能思考的争论对于我们的日常生活影响甚微，用你的字处理软件为例。
6. 计算机必须怎么做才能通过图灵测试？
7. 什么是停机问题？它能由计算机解决吗？如果能，怎么解决？
8. 假定搜索中有 4 个关键字，每个列表 84 个 URL。IAL 和 NAL 算法分别需要多少步？

CHAPTER 23

完美终章

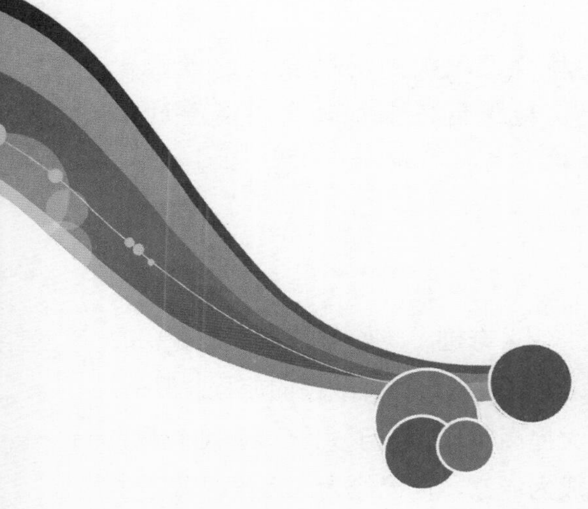

学习目标

- 讨论“通晓”如何影响你记忆 IT 细节和概念的能力
- 通过发现新用途、寻求帮助和关注新技术将 IT 用到老，学到老
- 讨论“通晓”对于现在和未来的好处

CHAPTER 23

当你教导别人时，要简明扼要，人们的思想会迅速吸收你所说的话，吸取教训并忠实地保留下来。每个不必要的字都只会给别人造成精神污染。

——西塞罗

这是本书最后一章。没有发生什么奇迹。我们讨论了一些重要的计算主题。这是一次充实的、而且偶尔具有挑战性的旅程。但是，你运用计算思想的能力已大大提高，已掌握了关于一系列主题的基本信息。虽然可能还没有成为专家，但已经为深入学习打下了良好基础。 在学习过程中，已经将基本信息集成到一个强大的直观计算模型中。学到了新知识后，直接在这个模型中填入即可。

本章首先通过强调两个反复出现的重要概念来总结“通晓”学习。然后讨论两个最紧迫的主题：必须记住本书中的多少信息，以及如何学习尚未发明的技术？这两个主题都有意外的结果。最后，我们反思计算世界的一个事实，我们能自己调整自己。

23.1 两个重要的计算概念

回顾各章小结，我们发现在学习过程中有几个概念反复出现，例如信息的结构化和非算法任务的策略。下面将依次讨论这两个概念。

23.1.1 信息的结构化

在第 5 章，我们知道了信息集合是分级构造的——通过描述性的元数据将信息划分为组和子组——从而帮助我们定位特定数据项。在第 7 章，我们发现牛津英语词典的数字化版本包含元数据结构标记，每个定义的组成部分都包含在这些标记内。知道牛津英语词典的每部分内容 (词目、例句等) 后，计算机就能帮助我们进行复杂的搜索和分析。从第 13 章到第 16 章，通过指定信息的结构，同样为我们创建电子表格和数据库带来了好处。只要为表中存储的数据指定了它的特征信息 (数据类型、是否为键等)，就能执行复杂的查询，并防止因为误用而产生垃圾数据。

概念是“指定结构和指定内容同样重要。”这个概念之所以反复出现，是因为信息的价值取决于我们如何高效地使用这些信息，而所有强大的应用程序都依赖于计算机对结构的了解。通过前面的学习，我们清楚地看到了这一论断的正确性。但还能从中学到更多！

随着我们逐渐成长为高效率用户，会积累越来越多重要的个人数字信息。多年积累下来的电子邮件、数码照片、MP3 等会慢慢填满硬盘。随着收藏的增多，最终可能要把特定信息移到一个数据库或其他结构化存档中，以便高效处理这些信息。但在用单独的文件积累信息的过程中，最好能用文件夹和子文件夹来保持其结构化。例如，应该将 MP3 和 JPEG 放到它们自己的文件夹中 (最好再根据内容创建更深一级的子文件夹)，这样在需要时就能快速找到它们。像这样的组织细节可以成为我们的 iDiary 的一个保密部分。这种简单的目录层次结构组织方式没有之前说的那些例子有效，因为计算机不知道结构。但我们知道，手动浏览自己的收藏时能起到帮助。

23.1.2 非算法任务的策略

在“通晓”学习的过程中，算法是一个重要主题。我们学习了用于重新格式化文本的占位符技术 (第 2 章)、搜索多个关键词时采用的“交叉查询字母排序列表”(IAL) 算法 (第 10 章)、通过 Join 来构建超表，再用 Select 和 Project 进行裁剪的一种高效查询构造 (第 15 章) 以及其他许多算法。

但我们学到的最重要的是和算法无关的能力。通过搜索找到准确的信息并满足我们的好奇心 (第 5 章)、调试 (第 6 章)、设计密码 (第 11 章)、设计数据库 (第 16 章)、测试和评估用户界面 (第 18 章) 以及编写一个复杂的 Web 应用程序 (第 21 章) 都是这样的例子。它们不具备确定的、保证能生成一个答案的规则。在每种情况下，我们可以只是给出指导原则。例如，以下原则有助于调试：

调试原则

- 保证能重现错误。
- 准确判断问题。
- 消除“明显”原因。
- 分解过程，将正常的和不正常的部分分开。
- 遇到死胡同时，重新评估自己的信息，认真想想在哪里做出了错误的假设或结论；再走一次流程。
- 从头到尾走完整个调试流程，预测应发生什么，验证结果和预测是否相符。

以上步骤描述了完成任务的合理方法，但它们不构成一个算法。

视频讲解 Exit Conditions

和算法无关的各项能力都需要一个单独的原则列表，所以似乎形成了一个独立的知识库，确实如此。但在一般意义上，能力是对逻辑推理能力的应用，目的是达到某个更高的目标，比如真实的信息、正确的程序、好用的应用程序等。推理是关键，而且以不起眼的方式应用于本书几乎每一页。事实上，本书的主旨是，通过准确和有的放矢地运用逻辑推理，可以解决大大小小的、算法和非算法的问题。越是勤于进行此类思考，就越是擅长。

23.2 通晓：少即是多

回顾本书内容，我们发现其中涉及大量详细信息。我们学习了 HTML 的锚点标记，JavaScript 的 if/else 语句、假期邮件 (自动回复)、Nyquist 定理 (采样定理) 和 Select 命令等。怎样才能将这些信息全都记住呢？

我们知道，“通晓”信息技术涉及三个要素。

- 技能：能熟练应用目前流行的应用程序，比如字处理软件。
- 概念：理解计算的基础，比如获取 / 执行 (Fetch/Execute) 周期。
- 能力：掌握更高层次的思考过程，例如推理。

这三类知识同等重要，且相互依赖。但就应该记住多少这个问题来说，它们又各有侧重。

- 所有技能都要求掌握相当详细的知识。例如，HTML <hr/> 标记用于定义水平线长度的属性是 size 还是 length ？不知道哪个正确，就不可能用 HTML 画一条短线。另外，这种细节还有一个令人讨厌的特性，计算机要求我们完全正确，它不容忍丝毫错误。不知道这些事实，就不能使用计算机，或者更有可能的是无法研究它们。
- 概念可能相当详细，但“基本概念”不是。我们知道计算机的 Fetch/Execute 周期是一个无休止解释指令的过程，但在理解了核心概念之后，实际并不需要知道这 5 个步骤中的第三个称为“数据获取”(Data Fetch，DF)。这里重要的是了解指令执行的概念。计算的概念和其他科学信息一样：必须完整解释以理解概念，但一旦知道了某个概念，对于非专业人员来说，只有概念本身(而非细节)才是最重要的。

- 能力是这三个方面最不需要细节的。能力大多指思考方式。例如，问题分解(一个复杂的任务被分解为更小的任务，这些小任务要么能直接解决，要么还能细分为更小的任务)是一种解决复杂问题的合理方式。调试(客观思考一个有错误的 IT 应用程序)就像是练习成为一个好侦探的过程。是的，有一些指导原则可供参考，但调试归根结底还是迫使你透过现象看本质。能力几乎不要求你记住所有细节。

所以，从概念到能力，对细节的要求是不一样的。

认真地说，我们的"通晓"学习允许我们少记而不是多记。为什么？我们少记细节，因为我们记住了基本概念。

最明显的例子(大多数"通晓"学习都如此)是第 2 章的讨论。这一章表面上讲了界面使用技能，如何利用"查找"和"替换"等。但实际讲的是对技术抽象的能力，以及如何学会以抽象的方式思考。我们提出了一些下面这样广泛的问题。

- 我们如何学习技术？
- 软件设计人员(事实上包括任何工具设计人员)如何期待使用者学会使用他们的作品？
- 面对一个有技术含量的任务时，如何判断要做的事情。

对这些问题的回答不是要你"记住厚厚的、令人乏味的用户手册"。相反，我们指出，对技术进行抽象思考意味着一种自适应的学习方式。工具创建者采用一致的界面(每个音乐播放器都使用相同的图标)，所以只需找出一致性，发现隐喻。拿到一个工具后，通过"到处点击"来探索其功能。想好自己要做什么。最后，"勇于探索"，尝试各种东西并观察结果，在进行下一次尝试之前，将因为犯猎而创建的垃圾扔掉(这没有任何损失)。换言之，不是记忆工具的细节。相反，需要时才去学习这些细节。如软件经常使用，很快就能在使用过程中熟悉其细节。如很少使用，会忘掉细节。但这完全没有关系，因为你已经从抽象的角度知道自己要做什么，也知道在需要的时候如何重拾细节。

所以，更高级的能力使我们变得更理性，能深思熟虑地完成计算任务，更容易找到方向，严格按规范行事来达成目标，解决期间遇到的问题，判断自己要做的事情，在遇到 bug 时从逻辑上找出问题。你已掌握了如何学习 IT。"通晓"不要求你记忆太多细节，只要求你动脑筋。

23.1　记忆

掌握某种能力几乎不需要记忆，调试原则只有 6 条。类似，第 21 章用于设计网页的"问题分解"概念只有一个从任务依赖图制定计划的规则。你记住了吗？

23.3 将 IT 用到老，学到老

信息技术的学习是一个终生不间断的过程，但这不是说每天睡觉前都必须读 20 页的《C++ GUI 编程》。事实上，每天根本不需要做太多事情。将 IT 用到老，学到老，你只需要注意以下三点。

- 找到满足个人需求的新的计算用途。
- 合理寻求帮助。
- 关注新概念和技术。

这些都不需要花钱上什么学习班。

23.3.1 找到新用途

进行“通晓”学习时，必须学习许多新的、不熟悉的应用程序。虽然学习新技能刚开始有点难，但随着经验的增长，同时掌握了“到处点击”和“勇于探索”，该过程会逐渐变得越来越容易。这种成功，以及“知道得越多，学习就变得越来越轻松”这一事实，会使你越来越相信 IT 能自学成材。扩展计算用途最促使自己继续学习的最佳方式。

提出“IT 对于这种情况有用吗”这样的问题时，答案并非总是肯定的。爷爷奶奶用电话和你聊天时，你应该鼓励他们找个摄像头和 Skype 吗？确实能帮他们把设备和软件弄好，但他们能适应这种对他们来说全新的技术吗？或许不能。应不应该和隔壁一栋楼的实验室伙伴使用 Skype ？或许不应该。第一种情况，技术带来了障碍，你的爷爷奶奶可能难以适应。第二种情况，技术的优势 (远距离面对面沟通) 没有发挥真正的优势。这么短的距离，线上聚不如线下聚。那么，是否应该和其他城市的好友 Skype ？当然。总之，仅在 IT 能提供帮助的前提下才用它。

23.3.2 寻求帮助

我们的一个学习目标将自己转变一个自力更生的计算机和信息用户。这是否意味着所有问题都必须自己解决呢？当然不是。事实上，肯定有很多问题对你来说超纲了，而且总是存在这样的问题。我们始终需要专家。所以，最后都需要“高人”相助。

但承认自己需要帮助，并不意味着一旦遇到难题，就只能绝望地举手。“通晓”已教你如何诊断自己的问题，这一经历会使你注意到一些事情。要评估问题是因为我们自己愚蠢而造成的——如果是这样，自己可以纠正，以免让其他人知道自己笨——还是更根本的问题，需要更多专业知识。只有在自己努力了，但仍未解决问题时，才需要向他人求助。但在真的需要求助时，就一定要求助。当然，有时之所以不愿意向专家求助，是因为解决问题的时间超过了我们愿意等待的时间。

如果有志于终生学习，应尝试自己解决问题，并在确实无计可施时向“高人”求助。两者都能让我们更好地理解IT。如果自己解决了问题，以后进行故障诊断时就会更有经验。如果是别人帮助了自己，也能从中学到新东西。无论哪种方式，都不亏！

23.3.3 关注新技术

如果说最近这50年的技术变化是新变革的前奏，那么在未来50年之后，IT会发生翻天覆地的变化。为了学习并运用未来的技术进步，我们需随时保持关注。新闻媒体大肆吹捧的“进步”是真的对我们有益的根本性进步，还是“新瓶装旧酒”的骗局呢？后者更常见。既要保持关注，又要持怀疑态度。

如果是根本性的进步——往往数十年才有一次，而不是每个月都有一次——就有必要了解它。媒体通常会全面介绍新技术的“科学”细节。学过了本书的概念之后，应该很容易理解这些新技术。为了利用这些技术，可能要参加正式的课程，但更有可能的是不需要。毕竟，学会了以抽象方式思考技术，我们知道那些渴望部署新技术的人会为我们这些有能力的、每天都在使用最新技术的用户准备一条“迁移路径”。和成熟的、自己已熟悉的技术相比，新技术当然更可能不好用。但是，作为已经“通晓”了信息技术的我们，如果发现自己不具备相关的背景知识和经验来克服这些困难(换言之，如果不能成功运用新技术)，就表明新技术尚未成熟。

新技术(无论小的进步还是大的进步)往往在没有完全成熟前就被推向市场，所以最早吃螃蟹的人肯定要冒一定风险。但是，等待同样要冒风险。技术的一个重要特点是它会不断改进。发明技术是一项艰巨的创造性活动，第一次就做到完美根本不可能。所以，进步必然是有序进行的。例如，汽车的进步贯穿了整个20世纪，至到现在都在不断改进，而且可能会一直继续下去。始终都会有更方便、功能更多、性价比更高的“下一代技术”。等待完美的技术可能要花一百年的时间，而且在等待过程中，你尝不到这项技术的“甜头”。所以，对于一项技术，只要它能为你带来好处，就采用它，但要预计到它会持续改进。

自我调整

超文本语言的发明者特德·尼尔逊(Ted Nelson)讲到他首次和他要领导的一个软件开发团队见面时的情景。他说，当他发现这个团队中的每个人都开手动档的车时非常沮丧。他讲这个故事的目的是，对用户而言，软件应该像自动档的车一样，简单好用。喜欢手动档的程序员可能写不出这样的软件。无论他的观点是否正确，他的故事的确为我们提供了一个非常有价值(或者不同的)的思路。

“通晓”课程使我们(即用户)能自己换挡。它没有赋予我们制造车、修理车或改装车的能力。但是，我们能控制计算设备来发掘它的全部潜力，指挥它，并达成我们的目标。从开发者的角度，尼尔逊或许正确，但对于用户，对计算进行“换档”没有什么可以指责。

无论和自动档车子对应的“计算”是什么，它都仍然处于筹划阶段。汽车配备自动变速器用了 60 年。距离个人计算的 60 岁生日还有好几年，我们不能等待。我们必须自己“换档”。[①]

23.4 TRY IT 答案

23.1 任何任务都在它依赖的任务解决后再执行。

习题

选择题

1. 以下都是非算法任务的例子，但 ________ 除外。
   a. 查找信息　　b. 使用占位符来重新格式化文本
   c. 设计数据库　　d. 创建密码
2. 调试第一步是 ________。
   a. 确定问题所在　　b. 重现错误
   c. 排除明显原因　　d. 将问题分解为更小的部分
3. “通晓”要求 ________。
   a. 记忆　　b. 重复和练习
   c. 以抽象方式思考问题　　d. 关注细节
4. 一项技术在 ________ 时就应采纳。
   a. 性价比满足要求　　b. 第一时间能接触到
   c. 大多数人都采纳了　　d. 极有可能对自己有利
5. IT 的根本性进步发生于 ________。
   a. 每天　　b. 每月
   c. 每年　　d. 一年或更长时间

填空题

1. 如果没有确定性的、可靠的方法来解决问题，就要用到一个 ________ 式过程。
2. ________ 是一系列步骤，用于保证成功完成一个任务。
3. 调试不是算法，而是一个 ________ 式过程。
4. 在“通晓”三要素中，能使用电子邮件属于 ________。

① 本节标题是“Shifting for Yourself”。这是一个双关语，一个意思是自己“换档”，另一个意思是“自己照顾自己”或者“自己调整自己”。——译注

5. 在“通晓”三要素中，理解联网原理属于 ________。

6. 在“通晓”三要素中，掌握算法思维属于 ________。

7. 内容和 ________ 数据同等重要。

8. 要少记 _______，因为已经记住了基本 _______。

9. 在“通晓”三要素中，_______ 是指细节，而 _______ 是指整体。

10. 技术的一个重要特点是它会 _______ 改进。

简答题

1. 解释本书的信息你需要记住多少。

2. 拿到一个新软件时需要做哪两件事情？

3. 解释“合理寻求帮助”中的合理是什么意思。

4. 列举第一时间了解新概念和新技术的三种方式。

5. 解释如何利用程序调试知识解决其他问题。

6. 以循环的方式描述调试过程。应基于什么条件终止循环？

7. 什么时候要运用一项 IT 技术？详细解释你的答案。

8. IT 学到什么程度就够了？

APPENDIX A HTML5 参考

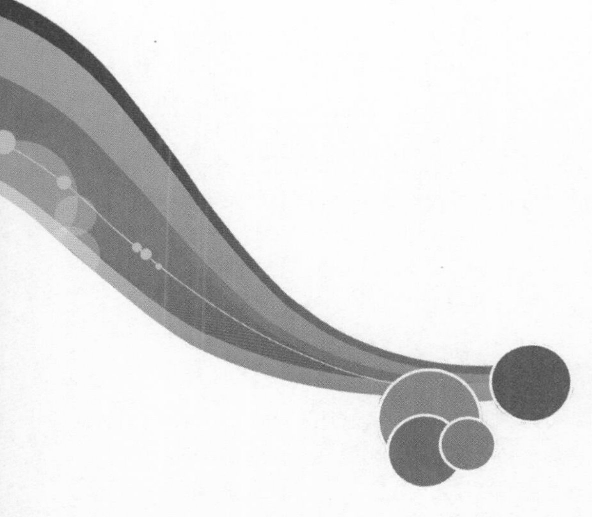

本附录第一部分按字母顺序列出本书使用的 HTML 标记。更多解释请参考第 4 章或访问 www.w3schools.com/tags/default.asp。

图 4.18 的 Washington, D.C. 旅游页面的源代码在附录末尾列出。下表列出了其他有用的 W3C 链接。

框模型	www.w3schools.com/css/css_boxmodel.asp
颜色名称	www.w3schools.com/cssref/css_colornames.asp
CSS 教程	www.w3schools.com/css/default.asp
HTML 列表	www.w3schools.com/html/html_lists.asp
列表样式	www.w3schools.com/cssref/pr_list-style-type.asp
特殊字符 (比如 Ö)	www.w3schools.com/tags/ref_entities.asp
标记	http://www.w3schools.com/tags/tag_html.asp
校验	validator.w3.org/#validate_by_upload

必须的 HTML 标记

每个 HTML 源代码文件必须按给定顺序包含以下除 <p> ... </p> 之外的标记。

```
<!doctype html>
<html>
  <head>
    <meta charset="UTF-8"/>
    <title>Required Tags</title>
  </head>
  <body>
    <p>Content</p>
  </body>
</html>
```

HTML 标记

锚点 (<a> </a>)：使用 href="fn" 属性定义一个超链接。其中，fn 是文件路径名 (相对)。或者是文件的 URL(绝对)。<a> 和 </a> 之间的文本称为链接 (或锚文本)，默认在网页上突出显示。例如：

```
<a href="nextPage.html"> 点击访问下一页 </a>
```

纯文本！

记住，HTML 源代码文件只能包含标准键盘文本 (ASCII)。字处理软件生成的文档包含许多格式化信息，会将浏览器搞糊涂。只使用简单文本编辑器，比如 Notepad++(Windows) 或者 TextWrangler(Mac)。另外，文件扩展名 (文件名最后一个点号后面的字符) 必须是 html。

主体 (<body> </body>)：界定 HTML 文档主体 (参考之前的“必须的 HTML 标记”一节)。其常用样式属性如下。

- “background-color: 颜色”，用指定颜色渲染背景
- "color: 颜色”，用指定颜色显示文本
- "font-family: 字体”，用指定字体显示文本

加粗 (<b> </b>)：指定这两个标记之间的文本加粗。例如：

```
<b> 这里的文本加粗 </b>
```

表格标题 (<caption> </caption>)：指定表格标题，必须放到 table 标记内，示例请参考后面的“表格”标记。

注释 (<!-- 这里写注释文本 -->)：注释文本要放到尖括号内，文本内部就不要再用尖括号或“双减号”。

```
<!-- 浏览器在渲染网页时不会显示这里的文本 -->
```

定义列表 (<dl> </dl>)：由定义术语 (<dt></dt>) 和定义数据 (<dd></dd>) 成对构成的一种列表。显示效果是术语单独占一行，随后是它的定义。

```
<dl>
  <dt>First term</dt>
  <dd>First definition goes here</dd>
  <dt>Second term</dt>
  <dd>Second definition goes here</dd>
</dl>
```

页头 (<head> </head>)：界定 HTML 文档的页头区域，必须在其中用 <title> 标记定义一个网页标题 (参见之前的“必须的 HTML 标记”一节)。

标题 (<h1> </h1> ... <h6> </h6>)：设置 6 级标题之一：

```
<h1> Heading level 1 </h1>
<h2> Heading level 2 </h2>
...
<h6> Heading level 6 </h6>
```

编号越小，标题越大越醒目。

水平标尺 (<hr />)：定义一条横跨窗口的水平线，可超过段落的宽度。可用 width="p%" 属性缩短，例如：

```
<hr style="width:75%"/>
```

水平线的粗细 (以磅为单位) 用 size="n" 属性指定。

HTML(<html> </htm1>)：定义文档的开始和结尾 (参见之前的“必须的 HTML 标记”一节)。

图像 (<img ... />)：在文档当前位置显示一张由 src="fn" 属性指定的图片。除了 src 属性，还应指定 alt=" 文本 " 属性为图片添加文字描述。要指定文本围绕图片哪一侧流动，可在 style 属性中设置 float 值。另外，可用 height 和 width 属性以像素为单位指定图片尺寸。例如：

```
<img src="prettyPic.jpg" style='float:left' alt='Sunset' width='140'/>
```

倾斜 (<i> </i>)：指定这两个标记之间的文本倾斜。例如：

```
<i> 这里的文本用斜体来表示强调 </i>
```

换行 (<br/>)：结束当前行，在下一行继续显示文本。例如：

```
该文本单独占一行。<br/> 该文本从下一行开始
```

列表项 (<li> </li>)：定义有序或无序列表中的一项。示例参考后面的“有序列表”和“无序列表”。

有序列表 (<ol> </ol>)：定义一个有序列表，其中的列表项要单独定义，列表项将自动附加编号。例如：

```
<ol>
  <li>First list item</li>
  <li>Second list item</li>
</ol>
```

段落 (<p> </p>)：定义一个段落。段落自动另起新行。例如：

```
<p> 单行段落 </p>
```

表格 (<table> </table>)：定义由表行构成的一个表格，表行包含表格数据 (单元格内容)。可选择用 <th> 标记将表格第一行设为表格标题。用 border 属性设置表格边框。例如：

```
<table border="1">
  <caption>Description</caption>
  <tr>
    <th>Head Col 1</th>
    <th>Head Col 2</th>
    <th>Head Col 3</th>
  </tr>
  <tr>
    <td>Row 1, Cell 1</td>
    <td>Row 1, Cell 2</td>
    <td>Row 1, Cell 3</td>
  </tr>
  <tr>
    <td>Row 2, Cell 1</td>
    <td>Row 2, Cell 2</td>
    <td>Row 2, Cell 3</td>
  </tr>
  <tr>
    <td>Row 3, Cell 1</td>
    <td>Row 3, Cell 2</td>
    <td>Row 3, Cell 3</td>
  </tr>
</table>
```

表格数据 (<td> </td>)：指定表格中的一个单元格，必须包含在表行 (<tr>) 标记内。一个有用的样式属性是 "background-color = 颜色”。

表格标题 (<th> </th>)：替代 <td> 以指定表格标题行中的一个单元格，同样必须包含在表行 (<tr>) 标记内。一个有用的样式属性是 "background-color = 颜色”。

表行 (<tr> </tr>)：指定表行，必须包含在表格 (<table>) 标记内。示例请参考之前的“表格”条目。

网页标题 (<title> </title>)：定义在浏览器标题栏或者网页标签上显示的网页标题。必须放到 HTML 源代码文件的页头区域 (<head> 和 </head> 之间)。例如：

```
<title> 由浏览器显示的网页标题 </title>
```

无序列表 (<ul> </ul>)：定义一个无序列表，其中的列表项要单独定义，列表项默认自动附加黑点符号。可在一个列表项中嵌入另一个列表。例如：

```
<ul>
  <li>First list item</li>
  <li>Second list item</li>
</ul>
```

Washington, D.C. 旅游页面

```
<!doctype html>
<html>
 <head>
  <meta charset="UTF-8">
  <title>Travel Page</title>
  <style>
   body {background-image:url('background1.jpg');
         background-repeat:repeat-x;
           color:white;
           font-family:Helvetica Neue Light;
           }
  p   {color:white; margin-left:160px; margin-right:120px}
  ul  {list-style-type:none; margin:0; margin-left:140px; padding:0;}
  li  {text-align:center; font-size:20px;}
  li.top   {display:inline;}
  a.top    {text-decoration:none; width:140px; height:40px; background-color:none;
            float:left; padding:10px;padding-top:20px; margin-left:3px; color:white;
            border-bottom-color:white; border-bottom-width:1px; border-bottom-style:solid}
  a.top:hover {background-color:blueviolet;}
  a.side   {text-decoration:none;display:block; width:100px; color:white; background-color:none; }
  a.side:hover {background-color:magenta;}
 </style>
</head>
<body>
   <ul>
   <li class="top"><a class="top" href=" ">HOME</a></li>
   <li class="top"><a class="top" href=" ">ABOUT</a></li>
   <li class="top"><a class="top" href=" ">TRIPS</a></li>
   <li class="top"><a class="top" href=" ">CONTACT</a></li>
 </ul><br/><br/>
 <h1 style="margin:50px; text-align:center;font-weight:lighter">Welcome To My Travel Page</h1>
 <h2 style="margin:30px; text-align:center">Washington DC</h2>
 <ul style="float:left; margin-right:35px; margin-left:25px">
   <li class="side">Past Trips</li>
   <li class="side"><a class="side" href=" ">2014</a></li>
   <li class="side"><a class="side" href=" ">2013</a></li>
   <li class="side"><a class="side" href=" ">2012</a></li>
   <li class="side"><a class="side" href=" ">2011</a></li>
   <li class="side"><a class="side" href=" ">2010</a></li>
   <li class="side"><a class="side" href=" ">2009</a></li>
   <li class="side"><a class="side" href=" ">2008</a></li>
   <li class="side"><a class="side" href=" ">2007</a></li>
   <li class="side"><a class="side" href=" ">2006</a></li>
 </ul>
 <img src="dcFLAT.jpg" alt="Telephoto of DC Monuments" width="600"/>
 <p> My trip to Washington DC was a total wipe out. People never
     sleep there, and I didn't either. We visited monuments,
     statues and museums all day, and then partied all night.
</body>
</html>
```

Travel Page
HOME
ABOUT
TRIPS
CONTACT
Welcome To My Travel Page
Washington DC
Past Trips
2014
2013
2012
2011
2010
2009
2008
2007
2006
My trip to Washington DC was a total wipe out. People never sleep there, and I didn't either. We visited monuments, statues and museums all day, and then partied all night.

APPENDIX B RSA 公钥加密系统

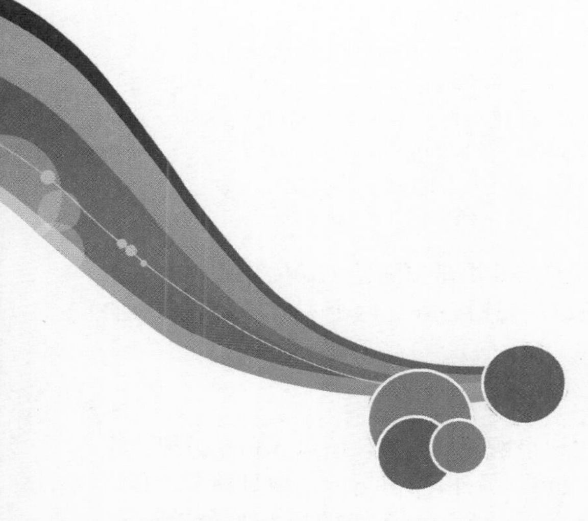

RSA 公钥加密系统是最著名的 PKC 系统，以其发明者 Ron Rivest，Adi Shamir 和 Len Adleman 的名字来命名，本质上和我们在第 12 章描述的 PKC 方案相同。为了理解它如何获取原始明文，我们需要多学一点东西。这个过程之所以起作用，在很大程度上依赖这里没有讲到的数学和计算机科学。但它确实有效。它事实上已经防御住了强大的攻击。即使计算机越来越快，我们也能继续提高它的防御力。

FLUENCY BIT

秘密大奖

李维斯特 (Rivest)，萨莫尔 (Shamir) 和阿德曼 (Adleman) 因其发明的 RSA 加密系统而荣获 2002 年由计算机协会 (ACM) 颁发的图灵奖，相当于计算领域的诺贝尔奖。

RSA 方案依赖质数。中学课程讲过，质数只能被 1 和它自己整除。所以，前几个质数是 2，3，5，7，11，13，17，19，23，29，31，…。

数学家喜欢质数，因其具有惊人的性质。我们普通人只需知道质数是整数的基本“原子”：任何数字都只能以一种方式因数分解为质数。数字 x 的因数是相乘后得 x 的整数。所以，30 的因数包括：

1 × 30 = 30

2 × 15 = 30

3 × 10 = 30

5 × 6 = 30

2 × 3 × 5 = 30

但只有 {2,3,5} 才是 30 的质因数。

选择密钥

自然，RSA 方案的秘密在于，接收者发布的并不是由随便 129 位数构成的公钥 KR。密钥必须有一些特殊性。具体地说，公钥必须是两个不同质数 p 和 q 的乘积，

$K_R = pq$

由于两个大小基本一样的数相乘会产生一个两倍长的数，所以 p 和 q 必须长约 64 或 65 位，才能生成例子中的 129 位公钥。另外，p 和 q 除了要足够长，必须是质数之外，还必须比 3 的某个倍数大 2。这是一个很奇怪的要求，但如稍后所述，这必不可少。许多质数都有这个特点。例如，5 和 11 就比 3 的某个倍数 (3 和 9) 大 2。下面是一个例子：

$p = 5$
$q = 11$
$K_R = pq = 55$

加密消息

加密明文需将其分解为多个块 (例子使用 ASCII 编码的 6 位块，但正常应该是许多字节)，求每个块的立方，用公钥来除，发送余数。(因为使用 6 位块，所以数字不大。)

所以，为了加密一笔信用卡交易的金额：
****$0.02

ASCII 字符用其字节形式表示：

0010 1010 0010 1010 0010 1010 0010 1010 0010 0100 0011 0000
0010 1110 0011 0000 0011 0010

并分组为多个 6 位块：

0010 1010 0010 1010 0010 1010 0010 1010 0010 0100 0011 0000
0010 1110 0011 0000 0011 0010

注意，通过有无底色来区分连续的块。

第 8 章说过，二进制位可用方便的任何形式来解释，我们将分组解释成数字：

T = 10, 34, 40, 42, 10, 34, 16, 48, 11, 35, 0, 50

求立方，结果是：

T^3 = 1000, 39304, 64000, 74088, 1000, 39304, 4096, 110592, 1331, 42875, 0, 125000

再用密钥 KR = 55 来除，下面是用商数和余数来表示的形式：

1000 = 55 · 18 + 10
39304 = 55 · 714 + 34
64000 = 55 · 1163 + 35
74088 = 55 · 1347 + 3
1000 = 55 · 18 + 10
39304 = 55 · 714 + 34
4096 = 55 · 74 + 26
110592 = 55 · 2010 + 42
1331 = 55 · 24 + 11
42875 = 55 · 779 + 30
0 = 55 · 0 + 0
125000 = 55 · 2272 + 40

最后只保留余数来形成密文：

C = 10, 34, 35, 3, 10, 34, 26, 42, 11, 30, 0, 40

这些数字就是要发送的加密消息。注意，由于样本数 (55) 太小，一些密文数字恰好和它们的对应明文相同。虽然如此，结果仍然令人难以理解。

解密方法

接收方如何还原明文？首先要计算一个数：

$s = (1/3)[2(p-1)(q-1)+1]$

对于我们的例子，这个神奇的数如下：

$s = (1/3)(2 \cdot 4 \cdot 10 + 1) = 81/3 = 27$

为了正确得出 s，我们在选择 p 和 q 时增加了一个要求："必须比 3 的某个倍数大 2。"

一个神奇的事实是，求每个明文数字 C 的 s 次方，即 Cs(本例是 C27)，然后用公钥 KR 来除，余数就是明文！注意下面的 c 是商，T 是余：

$C^s = K_R \cdot c + T$

解密：C = 10。为演示这一神奇的事实，以密文中的第一个数字为例：

C = 10

并计算：

$C^s = C^{27} = 10^{27} = 1{,}000{,}000{,}000{,}000{,}000{,}000{,}000{,}000{,}000$

这不是二进制数，而是十进制数，1 后面 27 个零。用 KR = 55 来除，同样将结果表示成商 - 余形式：

$1{,}000{,}000{,}000{,}000{,}000{,}000{,}000{,}000{,}000$
$= 55 \cdot 18{,}181{,}818{,}181{,}818{,}181{,}818{,}181{,}818 + 10$

所以，T = 10，明文前 6 位肯定是 10，即二进制 001010。

解密：C = 3。注意，数字有时会变得非常大。事实上，加密算法会用多种技术 (比如求模算术) 来避免太大的中间数。无论如何，这里再尝试另一个例子。密文的第 4 个数字是：

C = 3

用计算器求它的 27 次方，得：

$3^s = 3^{27} = 7{,}625{,}597{,}484{,}987$

除以公钥 KR 并以商 - 余形式表示结果：

$7{,}625{,}597{,}484{,}987 = 55 \cdot 138{,}647{,}226{,}999 + 42$

表明明文第 4 个块是 42，即二进制 101010。

第三个例子是密文 C = 0。这不用计算都知道肯定能还原出正确的明文。

RSA 为什么能工作？欧拉在 1736 年证明了以下定理。(这是本书唯一提到高等数学的地方。不需要理解。只需接受欧拉的公式，RSA 方案就能工作起来。)

定理：假定 p 和 q 是不同的质数，K = pq，0 < T < K，且 r > 0。

如$T^{r(p-1)(q-1)+1}$除以 K，则余数为 T。

本例如果套用欧拉公式，则 r = 2，因为

$$(T^3)^s = (T^3)^{(1/3)[2(p-1)(q-1)+1]}$$
$$= T^{2(p-1)(q-1)+1}$$

所以，计算明文 (即余数) 的 s 次方，并用公钥来除，就能还原明文 /

RSA 系统总结

下面是我们的示例版本的 RSA 公钥加密方案的步骤。

1. 发布。选两个不同的质数 p 和 q，要求 3 的某个倍数大 2，并定义公钥 KR = pq。计算 s = (1/3)[2(p − 1)(q − 1) + 1]。p，q 和 s 保密。在别人能访问的地方发布自己的公钥 KR。
2. 加密。从消息接收方获得公钥，按接收方的要求将明文的二进制位序列分解成块，每个块的大小不要超过 KR。求每个块的立方，结果用 KR 来除。将

余数作为密文发送给接收方。

3. 解密。利用秘密值 s，求密文中每个数字的 s 次方，结果用 KR 来除，余数汇总成二进制位序列的块以形成明文。

当然，这些计算不是人来做，是软件来做。虽然软件能快速执行这些计算，但其原理都体现在上述三个步骤中。

RSA 安全挑战

RSA 能防御攻击吗？有人能实际地破解代码吗？我们现在知道，破解者必须知道 s 是多少。在已知 p 和 q 的前提下，自然能轻松计算出 s。

对密钥进行质因数分解

要知道 s 是多少，就必须对公钥 KR 进行质因数分解来获得 p 和 q。但对很大的数进行质因数分解是一个非常困难的计算问题，就连目前最快的计算机也无能为力。正是因为对很大的数进行质因数分解是如此困难，公钥加密方案才得以保持安全。换言之，只要密钥足够大，就能放心地发布，因为没有任何已知的方法能在任何合理的时间内将其分为两个质因数。

APPENDIX C

iDiary 标记和模板

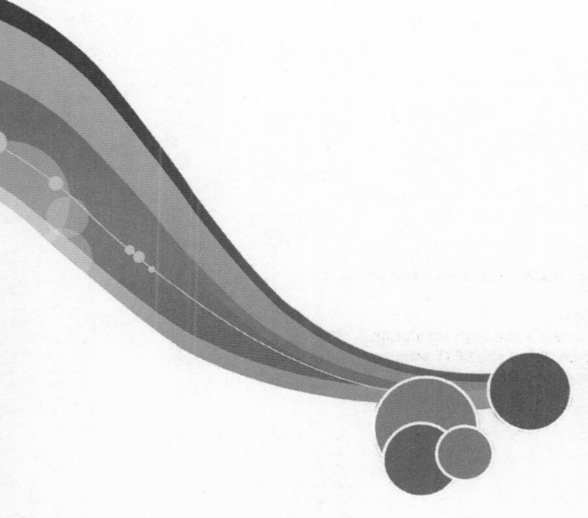

本附录提供第 16 章的 iDiary 的 XML 数据库和 XSL 模板样式数据，生成的网页效果如图 16.1 所示。那一章使用的所有标记都在这里进行了演示。

XML 数据库文件 iDiary.xml

```
<?xml version = "1.0" encoding="UTF-8" ?>
<?xml-stylesheet type="text/xsl" href="iDiarySS.xsl"?>

<idiary>
  <entry>
    <cool><title>The Digital Diary</title>
      This will be fun! I start my digital journal today. So, to launch it with the right sentiment,
      I looked up what Henry David Thoreau wrote on the first day of his famous <ital>Journal.
      </ital> He wrote, <quote>"'What are you doing now?' he asked. 'Do you keep a journal?'
      So I make my first entry today."</quote>
      Which, I guess, is pretty much what I just said. Great minds ... !
    </cool>
  </entry>

  <entry>
   <date> 11 August 2013 </date>
   <cool><title>Human-powered Helicopter</title>
     It's so totally awesome! It's been a month
     since a Toronto team won the Sikorsky Prize, but OMG, I can't stop thinking about it!
     So, I start this journal with Di Vinci's dream-come-true!
     <ytvid file="https://www.youtube.com/embed/syJq10EQkog"/>
     Sikorsy requires: Be aloft 60 seconds; rise to 3 m; stay inside a 10m x 10m square. In the
     <link url="http://youtu.be/U7ZOqYpLWJY">winning flight </link>[at 3:30], 50 seconds are
     spent descending to avoid the perils of the downdraft!
   </cool>
  </entry>

  <entry>
   <date> 12 August 2013</date>
    <cool>I ran across this today, and am saving it here so I don't lose track of it. It needs
    more reading.
```

```
    <poem>
      <p_title>Vespertina Cognitio</p_title>
      <poet>Natasha Trethewey</poet>
      <line>Overhead, pelicans glide in threes—</line>
      <line amt="2"> their shadows across the sand</line>
      <line amt="4"> dark thoughts crossing the mind. </line>
      <skip/>
      <line>Beyond the fringe of coast, shrimpers</line>
      <line amt="2"> hoist their nets, weighing the harvest</line>
      <line amt="4"> against the day's losses. Light waning,  </line>
      <skip/>
      <line>concentration is a lone gull</line>
      <line amt="2">circling what's thrown back. Debris</line>
      <line amt="4">weights the trawl like stones.  </line>
      <skip/>
      <line>All day, this dredging—beneath the tug</line>
      <line amt="2"> of waves—rhythm of what goes out,</line>
      <line amt="4"> comes back, comes back, comes back.</line>
    </poem>
   </cool>
</entry>

<entry>
 <date>13 August 2013</date>
 <cool>
   <title>Potentially Hazardous Astroids</title>
    Wow! I read so much poetry, I missed yesterday's APOD!
    NASA has plotted the orbits of the inner planets, and potentially hazardous astroids.
    Hmm ... don't a lot of 'em cross Earth's orbit?<para>
    <pic file="im/APODpicOfTheDay.jpg" width="350"/></para>
    <link url="http://apod.nasa.gov/apod/ap130812.html">Here's the high resolution
    image.</link> The Astronomy Picture of The Day has to be about the BEST science
    site on the Internet. Thanks APOD! (<ital>Sun not shown actual size.</ital>)
 </cool>
</entry>

<entry>
  <date> 14 August 2013</date>
  <cool>
   <title>Science Finally Asks Permission</title>
     Last year I read<ital>The Immortal Life of Henrietta Lacks</ital> by Rebecca Skloot.
     Lacks was a poor African American tobacco farmer and mother of five, who died of
     cervical cancer in 1951 at age 31. Doctors at Johns Hopkins took cancer cells from
     her without permission. Because her cells continue to grow in the lab, they're key to
     medical research. Skloot profiles her and her family, stressing their confusion and
     hurt because her cells cured diseases; scientists got fame, she got nothing. HeLa cells,
     cited in 70,000 scientific papers, are <ital>still </ital>growing 60 years later. <bold>
     Immortal!</bold>
     <para>
     <pic file="im/lacks.jpg" width = "100"/> <pic file="im/hela.jpg" width="390"/></para>
     Her genome has now been sequenced. Today the National Institutes of Health set up a
     board to approve research with her genome; 2 family members sit on the board. Finally!
     <link url="http://www.npr.org/player/v2/mediaPlayer.html?action=1&amp;t=1&amp;islist=false&amp;id=209807857&amp;m=210062375">
     Hear NPR Here</link>
   </cool>
  </entry>
  <!--The following tags are available for adding a new entry.
    Change the places containing black letters or dashes
  <entry>
  <date> dd mm yyyy</date>
  <cool>
     <para>  <ital>  <bold>
     <link url="http:// - ">anchor text</link>
     <title> title text </title>
     <pic file="-.jpg" width="-" />
     <quote> blockquote text </quote>
     <poem>
      <p_title> poem title</p_title>
      <poet> poet's name </poet>
      <line amt="d"> set d to digit for d tabs </line>
      <skip/>
     </poem>
     <ytvidd url=" - "/>
  </cool>
  </entry>
-->
</idiary>
```

XSL 文件 iDiarySS.xsl

```
<?xml version="1.0" encoding="UTF-8"?>
<xsl:stylesheet version="1.0"
  xmlns:xsl="http://www.w3.org/1999/XSL/Transform">

<xsl:template match="idiary">
  <html><head><title>iDiary</title>
      <style>
        body  {background-color : white; font-family : helvetica}
        h1    {text-align : center}
        h2    {text-align : center; color : #993400; margin-bottom:5px;
               margin-top:8px}
        h3    {margin-bottom:5px; margin-top:8px}
        h4    {margin-bottom:5px; margin-top:8px}
        ul    {margin-left : auto; margin-right : auto; list-style-type : none}
        li.entry { color : black; padding : 10px; border-bottom-style:solid;
              border-bottom-width: 0.5px; border-right-style:solid;
              border-right-width: 0.5px; margin-bottom : 20px }
        li.date {color : white; position:relative; left : -50px;
               background-color : sienna; padding : 8px}
        p     {text-align:center ;}
        a:link {text-decoration: none; color : #993400 }
        a:visited {color :  #993400}
        a:hover {color : #c3bc9a }
      </style>
    </head>
    <body>
      <h1>iDiary: Journal of Interesting Stuff</h1>
        <ul style="max-width:435px">
            <li style="background-color : sienna; color:white; padding:10px">
              <i>This is a record of the most interesting
              thing I find out each day that's worth
              remembering. There's personal stuff in this
              database, too, but it's not gonna be displayed! </i>
          </li>
        </ul>
        <ul style="max-width:700px;">
            <xsl:apply-templates/>
        </ul>
    </body>
  </html>
</xsl:template>

<xsl:template match="entry">
       <xsl:apply-templates/>
</xsl:template>
<xsl:template match="cool">
     <li class="entry">
       <xsl:apply-templates/>
     </li>
</xsl:template>

<xsl:template match="date">
     <li class="date">
       <xsl:apply-templates/>
     </li>
</xsl:template>

<xsl:template match="title">
  <h2>
    <xsl:apply-templates/>
  </h2>
</xsl:template>
```

```
<xsl:template match="quote">
  <blockquote style="background-color : #c89848;
     color:white; padding:10px; font-size:small">
    <xsl:apply-templates/>
  </blockquote>
</xsl:template>

<xsl:template match="link">
  <a href="{@url}">
    <b><xsl:apply-templates/></b>
  </a>
</xsl:template>

<xsl:template match="pic">
      <img src="{@file}" width="{@width}"
             alt="Picture of Interesting Thing"/>
</xsl:template>

<xsl:template match="ytvid">
    <br/><br/><iframe width="560" height="315"
      src="{@file}" frameborder="0" allowfullscreen="1">
    </iframe><br/><br/>
</xsl:template>

<xsl:template match="poem">
    <span style="font-family : century gothic">
      <xsl:apply-templates/>
    </span>
 </xsl:template>

<xsl:template match="p_title">
  <h3>
     <xsl:apply-templates/>
  </h3>
</xsl:template>

<xsl:template match="poet">
  <h4><i>
     <xsl:apply-templates/>
  </i></h4>
</xsl:template>

<xsl:template match="line">
    <span style="padding-left:{@amt}0px">
      <xsl:apply-templates/>
    <br/></span>
</xsl:template>

<xsl:template match="skip">
    <br/>
</xsl:template>

<xsl:template match="bold">
  <b><xsl:apply-templates/></b>
</xsl:template>

<xsl:template match="ital">
    <i><xsl:apply-templates/></i>
</xsl:template>

<xsl:template match="para">
    <p><xsl:apply-templates/></p>
</xsl:template>

        <xsl:template match="personal">
            <!--Display Personal Information -->
            <xsl:apply-templates/>
        </xsl:template>

        </xsl:stylesheet>
```

APPENDIX

JavaScript 编程规则

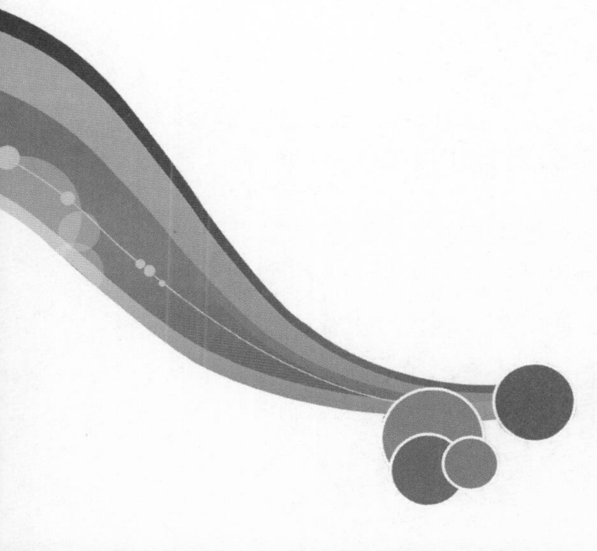

本附录简要总结了 JavaScript 编程和执行规则。每个规则最开始出现的章在方括号中注明。表 D.1 总结了转义序列；表 D.2 总结了保留字；表 D.3 总结了 JavaScript 操作符。

程序结构

空白被忽略 [17]。可用任意数量的空格、制表符或换行符来分隔程序的各个组成部分。但这只供排版，系统在解析源代码时会将其忽略。但要避免不慎将数字或字符串字面值分开。

先声明再使用 [17]。最好将声明统一放在其他语句之前。如果有多个 JavaScript 代码块，将全局声明放在第一个代码块之前。

程序依次执行 [17]。程序语句正常情况都是依次执行，除非用条件语句 (例如 if) 跳过一个代码块，或者用循环语句 (例如 for) 重复执行。

语句以分号终止 [17]。每个语句，包括那些独占一行的，都必须以分号 (;) 终止。但复合语句除外，其结束大括号 (}) 之后不要加分号。

双斜杠注释或单行注释 [17]。从 // 开始直到行末被视为注释。例如：

```
x = 3.1; // Set rate
```

多行注释 [18]。/* 和 */ 之间的文本被视为注释，所以可以扩展到多行。例如：

```
/* 这里的注释可跨越多行；
而双斜杠注释只能一行。 */
```

数据类型

数字的 4 个规则 [17]。输入数值常量时。

1. 数位写到一起，不要有空格。例如，不要写 3.141 596，而要写 3.141596。
2. 不要使用任何形式的数位分组符号。例如，不要写 1,000,000，而要写 1000000。
3. 小数点必须是英文半角点号。例如，不要写 0,221，而要写 0.221。
4. 不能带单位。例如，不要写 33% 和 $10.89，而要写 0.33 和 10.89。

字符串的 6 个规则 [17]。输入字符串字面值时，注意以下几点。

1. 字符必须用引号封闭，可用单引号 (') 或双引号 (")。
2. 大多数字符都可以直接包含在引号内，但换行符、退格符、制表符、\、换页符和回车符除外。
3. 用双引号封闭的字符串可包含单引号，反之亦然。
4. 撇号 (') 的作用和单引号相同。
5. 一个字符串可包含任意数量的字符。
6. 一个字符串最少可以有 0 个字符 (""), 这称为空字符串。

字符串字面值转义字符 [17]。表 D.1 总结了不能直接输入的字符串字面值的转义序列。例如，"\b\b" 是包含两个退格符的字符串。

表 D.1　不能直接输入的字符串字面值的转义序列

序列	字符	序列	字符
\b	退格	\f	换页
\n	换行	\r	回车
\t	制表	\’	撇号或单引号
\”	双引号	\\	反斜杠

变量和声明

标识符结构 [17]。标识符必须以字母开头，可包含字母、数字或下划线 (_) 的任意组合。标识符不能包含空白字符。例如，green，eGGs，ham_and_2_eggs 都是合法的标识符。

大小写敏感 [17]。JavaScript 标识符要区分大小写，y 和 Y 是不同的标识符。

保留字[17]。有的单词，比如var和true，是JavaScript的保留字，不能用作标识符。表D.2总结了这些保留字。如果真的想把表中的一个单词用作标识符，可添加一个下划线作为前缀(比如 _true)，但更安全(和更明智)的做法是另外想一个。

表 D.2 JavaScript 的保留字和属性名，这些单词不可用作标识符

abstract	eval	moveBy	scrollbars
alert	export	moveTo	scrollBy
arguments	extends	name	scrollTo
Array	false	NaN	self
blur	final	native	setInterval
boolean	finally	netscape	setTimeout
Boolean	find	new	short
break	float	null	static
byte	focus	number	status
callee	for	Object	statusbar
caller	frames	open	stop
captureEvents	function	opener	String
case	Function	outerHeight	super
catch	goto	outerWidth	switch
char	history	package	synchronized
class	home	Packages	this
clearInterval	if	pageXOffset	throw
clearTimeout	implements	pageYOffset	throws
close	import	parent	toolbar
closed	in	parseFloat	top
confirm	infinity	parseInt	toString
const	innerHeight	personalbar	transient
constructor	innerWidth	print	true
continue	instanceof	private	try
Date	int	prompt	typeof
debugger	interface	protected	unescape
default	isFinite	prototype	unwatch
defaultStatus	isNaN	public	valueOf
delete	java	RegExp	var
do	length	releaseEvents	void
document	location	resizeBy	watch
double	locationbar	resizeTo	while
else	long	return	window
enum	Math	routeEvent	with
escape	menubar	scroll	

声明变量 [17]。所有变量都必须用 var 声明。同一个变量不要多次声明。

变量声明列表以逗号分隔 [17]。例如：

```
var prices, hemlines, interestRates;
```

变量声明的初始化部分可以是表达式 [17]。例如：

```
var minutesInDay = 60 * 24;
```

表达式

操作符 [17]。JavaScript 操作符请参见表 D.3。

表 D.3 本书用到的 JavaScript 操作符

名称	符号	操作数的数量和数据类型	示例	注释	示例的结果
加法	+	2 个数字	4 + 5		9
连接	+	2 个字符串	“four” +” five”，6 + “pack”	如其中一个操作数是数字，则默认执行连接操作	“fourfive”，” 6 pack”
减法	–	2 个数字	9 – 5		4
乘法	*	2 个数字	–2 * 4		–8
除法	/	2 个数字	10/3		0.33333...
取模	%	2 个数字	10%3	求余数	1
递增	++	1 个数字	3++	参见第 20 章	4
递减	--	1 个数字	3--	参见第 20 章	2
小于	<	2 个数字	4 < 4		false
小于或等于	<=	2 个数字	4 <= 4		true
等于	==	2 个数字 2 个字符串	4 == 4 “a” == “A”		true false
不等于	!=	2 个数字 2 个字符串	4 != 4 “a” != “A”		false true
大于或等于	>=	2 个数字	4 >= 4		true
大于	>	2 个数字	4 > 4		false
取反	-	1 个数字	-4		-4
逻辑 NOT	!	1 个布尔值	!true		false
逻辑 AND	&&	2 个布尔值	true && true		true
逻辑 OR	||	2 个布尔值	false || true		true

注意：例子使用字面值（实际数字）来演示运算，实际操作数可以是变量或表达式

使用圆括号 [17]。虽然在没有给出圆括号时，JavaScript 根据优先级规则来确定运算顺序，但这一特性是为专家设计的。要想安全，为所有复杂表达式使用圆括号来手动指定优先级。

操作符重载 [17]。如果操作数都是数字，加号 (+) 执行加法运算；如果操作数都是字符串，则执行字符串连接。如果操作数一个是数字，一个是字符串 (比如 4 + “5”)，就将数字转换为字符串 (“45”) 再执行字符串连接。

数组和索引

数组声明 [20]。数组用 var 语句声明，等号右侧是 new Array(< 元素个数 >)。例如：

```
var zodiacSigns = new Array (12);
```

数组基于 0，即最小索引值为 0，且最大索引值为 < 元素个数 >-1。

数组引用 [20]。用以下语法引用数组元素：

```
< 数组名称 >[< 索引 >]
```

其中，< 数组名称 > 是一个已声明的数组，< 索引 > 是从 0 到 < 元素个数 >-1 的任何整数值。数组引用 (比如 A[i]) 是变量，可在任何能使用变量的地方使用。

索引值 [20]。索引值可为任何表达式，包括常量 (比如 3)、变量 (比如 i) 或者含有操作符的表达式 (例如 (i + 12)%5)。如果是表达式，要求必须能求值为 0 到数组最大索引 (< 元素个数 >-1) 之间的一个整数。

语句

赋值语句 [17]。赋值语句 (比如 lap = lap + 1) 计算等号 (=) 右侧表达式 (lap + 1) 的值，将结果赋给左侧变量 (lap)。值的流动方向是从右向左。

复合语句 [17]。用大括号 {} 封闭的一系列语句称为复合语句，或称“语句块”，被当做一个语句处理。if，if/else，循环构造 (比如 for) 以及函数声明中的 < 语句列表 > 都可以是一个复合语句。复合语句的结束大括号后不要添加分号。当然，语句块中的每个语句还是要用分号终止。

if 语句 [17]。if 语句的形式如下：

```
if (< 布尔表达式 >)
<then 语句 >;
```

如布尔表达式求值为 true，就执行 <then 语句 >；求值为 false 则跳过 <then 语句 >。

if/else 语句 [17]。if/else 语句的形式如下：

```
if (< 布尔表达式 >)
<then 语句 >;
else
<else 语句 >;
```

如布尔表达式求值为 true，就执行 <then 语句 > 并跳过 <else 语句 >；求值为 false 则跳过 <then 语句 >，执行 <else 语句 >。

嵌套条件语 [17]。如条件语句的 <then 语句 > 或 <else 语句 > 包含另一个条件语句，请把它包含在大括号 ({}) 内以成为复合语句。目的是避免歧义，清楚指明哪个 if 和哪个 else 对应。

for 循环 [20]。for 语句的语法如下：

```
for (< 初始化 >; < 继续条件 >; < 下一次迭代 >) {
  < 语句列表 >
}
```

其中，< 初始化 > 为迭代变量赋值，< 继续条件 > 是和 if 语句中使用的一样的布尔表达式，< 下一次迭代 > 是用于更改迭代变量的一个表达式。

for 循环过程 [20]。for 循环的工作方式是：先执行一次 < 初始化 > 赋值，然后执行 < 继续条件 > 测试。如测试结果为 false，就跳过 < 语句列表 >，终止 for 循环。如测试结果为 true，就执行 < 语句列表 >，并对 < 下一次迭代 > 表达式进行求值。这就完成了一次迭代。完成一次迭代后，从 < 继续条件 > 测试开始重复以上过程。

世界知名迭代 (World-Famous Iteration，WFI)[20]。WFI 是一个具有以下标准形式的 for 语句：

```
for (< 迭代变量 > = 0; < 迭代变量 > < < 限制 >;  < 迭代变量 >++  )  {
< 语句列表 >
}
```

其中，< 迭代变量 > 是任何已声明的变量，< 限制 > 是任何表达式或变量。例如：

```
for( j = 0; j < n ; j++ ) {
< 语句列表 >
}
```

循环迭代次数肯定为 n。

函数

函数声明 [19]。函数用以下语法声明并定义：

```
function < 名称 > (< 参数列表 >) {
        < 语句列表 >
}
```

注意，两个大括号的位置在程序中应统一。另外，结束大括号后面不要加分号。例如：

```
function prefixTitle ( familyName, mORf ) {
   if (mORf = "M")
       return "Mr. " + familyName;
   else
       return "Ms " + familyName;
}
```

函数名称是标识符 [19]。函数名称，比如 prefixTitle，遵循的规则和标识符一样。名称最好能说明函数用途。

参数是标识符 [19]。函数参数，比如 familyName，遵循的规则与标识符一样。

参数不需要声明 [19]。函数参数不用声明，JavaScript 编译器会自动声明它们。

返回语句 [19]。函数在遇到返回语句时结束。

```
return < 表达式 >
```

函数的结果就是 < 表达式 > 的求值结果，表达式可以只是一个变量或常量。

指导原则

程序员准则：专业程序员有一套好的编程实践，包括：

- 为变量选择有意义的标识符。interestRate 就比 p 好。
- 善用空白增强代码可读性。例如：

  ```
  if(input!= "")name=first+last;
  ```

  就不好读，下面这样写更佳：

  ```
  if( input != "" )
  name = first + last;
  ```

- 在程序中大量使用注释，说明变量含义和程序逻辑。
- 将代码对齐，尤其是彼此有逻辑关联的语句，并一直保持同一种风格。这有助于检查代码和排错。

  不好:

  ```
     able="a;
  baker = 'b';
     charlie = "c";
  ```

  好:

  ```
  able    = "a";
  baker   = "b";
  charlie = "c";
  ```

APPENDIX E

Bean Counter 程序

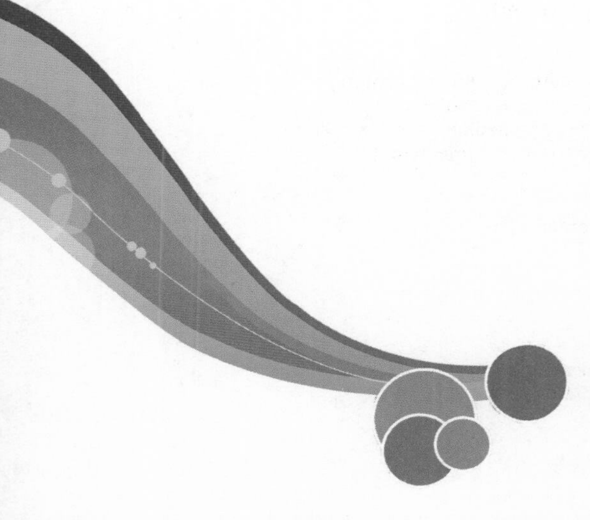

这里列出第 18 章 Bean Counter 应用程序的最终 HTML 和 JavaScript 代码。注意，不同浏览器的显示可能有细微区别。

```
<!doctype html>
<html>
  <head>
   <meta charset="UTF-8"/>
   <title>The Bean Counter</title>
   <script>
      var shots = 1;
      var drink = "none";
      var ounce = 0;
   </script>
   <style>
       body {background-color : saddlebrown; color : darkorange;
             font-family : helvetica; text-align : center}
       hr    {width:50%; color: darkorange}
       h1    {color : white;}
       table {margin-left : auto; margin-right : auto; text-align : center;
             background-color : #993300; border-style : solid;
             border-color : firebrick; border-width : medium; padding : 8px }
       td.tot, td.echo {border-style : solid; border-width : medium; }
       td.tot {border-color : red;}
       td.echo {border-color:gold;}
       select {color:saddlebrown; text-align:center;   }
   </style>
  </head>
  <body>
    <h1> the bean counter</h1>
    <hr/>
    <p><b>figuring the price of espresso drinks<br />
            so baristas can have time to chat</b></p>

    <table>
     <tr><td colspan="4" style="text-align:left;">
      <form name="emp">
      <select id="employee" >
      <option value="-">-Sign In-</option>
      <option value="C"> Charlie </option>
      <option value="J"> Juliette </option>
      <option value="M"> Mike </option>
      <option value="O"> Oscar </option>
      <option value="R"> Romeo </option>
      <option value="V"> Victor </option>
       </select> Is Pulling For Us
       </form>
       </td>
    </tr>

    <tr>
     <td class="echo"><input type="text" form="esp" id="shotpic" value=" " size="1"/></td>
     <td class="echo"><input type="text" form="esp" id="sizepic" value=" " size="1"/></td>
     <td class="echo"><input type="text" form="esp" id="coffee" value=" " size="10"/></td>
     <td> </td>
    </tr>

    <tr>
      <td><button form="esp" onclick='shots = 1; shotpic.value="  1"' > 1 </button></td>
      <td><button form="esp" onclick='ounce = 8; sizepic.value="  S"'> S </button></td>
      <td><button form="esp" onclick='drink = "espresso"; coffee.value="  Espresso  "'>
              ESPRESSO     </button></td>
      <td><button form="esp" onclick='
       shots = 1;
       drink = "none";
       ounce = 0;
       disp.value = "0.00"
       shotpic.value= " "; sizepic.value=" "; coffee.value=" ";
        '> Clear </button></td>
    </tr>
```

```
    <tr>
     <td><button form="esp"  onclick='shots = 2; shotpic.value="  2" '> 2 </button></td>
     <td><button form="esp" onclick='ounce = 12; sizepic.value="  T"  '> T </button></td>
     <td><button form="esp" onclick='drink = "latte"; coffee.value="  Latte     " '>
               LATTE        </button></td>
     <td></td>
    </tr>

    <tr>
     <td><button form='esp' onclick='shots = 3; shotpic.value = "  3" '> 3 </button></td>
     <td><button form="esp" onclick='ounce = 16; sizepic.value= "  G"'> G </button></td>
     <td><button form="esp" onclick='drink = "cappuccino";  coffee.value=" Cappucino "'>
          CAPPUCCINO  </button>
     </td>
     <td><button form="esp"
        onclick='
          var price = -10;
          var taxRate = 0.087;
          if (drink == "espresso")
             price = 1.40;
          if (drink == "latte" || drink == "cappuccino") {
          if (ounce == 8)
             price = 1.95;
          if (ounce == 12)
             price = 2.35;
          if (ounce == 16)
             price = 2.75;
          }
          if (drink == "Americano")
             price = 1.20 + .30 * (ounce/8);
          price = price + (shots - 1) * .50;
          price = price + price * taxRate;
          disp.value = (Math.round(100*price)/100).toFixed(2);
        '> Total  </button></td>
    </tr>

    <tr>
     <td><button form="esp"  onclick='shots = 4; shotpic.value = "  4"'> 4 </button></td>
     <td></td>
     <td><button form="esp" onclick='drink = "Americano"; coffee.value = "  Americano"'>
          AMERICANO   </button>
     </td>
     <td class="tot">
      <form name="esp">
      <input type="text" id="disp" value="0.00" size="5" />
      </form>
     </td>
    </tr>
   </table>

</body>
</html>
```

APPENDIX 

myApps 网页

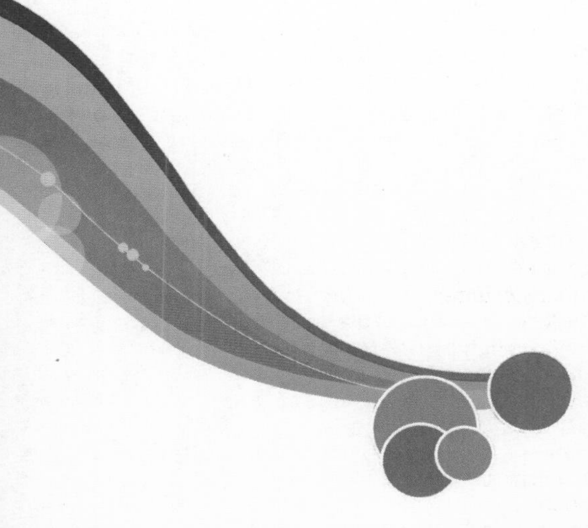

以下 HTML 和 JavaScript 代码生成第 19 章和第 20 章的 myApps 网页。

myApps 主页

```
<!doctype html>
<html>
 <head>
  <meta charset="UTF-8"><title>myApps</title>
  <style>
    body   {background-color:black; color:cyan;font-family:helvetica}
    h2     {color:white;text-align:center;}
    table  {margin-left:auto;margin-right:auto;}
    td     {background-color:orangered; color:white;min-width:100px;
              text-align:center; padding:20px;}
    td.alta {background-color:deeppink;}
    td.altb {background-color:fuchsia;}
    a      {text-decoration:none;color:white;}
  </style>
 </head>
 <body>
  <h2>myApps</h2>
  <table border="0">
    <tr><td><a href="bmi.html"> bmi </a></td>
        <td><a href="temperature.html"> C° ≈ F°</a></td></tr>
    <tr><td class="alta"><a href="counter.html"> counter </a></td>
        <td class="alta"><a href="rps.html"> RPS</a></td></tr>
    <tr><td class="altb"><a href="flipOut.html">coin flip</a></td>
        <td class="altb"><a href="itsMagic.html"> magic 8</a></td></tr>
  </table>
   <script type="text/javascript">
    var today = new Date( );   // Get today's date
    var myBdate = new Date( );  // Get a date object to modify
    var difference;  // Declare a temporary variable
    myBdate.setFullYear(1995);  // Set my birth year to 1993
    myBdate.setMonth(6);   // Set my birth mo to July (mos start at 0)
    myBdate.setDate(4); // Set my birth day to 4th
    myBdate.setHours(12); // Set my hour of birth to noon
    myBdate.setMinutes(0);// Set my minute of birth to o'clock
    myBdate.setSeconds(0);   // Set my second of birth on the hour
    difference = today.getTime( ) - myBdate.getTime( );
    difference = Math.floor(difference/1000);
    document.write(" <p style='text-align:center'> my age: " + difference +
       " seconds </p>");
   </script>
 </body>
</html>
```

BMI(身高体重指数)

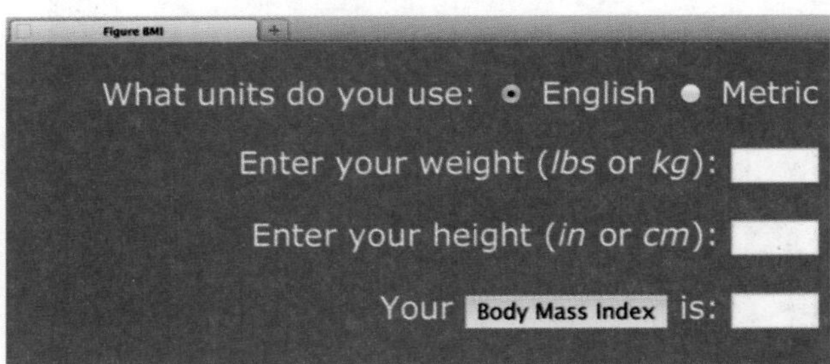

```
<!doctype html>
<html>
  <head>
   <meta charset="UTF-8"/>
    <title>Figure BMI</title><style>
      body {background-color : indigo; color : white; font-family : verdana}
      p    {text-align : right}</style>
  </head>
  <body>
    <script>
      var scale='E';
      function bmiM( weightKg, heightCm ) {
        var heightM = heightCm / 100;
        return weightKg / (heightM * heightM);
      }
      function bmiE( weightLbs, heightIn ) {
        return 703 * weightLbs / (heightIn * heightIn);
      }
      function BMI( units, weight, height) {
        if (units == "E")
          return bmiE( weight, height);   // English
        else
          return bmiM( weight, height);   // Metric
      }
    </script>
    <form name="mass">
      <p> What units do you use:
        <input type="radio" id="unit" onclick='scale="E"'
          checked/> English
        <input type="radio" id="unit" onclick='scale="M"'/>
          Metric</p>
      <p>Enter your weight (<i>lbs</i> or <i>kg</i>):
        <input type="text" id="wgt" size="4"/></p>
      <p> Enter your height (<i>in</i> or <i>cm</i>):
        <input type="text" id="hgt" size="4"/> </p>
      <p> Your
        <input type="button" value="Body Mass Index" id="figure"
          onclick="ans.value= BMI( scale, wgt.value, hgt.value)"/> is:
        <input type="text" id="ans" size="4"/></p>
    </form>
  </body>
</html>
```

温度换算

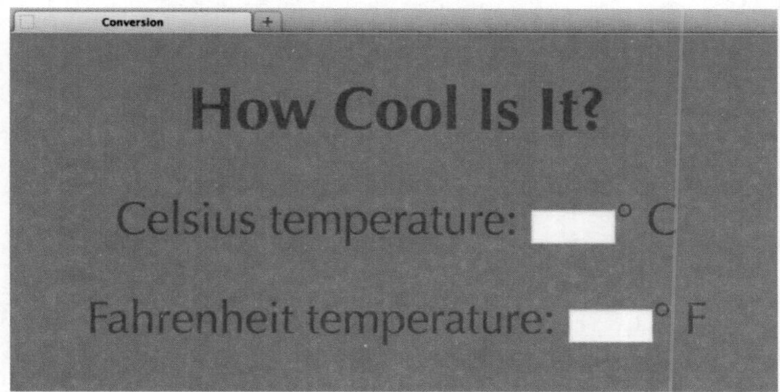

```
<!doctype html>
 <html>
  <head> <meta charset="UTF-8"/><title>Conversion</title>
     <style>
      body {background-color : dodgerblue; font-family : optima;
            color: midnightblue; text-align : center}
      p     {font-size : x-large}
     </style>
   </head>
  <body>
    <h1>How Cool Is It? </h1>
    <script>
      function convertC2F (tempInC) {
        return 9/5*tempInC + 32;
      }
      function convertF2C (tempInF) {
        return 5/9*(tempInF - 32);
      }
    </script>
    <form id="cool">
      <p> Celsius temperature:
        <input type="text" id="textTempC" size="4"
          onchange="textTempF.value=Math.round(
          convertC2F(textTempC.value))"/>&#176;  C</p>
      <p> Fahrenheit temperature:
        <input type="text" id="textTempF" size="4"
          onchange="textTempC.value=Math.round(
          convertF2C(textTempF.value))"/>&#176;  F</p>
    </form>
  </body>
</html>
```

计数计分

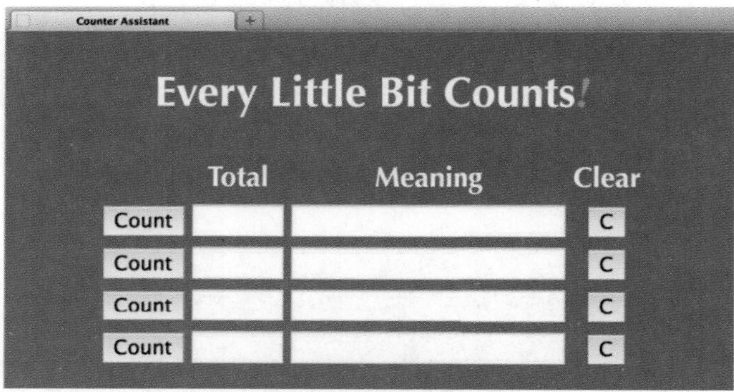


```
<!doctype html>
<html>
  <head>
   <meta charset="UTF-8"/><title>Counter Assistant</title>
    <style type="text/css">
      body  {background-color : blueviolet; color : white; font-family : optima;
             text-align : center}
      table {margin-left : auto; margin-right : auto}
    </style>
```

```
    <script>
      var count1=0, count2=0, count3=0, count4=0;
      function makeTable ( ) {
        document.write('<table> <tr><th> </th><th> Total </th>');
        document.write('<th> Meaning </th> <th>Clear</th></tr>');
        row(1); row(2); row(3); row(4);
        document.write('</table>');
      }
      function row(num) {
        document.write('<tr><td><input type="button" value="Count"' );
        document.write(' onclick="count'+num+'=count'+num+'+1;' );
        document.write('arch'+num+'.value=count'+num+'"/></td>' );
        document.write('<td><input type="text" size="5" id="arch'+num+'"/></td>' );
        document.write('<td><input type="text" size="20" id="what'+num+'"/></td>' );
        document.write('<td><input type="button" value="C" ' );
        document.write( ' onclick="arch'+num+'.value='+"' ';" );
        document.write("what"+num+".value=' ';" );
        document.write('count'+num+'=0"/></td></tr>' );
      }
    </script>
  </head>
  <body>
    <h2>Every Little Bit Counts<i style="color : hotpink">!</i></h2>
    <form>
        <script>
         makeTable( );
        </script>
    </form>
  </body>
</html>
```

抛硬币

```
<!doctype html>
<html>
  <head>
   <meta charset="UTF-8"/><title>eCoin Flipping</title>
    <script>
      function coinFlip( ) {
        return Math.round(Math.random());
      }
```

```
    function flipOut( ) {
      if (coinFlip( )==0)
        return "us1tails.jpg";
      else
        return "us1heads.jpg";
    }
   </script>
   <style>
    body {background-color : black; color : goldenrod;
         font-family : verdana; text-align : center}
   </style>
  </head>
  <body>
    <h2>Heads or Tails? </h2>
    <script>document.write('<img src=" ' +
      flipOut( ) + ' " alt="coin" width="150"/>');
    </script>
  </body>
</html>
```

us1heads.jpg

us1tails.jpg

石头 - 剪子 - 布

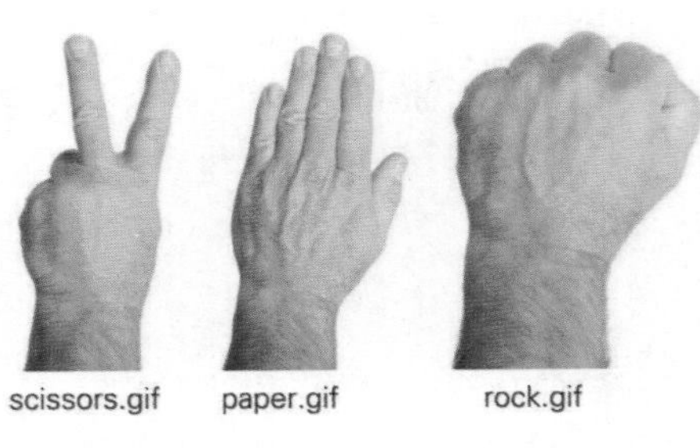
scissors.gif paper.gif rock.gif

```
<!doctype html>
<html>
 <head><meta charset="UTF-8"/><title>RPS</title>
 <style> button {margin:0; padding:0; background-color:white;
              border-style:none; border-width:0}
         p {text-align:center}      <!--above styling centers pic-->
 </style>
 <script>   //this code prefetches, randomizes and flips a picture
  var thro = 1;                        //alternates betw 0 and 1
  var pix = new Array(4);              //array to hold 4 pictures
  for (var i=0; i<4; i++){
    pix[i] = new Image( );             //set up element for pics
  }
  pix[0].src = "imRPS/splash.gif";         //prefetch the 4 pics
  pix[1].src = "imRPS/rock.gif";
  pix[2].src = "imRPS/paper.gif";
  pix[3].src = "imRPS/scissors.gif";
  function randNum( range ) {            //old randomizing friend
    return Math.floor( range * Math.random( ));
  }
```

```
    function rps( ) {                        //display a new image
      if (thro == 1)                         //is this a throw or reset?
         document.images[0].src              //throw, change picture
             =pix[1+randNum(3)].src;         //its random from pix 1-3
      else
         document.images[0].src              //reset, change picture
             =pix[0].src;                    //to splash picture
      thro = 1-thro;                         //flip thro for next time
    }
  </script>
  </head>
  <body><p>
    <!--The program is just a picture that acts as a button
         flipping between the splash page and a random throw-->
    <button onclick="rps( )">
      <img src="imRPS/splash.gif"
         alt="R-P-S Throw" height="300"/>
    </button></p>
  </body>
</html>
```

Magic Decider(神奇八号球)

```
<!doctype html>
<html>
 <head>
  <meta charset="UTF-8"><title>The Decider</title>
  <style>
    body {background-color:black; color:orange;
          text-align:center; font-family:helvetica}
     button {margin:0; padding:0; background-color:black;
          border-style:none}
     p     {font-size:x-large; }
  </style>
```

```
  <script>
    var respond = new Array(
      "It is certain", "It is decidedly so", "Without a doubt",
      "Yes, definitely", "You may rely on it", "As I see it, yes",
      "Most likely", "Outlook good", "Yes", "Signs point to yes",
      "Reply hazy, try again", "Concentrate, and ask again",
      "Better not tell you now", "Cannot predict now",
      "Concentrate and ask again", "Don't count on it",
      "My reply is, no", "My sources say, no", "Outlook not so good",
      "Very doubtful");
     function randNum( range ) {
          return Math.floor( range * Math.random( ));
     }
  </script>
 </head>
 <body>
  <p id="ask"> Say Your Question</p>
  <p><button
     onclick="document.getElementById('ask').innerHTML='... and your answer is ... ';
              document.getElementById('tell').innerHTML=respond[randNum(20)]">
     <img src="8_ball.jpg" alt="8 Ball" width="300"/></button></p>
  <p id="tell" > </p>
 </body>
</html>
```

8_ball.jpg

APPENDIX G

Smooth Motion 程序

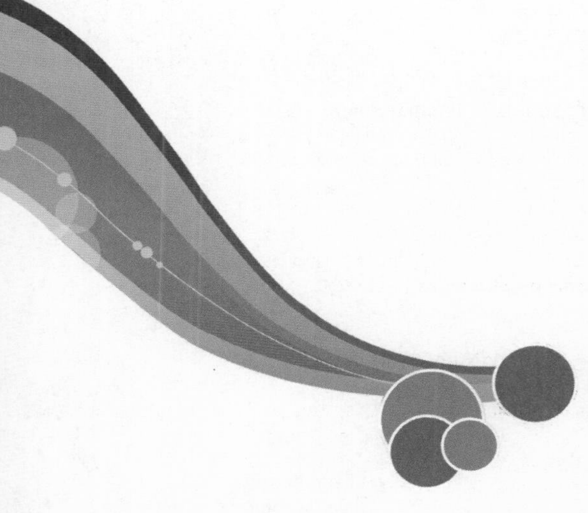

以下 HTML 和 JavaScript 代码生成第 21 章的 Smooth Motion 程序。

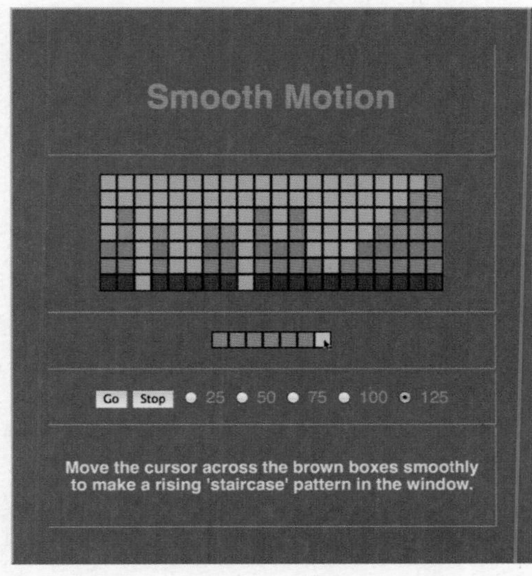

```
<!doctype html>
<html>
  <head>
   <meta charset="UTF-8"/><title>Smooth Motion Application</title>
    <style>
      body {background-color : white; color : #ff6600; font-family : helvetica;
           text-align : center}
      table {margin-left : auto; margin-right : auto; background-color : #a80000;
           padding : 5%}
      td    {padding : 15px}
    </style>
   <script>
      var duration = 125, timerId;        // vars
      var pics = new Array(8);            // array
      var keypix = new Array(2);
      var next1 = 0, frame = -1;
      timerId = setTimeout("animate()", 5000);     //Initial timer
      function animate() {
         shiftGrid ()
         checkStairAndContinue ();
      }
      function shiftGrid() {
         for (var j = 0; j < 19; j++) {
            document.images[j].src = document.images[j+1].src;
         }
         if (frame == -1)
            document.images[19].src = pics[randNum(8)].src;
         else
            document.images[19].src = pics[frame].src;
      }
      function checkStairAndContinue() {
         if (frame == next1)                         //Correct prediction?
            next1 = next1 + 1;                       //Yes, make another
         else                                        //No
            next1 = 1;                               //Go back to start
         if (next1 != 8)                             //Are we still looking?
            timerId = setTimeout("animate( )",duration); //Yes, set timer
      }
         function here (pos) {
            document.images[20+pos].src = "gifpix/YellowBox.gif";
            frame = pos + 1;
         }
         function gone (pos) {
            document.images[20+pos].src = "gifpix/OrangeBox.gif";
            frame = 0;
         }
         function randNum (range) {                  //Rand No. fcn from
            return Math.floor(range * Math.random());   // Chapter 20
      }
    </script>
  </head>
  <body>
  <table border="1">
     <tr> <td>
        <h1>Smooth Motion</h1>
     </td></tr>
     <tr> <td>
        <script>
           for (var j = 0; j < 8; j++) {             //Initial img array
              pics[j] = new Image();
           }
           for (var j = 0; j < 8; j++) {             //Prefetch images
              pics[j].src = "gifpix/Stack" + j + ".gif";
           }
```

```
        for (var j = 0; j < 20; j++) {        //Place grid imgs
          document.write('<img src="gifpix/Stack0.gif" alt=" "/>');
        }
      </script>
    </td></tr>
    <tr> <td>
      <script>
        keypix[0] = new Image();
        keypix[1] = new Image();
        keypix[0].src = "gifpix/OrangeBox.gif";
        keypix[1].src = "gifpix/YellowBox.gif";
        for (var j = 0; j < 7; j++) {
          document.write('<img src="gifpix/OrangeBox.gif" ' +
          'onmouseover = "here(' + j + ')" ' +
          'onmouseout = "gone(' + j + ')"  alt=" "/>');
        }
      </script>
    </td></tr>
    <tr> <td>
      <form>
        <input type="button" value="Go"
          onclick='timerId=setTimeout("animate()",duration)'/>
        <input type="button" value="Stop"
          onclick="clearTimeout(timerId)"/>
        <input type="radio" name="speed" onclick="duration=25"/> 25
        <input type="radio" name="speed" onclick="duration=50"/> 50
        <input type="radio" name="speed" onclick="duration=75"/> 75
        <input type="radio" name="speed" onclick="duration=100"/> 100
        <input type="radio" name="speed"
          onclick="duration=125" checked="checked"/> 125
      </form>
    </td></tr>
    <tr> <td>
      <p style="color : cornsilk"><b>
      Move the cursor across the brown boxes smoothly <br/>
      to make a rising 'staircase' pattern in the
      window.</b></p>
    </td></tr>
  </table>
  </body>
</html>
```

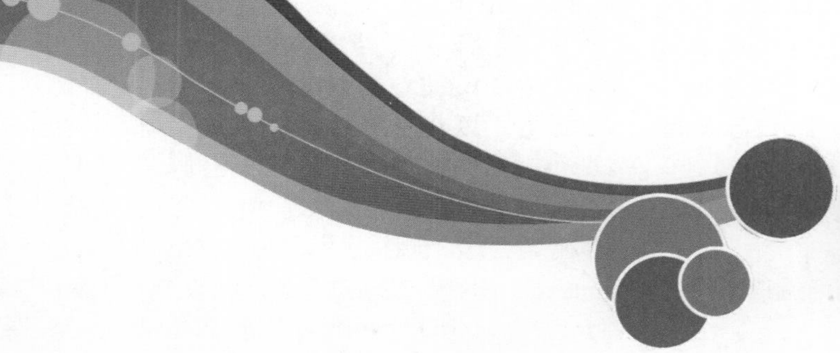

术语表

1-way cipher(单向加密)：参见“one-way cipher”。

419 fraud(419 骗局)：预付款诈骗的名称，名称来自尼日利亚《刑法》中的条款编号。

802.11：发音是 eight-oh-two eleven，一种无线通信协议。

A

absolute cell reference(绝对单元格引用)：不会改变的地址或指针；在电子表格中，包含绝对引用的单元格在复制并粘贴之后都不会改变

absolute reference(绝对引用)：href 值是一个完整的 URL

abstract(抽象，动词)：从特定情形中提炼出想法、概念或过程。

abstraction(抽象，名词)：通过抽象获得的中心思想或概念

ADC：参见“analog-to-digital converter”

advance-fee fraud(预付款诈骗)：通常称为“尼日利亚寡妇骗局”或者“419 骗局”的一种网上诈骗

agent(代理)：遵照算法的指令行事的人或事物 (通常是计算机)

algorithm(算法)：用于生成规定结果的一种精确和系统化的方法

ALU：参见“arithmetic logic unit”。

American Standard Code for Information Interchange (美国信息交换标准码，ASCII)：为罗马字母和印刷字符分配数字编号的一种标准，发音是 AS·key

analog(模拟)：来自或存储在连续变化的媒介中的信息。

analog signal(模拟信号)：一种现象 (例如声波) 的连续变化的表示。

analog-to-digital converter(模数转换器，ADC)：在对声音进行数字化的过程中，获取连续声波并按固定间隔时间对其进行采样，将每个样本的二进制数字写入内存

anchor tag(锚点标记)：用于指定超链接的 HTML 标记，即 <a> 标记。

anchor text(锚文本)：锚点标记包含的文本，浏览器默认用特殊颜色 (通常是蓝色) 显示，点击即可访问指定的超链接。

AND-query(AND 查询)：一种搜索方式，要求结果和所有搜索词关联。

apps(应用)：在 PC 或移动设备上运行的应用程序。

arguments(实参)：进行函数调用中，为参数 (形参) 提供的值。

arithmetic/logic unit(算术 / 逻辑单元，ALU)：计算机的一个子系统，负责执行一个指令的操作。

arithmetic operators(算术操作符)：执行基本算术运算的符号

array(数组)：编程语言的一种变量，可包含多个元素。有一个基本名称，并可用一个或多个整数来索引。

array element(数组元素)：数组中一个被索引的项，可直接称为“元素”。

array length(数组长度)：数组中的元素数量，也称为“数组大小”。

array reference(数组引用)：通过数组名加索引或索引表达式，从而引用一个数组元素的规范

ASCII：参见“American Standard Code for Information Interchange”。

assembler(汇编程序)：将汇编代码转换成二进制代码的软件。

assembly code(汇编代码)：用汇编语言写的计算机指令。

assembly language(汇编语言)：二进制机器语言的符号形式。

assignment(赋值)：设置变量，使其获得一个新值的过程

assignment statement(赋值语句)：一种编程命令，在赋值符号(通常是=)左侧写一个变量，右侧写一个变量或表达式。作用是将右侧的值赋给左侧的变量。

asynchronous communication(异步通信)：收发双方在不同时间完成动作，例如发送和接收电子邮件的过程。

attribute(属性)：在HTML中，是对标记的补充说明，用于提供额外的信息；在数据库中，是指实体的属性，或者称为“字段”。

attribute name(属性名)：在关系数据库中，是指列标题或字段名。

authoritative(权威性)：信息来自可靠来源，比如官方机构或专家。

authoritative name server(权威域名服务器)：负责域名系统(DNS)解析的一台计算机，它知道自己域中所有计算机和其他权威域名服务器的IP地址。

automated reply(自动回复)：邮件服务器的一种功能，允许用户设置一封邮件说自己临时有事外出，无法及时回复，也称为“假期邮件”。

B

backdoor(后门)：一种在计算机中“开口子”的软件，它创建一条访问路径，允许恶意软件的制作者在计算机上运行他们想要的任何程序，而不会受到计算机防御系统的阻止。

bandwidth(带宽)：信息在单位时间里的传输量，通常以每秒传输的位数(bps)为单位。

base(底数)：进位制中允许使用的数字符号的数量。以其为底来求各种次方并相加，即可表示一种数字系统中的不同数字。例如，十进制系统的底数是10，二进制系统的底数是2。也称为“基数”(radix)。

binary(二进制，二元)：二进制数值系统只允许使用0和1这两个数字符号。如果作“二元”来讲，则是指操作符(例如*)要获取两个操作数。

binary code(二进制代码)：用二进制位表示的计算机指令，能直接操纵硬件。是硬件唯一能理解的指令。

binary number(二进制数)：以2为底的数值系统。

binary operator(二元操作符)：需要两个操作数的操作符(例如*)。

binary system(二元系统)：任何信息只用两种模式来编码，本书也称为“PandA表示”(P代表存在，A代表不存在)。

bit(二进制位，位)：只有两种状态(通常用0和1表示)的一个基本信息表示单元。

body(主体)：HTML文件用<body>和</body>包围的区域，是网页的实际内容。

Boolean value(布尔值)：一种数据类型，只有true或false两个值。

boot(引导)：启动计算机并加载其操作系统。

Box Model of CSS(CSS框模型)：对HTML元素空白间隔属性的一种抽象。

broadcast communication(广播通信)：一个发送方向多个接收方传输信息的一种形式。

button(按钮)：HTML的一种表单输入类型，用于定义按钮。

byte(字节)：由8个二进制位构成的一种基本信息单元。

C

cache(缓存)：一种高速的信息存储位置，通常获取不易，且极有可能将来会被重用。

call(调用)：使用或应用一个函数/指令。

candidate key(候选键)：关系式数据库中的

一种字段，其值不重复，可选择作为数据库表的键。

captcha：Completely Automated Public Turing test to tell Computers and Humans Apart(全自动区分计算机和人类的公开图灵测试) 的缩写。

Cascading Style Sheets(层叠样式表，CSS)：对用 HTML 写的网页进行全局样式定义的一种系统。

cell(单元格)：电子表格行、列交汇的地方就是一个单元格。

cell phone tracking(手机跟踪)：根据你相对于手机塔的位置，跟踪你的物理位置和移动轨迹。

cell range(单元格范围)：电子表格的一种命名方案，通过指定第一个单元格和最后一个单元格，并在中间放一个冒号 (:)，从而引用一组单元格。

central processor(中央处理器)：计算机的 ALU 和控制组件，通常包含高速缓存通道。

channel(沟道)：用于传输信号的物理媒介，比如导线。如果是硅芯片，则是指晶体管门下方的区域。

checkbox(复选框)：HTML 的一种表单输入类型

chrominance(色度)：任意一种颜色与亮度相同的一个指定的参考色之间的差异。

ciphertext(密文)：加密系统将明文加密后的形式。

classifier(分类程序)：光学字符识别 (OCR) 系统的一个组件，按照和一组给定特性的匹配概率对字符进行打分。

cleartext(明文)：加密前或解密后的信息。

click event(点击事件)：用户点击命令按钮等对象时发生的事件。

client/server interaction(客户端 / 服务器交互)：客户端 / 服务器结构中的计算机进行信息交换的协议。

cloud(云)：一种联机存储资源。

CMOS (Complementary Metal Oxide Semiconductor，互补式金属氧化物半导体)：最常用的一种集成电路技术。发音是 SEE·moss。

collating sequence(排序序列，对照序列)：一组符号的排序方式，例如“字母排序”。

columns(列)：在关系数据库中是指一个关系的属性

compiling(编译)：将用一种编程语言写的代码转换成另一种语言 (通常是机器语言) 的代码。

complement(补码)：二进制中将 0 反转为为 1，将 1 反转为 0 的一种编码方式。

Compose and Check(边写边查)：一边编程一边测试，从而缩短代码开发周期。

compound statement(复合语句)：在编程中，用大括号封闭一组语句，将其变成一个语句。

compression(压缩)：利用重复性或非重要性，使用比给定表示更少的位来编码信息。

compression ratio(压缩比)：压缩后大小相比压缩前缩小的比例。

computer(计算机)：一种有确定性的、能遵循指令来处理信息的设备。

concatenate(连接)：通常指编程时将两个字符串连到一起。

conditional statement(条件语句)：一种程序语句，通常用 if 来标识，根据布尔测试的结果来选择性地执行语句。

conditional formatting(条件格式)：在电子表格程序中，根据单元格中存储的值来控制单元格内容的显示。

conditional formulas(条件公式)：使用了 IF() 函数的电子表格公式。

continuation(继续条件)：for 循环的一个控制组件，用于指定循环是否应该继续。

continuation test(< 继续条件 > 测试)：用于决定循环语句是否要进行下一次迭代的一个布尔表达式，也称为“终止测试”。

control unit(控制单元)：计算机子系统之一，是获取 / 执行周期的硬件实现。

cookie：由 HTTP 服务器计算机保存到 Web 客户端的信息。

copyright(版权)：对多种形式的知识产权进行的法律保护。

core(核心)：一个处理器芯片可集成多个核心以共享资源并协作。

CPU：中央处理单元(central processing unit)。

crawler(爬虫)：访问互联网的各种资源，根据其中包含的字词来分类和索引，供查询处理器使用。

crowdsourcing(众包)：结合许多志愿性Web用户的贡献来生成信息或完成计算任务。

CSS：参见“Cascading Style Sheets”。

D

DAC：参见“digital-to-analog converter”。

data controller(数据控制者)：在“合理信息实践”中，数据控制者负责设置策略，响应个人的信息请求，并对那些策略和行动负责。

data type(数据类型)：编程语言对具有相似特征的值的一种定义，是用来约束数据的一种解释。

database scheme(数据库模式/架构/纲要)：声明数据库的实体和各实体之间的关系。

database table(数据库表)：一种关系。

debugging(调试或排错)：调查系统为什么不能正确工作的一个过程。

declaring variables(声明变量)：描述什么程序中要使用什么变量。

definiteness(确定性)：算法特性之一，要求定义一系列具体的步骤。

definitional data(定义数据)：<dd>和</dd>标记之间的定义列表项，即术语的定义文本。

definitional list(定义列表)：一种HTML列表，通常由一系列术语及其定义构成。

definitional term(定义术语)：<dt>和</dt>之间的定义列表项，指定要定义的术语

delimited 或 delimited by(界定)：用什么符号来定义一个范围。

device driver(设备驱动程序)：使计算机能为周边设备通信的软件。

DHCP：参见“Dynamic Host Configuration Protocol”。

digital-to-analog converter(数模转换器，DAC)：播放声音时，对声音数据进行插值来创建电波。结果发送给扬声器，后者将其转换成声波。

digitize(数字化)：用数字表示信息。

directory(目录)：一个具名的文件集合，其中可包含更多目录。也称为“文件夹”。

directory hierarchy(目录层次结构)：计算机的完整文件结构。

display rate(显示频率)：动画中各帧的变化频率。

DNS：参见“Domain Name System”。

DNS name server(DNS名称服务器)：在域名系统(DNS)中用于查询域中一台计算机的IP地址的服务器。

Document Object Model(文档对象模型，DOM)：浏览器对网页上各种组件的表示，是一种数据结构。

DOM：参见“Document Object Model”。

Domain Name System(域名系统，DNS)：查询域中所有联网计算机IP地址的一个系统。

domain name(域名)：计算机在“域名系统”(DNS)中的名称。

dot-dot-slash(../)：指定相对路径的一种表示法，引用目录层次结构的上一级。

downloading(下载)：信息从服务器传输到客户端。

Dynamic Host Configuration Protocol (DHCP，动态主机配置协议)：在计算机启动时为其分配IP地址并在其关机时收回的一种网络协议。

E

effectiveness(有效性)：算法属性之一，要求在执行代理的能力范围内，所有指令都能机械地执行。

element(元素)：数组中的一个索引项，也称为“数组元素”。

element name(元素名称)：HTML元素标记尖括号内的单词，例如<body>的元素名称

是 body。

emoticon(表情符)：用于表示表情的一个字符序列，常用于网上聊天或者电子邮件。例如笑脸符 :) 或☺。

empty string(空字符串)：长度为零的字符串，即 ""。

encrypt(加密)：对数字表示进行转换，使信息不能被轻易识别，也称为“数字加密”。

end tag(结束标记)：要成对使用的标记的第二个，例如 </i>。

entity(实体)：可通过固定数量的特征来识别的一样事物。

entity instance(实体实例)：一个实体的具体数据值。

escape symbol(转义符)：作为字符或单词前缀的一个字符(通常是 & 或 \)，用于扩大一个字符编码系统。例如，用 &infinity 编码∞。

evaluation function(求值函数)：在计算机游戏中(比如国际象棋)，求值函数是一个特殊的过程，它为每个棋子分配一个数值，然后对各种因素进行综合考虑(比如吃子和棋盘位置等)，从而计算出一次走棋的分数。

even parity(偶数奇偶性，偶校验)：二进制数的一个属性，表示有偶数个 1。

event(事件)：操作系统通知发生了鼠标单击等行动的一个机制。

event-based programming(基于事件的编程)：响应各种鼠标单击等事件的一种编程方式。

event handler(事件处理程序)：负责在某个事件发生时对其进行响应的程序、函数或代码。

event-handling attribute(事件处理属性)：在 JavaScript 中，告诉浏览器如何响应事件的一个属性，例如 onclick。

execute(执行)：程序指令的执行过程，通常由计算机进行；用于运行一个程序。

exploit(漏洞利用)：恶意软件利用编程中的错误来攻陷一个系统。

expression(表达式)：编程中对如何计算一个值的公式化描述。

Extensible Hypertext Markup Language (可扩展超文本标记语言，XHTML)：兼容 XML 的一个 W3C HTML 版本。

Extensible Markup Language(可扩展标记语言，XML)：结构化信息编码的一个 W3C 标准。

Extensible Stylesheet Language(可扩展样式表语言，XSL)：为 XML 指定格式信息的一个 Web 标准语言。

F

factor(质因数分解)：将一个合数分解成若干个质因数的乘积的形式。

fail-safe(故障安全)：在软件系统中，程序停止工作以避免损害。

fail-soft(故障弱化)：在软件系统中，程序继续工作但功能可能降级。

fair use(合理使用)：版权法的一个概念，允许将受版权保护的内容用于教育或学术目的，允许有限引用以进行审查或批判，允许模仿以及其他一些用途。

feature(特性)：在光学字符识别 (OCR) 系统中，一个字符的特色组成部分。

feedback(反馈)：用户界面的一种视觉元素，指示计算机正在工作，或者已完成一个请求。

Fetch/Execute Cycle(获取 / 执行周期)：计算机的基本指令执行过程。

field(字段)：数据库中实体的属性，也称为“属性”。

field effect(场效应)：利用电场控制半导体中的电流。

field effect transistor(场效应晶体管)：在半导体中用于控制导电性的一种设备。

file structure(文件结构)：计算机中的目录和文件组织方式。

File Transfer Protocol (文件传输协议，FTP)：在和互联网连接的计算机之间收发文件的一种协议。

fill handle or tab(填充手柄，填充把手)：电子表格的一种视觉元素，用于拖动选定内容以扩展一个序列，或者填充一个区域。

filling(填充)：在电子表格中自动复制和粘贴；允许用户复制单元格的内容。

filtering(筛选)：电子表格、数据库和 Web 搜索中采用的一个过程，根据一个或多个条件来选择内容项。

finiteness(有限性)：算法特性之一，要求算法能在计算出结果后终止，或报告无结果。

flame war(火焰战)：在网上和别人掐架。

folder(文件夹)：文件和 / 或其他目录的具名集合。也称为“目录”。

for loop(for 循环)：常用编程结构，根据条件循环遍历一组指令。

foreign data(外部数据)：可导入电子表格的、来自其他应用程序的数据，

form(表单)：在 HTML 中用于收集用户输入，比如收集网购时需要的信息。

frame(帧)：在动画中，快速重绘以营造动画效果的多张图片中的一张。

frequency(频率)：在声音中是指每秒振动次数 (声波数)。

frequency order(按频率排序)：数据项 (例如字母) 基于它们在一个范围中的出现次数来排序。

FTP：参见“File Transfer Protocol”。

full backup(完整备份)：信息主体的一个完整拷贝，通常定时执行。

function(函数)：用于封装一个算法的编程结构，要求定义名称、参数列表 (可选) 和定义。

function definition(函数定义)：函数主体部分，包含具体实现函数的代码。

G

game tree(博弈树)：博弈中各种后续可能性的一种概念化表示。

gate(门)：晶体管中用于控制电荷流动的部件。

generalization(常规)：通过“常规化”总结出的规则

generalize(常规化)：归纳多种情况的共性以形成一个思想、概念或过程。

H

Halting Problem(停机问题)：判断计算是否因为一个给定的输入而停止的问题，是计算机自己不能解决的问题。

handle(句柄)：在编程中，由函数或服务器返回的一个二进制值，用于后续引用。

head(页头)：HTML 文件由 <head> 和 </head> 标记包围的部分。

heuristic(启发式)：帮助解决问题的一种指导方针，但不保证能得出解决方案。例如，“丢了东西后，在记得它上一次所在的地方找。”

hex digit(十六进制数码)：十六进制中 17 个数码 (0，1，2，3，4，5，6，7，8，9，A，B，C，D，E，F) 中的一个。

hexadecimal numbering system(十六数字系统)：基数为 16 的数字表示方式。

hierarchy(层次结构)：一种分级组织结构，每一级的项在下一级细分。

hop(跳跃)：在联网中，数据包或消息传输到邻近的路由器。

HTML：参见“Hypertext Markup Language”。

HTTP：参见“Hypertext Transfer Protocol”。

hyperlink(超链接)：允许中断文本的线性顺序以访问其他位置，并返回中断位置的一种机制。

hyperlink reference(超链接引用)：超链接的目标 Web 地址。

Hypertext Markup Language(超文本标记语言，HTML)：向浏览器描述网页应如何呈现的一种语言。

Hypertext Transfer Protocol(超文本传输协议，HTTP)：管理 Web 客户端和服务器交互的一套规则。

I

IC：参见“integrated circuit”。

identifier(标识符)：构成变量名、文件名、目录名等的一个字母、数字或标点符号组合。

identity theft(身份盗用)：出于欺诈目的冒充他人的犯罪。

if/else statement(if/else 语句)：一种编程结构，允许根据一个布尔测试的结果来有条件地执行语句。

image object(图像对象)：浏览器的一种数据结构，其中包含网页上显示的图片。

image tag(图像标记)：在文档中放入图片的一个独立 HTML 标记，即 <img . . . />。

index(索引)：在信息结构中，是指一种组织形式，用于在一个大集合中查找信息；在编程中，则是指一个数字编号，和标识符 (数组名称) 共同构成一个数组引用。

index origin(索引起点)：代表最小索引的一个数字，索引从此开始。

index value(索引值)：对索引表达式求值的结果；即数组元素的编号。

indexing(索引，动词)：在编程中，将一个数字和一个标识符关联起来，以定位一个元素的机制。

indirect reference(间接引用)：通过指定所在位置 (比如内存地址) 来指定像操作数这样的值。

information(信息)：一种现象在特定位置和时间存在与否。

initialization(初始化，名词)：for 循环控制规范的一部分，给出迭代变量的起始值。

initialize(初始化)：为变量或其他名称提供初始值。

input(输入)：为通信系统提供数据以便传输；或者为计算机系统提供数据以便处理。

input device(输入设备)：感应或检测现实世界数据并传输至计算机内存的硬件。

instance(实例)：应用程序处理的某种信息类型；实体、表或数据库的当前值。

integration(集成)：在硅芯片技术中，是指能在一个单独的、跟复杂度无关的制程中，使用一系列兼容材料来同时制造电路的有源器件和连接器件的一种工艺。

intellectual property(知识产权，智慧财产，IP)：人脑创造的、对他人有价值的东西。

intensity(强度)：LCD 显示中的一个子像素的光亮度，范围通常在 0(关) 到 255 之间。

互联网 Protocol address(IP 地址)：为连接到互联网的计算机分配的唯一地址。IPv4 地址由 4 部分构成，每部分范围在 0~255 之间。

interpretation(解释)：按计算机程序的指令行事。

intersect(交集)：判断两个数据对象是否有共同的成员。

intractable(棘手问题)：原则上能由计算机解决，但实际不能的一个问题。

intranet(内网，内部网)：支持单位内部通信，并通过网关接入互联网的局域网。

IP address(IP 地址)：参见“互联网 Protocol address”。

IP packet(IP 数据包)：固定大小的信息和一个 IP 地址以及其他数据打包在一起，以便通过互联网传输。

ISO-8859-1：最早的 7 位 ASCII 扩展至 8 位所形成的字符编码国际标准，能更好地支持北美和西欧语言。

iteration(迭代)：在编程中是指反复执行一组语句。

iteration statement(迭代语句)：在编程中是指反复执行一组语句的循环构造。

iterate variable(迭代变量)：对迭代语句 (比如 for 语句) 进行控制的任意变量。

J

JavaScript：一种编程语言。

K

key(键，密钥)：在数据库中代表“键”，指的是使一个实体 (表) 中的若干行各不相同的一个或多个字段。在加密中代表“密钥”，是用于加密并随后用于解密的一个值。

L

LAN(局域网)：参见“local area network”。

latency(延迟)：传输或生成信息所需的时间。

literals(字面值)：在计算机程序中显式输入的值。

local area network(局域网)：在小范围 (如一栋建筑物) 内由计算机相互连接而形成的网络。

logical and(逻辑 AND)：编程中通常用 && 操作符表示逻辑 AND。

logical database(逻辑数据库)：通过一个或多个查询而构造的数据库。

logical not(逻辑 NOT)：编程中通常用 ! 操作符表示逻辑 NOT，作用是取操作数的相反逻辑值。

logical operator(逻辑操作符)：执行逻辑运算 (AND，OR 或 NOT) 的操作符。

logical or(逻辑 OR)：编程中通常用 || 操作符表示逻辑 OR。

lossless compression(无损压缩)：减少表示信息所需位数的过程。采用这种压缩方式，最后能完全还原原来的形式。

lossy compression(有损压缩)：减少表示信息所需位数的过程。采用这种压缩方式，无法完全还原原来的形式。

luminance(流明)：给定区域的亮度。

M

malware(恶意软件)：旨在破解或损害计算机的一类软件的统称。

memory address(内存地址)：指定计算机内存特定位置的一个整数。

meta-brackets(尖括号)：即 < 和 >，用于封闭语法定义的术语。

metadata(元数据)：对信息进行描述的信息。

metaphor(隐喻)：在计算中作为一个类比使用的事物或概念，例如“桌面”。

metarules(元规则)：编程中对其他规则进行描述的规则。

microprocessor(微处理器)：计算机用于执行计算或执行指令的部件；也称为“处理器”。

mnemonic(助记方式)：帮助记忆什么东西的一种方式。

modulus operation(求余运算)：JavaScript 支持的一种运算，操作符是 %，求两个整数相除的余数。

MOS transistor (metal oxide semiconductor transistor，金属氧化物半导体晶体管)：用金属、氧化物和半导体制造的晶体管。

MPEG(Motion Picture Experts Group， 运动图像专家组)：ISO 的委员会之一，发音是 EM-peg。

multicast(多播)：一种信息传输方式，从一个发送方传给多个接收方。

multimedia(多媒体)：图片、声音和视频等信息。

N

nested conditionals(嵌套条件)：在条件语句的分支语句中使用其他条件语句。

nested loop(嵌套循环)：在循环语句 (外层循环) 中使用其他循环语句 (内层循环)。

netiquette(网络礼仪)：互联网上的社交礼仪。

next iteration(下一代迭代)：for 循环控制规范的一部分，是计算迭代变量的下一个值的表达式。

NP-complete problems(NP 完全性问题)：一种对计算机来说几乎不可能在合理时间内解决的问题。

Nyquist Rule(采样定理)：进行数字化时的一个原则，指出采样率至少必须是最快频率的两倍。

O

object code(目标码)：由编程语言的编译器生成的二进制代码。

OCR：参见“optical character recognition”。

one-way cipher(单向加密)：一种不易解密的加密方式，通常用于加密密码。

online tracking(在线跟踪)：跟踪用户上网活动的一个过程 (通常利用第三方 cookie)。

open source(开源)：公开软件的源代码。

operand(操作数)：计算指令中使用的数据，是操作符要作用于的值或对象。

operating system(操作系统，OS)：为计算机执行任务的软件。它控制输入和输出，跟踪文件和目录，并控制磁盘驱动器和打印机之类的外设。

operationally attuned(融会贯通)：了解设备、工具或应用程序的工作原理之后，运用所学来简化其使用。

operator(操作符，运算符)：对值或对象执行运算/操作的符号。

operator overload(操作符重载)：某些编程语言支持的一种功能，允许+这样的操作符根据其操作数的类型有不同含义。例如在JavaScript中，+操作符可执行加法运算(如果操作数是数字)或连接操作(如果操作数是字符串)。

optical character recognition(光学字符识别，OCR)：一种计算机应用程序，能将印刷文本转换为便于计算机处理的ASCII符号。

opt-in/opt-out：选择同意或拒绝一种信息使用目的。

OR-queries(OR查询)：一种搜索方式，要求结果和其中一个或者多个关键字关联。

OS：参见“operating system”。

output(输出)：程序或过程基于特定输入而产生的信息。

P

PageRank(网页排名)：Google根据相关性来判断网页重要性的一个机制，依据的是到那个网页的链接。

PandA：参见“Presence and Absence”。

parallel computation(并行计算)：多台计算机协作运算以解决一个问题。

parameter(参数)：函数的输入。

parity(奇偶性)：一个数是偶数还是奇数。

partial backup(部分备份)：只备份自上一次完整或部分备份以来发生变化的数据。

password(密码)：访问文件、应用程序或计算机系统时必须输入的一系列字符。

payload(载荷)：IP数据包中的用户内容。

PC：program counter(程序计数器)、printed circuit(印刷电路)或personal computer(个人计算机)的缩写。

perfect reproduction(完美复制)：数字信息的一个特点，是指能生成一模一样的拷贝。

peripherals(外设)：连接到计算机的外部设备，一般用于I/O。

PERT chart(PERT图)：PERT代表Program Evaluation and Review Technique(计划评审技术)。PERT图是系统工程师和项目经理在项目管理中使用的一种任务依赖图。

phishing(钓鱼)：说服人自愿放弃个人(安全)信息的一种社交工程，全称是password harvesting fishing。

photolithography(照相制版，光刻)：光线透过一个光罩或负片，借此传输图案的一个过程。

photoresist(感光材料，光刻胶)：硅芯片制作过程中所用的一种材料，在光的照射下，会产生化学反应，使其印上光罩上的图案。

physical database(物理数据库)：实际存储在物理存储设备上的数据库。

picture element或pixel(像素)：显示器的最小显示单元。

pipeline(管线，流水线)：一次执行多个机器指令，每个都在不同的完成阶段开始执行。

pixel(像素)：picture element的缩写形式。

place value(位值)：在十进制系统中，代表10的下一个较大乘方的位置，从右侧开始。

placeholder technique(占位符技术)：一种搜索算法，将字符串临时替换为一个特殊字符，防止它们被其他替换命令更改。

point-to-point communication(点到点通信)：只涉及一个发送方和一个接收方的信息传输方式。

predicate(断言，谓词)：在条件语句中求值以生成true或false结果的布尔表达式。

prefetching(预取)：从网上加载动画时，预先获取其中的所有帧，以便在客户端上流畅播放。

preformatted(预格式化)：用HTML标记<pre>和</pre>标记包围的文本。

Presence and Absence(存在与否，PandA)：本书用这个术语表示一个信息bit的基本物理形式。也称为“二元编码”。

primary key(主键)：从数据库表中选择的每行都具有唯一值的列。

primary source(主要来源，一级来源)：掌握第一手信息的人，能根据自己的直接知识或经历来提供信息。

prime number(质数)：只能被自己和 1 整除的数。

print queue(打印队列)：由操作系统创建的正在进行或等待的打印作业的一个列表。

privacy(隐私)：个人自由选择在什么场合以及在什么程度上向他人展示自己、态度和行为的权利。

private key encryption(私钥加密)：使用双方都知道的密钥来加密和解密消息的一种系统。

processor(处理器)：计算机用于执行计算或执行指令的部件。

program(程序)：为特定情形而编码的一种算法。

program counter(程序计数器)：计算机的一种寄存器，用于保存要执行的下一条指令的地址。

programming(编程)：编码算法以便由计算机执行的一种行动。

property value(属性值)：HTML/CSS 代码在冒号后写的内容。

pseudo-random numbers(伪随机数)：由算法生成的一系列随机数，能通过随机数的统计学验证。

public domain(公有领域)：作品的一种状态，版权所有人明确放弃所有权利。

public key cryptosystem(公钥加密系统)：利用了公钥的一种加密系统。

public key(公钥)：由想要接收加密信息的接收方发布的一个密钥，发送方用它加密消息。

Q

query(查询)：一种数据库命令，定义如何通过多种数据库操作来定义一个结果表。

query processor(查询处理程序)：搜索引擎的组成部分，它利用爬虫创建的索引来报告和用户提供的关键字关联的网页。

R

radix(基数)：进位制中允许使用的数字符号的数量。以其为基来求各种次方并相加，即可表示一种数字系统中的不同数字。例如，十进制系统的基数是 10，二进制系统的基数是 2。也称为“底数”(base)

RAM：参见“random access memory”。

random access memory(随机存取存储器，RAM)：计算机子系统之一，用于存储正在运行的程序及其数据。

reachable configurations(可能达成的配置)：软件各种可能的状态或配置。

reboot(重启)：清除计算机内存并重新加载操作系统，从而重新启动计算机。

reCaptcha：captcha 的继任者，用一些 OCR 识别不出的文本来测试用户。

records(记录)：过去用这个词表示数据库系统的表行。

redundancy(冗余)：对于需要高安全性的系统，用多台计算机来执行计算，并根据多数票决来采纳结果；在数据库中，则是指重复的信息。

relational database(关系数据库)：数据库的一种基于表的组织方式，可通过各种关系数据库操作符来指定查询。

relational operator(关系操作符)：对两个值进行比较的 6 个操作符之一 (< ≤ = ≠ ≥ >)；在 JavaScript 中，和这些操作符对应的是 < <= == != >= >。

relationship(关系)：数据库的两个表之间的关系。

relative references(相对引用)：在 HTML 中为 href 提供值时，只提供本地目录结构中的一个路径，而不是提供绝对 URL。

RGB：三原色 Red(红)，Green(绿) 和 Blue(蓝) 的缩写，一种颜色编码方法。

root element(根元素)：XML 中用于封闭文件中所有内容的标记。

root name server(根域名服务器)：几台互联网 DNS 服务器之一，是互联网域名解析系统中最高级别的域名服务器，负责维护顶级域 (.com, .net, .org, .gov, .edu 等) 的权威域名服务器 IP。

rootkit：一种能直接操纵操作系统以隐藏其存在的恶意软件。

router(路由器)：以有线或无线方式连接网络中其他计算机或设备的一种网络设备，将收到的通信转发给目标计算机。

RSA public key cryptosystem(RSA 公钥加密系统)：由 Rivest，Shamir 和 Adelman 发明的一种加密方法。

run-length encoding(运行长度编码)：一种无损压缩方案，描述连续的 0 和 1 的长度。

S

safe harbor(安全港)：美国企业认同的最小限度的隐私保护协议，专门用于处理来自欧盟国家的数据。

safe software(安全软件)：在对安全性有高要求的场合 (例如维生系统) 中能可靠工作的软件。

sample(采样)：按固定间隔时间采集样本，例如对声音进行数字化。

sampling rate(采样率)：每秒钟获取的样本数。

scenario(方案)：在电子表格中，是指修订的单元格值的集合，用于进行模拟 (what if) 分析。

search engine(搜索引擎)：由爬虫和查询处理程序构成的一种软件系统，帮助用户定位 Web 或特定网站上的信息。

secondary source(二级来源，二手来源)：在不是直接了解或亲身经历的情况下讲述一个主题的信息提供者。

secure communication(安全通信)：消息以加密形式交换以保证秘密。

secure socket layer(安全套接字层，SSL)：Web 通信采用的一种安全协议，如果网址以 https 开头，其中的“s”就代表采用了这种协议。

semiconductor(半导体)：常温下导电性能介于导体与绝缘体之间的材料。

series(序列)：在电子表格中，使单元格的值递增 1 来生成下一个单元格的值，使选定区域的数据实现自动新增，从而生成的结果。

series fill(序列填充)：在电子表格中，允许用户在一个单元格范围中输入一系列数字或日期。

shareware(共享软件)：在网上分发的软件，基于荣誉系统付费。

singleton tag(独立标记)：自成一体的软件，无配对的“结束标记”，例如 <img . . . />。

site search(站内搜索)：一种限定于单独一个域内进行的搜索。

domainsoftware(软件)：程序的统称。

software license(软件许可证)：有权使用软件的证明，注意只能证明使用权，软件所有权仍然软件销售方或开发者手中。

source code(源代码)：以一种编程语言写成的程序文本。

spam filter(垃圾邮件过滤器)：对电子邮件进行筛选的一种软件，检查是不是非请自来的商业邮件或欺诈邮件。

specification(规范)：在编程中，是指对输入、系统响应以及输出的精确定义。

SQL：参见“Structured Query Language”。

start tag(起始标记)：要成对使用的标记的第一个，例如 <i>。

statement(语句)：一个程序指令。

statement terminator(语句终止符)：JavaScript 用分号 (;) 终止每个语句。

string(字符串)：在搜索中，是指一个字符序列；在编程中，是指描述字符序列的一种数据类型。

Structured Query Language(结构化查询语言)：对数据库中的表格进行查询以定义结果表的一种标准语言，发音是 SEE·quel。

superuser(超级用户)：计算机或软件系统能执行全部操作 (包括覆写密码) 的用户，也称为“系统管理员”。

symmetric key encryption(对称密钥加密)：即私钥加密系统，参与双方在通信前交换密钥。

synchronous communication(同步通信)：发送方和接收方必须同时参与的一种通信方式，打电话就属于同步通信。

T

tab-delimited text(制表符分隔的文本)：在电子表格中，是指可导入的一种数据源。每个要导入的单元格内容都以一个制表符结束，每行以一个回车符结束。

table instance(表实例)：包含具体数据值的一个关系数据库表。

tag(标记)：封闭在一对尖括号中的单词或缩写词，通常成对使用，但结束标记中要在标记名称前斜杠。标记用于描述数据的属性或表示要执行的命令。例如：<italic>You're it!</italic>。

task dependencies(任务依赖性)：解决任务时，有的任务依赖或取决于其他任务的结果。

task-dependency graph(任务依赖图)：系统工程师和项目经理在项目管理中使用的一种图表，也称为“PERT 图”。

TCP/IP：Transmission Control Protocol/ 互联网 Protocol(传输控制协议 / 互联网协议) 的缩写。

template(模板)：文档的结构化信息，其中含有具体内容的占位符。填入具体内容即可生成一篇完整的文档。

termination test(终止测试)：判断是否应继续下一次迭代的布尔表达式。也称为“继续条件”测试。

tertiary source(三级来源)：其信息来自二级来源的信息提供方。

text editor(文本编辑器)：一种最基本的文本编辑软件，不会像 Word 等字处理软件那样在文档中插入许多格式化信息。

third-party cookie(第三方 cookie)：由用户未明确申请的一个网站在用户的浏览器中存储的 cookie。

TLD：参见“top-level domain”。

token(记号)：搜索或编程语言中被当作一个基本单元来处理的符号序列。

tracking(跟踪)：电子监控的几种形式之一。参见“cell phone tracking”和“Web tracking”。

Transmission Control Protocol/ 互联网 Protocol(传输控制协议 / 互联网协议，TCP/IP)：互联网的物理数据传输过程中使用的结构、表示和算法。

Trojan(木马)：静默记录用户活动和信息 (例如密码) 的恶意软件。

troubleshoot(故障诊断)：在计算中，判断为什么一样东西由于硬件故障或软件 bug 而无法工作。

tuple(元组)：实体的属性值集合；也称为“行”。

Turing Test(图灵测试)：一种试验性设定，判断是否能根据对问题的回答来区分人和计算机。

U

unary operator(一元操作符)：只有一个操作数的操作符，例如取反操作符 (-)。

Universal Resource Locator(统一资源定位符，URL)：网上资源的三部分名称：协议、域名和路径名。

Universality Principle(普遍性原则)：计算的一个特点，即凡是支持一个最小指令集的所有计算机都能执行相同的计算。

unmediated(无中介)：不需要许可；从创建到发布信息之间没什么阻碍。

uploading(上传)：从客户端向服务器传输信息的过程。

URL：参见“Universal Resource Locator”。

URL parameters(URL 参数)：记录信息以实现网上会话连续性的一种机制。

UTF-8：针对 Unicode 的可变长度字符编码，也是一种前缀码。可以用 1 至 4 个字节对 Unicode 字符集中的所有有效编码点进行编码，属于 Unicode 标准的一部分。

V

vacation message(假期邮件)：邮件服务器的一种功能，允许用户设置一封邮件说自己临时有事外出，无法及时回复，也称为"自动回复"。

value types(值的类型)：编程语言中不同值的种类，也称为"数据类型"。

variable(变量)：编程语言中用于储存计算结果或者表示值的一个具名实体。

W

W3C：参见"World Wide Web Consortium"。

WAN：参见"wide area network"。

Web client(Web 客户端)：向 Web 服务器发出服务请求的计算机；即正在运行网页浏览器的计算机。

Web server(Web 服务器)：向 Web 客户端提供网页数据的计算机。

WFI：参见"World-Famous Iteration"。

"what if" analysis(模拟分析)：根据备用单元格值来临时重新计算条目的一种电子表格工具。

white space(空白)：在 HTML 或编程中，纯粹为了可读性而使用的各种空白字符，包括空格、制表符等。

wide area network(广域网，WAN)：将广大区域(从几公里到全世界)的计算机连接到一起的网络。

wireless networking(无线网络)：使用射频(RF)信号连接的计算机网络。目前大多采用 802.11 标准来连接。

workaround(变通方案)：通过避免系统中的 bug 或有问题的组件而达成目标的过程。

World-Famous Iteration(世界知识迭代，WFI)：JavaScript 中程序员最常用的一种 for 循环模式。

World Wide Web(万维网)：通过互联网访问的，由许多互相链接的超文本组成的系统。

World Wide Web Consortium(万维网协会，W3C)：一个标准化组织，其成员主要是生产 Web 软件的公司。

worm(蠕虫)：通过网络连接从一台机器自我复制到另一台机器的程序。

WYSIWYG(所见即所得)：即 what you see is what you get。发音是"WHIZ-ee-wig"。

X

XHTML：参见"Extensible Hypertext Markup Language"。

XML：参见"Extensible Markup Language"。

XSL：参见"Extensible Stylesheet Language"。

部分习题答案

第 1 章

选择题

1. b
3. d
5. d

填空题

1. ENIAC；费城
3. 集成电路
5. 便宜；贵
7. 相关；无关

简答题

1. 答案有许多，例如手机、游戏机等。
3. 硬指令用布线来表示，而软指令用数字内存来表示。
5. 技术支持人员知道正确用词，且会用正确用词来描述解决方案。所以，你需要知道这些用词才好沟通。
7. 答案有许多。

第 2 章

选择题

1. c
3. d
5. d
7. a
9. d

填空题

1. 一模一样的拷贝
3. 文件
5. 编辑
7. 避免占位符冲突，校对前完成替换
8. 反馈
9. Alto

简答题

1. 桌面隐喻是大多数人在使用计算机时遵循的统一方式。其中，计算机成为一个虚拟“桌面”，可在上面存储、查看和编辑文档。大多数都熟悉日常生活中的“桌面”，但很少有人理解命令行程序。所以，这一隐喻使人更容易理解和掌握基本计算机操作。
3. 提醒用户计算机还在工作，同时给出对剩余时间的一个估计。
5. 用户需知道自己要求计算机做的事情是否被它理解，是否已经完成，以及是否成功。否则，用户就不知道是否安全，或者是否值得继续。一个典型的例子是在网页加载时显示一个进度条。如收不到任何反馈，用户很快就会变得焦躁。进度条是使其安心的最简单的方法。
9. 触摸隐喻是指用户想象实际触摸所显示内容的一个过程。在移动设备上使用传统指点设备(如鼠标)不便，所以必须求变。
11. “勇于探索”新软件来发现它的功能以及使用方式。

第 3 章

选择题

1. a
3. c (256*256*256*256)
5. b
7. d

填空题

1. 根域名
3. 域
5. 网关，也可答“以太网”
7. Web 服务器
9. FTP
11. 客户端，服务器
13. 域名
15. 高，低

简答题

1. 答案应围绕互联网和 Web 通信采用的通用语言展开。
3. 它会查询权威域名服务器，后者存储了域内所有计算机的 IP 地址的完整列表。
5. namerica.htm，会显示默认主页，让你选择要查看哪个地区的通信情况。
7. 答案有许多。比如软件行业受益，对报刊发行不利。
9. 客户端和服务器的交互是短暂的，所以服务器能快速切换。
11. TCP/IP: 传输控制协议 / 互联网协议；LAN：局域网；WAN：广域网；DSL：数字用户线路；WWW：万维网；URL：通用 (或统一) 资源定位符；HTML：超文本标记语言；ISP：互联网服务提供商。
13. 网络可靠性 (链路可能断开) 和缓解拥挤 (链路可能繁忙)。

第 4 章

选择题

1. b
3. c
5. b
7. b
9. c

填空题

1. 实践；学习
3. 嵌套
4. 属性
5. source
7. HTML
9. 忽略

简答题

1. 例如，虽然有计算器，还是要学基本算术。
3. 超链接是 http://www.nasm.si.edu/museum/，锚文本是 National Air and Space Museum，协议是 http://，域是 www.nasm.si.edu，路径是 /museum。这里没有给出文件名，通常默认为 index.html。
5. 最靠近文本的样式信息得以应用。网页内部的样式覆盖外部文件的样式。
7. 大块未测试的编码通常包含难以定位的错误。
9. 答案有许多。
11. 答案有许多。

第 5 章

选择题

1. d
3. a
5. d

7. b
9. c

填空题

1. PageRank
3. 爬虫
5. ^F，即 Ctrl+F 或 Command+F
7. 无人
9. 一半

简答题

1. 答案有许多，主要强调 Web 内容的无序本质，而搜索引擎查看并组织这些内容。
3. 实体书出版有一整套完备的流程，其中涉及许多专业人士。但任何人都能在网上发布真真假假的信息。
5. 用 AND 连接的所有词都必须在网页上出现，OR 则允许只出现其中一部分。答案有许多。
7. 答案有许多。可能包括书籍标题、引文、歌词。
9. 答案有许多。例如，有时知道在哪个域名下查找信息，或者知道目标是教育机构。
11. 以 Google 为例，网页标题是 Quick HTML Reference。内容片断是 All HTML Tags and Commands. ... Quick HTML Reference. By Maran Wilson ... This is the necessary first element of any HTML 3.2 compliant document.。URL 是 www.htmlgoodies.com/.../reference/article.../Quick-HTML-Reference...。其中一个站点链接是 BASIC STRUCTURE。

第 6 章

选择题

1. b
3. a
5. a
6. c
7. d
9. d

填空题

1. 反馈
3. 故障弱化
5. 意图，说
6. 发布更新
7. 确定性
8. 遗漏结束标记
9. 修正，定位

简答题

1. 错误可能存在于应用程序的多个实现层面，但用户只在最顶层。
3. 要在答案中强调如何打印这篇文档。
5. 要在答案中说明如何运用调试原则。
7. 调试是有目的而为，是目标导向的，所以更有可能解决问题。
9. 修复一个 bug，可能暴露更多 bug。

第 7 章

选择题

1. c
3. d
5. c
7. b

填空题

1. Present and absent(存在与否)
3. 16
5. PandA
7. 底数 (base)；基数 (radix)
9. 数字化

简答题

1. 答案有许多。
3. 0010 1000 0011 1000 0011 0000 0011 0000 0010 1001 0011 0101 0011 0101 0011 0101 0010 1101 0011 0000 0011 0000 0011 0001 0011 0010

5. 01101000 01100101 01111000 01100001
01100100 01100101 01100011 01101001
01101101 01100001 01101100；hexadecimal

7. Way to go!
9. 信号不佳时更容易识别字符。
11. “bit 之后的单词是 bite，但我们把 'i' 改为 'y'，这样就不会因为打字时漏掉字母 e，而把 byte 变成 bit。”

第 8 章

选择题

1. d
3. a
5. c
7. a
9. d

填空题

1. 字节
3. 黑；白
5. MP3
7. 暗
9. 光学字符识别或者 OCR
11. 多
13. 无偏通用媒介

简答题

1. 位能表示所有离散信息 (数字、颜色、声音等)；不了解更多情况，就无从判断一个位序列表示的是什么。
3. 1492 = 10111010100
1776 = 11011110000
10111010100 + 11011110000 =
110011000100

5. 168 = 10101000
123 = 1111011
10101000 + 1111011
= 100100011
每个数都可用 1 字节表示；两者之和就不止 1 字节了。
7. 答案有许多 (例如，用 1 个像素表示一组 3×3 的彩色像素)。
9. 来自录音设备的声音通过模数转换器数字化之后压缩成 MP3 格式。从 CD 读入后解压缩，发送给声卡或耳机上的数模转换器。
11. 9 秒。每秒传输 25 KB，而 225/25 = 9。
13. 彩色光源直接而纯粹，颜料则会反射一些颜色，吸收其他颜色。
15. 8 个 0，2 个 1，6 个 0
8 个 1，2 个 0，6 个 1
2 个 0，6 个 1，8 个 0
2 个 1，10 个 0

17. 删除所有元音。

第 9 章

选择题

1. c
3. b
5. d
7. c
9. b

填空题

1. 计算机
3. RAM
5. 数据
7. 键盘
9. 地址
11. 半导体
13. 二进制目标码文件
15. 操作系统

简答题

1. 答案有许多。
3. 计算机无事可干时便进入空闲循环。此时只管检查是否有任何外部输入或是否有任何内部事件触发以继续工作。
5. 通过光线将图像“刻录”成光敏胶片并作为模具使用，用化学方法在其他材料上生成图像的拷贝。这种技术使规模化生产集成电路成为可能。
7. 将内存位置 1050 的值加到内存位置 1900 的值上，结果存储到内存位置 3000。
9. 虽然 M 在日常生活中代表 100 万，但每个字节都有自己的地址。1 百万个地址需要 20 位，而 220 等于 1 048 576，所以必须包含额外的字节以匹配地址个数。

第 10 章

选择题

1. c
3. b
5. b
7. b

填空题

1. 像循环这样的重复性指令
3. 有限
5. 确定性

简答题

1. 护士出示字母 (现象)；他一般不眨眼；指向正确字母时，他眨眼，表明现象被检测到。
3. 所有答案都对。文本是输入。三步骤的占位符技术是确定和有效的。修改后的文本是输出。
5. 代理比较所有 URL 的首字母，选择字母顺序最靠前的。如多个都最靠前，就找到下个字母最靠前的。以此类推，直到仅剩下一个。
7. 答案有许多，取决于你使用的电子邮件程序 / 网页客户端。
9. 答案有许多，但原则上都是先列出一系列步骤来准备好牙刷，然后是一次或多次重复，最后是一系列收拾动作。

第 11 章

选择题

1. a
3. d
5. a
7. b
9. c

填空题

1. 网络礼仪
3. 系统管理员 / 超级用户
5. 衍生
7. 钓鱼
9. 冷静

简答题

1. 众包是指通过结合大量非强制性志愿人员的贡献来解决问题或达成目标。例子包括 FoldIt，二个帮助理解蛋白质结构的游戏；NASA 的火星人地图测绘项目；以及维基百科。众包的好处在于巨大的工作量能分包给众多人完成，这些人掌握着各式各样的技能。当志愿者贡献并对别人的贡献进行同行审查时，项目还能自我纠错。
3. 网上遇到的人具有各式各样的背景，可能在不自觉的情况下冒犯到你。不要因为观点不同就暴跳如雷，要宽容。
5. 答案有许多，采用本章描述的过程就好。
7. 互联网对许多人来说是一种“新事物”，所以不太熟悉。但对于真人的提防是与生俱来的，所以有时人会在网上轻信对方，和真人见面时又恢复精明了。
   a. 也许合法，只要看起来不像米老鼠
   b. 只要所有内容都是原创的，那就是合法的
   c. 除非你有权创作衍生作品，否则就可能是非法的
   d. 合法
   e. 由于“合理使用”(fair use) 原则的存在，所以可能合法

f. 故意兜售可能违反版权法，但作为帮别人忙的报酬也许可以
g. 也许合法
h. 也许合法
i. 合法
j. 非法

11. 答案有许多。
13. 主动捐赠占大头。另外有的用户缺乏编译和部署软件的经验，作者也可以为打包、安装、分发收一些服务费。

第 12 章

选择题

1. a
3. d
5. b
7. b
9. c
11. c

填空题

1. 隐私
1. 个人信息，行为
3. 付现
5. 合理信息实践
6. 数据控制者
7. 企业，政府
9. 双向加密
11. RSA
13. 间谍软件
14. 病毒和蠕虫
15. 增大

简答题

1. 这意味着欧盟公民的数据必须受相同标准保护；在美国，这意味着公司必须加入安全港协议来保护隐私。示例国家包括德国、澳大利亚、新西兰等。
3. 答案有许多。他们可能将交易数据拿给其他公司，后者利用这些数据向个人进行广告投放、发送促销信息以及打骚扰电话等。
5. 企业。
7. 无效。就美国的情况，人们希望企业能迫于自身利益和市场压力进行自我监管。鉴于企业比个人有更大的话语权，同时参考历史，这样的市场压力几乎不存在。所以，必须由执行机构和政府部门来确保企业真的尊重个人隐私。

第 13 章

判断题

1. b
3. a
5. a
7. b
9. b

选择题

1. b
3. a
5. d
7. b
9. d
11. b

填空题

1. 数据
2. 原子
3. =MAX(J3:J7)
5. 范围
7. 相对
9. 制表符
11. 函数
13. MAX
15. 负
17. concatenate

简答题

1. 数据或公式。数据直接存储，公式则实时计算结果。如单元格的内容以等号开头，

表明这是公式；否则是数据。
3. 答案有许多。
5. 答案有许多。
7. 答案有许多。用公式存储计算值，并根据需要存储中间结果。
9. 答案有许多。
11. 和加载网页相比，查询速查表能更快获得结果。

第 14 章

选择题

1. d
3. a
5. c
7. b
9. a
11. d

填空题

1. 模拟 (what if)
3. 条件
5. 范围
7. 命名
9. 方案管理器

简答题

1. 答案有许多。书里提供了一个例子。
5. 答案有许多。
7. 答案有许多。
9. 答案有许多。
11. 答案有许多。
13. 答案有许多。
15. 答案有许多。

第 15 章

选择题

1. b
3. d
5. a
7. b
9. a
11. d

填空题

1. 元数据
3. 数字或下划线
5. 元数据；内容
7. 候选
9. 数据库模式 (也称为数据库架构或数据库纲要，即 database scheme 或 database schema)
11. 电子表格
12. 描述
13. 关系
15. 关系 (或相似性)

简答题

1. 答案有许多。
3. 答案有许多。
5. 答案有许多。
7. 答案有许多。
9. 答案有许多。
11. 答案有许多。

第 16 章

选择题

1. a
2. c
3. b
4. c
5. d
7. d
9. b
11. a

填空题

1. 可扩展样式表语言 (Extensible Stylesheet Language)
3. 转换
5. <?xml-stylesheet>
7. 包围 (或封装)

8. 浏览器
9. XSL(文件)
10. 模板
11. <xsl:apply-templates/>

简答题

1. 答案有许多。例如，可添加一个 class(课程) 标记并指定 title/subject(主题) 属性来包含 date/time 标记 (说明该门课程的日期 / 时间)。
3. 答案有许多。
5. 答案有许多。
7. 答案有许多。

第 17 章

选择题

1. b
2. d
3. a
5. d
7. c
8. c
9. a
11. c
13. c

填空题

1. 分号
2. 空格
3. 编程
4. 标识
5. 声明
6. 初始化
7. 操作符 / 运算符。也可以答“二元操作符”或者“算术操作符”。
9. 关系
10. 赋值
11. 连接 (concatenation)
12. 条件
13. else
14. {}
15. 歧义

简答题

1. 可以说将” Fred “赋给 first_name，或者说 first_name 获得值 " Fred "。
2. 《蝙蝠侠》电影要填写当前和之前扮演者的名字。“顶级大厨”是美国著名真人秀，请自行调查当前和之前获胜选手。拜登是前美国副总统 (以 2020 年的数据为准)，请自调查当前美国副总统的名字。
3. 虽然都由字符构成，但都没有用引号包围。在编程中，它们都被视为布尔 (Boolean) 值。
5.

变量	值
price	未定义
taxRate	0.088
price	2.75
price	3.25
price	3.54

7.

```
var price;
var taxRate = 0.088;
if (drink == "espresso")
        price = 1.40;
if (drink == "latte" || drink == "cappuccino") {
        if (ounce == 8)
                price = 1.95;
        if (ounce == 12)
                price = 2.35;
        if (ounce == 16)
                price = 2.75;
}
if (drink == "Americano")
        price = 1.20 + .30 * (ounce/8);
if (drink == "brewed") {
        price = 1.00;
} else {
        price = price + (shots - 1) * .50;
}
price = price + price * taxRate;
```

9.

```
if (hours <= 40)
        overtime = 0;
else
        overtime = hours - 40;
```

11. 3; 0; –11
13. 编程中的 = 是赋值操作符，是将右边的值赋给左边的变量。数学中的 = 则是强调两者相等。

第 18 章

选择题

1. a
3. b
5. c
7. a

填空题

1. <script type="text/javascript"></script>
3. 事件
4. 表单
5. 处理程序
6. disp；显示 (或者说值)
7. 输入
8. id
9. 焦点
10. 空格

简答题

1. 事件是发生了某事 (点击鼠标或按键) 的通知。事件处理程序是对事件的响应。
3. 一个
5. 是的，有多种方式使用单选钮。
7. 在程序开头给出税率：

```
var tax_rate = .07;
```

9. 除非点击 Total 按钮，否则没有输出。
11. 和该按钮的 Click 事件对应的一个事件处理程序将记录饮品规格的一个内存位置 (变量) 设为 "T"。
13.

```
<form id="exercise">
Name: <input type="text" id="disp" size="30" onchange= " "/><br/>
Sex:  <input type="checkbox" name="pick1" onchange=" "/>Male
      <input type="checkbox" name="pick2" onchange=" "/>Female <br/>
Age:  <input type="radio" name="pick3" onchange=" "/>Under 20
      <input type="radio" name="pick3" onchange=" "/>20-30
      <input type="radio" name="pick3" onchange=" "/>Over 30
</form>
```

第 19 章

选择题

1. c
3. a
5. a
7. b

填空题

1. 参数 (形参)
3. 实参
4. UNIX
5. 0；1
6. 共享
7. 调用
8. 0

简答题

1. 忘了分号，大括号没有配对，忘了函数名之后的圆括号 (不管有无参数)。
3. 声明和定义是创建函数，调用则传递实参并执行函数中的定义代码。
5. Math.floor(7*Math.random( ))。调用两次函数就模拟了两个骰子。
7. 答案有许多。
9.

```
function calculate_wages(pay_rate, hours_worked){
    return pay_rate*hours_worked;
}
```

第 20 章

选择题

1. a
3. d
5. a
7. d
9. c

填空题

1. 文档对象模型 (Document Object Model，DOM)
2. 继续条件
3. i++;
5. 嵌套
7. 索引

8. 长度
9. 帧率
10. 长度减 1

简答题

1. 将所有材料放入碗中。然后开始循环：检查是否充分混合。如果是，停止。如果不是，搅拌。重复、
3. for(i=0; i<7; i++){...} 注意，可使用任何变量。
5.

```
for (var i=0; i < cities.length; i++) {
   myList = myList + "I have visited " + cities[i] + "\n";
   }
```

9.

```
for(var i=0; i<7; i++){
     for( j=0; j<=i; j++){
          document.write("*");
          }
     document.write("\n");
     }
```

11.

```
if (Math.round(Math.random( )) > 0.5) {
          document.write("Low");
} else {
          document.write("High");
}
```

13. 如代码正确，只是一个计算的起始或结束索引比正确答案大 1 或小 1，就会发生“相差 1”错误。这种错误之所以常见，是因为在一个计算序列中，起始和结束均属于特殊情况。即使常规方案清楚无误，也经常会因为疏忽而忘记考虑这些特殊情况。要避免这个问题，一个是要全面测试，另一个是严格限定循环的两个端点。
15. for(var i=0; i < 10; j++) { } 循环永不终止，因为它测试和递增的是不同的变量。

第 21 章

选择题

1. b
3. d
5. a
7. b
9. b
10. d

填空题

1. 分解原则
3. 子
5. 让网格动起来
7. 动画，鼠标事件
8. setTimeout()
9. randNum()

简答题

1. 分解原则是解决复杂问题的一种方法。基本思路是将任务分解成子任务，子任务再分解成更小的子任务。一次完成一个子任务。最后将所有子任务合并为整体解决方案。
3. 答案有许多。
7. 如果在动画播放过程中必须等待下一帧取回，动画就可能出现假死情况。加载图片需要时间，而在需要快速切换不同图片时，你可能没有那个时间。
9. onmouseover 在浏览器检测到鼠标移到网页特定对象上时发生，onmouseout 则相反，在鼠标从对象上移开时发生。为这些事件定义了事件处理函数后，就能针对不同情况处理事件。

第 22 章

选择题

1. b
3. c
5. c
7. b
9. a
10. d

填空题

1. 深蓝 (Deep Blue)
3. 经验；求值函数
5. 互联网 (互联网)
7. 普遍性

8. 算法
9. 速度
10. 函数
11. 调试
12. 停机 (halting)
13. 人类
14. NP 完全性问题

简答题

1. 例如政府服务和人文学科等，答案有许多。
3. 这种问题没有相应的算法方案能在合理时间内解决。NP 完全性问题的特点在于只能用“暴力”方式搜索所有可能的答案，找到正确的那一个。
5. 答案有许多。 即使对它们真正做的事情有争论，但穴仍然很有用。
7. 停机问题 (Halting Problem) 是指针对给定的输入，判断程序是否会终止，或者是否会出现无限循环。该问题无法由计算机从常规意义上解决，因为一个能就任意程序和输入回答停机问题的算法是自相矛盾的，所以不可能存在。

第 23 章

选择题

1. b
3. c
4. d
5. d

填空题

1. 启发 (探索)
3. 启发 (探索)
4. 技能
5. 概念
6. 能力
7. 元
8. 细节；概念
9. 技能，能力

简答题

1. 任何细节都不需要记忆。学以致用就行。
2. “到处点击”探索新程序，研究其功能。“勇于探索”大胆尝试新功能并观察结果。到处点击是因为有一致的界面，而勇于探索不会造成计算机的损坏。
3. 合理是指不要遇到问题就去求助。先研究一下，找到一些思路，再去向别人印证。换言之，不要无脑求助。
5. 在代码中查找错误需采用一种合理而有序的方式。这种方式也适合解决其他许多实际问题。制定并验证假说、质疑假设以及有正常的好奇心，可为从解决数学问题到选择公职人员的所有事情提供帮助。
7. 一个技术经广泛评估优于别的方案时，就应采用。它是不是方便、安全、正确、具有高性价比等？
8. 活到老，学到老。